U0683307

中国煤炭资源潜力评价丛书

中国煤田构造格局与构造控煤作用

Tectonic Framework of Coalfields and Tectonic Control of Coalseams in China

曹代勇　宁树正　郭爱军　李焕同　陈利敏　刘　元　谭节庆　等　著

科学出版社

北　京

内 容 简 介

本书以地球动力学为指导，对中国煤田构造发育规律开展系统、深入的研究。分析中国煤田构造发育的区域地质背景，提出赋煤构造单元的概念，划分全国范围的二级赋煤构造单元，阐明主要赋煤构造单元的煤田构造特征和煤系赋存规律，建立控煤构造样式分类方案，强调构造变形和构造形态对煤系现今赋存状态的控制作用，总结中国煤田构造格局与构造演化规律，将其归纳为两类基本组合、三条构造分带、四大演化阶段。

本书内容丰富、资料翔实，集中体现了中国煤田构造研究领域的最新成果，从整体上深化了对中国煤田构造格局和构造控煤作用的认识，在指导全国煤炭资源潜力评价和资源勘查方面，发挥了巨大的作用。

本书可供煤田地质和构造地质领域的科技人员和大专院校师生参考、使用。

图书在版编目（CIP）数据

中国煤田构造格局与构造控煤作用 =Tectonic Framework of Coalfields and Tectonic Control of Coalseams in China / 曹代勇等著. —北京：科学出版社，2018

（中国煤炭资源潜力评价丛书）

ISBN 978-7-03-054888-7

Ⅰ.①中⋯　Ⅱ.①曹⋯　Ⅲ.①煤田构造－构造控制－研究－中国　Ⅳ.① P618.110.2

中国版本图书馆 CIP 数据核字（2017）第 255977 号

责任编辑：吴凡洁　冯晓利 ／ 责任校对：桂伟利
责任印制：张克忠 ／ 封面设计：无极书装

科学出版社 出版
北京东黄城根北街 16 号
邮政编码：100717
http://www.sciencep.com

北京汇瑞嘉合文化发展有限公司 印刷
科学出版社发行　各地新华书店经销
*
2018 年 1 月第 一 版　开本：787×1092　1/16
2018 年 1 月第一次印刷　印张：26 3/4
字数：615 000
定价：298.00 元
（如有印装质量问题，我社负责调换）

前　　言

　　中国大陆是由若干个稳定地块和活动带镶嵌而成的复合大陆，稳定地块规模小、刚性程度低、沉积盖层变形强烈，与发育于单式大陆的北美、欧洲煤田相比，中国煤盆地经历的地质演化历史要复杂得多。中国煤田地质的基本特点是成煤盆地类型多样、煤系后期改造强烈、煤层赋存条件复杂，中国煤田构造的显著时空差异性导致煤炭资源赋存的复杂性，在很大程度上决定了找煤方向和煤炭资源开发利用价值。因此，煤田构造研究是煤炭资源评价和勘查开发的一项基础性工作和关键环节。

　　"中国煤田构造格局与构造控煤作用研究"专题属于地质调查重点项目"全国煤炭资源潜力评价"的"中国煤炭资源赋存规律研究"课题下设的四个专题之一，其目的和任务是：以板块构造和大陆动力学理论为指导，运用构造学和煤田地质学研究方法，以省级煤炭资源潜力评价项目煤田构造研究成果为基础，在全国层面上进行深化提高。从构造形态和展布规律入手，加强构造成因和构造演化分析，揭示区域构造背景对煤炭资源赋存状况的控制机理，系统总结中国煤田构造的时空发育规律，划分赋煤构造单元，恢复煤盆地构造演化历史，完善控煤构造样式划分方案，建立构造控煤模式，为煤炭资源潜力评价提供科学依据。

　　该专题与"全国煤炭资源潜力评价"项目同步进行，在指导和参加各省（自治区、直辖市）煤炭资源潜力评价构造研究的基础上，2011年组建了煤田构造专题汇总组，开展全国层面的煤田构造研究。经过两年多的工作，全面完成计划任务，于2013年8月提交《中国煤田构造格局与构造控煤作用研究》专题报告1份、"中国煤田构造纲要图"（1：250万）1幅、主要成煤期古构造图（1：500万）8幅、区域性煤田构造剖面图（1：150万）12幅。

　　"中国煤田构造格局与构造控煤作用研究"专题组在前人众多研究成果的基础上，综合分析、归纳总结和提升，力图从整体上把握对中国煤田构造发育规律的认识，深入揭示地质构造对煤系煤层赋存的控制作用，更好地服务于找煤预测和煤炭资源勘查与开发。专题成果可以视为21世纪以来中国煤田构造研究的阶段性总结，其研究进展主要体现在以下方面。

　　（1）提出赋煤构造单元的概念，完成全国三级赋煤单元区划，从整体上深化对中国煤田构造格局空间展布规律的认识。建立了赋煤构造区—赋煤构造亚区—赋煤构造带—赋煤构造盆地（拗陷、隆起）—赋煤块段（凹陷、凸起）五级赋煤构造单元区划，确定了赋煤构造单元的"地理名称＋构造属性"的二重命名原则。将中国赋煤构造单元格局划分为东北、华北、华南、西北、滇藏5大赋煤构造区，16个赋煤构造亚区，81个赋煤构造带，系统总结了各赋煤构造区的煤田构造特征。

（2）从煤系变形控制因素角度，归纳总结中国煤田构造格局的分区分带特征。中国煤田构造格局可以划分为：①以贺兰山－龙门山南北向一级构造带分划的两大构造区域：东部煤田构造区域、西部煤田构造区域；②两条东西向一级构造带（阴山－燕山复合造山带、昆仑－秦岭复合造山带）与南北向一级构造带组合分划的五大赋煤构造区：东北赋煤构造区、华北赋煤构造区、西北赋煤构造区、华南赋煤构造区、滇藏赋煤构造区；③北北东向重力梯度带表征的大兴安岭－太行山－武陵山构造带与贺兰山－龙门山南北向构造带分划的三大煤系变形带：东部复合变形带、中部过渡变形带、西部挤压变形带。

（3）划分煤盆地构造类型，总结煤田构造格局形成和演化的阶段性。从煤盆地基底属性、盆地形态、盆地规模、地球动力学环境、成煤作用、盆地演化和煤系变形等角度，提出煤盆地构造类型划分方案，划分了五大赋煤区主要成煤盆地的构造类型，研究了主要成煤期古构造格局及其对成煤盆地发育的控制作用。提出成煤盆地—构造变动—赋煤单元的观点，从原型成煤盆地经历多旋回构造变动、分解破坏、反转叠合，形成不同级别赋煤构造单元的思路，恢复煤田构造演化历程，揭示煤田构造成因机制。

（4）采用当前构造样式研究的主流方案——地球动力学分类，在综合省级煤炭资源潜力评价成果的基础上，建立和完善控煤构造样式划分方案，包括伸展构造样式、压缩构造样式、剪切和旋转构造样式、反转构造样式、滑动构造样式、同沉积构造样式六大类。总结了各赋煤构造区的控煤构造样式类型与分布特征，结合典型实例，分析了煤田构造样式对煤炭资源赋存状况的控制作用。

本书是在"中国煤田构造格局与构造控煤作用研究"专题成果基础上加工凝练而成。曹代勇担任主编，各章节的撰写分工如下：前言由曹代勇撰写，第一章由曹代勇、宁树正、魏迎春撰写，第二章由曹代勇、宁树正、郭爱军、李焕同撰写，第三章由郭爱军、刘恩奇、李恒、姚征、袁远、林燕华、魏永超撰写，第四章由刘亢、张路锁、林中月、张继坤、郑志红、张品刚撰写，第五章由陈利敏、王佟、占文锋、孙红波、孙军飞撰写，第六章由李焕同、刘登、李小明、李建、张森、陶志刚、林亮撰写，第七章由谭节庆、宋时雨、石显耀、马志凯、高科飞撰写，第八章由曹代勇、郭爱军、李焕同、魏迎春撰写。刘德民博士、王信国博士、李靖博士、徐浩和王安民博士研究生，王林杰硕士、李友飞硕士、夏永翊硕士、邓觉梅硕士、蒋艾林硕士、朱利岗硕士，本科生豆旭谦、朱学申、赵冠楠、刘经纬、夏加国、黄赛鹏、秦思伟、蔡飞飞、周肖贝、俞方楠、成亮、侯阳、刘新超、万红军、李根林等参加了课题研究工作，研究生杨承伟、彭扬文和贾煦清绘制了部分图件。

"中国煤田构造格局与构造控煤作用研究"专题成果是在全国各省（自治区、直辖市）煤炭资源潜力评价工作基础上完成的，是参加煤炭资源潜力评价数百名技术人员的共同工作成果，更是半个多世纪以来我国几代煤田地质工作者长期实践的体现。专题研究得到全国煤炭资源潜力评价项目负责单位中国煤炭地质总局及各省（自治区、直辖市）承担单位领导和技术人员的支持，项目负责人程爱国教授级高级工程师和项目办公室袁同兴教授级高级工程师给予了具体指导。与项目汇总组主要成员中国煤炭地质总局第一勘探局的刘占勇教授级高级工程师、宋洪柱高级工程师、王景山高级工程师、罗荣贵高级工程师，中国煤炭地质总局航测遥感局煤航张贵涛工程师，以及"中国煤炭资源赋存规律研究"其他三个专题负责人中国矿业大学（北京）邵龙义教授、唐跃刚教授、马施民副教授的相互配合、密切合作和经常性的研讨，对研究工作的顺利开展起到至关重要的作用。

　　感谢中国矿业大学 王桂梁 教授的关心和指导，感谢中国地质大学（北京）张长厚教授和唐书恒教授，中国科学院大学侯泉林教授和琚宜文教授，中国石油大学（北京）周建勋教授和童亨茂教授，中国矿业大学姜波教授，中国石油天然气集团公司（以下简称"中石油"）新疆油田勘探开发研究院郑孟林研究员，中国科学院青藏高原研究所何建坤研究员，中国煤炭地质总局吴国强教授级高级工程师，中联煤层气有限责任公司张守仁高级工程师，中国矿业大学（北京）彭苏萍院士、武强院士、胡社荣教授、孟召平教授、赵峰华教授、刘钦甫教授、罗红玲副教授、方家虎副教授、鲁静副教授等专家学者在专题研究、人才培养、评审验收过程中给予的指导和帮助。

　　本书参考了大量的各省（区、直辖市）煤炭资源潜力评价资料，在此向全国煤炭资源潜力评价项目及其省级课题有关技术人员表示感谢。

　　借本书出版之际，作者感谢曾给予支持和帮助的所有单位和个人！

目　　录

前言

第一章　煤田构造研究现状与发展趋势 ································· 1

 第一节　煤田构造研究思路 ····································· 1

 第二节　煤田构造研究简史 ····································· 3

 第三节　我国煤田构造研究取得的主要进展 ······················ 4

 第四节　我国煤田构造研究的发展趋势 ························· 7

第二章　中国煤田构造格局 ······································· 9

 第一节　煤田构造的地球动力学背景 ·························· 9

 第二节　中国煤田构造基本特征 ····························· 18

 第三节　赋煤构造单元 ···································· 25

 第四节　控煤构造样式 ···································· 34

第三章　东北赋煤构造区 ·· 36

 第一节　大地构造背景与煤盆地构造演化 ······················ 36

 第二节　成煤盆地与赋煤构造单元 ··························· 55

 第三节　典型赋煤构造单元 ································· 65

第四章　华北赋煤构造区 ·· 95

 第一节　大地构造背景与煤盆地构造演化 ······················ 95

 第二节　赋煤构造单元划分 ································· 116

 第三节　典型赋煤构造单元特征 ····························· 123

第五章　西北赋煤构造区 ·· 160

 第一节　大地构造背景 ···································· 160

 第二节　含煤地层与煤盆地构造演化 ·························· 174

 第三节　赋煤构造单元与煤田构造特征 ························ 204

第六章　华南赋煤构造区 ·· 229

 第一节　大地构造背景 ···································· 229

 第二节　煤田构造格局 ···································· 241

 第三节　典型赋煤构造单元煤田构造特征 ······················ 259

第七章　滇藏赋煤构造区 ·· 294

 第一节　大地构造背景 ···································· 294

 第二节　煤系分布与煤盆地演化 ····························· 309

 第三节　赋煤带单元及其构造特征 ··························· 331

第八章　煤田构造演化与构造控煤作用 ……………………………………………… 355
　第一节　煤盆地类型及其主要成煤期原型盆地 ……………………………………… 355
　第二节　中国煤田构造格局的形成和演化 …………………………………………… 368
　第三节　构造控煤作用与控煤构造样式 ……………………………………………… 371
参考文献 ……………………………………………………………………………………… 395

第一章 煤田构造研究现状与发展趋势

第一节 煤田构造研究思路

一、煤炭资源潜力评价与煤田构造研究

煤炭是我国的基础能源，充足、可靠的煤炭资源是煤炭工业可持续发展的基础和前提。我国煤炭资源丰富、分布广泛，但是，煤炭资源现状不容乐观，数量和品种分布不均，经济可采储量少，资源保障程度低，煤田地质工作深度和广度区域性差异明显。

"十一五"期间启动的"全国煤炭资源潜力评价"是国土资源部重大项目"全国矿产资源潜力评价"的主要课题之一，其总体目标是：在摸清我国煤炭资源现状的基础上，充分应用现代矿产资源预测评价的理论方法、以地理信息系统（GIS）评价为核心的多种技术手段、多种地学信息集成研究方法，以聚煤规律和构造控煤作用研究为切入点，对我国煤炭资源潜力开展科学预测，对其勘查开发前景做出综合评价，提出煤炭资源勘查近期及中长期部署建议及方案；为我国煤炭工业乃至能源工业、国民经济的可持续发展宏观决策提供动态的资源数据和科学的依据（程爱国等，2010）。

中国大陆是由若干个稳定地块和活动带镶嵌而成的复式大陆，稳定地块规模小、刚性程度低、构造演化复杂、盖层变形强烈（马文璞，1992；万天丰，2011；车自成等，2012），与发育于单式大陆的北美、欧洲煤田相比，中国煤盆地经历的地质演化历史要复杂得多。中国煤田构造显著时空差异性造成煤炭资源赋存的复杂性，煤田构造研究就成为煤炭资源潜力评价的基础工作和核心内容之一（Cao et al.，2012；曹代勇等，2013）。

二、研究思路

煤炭资源潜力评价（又称为煤田预测）以煤层的现今赋存状态为依据，而后者是煤矿床的聚集作用（成煤作用）与煤矿床的改造作用（构造变形）的综合结果。构造作用是控制煤系和煤层形成、形变和赋存的首要地质因素（Bulter et al.，1988；黄克兴和夏成玉，1991；曹代勇等，1999；Warwick et al.，2005）。地壳运动形成的构造拗陷为成煤作用提供了适宜的场所；成煤期的区域构造和盆内同沉积构造影响富煤带的展布，构造作用对古气候、古植物和古地理条件的控制决定成煤作用的兴衰；成煤期后的褶皱和断裂作用破坏了煤盆地的完整性，将其分割为大小不等的含煤块段。构造变动对煤矿床的改造，不仅决定了找煤方向，还决定了勘查和开发的难度；在煤炭资源评价和开发工作中，煤田构造研究是一项贯穿始终的重要地质任务。

煤炭资源潜力评价构造专题研究的目的和任务是：以板块构造和大陆动力学理论为指导，运用构造学和煤田地质学研究方法，以省级煤炭资源潜力评价项目煤田构造研究

1

成果为基础，在全国层面上加以深化提高；从构造形态和展布规律入手，加强构造成因和构造演化分析，通过综合分析和专题编图，揭示区域构造背景对煤炭资源赋存状况的控制机理，系统总结我国煤田构造的时空发育规律，划分赋煤构造单元，恢复煤盆地构造演化历史，完善控煤构造样式划分方案，建立构造控煤模式，为煤炭资源潜力评价提供科学依据。

三、研究内容

（一）区域地质背景

煤田构造是区域地质格局中的一个有机组成部分，地壳浅部的含煤岩系赋存状况与深部物质运动之间存在密切的内在联系，因此，为了全面、深入认识含煤岩系的形成模式、发展演化和赋存规律，必须加强区域地质背景研究。通过广泛收集和综合分析区域地质、地球物理、遥感资料，有重点地进行野外地质调查，研究区域构造格局、地球物理场及深部构造、构造－热演化史，探讨区域地质条件对煤炭资源赋存的控制。

（二）构造形态和展布规律

煤炭资源潜力及其勘查开发前景，取决于聚煤环境等原生成煤条件和构造－热演化等后期保存条件综合作用，尤其是煤系和煤层的现今赋存状况。因此，煤炭资源潜力评价中的煤田构造研究的首要任务，是查明煤田构造的形态特征和空间展布规律，划分赋煤构造单元，为预测找煤提供地质依据。具体研究内容包括对煤田构造格局及其分区分带特征，控煤断层性质、方向、规模，煤田褶皱形态，褶皱与断裂的关系等开展深入研究，编制煤田构造纲要图、煤田构造剖面图，开展构造要素的统计分析等基础性工作。

（三）构造成因和构造演化

煤田构造研究要知其然——查清构造形态，还要知其所以然——阐明构造成因；只有在阐明构造成因的基础上，才能更好地认识构造要素的组合规律、形成和演化过程。煤田构造成因的正确解释，依据运动学分析、动力学分析、构造环境分析和发展演化分析等方面，应注重有针对性地采用各种测试分析和模拟实验等先进技术手段。由于我国地质构造格局和构造演化的复杂性，现今保存的绝大多数煤盆地属构造盆地，而非成煤原型盆地。成盆后多期性质、方向、强度不同的构造运动，使不同时期形成的不同类型的成煤盆地遭受不同程度的改造，盆地分解破坏、叠合反转，充填其中的煤系和煤层发生不同程度的变形、变位、变质作用，被分割为大小不一、埋深不等的赋煤块段，即个级赋煤构造单元。煤田构造演化分析的目的就是要重塑煤盆地的形成、破坏、改造过程，为煤系赋存的构造控制分析提供理论依据。

（四）构造控煤作用

煤田地质构造研究的最终目的，是查明构造格局和构造演化对煤系和煤层现今赋存状态的控制，建立合理的构造模式，进行构造预测，为资源评价勘查和开发服务。广义的构造控煤研究包括构造作用过程和构造变形结果对煤矿床形成和保存的控制，狭义的构造控煤作用主要指构造形态对煤的聚集和赋存的控制。对找煤靶区选择而言，构造形态对煤层赋存的控制起决定性作用，因此，本部分的主要工作是划分控煤构造样式。控煤构造样式概念的引入，为构造控煤研究提供了可操作途径。

第二节　煤田构造研究简史

一、国际上煤田构造研究

由于美国、苏联、澳大利亚等主要产煤国的煤田构造地质条件相对较简单，相对于成煤古地理和煤系层序地层学取得的巨大进展，国际上煤田构造研究的系统成果不多，20 世纪以来具有代表性的进展主要表现在以下几方面。

（1）成煤作用和煤盆地构造演化的大地构造控制。以苏联煤地质学家为代表，20 世纪早、中期开始研究含煤建造与地槽、地台演化的关系，Тимофеев 等（1979）的著作《苏联境内煤聚积的演化》较系统总结了苏联煤地质学研究中各学派的成果，提出了基于槽台学说的煤盆地构造成因分类。80 年代早期，从板块构造角度对煤盆地的研究主要局限于大陆边缘煤盆地，如 Herbert 和 Helby（1980）对晚古生代冈瓦纳大陆东缘悉尼煤盆地的研究、Weimer（1982）对美国西部中新生代煤盆地的研究及相原安津夫（1980）对日本新生代煤田构造和煤盆地的研究（杨起等，1987）。80 年代中期以来，从板块构造角度对沉积盆地形成和演化的研究日趋深入，Bulter 等（1988）讨论了全球板块格局和板块运动对古气候、古地理及成煤植物分布的控制，从而将全球煤盆地的成因与板块构造体制联系起来。

（2）成煤期构造和煤盆地构造演化。构造控制煤聚集的重要性日益被人们所认识，20 世纪 50 年代以来，苏联、美国、澳大利亚等主要产煤国的学者在此方面发表了一系列成果（杨起，1987），Lyons 和 Rice（1986）出版了构造对含煤盆地的控制作用研究专辑，美国学者 Warwick 等（2005）提出了煤系统（coal system）的概念，把盆地构造作为对煤聚集、保存 – 埋藏的控制因素之一。

（3）矿井构造与构造预测。地质构造对煤矿生产的影响也是国外煤地质学家关注的问题之一，德国 Adler 等（1976）提出的 "构造力学解析法"（赵明鹏，1996），苏联学者采用小构造要素和煤质参数数理统计方法对矿井构造的预测，Stone 和 Cook（1979）、Hower 和 Davis（1981）、Bustin 等（1986）及 Levine 和 Davis（1989）对煤镜质组反射率各向异性与古构造应力场关系的研究，为煤田构造分析提供了一种新手段。

二、我国煤田构造研究历程

我国煤田地质条件的复杂性使煤田构造研究一直是煤田地质学的主要组成部分，早在 20 世纪上半叶，伴随着我国煤炭地质工作的起步，李四光、黄汲清、谢家荣、王竹泉等老一辈地质学家都不同程度地涉及煤田地质构造研究工作（中国煤田地质总局，1993）。

新中国成立以后，随着国家经济建设的迅速发展，我国煤田地质勘查队伍从无到有、由小到大，科学研究也得以全面开展，该阶段的显著特点是苏联所推崇的槽台学说在我国煤田地质研究中占据主导地位。我国煤田地质工作者引进和学习苏联的地质理论和研究方法，应用于大规模的找煤勘查实践，尤其是结合 20 世纪 50 年代后期第一次全国煤田预测，对我国煤田地质特征开展了全面研究，主要成果反映在由原北京矿业学院煤田地质系（1961）编写的第一部《中国煤田地质学》中。

地质力学在 20 世纪 60 年代后期至 70 年代达到鼎盛时期，并在煤田地质工作中得到全面推广应用。地质力学强调以现场研究为基础、野外调查与室内分析相结合等原则，使煤田构造研究得以直接面向地质勘查和煤矿生产。70 年代中、后期开展的第二次全国煤田预测以地质力学为指导，初步总结了中国煤田构造的基本特征，主要成果反映在《中国煤田地质学》（杨起和韩德馨，1979；韩德馨和杨起，1980）和由武汉地质学院煤田地质教研室（1979，1981）编著的《煤田地质学》（上册、下册）两部专著中。

20 世纪 80 年代以来，随着改革开放的深入，我国煤田地质领域空前活跃，地质力学、地洼学说、多旋回理论、断块学说等我国地质学家创立的构造地质理论在煤田地质领域内广泛实践（王熙真等，1992；童玉明等，1994），同时，板块构造学说逐渐成为我国煤田构造理论的主流。我国煤田地质工作者运用活动论思想，研究各主要成煤期的古构造和成煤盆地演化，煤田滑脱构造研究、构造控煤概念的发展等重要进展，逐步深化了对中国煤田地质构造特征的认识（Kao，1987；李思田，1988；王文杰和王信，1993；王仁农等，1998；毛节华和许惠龙，1999）。

进入 21 世纪，随着我国国民经济快速发展，对煤炭需求高速增长，煤炭资源地质勘查以前所未有的广度和速度展开。相应地，我国煤田地质研究开始一个新的历史发展时期（张泓等，2010），煤田地质构造研究思路和研究方法体系基本形成（曹代勇，2006），煤田构造研究进入稳定发展阶段。尤其是 2007 年以来开展的新一轮煤炭资源潜力评价，掀起了继 20 世纪 80 年代中期至 90 年代早期以来的又一次煤田构造研究热潮（程爱国等，2010；Cao et al.，2012）。

第三节　我国煤田构造研究取得的主要进展

一、煤田构造区域地质背景研究广度和深度增加

煤田构造是区域构造格架中的一个有机组成部分，地壳浅部的构造变形与深部物质运动和结构构造之间存在密切的内在联系，因此，为了全面深入认识煤田构造的分布规律、成因机制和演化历史，必须加强区域构造背景研究，从大陆动力学和盆－山耦合角度探讨煤盆地的形成和演化进程。

盆－山耦合关系是当前大陆动力学和盆地动力学研究的热点（Liu，1998；王桂梁

等，2007；琚宜文等，2008；李思田，2015），将煤盆地放在区域大地构造格架中，开展盆山在空间上相互依存、在物质上相互转换、盆地沉降与山脉隆升耦合作用对煤层形成和改造的动力学过程研究，成为当前煤田构造研究的重要内容（王桂梁等，2007；琚宜文等，2008）。板块构造背景作为沉积盆地分类的理论基础（Beaumont et al.，1987；de Celles and Giles，1996），取得了巨大的成功，但许多动力学过程并没有解决，特别是发生在大陆范围的动力学过程。2007 年出版的《中国北部能源盆地构造》（王桂梁等，2007）是近年来中国煤田构造研究方面最重要的学术专著，在系统总结中国大陆非稳态特征与动力学机制及中国北部能源盆地叠加、复合和盆 – 山耦合特征的基础上，着重论述了中国北部能源盆地的构造背景、特征、形成和演化及盆地构造对化石能源赋存的构造作用，并进一步讨论了盆地形成的区域动力学背景和深部作用机制。

二、煤田滑脱构造研究取得重大突破

20 世纪 70 年代中期以来，国际上兴起的逆冲推覆构造研究热潮及 80 年代的伸展（滑覆）构造的研究（McClay et al.，1981；Wernicke，1982；马杏垣和索书田，1984），被视为板块构造理论成功应用于大陆地质的标志。滑脱构造泛指地质体沿（近）水平断裂带（滑脱带）运动所形成的构造组合，这是一个描述性术语，强调滑脱面上、下变形的差异；通常包括逆冲推覆、伸展滑覆和重力滑动等构造类型（王桂梁等，1992）。滑脱构造的基本要素是构成滑脱拆离的低强度、高应变软弱层，地壳岩石圈内不同层次的物性界面和软弱层位都是发生构造滑脱的有利部位。地壳上部的沉积盖层和含煤岩系具有软硬岩层相间、成层性好的特点，尤其是其中低强度、高塑性的煤层更是良好的滑脱层位，沉积盖层和含煤岩系中滑脱构造发育的普遍性已日益被地质工作者所认识。

20 世纪 80 年代中期以来，以河南省煤田地质勘探公司承担的"河南芦店滑动构造研究"（1985 年）和福建省煤田地质勘探公司承担的"闽西南二叠纪含煤区缓倾角断裂研究"（1986 年）两课题为开端，煤田滑脱构造研究工作在太行山—武夷山以东的广大地区大规模展开。由中国煤田地质总局组织，中国矿业大学和相关省（区）煤田地质局参加，对中国煤田滑脱构造进行了广泛、深入的研究，对多样化的煤田滑脱构造进行了系统分类，建立了包括"推、滑"叠加型滑脱构造在内的若干典型构造模式，丰富发展了滑脱构造理论和我国煤田构造理论（王桂梁等，1992；王文杰和王信，1993），在我国东部，尤其是南方构造复杂区，开辟了新的找煤方向。

三、煤盆地构造分析研究不断深入

煤盆地构造分析一直是煤田构造研究的核心内容之一。板块构造研究，尤其是板内构造研究的进展，促使盆地构造分析上升到新的高度，得以将煤盆地放到板块构造的统一格局之中，从大陆动力学角度研究盆地的形成、分布及其演化（李思田等，1987；杨起等，1987；李思田，1988，2015；Bulter et al.，1988）。20 世纪 80 年代后期以来，深入研究了中国大陆动力作用对煤盆地演化的制约关系和控煤规律，分别从煤盆地构造演化（王仁农等，1998）、板块构造格局（莽东鸿等，1994）和地洼学说（童玉明等，1994）等角度提出中国煤盆地分类。

盆地构造动力直接控制着盆地各种地质作用的发生和盆地类型及其演化（Ingersoll et al.，1995；刘池洋，2004；刘池洋等，2015），进而制约煤矿床赋存状况。我国的煤盆地具有复杂的构造－热演化史，尤其是东部的晚古生代煤盆地，经历了不同期次、不同性质构造作用的叠加和改造（莽东鸿等，1994），发生不均衡抬升、翘倾、深埋、变形和复合改造（王桂梁等，2007）。例如，华北东部晚古生代含煤盆地经受了由挤压向伸展构造体制的转折，对不同构造体制下煤矿床的改制和就位模式产生重要影响（潘结南等，2008）。基于中国东部中生代两大构造体制的转换作用及岩石圈减薄机制的研究成果，探讨不同时期、不同体制下构造作用对煤盆地演化和煤系改造的控制作用，受到人们的关注。

四、构造控煤作用概念的发展

在我国煤田地质界，"构造控煤"术语的提出和使用由来已久，但其含义长期并不明确，这是由当时构造控煤研究水平所决定的。通常，狭义的构造控煤是指构造形迹或构造变动对煤层形成和赋存的控制作用。我国煤田地质学家早已认识到基底构造对成煤作用的控制、成煤期同沉积构造对富煤带的控制及成煤期后构造变动对煤系和煤层赋存的控制（韩德馨和杨起，1980）。20世纪80年代以来，在构造控制煤矿床赋存状况的研究方面取得较大进展，相继对伸展掀斜、重力滑动、逆冲推覆等控煤构造形式进行了深入研究（高文泰等，1986；王桂梁等，1992；王文杰和王信，1993）。黄克兴和夏玉成（1991）认为，构造控煤的含义较广，泛指构造作用对煤的聚集和赋存的控制关系。构造控煤研究的主要内容应包括三个方面，即成煤作用的构造控制、改造作用的构造控制及赋煤状态的构造控制。构造控煤概念的完善大大密切了构造地质学与煤田地质学之间的联系。

从煤炭资源开发利用的角度，我们尤为重视构造形迹或构造变动对煤系与煤层赋存状况的控制，新一轮煤炭资源潜力评价工作从预测找煤的需要出发，提出控煤构造样式的概念，强调构造样式对煤系和煤层的现今赋存状况的控制（曹代勇，2007）。以地球动力学特征为依据，建立了控煤构造样式划分方案，将中国控煤构造样式归纳为伸展构造样式、压缩构造样式、剪切和旋转构造样式、反转构造样式、滑动构造样式和同沉积构造样式六大类。控煤构造样式的厘定，为构造控煤研究提供了可操作的途径，对指导煤炭资源评价和煤炭地质勘查实践具有重要意义。

五、我国煤田构造格局的空间差异性广受关注

我国大陆是由若干个稳定地块和活动带镶嵌而成的复合大陆，稳定地块规模小、刚性程度低、盖层变形强烈。受我国大地构造背景的控制，我国煤炭资源赋存和煤田构造格局的鲜明特点，是显著的时空差异性，具有复杂而有序的分区、分带特征。我国煤田地质工作者历来十分重视对煤炭资源赋存特征的时空差异性研究，以成煤条件和构造背景为主线，进行煤炭资源赋存区划（韩德馨和杨起，1980）。通过长期生产实践和科研

实践，尤其是 20 世纪 70 年代后期以来开展的数次全国性的煤田预测，建立了赋煤区、含煤区、煤田或煤产地、勘探区（井田）或预测区四级区划方案，将全国划分五大赋煤区、84 个含煤区（毛节华和许惠龙，1999）。上述赋煤区划体现了煤炭资源现今赋存状况，也间接反映了煤田构造格局的空面展布特征。20 世纪 90 年代后期，在第三次全国煤田预测工作基础上，进一步提出煤系变形分区的概念，初步总结了五大赋煤区煤系变形的基本特征（曹代勇等，1998，1999）。

新一轮全国煤炭资源潜力评价工作中，在赋煤单元研究成果基础上，提出赋煤构造单元的概念，用以刻画煤田构造的展布规律及其对煤炭资源赋存的控制作用（曹代勇等，2013）。赋煤构造单元概念的提出和应用，在构造单元（大地构造属性）和赋煤单元（煤系分布）之间建立起了桥梁，体现了我国煤炭资源赋存规律的基本特点，可以为煤炭资源潜力评价和勘查开发提供科学依据。

六、煤田构造综合研究方法和高精度探测技术推广应用

20 世纪 90 年代以来，我国煤田构造研究方法和技术手段的发展，逐步形成一套完整的技术方法体系（钱光谟等，1994；曹代勇，2006），可概括为：以野外观测和地质制图为基础，宏观与微观相结合、局部与区域相结合、浅部与深部相结合、定性与定量相结合、地质与物探相结合，多学科、多尺度、多层次、全方位综合研究。80 年代末以来，通过引进千米深钻和高分辨数字地震勘探技术，使我国煤田勘查水平有了很大提高。进入 21 世纪以来，在三维三分量地震勘探技术、振幅随偏移距变化（AVO）的反演技术研究方面进行了大量探索，推动三维地震勘探技术在全国广泛应用，开拓了煤矿构造精细探测的可行途径。

七、矿井构造预测与定量评价成为煤田构造研究的生长点

随着我国煤炭工业发展，地质工作重点由资源勘查阶段向矿井生产阶段转移，矿井构造研究已成为煤炭地质领域最具活力的生长点之一。采区三维地震勘探技术和井下综合物探技术大大提高了构造定位探测精度。矿井构造规律研究从定性描述逐步发展到定量分析，数理统计、模糊综合评判、灰色系统理论、岩石力学及构造应力场分析等已得到较为广泛的应用，形成了构造要素统计分析、构造形态空间分析和构造复杂程度综合评价的研究思路。地质构造三维建模与可视化、矿井构造定量评价信息系统、FLAC 软件等数值模拟等新技术的应用，在研究煤矿构造成因与展布、断裂导水性、煤与瓦斯突出等动力灾害方面发挥越来越重要的作用。

第四节　我国煤田构造研究的发展趋势

一、面临的问题

回顾我国煤田构造地质学的研究，在煤田滑脱构造、煤盆地构造分析、构造控煤样

式、矿井构造定量研究等方面已形成鲜明特色，新技术手段应用等方面也取得显著进展。但是，就学科总体而言，我国煤田构造研究与当代构造地质研究先进水平相比，还存在较大的差距。

（1）煤田构造基础理论方面的研究较薄弱，自 20 世纪 80～90 年代煤田滑脱构造研究取得重大突破以来，我国煤田构造基础理论研究少有实质性进展。

（2）煤田构造研究与国内外的交流和学科交叉与综合集成研究少，与当代地质科学理论的结合较少，对基础地质研究成果的利用不足。

（3）现有的大地构造分区方案大都侧重于造山系的划分，对盆地区的构造分区不够详细，难以满足煤炭资源评价和勘查工作的需要。

（4）煤田构造研究领域自主创新的能力较弱，模仿性研究多，针对我国煤田地质实际的独创性成果少。

（5）20 世纪 90 年代以来，基层单位技术人才流失严重，科研院校煤田构造研究的高层次专业人才缺少，导致煤田构造研究整体实力有所下降，难出高水平的成果。

（6）总体说来，当前我国煤田构造理论研究水平和技术手段与生产实践需求尚不相适应，还不能满足煤炭资源评价、勘查和开发保障的要求。

二、发展趋势

我国煤田地质构造的复杂性决定了构造研究在煤炭勘查和开发中的重要作用，在今后若干年内，我国煤田构造研究将紧密追踪当代地质科技进展、围绕国家经济建设需要，调整和拓宽自身研究领域。

（1）地球系统科学、大陆动力学等当代地学理论为煤田构造研究注入新的活力，运用当代地质科学理论加强煤田构造研究，将逐步完善和发展反映我国地质特色的煤田构造学科体系。

（2）煤田构造研究领域与基础构造地质、油气盆地构造、矿田构造研究之间的交叉和渗透，促进煤田构造研究领域不断拓展深化。

（3）先进技术手段为煤田构造研究提供强有力的工具，高分辨遥感技术、高精度物探技术、先进测试分析技术和信息技术的推广应用，将极大提高煤田构造研究的广度和深度。

（4）煤田构造研究的重点将进一步转向为生产服务，以综合研究为核心的煤田构造研究方法体系将不断完善。

（5）新一轮煤炭资源潜力评价提出的攻深（东部深层）、找难（赋煤条件复杂）、查新（新区域和新层位）目标，为煤田构造研究开拓了新领域。

（6）煤层气、页岩气、致密砂岩气等与煤盆地相关的非常规能源矿产，以及煤系矿产资源综合调查评价和开发热潮的兴起，将为煤田构造研究带来新的发展机遇。

第二章　中国煤田构造格局

煤炭资源在地壳中的分布受构造地质条件的控制。在地质历史时期中，地壳经历了不同阶段的构造演化，表现出不同的构造特征，不同阶段的地球动力学环境及形成的构造形迹控制着煤炭资源的赋存状况。大型构造一般具有长期发育的历史，大都经历了多期的构造运动，对成煤盆地的形成和发展、煤层的赋存和分布起着一定的控制作用；中、小型的构造，决定着成煤盆地的类型和煤系的构造变形特征。可以说，各种不同类型的构造及其复合构成各主要成煤期中国地质构造的基本格架，决定着主要成煤期的古地理环境、成煤盆地的类型与分布、煤系后期的变形及赋存特征。

第一节　煤田构造的地球动力学背景

一、中国及其邻区大地构造格局

（一）构造格局特征

中国大陆及其毗邻地区是一个拼合的大陆，它由若干大大小小的地块和夹持其间的造山带所组成，纵向上和横向上均表现出显著的非均一性（马文璞，1992）。主要的地块包括塔里木地块、中朝地块和华南地块；主要的造山带有乌拉尔－蒙古造山带、昆仑－祁连－秦岭造山带、特提斯－喜马拉雅造山带和滨太平洋造山带（图2.1）。位于欧亚板块、印度－澳大利亚板块、太平洋板块和菲律宾板块四个板块的交汇地带的中国大陆，岩石圈结构构造十分复杂，经历了漫长而复杂的地质演化过程。

晚古生代以前的地壳构造演化受古亚洲地球动力学体系控制，中国的大地构造位置位于西伯利亚古板块、冈瓦纳古板块和太平洋古板块三个古板块之间，北部为东西向展布的古亚洲洋和西伯利亚古板块相隔，西南部以北西向分布的古特提斯洋与冈瓦纳古板块相望，东部以北北东向延伸的边界与古太平洋相邻。古亚洲洋、古特提斯洋和古太平洋板块的边界形态与方向、空间位置与演化，对中国大地构造格局有明显的控制作用。伴随着古亚洲洋的演化与关闭，中国北部形成了呈东西向展布、向南凸出的祁连期造山带和天山期造山带；伴随着古特提斯洋的演化与关闭，中国西南部形成了呈北西向展布、向北东方向凸出的印支造山带；主体构造线呈近东西向展布。

中生代以来，中国大地构造环境受特提斯、蒙古－鄂霍茨克洋和太平洋地球动力学体系的影响，形成了以贺兰山—六盘山—龙门山为界的东西分异的构造格局。西部区域，伴随着特提斯洋的演化与关闭，印度板块向北俯冲，最后与欧亚板块碰撞，在西部

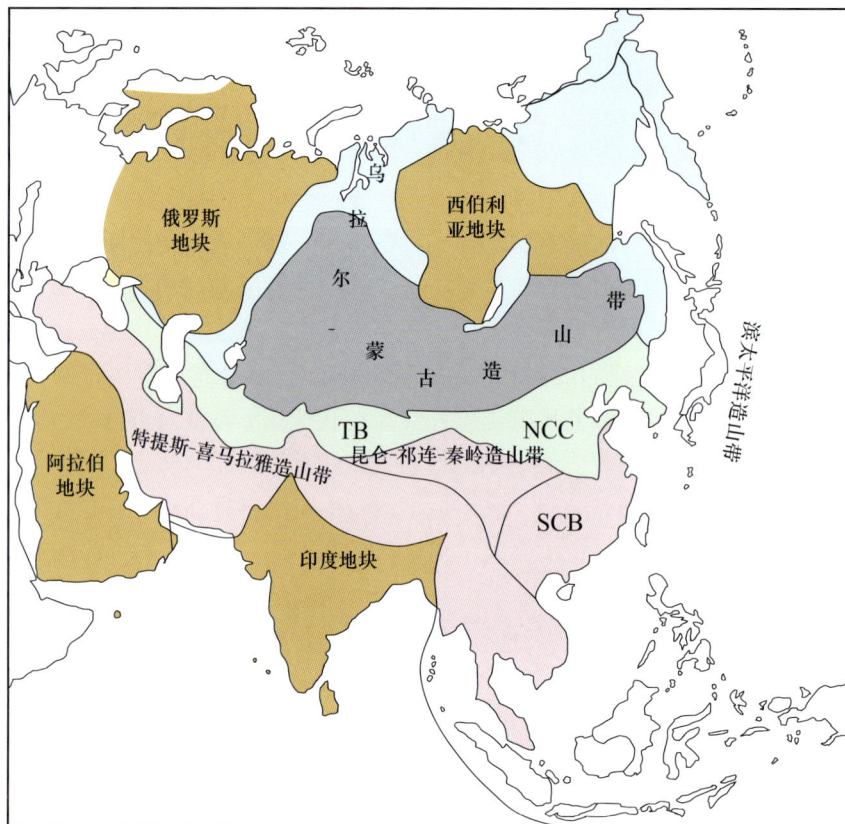

图 2.1　中国及邻区主要构造单元图（据 Zheng et al.，2013）

NCC. 华北克拉通；TB. 塔里木地块；SCB. 华南地块

区域形成了北西向展布，"盆山"相间的构造格局；东部区域，伴随着蒙古－鄂霍茨克洋的最终闭合和太平洋的演化，中国东部依次形成了呈 NNE 向展布的陆缘活化带、裂谷盆地带和沟－弧－盆体系。

　　印度－澳大利亚板块和太平洋板块向欧亚板块的俯冲、碰撞及其诱发的壳幔相互作用，对中国大陆及其邻区岩石圈结构构造的形成演化起到了重要作用，导致中国乃至整个亚洲大陆中东部岩石圈物质组成及结构构造产生了天翻地覆的巨大变化：青藏高原及中亚地区地壳大幅度增厚，形成雄伟的青藏高原和西北地区的盆－山体系；东部滨太平洋地带地壳大幅度减薄，形成一系列规模不等的裂谷盆地和规模宏大的构造－岩浆岩带（李廷栋，2010）。

　　总体而言，从震旦纪到古生代阶段，中国地区构造演化的主要形式是陆块间的离散、聚合及陆块内部的裂陷。晚三叠世，中国统一的大陆逐渐形成，成为欧亚板块的组成部分（翟光明等，2002）。中侏罗世以来，在古太平洋板块向欧亚大陆俯冲的影响下，整个中国东部、东北、华北东部、华南东部卷入到滨太平洋构造，西太平洋型活动大陆边缘形成，中国大陆构造方向逐渐转为北东至北北东，中国古地理格局由南海北陆转变为东西差异，斜贯中国东部的大兴安岭—太行山—武陵山一线，成为东西的重要分界。构造变形以板内为主，有沿板块边缘拼合带的挤压造山，也有发育在陆内的断陷、拗陷盆，形成我国东北赋煤构造区和西北赋煤构造区及华北赋煤构造区的主要成煤盆地；与此同时，中国大陆东侧经历太平洋板块的向西俯冲，发生板内裂陷作用，形成了一些中、小型的成煤盆地，西南侧发生印度板块向北的碰撞。

在陆壳增生阶段（震旦纪—古生代）发育以海陆交互相为主的成煤盆地，在板内运动阶段发育以陆相为主的成煤盆地。显然，发育在这个拼合大陆上的成煤盆地，不仅其成煤环境相当复杂，煤系形成后的构造变形也十分强烈，不同部位的成煤盆地构造的变形性质、变形方式、变形强度和构造样式呈现出复杂多样的特点（曹代勇等，1999，2016）。

（二）主要断裂系统

我国断裂构造十分发育，其空间展布具有明显的规律性，在不同的动力学体系控制下形成了不同规模、展布的断裂组合。根据断裂对煤系赋存的不同控制作用，将断裂分为区域性断裂和主要控煤断裂两大类。区域性断裂指在长期的构造演化过程中形成的深断裂，这些断裂通常是不同时期的构造单元分界，记录了不同的构造和演化，这类断裂控制着赋煤构造单元的基底特征；主要控煤断裂是指对成煤盆地起控制作用的断裂和对煤系经过后期构造变动后的现今分布格局起控制作用的断裂。

该研究对中国赋煤构造单元的划分主要是依据这些区域性质的断裂和主要控煤构造样式来划分的。具体而言，对赋煤构造区、赋煤构造亚区的划分以主要区域性深大断裂和重要的控煤断裂为依据，赋煤构造带则多数是依据主要的控煤断裂进行划分。

根据上述断裂的定义，按照构造演化所受的不同动力学体系，将我国陆内断裂划分为古亚洲洋断裂系统、特提斯断裂系统、滨太平洋断裂系统及中部过渡带断裂系统四大断裂系统。

1. 古亚洲洋断裂系统

发育于古亚洲洋构造域，主体断裂呈近东西向展布，呈波状，包括贺根山断裂、额尔齐斯断裂、德尔布干断裂、赤峰-开源断裂、西拉木伦河断裂、临河-集宁断裂，并以发育蛇绿混杂岩带、蓝闪片岩带为特征。古亚洲洋型断裂系统的伴生断裂有近南北向的张性断裂带：北东东—北北东向、北西西—北北西向"X"形剪切断裂。

2. 特提斯断裂系统

包括古特提斯、新特提斯两个断裂体系：①古特提斯断裂体系，由昆仑山南北两侧的断裂带和扬子陆块北缘的大巴山城-襄樊断裂、信阳镇断裂和围绕青藏高原的澜沧江缝合带、金沙江缝合带和班公错-怒江缝合带等组成，断裂走向呈"反S"状，西端北翘，中部近东西走向，伴有近南北向张性断裂带，东南段显著右旋走滑。塔里木陆块东南部以规模巨大的阿尔金断裂带为主干，组成一个呈北东东向显著左旋走滑的断裂系统；②新特提斯断裂体系，以雅鲁藏布江缝合带为主干，西段略向南弯曲，向东延至察隅地区急转南下，而喜马拉雅地区则为一条强烈的逆冲带。

3. 滨太平洋断裂系统

总体可分为北北东向、北东向两个断裂体系。

（1）北北东向断裂体系，主体呈北东东向，往往兼有显著的左旋走滑，可分为四个断裂系：①大兴安岭 – 太行山断裂带，由北向南分布着大兴安岭断裂、嫩江断裂、太行山山前断裂、晋获断裂；②郯庐断裂系，以郯城 – 庐江巨型走滑断裂带为主干，该断裂北部为依兰 – 伊通、敦化 – 密山两分支，南止于长江；③华南断裂系统，由丽水大浦断裂、平潭东山断裂、铅山寻乌断裂等组成；④东北东部断裂带，主要包括牡丹江断裂、大河镇断裂。

（2）北东向断裂体系，主要发育于东南地区，有嘉山响水、江邵、萍乡广丰等断裂。

4. 中部过渡带断裂系统

以贺兰山至康滇一带南北向断裂带为主体，其次要形迹在华南分布较广，主要有青铜固原断裂、离石断裂、渭河北缘断裂、小江断裂。这些断裂在中、新生代以来受到特提斯、滨太平洋两大构造域的复合作用。

二、地球物理场与深部构造

区域重、磁地球物理资料和一批地学断面的研究成果表明，我国岩石圈具有显著的不均一性，稳定陆块与活动带的深层构造有着明显的差异。地壳 – 上地幔结构和块、带展布形式，反映了显生宙以来特别是中、新生代板块构造的格局和活动特点。

（一）中国大陆磁场特征

1. 中国陆域磁场南北分带特征

以昆仑—秦岭—大别—苏鲁一带为界，中国大陆磁场存在南北两分的格局，其中，北部磁场较复杂，跳跃变化大；南部除东南沿海和冈底斯 – 拉萨地区外，磁场较平缓。

秦祁昆航磁异常区位于中国中部，为中国陆域磁场南北分界线。该带的航磁依次具有明显的带状、窄带状线性异常特征，异常走向以近东西向为主，异常强度多为 $-100\sim300nT$，异常带宽度沿走向变化大。

北部磁场区以磁场强度大、梯度陡、局部异常数量众多为特征，总体表现为高低相间、向南（东）突出的弧形条带异常区。区内局部异常形态、规模、幅值变化大，异常强度多为 $-300\sim500nT$。根据区域磁场特征、局部异常形态和走向差异可进一步分为泛准格尔、塔里木、泛华北、兴安 – 内蒙古四个强磁异常带和阿勒泰、天山 – 北山、巴丹吉林 – 腾格里、松辽正负变化异常带八个磁场单元。

南部磁场区总体异常变化宽缓，局部异常数量较少、强度低、规模小，磁场强度多为 $-200\sim200nT$。根据磁场特征可以进一步划分为成都盆地强磁异常区，西藏 – 三江、峨眉山、武夷山 – 云开正负变化异常带，湘黔桂平缓磁场区，以及可可西里 – 巴颜喀拉平静磁场区六个磁场单元。

2. 中国陆域磁场东西分块特征

从横向上看，中国陆域航磁异常可分成东部强磁场块、中部弱磁场块和西北部强磁场块三大磁场块。

东、西部强磁场块以磁场强度大、梯度陡、局部异常数量众多为特征，在航磁上延图上表现得尤为突出。随着上延高度的增加，中国陆缘的东部和西北表现出以航磁正异常为主的特征，在航磁化极上延 50km 等值线图上，塔里木、准格尔、成都盆地、鄂尔多斯、华北平原、齐齐哈尔等地方出现了局部强磁异常中心。

中部弱磁场块主要包括西藏－三江异常区的中西部、可可西里、巴颜喀拉平静磁场区、秦祁昆航磁异常带的祁连山－东昆仑山地区和丹巴吉林－腾格里异常区。中部弱磁场块为青藏高原及其北东到阿拉善的广大地区所出现的航磁低背景值区，具有南宽北窄的"楔形"，与其东西两侧的航磁高背景值区截然不同。

（二）中国重力场基本特征

中国布格重力异常图显示出贺兰山－龙门山、大兴安岭－太行山－武陵山两条重力梯度带。它们呈南北向展布，将中国大陆分成以鄂尔多斯、四川盆地为中部的三分图像。同时以贺兰山－龙门山为界，东西布格重力异常差异显著，东部为重力高异常区，西部在青藏高原为重力低异常区，西北表现为变化重力异常区。

我国重力场的总趋势为东高西低，约以东经 104° 为界，东部异常走向以北北东向为主，西部异常走向近东西。东部有两条明显的重力梯度带：一条梯度带沿浙江、福建沿海伸延，幅度较小，为 $30 \times 10^{-5} \sim 40 \times 10^{-5} \text{m/s}^2$；另一条梯度带则沿大兴安岭、太行山越过秦岭沿武陵山一线延伸，长达 4000km，梯度带的幅度为 $80 \times 10^{-5} \text{m/s}^2$。该梯度带以东地区，异常变化平缓，从黑龙江到江苏异常值以正值为主，只在靠近梯度带才出现负值；而南部浙闽和湖广地区的异常值则以负值为主，线性异常走向除北北东向外，北东和北东东向也较明显；东北老爷岭、长白山地区和浙闽一带的异常相似，都是相对重力低。在梯度带以西，鄂尔多斯高原和贵州高原的异常均是由东向西平缓下降，而四川盆地则是一个封闭的相对重力高。在中国西部，有两个重力梯度带，一为昆仑－阿尔金－祁连山重力梯度带，幅度为 $300 \times 10^{-5} \text{m/s}^2$；另一为喜马拉雅－横断山重力梯度带，幅度为 $400 \times 10^{-5} \text{m/s}^2$。

总体而言，中国的重力场的基本特征可以概括为：以贺兰山－龙门山为界，东西差异显著：东部，东北、东南沿海相对重力高异常区；西部，青藏高原重力低异常区、西北变化重力异常区。存在两个巨型重力梯度带：大兴安岭－太行山－武陵山重力梯度带、青藏高原周边重力梯度带，将中国重力异常分为东部、中西部和青藏三大区。

（三）岩石圈结构特征

1. 深部构造轮廓

从总体上看，我国深层构造呈东西向和南北—北北东向分带，以南北—北北东向分带最为显著，居于主导地位。二者交切呈块，构成了不同规模的块、带结构，反映了中、新生代以来的地球动力学特征。其中以青藏边缘带所环绕的青藏幔拗区和大兴安岭－武陵山带以东的大陆薄壳带最为显著。它们是中国大陆晚中生代、新生代以来构造活动强烈的地带。600km 深度的层析成像图与地形图对比可以看出，滞留太平洋板片东部边界与日本海沟大致平行，600km 左右的 P 波层析成像图和重力异常及地形特征有高度的吻合性，Zhao 等（2007）认为深俯冲的太平洋板块及停滞在地幔转换带的古太平洋板块对中国东部的地壳及上地幔结构与构造有很大的影响。

中国大陆自西而东，深层结构有明显阶梯式分带现象，西部地壳压缩加厚；中部地壳厚度比较稳定；东部地壳向东减薄，渐次向太平洋洋壳过渡，并与东部大陆的盆岭构造景观相对应。主要的南北—北北东向深层构造陡变带有三条，它们是显著的重力梯度带和地壳厚度的陡变带，同时也往往是上地幔的低密度带，地貌上大多构成山链。自西而东为：①贺兰山 – 龙门山陡变带，构成我国大陆地质 – 地球物理作南北—北北东向分带的中轴；②大兴安岭 – 武陵山陡变带，为中国东部最显著、规模最大的北北东向重力梯级带，代表滨太平洋强烈活动带的西部边界；③中国东部陆缘陡变带。再向东与太平洋的结合部，即为琉球海沟、菲律宾海沟等组成的毕乌夫带。

近东西向的深层构造陡变带主要有两条，即延展于我国北部的天山 – 赤峰陡变带（A）和横亘于中国大陆中部的昆仑 – 秦岭陡变带（B），后者受郯庐转换带影响，向东踪迹不够清晰。东西带由于形成较早，不如南北—北北东向带显著。昆仑 – 秦岭带与贺兰 – 龙门山南北带，将中国大陆分为各具特点的四个大的深层构造区（图 2.2）。

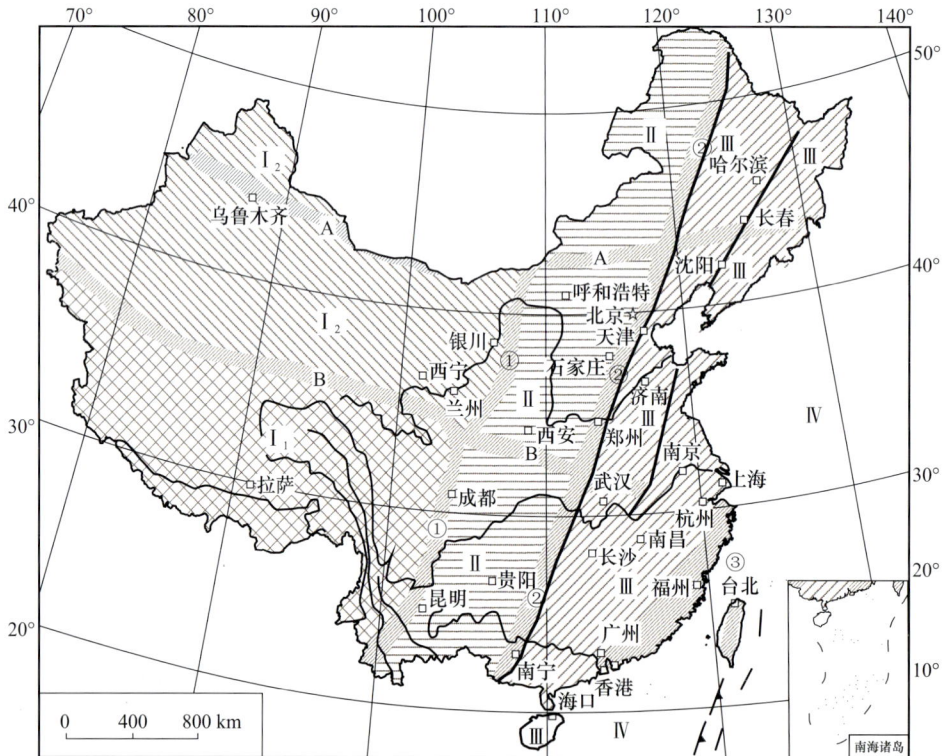

图 2.2　中国主要深层构造区带略图（程裕淇，1994）

Ⅰ. 西部幔拗带；Ⅰ₁. 青藏幔拗带；Ⅰ₂. 塔里木天山幔拗区；Ⅱ. 中部过渡带；Ⅲ. 东部薄壳带；Ⅳ. 陆缘海域幔隆带；①贺兰山 – 龙门山陡变带；②大兴安岭—武陵山陡变带；③中国东部陆缘陡变带；A. 天山 – 赤峰陡变带；B. 昆仑 – 秦岭陡变带

1）西部幔拗带（Ⅰ）

该带自南向北地壳渐次变薄，反映压缩作用逐渐变弱。可分为南、北两个深层构造区：南区为青藏幔拗区。对应于喜马拉雅期青藏造山带，以"厚壳薄幔"为特征，是世界上地壳最厚的地区，平均地壳厚为 70～80km，以羌塘地区下拗最深，岩石圈厚度为 90～120km；北区即塔里木、天山地区，以"准厚壳厚幔"为特征，由可可托海至阿克塞，地壳厚为 44～57km，平均厚为 50km，岩石圈厚度推测为 100～120km（程裕淇，1994）。

2）中部过渡带（Ⅱ）

即鄂尔多斯、上扬子一带，为特提斯、滨太平洋两大构造域的复合地带，深浅层构造都显示"中性"。地壳平均厚度为 38～45km，大体可代表我国地壳平均厚度。该带西侧的银川盆地岩石圈厚为 180km，东侧湘中地区厚达 200～300km。因此，我国中部可能是一个"厚幔带"。

3）东部薄壳带（Ⅲ）

与松辽－江汉断陷带相对应，地壳平均厚为 28～36km，下地壳较中上地壳薄，莫霍面起伏不大，岩石圈厚度减薄为 60～80km。该带"活化"强烈，为燕山期最重要的构造－岩浆"活化"带。

4）陆缘海域幔隆带（Ⅳ）

东海地壳平均厚度为 24～28km，南海中央海盆洋壳厚为 10～13km，岩石圈厚度为 35～40km，是我国最显著的幔隆区。

2. 中国大陆地壳基本特点

中国大陆地壳厚度较大，平均厚度为 47.6km，远超过全球地壳平均厚度的 39.2km，即比全球地壳平均厚度大 8.4km。地壳地震 P 波平均速度为 6.28km/s，比全球平均速度 6.45 km/s 低很多。中国巨大的地壳平均厚度主要源于西部、特别是广阔的青藏高原的巨厚地壳。中生代以来，特别在新生代，中国地质经历的复杂演化过程导致中国地壳出现若干特点。中国大陆及邻近海域地壳厚度变化极大，总的变化趋势是：西厚东薄、南厚北薄、造山区（带）厚、盆地地区薄（图 2.3）。

中国大陆及邻近海域地壳结构构造在纵向和横向上都呈现出明显的不均一性。这种不均一性表现在各地区地球物理场及地壳应力场的差异、地壳分层及在纵向上的不均一性、构造线走向上的变化等方面。

（1）地壳分层结构的差异。除鄂尔多斯、上扬子、天山等地区地壳为二分结构以外，大部分地区地壳为三分结构。

（2）地壳等厚线形态和走向的差异。中国东部与西部地壳构造格架有很大差异（图 2.3）。在西部地区，除阿尔泰、萨彦岭、西蒙古地壳等厚线呈南北向延伸外，大部分地区地壳等厚线都呈近东西向。

3. 中国岩石圈构造单元

经中、新生代强烈改造的中国岩石圈，打破了古老的构造格局，在地球物理场上明

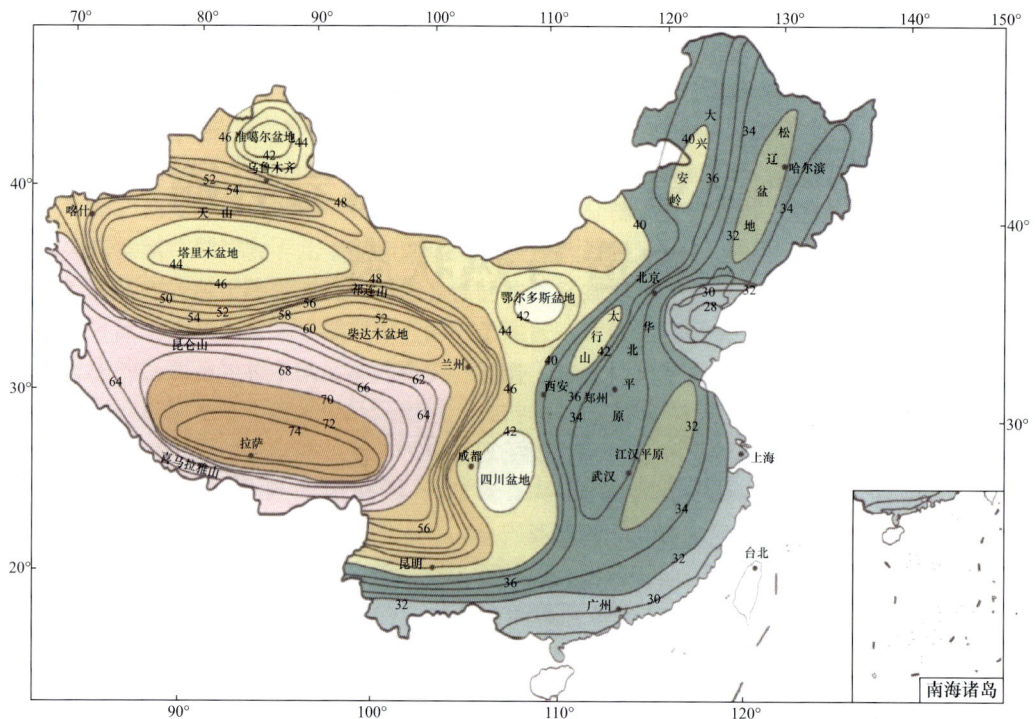

图 2.3　中国大陆地壳厚度分布图（Li and Mooney，1998）（单位：km）

台湾省资料暂缺

显地分为东、西两部分。李廷栋（2006）根据地球物理场所显示的特征及地质和地球化学特征，以贺兰山–川滇南北构造带为界，可以把中国大陆及邻近海域岩石圈划分为东、西两个大的构造单元，列为中国岩石圈的一级构造单元，并分别命名为中亚岩石圈构造域和东亚岩石圈构造域（图 2.4）。其界线和范围分别与喜马拉雅–西域构造域和滨太平洋构造域重合，二者在岩石圈结构上呈现出明显的差异。

1）东部滨太平洋构造域

由阴山和秦岭–大别两条近东西向深层构造带，以及沿海陆缘、大兴安岭–太行山–武陵山和贺兰山–龙门山三条近南北向深层构造带，把东部分割成条条块块。

松辽岩石圈块体：松辽岩石圈块体包括东北东部、松辽平原和大兴安岭地区，南部以中朝地台北缘断裂带为界与华北岩石圈块体相连接；向西、向北可能包括了蒙古东部及俄罗斯外兴安岭以南广大地区；向东连接锡霍特地区。

该区地壳表层构造主体为呈北北东向隆拗相间排列的构造格局，伴以同方向的断裂带和构造–岩浆岩带；中新世—中更新世有广泛的碱性玄武岩及拉斑玄武岩喷发。现今构造活动较弱。

华北岩石圈块体：华北岩石圈块体北以中朝地台北缘断裂带为界，与松辽岩石圈块体相邻；南以商丹断裂带–磨子潭断裂带–舟山断裂带为界，与华南岩石圈块体相接；西界为南北构造带；向东包括黄海。在大地构造上主要属于中朝地台范畴。

16

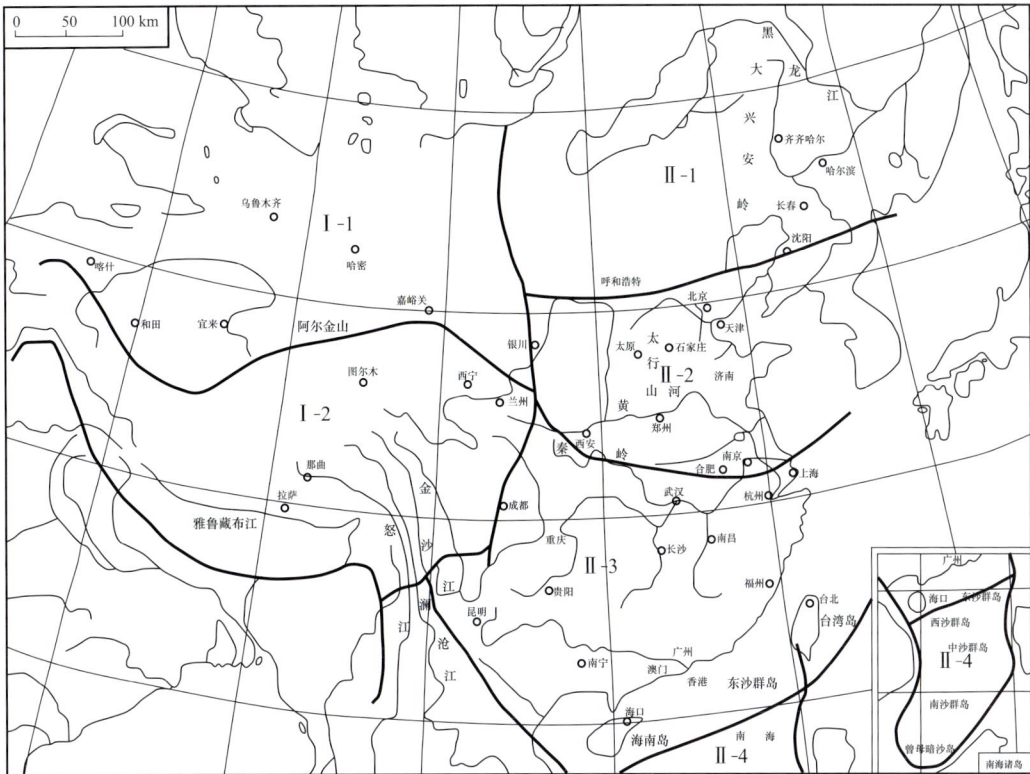

图 2.4 中国及邻区岩石圈构造单元划分（据李廷栋，2006）

I.中亚岩石圈构造域：I-1.西域岩石圈块体，I-2.青藏岩石圈块体；II.东亚岩石圈构造域：II-1.松辽岩石圈块体，
II-2.华北岩石圈块体，II-3.华南岩石圈块体，II-4.南海岩石圈块体

　　该区地壳表层构造呈北北东向隆起与拗陷相间排列的构造格局，自东向西依次为：黄海拗陷带、胶辽隆起带、华北拗陷带、山西隆起带、鄂尔多斯拗陷带；并发育有同方向的大型断裂带和构造－岩浆岩带。区域北缘和南缘分别是近东西向的燕山及秦岭－大别山中新生代陆内造山带。

　　华南岩石圈块体：华南岩石圈块体北以商丹断裂带—磨子潭断裂带—舟山断裂带为界，与华北岩石圈块体相隔，南以滨海断裂带为界，与南海岩石圈块体相邻，西抵川滇南北向构造带，向东包括东海与琉球岛弧隆起带。

　　在大地构造上，这一岩石圈块体跨越扬子地台、南秦岭造山带及华南造山系三个构造单元。区域西部即四川盆地、贵州、湖南、湖北等地，地壳较稳定，构造活动及地震活动微弱；东部，特别是台湾及其邻区，构造及地震活动强烈，主要为浅源地震。

　　南海岩石圈块体：其范围基本上与南海海域相一致，总面积约为 $210 \times 10^4 km^2$，北邻中国东南沿海地区，南界加里曼丹岛，西邻中南半岛，东靠菲律宾群岛。南海是一个近南北向的大陆边缘海盆，南、北两侧大陆架都很宽阔，东西两侧陆架较窄且不对称。南海四周地质构造差异较大。

2）西部喜马拉雅 - 西域构造域

西域岩石圈块体：南以康西瓦断裂带 - 阿尔金断裂带 - 祁连山北缘断裂带与青藏岩石圈块体分界，东界为南北构造带，北部与西部延伸至境外。地壳表层构造为近东西向造山带与构造盆地相间排列的构造格局，形成"三山二盆"结构，即阿尔泰山、天山、昆仑山与准噶尔盆地、塔里木盆地。在大地构造上包括塔里木地块、准噶尔地块、阿拉善地块和阿尔泰造山带、天山造山带、阿尔金造山带及昆仑造山带。

青藏岩石圈块体：该岩石圈块体包括整个青藏高原，北部以康西瓦断裂带—阿尔金断裂带—祁连北缘断裂带与西域岩石圈块体相邻；南以喜马拉雅主边界断裂带与印巴岩石圈块体相隔；东以龙门山造山带与华南岩石圈块体相接。

第二节　中国煤田构造基本特征

一、大地构造演化过程

中国大陆作为欧亚大陆的组成部分，其内部结构复杂，是由一系列巨型的造山带、陆块和微地块组成的复合大陆。中国所在的亚洲大陆是显生宙才逐渐形成的一个大陆，该大陆具有清晰的多旋回分阶段演化特征。中、新生代阶段，中国及大地构造演化总体表现为冈瓦纳大陆北部边缘的裂解和海西期形成的古亚洲大陆的向南增生。中国大陆东侧中生代中期以来受太平洋、菲律宾板块俯冲和碰撞的影响，北侧受西伯利亚板块向南的挤压，南侧及西南侧受特提斯构造域的汇聚和随后印度板块的碰撞和楔入的巨大影响；中、新生代中国大陆及其边缘受多个方面的俯冲、碰撞和挤压，即使在稳定的块体内部也受到较强烈的变形和出现较强烈的岩浆活动。

古亚洲构造域、特提斯构造域、滨太平洋构造域、蒙古鄂霍茨克构造域的形成演化为晚古生代、中生代、新生代沉积盆地的形成及发展奠定了基础和提供了动力来源。

从地球动力学角度分析，古亚洲构造域是在古亚洲洋动力体系作用和影响下形成的一个构造区，包括古亚洲造山区及其南北两侧的西伯利亚板块南部边缘和冈瓦纳北部边缘。古生代时，中国北方的几个主要克拉通，中朝克拉通、扬子克拉通、塔里木克拉通等均属古亚洲构造域；特提斯构造域是在特提斯洋和印度洋两个前后相继的动力体系作用下形成的一个构造区，包括特提斯造山区、中国西部和中亚的新生代复合山脉及其相关的盆地系统；环太平洋构造域是在古太平洋和太平洋两个前后相继的动力体系作用下形成的一个构造区，包括亚洲东部环太平洋造山区、中国东部陆缘活化带和中国东部裂谷盆地带；蒙古 - 鄂霍茨克构造域是发育在古亚洲大陆东侧位于西伯利亚板块与中国北方板块之间的一个中生代大洋盆地及其演化所影响的地区，它包括阿尔金 - 松辽构造带、蒙古 - 海拉尔构造带和蒙古 - 鄂霍茨克构造带，它是叠加在古亚洲大陆上不同大地构造单元上的一个新生的构造区，主要形成于中生代。

多旋回造山作用是中国大陆构造突出的特征，这是由中国所处的全球构造位置所决定的。显生宙期间古亚洲洋、特提斯－古太平洋和印度洋、太平洋三大全球动力学体系在中国的交切、复合，使同一地带在不同构造旋回和构造阶段经受不同的动力体系的作用，因而造成十分复杂的构造面貌和演化过程，由此造成中国煤田构造格局和构造演化的复杂性（曹代勇等，1999；王桂梁等，2007）。

二、煤田构造变形的控制因素

煤田构造变形的控制因素，包括地球动力学环境、构造演化历程、深部构造与基底属性、构造应力场作用及煤系岩性组合特征等。

（一）地球动力学环境是决定煤系构造变形性质的基本条件

含煤岩系形成于成煤盆地（简称煤盆地）之中。煤盆地作为一种构造单元，是区域构造格架中的一个有机组成部分，盆地所在的大地构造位置及其大地构造属性，是控制含煤岩系的构造变形的基本要素（韩德馨和杨起，1980；Bulter et al.，1988；童玉明等，1994；莽东鸿等，1994）。许多学者业已指出，中国是一个由众多较稳定地块和构造活动带经多次拼合而成的复式大陆（任纪舜，1990；马文璞，1992；任纪舜等，1999），平面上和垂向上均具有显著的非均匀性。与世界其他地区比较，中国大地构造的突出特点是：活动带密度大，经历了长期的多旋回的复合造山过程；地台规模小、基底刚性程度低、受相邻活动带影响明显、盖层变形强烈，黄汲清等（1980）称之为"准地台"。显然，发育于该复式大陆之上的成煤盆地，所受到的后期改造十分显著，含煤岩系因其所在的大地构造位置不同，呈现构造变形性质和强度的分区、分带性，构造样式错综复杂，这是中国煤田有别于北美、东欧稳定克拉通煤田的显著特征之一。

从煤盆地后期改造和煤系赋存条件考虑，可确定两类基本赋煤大地构造单元。

（1）克拉通或类克拉通赋煤区，即古大陆板块主体部分或地台。此类地区具有稳定的结晶基底，发育巨型或大型波状拗陷，成煤作用稳定连续；煤盆地构造演化具有继承性，煤系后期改造弱至中等。此类煤盆地通常被造山带所围绕，受其影响，煤盆地以具同心环带结构的变形分区为特征，变形强度由边缘向盆内递减［图 2.5（a）］。赋煤构造单元主体部分煤系保存完好，往往形成具有工业价值的大型和特大型煤田，如华北鄂尔多斯盆地、华南四川盆地、西北的准噶尔盆地和吐哈盆地等。

（2）构造活动带赋煤区。即地槽、地洼或大陆边缘，煤系基底活动性大，煤盆地以带状拗陷（晚古生代—早中生代）和断陷（中、新生代）为主，沉积－构造分异明显，成煤作用规模和强度差别较大，煤系后期改造通常较强烈，以平行条带结构的变形分区为特征，变形强度具有明显的方向性［图 2.5（b）］。如华南东部以加里东褶皱系为基底的晚古生代赋煤区，含煤岩系变形强烈，以复杂叠加型滑脱构造发育为特征；华北南缘大别山造山带北麓北淮阳地区的石炭系杨山煤系更是以稳定性差、构造变形强烈、煤级高等特征而明显有别于华北克拉通盆地内形成的晚古生代煤系。

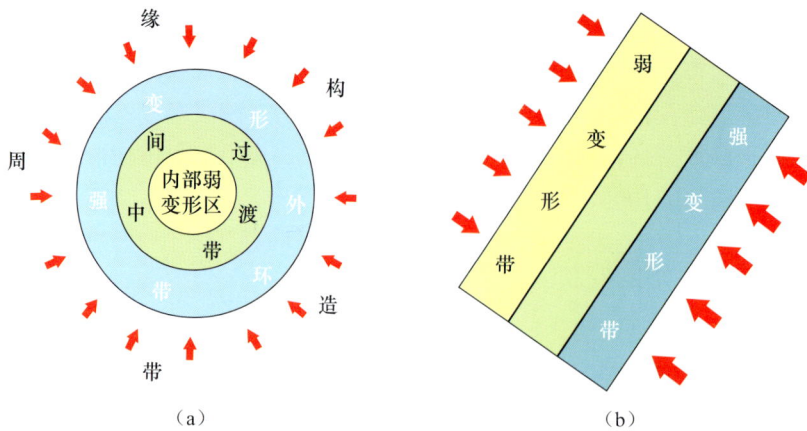

图 2.5　基本赋煤构造单元组合类型

（a）同心环带模式；（b）平行条带模式

（二）构造演化历程影响含煤岩系所经受改造的程度

含煤岩系形成以后，随其载体——成煤盆地演化而发展，漫长地质历史中的各次地壳运动和构造事件无不为其留下深刻的烙印。因此，成煤盆地构造演化的一条基本规律是：含煤岩系生成时代越古老，经历构造运动越多，则变形越复杂。我国具有工业价值的煤层最早形成于石炭纪（湘中测水煤系），晚古生代、中生代、新生代均有成煤作用发生（韩德馨和杨起，1980；毛节华等，1999）。自晚古生代以来，中国大陆经历了海西、印支、燕山和喜马拉雅四个主要的构造旋回（任纪舜，1990；任纪舜等，1999），不同时期、不同地域的地壳运动性质和大地构造演化程式不同，因而，不同成煤区、不同成煤期的含煤岩系所受到的影响也不同，这是导致我国煤田构造复杂性的又一重要地质因素。例如，华北含煤盆地区的石炭系—二叠系含煤岩系经历了印支期的抬升剥蚀、燕山期的挤压和喜马拉雅期的伸展断陷等主要构造事件，具有"多旋回"演化特征，而鄂尔多斯盆地侏罗系含煤岩系和东北-内蒙古东部的早白垩世煤系所受后期改造微弱，其演化是"单旋回"的。

（三）深部构造与基底属性控制煤系变形特征的空间差异

地壳或岩石圈不同层次之间存在着密切的联系，形成于地壳浅部的含煤岩系与深部物质运动和基底结构息息相关。深部构造格局和基底大地构造属性决定了成煤盆地构造演化的活动性，从而决定了含煤岩系后期改造的方式、强度和现今赋存状态。

一般说来，板块内部基底稳定、盖层变形微弱，含煤岩系后期改造程度较低，得以较好的保存，煤盆地演化以继承性为主。例如，华北古板块西半部鄂尔多斯盆地具有稳定的结晶基底，自晚古生代含煤岩系形成以来，长期处于稳定状态，中生代煤盆地继承性发育，石炭系—二叠系煤系和侏罗系煤系后期改造微弱，盆内主体部分含煤岩系呈近水平的单斜或极宽缓的连续褶皱。而盆地西缘和东部基底分别为始生代（晚元古代）贺兰裂陷槽和豫陕裂陷槽，在中新生代构造运动中，基底活动性大，控制盖层变形。盆地西缘在贺兰裂陷槽基础上发生陆内造山、发育指向盆内的逆冲推覆构造；盆地东部的豫陕裂陷槽除中生代褶皱断裂作用外，还构成新生代山西地堑系（汾渭地堑系）的基础。

与板内盆地形成鲜明对比的是，板块边缘或造山带的基底活动性较大、盖层变形明显，含煤岩系均受到不同程度的改造，煤盆地演化以新生性为特点。例如，我国东部自中生代以来，进入滨太平洋活动大陆边缘构造域，深部物质运动加剧、岩浆活动频繁、基底断裂网络复活，不仅使东部晚古生代煤系发生不同形式和不同程度的构造变形，也使成煤盆地类型由古生界的巨型－大型克拉通内拗陷盆地（以基底相对稳定的"冷盆"为特征）演变为中、新生界的中－小型断陷、断拗盆地（以基底较活动的"热盆"为特征）。

（四）构造应力场作用是导致煤系变形的直接原因

含煤岩系的后期构造变形，实质上是含煤岩系在应力作用下发生变形和变位的结果，因此，构造应力场是导致含煤岩系构造变形的直接原因，其要素包括：应力场的性质、方位、强度、作用持续时间、作用期次等。活动论观点认为，区域构造应力主要来源于板块边界作用和板内深部物质活动。中国大陆处于欧亚板块与太平洋－菲律宾海板块、印度板块的拼合部位，现代区域应力背景比较复杂，古生代以来，中国大陆更是经历了多期性质、方向、强度不同的区域应力场作用（万天丰，1993，2011）。复杂的构造应力作用，造成包括含煤岩系在内的地壳岩石复杂的变形。同一地区、不同的含煤岩系经历了不同期次的构造应力场，同一时期、不同地域的含煤岩系所处的应力状态也可能千差万别；板缘构造应力向板内衰减，决定了含煤岩系变形的空间规律性展布特征；深部物质活动和不同的边界条件（如早期构造和基底构造等等）引起区域构造应力分异，导致含煤岩系构造变形的复杂化。因而，构造应力场分析是建立含煤岩系变形与区域构造演化之间联系的桥梁。

以华南赋煤区为例，燕山运动以来，华南赋煤区东南部卷入环太平洋活动大陆边缘构造域，东南沿海中生代闽浙火山岩带是亚洲大陆东缘燕山造山带的一部分，反映了太平洋板块与亚洲板块的强烈作用，由此产生的北西—南东向挤压应力向大陆内部传递，构造变形强度和岩浆活动强度均有由板内向板缘递增的趋势。由东南沿海中生代闽浙火山岩带向西北扬子地台，一系列北东—北北东向大型隆起和拗陷相间排列：闽西南－粤东拗陷、武夷山隆起、浙西－赣东拗陷、武功－云开隆起、赣中－湘南拗陷、九岭隆起、湘中拗陷至扬子地台东南缘的雪峰隆起。上述隆起多与深层次拆离作用有关，晚古生代煤系保存在基底隆起之间的拗陷之中，逆冲推覆与滑覆由隆起指向拗陷，北东—北北东向展布的条带状变形分区规律性明显。

（五）煤系和上覆、下伏岩性组合特征导致煤系变形的特殊性

含煤岩系的岩石组成是其构造变形的物质基础，煤系的基底和盖层是制约煤系变形的边界条件。含煤岩系组成的基本特点是成层性好、旋回频繁、软硬岩层相间、煤和泥岩等软弱层位发育，往往以巨厚的碳酸盐岩系（如晚古生代煤系）或变质岩系、火成岩（如东北的晚中生代煤系）等能干性岩层为直接基底，岩石力学性质差异悬殊，因而含煤岩系对构造应力较为敏感，易于变形。含煤岩系特有岩性组合使得逆冲断层、推覆构造、重力滑动构造、伸展构造等滑脱构造样式在煤田构造中十分普遍。20世纪80年代以来相继开展的国家发展计划委员会规划行业重点项目"中国东部煤田滑脱构造与找煤研究"、国家自然科学基金"中国东部煤田滑脱构造研究"等一系列重点科研课题，对中国煤田滑脱构造进行了广泛、深入的研究，建立了煤田滑脱构造的系统分类和包括"推、滑"叠加型滑脱构造在内的典型构造模式，丰富、发展了当代滑脱构造理论和我国煤田构造理论（王桂梁等，1992；王文杰和王信，1993）。

三、煤田构造格局基本特征

中国成煤盆地主要是在晚古生代和中、新生代形成，在其形成和演化过程中又明显受控于特提斯构造域、环太平洋构造域和蒙古－鄂霍茨克构造域的形成演化。这些构造域的相互作用或先后叠置，使我国的成煤盆地具有明显的东西差异和南北差异。这种差异导致煤系的赋存也有较大差异。

中国煤田构造格局可以从三个角度进行划分（图 2.6）：①以贺兰山－龙门山南北向一级构造带分划的两大构造区域，即东部构造区域、西部构造区域；②两条东西向一级

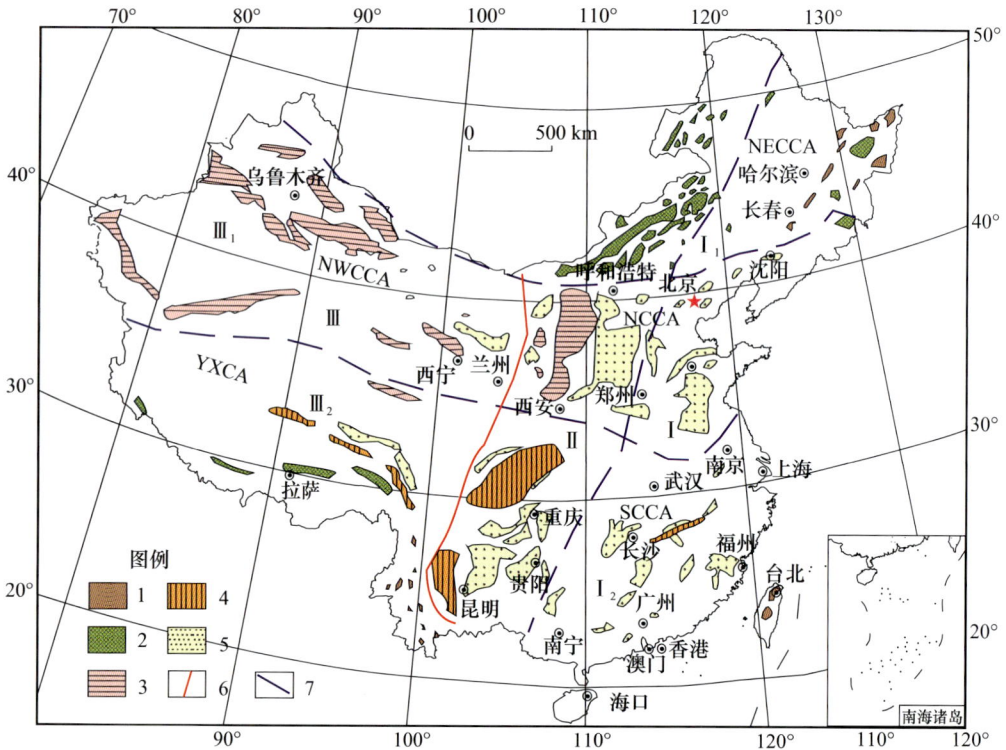

图 2.6　中国煤田构造格局示意图

1. 古近纪、新近纪煤系；2. 早白垩世煤系；3. 早中侏罗世煤系；4. 晚三叠世煤系；5. 石炭、二叠纪煤系；6. 一级构造分界线；7. 二级构造分界线；NECCA. 东北赋煤构造区；NCCA. 华北赋煤构造区；NWCCA. 西北赋煤构造区；SCCA. 华南赋煤构造区；YXCA. 滇藏赋煤构造区；Ⅰ. 东部复合变形区：Ⅰ₁. 东北－华北伸展变形分区，Ⅰ₂. 华南叠加变形分区；Ⅱ. 中部过渡变形区；Ⅲ. 西部挤压变形区：Ⅲ₁. 西北正反转变形分区，Ⅲ₂. 滇藏挤压变形分区

构造带（阴山－燕山构造带、昆仑－秦岭构造带）与南北向一级构造带组合分划的五大赋煤构造区：东北赋煤构造区、华北赋煤构造区、西北赋煤构造区、华南赋煤构造区、滇藏赋煤构造区；③北北东向重力梯度带表征的大兴安岭－太行山－武陵山构造带与贺兰山－龙门山南北向构造带分划的三大煤田构造变形分带，即东部复合变形带、中部过渡变形带、西部挤压变形带。

（一）贺兰山－龙门山南北向一级构造带

中国中、新生代深部一级构造为鄂尔多斯、四川盆地西缘并向南延伸的一条南北向构造带，该构造带在地表地质、地球物理场、煤田地质及气候等方面都是中国东西两部分明显的分界带。从整个太平洋地区来看，该构造带属于环太平洋重力异常环带的一部分，也是我国一条重要的异常陡变带。构造带从北向南所对应的地表构造依次是：鄂尔多斯西缘构造带（包括银川地堑和贺兰山构造带），向南通过西秦岭沿岷山延伸并与四川盆地西缘的北东向龙门山构造带相连，再向南与小江－安宁河断裂带相连。根据目前所掌握的资料，该构造带在三叠纪晚期已经出现，可能在晚侏罗纪就已经基本定型，目前我国（除西藏南部以外）的构造位置和格局基本上在三叠纪晚期才基本形成，因此该构造带是中、新生代控制我国东、西两部分演化的重要边界。从中生代晚期到新生代，该构造带是东、西两侧不同构造单元的分界线。早新生代，该构造单元以西的构造线主要表现为东西向及北西西向，而东侧主要表现为北东向、东西向及北西向；西侧的盆地新生代主要表现出周缘挤压的性质，而东部盆地主要表现出拉张的性质。西部的地壳厚度平均为50km左右，而东部多数为35～45km（图2.3），岩石圈厚度也有类似的特点；东部的地热梯度也较西部高。总之，这些均说明该南北向构造带是我国中、新生代以来控制我国东西部地质演化的重要构造带。

（二）两条东西向一级构造带

1. 昆仑－秦岭构造带

这是最显著的一条构造带，也是分隔我国南、北的东西向构造带，在地表上对应的是我国“中央造山带”。它不仅是我国南、北的地理分界线，也是我国南、北主要地质单元及气候、人文的分界线。在一系列的地球物理资料（图2.3、图2.4）上也显示出该带的存在，该构造带西起昆仑山、向东与秦岭造山带相连，再向东穿过郯庐断裂进入黄海海域，将南黄海盆地分割成南、北两个次级盆地。该构造带的西段昆仑山构造带是青藏高原内部的分界线，北部的柴达木盆地地壳厚度及海拔高度都显著小于南部的青藏高原主体，也是西北赋煤构造区与滇藏赋煤构造区的划分界线。该东西向构造带的中段即秦岭造山带，从晚古生代起到新生代都是分隔华北和扬子的重要构造带，其演化和发展是一个漫长而又复杂的过程。向东沿34°N穿过华北地块南部，华北赋煤构造区与华南赋煤构造区以此为界划分，由于其从晚古生代就一直控制着华北与华南地区的构造演化，使这两个地区的赋煤特征表现出明显的差别。

2. 燕山－阴山－天山构造带

该构造带分隔我国东北赋煤构造区和华北赋煤构造区。该带北部北缘为东北地块南缘断裂,南部边界为燕山与华北平原之间的断裂带,向西与阴山山前断裂带相连。该构造带两侧的构造单元区分非常明显,在深部各种地球物理场特征也表现得异常明显(图2.3、图2.4),我国东部重要的北东向重力梯度带在穿过该构造带时发生明显的偏转。该构造带南侧的华北地块是我国现今的地震活动性高发的地区之一,中、新生代该地区构造活动强烈,逆冲构造和反转构造及走滑活动是该地区重要的构造特征;相反,东北"镶嵌"地块地震活动和新构造活动都很弱。传统上燕山－阴山构造带向西延伸与天山造山带相连,但这两个东西向构造带在阿拉善地区的关系比较混乱,因此还需要进一步研究两者之间的关系。天山造山带是一个新构造非常活跃的造山带,在天山内部的山体中南北显示出不同的次级构造方向,在南天山,山体被一系列走向北西的次级断裂切割,而在北天山,次级断裂的走向为北东向,这两组断裂组成锐角相交的"X"形。这两组断裂说明了天山的崛起是由于天山南北的塔里木盆地和准噶尔盆地互相挤压的结果。而燕山内部的次级构造的走向为北东向,在靠近燕山南缘,这些北东向构造逐渐与南缘断裂平行。

3. 大兴安岭－太行山－武陵山重力梯度带

该构造带大致沿着大兴安岭－太行山－武陵山延伸,呈北北东走向,反映了我国东部地区深部强烈的构造活动(图2.3、图2.4)。重力梯度带以东是我国新生代以来的沉降带,松辽盆地、渤海湾盆地和四川盆地均位于沉降带内。该构造带的西部是我国中部鄂尔多斯和四川两大盆地。这个北东向的地球物理异常带是两种不同体制下的构造单元之间的过渡地区,与贺兰山－龙门山南北向构造带组合,分划三大煤田构造变形带:东部复合变形带、中部过渡变形带、西部挤压变形带。

(三)煤田构造变形分区

中国大陆至晚古生代以来,相继经历了古亚洲地球动力学体系、太平洋地球动力学体系和特提斯地球动力学体系的作用,大陆构造演化的时空非均匀性、基底属性和地层结构的复杂性,导致煤系变形格局呈现复杂而又有序的总体面貌。与中国大陆岩石圈结构(图2.4)、构造基本格局相似,煤田构造变形分区、分带组合可划分为三大区域(图2.6)。

1. 东部复合变形区

大兴安岭－太行山－武陵山以东,煤系后期改造显著且多样化,秦岭－大别山以南以挤压背景为主,华北和东北则以伸展背景为主。煤系变形分区以北东—北北东向展布、平行排列的条带结构组合为基本格局,变形幅度和强度由东向西递减。

2. 中部过渡变形区

大兴安岭－太行山－武陵山与贺兰山－龙门山之间的南北向过渡带,地壳结构稳定,煤盆地演化以继承性为特征,鄂尔多斯盆地和四川盆地煤系变形分区具有典型的

"地台型"同心环带结构。

3. 西部挤压变形区

贺兰山－龙门山以西，煤田构造格局以挤压体制为特色，煤系变形分区组合呈北西—北西西—北北西弧形展布，变形强度向北递减。煤系变形分区组合由滇藏赋煤构造区的平行条带结构，转换为西北赋煤构造区的多中心环带结构。

第三节 赋煤构造单元

一、赋煤构造单元定义

（一）赋煤单元

在适宜的古构造、古地理、古气候和古植物条件下发育起来的成煤盆地，经历了地质演化历程中地壳运动和构造－热作用的改造，遭受破坏和分解，失去完整性和连续性，充填于成煤盆地中的含煤岩系，则发生不同程度的变形－变质作用。煤炭资源潜力及其勘查开发前景，取决于成煤作用等原生成煤条件和构造－热演化等后期保存条件综合作用的结果，称为煤炭资源赋存规律。术语"赋存"含有形成和形变的两重含义，相应的成矿区带称为煤系赋存单元或简称赋煤单元。

我国煤炭资源分布地域广阔，煤炭资源的形成和演化的地质背景多种多样，不同成煤期、不同大地构造背景的成煤条件、聚煤规律和构造演化差异显著，煤炭资源赋存地区的自然地理和生态环境、经济发展水平也有很大差别。为了有利于反映煤炭资源的基本特征、指导勘查开发布局，采用以成煤条件和构造背景为主线、结合其他因素，进行煤炭资源赋存区划。

"全国煤炭资源潜力评价"项目以第三次全国煤炭预测资源区划方案（毛节华等，1999）为基础，进一步突出煤炭资源赋存规律，并与成矿区（带）划相对应，建立了赋煤区—赋煤带—煤田—矿区—勘查区（井田）五级赋煤单元区划体系（程爱国等，2010）。

（二）赋煤构造单元

通常，煤系和煤层的分布具有分区、分带展布特点，这种分区、分带性很大程度上受区域构造格局的控制。童玉明（1994）从大地构造学角度研究成煤作用和煤矿床在地壳中的时空分布及其形成与演化的规律，提出成煤大地构造观点，从大地构造发展阶段和大地构造区划划分的时空结合的角度，也就是按照历史－因果论大地构造学的要求，运用历史动力分析方法，研究探讨聚煤域、聚煤带和成煤盆地的成煤作用基本特征、控制因素和演化规律。成煤盆地在不同大地构造单元中所处的位置，决定着含煤建造的成因和构造特点，从而决定了其工业价值及其远景。

针对煤炭资源勘查开发评价的需要，新一轮全国煤炭资源潜力评价煤田构造研究中提出赋煤构造单元的概念（曹代勇等，2013），用以描述区域构造格局和构造演化对煤系赋存的控制，强调煤系和煤层历经地质作用后的现今赋存状态。

赋煤构造单元主要根据含煤岩系所处位置的区域地质特征、煤炭资源聚集特征及成煤期后煤系形变特征等进行划分，反映构造作用对煤系赋存（形成与形变）的控制作用，是对煤田构造空间分布规律的总结。赋煤构造单元的定义为：在相同或者相近的含煤地层系统内，从煤系赋存角度划分的构造单元，是指经历了大致相同的构造演化历史，变形特征基本相同的地层－构造组合，反映煤炭资源分布的现今构造格局。

赋煤构造单元具有大地构造单元和赋煤单元的双重性质：一方面是煤系赋存的构造区划，具有一般意义上构造单元的含义；另一方面，赋煤构造单元反映的是煤系的现今赋存状况，因而又具有赋煤单元的意义。可以说，赋煤构造单元建立起连接构造单元（大地构造属性）和赋煤单元（煤系分布）之间的桥梁，体现了我国煤炭资源赋存规律的基本特点。

二、赋煤构造单元划分体系

（一）赋煤构造单元的层次结构

与大地构造单元区划和赋煤单元区划相似，赋煤构造单元同样具有层次结构。赋煤构造单元是从煤系赋存角度划分的构造单元，即以地质构造控制煤系赋存状况为出发点，因此与赋煤单元具有可对比性（表 2.1），采用五级划分方案。

表 2.1　赋煤构造单元与赋煤单元的对应关系

单元	层次				
	Ⅰ	Ⅱ	Ⅲ	Ⅳ	Ⅴ
赋煤构造单元	赋煤构造区	赋煤构造亚区	赋煤构造带	拗陷、隆起、断陷、盆地	凹陷、凸起断阶带
赋煤单元	赋煤区	煤盆地群（组合）	赋煤带	煤田	矿区

1. 赋煤构造区和赋煤构造亚区

赋煤构造区是根据主要含煤地质时代的成煤大地构造格局和煤系赋存大地构造格局划分的Ⅰ级赋煤单元，与Ⅰ级大地构造单元范围相当，也可跨越Ⅰ级大地构造单元。我国煤田地质工作者在长期的实践中，划分出东北、华北、西北、华南、滇藏五大赋煤区，该区划方案体现了我国煤炭资源赋存时空差异的总体特征，一级赋煤构造单元赋煤构造区采用与赋煤单元区划相同方案。

在赋煤构造区内，可根据煤系变形特点划分Ⅱ级赋煤构造单元——赋煤构造亚区。赋煤构造亚区是多个赋煤构造带的组合，具有共同的构造演化特征，相同或相近的煤系变形规律，控制边界主要为区域性的大型断裂。

2. 赋煤构造带

赋煤构造带是成煤盆地或盆地群经历后期改造后形成的Ⅲ级赋煤构造单元，与赋煤带对应。其划分的主要依据包括：①具有一致的成煤规律（属于同一成煤盆地或盆地群）；②经历了大致相同的构造-热演化进程；③煤系具有相似的构造格局，即同时代的煤系的赋存状况相似；④赋煤构造带一般以区域性构造线或煤系沉积（剥蚀）边界圈定其范围；⑤构造赋煤带一般相当于Ⅱ级或Ⅲ级大地构造单元，但根据煤系发育和分布特征，也可以跨越不同级别的大地构造单元。

赋煤构造带属于基本赋煤构造单元，采用"地名+构造形变类型+赋煤带"方法进行命名，以反映煤田构造格局的基本特征。

3. 次级赋煤构造单元

Ⅲ级及以下的赋煤构造单元采用盆地构造区划常用的术语，如隆起和拗陷、断隆和断拗、凸起和凹陷等，大体对应于煤田、矿区等赋煤单元，反映煤系赋存特点。

（二）中国赋煤构造单元划分

根据上述的赋煤构造单元的相关定义和划分方案，把中国煤田构造格局划分为5大赋煤构造区、16个赋煤构造亚区、81个赋煤构造带（图2.7，表2.2）。

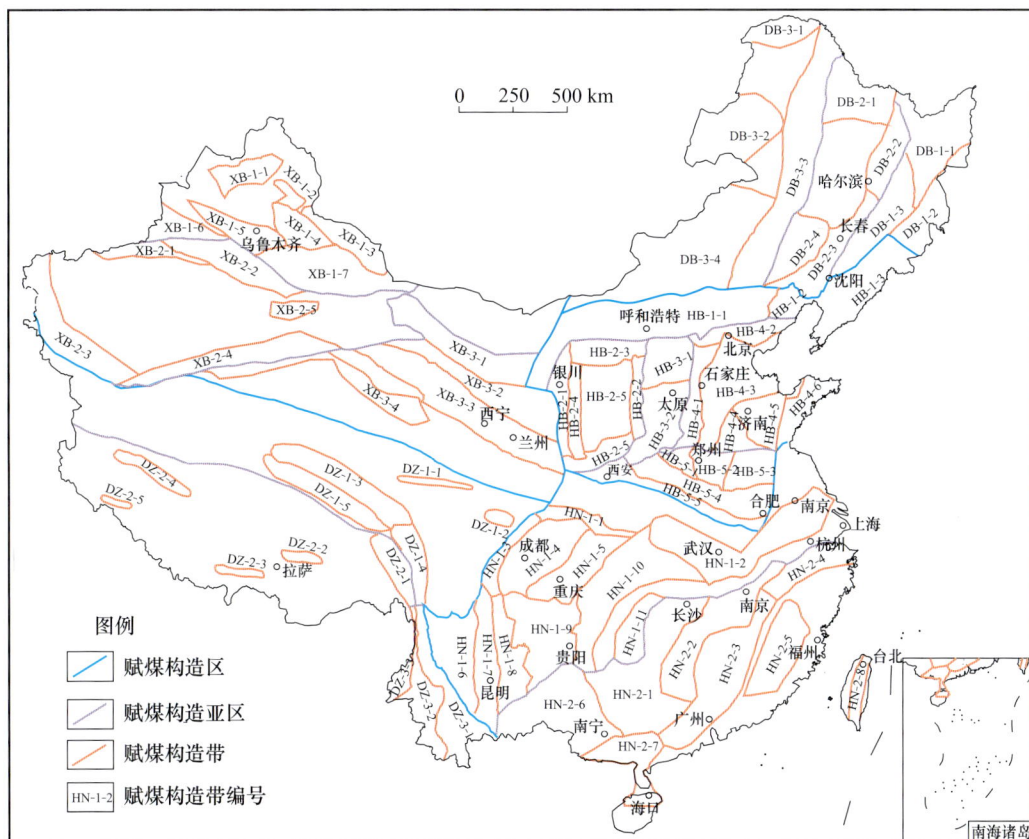

图 2.7　中国赋煤构造单元划分示意图

表 2.2　中国赋煤构造单元划分表

赋煤区	赋煤构造亚区	赋煤构造带
东北赋煤构造区（DB）	东北东部赋煤构造亚区（DB-1）	三江-穆棱断拗赋煤构造带（DB-1-1）
		虎林-兴凯断陷赋煤构造带（DB-1-2）
		依舒-敦密断陷赋煤构造带（DB-1-3）
	东北中部赋煤构造亚区（DB-2）	黑河-小兴安岭断拗赋煤构造带（DB-2-1）
		张广才岭断隆赋煤构造带（DB-2-2）
		松辽东部断阶赋煤构造带（DB-2-3）
		松辽西南部断陷赋煤构造带（DB-2-4）
	东北西部构造亚区（DB-3）	漠河断陷赋煤构造带（DB-3-1）
		海拉尔断陷赋煤构造带（DB-3-2）
		大兴安岭断隆赋煤构造带（DB-3-3）
		二连断陷赋煤构造带（DB-3-4）
华北赋煤构造区（HB）	华北北缘赋煤构造亚区（HB-1）	阴山-燕山褶皱-逆冲赋煤构造带（HB-1-1）
		辽西逆冲-断陷赋煤构造带（HB-1-2）
		辽东-吉南逆冲-拗陷赋煤构造带（HB-1-3）
	鄂尔多斯盆地赋煤构造亚区（HB-2）	鄂尔多斯盆地西缘褶皱-逆冲赋煤构造带（HB-2-1）
		鄂尔多斯盆地东缘挠曲赋煤构造带（HB-2-2）
		伊盟隆起赋煤构造带（HB-2-3）
		天环拗陷赋煤构造带（HB-2-4）
		陕北单斜赋煤构造带（HB-2-5）
		渭北断隆赋煤构造带（HB-2-6）
	山西块拗赋煤构造亚区（HB-3）	晋北断陷赋煤构造带（HB-3-1）
		晋南断拗赋煤构造带（HB-3-2）
	华北东部赋煤构造亚区（HB-4）	太行山东麓断阶赋煤构造带（HB-4-1）
		燕山南麓褶皱赋煤构造带（HB-4-2）
		华北平原断陷赋煤构造带（HB-4-3）
		鲁西断陷赋煤构造带（HB-4-4）
		鲁中断隆赋煤构造带（HB-4-5）
		胶北断陷赋煤构造带（HB-4-6）
	南华北赋煤构造亚区（HB-5）	嵩箕滑动构造赋煤构造带（HB-5-1）
		豫东断块赋煤构造带（HB-5-2）
		徐淮断块-推覆赋煤构造带（HB-5-3）
		华北南缘逆冲推覆赋煤构造带（HB-5-4）
		秦岭大别北缘逆冲推覆赋煤构造带（HB-5-5）

赋煤区	赋煤构造亚区	赋煤构造带
华南赋煤构造区（HN）	扬子赋煤构造亚区（HN-1）	米仓山 – 大巴山逆冲推覆赋煤构造带（HN-1-1）
		扬子北缘逆冲赋煤构造带（HN-1-2）
		龙门山逆冲赋煤构造带（HN-1-3）
		川中南部隆起赋煤构造带（HN-1-4）
		川渝隔挡式褶皱赋煤构造带（HN-1-5）
		丽江 – 楚雄拗陷赋煤构造带（HN-1-6）
		康滇断隆赋煤构造带（HN-1-7）
		滇东褶皱赋煤构造带（HN-1-8）
		川南黔西叠加褶皱赋煤构造带（HN-1-9）
		渝鄂湘黔隔槽式褶皱赋煤构造带（HN-1-10）
		江南断隆赋煤构造带（HN-1-11）
	华夏赋煤构造亚区（HN-2）	湘桂断陷赋煤构造带（HN-2-1）
		赣湘粤拗陷赋煤构造带（HN-2-2）
		上饶 – 安福 – 曲仁拗陷赋煤构造带（HN-2-3）
		浙西赣东拗陷赋煤构造带（HN-2-4）
		闽西南拗陷赋煤构造带（HN-2-5）
		右江褶皱赋煤构造带（HN-2-6）
		雷琼断陷赋煤构造带（HN-2-7）
		台湾逆冲拗陷赋煤构造带（HN-2-8）
西北赋煤构造区（XB）	准噶尔盆地赋煤构造亚区（XB-1）	准西逆冲赋煤构造带（XB-1-1）
		准北拗陷赋煤构造带（XB-1-2）
		三塘湖拗陷赋煤构造带（XB-1-3）
		准东褶皱 – 断隆赋煤构造带（XB-1-4）
		准南逆冲 – 拗陷赋煤构造带（XB-1-5）
		伊犁逆冲 – 拗陷赋煤构造带（XB-1-6）
		吐哈逆冲 – 拗陷赋煤构造带（XB-1-7）
	塔里木盆地赋煤构造亚区（XB-2）	塔西北逆冲 – 拗陷赋煤构造带（XB-2-1）
		中天山断隆赋煤构造带（XB-2-2）
		塔西南逆冲 – 拗陷赋煤构造带（XB-2-3）
		塔东南断拗赋煤构造带（XB-2-4）
		塔东北拗陷赋煤构造带（XB-2-5）
	祁连赋煤构造亚区（XB-3）	阿拉善断陷赋煤构造带（XB-3-1）
		祁连对冲 – 拗陷赋煤构造带（XB-3-2）
		走廊对冲 – 拗陷赋煤构造带（XB-3-3）
		柴北逆冲赋煤构造带（XB-3-4）

赋煤区	赋煤构造亚区	赋煤构造带
滇藏赋煤构造区（DZ）	青南–藏北赋煤构造亚区（DZ-1）	东昆仑断隆赋煤构造带（DZ-1-1）
		积石山断陷赋煤构造带（DZ-1-2）
		唐古拉褶皱–逆冲赋煤构造带（DZ-1-3）
		昌都–芒康逆冲–褶皱赋煤构造带（DZ-1-4）
		土门–巴青逆冲–褶皱赋煤构造带（DZ-1-5）
	藏中（冈底斯）赋煤构造亚区（DZ-2）	边坝–八宿褶皱赋煤构造带（DZ-2-1）
		拉萨北褶皱赋煤构造带（DZ-2-2）
		日喀则褶皱赋煤构造带（DZ-2-3）
		改则褶皱赋煤构造带（DZ-2-4）
		噶尔断陷赋煤构造带（DZ-2-5）
	滇西赋煤构造亚区（DZ-3）	兰坪–普洱褶皱–逆冲赋煤构造带（DZ-3-1）
		保山–临沧走滑–断陷赋煤构造带（DZ-3-2）
		腾冲–潞西断陷赋煤构造带（DZ-3-3）

三、各赋煤构造区煤田构造概貌

（一）东北赋煤构造区基本特征

东北赋煤构造区的大地构造区划属于天山–兴蒙造山系的东段，南部叠加于华北陆块区的北缘。区内以早白垩世内陆含煤岩系为主，我国唯一的晚中生代近海型煤系发育在东部的三江–穆棱河地区，沿北北东向展布的小型断陷盆地中发育古近纪煤系。古、新太平洋地球动力学体系的转折期，岩石圈在伸展作用下形成一系列北东—北北东向展布的断陷盆地，并发生强度较大的成煤作用。由于中生代成煤盆地是在地堑或半地堑基础上发展起来的，基底刚性程度低，盆地规模普遍小，离散程度较高。所形成的成煤盆地多为中、小型的断陷和拗陷盆地。形成的成煤盆地分带性明显，多数追踪基底断裂网络发育，以北东向为主，北西向次之。

东北赋煤构造区中、西部的中生代断陷盆地埋藏较深，成盆后期的构造运动相对较弱，从而煤系保存较好或较完整。该区以兴蒙造山系及其中间地块为基底，印支运动以后卷入滨太平洋活动大陆边缘，燕山运动早、中期以在区域挤压应力场控制下形成北北东—南南西走向的压性构造形迹为特征，中生代晚期中国东部大地构造演化进入东亚大陆边缘裂解阶段。中生代煤系所经历的后期改造主要是控煤断裂的继承性活动，以断裂断块运动为特征，构造样式以由铲式正断层控制的箕状断陷和地堑–地垒组合为主。区域构造线方向呈北东—南西向展布，由西向东，煤系的改造呈逐步增强的趋势。

东北赋煤构造区共划分为3个赋煤构造亚区、11个赋煤构造带：①东部赋煤构造亚区。中生代三江－穆棱河盆地群受后期改造，呈残留盆地群。发育向北西扩展逆冲断层和轴面南东倾的斜歪褶皱等挤压构造样式，松辽盆地以东沿依兰－伊通断裂带和敦化－密山断裂带发育的古近纪拉分裂陷盆地多数亦在晚喜马拉雅期发生正反转；②中部赋煤构造亚区以松辽盆地为主体，煤系赋存于盆地周缘，中生代后期受断裂破坏呈断块格局；③西部赋煤构造亚区，海拉尔盆地群断陷赋煤构造带和二连盆地群断陷赋煤构造带仍保存了成盆期的伸展构造格局。

（二）华北赋煤构造区基本特征

华北赋煤构造区位于华北陆块区的主体部位，指秦岭－大别山造山带以北、阴山造山带以南、贺兰山－六盘山以东的华北和东北南部地区，华北赋煤构造区经历了中奥陶世至早石炭世的长期隆起之后沉降，形成统一的克拉通拗陷，发育了晚古生代海陆交互相含煤岩系。海西运动末期，天山兴蒙造山系崛起致使华北盆地基底抬升，海水由北向南逐渐退出，过渡为晚二叠世陆相盆地，晚古生代成煤作用结束。华南古板块与华北古板块于中生代早期由东向西逐渐完成碰撞对接，构成中国大陆的主体。早中侏罗世华北陆块的古地形东高西低，以太古界陆核为基底的鄂尔多斯地块继承性地发育了大型波状拗陷，以古生代裂陷槽为基底的燕辽地区则发育中小型拗陷，接受了早中侏罗世陆相含煤岩系沉积。印支运动是中国大陆构造演化的重大转折，中国东部进入滨太平洋构造域的演化阶段，华北陆块发生解体，经历了中生代板内挤压变形和新生代活动大陆边缘伸展变形阶段。前一阶段，挤压变形强度由东向西递减，影响到达山西地块；中生代以来中国西部板块构造运动的影响仅限于华北赋煤构造区的南部和西部。新生代伸展变形则主要发育于太行山以东。尚冠雄（1997）认为华北北部主要受古亚洲地球动力学体系古蒙古洋影响，华北南部主要受古特提斯地球动力学体系分支秦岭造山带影响，中间部分则主要受太平洋地球动力学体系影响。区内广泛发育石炭纪—二叠纪煤系，其次为鄂尔多斯盆地的晚三叠世煤系、北部和西部的早中侏罗世煤系和东部沿海的古近纪煤系。

华北赋煤构造区位于华北陆块区主体部位，被构造活动带所环绕，煤系变形存在较大差异，具明显的变形分区特征，变形强度由外围向内部递减。华北赋煤构造区划分为共划分为5个赋煤构造亚区、22个赋煤构造带：①华北北缘赋煤构造亚区受板缘构造作用控制，阴山—燕山—辽东—吉南广大区域发育有一系列走向近东西的早中生代逆冲断裂或推覆构造，华北赋煤区北部的晚古生代煤系和早中生代煤系卷入其中，构成赋煤区北缘强挤压变形带。②鄂尔多斯煤盆地赋煤构造亚区由鄂盆西缘褶皱逆冲带、鄂盆东缘挠褶带、鄂盆北部隆起、鄂盆南部（渭北）断隆、陕北单斜和天环拗陷等赋煤构造带构成完整的赋煤构造单元。煤系变形主要分布于盆地边缘，盆地主体构造变形微弱，呈向西缓倾的单斜，断层稀少，构造简单，构成世界级特大型煤盆地。③山西块拗赋煤构造亚区位于华北赋煤构造区中部，煤系变形略强，以轴向北东和北北东的宽缓波状褶皱为主。④太行山以东进入冀、鲁、皖内环伸展变形区，以断块构造为其特征。⑤南华北赋煤构造亚区中生代以挤压变形为主，构造格局表现为与古大陆板块边界近于平行的宽缓大型褶皱或隆起，以及与之配套的剪切断裂和压性断裂系统，徐淮地区发育逆冲推覆构造。新生代伸展变形较为显著，在很大程度上改造和掩盖了早期挤压构造形迹，豫西含煤区在宽缓褶皱基础上，叠加发育了掀斜断块基础上的重力滑动构造；豫东隐伏区以正断层控制的断块构造格局为特征。

（三）华南赋煤构造区基本特征

华南赋煤构造区处于特提斯构造域与环太平洋构造域的交汇部位，跨扬子陆块区和华南造山系。中、晚二叠世煤系全区发育，其次为晚三叠世煤系，新近纪煤系则局限于西南部滇东一带。华南岩石圈经历了多期、幕式的生长，煤系变形较复杂，时空差异显著，就整个华南赋煤区而言，构造变形强度和岩浆活动强度均有由板内向板缘递增的趋势，受大地构造格局控制，华南赋煤构造区划分为扬子赋煤构造亚区和华夏赋煤构造亚区，共计19个赋煤构造带。

（1）扬子赋煤构造亚区范围与扬子地块相当，处于特提斯构造域与环太平洋构造域的交汇部位，上扬子四川盆地古老基底发育完整，构成了扬子地块盖层变形分带的稳定核心。由于扬子地块基底的固结程度较华北地块较差，煤系变形强度相对较大，且塑性变形特征明显，以挤压体制下的褶皱变形和逆冲推覆为主，变形强度由边缘向内部递减。具有近似同心环带结构的基本特点，上扬子四川盆地构成扬子陆块区赋煤构造单元组合分带的稳定核心，川中赋煤构造以宽缓的穹隆构造、短轴状褶皱变形和断层稀疏为特征。由此向周边，煤系变形强度递增，分别为龙门山逆冲赋煤构造带、川中南部隆起赋煤构造带、川渝隔挡式褶皱赋煤构造带、渝鄂湘黔隔槽式褶皱赋煤构造带、江南断隆赋煤构造带。

（2）华夏赋煤构造亚区的基底为前泥盆纪浅变质岩系，其活动性大于扬子陆块区，经历多次挤压与拉张等不同构造机制的交替作用，煤系变形强烈且复杂。由沿海中生代闽浙火山岩带向扬子陆块区，一系列北东—北北东向大型隆起和拗陷相间排列，晚古生代煤系保存在基底隆起之间的拗陷之中。煤田推覆和滑覆构造全面发育，由隆起指向拗陷，北东—北北东向展布的赋煤构造单元组合规律明显。滑脱构造分类中最复杂的滑、褶、推覆叠加型和滑推多次叠加型均发育在华夏赋煤构造亚区，闽、湘、赣地区以"红绸舞状褶皱"的形象比喻而著称。

（四）西北赋煤构造区基本特征

西北赋煤构造区东以贺兰山、六盘山为界，南以昆仑山、秦岭为界，跨越天山－兴蒙造山系、塔里木陆块区、秦祁昆造山系等不同的一级大地构造单元，主要受特提斯地球动力学体系与古亚洲地球动力学体系的影响。西北赋煤构造区早－中侏罗世成煤盆地形成于造山期后伸展的地球动力学背景，主要为泛湖盆体系中的湖沼环境，湖盆周边发育成煤沼泽，含煤地层及煤层沉积稳定，湖盆内部或水体加深形成暗色泥岩为主的烃源岩，构成煤－油气共生的多能源盆地。大地构造环境和基底构造的不同，导致成煤作用和煤盆地后期改造的差异性，中生代末期以来印度板块与欧亚板块碰撞的远距离效应，使西北地区盆地不同程度反转，形成再生型前陆盆地。含煤盆地赋煤构造的一般规律是"陡边平底"，即边缘发育指向盆内的逆冲推覆体系，煤系以断夹块形式抬升，形成与盆地边缘平行的赋煤构造单元。盆地内部为宽缓的褶皱和断块组合，但成煤性变差且埋藏过深。以特大型赋煤盆地为中心，西北赋煤构造区可划分为北疆（准噶尔盆地）赋煤构造亚区、南疆（塔里木盆地）赋煤构造亚区、祁连赋煤构造亚区三个完整的赋煤构造单元组合。

（1）北疆（准噶尔盆地）赋煤构造亚区包括天山－兴蒙造山系内的准噶尔煤盆地和吐哈煤盆地等，盆地具有前寒武系结晶基底。该亚区包括7个赋煤构造带，呈同心环带结构变形分区组合，构造复杂程度由内及外逐渐加大，盆地周缘（准西逆冲赋煤构造带、准南逆冲－拗陷赋煤构造带）煤系遭受强烈挤压，发育紧闭－等斜褶皱、逆冲推覆或冲断构造，而盆内（准东褶皱－断隆赋煤构造带、准北拗陷赋煤构造带）以宽缓褶皱变形为主。

（2）塔里木盆地（南疆）赋煤构造亚区由天山造山带与昆仑造山带之间的刚性地块和周边造山带组成，北缘和南缘均为指向盆内的逆冲推覆构造带，东南缘为阿尔金断裂。煤系变形具同心环带组合特征，外环带煤系变形强烈，以紧闭－等斜－倒转褶皱及其伴生的逆冲断层为特征。向盆内煤系埋藏深，过渡为舒缓波状起伏或地层近水平的断块组合，剖面形态呈"陡边平底"或"W"形。

（3）祁连赋煤构造亚区东以鄂拉山断裂和六盘山断裂为界，南为昆中断裂，西大致以阿尔金断裂为界，包括祁连造山带和柴达木地块的早中侏罗世煤系分布区。该区处于对冲挤压的变形环境，煤系多呈北西—南东平行条带状分布，褶皱和逆冲推覆构造较发育，由北向南可分为阿拉善断陷赋煤带、走廊对冲－拗陷赋煤带、祁连对冲－拗陷赋煤带、柴北逆冲赋煤带。

（五）滇藏赋煤构造区基本特征

滇藏赋煤区大地构造区划属于特提斯范畴，主体为西藏－三江造山系，由归属于欧亚大陆和冈瓦纳大陆的若干陆块（地体）及其间的缝合带构成，地质演化历史复杂。煤系主要赋存于青藏高原北部和滇西地区，受北西—南东向深断裂的控制和成煤后期的破坏，多为小型含煤区块。强烈的新构造运动，使含煤盆地褶皱、断裂极为发育，含煤块段分布零星、规模小、工作程度低。

滇藏赋煤构造区划分为3个赋煤构造亚区、13个赋煤构造带：①青南－藏北赋煤亚区平面呈向北东方向凸出的弯曲展布，晚古生代煤系和晚三叠世煤系主要分布于昌都盆地和羌塘盆地内，属于活动型沉积，含煤性差、煤层结构复杂，后期改造显著。构造特征以北西西走向（北部）和北北西走向（东部）的逆冲推覆构造和线性褶皱构成的复式向斜为主。②藏中（冈底斯）赋煤构造亚区发育早白垩世煤系，分布零星，煤层薄、含煤性差，后期构造变形差异明显。③滇西赋煤构造亚区以新生代走滑断裂变形为显著特征，主体构造线呈南北向的"八"字形展布。发育众多小型山间盆地和走滑拉分盆地，新近纪有成煤作用发生。由于处于构造活动带，含煤性大大逊色于以扬子地台为基底的滇东地区同时代盆地群。

第四节 控煤构造样式

一、控煤构造样式的概念

构造样式（structural styles）最早由法国地质学家卢贡（Lugeon）引入构造地质学，指一群构造或某种构造形态特征的总特征和风格，即同一期构造变形或同一应力作用下所产生的构造的总和（索书田，1985）。构造样式的本意只是表达其形态特征，但是由于构造变形的几何学特征本身可以反演构造的形成和演化过程，因此构造样式也或多或少含有运动学和动力学意义（漆家福等，2006；李建等，2011）。

构造样式研究渗透在地质学研究的各个方面，是地质学研究的基础，也是构造解析的主要内容之一（马杏垣等，1981；索书田，1985；单文琅等，1991）。

任何一个特定的地质构造现象，一条断层、一个褶皱，它们的几何形态、发育历史等都存在差异。但是，如果从构造组合的角度分析，一组局部构造往往在剖面形态、平面展布、成因机制上相互间有着密切联系，形成特定的构造样式。构造样式研究的目的在于揭示地质构造发育的规律，建立地质构造模型。在地质勘查资料不足的情况下，可以通过构造样式的研究认识可能存在的构造格局和进行构造预测。

构造样式最初用于描述褶皱，现已拓宽至油气盆地构造研究和煤田构造研究。所谓控煤构造样式是针对煤炭资源评价与开发提出来的，用以描述对煤系和煤层的形成、构造演化和现今赋存状况具有控制作用的构造样式，它们是区域构造样式中的重要组成部分但不是全部（曹代勇，2007；曹代勇等，2010）。

控煤构造样式的厘定，对于深入认识煤田构造发育规律、指导煤炭资源评价和煤炭资源勘查实践具有重要意义。

二、控煤构造样式划分

构造样式是各类盆地中构造组合的几何形态表达，构造样式分类是构造样式研究的基础，曾经提出多种方案。美国地质学家 Harding 和 Lowell（1979）及 Lowell（1985）认为一个含油气区的基本构造样式是由各种相互关联的构造组合构成的，强调构造样式是同一应力环境下产生的构造变形的总体特征。他们成功地将岩石圈板块运动与地壳变形相结合，提出具有重要影响的构造样式分类方案，首先强调基底是否卷入，划分为基底卷入型和盖层型两大类，又根据变形的力学性质和应力传递方式进一步细分为八种基本类型。

从盆地构造和指导矿产资源勘查的角度，则强调构造样式与形成盆地的动力学一致性。刘和甫（1993）认为主要有三种地壳应力环境：①裂陷盆地，其最大主应力轴直立；②压陷盆地，其最大主应力轴水平；③走滑盆地，其最大主应力轴与最小主应力轴均水平。这种分类与盆地边界的控盆断裂是一致的，由此将构造样式划分为伸展构造样式、压缩构造样式和走滑构造样式三大基本类型（刘和甫，1993），以及具有构造叠加和复合性质的反转构造样式（Cooper and Willian，1989）。

控煤构造样式的划分采用当前构造样式研究的主流方案——地球动力学分类，即根据地壳应力环境划分为伸展构造样式、压缩构造样式、剪切和旋转构造样式，以及具有构造叠加和复合性质的反转构造样式四大类（表 2.3）。在此前提下，要注重体现煤田构造的特点，如滑动构造在煤田中常见，可以形成于多种应力环境，故可以单独划分滑动构造样式类型（曹代勇，2007）；同沉积控煤构造样式用以描述成煤期盆地构造对煤层聚集的控制作用。

表 2.3　控煤构造样式分类简表

大类	类型	大类	类型
伸展类	单斜断块	反转和叠加类	正反转断裂型
	掀斜断块		负反转断裂型
	地堑地垒型		正反转褶皱型
	箕状构造型		负反转褶皱型
挤压类	逆冲叠瓦扇		推滑叠加型
	逆冲前锋型		复合反转型
	双重（冲）构造	滑动类	背斜隆起型
	推覆体（逆冲岩席）		单斜断块型
	对冲断夹块（逆冲三角带）		断块掀斜型
	背冲型（构造凸起）		多期滑动复合
	挤压断块		层滑型
	褶皱断裂型	（成煤期）同沉积类	同沉积正断层
	纵弯褶皱		同沉积逆断层
剪切和旋扭类	平移断层型		同沉积凹陷（向斜）
	正/逆-平移断层型		同沉积凸起（背斜）
	花状构造		
	雁列褶皱		
	旋扭构造		

第三章　东北赋煤构造区

东北赋煤构造区指东西向赤峰－开原断裂、北东向的敦密断裂至天宝山—延吉—开山屯一线以南的区域，行政区划包括黑龙江、吉林、辽宁省大部分及内蒙古自治区东部，面积近 $160 \times 10^4 km^2$。区内主要发育早白垩世煤系，其次为古近纪煤系。煤系赋存的盆地边缘多受主干断裂控制呈北东、北北东向展布，盆地的形成与火山活动有密切关系。多数盆地的含煤地层覆盖在火山岩之上或被火山岩所控制，成煤盆地多为半地堑、地堑和由一系列亚盆地组成的复式断陷三种构造样式，以半地堑的数目最多。区内除黑龙江东北部有晚侏罗世—早白垩世的海陆交互相沉积外，其余均为陆相沉积。东北赋煤构造区划分为三个赋煤构造亚区、11 个赋煤构造带。

第一节　大地构造背景与煤盆地构造演化

一、大地构造格局

东北地区地处古亚洲洋构造域与环太平洋构造域叠合部位，被西伯利亚板块、华北板块、太平洋板块所围绕，大地构造位于天山－兴蒙造山系的东部，其南侧赤峰－开源深断裂与华北板块相接，北侧通过蒙古－鄂霍茨克构造带与西伯利亚板块相接，东临西太平洋边缘海及弧－沟褶皱带（图 3.1）。多数研究者认为，东北地区是多个地块（微板块）拼合成统一的复合板块（程裕淇，1994；李锦轶，1998；张兴洲等，2006；汪新文，2007；刘永江等，2010）。

天山－兴蒙造山系是西伯利亚板块与塔里木－华北板块的结合部位，在前中生代，西伯利亚板块与塔里木－华北板块为广阔的古亚洲洋所隔开，其中游移着额尔古纳、锡林浩特、布列因－佳木斯、松辽、兴凯等微板块，这些微板块具有与西伯利亚板块南缘相似的古老基底结构。这些微板块在中寒武世开始与西伯利亚板块母体分离，并相互有序地离散，而又于晚二叠世聚敛拼合，形成统一的"东北板块"（刘永江等，2010）。在晚二叠世末，"东北板块"与华北板块最终沿着西拉木伦断裂带碰撞拼合，最终形成了以拼贴板块为主体的中国东北及邻区的大地构造格局（谢鸣谦，2000；Li，2006；刘永江等，2010）。

这些微板块与其间的洋壳在拼贴成东北地区的构造格局的过程中，发生过多次的俯冲消减和陆缘增生作用，在南北两侧分别出现了加里东期褶皱带和海西期褶皱带。西伯利亚古板块的南缘在中国境内最北侧出现的是额尔古纳加里东褶皱带，其南广布着喜桂图旗早海西褶皱带。华北古板块北缘东西向展布着温都尔庙－西拉木伦加里东陆缘增生褶皱带，其北是三角形展布的西乌珠穆沁旗晚海西褶皱带。

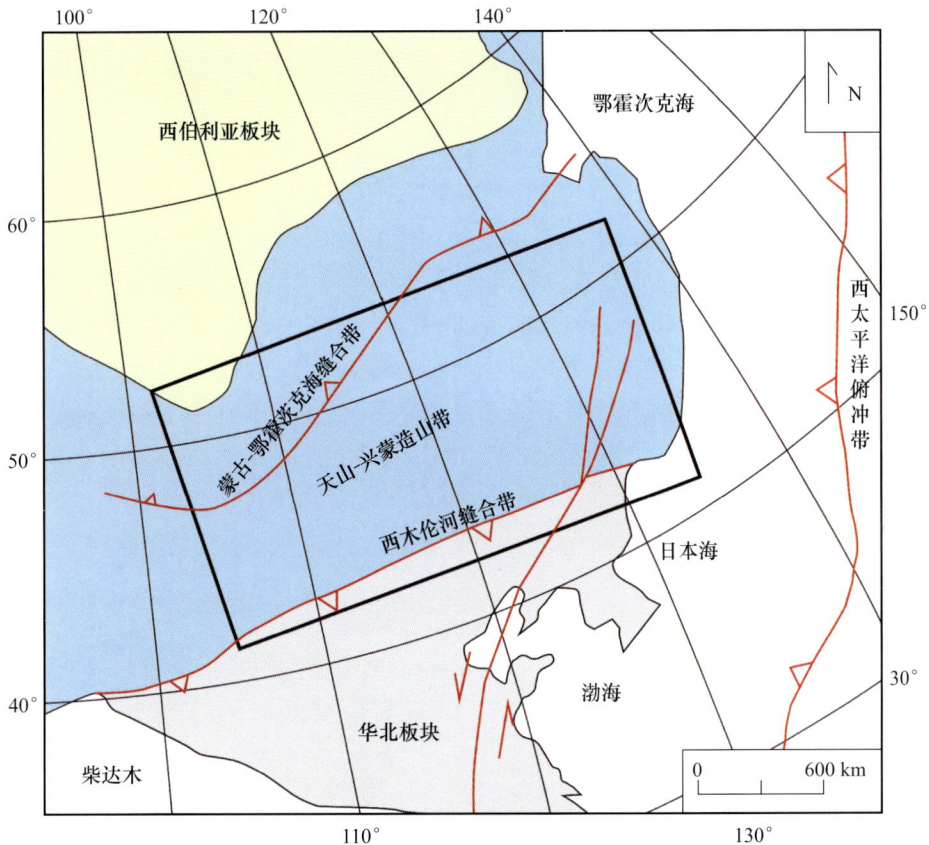

图 3.1　东北赋煤构造区大地构造位置图（据 Li, 2006，有修改）

拼贴的"东北板块"与华北板块在二叠纪晚期碰撞缝合后，与西伯利亚板块之间还横亘着蒙古－鄂霍茨克洋，这个大洋的闭合是从晚二叠世开始由西向东逐渐闭合的，而东北地区与西伯利亚板块的最终完成对接是在早白垩世（马醒华和杨振宇，1993；张梅生等，1998；Donskaya et al., 2013；Cocks and Torsvik, 2013）。这一大洋的闭合对于东北地区的早白垩世成煤盆地的形成与演化有较大的影响。

早、中侏罗世是东北亚大陆边缘多岛洋盆的萎缩与聚敛阶段，板块或陆块聚敛方向以北北西向为主，此期蒙古－鄂霍茨克洋向北北西发生俯冲，到中侏罗世末期蒙古－鄂霍茨克洋西部的主体逐渐封闭，"东北板块"与东西伯利亚大陆间的距离已经相当接近。由于碰撞作用，该区普遍发生了一幕以升降运动为主的构造变动，盆地边缘的局部地区因受到断裂影响而变形强烈，造成了盆地内中侏罗统普遍与下侏罗统不整合接触（汪新文，2007）。

从晚侏罗世到早白垩世（140～100Ma），东北及其临区发生大规模的拆沉和断陷盆地的发展，伴随着 A 型花岗岩的侵入和相火山岩喷出（Batulzii et al., 2013；Ouyang et al., 2013），同时也有变质核杂岩的出露。这些都表明东北地区在此时处于伸展构造环境。这一大范围的伸展和岩浆活动与作者认为和蒙古－鄂霍茨克洋的闭合及 Izanagi 板块俯冲方向由北西转变为北或北北西方向有关（Isozaki et al.，2010；Seton et al.，2012）。从侏罗纪到早白垩世，蒙古－鄂霍茨克洋的闭合表现为自西向东呈剪刀式闭合的特征，西部闭合时间较早，东部在晚侏罗世—早白垩世才完成闭合（张梅生等，1998；Seton et al.，2012；Donskaya et al.，2013）。蒙古－鄂霍茨克洋的闭合造成"东北板块"与西伯利亚板块的最终拼合碰撞，阻碍了从 180Ma 开始向欧亚大陆俯冲的 Izanagi 板块继续的向北西运移。现今的地球物理资料也显示，在中国大陆东部 500～600km 深度有高速异常体存在，该异常体没有越过大兴安岭－太行山，推测为下沉的 Izanagi 板块物质（Zhao et al.，2007）。同时在 147Ma，Izanagi 板块的俯冲方向由北西向顺时针旋转 24°，改为北或北北西向（Isozaki et al.，2010；Seton et al.，2012），这一俯冲方向的突然改变，使整个东部的动力环境失稳，前期俯冲到东亚大陆下的大洋板块向悬臂梁一样失稳断裂，使 Izanagi 板块向地幔下沉，引起地幔物质的上涌，造成东北地区大范围的裂陷和火山活动（140～100Ma），而后进入东北断陷成煤盆地主要形成和发育时期（图 3.2）。

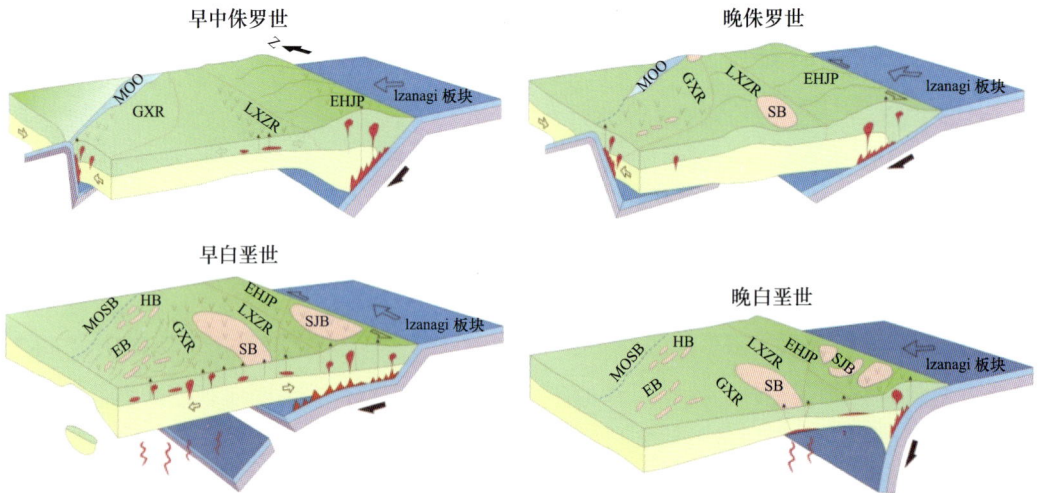

图 3.2　东北地区中生代盆地构造演化动力学模型（据 Xu et al.，2013，有修改）

GXR. 大兴安岭；LXZR. 小兴安岭－张广才岭；EHJP. 黑龙江省东部；HB. 海拉尔盆地；EB. 二连盆地；SB. 松辽盆地；SJB. 三江－穆棱盆地；MOO. 蒙古－鄂霍茨克海洋；MOSB. 蒙古－鄂霍茨克缝合带

Izanagi 板块的断裂下沉是从西向东逐渐发展的，从而造成西部海拉、二连地区的裂陷形成早，以东地区的裂陷相对滞后一些。许文良等（2013）通过火山岩测年研究，认为 165～138Ma 的火山岩主要分布在松辽盆地以西地区，在吉黑东部没有发现，这暗示着岩浆作用是由西向东的发展趋势。在二连、海拉尔断陷构造赋煤构造带，在晚侏罗世强烈断裂和火山活动以后，到早白垩世进入相对宁静期，从而形成较为稳定的成煤环境，对于厚煤层、巨厚煤层的形成是一个极有利的因素。在三江－穆棱断拗赋煤构造带，从早白垩世开始到中晚期，地幔物质上涌逐渐减弱，但构造活动仍表现较为活跃，区内的火山活动仍在继续，断裂活动也相当活跃，盆地中充填以粗碎屑物质为主的沉积物，并且岩相纵、横向变化较大，表明盆地与周围的剥蚀区高差较大，成煤环境较前者差。

晚白垩世末期，随着 Izanagi 板块继续向北漂移，其对中国东部的影响逐渐减弱，太平洋板块逐渐由位于欧亚大陆的东南部北移至东部，其俯冲速率由在 95Ma 时之前的 150mm/a 左右急升至 198mm/a，俯冲方向转变为北西，成为泛大洋中占主导地位的板块（Cottrell and Torsvik，2003；Seton et al.，2012；包汉勇等，2013）。

古新世—渐新世，在 85Ma 前后，太平洋板块俯冲角度由早期的 10°左右逐渐转变成约 80°（Zhou and Li，2000）。正是由于太平洋板块速率和方向的改变，以及高角度的正向俯冲，并且伴随着太平洋板块俯冲带的后退，该区发育离俯冲带较远的弧后大陆内裂谷，形成一系列断陷盆地，如梅河、舒兰、桦甸、敦化等［图 3.3（a）］。这些断陷盆地多数分布在两条断裂带内，其展布受两条断裂带的控制，盆地内发生了不同程度的成煤作用，但与早白垩世的成煤盆地相比，古近纪成煤盆地的规模和资源量要小很多。在 80～43Ma 期间，太平洋板块俯冲方向变化不明显，主要呈北西—北北西向俯冲于欧亚板块的东部，但是俯冲速率从 60Ma 的 100mm/a 快速下降到 43Ma 的 38mm/a（包汉勇等，2013）。

古近纪末期—中新世初期，太平洋板块与欧亚板块的相对汇集速率增大，中国东部的盆地从北到南发生大规模的反转，表明为挤压背景。东北地区在古近纪形成的裂谷盆地遭受第一次反转作用，裂谷盆地普遍发生抬升、剥蚀或缺失沉积（汪新文，2007）［图 3.3（b）］。

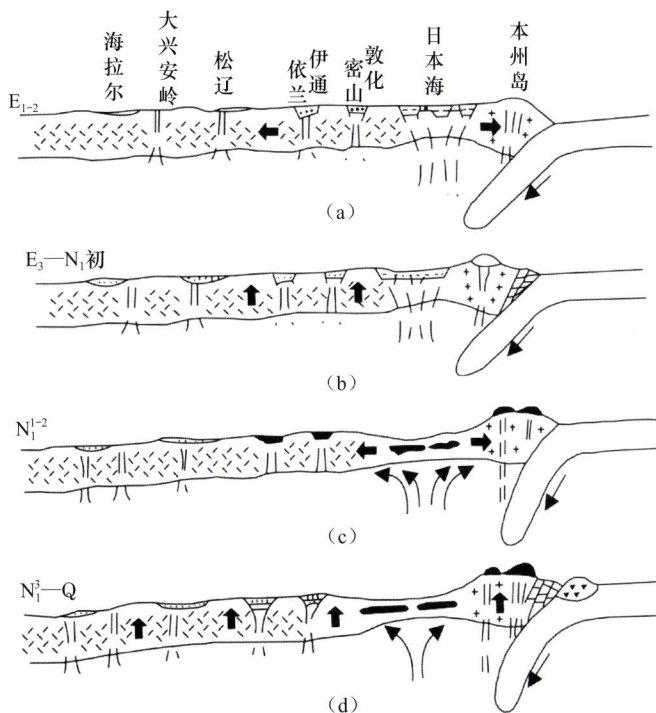

图 3.3 东北地区古近纪—新近纪构造演化动力学模型（据汪新文，2007，有修改）

进入新近纪以来，太平洋板块的俯冲带再次滚动后退，在 23～10Ma 期间太平洋板块俯冲速率由 80mm/a 下降至 60mm/a 左右（包汉勇等，2013），汇集速率相对减弱，太平洋板块开始出现弧后扩张，使日本海大幅度张开（25～15Ma）。该区则表现为较弱的伸展作用，早先的裂谷型盆地演变为拗陷型盆地（汪新文，2007）[图 3.3（c）]。

晚中新世至第四纪（10Ma 以后），太平洋板块俯冲速率又开始明显加大，由 60mm/a 左右增至近 100mm/a，特别是更新世以来持续至今的冲绳海槽弧后扩（Park et al.，1998），导致中国东部构造应力场转变为挤压环境 [图 3.3（d）]。

二、地球物理场和深部构造

（一）区域重力场特征

重力场是地表地形、地壳浅部和深部、局部和区域的构造形态和状态的综合反映。从东北地区布格重力异常图（图 3.4）中可以看出：布格重力异常分布的总趋势是东高西低，异常自西向东从 -80mGal 逐渐增大至 +20mGal，与现代地貌基本上成负相关关系。其中有一条北东向的重力梯级带十分醒目，此条重力梯级带即著名的大兴安岭 - 太行山 - 武夷山重力梯级带。这一梯级带的连续性好，带宽达 100 多千米，规模巨大，梯度带幅度约为 40mGal，最大梯度约为 1mGal/km。梯度带以东，异常变化平缓；梯度带以西，异常变化较为剧烈。另一条北东向重力梯级带为伊春 - 佳木斯 - 长春 - 沈阳重

图 3.4　东北地区布格重力异常图（据吴咏敬等，2012）（单位：$10^{-5}m/s^2$）

力梯级带，该梯级带的幅度小于大兴安岭－太行山－武夷山重力梯级带，约为 20mGal，最大梯度约为 0.3mGal/km，基本上连续。在两条梯级带中间为重力变化平缓区，变化幅度约为 20mGal（江为为等，2006）。

根据布格重力异常的分布趋势，以上两条重力异常梯级带可以将东北地区分为西部、中部、东部三个重力异常区。

（1）西部为强度和梯度较大的负异常区，重力异常为 –80～0mGal，等值线走向为北北东—北东向。

（2）中部为重力异常缓变区，重力异常正负交替变化，以正异常为主，异常值为 0～20mGal，异常的梯度较小，为松辽盆地地幔上隆区的反映。

（3）东部以北东向的负异常为主，异常值为 –20～+20mGal，张广才岭和小兴安岭区为负异常，异常变化平缓，在黑龙江省的东北地区表现为正异常，反映了三江盆地区因裂陷地壳变薄，高密度的基底隆起的特征。

（二）区域磁场特征

1. 基本特征

东北地区的航磁（ΔT）异常为 –500～200nT（图 3.5），与地层分布、岩浆活动、构造运动关系密切相关，不同的地区具有不同的磁场特征。

图 3.5　东北地区航磁异常图（据胡旭芝等，2006）（单位：nT）

（1）磁异常主要呈现北东—北北东和近东西方向，个别为北西方向，异常多呈条带状和团块状。

（2）北东—北北东向异常代表了中、新生代以来太平洋板块俯冲的影响，南部的北东向异常带则主要反映了古生代末西伯利亚板块与华北板块碰撞、拼贴的构造特征。

（3）近东西向磁异常带常被北东向异常干扰、错断，表现了后期构造活动对前期构造形态的继承和改造。

2. 分区

（1）大兴安岭以西磁场区：该区域磁场在西部表现为由不连续的团块状和条带状正异常组成的呈北东向的条带，磁场强度局部较高。在东部为平静的负磁场，是主要的煤系赋存区域。

（2）大兴安岭隆起正负磁场交互区：该区域磁场总体呈北北东走向，正负磁场相互伴生，正磁场强度较大，呈带状零散分布，在区域的北部出现较集中的正异常，表明该区域曾经历过大规模的火山喷发。

（3）松辽盆地负磁场为主区：以负异常为主，异常表现平静。分布的正异常强度不大，表示磁性体埋藏较深。

（4）张广才岭－小兴安岭高强度正磁场区：该区域以正异常为主，异常强度大，变化较为剧烈，分布广。

（5）佳木斯－牡丹江负磁场区：该区的磁场走向以北东向为主，主要为大面积的负异常，局部分布紧密排列的正异常，此区为黑龙江东部赋煤区域。

（6）华北北缘正负磁场交互区：该区异常表现为正负伴生，走向以东西和北东为主。磁异常表现较为凌乱。

（三）岩石圈结构

东北赋煤构造区属于中国东部的陆缘地带，中生代以来的构造－岩浆作用异常活跃，地震活动强烈，反映了多层岩石圈结构构造特征。

1. 地壳结构

20 世纪 80 年代开始的全球性地学断面的研究计划，其中有两条地学大断面通过东北赋煤构造区，通过综合研究结果表明，该区地壳普遍分为上、中、下三层，上地壳平均密度为 $2.78 \sim 2.81 g/cm^3$；中地壳平均密度为 $2.83 \sim 2.92 g/cm^3$；下地壳平均密度 $2.99 \sim 3.05 g/cm^3$。断面内上地壳和中地壳的密度变化无论在横向上还是在纵向上都要比下地壳变化大并且复杂；中、上地壳内断裂发育，只有少数深大断裂切割到下地壳和上地幔（金旭和杨宝俊，1994）。在部分地区的中（上）地壳又可进一步划分为两层。

大兴安岭地区地壳可分为三层，即深度 18km 以上为上地壳，$18 \sim 28km$ 为中地壳，$28 \sim 40km$ 为下地壳，其结构面纵波速度 v 值变化范围大体为 5.23km/s 至 6.40km/s，但进入上地幔 $v=7.8 \sim 8.1km/s$，地壳结构表现出极为复杂的特征。

松辽盆地一带，地壳在 25km 深处可分为上、下两层，林甸一带 $10 \sim 15km$ 深处和哈尔滨一带 6km 之上，出现低速层 v=5.4～5.7km/s，上地壳与下地壳界面 v=6.37km/s，下地壳与上地幔界面 v=8.0km/s。松辽盆地下地壳二维平均速度为 v=6.2km/s，区别于以西地区的 v=6.4km/s，而且向西倾斜，即松辽盆地下地壳向大兴安岭地区下地壳表现出了"侧伏"的特征，这对解释大兴安岭地区中生代火山岩－侵入岩浆作用形成的机制有重要意义。

张广才岭及老爷岭地区，地壳表现为三层结构，深 18km 以上的上地壳，v=6.1～6.28km/s；中地壳深约 25km，v=6.10～6.70km/s；下地壳 v=7.8～8.0km/s。

从密度（ρ）分层结构可以看出，松辽盆地和海拉尔盆地密度最低，范围较大，主要是由中、新生代低密度层引起。在断面全长范围内除浅部盖层外，仍表现为三层结构，上地壳平均密度为 2.78～2.81g/cm³；中地壳为 2.83～2.93g/cm³；下地壳为 2.99～3.04g/cm³，上地幔密度一般为 3.23～3.31g/cm³。

从贺根山至赤峰－开源断裂一带通常认为属于华北板块北缘古生代增生带。此地区上地壳厚度 14～15km，v=3.0～6.2km/s，ρ=2.83g/cm³；中地壳还可以分为两层，上层厚度为 10～11km，v=6.2km/s，ρ=2.84g/cm³，下层厚度为 4～5km，v=6.4km/s，ρ=2.88g/cm³，但在林西一带出现速度逆转异常，v=6.3km/s；下地壳厚为 9～10km，v=6.7～7.4km/s，ρ=3.08g/cm³。地壳总厚度 37～40km，平均速度 v=6.20km/s，各层厚度变化稳定，展布平缓（李兆鼎，2003）。

2. 岩石圈厚度变化

一般认为，岩石圈上部（厚度一般为几十千米）是坚硬的，能在较长的地质时期内贮存和传播应力，称为弹性岩石圈。弹性岩石圈在受外力或沉积载荷的作用下能发生脆性断裂或弯曲，并为沉积物提供空间。在弹性岩石圈下部称为热岩石圈，其受应力时将发生蠕变作用并释放应力。因此，岩石圈的弹性有效厚度是成盆动力学分析中的重要参数之一。

从东北地区岩石圈弹性有效厚度等值线图（图3.6）中可以看出：①总体上松辽盆地及其东带的有效弹性厚度较薄（10～20km），大兴安岭及其西带厚度较大（15～30km）；②等值线的展布总体是北北东—北东方向，而且中带（松辽盆地）呈近南北向，至东带呈北东向，这与该区深大断裂的展布相吻合。例如，在依兰－舒兰断裂带位置及敦化－密山断裂带位置呈北东向，而沿牡丹江断裂带及大和镇断裂带呈近南北向。这说明东带拆离断层走向主要为北东向和南北向两大类，而且拆离深度较西带浅。在某种程度上也表现为东带中、新生代尤其是新生代构造变动强烈的结构（谯汉生等，2002）。

（四）莫霍面特征

东北地区莫霍面等深线总体呈北东向展布，并且形成了两条明显的北东向及一条北西向的深度陡变带，即西部的大兴安岭北东向深度陡变带，中部的依兰－伊通北东向深度陡变带和鸡西经过通河到多宝山的北西向深度陡变带（图3.7）。其中依兰－伊通陡变带与鸡西－多宝山陡变带在通河附近相交，呈"X"形交叉分布，将研究区大兴安岭以东地区分割成互为对顶分布的两个地幔隆起区（简称幔隆区），构成了研究区莫霍面起伏变化的基本轮廓。

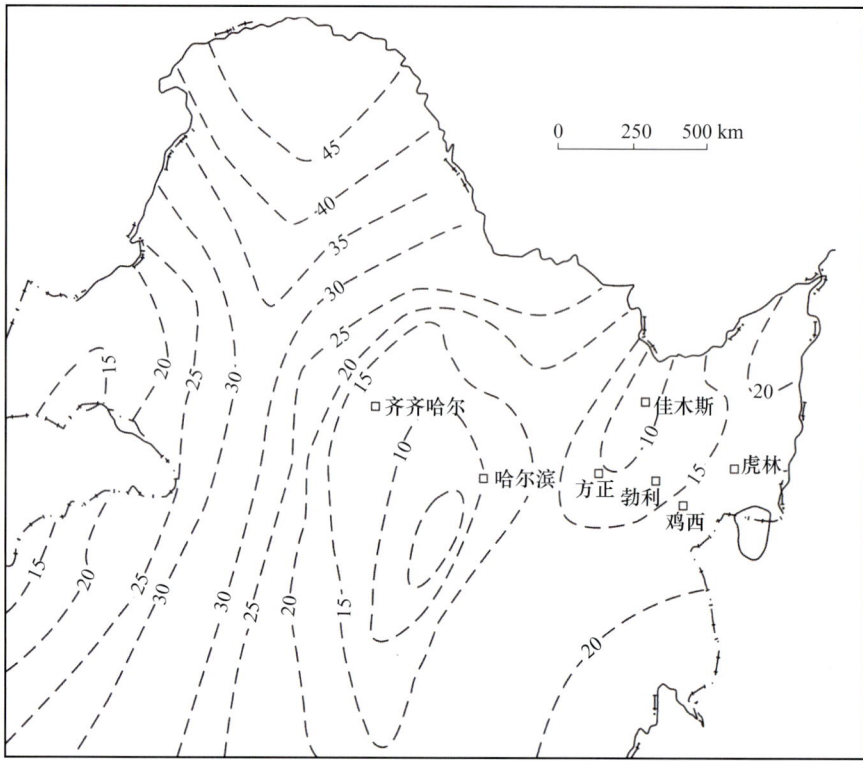

图 3.6　东北地区岩石圈有效弹性厚度等值线图（据谯汉生等，2002）（单位：km）

该区莫霍面深度变化的规律是从中间向东西两侧逐渐变深，最浅的位置在明水—安达—长岭一线，莫霍面最浅深度小于 29km。从这条连线向东西两侧，莫霍面的深度逐渐增大，但东西两侧莫霍面下降的梯度有所不同，在西部，从大兴安岭的东坡向西深度变化梯度比较大，在 100km 宽的范围内，莫霍面深度增大 7km，在大兴安岭山脉处出现两个北东向的宽缓的局部凹陷区，最大深度达到 46km；东侧，莫霍面平缓下降，其中有两个凹陷区，一个与张广才岭对应，最大深度达 38km，另一个与长白山山脉对应，深度达 42km；在佳木斯地块上为莫霍面隆起，最浅部位在三江盆地的绥滨断陷，深度 31km（谯汉生等，2002）。

总体来说，整个东北地区的莫霍面深度分布与东北地区的构造带相吻合，主要表现为：

（1）莫霍面的隆起和凹陷分别对应于新生代沉积区和褶皱山区，如松辽盆地、海拉尔盆地、三江盆地分别对应着莫霍面隆起，而大兴安岭、小兴安岭、张广才岭、长白山则分别对应着莫霍面的凹陷。

（2）莫霍面深度特征表现以北东、北北东向线性构造最为清晰、完整，而东西、南北向构造线表现为受北东、北北东向构造线改造、破坏，呈断续出现的特点，这也从深部反映了东北地区构造体制存在转变。

（3）莫霍面的起伏也与现代地形之间具有密切的镜像关系，是地壳现代均衡的表现，但也不是处处都表示为这种镜像关系，如在哈尔滨以东地区，表明该地区的地壳是处于一种重力的不均衡状态，可能是新构造活动的活跃区。

（4）深大断裂与莫霍面变化带相对应，如依兰－舒兰断裂、敦化－密山断裂。

依莫霍面深度、起伏变化及形态特征将该区划分为三个分区，分区特征如下：

① 西部区：位于嫩江断裂带以西，深度变化为36～46km，总体呈向西倾并呈北北东走向，西部海拉尔盆地呈局部凸起。

② 中部区：位于嫩江断裂和牡丹江断裂带之间，深度变化为29～35km，35km 等深线范围与松辽盆地现今边界相当，莫霍面起伏轴线呈北北西向，莫霍面最高点对应松辽盆地中央拗陷区。

③ 东部区：位于牡丹江断裂以东，深度变化范围31～38km，北部对应三江盆地为莫霍面局部凸起，凸起中心在绥滨断陷，最高点31km，南部为莫霍面局部凹陷，中间为过渡带（谯汉生等，2002）。

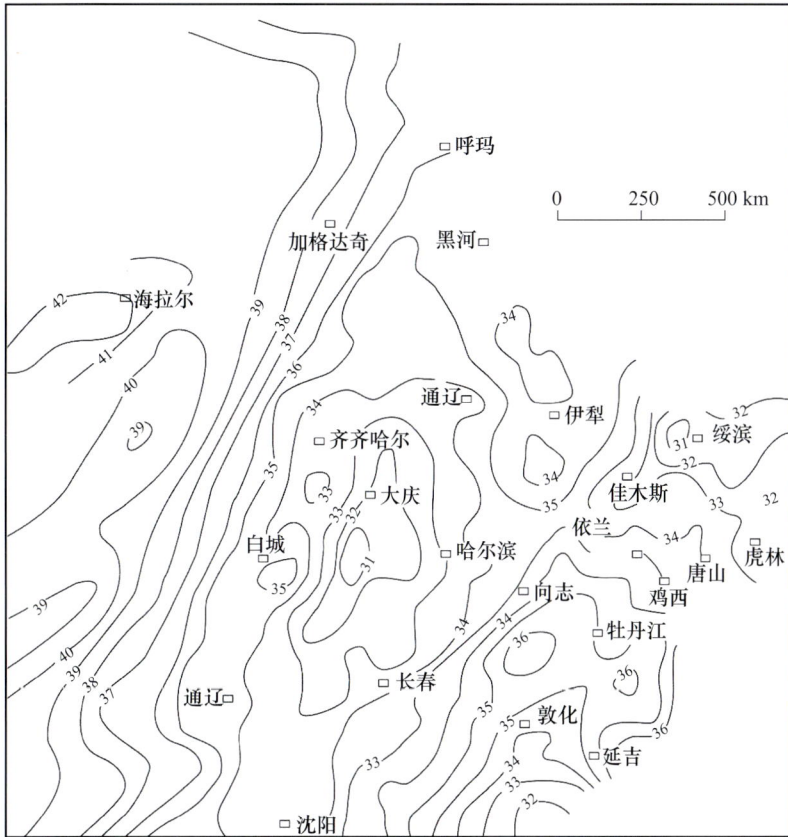

图 3.7　东北及邻区莫霍面厚度平面图（谯汉生等，2002）（单位：km）

三、区域构造单元划分

依据区域构造特征，东北地区由西向东划分为额尔古纳地块（DB-1）、兴安地块（DB-2）、松嫩地块（DB-3）、佳木斯地块（DB-4）和最东部的侏罗纪以来的陆缘增生带（DB-5）（图 3.8）。

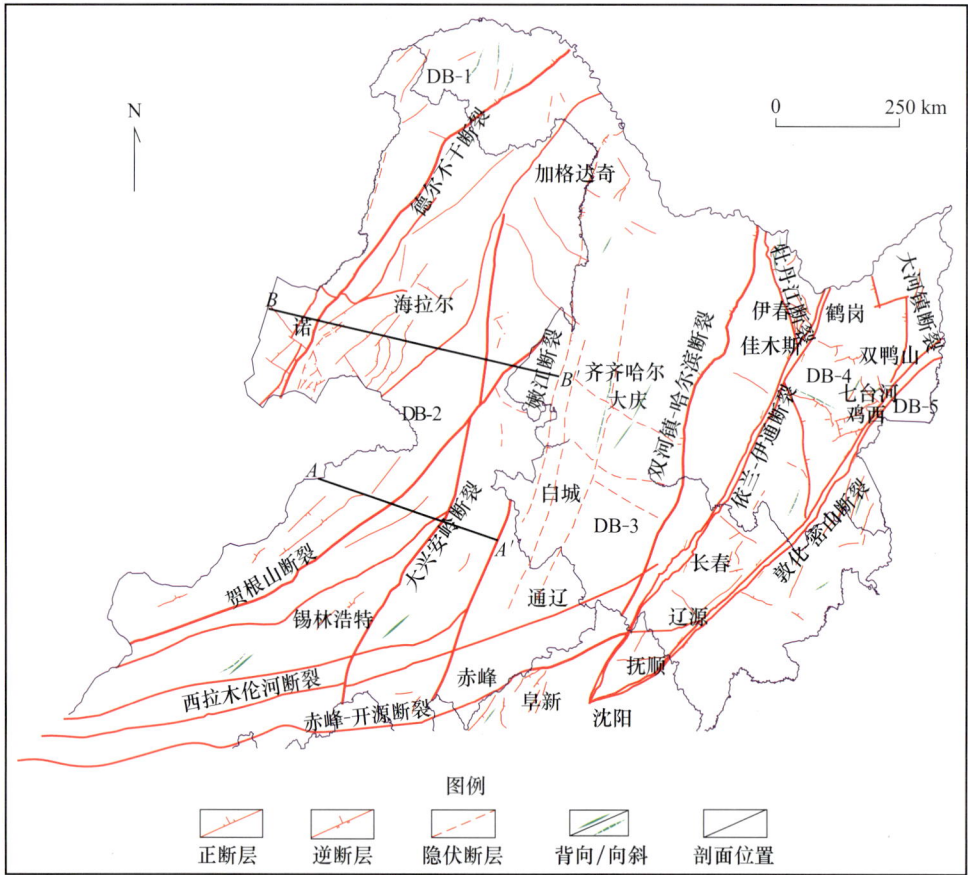

图 3.8　东北赋煤构造区构造纲要图

（一）主要地块块特征

1. 额尔古纳地块（DB-1）

额尔古纳地块西邻蒙古-鄂霍茨克洋构造带，得尔不干断裂与兴安地块分割，其主体在俄罗斯西部和蒙古境内，向南与中蒙古地块相连，向北与俄罗斯的岗仁地块相连。主要由古生代晚期及早寒武世陆表海沉积地层组成，大部分地区被中生代火山岩覆盖，并由海西期花岗岩广泛侵入。从出露的岩性看，主要有陆源碎屑岩、碳酸盐岩、泥质岩和酸性熔岩。另外，加里东的岩浆也较发育，在中蒙得尔不干带有蛇绿岩套成分。该增生带于早寒武世末的兴凯构造运动固化拼接在西伯利亚板块上，缺失奥陶纪—志留纪沉积。晚古生代，该地块曾有过不完整的海侵，但都属于稳定沉积类型。海西期最主要的构造事件是大规模花岗岩岩浆活动。

2. 兴安地块（DB-2）

兴安地块位于得尔不干断裂以东、嫩江断裂以西的区域，在现今的地理位置上相当于大兴安岭，兴安地块岩石主要包括四个系列："兴华渡口群"变质杂岩（兴华渡口杂岩），早古生代辉长岩和花岗岩，古生代地层及中生代、新生代地层和火山岩（周建波等，2012）。

3. 松嫩地块（DB-3）

松嫩地块大面积被松辽盆地覆盖，但大量的钻孔资料证实，其基底组成与周边小兴安岭和张广才岭基岩出露区基本一致。最明显的特征是大面积分布的时代为230～160Ma的印支—燕山期花岗岩。虽然近300口钻井未能揭示松辽盆地基底中是否存在有大面积的前寒武系，但普遍存在印支—燕山期花岗岩和较大面积的上古生界是无疑的。古生界主要是具有接触变质和动力变质作用特点的角岩、板岩和片理化岩石，含堇青石或红柱石的板岩及千枚岩等的全岩 Rb-Sr 等时线年龄为230～192Ma（张兴洲等，2006）。

4. 佳木斯地块（DB-4）

佳木斯地块为东北区结晶基底出露面积最大，时代最老的陆块，主要为早元古代结晶基底，为长期稳定剥蚀区。仅在晚古生界及早中生界接受沉积，三江穆棱煤盆地群分布于其上。

佳木斯陆块是东北地区一个十分重要的构造单元，20世纪90年代前的研究一直认为，该陆块主要由太古代的麻山群、元古代的黑龙江群两套变质地层和大面积的元古代花岗质岩石组成，然而90年代初的一系列研究证明，佳木斯地块中所谓的黑龙江群是一套含有蛇绿岩残块，并遭受了高压变质作用的构造混杂岩；而麻山群中的麻粒岩相变质作用时代不是发生在太古代，而是早古生代（520～500Ma），佳木斯陆块中以前认为属古—中元古代的花岗质岩石也有相当一部分为晚古生代（张兴洲等，2006）。

佳木斯地块未见早古生代的确切沉积，在密山—宝清一带，早泥盆世晚期开始出现沉积，新中组砂砾岩直接覆盖于加里东花岗岩之上；中统为浅海碎屑岩夹碳酸盐岩沉积，上统为陆源相酸性火山碎屑岩。石炭系—二叠系以陆相中酸性火山岩、火山碎屑岩及砂页岩为主并夹煤系地层（张梅生等，1998）。

（二）主要断裂的特征

该区在长期的构造演化过程中形成了众多的深大断裂，它们往往是不同时期构造演化的重要地质边界。根据断裂的演化历史、形成背景和构造线方向可将其分为古亚洲构造域深断裂和滨太平洋构造域深断裂两个系列，前者主要形成和活动于印支期前，与古亚洲构造演化有关；后者主要形成和活动于印支期后，与滨太平洋大陆边缘的构造演化有关。该区的主要深大断裂的特征论述如下。

1. 古亚洲构造域深断裂

（1）赤峰-开源断裂：是华北板块北缘的边界断裂，近北东向，大体沿北纬42°线展布。沿断裂带有海西区和燕山期的花岗岩侵入体分布。在吉林省磐石市红旗岭附近出现蛇绿岩套，是典型的超岩石圈断裂。该断裂在前中生代漫长的地史时期一直控制着南北两侧截然不同的大地构造发展历史。

（2）西拉木伦河深断裂：位于该区南部，呈北东向延伸，全长达 2000km 以上，影响宽度大于 10km。断裂北侧中地壳厚度和地震纵波波速均大于南侧，断裂北侧下地壳厚度也较南侧厚。北侧地壳厚为 37～40km，南侧地壳厚为 36～37km。软流层北侧厚为 88km，南侧厚达 139km。此变异常带构成西拉木伦河活动构造区的深部动力学条件。

（3）贺根山深断裂：在二连浩特附近由蒙古国延入东北地区，展布方向在西部为近东西向，中部为北东向，北部转变为北北东，总体呈向南东方向略微凸出的弧形，区内全长 1000km 以上，在重力和航磁等值线图上均有明显的反映。

（4）德尔布干深断裂：位于该区西北端，走向为 60°～70°，往北延伸到俄罗斯境内。沿断裂有多期活动的基性和酸性岩体出露。断裂西侧为高强度重磁异常，断裂东侧为平静宽缓的重磁异常。

（5）牡丹江断裂：位于黑龙江省东部，被依舒断裂所截，分南北两段，南段由牡丹江－依兰、北段由汤原－嘉荫构成，过黑龙江省进入俄罗斯，全长 500km，南段又被北西向上城子断裂、北东向的大锅盔断裂所截切，基本沿牡丹江河谷展布，近南北向，往北延伸至俄罗斯境内。在重力场上，断裂北段是正负异常结合带，在航磁图上表现为南北向分布的负磁异常带，两侧反差强烈。

2. 滨太平洋构造域深断裂

（1）敦化－密山断裂：呈北东向延伸，位于该区东南部，是郯庐断裂往东北的重要分支断裂。南段航磁为线形负异常带，鸡西、牡丹江一带显示不同磁场分界线。重力异常北段呈带状低值区，南段重力负场区则表现为局部带状高值区。据玄武岩包体推测该断裂深大于 67.5km，属岩石圈断裂。

（2）依兰－舒兰断裂：走向为 40°～50°，在区域重力场图上显示为大面积正场与负场的分界线，沿断裂带有一系列串珠状重力正异常和负异常，磁场上呈负磁异常带。该断裂切割了海西期的花岗岩，沿着断裂有早燕山期超基性岩侵入，新近纪中新世碱性玄武岩含深源包体，反映断裂切入上地幔。

（3）嫩江断裂：该断裂位于大兴安岭东缘、松辽盆地西侧，呈北北东走向，断裂以西为低重力场和正磁场背景；断裂以东为正重力场、负磁场背景且异常平缓。沿断裂有中－酸性岩体分布，两侧古生界地层无差异，中生代时期活跃，它属于早白垩世之前的隐伏断裂。

（4）大河镇断裂：在该区的最东侧，近南北向延伸，断裂以东为重磁正异常区，异常值较大，异常走向近东西向；断裂以西为低值负磁场，走向分散，重力异常呈北北东向。沿断裂有超基性岩分布，北段见蛇绿岩套。

（5）大兴安岭深断裂：主要沿着大兴安岭一线展布，总体呈近北东走向，延伸距离达到 1000km 以上，重力异常反映为梯度带。

四、区域构造演化进程

东北赋煤构造区由多个不同小地块拼贴而成，其古地磁特征有别于西伯利亚板块又不同于华北板块，故应视为独立的"东北板块"（地块群），"东北板块"分别于二叠纪和晚侏罗世—早白垩世与华北和西伯利亚板块拼接。"东北板块"与华北板块的边界应在吉中－延吉以南，与西伯利亚的边界应位于蒙古－鄂霍茨克一带。在东北地区主要的成煤作用主要发生在晚侏罗世—早白垩世和古近纪，中生代之前的构造演化对成煤盆地基底的形成有着重要的控制作用，而中、新生代的构造演化决定着盆地样式、分布及煤系赋存特征。为此，将该区域的演化分为前中生代的演化和中、新生代演化两大部分论述。

（一）前中生代演化

形成东北复合板块的多个地块在早古生代时均处于赤道以南低纬度地区，这些相互分离的地块具有前寒武纪形成的结晶基底，于二叠纪时拼合成一个复合板块（图3.9、图3.10）。

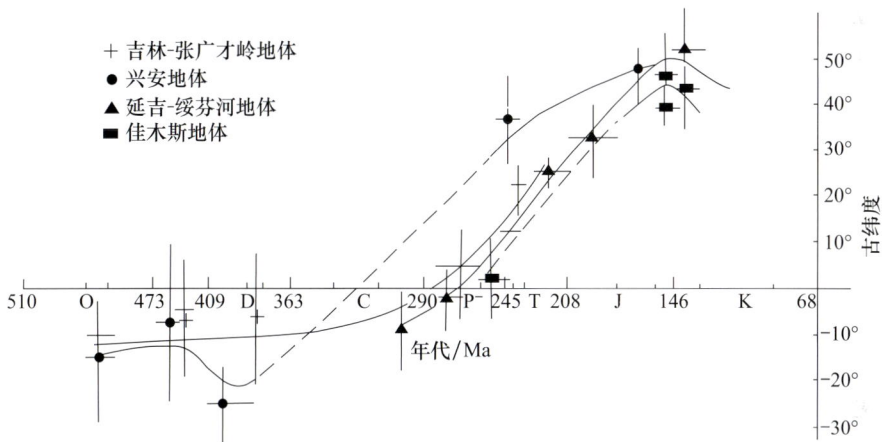

图3.9 东北区主要古地体古纬度变化曲线（据金旭和杨宝俊，1994）

元古代，东北区属于夹持在西伯利亚板块和华北板块之间的广阔海域，其间游离分布着额尔古纳、松嫩、佳木斯等小地块。晚元古代中晚期，分散陆洋之间发生广泛的俯冲消减，在奥陶纪中期兴安地块与额尔古纳地块沿得尔不干断裂带发生拼合，形成了统一的额尔古纳－大兴安岭复合地块（谢鸣谦，2000）。

在佳木斯地块和松辽－张广才岭地块之间存在着过渡壳或局部洋壳，大致在奥陶纪（445~414Ma），该洋壳开始逐渐聚敛、闭合，可能以挤压褶皱回返、A型或B型俯冲的混合方式进行，至志留纪中期，佳木斯地块与松辽－张广才岭地块沿着牡丹江断裂拼合（刘永江等，2010）。

晚泥盆世—早石炭世，两大拼合复合地块之间的陆间洋，沿黑河—贺根山一带消减闭合，形成蛇绿岩带及呼玛地区的碰撞型花岗岩（336~307Ma）和蓝片岩（450~400Ma），并出现磨拉石建造（谯汉生等，2002）。至此，分离的各个地块基本全部拼接在一起，形成了统一的"东北板块"，海水退出，大部分地区为陆相沉积。为后续的成煤盆地提供了较为稳定的基底。

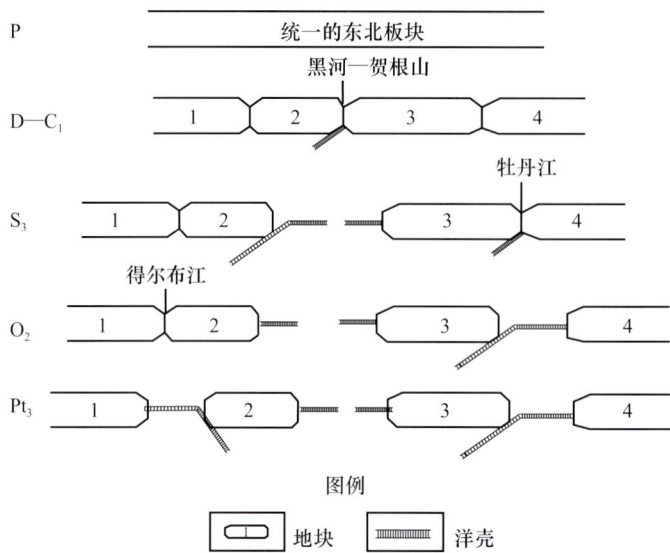

图 3.10 东北地区古生代前演化示意图

1.额尔古纳地块；2.兴安地块；3.松辽－张广才岭地块；4.佳木斯地块

（二）中、新生代演化

晚古生代至早三叠世欧亚大陆全面拼接形成统一大板块（欧亚板块），自此以南北挤压为主的板块体制解体，对于东北地区，中、新生代演化的主要动力来源于古太平洋和今太平洋板块的俯冲作用、印度板块向北的碰撞作用及蒙古－鄂霍茨克洋闭合作用。

满洲里－绥芬河地学断面综合研究东北地区构造演化认为，"东北板块"与华北板块存在 15°左右纬度差，与阿纳巴尔有 30°左右的纬度差，直到晚三叠世东北与华北的纬度变化曲线在纬度误差范围内重合（图 3.11），三条纬度变化曲线在晚侏罗世—早白垩世才在纬度误差范围内重合（金旭和杨宝俊，1994）。说明华北板块与"东北板块"于三叠纪末先拼接在一起，拼合后的华北和"东北板块"又于晚侏罗世—早白垩世与西伯利亚板块拼合。"东北板块"与华北板块拼合的界线应在吉中—延吉以南一带，而与西伯利亚板块拼合的界线则应在蒙古—鄂霍茨克一带（图 3.12）。

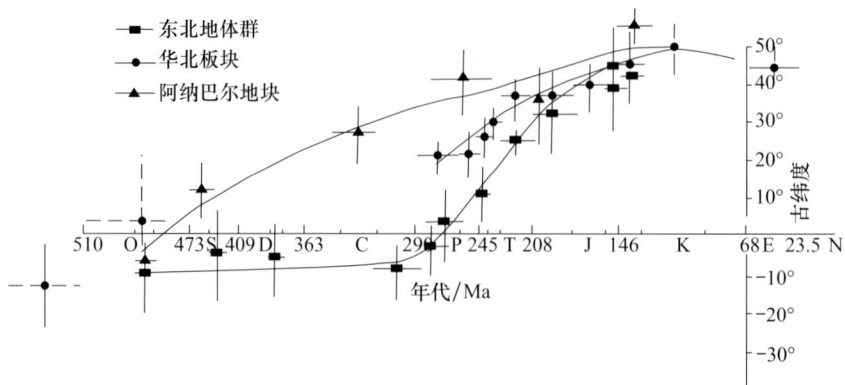

图 3.11 三古地体古纬度变化曲线（据金旭和杨宝俊，1994）

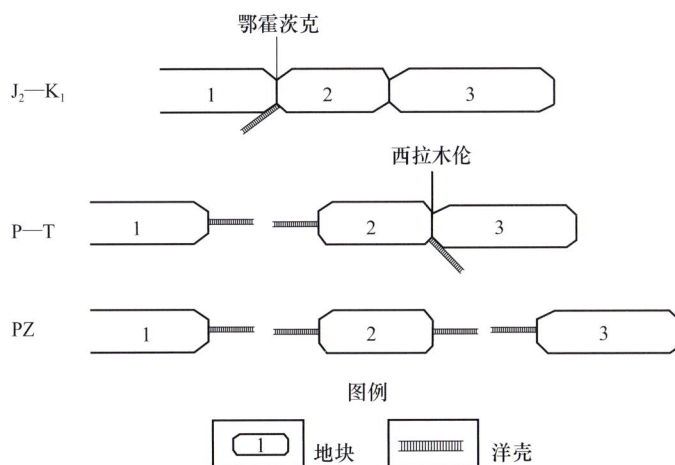

图 3.12　东北地区中、新代演化示意图

1. 西伯利亚板块；2. 东北板块；3. 华北板块

"东北板块"与中朝板块于晚二叠世完成拼合（张梅生等，1994；刘永江等，2010），即古亚洲洋闭合，在"东北板块"与西伯利亚板块之间还横亘着蒙古－鄂霍茨克洋，这个大洋的闭合则是从晚二叠世开始由西向东逐渐进行的，"东北板块"与西伯利亚板块最终完成对接是在早白垩世（张梅生等，1994）。

石炭纪—二叠纪在"东北板块"与华北板块之间存在古亚洲洋，从早二叠世一直延续到晚二叠世，洋壳沿着西拉木伦河一带向南消减俯冲，形成了东西向延伸的西拉木伦河－延边蛇绿岩带，在晚二叠世末期，"东北板块"与华北板块完成拼贴（张梅生等，1994；Li et al.，2009；刘永江等，2010；Cocks et al.，2013）。两板块碰撞拼贴形成了强烈的挤压应力场，万天丰（2011）对印支期中国大陆褶皱统计的优选产状为 $86° \angle 2°$，最大主压应力轴的优选产状为 $174° \angle 4°$，褶皱轴向总体上呈近东西向展布。也证明南北挤压应力场的存在。由于南北向的强烈挤压，东北大部分地区在三叠纪处于抬升、剥蚀阶段。

侏罗纪是东北地区大地构造的重要转折期，该时期东北地区开始由古亚洲洋构造体系向滨太平洋构造体系转化。主要构造行迹沿北东东—北东—北北东方向作逆时针有规律的偏转。中侏罗世，完达山地块开始向东亚大陆边缘俯冲拼贴，表明古太平洋板块已开始作用于东亚大陆边缘。该时期在东北地区形成了少量的北东东方向的火山－断陷沉积盆地（谯汉生等，2002）。

晚侏罗世至早白垩世，西伯利亚板块与"东北板块"之间的鄂霍茨克洋沿蒙古－鄂霍茨克拼合带向两侧俯冲消减闭合（张梅生等，1998），使西伯利亚板块与"东北板块"之间的拼合自西向东逐渐完成（图 3.12），欧亚大陆成为一个整体。晚侏罗世—早白垩世初期时，由于西伯利亚板块与"东北板块"碰撞产生的阻挡作用及古太平洋板块（Izanagi 板块）向中国大陆的俯冲和方向的改变，引起整体的应力场改变，使得长距离俯冲到陆壳下的古太平洋洋壳向悬臂梁失稳一样发生断裂并下沉，诱发地幔物质上涌，构造环境转变为拉伸，在东北地区产生了大面积的火山喷发，同时形成东北地区的主要断陷成煤盆地。根据盆地的充填特征及其所在构造位置可划分为三江－穆棱、松辽周边、海拉尔、二连四个主要的成煤盆地群。

晚白垩世（90～60Ma），东北地区的构造环境从伸展转变为挤压，Izanagi 板块的北西－北北西俯冲，对东亚大陆产生挤压应力场，区域挤压应力方向为北西－南东向。早白垩世裂陷盆地结束了沉积，陆缘盆地普遍形成构造反转。

在 60～40Ma 时期，太平洋板块俯冲方向变化不明显，主要呈北西－北北西向俯冲于欧亚板块的东部，但是俯冲速率从 60Ma 的 100mm/a 快速下降到 43Ma 的 38mm/a，同时，角度由早期的 10° 左右逐渐转变成约 80°（Zhou and Li，2000），并且伴随着太平洋板块俯冲带的后退，沟－弧－盆体系的形成，使中国东部出现了软流圈上涌、岩石圈拆沉，进而形成了大规模的断陷盆地，从而引起了晚白垩世末到古近纪的裂陷伸展活动（汪新文，2007），形成了东北地区第二个重要的成煤期盆地群。

在区域构造演化框架内，东北赋煤构造区煤田构造演化历程总结归纳如图 3.13 所示。

五、岩浆活动

（一）前中生代岩浆活动

东北地区前侏罗纪虽有岩浆活动，但前寒武纪花岗岩仅分布在佳木斯、西伯利亚南缘的黑河少数地区，晋宁期中酸性火山岩分布于黑龙江，可能属于古亚洲洋发育早期的岩浆活动；加里东期是中亚造山带显著生长时期，有超镁铁岩和基性岩构成内蒙古和黑龙江福林—元宝山一带、伊春－延寿岩带，沿内蒙古温都尔庙向东至辽宁北部、乌拉山一带分布的是一套中基性至中酸性的岛弧火山岩。海西期是华北板块与东北"镶嵌"板块拼合形成中国北方大陆时期，岩浆活动强烈，早、中期属海相钙碱性系列火山岩分布于阿拉善、内蒙古贺根山及黑龙江等地，晚期广泛发育大规模的陆相或陆相－海相碱性、钙碱性火山岩。超镁铁岩和基性岩在内蒙古、吉林分别形成牙克石－四子王旗岩带、红旗岭岩带；以钙碱性系列花岗岩为主的岩基（年龄值为 375～350Ma）主要分布于内蒙古、黑龙江罕达气等地。

（二）中生代岩浆活动

东北地区中生代岩浆侵入和喷发活动频繁而强烈，其岩石类型复杂多样，是中国东部环太平洋火山岩带的重要组成部分。中生代火山岩在东北地区不仅广泛分布在山岭地区，也广泛分布在中生代断陷盆地的沉积地层中（尤其在断陷早期的底部层序中）。东北地区的中生代火山岩总体表现为在时间上的多期性、阶段性和空间上的分带性。

1. 火山岩在时间上的分布

根据黑龙江、吉林、辽宁和内蒙古自治区等省、区的地质志资料，将东北地区的中生代火山旋回分为晚印支火山旋回和燕山期火山旋回。其中燕山旋回可进一步分为燕山早、中、晚三个亚旋回（谯汉生等，2002）。

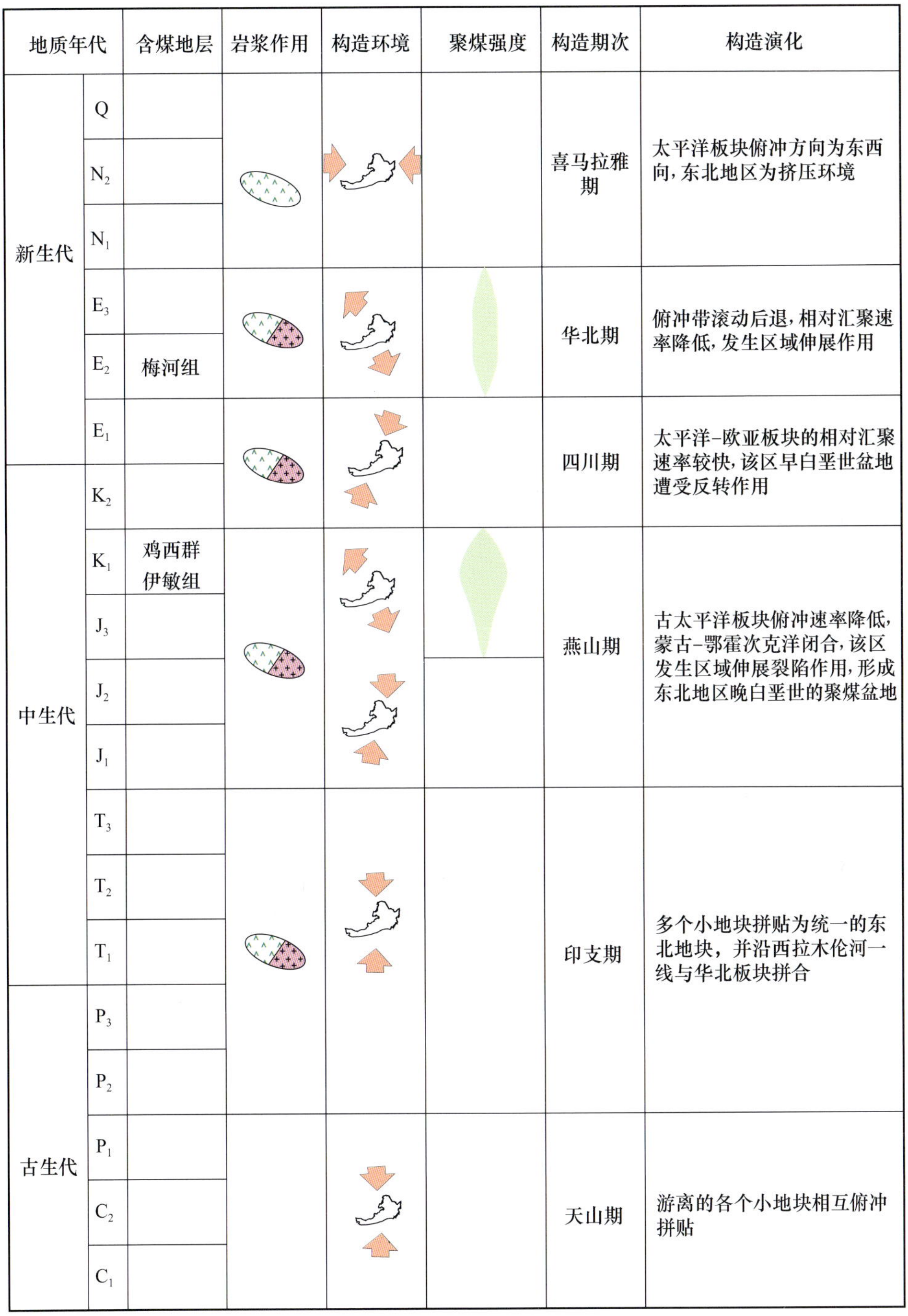

地质年代		含煤地层	岩浆作用	构造环境	聚煤强度	构造期次	构造演化
新生代	Q					喜马拉雅期	太平洋板块俯冲方向为东西向,东北地区为挤压环境
	N₂						
	N₁						
	E₃					华北期	俯冲带滚动后退,相对汇聚速率降低,发生区域伸展作用
	E₂	梅河组					
	E₁					四川期	太平洋-欧亚板块的相对汇聚速率较快,该区早白垩世盆地遭受反转作用
中生代	K₂						
	K₁	鸡西群伊敏组				燕山期	古太平洋板块俯冲速率降低,蒙古-鄂霍次克洋闭合,该区发生区域伸展裂陷作用,形成东北地区晚白垩世的聚煤盆地
	J₃						
	J₂						
	J₁						
	T₃					印支期	多个小地块拼贴为统一的东北地块,并沿西拉木伦河一线与华北板块拼合
	T₂						
	T₁						
古生代	P₃						
	P₂						
	P₁					天山期	游离的各个小地块相互俯冲拼贴
	C₂						
	C₁						

图 3.13　东北赋煤构造区煤田构造演化简图

（1）印支火山旋回。印支期是北方大陆与南方大陆拼合形成中国大陆时期,以晚三叠世陆相为主的钙碱性系列火山岩（流纹岩和英安岩）主要分布于吉林—黑龙江东部一带,而海相细碧岩和拉班玄武岩仅见于黑龙江饶河。花岗岩（年龄值为 230～200Ma）

53

在辽、吉、黑地区及华北板块北缘等地多构成杂岩带（李兆鼎，2003）。

（2）燕山期火山岩旋回。东北地区岩浆活动在燕山期强烈而广泛，侵入活动与火山活动相伴随。该时期的花岗岩以 M 型或 I 型为主，其次为 A 型，几乎没有 S 型，并与同时代的镁铁质－超镁铁质岩、煌斑岩、辉长岩、闪长岩及火山岩的 Sr、Nd 同位素组成十分类似，显示了地幔物质来源的特点。说明伴随着燕山运动的岩浆活动对东北地区显生宙陆壳的"改造"强烈，而广泛分布的燕山期火成岩区域说明这种"改造"遍及全区。

2. 火山岩的空间分布

按照地理分布与火山岩的岩石特征，区域性火山岩可分为东、中、西三个带，其东带为松辽盆地以东的火山岩带；中带为松辽盆地火山岩带；西带为大兴安岭火山岩带。西带火山岩主要由玄武岩、安山岩、粗面岩、英安岩和流纹岩组成，碱性火山岩、粗面岩、粗安岩占有较大比例。松辽盆地火山岩带多发育于盆地盖层的底部地层中，如松辽盆地南部的义县组，北部的火石岭组。岩石组合包括玄武岩、玄武安山岩、英安岩、流纹岩，以安山岩、流纹岩为主，从时间上构成了安山岩－流纹岩旋回。东带的火山岩分布较中、西带差，分布零星。岩石组合包括玄武安山岩、安山岩、流纹岩，以安山岩和流纹岩为主（表 3.1）。

表 3.1　东北地区中生代火山岩分布区及岩石类型（据谯汉生等，2002）

火山岩带	喷发时代	分布区	岩石类型
东带	$T_3—J_2$	完达山	枕状玄武岩、超镁铁质岩、硅质岩
	$T_3—J_1$	张广才岭	玄武安山岩、安山岩、英安岩、流纹岩
中带	J_1	辽西	玄武岩、安山岩
	J_2	辽西	安山岩、英安岩及少量玄武岩、流纹岩
	$T_3—K_1$	全区	玄武岩－安山岩－流纹岩组合
西带	J_2	南部	玄武岩－安山岩－流纹岩组合
	T_3	全区	流纹岩、英安岩
	K_1	全区	玄武安山岩为主

在整个东北地区火山岩的发育时间上，西带、中带火山岩组合形成时间相近，与东带相差较大。西带、中带火山岩发育时间为早侏罗世—早白垩世早期，到早白垩晚期逐渐减弱，仅于松辽盆地东部发育一些碱性流纹岩。东带火山岩发育时间是从晚三叠世的印支期开始，最晚到晚白垩世，火山活动的时间较中、西火山岩带长，且结束的时间也较晚（谯汉生等，2002）。

3. 火山岩和盆地的关系

松辽及周缘中生代沉积盆地的重要特征是盆地盖层中普遍发育火山岩层，形成了火山源和正常剥蚀沉积源区控制的二元地层模式。就二者形成时序来看，火山岩一般发育于一个沉积旋回的开始，如松辽盆地火石岭组、海拉尔盆地的兴安岭群火山岩，皆发育于正常沉积层之前。松辽盆地断陷分析表明，在每一组地层发育中，也都是先火山后盆地的发育特征（谯汉生等，2002）。

（三）新生代岩浆活动

东北地区新生代的岩浆活动主要以裂隙式－中心式喷溢活动为特征，而且从形成期次上可分为古近纪火山旋回、新近纪火山旋回和第四纪喜马拉雅期火山旋回。以依舒断裂带为界，划分为东、西两个玄武岩带。东带多呈北东—北北东向展布，西带火山岩多呈北西—北西西向等间距分布，火山岩分布区域向西可延伸至东蒙古高原，向西北可延伸至贝加尔湖地区。岩石类型主要为大陆拉斑玄武岩和碱性玄武岩。大陆拉斑玄武岩多出现于古近纪—新近纪及第四纪早期喷发旋回；碱性系列玄武岩很发育，以钠质系列为主，仅西带科洛－五大连池等地为钾质系列。拉斑玄武岩只在古近纪—新近纪及第四纪早期喷发旋回，晚期喷发旋回以碱性－强碱性玄武岩为主，说明东北玄武岩浆起源深度有老至新逐渐加深，符合典型大陆裂谷火山作用特征。火山岩主要分布于吉林龙岗火山岩群、黑龙江五大连池火山岩群、二克山火山岩群、科洛火山岩群和敦密断裂带镜泊湖－牡丹江火山岩群。

新生代火山岩的岩性较单一，以基性玄武岩为主，主要分布于区域深断裂带及其附近地区；敦密断裂、依舒断裂和牡丹江断裂分布新近纪玄武岩；黑龙江五大连池地区横格状断裂交汇处分布第四纪玄武岩。新生代火山岩第一期为渐新世溢流的玄武岩和浅层侵入相的辉绿岩；第二期为中、上新世，以发育火山颈相玄武岩为主（谯汉生等，2002）。

第二节 成煤盆地与赋煤构造单元

一、煤系分布特征

东北赋煤构造区含煤地层有下、中侏罗统，上侏罗统—下白垩统及古近系。其中，下白垩统为该区最重要的含煤层位，主要分布于大兴安岭西侧和该区东北部，成煤盆地数目多、分布广，盆地中常有厚到巨厚煤层赋存；早、中侏罗世煤系主要分布于该区的西南部；古近系煤系主要分布于敦密断裂带和依舒断裂带内。就含煤性而言，以内蒙古东部的海拉尔、二连断陷赋煤构造带最好，其次是黑龙江省东部地区、吉林和辽西地区。

（一）中生代煤系分布特征

1. 海陆交互相含煤岩系——鸡西群和龙爪沟群

鸡西群主要包括滴道组、城子河组和穆棱组，以陆相含煤沉积为主，夹有海陆交互相，区域上分布广泛，主要分布于鸡西、穆棱、勃利、双鸭山、鹤岗、绥滨和集贤地区（具然弘等，1981）。

（1）滴道组（K_1d）。为陆相夹海相碎屑含煤沉积，上部有凝灰岩、凝灰角砾岩和火山岩层。其下与晚太古界麻山群及古生代地层呈不整合接触，上部与城子河组为平行不整合接触，地层厚度为900m，广泛分布于黑龙江省鸡西盆地和勃利盆地。

（2）城子河组（K_1c）。为一套海陆交互相碎屑含煤沉积，其上与穆陵组整合接触，地层厚度为1000m，广泛分布于鸡西盆地、勃利盆地、双鸭山盆地绥滨－集贤盆地区。

（3）穆棱组（K_1m）。为一套陆相夹海相碎屑夹凝灰岩含煤沉积，地层厚度为1000m，其上与东山组整合接触，分布同城子河组，含煤性在鸡西盆地、勃利盆地较好产植物化石。

龙爪沟群主要包括裴德组、七虎林组、云山组和珠山组，为一套海陆交互相的含煤地层，主要分布于虎林、密山、宝清和饶河地区（具然弘等，1981）。

（1）裴德组（K_1p）。为一套陆相夹海相碎屑含煤沉积及火山岩地层，其下整合覆于杨岗组（P_1y）之上，上部与七虎林河组整合接触，地层厚度为800m。岩性组合特征与滴道组一致，分布于勃利盆地东部。

（2）七虎林河组（K_1q）。为一套海相为主的细碎屑沉积，整合于裴德组之上，上部与云山组整合接触，地层厚度为651m，分布于勃利盆地东部，产菊石、海相双壳类、植物化石等。

（3）云山组（K_1y）。为一套海陆交互相碎屑夹煤层及火山岩沉积，上部与珠山组整合接触，地层厚度为2000m，分布于勃利盆地东部，产海相双壳类、腹足类、介形虫、腕足类和植物化石。

（4）珠山组（K_1z）。为一套海陆交互相碎屑含煤夹凝灰岩沉积，其下与云山组整合接触，东山组（K_1ds）整合覆于其上，地层厚度为700m，分布于勃利盆地东部，产植物化石和海相双壳类。

2. 陆相含煤岩系

陆相含煤岩系在东北赋煤构造区有零星分布的下、中侏罗统含煤岩煤系和大面积分布的下白垩统含煤岩系。下白垩统含煤岩系厚度1000～3000余米，含煤岩系在大多数地区都以假整合覆于一套巨厚火山岩系之上，火山岩系多构成盆地基底。主要的含煤岩系有二连赋煤构造带的巴彦花群或霍林河群，海拉尔赋煤构造带的扎赉诺尔群，松辽盆地周边赋煤构造带的阜新组、沙海组。

（1）红旗组（J_1h）。主要分布塔拉营子、联合村、万宝矿的红旗组，均含有可采煤层。为一套陆相以浅湖沉积体系为主的含煤岩系，是浅湖的湖滨带和三角洲平原的泥炭沼泽聚集的煤层，且多次湖泊水面升降，形成多个旋回和多层薄煤层，部分为湖泊淤浅形成广阔沼泽平原，形成较稳定的煤层。以灰色、灰黑色粉砂岩、泥岩为主要特征，夹有多层砂岩，底部一般有磨圆度较好的砾岩，含多层薄和中厚煤层。

（2）万宝组（J_2w）。分布面积较广，主要有牦牛海、联合村、黄花山、万宝、白城西部等地。为一套与火山喷发有一定联系的河流－湖泊沉积体系的含煤岩系，下部多为冲积扇和河流沉积环境，逐渐向相对稳定转化，有一较稳定的冲积扇与河流泛滥平原过渡带的泥炭沼泽环境并形成煤层，其煤层常沿相带断续分布而厚度相应变化较大。由于岩相变化较大，所以岩性和厚度变化也大，一般盆地边缘和底部由于受同沉积构造的影响，多系粗碎屑沉积，远离边缘则多为湖相的泥岩和细碎屑沉积，同时火山活动由微弱而增强，最后几乎为火山熔岩所代替。

（3）北票组（J_1b）。分布于北票盆地–朝阳、杨树沟–铁杖子、巴图营子–双塔沟等地。以北票为代表，研究程度较高，为一套湖泊–河流体系沉积。划分上下两个含煤段。下含煤段以河流相为主，部分为三角洲和湖泊沉积。含煤性较好，具明显的河流相旋回结构（河道–泛滥平原），正粒序，每个小旋回上部含有煤层，相带呈北北东向，煤层发育与其一致，煤层厚度与地层厚度正相关。岩性以灰白色砂岩为主，夹灰色粉砂岩、泥岩、砂砾岩，含煤 5～10 层，一般厚度为 3.28～11m，底部为铝土页岩或砾岩。

（4）海房沟组（J_2h）。分布于北票、郭家店、刑杖子等地。位于中侏罗统兰旗组火山岩系之下，下侏罗统北票组之上，为一套河流和冲积扇相得粗碎屑沉积，属于山间断陷盆地沉积物，其间发育泥炭沼泽，形成不稳定的煤层，厚度变化大，向边缘分叉尖灭，局部含可采煤层，只是分布零星。

（5）阜新组（K_1f）。分布较广泛，为河流相沉积体系的含煤岩系，由河道相与泛滥平原相组成，其泛滥平原形成较好的泥炭沼泽环境，发育了较厚的煤层，形成多个旋回。同时盆地两侧受同沉积断裂控制，边缘发育冲积扇沉积，冲积扇和泛滥平原相互影响，使煤层分叉、尖灭明显，有沿盆地伸展方向的分带现象。且富煤带受次级同生构造控制，呈断续的雁行排列分布。该组以阜新地区发育最好，以含砾砂岩、砂岩、粉砂岩、泥岩和煤层组成，沉积旋回明显，可划分 7～9 个沉积旋回，每个旋回的上部含煤层。

（6）沙海组（K_1sh）。在阜新盆地、雷家、谢林台盆地下部均有分布。以一套湖泊相沉积为主，边缘冲积扇发育，在冲积扇与湖泊的湖滨和扇三角洲发育局部泥岩沼泽，形成不厚的煤层。最后为湖泊掩盖，并受次级北西向或近东西向断裂控制，断续分布于盆地内，呈有规律的排列，岩性自下而上可划分为四段，依次为：红色砂砾岩段夹灰绿色砂岩、泥岩、厚度为 108～500m；黄色砾岩段，以灰白色砾岩为主，夹泥岩和砂岩，厚为 10～200m，含动物化石。

（7）大磨拐河组（K_1d）。大磨拐河组于 1951 年由刘国昌等创名，创名地点在呼伦贝尔盟喜桂图旗大磨拐河（五九煤矿）。当时称大磨拐河煤系，时代为晚侏罗世。原始定义指一套含煤地层，主要由砾岩、砂砾岩、砂岩、粉砂岩、泥岩、碳质泥岩及煤层组成，厚 118.7m，含动物化石。现指一套含煤碎屑岩，下部由灰色砾岩、砂砾岩夹粉砂岩、凝灰岩、凝灰质粗砂岩组成，含植物化石；上部以深灰色泥岩、粉砂岩、砂岩为主夹砾岩及煤层或煤线、含植物化石及叶肢介。下与梅勒图组呈平行不整合接触，上与伊敏组或甘河组为连续沉积，局部与甘河组为相变关系，属早白垩世。该组在海拉尔盆地及二连盆地群普遍发育，沉积厚度较大，通常为 600～1200m，在边缘隆起带中的盆地内，厚度相对较薄，一般为 200～800m。

（8）伊敏组（K_1y）。伊敏组由黑龙江省伊敏煤田地质会战指挥部于 1973 年命名，地点在海拉尔市南约 50km 的伊敏煤矿。当时没有指定层型。原始含义指一套含煤碎屑沉积岩，岩性由深灰、灰白色粉砂岩，泥质粉砂岩，粉砂质泥岩及砾岩和煤层组成。现指一套含煤沉积岩，岩性为灰白色粉砂岩、砂岩、砾岩夹碳质页岩、泥岩，含多层煤，产植物化石和孢粉。其下伏大磨拐河组或甘河组为整合接触，上被二连组或新地层覆盖，含植物化石，控制最大厚度550m，上覆为古近系，下伏与大磨拐河组呈整合接触。属早白垩世。该组主要分布在海拉尔河断层以南的大部分盆地中，在大兴安岭隆起带边缘的盆地内也较发育，额尔古纳隆起带及海拉尔河断裂以北的一些盆地内伊敏组缺失。地层厚度一般为300～500m，岩性以灰-深灰色泥岩、粉砂岩和煤层为主，夹砂岩和少量砂砾岩。

（二）新生代煤系分布特征

东北赋煤构造区新生代煤系主要为古近纪陆相含煤岩系，由于受到俯冲带滚动后退和太平洋-欧亚板块的相对汇聚速率大幅度降低，使得东北地区发育弧后大陆裂谷，形成了断陷成煤盆地。主要的含煤岩系分布于依-舒、敦-密断裂带内，常含巨厚层褐煤及油页岩，是北方古近纪褐煤的主要分布区，以杨连屯组、梅河组、达连河组为代表。

（1）达连河组（E_2d）。为一套陆相河湖相含煤碎屑沉积，地层厚度800～1706m。岩性可分为下部含煤段，中部油页岩段，上部砂页岩段，分布于佳依地堑带及其附近。其下与淘淇沙组或花岗岩不整合接触，上部与道台桥组平行不整合接触或第四系不整合接触。

（2）梅河组（E_2m）。主要分布在敦密断带，可划分为五个岩段，即绿色岩段，上含煤段、泥岩段，下含煤段、泥岩、砂砾岩段。其中，上含煤厚度为250～290m，由泥岩、粉砂岩组成，含煤9层，局部可采4层，煤层厚度为1.06～1.53m，煤层结构简单；下含煤段厚度为40～90m，由粉砂质泥岩组成，含煤5层，可采3层，煤厚为0.93～11.12m，结构较复杂，煤种为褐煤。

（3）杨连屯组（E_2y）。主要分布在沈北，含煤段的上部为煤层夹碳质泥岩，下部为黏土岩具鲕状结构，含煤2层，煤层和碳质泥岩最厚达86m左右，一般一层厚度为0.1～25m，二层厚度为0.1～5m，一般为1.5m左右，具明显的分岔、合并及尖灭现象。

二、成煤期古构造面貌

晚古生代之前，东北地区的佳木斯地块、兴安、松嫩地块和额尔古纳地块之间已经完成拼合，北至鄂霍茨克构造带，南至西拉木伦河构造带，东至中锡霍特-阿林构造带的广大范围内形成了统一的"东北板块"。从晚古生代开始，东北地区进入了统一的盖层演化阶段。

中生代盆地形成演化过程中，主要是东侧古太平洋板块沿北西—北北西方向向欧亚大陆的俯冲挤压和欧亚大陆沿北东—南东东方向裂解拉伸的交替作用，以及大陆边缘内侧软流圈上涌和岩石圈减薄对上部地壳的改造所造成的构造-岩浆作用。

早侏罗世时期，阴山-燕山造山带进入伸展塌陷阶段，沿大青山产生了与造山带平行的伸展裂谷带，同时与之伴随着强烈的火山活动，但这种伸展状态很快就被挤压环境所代替。早侏罗世末期，蒙古-鄂霍茨克海开始向北俯冲，并于中晚侏罗世碰撞关闭，"东北板块"处于蒙古-鄂霍茨克海南部的被动边缘，发生了强烈的南北方向的逆冲叠置作用。与此同时，那丹哈达岛弧地体开始向东亚大陆边缘俯冲拼贴，太平洋古洋壳开始作用于东亚大陆边缘。

晚侏罗世—早白垩世，蒙古-鄂霍茨克洋的闭合及 Izanagi 板块俯冲方向由北西转变为北或北北西方向（张梅生等，1998；Seton et al.，2012；Donskaya et al.，2013）。造成 Izanagi 俯冲板块的断裂，引起东北及其临区发生大规模的拆沉和断陷盆地的发展，海拉尔盆地、二连盆地形成，成为东北地区西部主要的成煤盆地。而在断陷盆地内，一些深大断裂进一步控制了构造单元分区，使得盆地内出现隆拗相间、条块分布的格局。

在东北东部地区，那丹哈达地体与"东北板块"开始拼贴，同时地幔物质隆升的中心向东迁移，伴随着区域性火山作用，东北东部的三江-穆棱早白垩断陷盆地开始发育，鸡西盆地、勃利盆地、三江盆地西缘均已进入断陷盆地的初始发育阶段。沉积的滴道组由一套粗碎屑岩、火山岩及火山碎屑岩组成，在城子河组和穆棱组时期有大面积的海侵，整个三江-穆棱地区形成一个陆缘盆地，将先前分离的小的断陷联通成为一个大型的拗陷（何玉平，2006），由于构造环境相对稳定，具有有利的成煤条件，形成东部地区主要的成煤盆地（图3.14）。到早白垩世末期完达山褶皱带彻底将海水阻断，演化为一个大型陆相盆地。以后地壳进一步抬升，盆地逐渐萎缩、剥蚀，开始分隔成一系列小型盆地。

晚白垩世，在太平洋板块的斜向俯冲作用下，走滑作用更为明显，地壳垂直运动更为显著，断陷盆地发育停止。海拉尔盆地、二连盆地的下白垩统地层遭受不同程度的剥蚀。

进入新生代，特别是古近纪时期，东北地区进入了全区地壳伸展时期，由于太平洋板块俯冲带的后退，其对中国大陆的影响也逐渐东移，在东部地区，郯庐断裂的北延分支依兰-舒兰断裂带和敦化-密山断裂带开始拉张下陷，形成了一系列新的断裂盆地。这些断陷盆地多数分布在两条断裂带内，其展布受到两条断裂带的控制，形成东北地区又一次的成煤盆地。但与早白垩世的成煤盆地相比，规模和资源量要小很多。西部的海拉尔盆地、二连盆地等进入拗陷发育阶段（图3.15）。

三、煤盆地类型和盆地演化

东北赋煤构造区的成煤盆地面积较小，但数量众多、储量丰富，煤质以褐煤和低变质烟煤为主，也有中变质烟煤。东北地区煤盆地主要为断陷盆地，发育在早白垩世和古近纪两个时期，其构造环境有一定的差别。东北晚中生代早白垩世断陷成煤盆地是在伸展构造环境下发育而成的；古近纪形成的断陷成煤盆地受太平洋动力体系控制，与太平洋板块向欧亚大陆俯冲的角度和速度的变化密切相关。

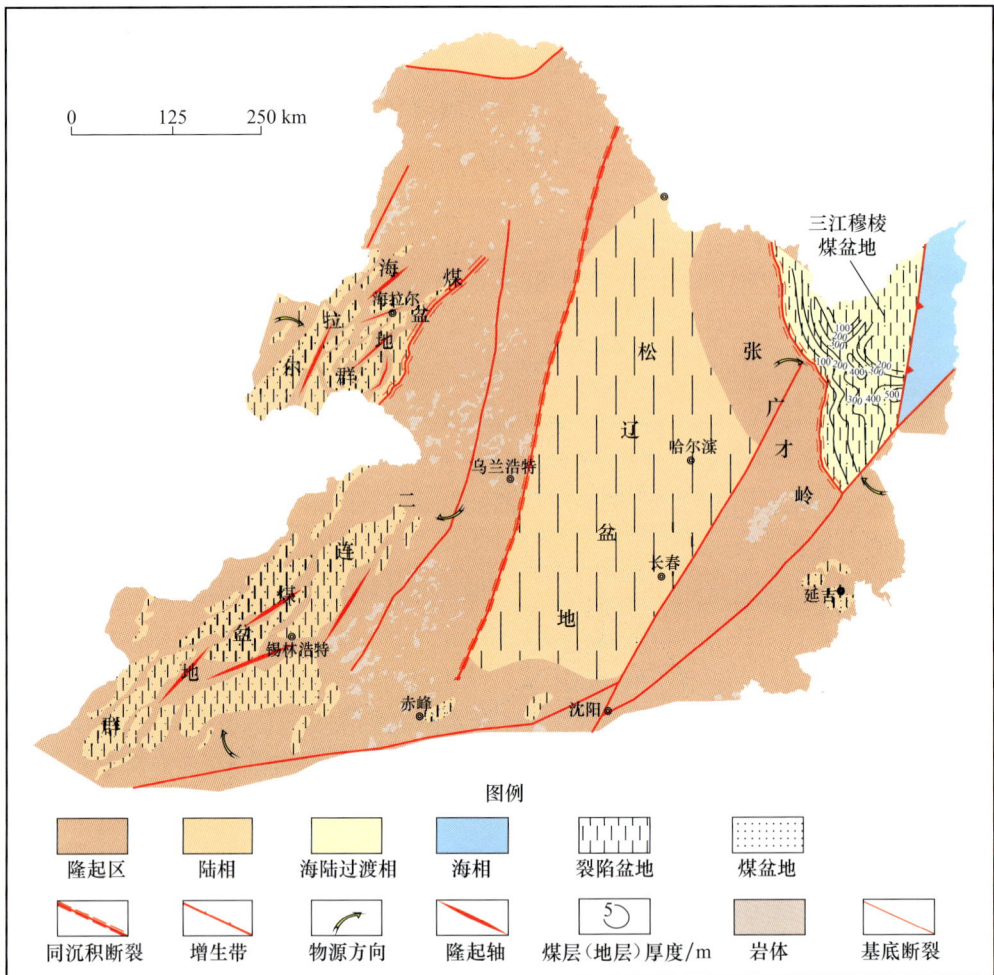

图 3.14 东北地区早白垩世成煤古构造图

东北赋煤构造区所处的兴蒙构造域的东部区域，在印支期与燕山期，构造活动十分强烈，地壳剧烈活动，构造、地貌反差很大。在晚三叠世与侏罗纪期间，中酸性火山喷发强烈，火山活动间歇期沉积了以北票组为代表的河湖相含煤碎屑岩系，只生成若干零星分散的山间断陷盆地，成煤作用有限。

晚侏罗世—早白垩世，由于蒙古-鄂霍茨克洋的闭合，对古太平洋板块向欧亚大陆的俯冲产生了阻挡作用，使得先前俯冲到欧亚大陆的洋壳由于密度差别的原因，发生由西向东向地幔深部下沉作用，造成地幔物质的上涌，地壳发生大规模裂陷。大兴安岭两侧形成一系列北北东向雁行斜列的张裂的地堑、半地堑式的内陆断陷盆地。这些盆地在良好成煤条件配合下，产出了一系列非常独特、又非常重要的煤盆地群。

盆地群的东、西边界均受控于北东向巨型走滑断裂。西部的北东向得尔布干断裂和东部的中央锡霍特-阿林断裂分别构成中-新生代盆地群分布的西部边界和东部边。

60

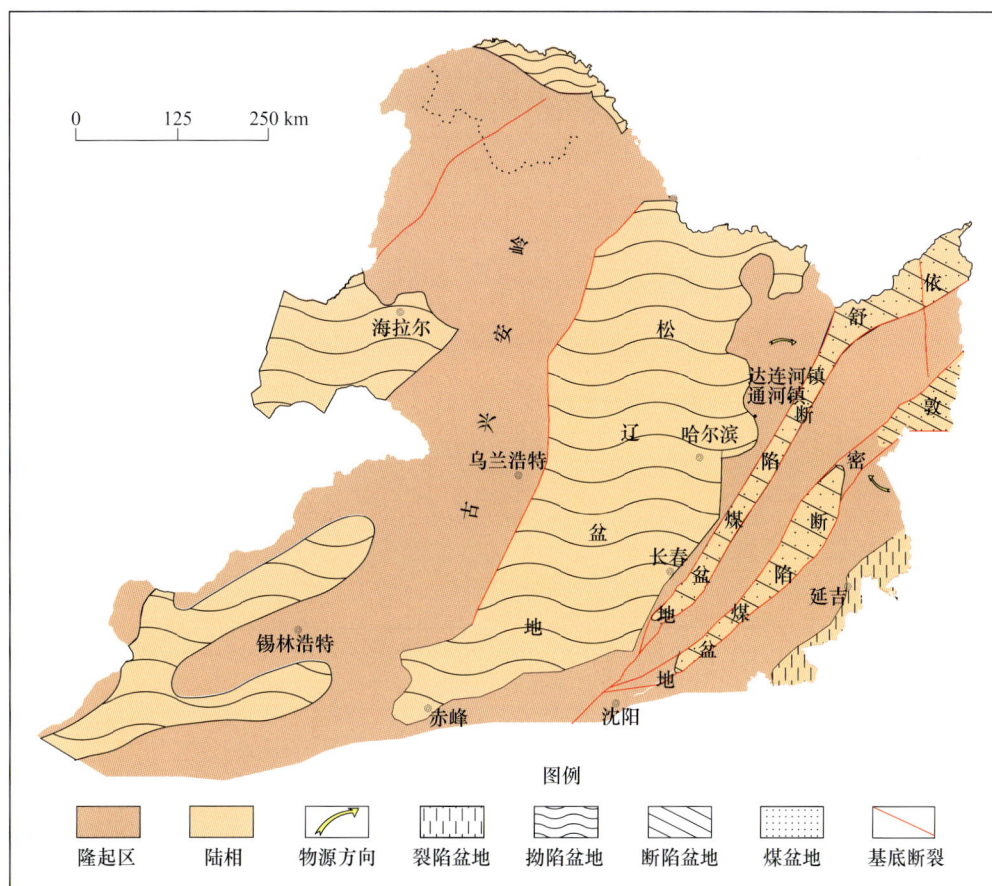

图 3.15 东北地区古近纪成煤古构造图

北东向的嫩江和哈尔滨－双河镇断裂分别作为松辽盆地的西部边界和东部边界，并将东北地区盆地群分隔为大兴安岭以西盆地群、松辽盆地周边群和东部盆地群（图 3.16），其中西部盆地群（主要包括海拉尔盆地煤盆地群和二连煤盆地群）和中部盆地群为围绕着松辽盆地分布的小型成煤盆地，成煤盆地有从四周向松辽盆地中心阶梯下降的特点，其南部边界明显受近东西向展布的华北板块北缘断裂带的限制；东部盆地群（主要包括三江盆地、汤原盆地、方正盆地、勃利盆地、宁安盆地、鸡西盆地、虎林盆地和延吉盆地等）规模小、形态复杂，其东部边界受南北向的牡丹江断裂所制约。这些盆地群含煤性甚好，煤层厚度大，煤炭资源量可观，使东北地区成为我国重要的赋煤区之一。三者在空间上彼此分离，但沉积序列十分相似，自下而上为火山岩系—冲洪积粗碎屑—湖相含煤碎屑，反映断陷盆地的构造演化具有同步性。

古近纪，太平洋板块俯冲方向和角度的变化，造成了东北赋煤构造区又一重要而强烈的伸展裂陷期，控制古近纪成煤盆地形成的主要为大型的走滑断裂带——依舒断裂带和敦密断裂带（图 3.17）。

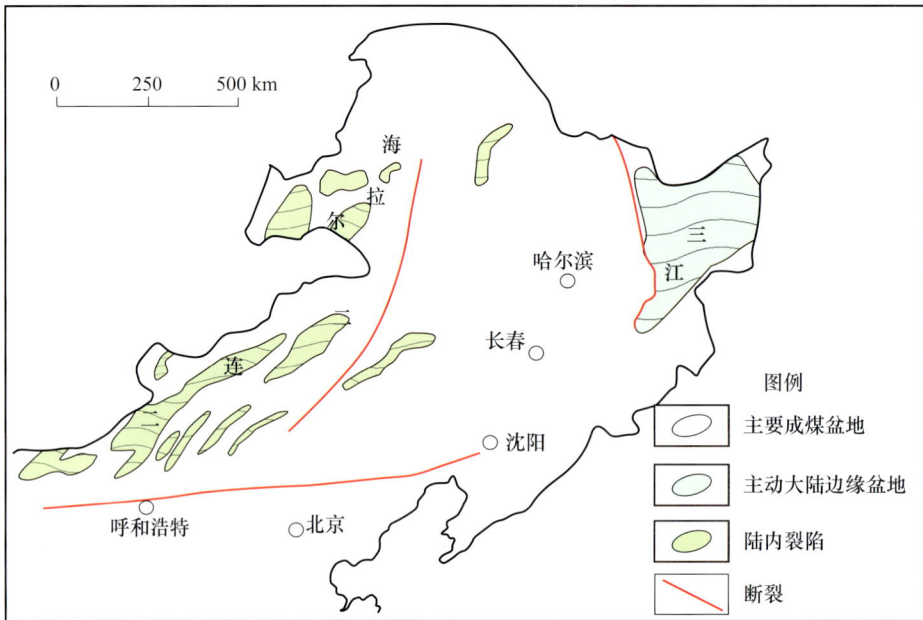

图 3.16　东北地区早白垩世煤盆地分布图

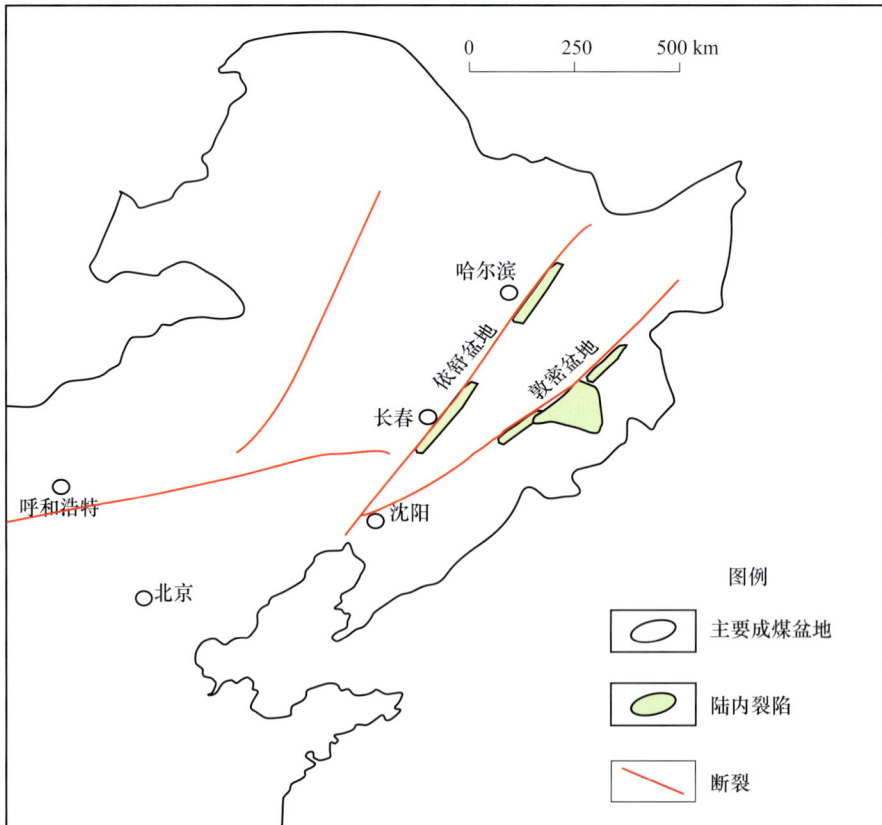

图 3.17　东北地区新生代煤盆地分布图

由此可见，中生代以来，古构造条件的变化决定了中生代成煤期含煤建造的分布面貌、展布方向、盆地类型。

四、区域性（控煤）构造要素

东北地区煤盆地主要为断陷盆地，这些成煤盆地面积较小，但数量众多、储量丰富，发育在早白垩世和古近纪两个时期，其构造环境有一定的差别。东北晚中生代早白垩世断陷盆地是在晚侏罗世大面积火山喷发后的伸展构造环境下发育而成的；古近纪形成的断陷盆地受太平洋动力体系控制，与太平洋板块向欧亚大陆俯冲的角度和速度的变化密切相关。

中生代以来，地壳构造运动十分强烈，燕山运动的不同构造幕在中生代引起多次强烈的褶皱和断裂活动，并伴随着大规模的岩浆侵入和喷发。这些多期强烈的构造运动引起古地形的分割和复杂化，使晚侏罗世—早白垩世含煤岩系大多分布在孤立的、彼此隔离的小型成煤盆地中。晚侏罗世—早白垩世的构造运动以断裂为主，煤盆地的边缘常有断裂伴生，这些断裂常具有同沉积断裂的性质，因而晚侏罗—早白垩世的含煤岩系多形成于断陷盆地中。

古近纪的地壳运动，基本上继承了中生代构造活动的特点，进一步使北北东向和东西向的构造得到加强。同时，岩浆活动也较强烈，主要为裂隙喷发的玄武岩类，其早、中期的（古新世—始新世）玄武岩大多不整合在中生代地层之上，有的构成古近纪含煤沉积的基底；晚期喷发则多成为台地和煤系地层的盖层。控制古近纪成煤盆地形成的主要为大型的走滑断裂带：依兰－舒兰断裂带和敦化－密山断裂带。

古近纪成煤作用以始新世—渐新世的最为发育，含煤性好。主要的成煤盆地有抚顺、梅河、依兰等煤盆地。始新统—渐新统含煤地层不整合于白垩系或震旦纪古老岩系之上。多数煤盆地底部为砂砾质沉积，少数为火山岩建造；煤系之上为玄武岩或第四系砂砾层覆盖。

东北地区成煤盆地多呈群或呈带出现，形成煤盆地群，数个成煤盆地群在空间上按照一定方向排列，空间展布受到不同断裂体系的控制（图3.16、图3.17）。中生代以来古构造条件的变化决定了中生代成煤期含煤建造的分布面貌、展布方向、盆地类型，并进一步影响成煤盆地古地理景观的多样化。

中国东部断裂构造相当复杂，仅就规模较大的断裂而言，按照断裂与块体之间的相互关系可分为三组：①切割两个或两个以上大构造单元的大型走滑断裂；②大构造单元之间的边界断裂和与边界断裂相平行的大型边缘断裂；③大构造单元内部次一级构造单元的边界断裂，以及次级构造单元中规模较大而又成组出现的断裂。

1. 切割两个或两个以上大地构造单元的大型走滑断裂系

其活动持续的时间比较晚，属于滨太平洋断裂系统，基本上都呈北东向延伸，按其空间分布和内部的相互关系可以分为两组：①东侧为郯庐断裂系，其南段在山东境内为郯庐断裂带，往北沿北北东向进入辽宁、吉林和黑龙江东部，有四条主要分支断裂，自西向东依次为四平－哈尔滨断裂带、依兰－舒兰断裂带、敦化－密山断裂带和鸭绿江断裂带；②西侧为兴安－太行断裂系，自西向东依次为大兴安岭－太行山断裂带、嫩江断裂带。

这两组大型的断裂系，将东北赋煤构造区分隔为东、中、西三个赋煤构造亚区，其延伸与展布控制着盆地的延伸范围和煤系的分布区域，使东北赋煤构造区出现由西向东不同的赋煤构造特征。

2. 大地构造单元的边界断裂系及与之相平行的陆块边缘断裂带

西拉木伦河断裂为晚二叠世华北板块与佳蒙地块的拼接带，从而使东北地区与中国大陆连为一体，形成了较为稳定的构造环境，为后期成煤盆地的形成和演化提供了条件；赤峰－开源断裂为东北赋煤区与华北赋煤区的划分边界，断裂两侧的含煤地层、成煤特征和盆地的构造属性有较为明显的差别。

3. 大地构造单元内部次一级构造单元的边界断裂带及与之平行的断裂带

数量较多，也往往成组出现。"东北板块"的西部，主要为一组北北东到北东向断裂带，自西向东依次为：①二连断裂带、锡林浩特北缘断裂带、额尔古纳断裂带、得尔布干断裂带、加格达奇断裂带、扎鲁特断裂带；②在"东北板块"的东部为一组北北西到近南北向的断裂带，自西而东依次为牡丹江断裂带和大河镇断裂。

这些断裂带多为11个赋煤构造单元的控制边界，它们将东北赋煤构造区划分为不同的赋煤构造单元，控制着不同赋煤构造单元内煤盆地构造格局和煤系的分布特征（郭爱军等，2014）。

五、赋煤构造单元划分方案

东北地区构造表现出由中、小地块拼贴而成的"镶嵌"构造的特点（程裕淇，1994；叶茂等，1994；李锦轶，1998；张梅生等，1998；汪新文，2007；任战利等，2010；刘永江等，2010），基底刚性程度低，所形成的中、新生代成煤盆地多为地堑或半地堑，盆地规模多为中、小型，离散程度较高。盆缘多受主干断裂控制，呈北东至北北东向展布，多形成按照北东、北北东向雁列式排列的成煤盆地群；盆地的形成与火山活动有着密切的关系，多数盆地的含煤地层覆盖在火山岩之上或被火山岩所控制，煤层层数多、厚度大且较稳定，但结构复杂，煤系与火山碎屑岩互层。成煤盆地多为半地堑、地堑和由一系列亚盆地组成的复式断陷三种构造样式，半地堑的数目最多，构造变形总体上由西向东增强，该区成煤作用除黑龙江东北部有一部分晚侏罗世—早白垩世的海陆交互相沉积外，其余均为陆相沉积。根据赋煤构造单元的划分原则，将东北赋煤构造区划分为3个赋煤构造亚区、11个赋煤构造带（图3.18，表3.2）。

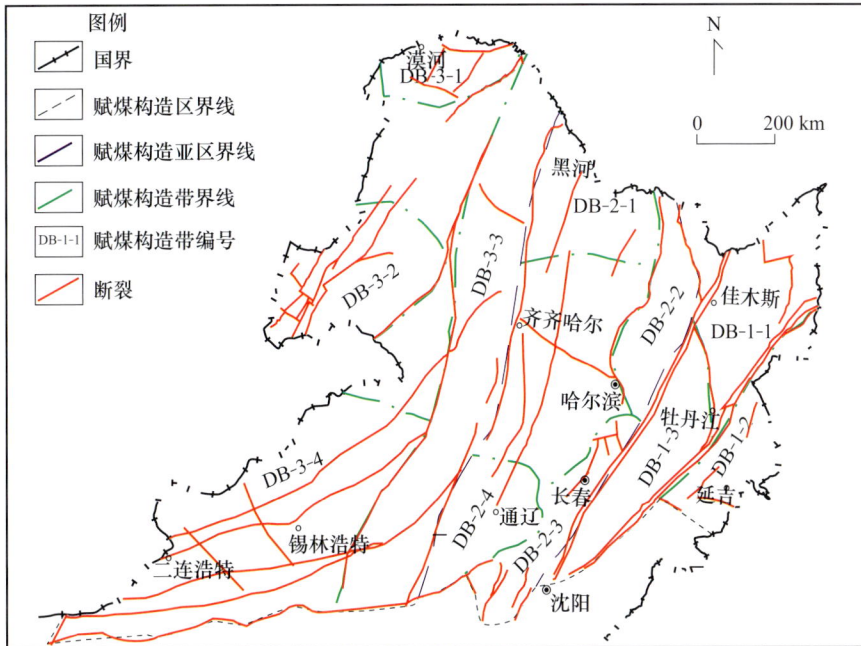

图 3.18　东北赋煤区赋煤构造带划分示意图

表 3.2　东北赋煤区赋煤构造带划分表

赋煤构造亚区	编号	赋煤构造带	控制边界
东部赋煤构造亚区（DB-1）	DB-1-1	三江-穆棱断拗赋煤构造带	牡丹江断裂、敦密断裂
	DB-1-2	虎林-兴凯断陷赋煤构造带	敦密断裂
	DB-1-3	依舒-敦密断陷赋煤构造带	依舒断裂、敦密断裂、牡丹江断裂
中部赋煤构造亚区（DB-2）	DB-2-1	黑河-小兴安岭断拗赋煤构造带	松辽盆地北部边缘，嫩江断裂、哈尔滨-双河镇断裂依舒断裂
	DB-2-2	张广才岭断隆赋煤构造带	哈尔滨-双河镇断裂、牡丹江断裂
	DB-2-3	松辽东部断阶赋煤构造带	依舒断裂、松辽盆地东部边缘
	DB-2-3	松辽西南部断拗赋煤构造带	松辽盆地南部边缘、嫩江断裂
西部赋煤构造亚区（DB-3）	DB-3-1	漠河断陷赋煤构造带	漠河盆地范围
	DB-3-2	海拉尔断陷赋煤构造带	大兴安岭西坡、海拉尔盆地群断裂
	DB-3-3	大兴安岭断隆赋煤构造带	嫩江断裂、大兴安岭西坡
	DB-3-4	二连断陷赋煤构造带	大兴安岭西坡、赤峰-开源断裂西段

第三节　典型赋煤构造单元

　　东北赋煤构造区西部赋煤构造亚区主要为海拉尔、二连伸展断陷盆地群和大兴安岭隆起上零星分布的小的断陷盆地，呈北东向，断陷盆地埋藏较深并且成盆后期的构造运动相对较弱，从而煤系保存较好或较完整；中部赋煤构造亚区为围绕着松辽盆地分布的断陷盆地群，多数断陷面积较小，成煤较好的盆地多位于松辽盆地的边缘，总体呈北北东向，成煤特征表现为断陷—拗陷—构造反转的特点；东部赋煤构造亚区中生代断陷盆地埋藏较浅且受后期改造也强烈，现今主要表现为三江、鸡西、勃利、双鸭山等断陷盆地，充填大量火山岩、火山碎屑岩、河流、沼泽及湖相沉积，表现为由统一的大型成煤盆地经过后期的改造而形成现今分裂的小型成煤盆地，具有断陷—拗陷—构造反转的演化模式。自西向东盆地形成具有随着时间东移的时序规律，煤系构造变形也由西向东逐渐增强。总体表现为西带反转程度弱，中带反转程度中等，盆地改造程度弱至中等，东带反转程度高，盆地遭受严重改造，煤系变形强烈，控制盆地的边界有的表现为逆断层，形成方向变化很大的残留盆地。

一、西部赋煤构造亚区

西部赋煤构造亚区东以嫩江断裂为界，南至赤峰－开源断裂，西、北两个方向至国界，包括海拉尔断陷赋煤构造带、二连断陷赋煤构造带、漠河断陷赋煤构造带、大兴安岭断隆赋煤构造带（图 3.19，表 3.3）。

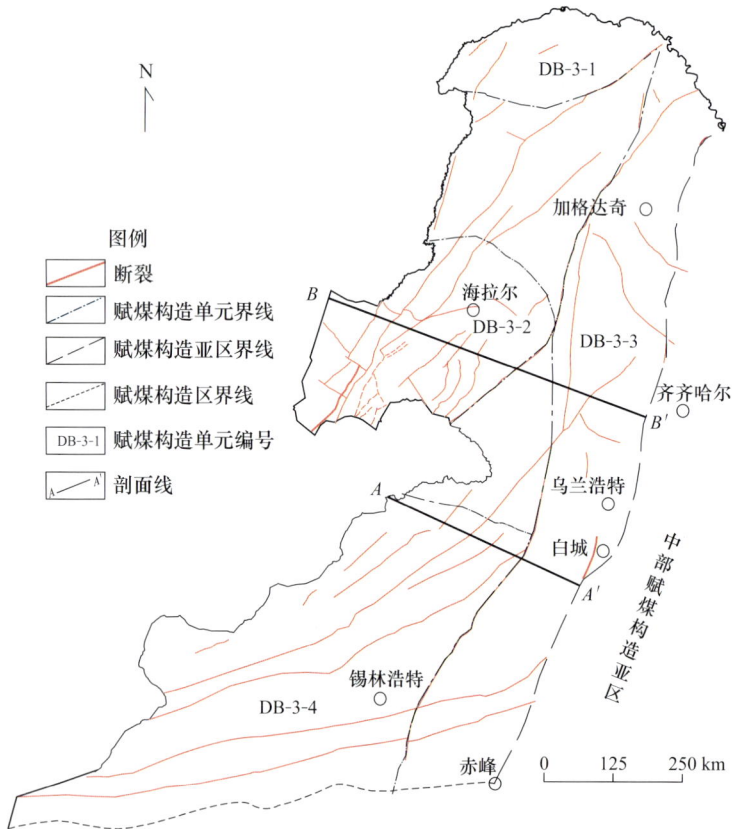

（a）

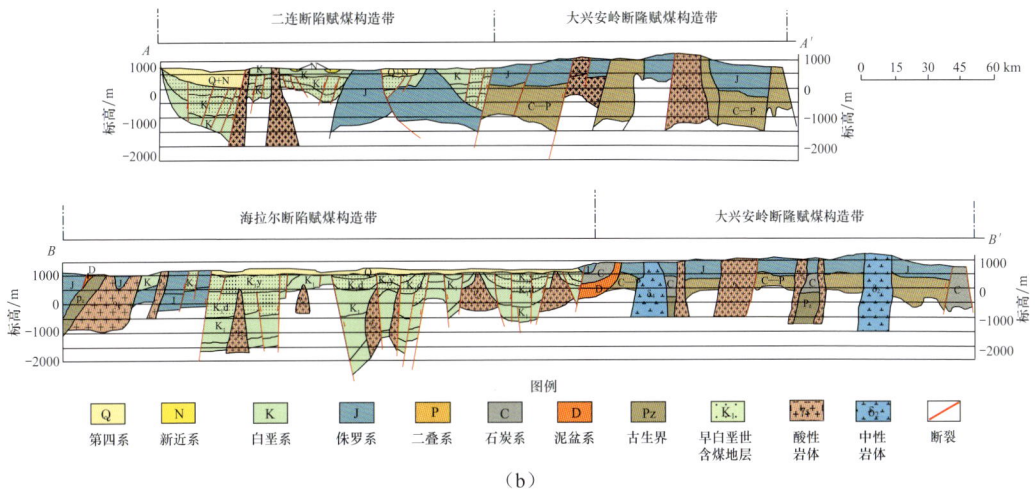

图 3.19 西部赋煤构造亚区构造单元图

（a）赋煤构造单元划分图；（b）剖面图

表 3.3 西部赋煤构造亚区主要控构造样式表

编号	赋煤构造单元名称	主要控煤构造样式
DB-3-1	漠河断陷赋煤构造带	伸展断陷
DB-3-2	海拉尔断陷赋煤构造带	断块构造
DB-3-3	大兴安岭断隆断陷赋煤构造带	伸展构造样式、堑、垒构造
DB-3-4	二连断陷赋煤构造带	断块构造，在南部和靠大兴安岭隆起附近有挤压构造

海拉尔断陷赋煤构造带和二连断陷赋煤构造带表现为隆拗相间的构造格局，二连断陷赋煤构造带呈北东向条带状展布，煤系基本为原始面貌，断裂稀少，只是在靠近大兴安岭隆起的地方，断裂较为发育一些；海拉尔断陷赋煤构造带表现为由交织成网的断裂分割而成断块的特点，煤系的后期构造较弱，由于断裂较为发育，被分割成规模不等的块体。大兴安岭断隆断陷赋煤构造带中的断陷盆地是在隆升过程中产生的小型断陷煤盆地。漠河断陷赋煤构造带为东北赋煤区最北部的赋煤构造带，呈东西向展布，煤系地层薄，地质构造复杂，煤层破坏严重，为区内赋煤性较差的区域。

（一）海拉尔断陷赋煤构造带

海拉尔断陷赋煤构造带主体位于额尔古纳和大兴安岭两个隆起带之间的海拉尔凹陷，也包括得尔布干断裂西侧的额尔古纳造山带上的少量盆地。基底的主体为喜桂图旗早海西褶皱带，西跨额尔古纳地块，具有寒武系基底。含煤地层为中生代白垩系下统大磨拐河组和伊敏组，主要有扎赉诺尔、大雁、伊敏、呼和诺尔等煤田。

总体格局为"四隆三拗"，自西向东为额尔古纳隆起、扎赉诺尔断陷、嵯岗隆起、贝尔湖断陷、巴彦山隆起、呼和湖断陷、大兴安岭隆起。以巴彦山隆起为界，东部拗陷为东断西超，西部拗陷为西断东超（图 3.20）。靠近盆地边缘，受大断裂控制，形成双断型拗陷。

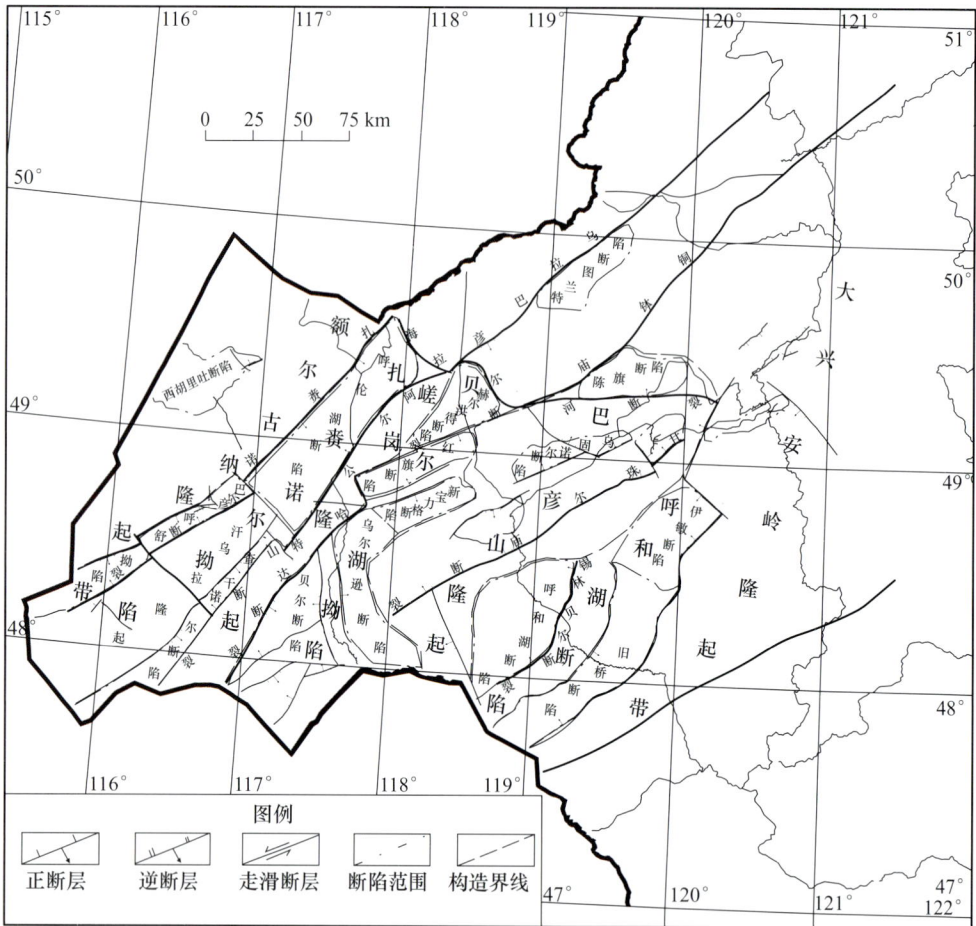

图 3.20　海拉尔赋煤构造带构造示意图

　　该赋煤构造带内成煤盆地形成主要受西部的北东向得尔布干断裂和东部乌努尔深断裂控制，使盆地总体呈北东向展布。由于盆地的主体奠基于褶皱带上，造成盆地基底起伏较大，次级构造单元形态不规则。煤盆地的构造格局受北东、北北东向断裂为主，北北西、东西向断裂为辅而交织成网的断裂体系所控制，使整个盆地被分割成多个小的断块，呈北东向雁行排列。煤系褶皱宽缓或近水平，断层为主要的控煤构造，以高角度正断层为主，由于断裂的控制作用，煤系分布表现为一些规模不等的断块。这些断陷盆地（煤盆地）的基本特征如下：

　　（1）断陷盆地所处区域主要受到由以北东、北北东向为主，东西向为辅，北西向次之组成的断裂网状格架的控制和影响。

　　（2）断陷盆地呈右行雁行排列，且大多受盆缘断裂的控制，断裂大多为正断裂。盆地基本为两边断裂，亦有单边断裂，为拉张型断陷盆地。

　　（3）盆地均接受大磨拐河组沉积，后期剥蚀较小。各个孤立盆地沉积厚度不一，但具有相似构造发展史和沉积史。

（4）断陷之间一般被凸起或断裂分开，隆起与拗陷相间，但总体陷多凸少，以断陷盆地众多。

（5）盆地具有抬升型盆地特点，由南向北由于近北东向断裂的控制与改造作用使盆地呈阶梯形抬升。

海拉尔断陷赋煤构造带内煤系地层所受的后期改造微弱，仅东部靠近大兴安岭的一些盆地中煤系受构造影响较大，煤系地层后期的构造形变以高角度的正断裂为主，以平行或垂直盆地的纵、横向断裂比较发育，多切穿煤系地层，甚至达基底，但断距一般不大，褶皱较少且宽缓。煤系地层多被断裂分割呈规模不等的断块。这些断裂展布走向为北东、北北东或近东西向，倾角一般较大。典型的煤盆地构造特征叙述如下。

1. 扎赉诺尔煤盆地

该盆地东西两侧均以同沉积断裂为界，东侧为阿尔公断裂，西侧为扎赉诺尔断裂，走向均为北北东向，倾向盆内。盆内煤系呈不对称向斜，东翼倾角为 3°～5°，西翼倾角为 7°～10°；有少量北北东、北东向断层，以前者为主，多为正断层，落差为 20～200m，构造简单（图 3.21）。

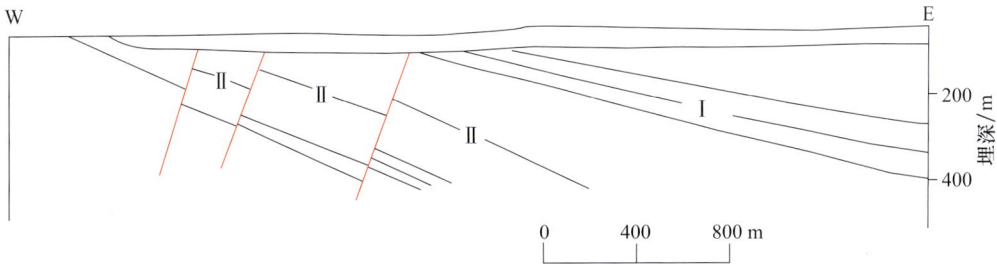

图 3.21　扎赉诺尔矿区阶梯式断裂简图

Ⅰ、Ⅱ为煤层编号

2. 大雁煤盆地

该盆地为单侧断陷盆地，北缘为同沉积断裂，走向为 60°。盆内为单斜构造，地层走向北东、北北东向，倾向北西向，倾角为 15°～20°，一般浅部陡、深部缓，伴有与其近于平行的张性断裂（图 3.22）。伊敏矿区有着同样的构造特征（图 3.23）。

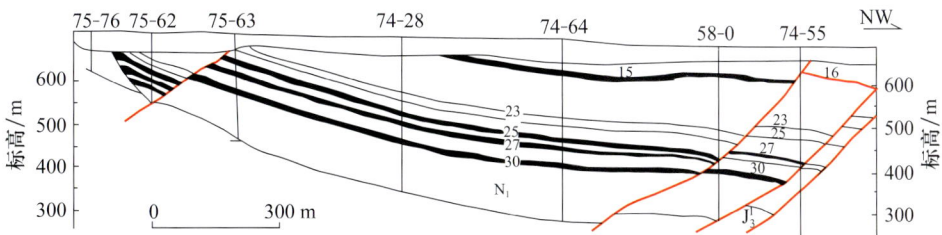

图 3.22　大雁矿区断块式简图

图中数字指煤层编号

3. 陈旗煤盆地

该盆地受南北两侧近北东向张性盆缘断裂控制，南部盆缘正断层控制着盆地的形成，断裂均倾向盆内，属于同沉积断裂性质。盆内煤系地层为一轴向大体呈北北东向的宽缓向斜，沿走向、倾向均有次一级波状起伏，一般倾角为5°～10°，两翼地层倾角略陡。以正断层为主，除盆缘断裂外断距均不大，构造较为简单（图3.24）。

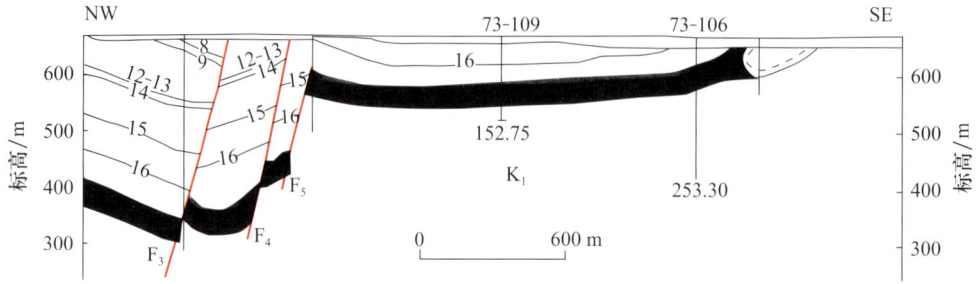

图 3.23　伊敏矿区断块式断裂简图

图中数字指煤层编号

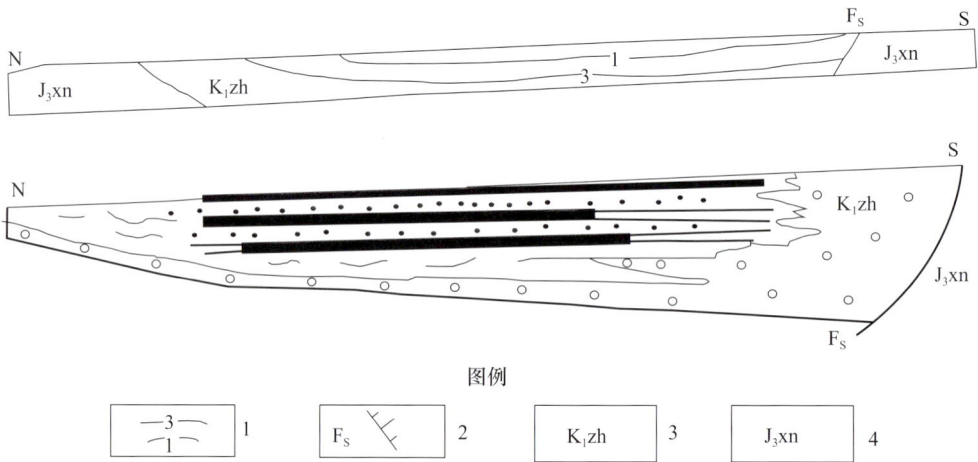

图例

图 3.24　陈旗盆地构造剖面（据常树功，1994）

1. 煤层及编号；2. 盆缘断裂；3. 扎赉诺尔群；4. 兴安岭群

除了成煤期后构造对煤盆地的影响外，岩浆活动的侵入和喷发对已形成的煤田及其赋存和煤层、煤质同样具有不同程度的影响。对于海拉尔赋煤构造带内的成煤盆地，岩浆活动主要发生于侏罗纪，形成了兴安岭群火山岩沉积地层。而在成煤期后即白垩纪以后的火山活动比较轻微，对煤系地层的影响很小。

海拉尔断陷赋煤构造带内控煤构造样式主要有三类（表3.4），以伸展构造样式为主，主要分为单斜断块和箕状构造。这两种在断陷盆地内很常见，如扎赉诺尔断陷、伊敏断陷等；同沉积断层构造样式在伊敏盆地内比较典型；反转构造样式在乌尔逊－贝尔拗陷内比较发育。

表 3.4　海拉尔断陷赋煤构造带控煤构造样式一览表

大类	类型	实例	模式图
伸展构造样式	单斜断块	伊敏矿区	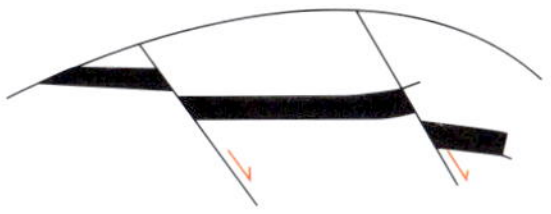
	箕状构造	扎赉诺尔矿区	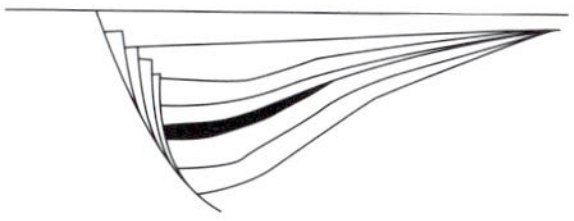
正反转构造样式	正反转断裂型	乌尔逊盆地	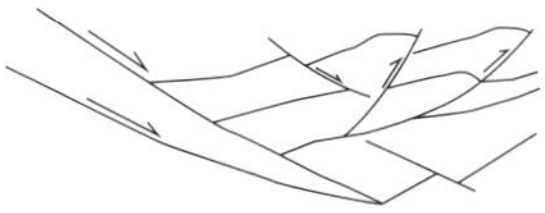
	正反转褶皱型	贝尔湖盆地	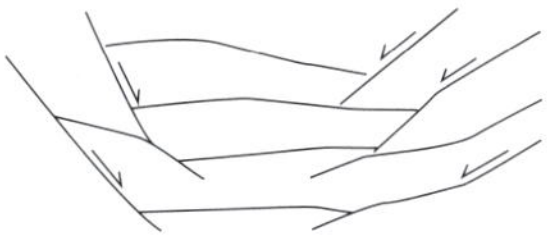
同沉积（成煤期）构造样式	同沉积褶皱	拉布达林矿区	
	同沉积正断层	伊敏矿区	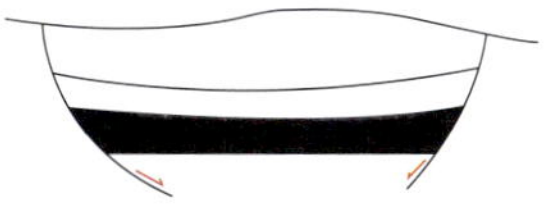

（二）二连断陷赋煤构造带

二连断陷赋煤构造带南界为赤峰-开源断裂，东界为大兴安岭隆起，北接中蒙边界，西至狼山，盆地基底主要为加里东期、早海西期和晚海西期褶皱带和锡林浩特微地块。含煤地层为下白垩统白彦花群，主要的成煤盆地有霍林河、白彦花、胜利、巴音和硕等。

该赋煤构造带的构造格局特征除了北西侧和南东侧边界隆起外，总体格局为两拗加一隆（图 3.25），中部北东向展布的苏尼特隆起上也分布着少数小规模盆地。苏尼特隆起的西北侧为马尼特拗陷、乌兰察布拗陷、川井拗陷；隆起的东南侧为乌尼特拗陷和腾格尔拗陷。在南部拗陷由于受到阴山-燕山构造带的影响，呈北东东向，但内部次级凹陷仍呈北东向展布。

总体而言，苏尼特隆起西北侧断陷带具有沉降幅度大、活动性强、火山活动频繁、地温梯度高等特点，为含油气盆地；东南侧断陷带边缘断陷断距较小、活动性弱、火山活动微弱、湖泊相发育，有利于成煤，如霍林河、白音华、胜利等盆地均有很厚煤层形成。盆地内断裂主要为正断层，走向以北东东为主，北北东和近东西向的次之，断面倾角为 30°～50°，剖面上陡下缓。此外，由于在晚侏罗世及早白垩世晚期，区域范围内经受了挤压作用，发育一些反转构造，形成传递断层、逆掩断层等剪切压性断裂。

71

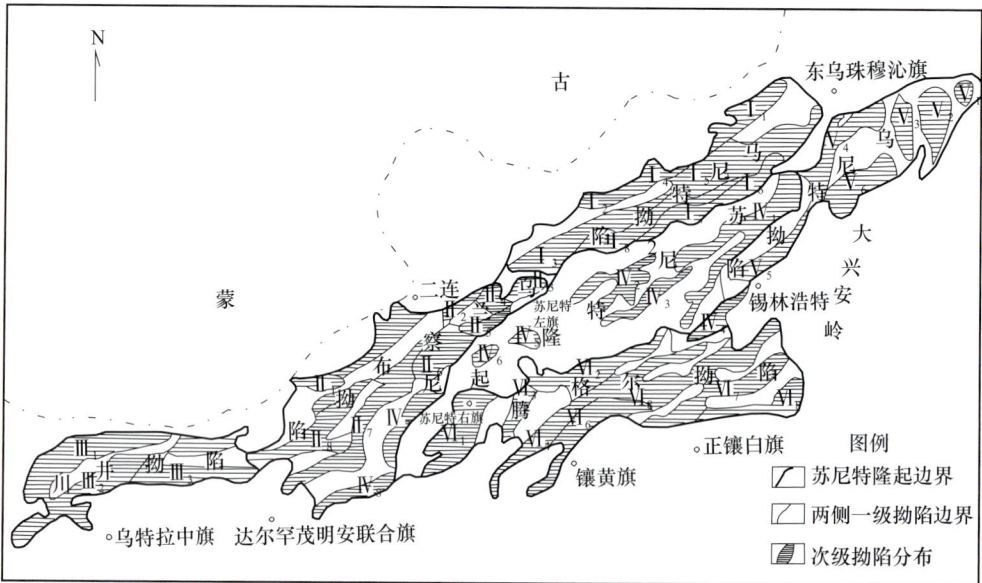

图 3.25　二连盆地群构造格局（转引自王桂梁等，2007）

　　二连赋煤构造带内的断陷盆地主要成盆期为早白垩世，所形成的煤系建造多以宽缓褶皱和近水平产状为主，煤系在大多数盆地内保留较完整，成煤期后的构造形变很弱，以比较宽缓的褶皱为主，断裂稀少，故煤系及煤层大多保留比较完整，连续性也比较好，基本保留了原貌，如胜利矿区、巴彦宝力格矿区。只有在褶皱抬升或背斜核部的相应位置，遭受了一定的剥蚀。如分布于大兴安岭西缘的胜利、霍林河、巴彦和硕等盆地受强烈断块活动影响，断层抬升剥蚀较明显。典型的煤盆地构造特征叙述如下。

　　1. 霍林河煤盆地

　　该盆地为北东向的狭长形不对称箕状向斜，向斜轴偏西北侧，其走向与盆地展布方向一致，次级褶皱发育，倾角一般小于10°。盆地西缘和北缘均有倾向盆内的正断层，为同沉积断层。西缘断裂为主要控制性断裂，在剖面上呈"Y"字形；北缘断裂与西缘断裂近于直交，两者共同控制盆地基底的沉降，在断裂旁侧有最大的沉积厚度。这两组同沉积断裂同时被北西向和北北东向小型横切断层错开。盆内还发育一些北东向和北西向小规模断裂，多为高角度正断层，但控制作用不大（图3.26）。

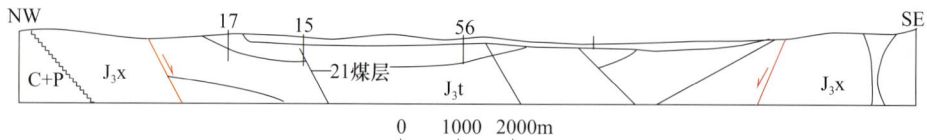

图 3.26　霍林河盆地剖面简图

　　霍林河盆地基底为兴安岭群火山岩系，发育有三个次级凹陷和两个次级隆起。这些次级凹陷和隆起被北西向的基底断裂所分割，断块沿着西部盆缘断裂差异翘倾和升降，对沉积盖层的次级同沉积构造和煤系的堆积有明显控制作用。

2. 白音华成煤盆地

该盆地为大型山间断陷盆地，呈北东—南西向展布，向斜轴向与盆地展布方向一致，地层倾角为 $10°\sim15°$，有明显起伏。盆地北西缘和南东缘均有倾向盆内的正断层，呈典型地堑构造，盆地西南缘多为横向断裂所截，东北缘保存完整（图 3.27）。

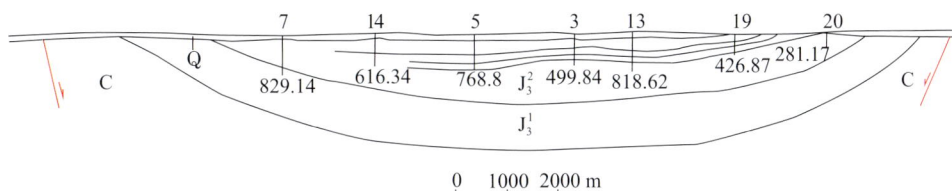

图 3.27　白音华盆地剖面简图

3. 胜利成煤盆地

该盆地为北东—南西向展布的断陷盆地，受东、西两侧的同沉积断裂控制，总体呈宽缓的北东—南西向向斜，其中西侧为控盆正断层，呈直线状。盆地后期受到左旋扭动，在盆内发育北西、北东向断层，前者发育程度较后者为好，均为正断层，构造较简单（图 3.28）。

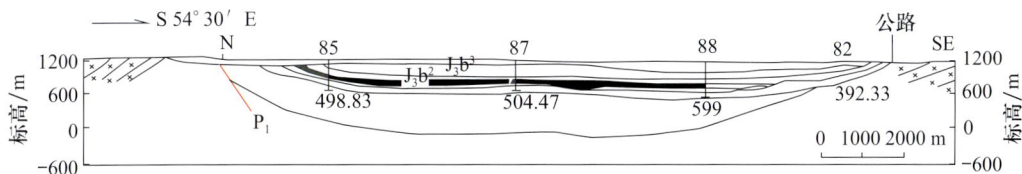

图 3.28　胜利煤田某勘探线剖面图

二连断陷赋煤构造带内成煤盆地的构造样式主要为单断式的箕状半地堑断陷和少量的双断式地堑断陷。前者如阿南、额仁淖尔断陷等，后者如脑木更断陷等。一般靠近隆起的断陷呈单断式向隆起上超覆，内部的断陷则呈双断式的断陷。该赋煤构造带内控煤构造样式以伸展构造样式为主，存在少量正反转构造样式，成盆气同沉积构造，对富煤带展布具有控制作用（表 3.5）。

表 3.5　二连断陷赋煤构造带控煤构造样式一览表

大类	类型	实例	模式图
伸展构造样式	单斜断块	霍林河矿区	
	箕状构造	巴彦宝力格矿区	

续表

大类	类型	实例	模式图
正反转构造样式	正反转断裂型	巴音都兰矿区	
	正反转褶皱型	巴音都兰矿区	
同沉积（成煤期）构造样式	同沉积褶皱	吉林郭勒矿区	
	同沉积正断层	赛汗塔拉矿区	

（三）大兴安岭断隆赋煤构造带

大兴安岭断隆赋煤构造带东以嫩江断裂为界，西部边界为大兴安岭西坡，南部边界为赤峰－开源断裂，北界为蒙古－鄂霍茨克褶皱带。主要的含煤地层有万包组、新民组，主要包括平庄煤田、元宝山煤田及北部的大杨树煤田、呼玛煤田、欧浦煤田等。

该赋煤构造带位于中生代地幔上隆、地壳伸展，以及强烈的板内火山喷发和岩浆侵入的活动带，形成火山喷发间歇型成煤盆地。区内分布的煤盆地呈北东向展布，可进一步划分为南、中、北三个区域。成煤盆地主要集中在南部和中部，北部分布的盆地较少，这些成煤盆地相对基底构造表现为新生性和继承性。由于受到基底格子状断裂的控制，使成煤盆地呈串珠状斜列分布，形态不规则，盆缘断裂以北东为主，盆地为不对称半地堑和地堑型断陷盆地（图 3.29）。大兴安岭南部以断裂构造为主，总体呈北东—北北东方向展布，分布有平庄、元宝山、大杨树等成煤盆地。

1. 平庄煤盆地

平庄盆地为晚中生代半地堑式断陷成煤盆地，总体呈北北东向展布。盆地主体位于内蒙古赤峰市境内，东北部跨入辽宁省。盆地分布有二十家子、古山、西露天、五家、四龙等矿区。

盆地内盖层总体表现为向西倾斜的单斜构造或不对称的向斜构造，倾角较缓，一般为 $10°\sim15°$，其南、北两侧的古隆起和东、西两侧的古洼地，在盆地演化中起着重要的控制作用（图 3.30）。盆地内沉积明显受盆缘同沉积断裂所控制，岩相展布方向与断裂带方向一致，以盆缘西侧北北东向同沉积断裂为主，以盆缘北侧北西西向同沉积断裂为辅。盆内次级断裂以北东向为主，其次为北西向或近东西向。该盆地断裂构造较为发育，而且煤系形成后的断裂破坏作用较为强烈，一般由北东向和北西向两组断裂组成，

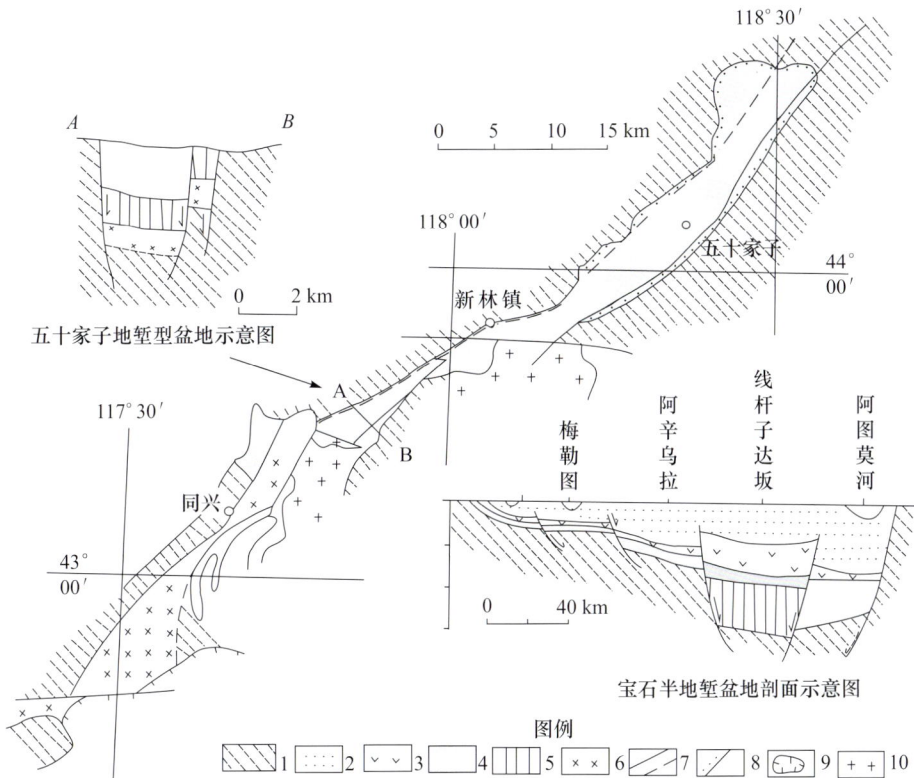

图 3.29 大兴安岭断隆赋煤构造带半地堑和地堑断陷盆地（据邵济安等，2007）

1.二叠纪基底；2.白音高老组；3.玛尼吐组；4.满克头鄂博组；5.新民组；6.万宝组；7.断层；8.不整合界线；9.火山机构；10.花岗岩

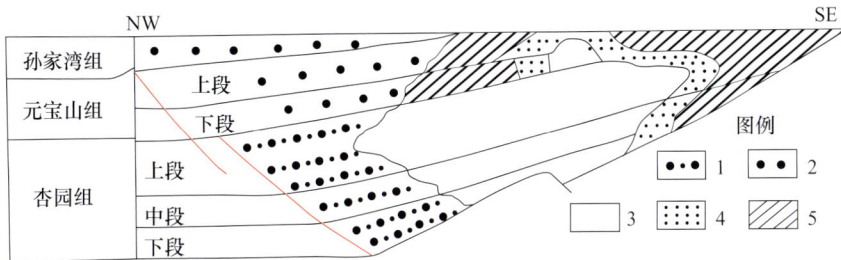

图 3.30 平庄盆地主体部位构造–沉积示意图（据王宇林等，1994，有修改）

1.湖缘扇三角洲相；2.冲积扇相；3.湖泊相；4.湖缘三角洲相；5.河流相

北西向断裂常切割北东向断裂，并切割了白垩系地层，显示为方格网状断裂体系。同时沿断裂有基性岩脉和岩床侵入到煤系和煤层中。

2. 大杨树煤盆地

盆地现今 75% 地区被火山岩覆盖，其中的 60% 以上为甘河组，主要分布在盆地中央部位。该盆地走向北东，盆地的形成与发展受深大断裂控制，盆地内断裂十分发育。盆地控制性断裂可分为走向断裂和横向断裂两组，尤以走向张性断裂为主，斜交断层次之。分布于东西两侧的一系列北东向正断层是盆地的主控断层，具有高角度、断距大、控制盆地边界、多期次继承性发育的特点。它们被北西向的正断层切割、错开，这些北西向断层不控制断陷的沉积，只是对早期形成的断陷起破坏和改造作用。总体表现为两侧断层呈阶梯状向盆地深凹方向跌落，构成盆地的西缓东陡、南深北浅，由于受到北西向断层的切割形成了自北向南的断坳、断隆构造格架特点，总体表现为隆坳相间的构造特征（图3.31）。

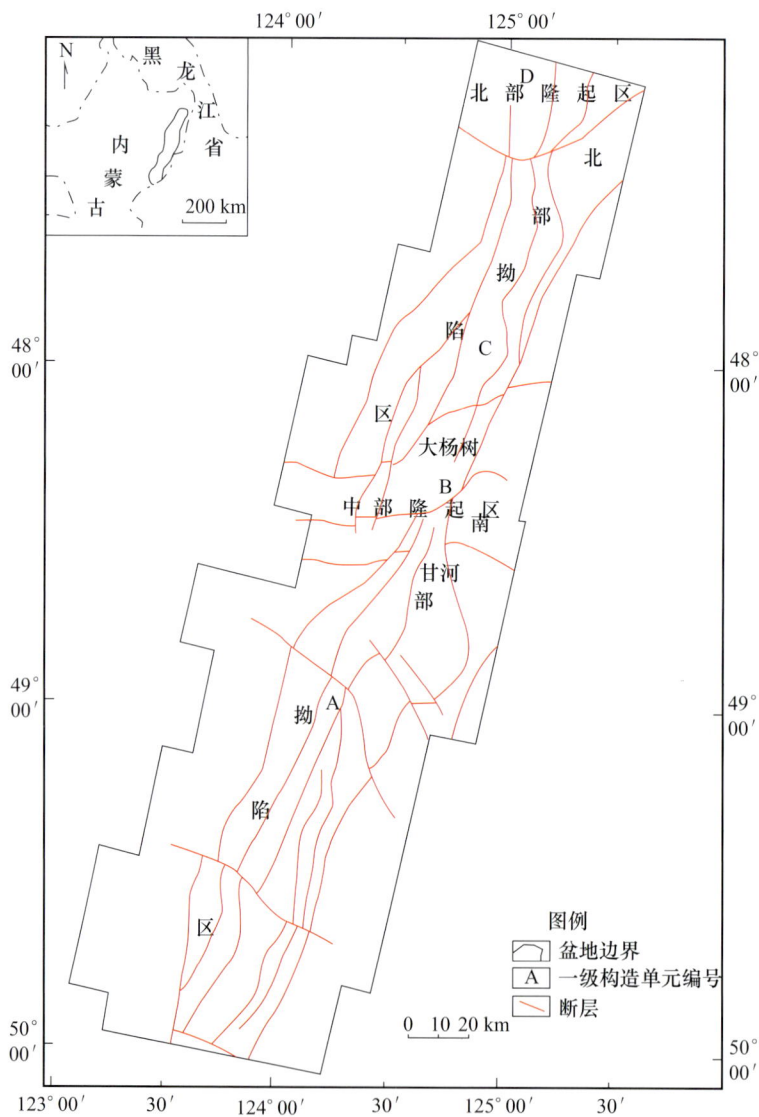

图3.31　大杨树盆地构造纲要图（据刘志宏等，2008）

（四）漠河断陷赋煤构造带

该赋煤构造带位于黑龙江省最北端漠河前陆盆地，漠河盆地是侏罗纪前陆盆地与白垩纪火山断陷盆地复合叠加的一个叠合盆地。由元古界兴华渡口群、下泥盆统及前中生代各期侵入岩组成双重基底。含煤地层为漠河组，主要有霍拉盆煤田。

该盆地主要构造单元呈东西向和北东向展布，可分为"一拗三隆"，即中央拗陷带、滨黑龙江隆起、额尔古纳隆起、塔河隆起（图 3.32）。从宏观角度来看，东西向构造控制盆地的构造特征，从北向南呈"凸—凹—凸"的构造格局。但南北部的接触形式表现不同，北部为逆断层的挤压形式，形成断弯式褶皱；南部则是正断裂的伸展形式，形成堑 - 垒构造样式。盆地中次级构造单元主要受北东、北北东及近东西向断裂控制。

盆地边缘和内部的断裂将漠河盆地分割成数个断块，呈现出东西分块、南北分带的构造格局，使得地质构造复杂，发育的煤层以薄层和高灰煤为主，对煤层破坏严重，为煤系赋存较差的区域。

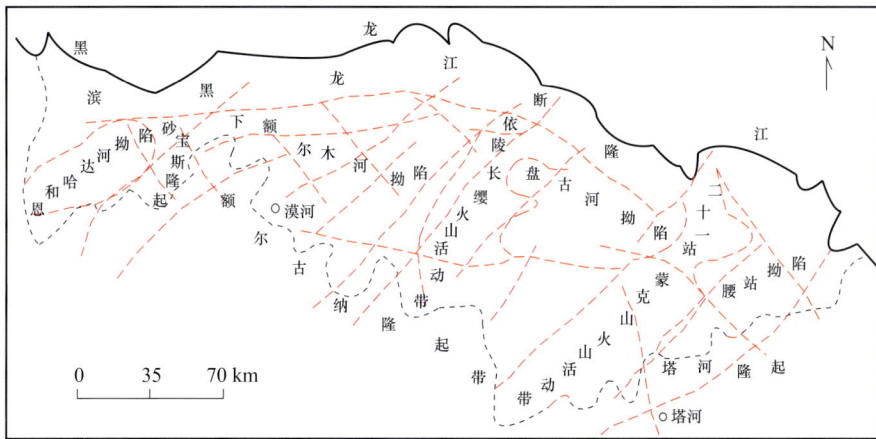

图 3.32 漠河盆地构造单元划分图（据汪新文，2007，有修改）

二、中部赋煤构造亚区

该赋煤构造亚区位于大兴安岭与张广才岭之间，为围绕着松辽盆地四周发育的四个赋煤构造带，分别为张广才岭断隆赋煤构造带、黑河 - 小兴安岭断拗赋煤构造带、松辽东部断阶赋煤构造带、松辽西南部断拗赋煤构造带。四个赋煤构造总体表现为向着松辽盆地方向构造变形逐渐减弱，断裂的控制由高角度的正断层转变为褶皱和正断层（图 3.33，表 3.6）。

松辽西南部断拗赋煤构造带、黑河 - 小兴安岭断拗赋煤构造带、松辽东部断阶赋煤构造带是围绕着松辽地块分布的三个赋煤构造带，在这三个赋煤构造带的外围都存在不同规模的褶皱挤压带。黑河 - 小兴安岭断拗赋煤构造带内的含煤盆地多为火山活动环境，基底发生北北东向断裂，控制着区内煤盆地的分布；松辽东部断阶赋煤构造带与松辽西南部断拗赋煤构造带内的含煤盆地火山活动少，为山间湖泊盆地和山间谷地成煤环境。煤系一般呈宽缓的向斜，多被断层破坏，分割成的小断块有向松辽盆地方向呈阶梯状降落的特点。张广才岭断隆陷赋煤构造带中分布的断陷煤盆地是在隆起后由于后期的断裂岩浆活动而形成。

（a）

（b）

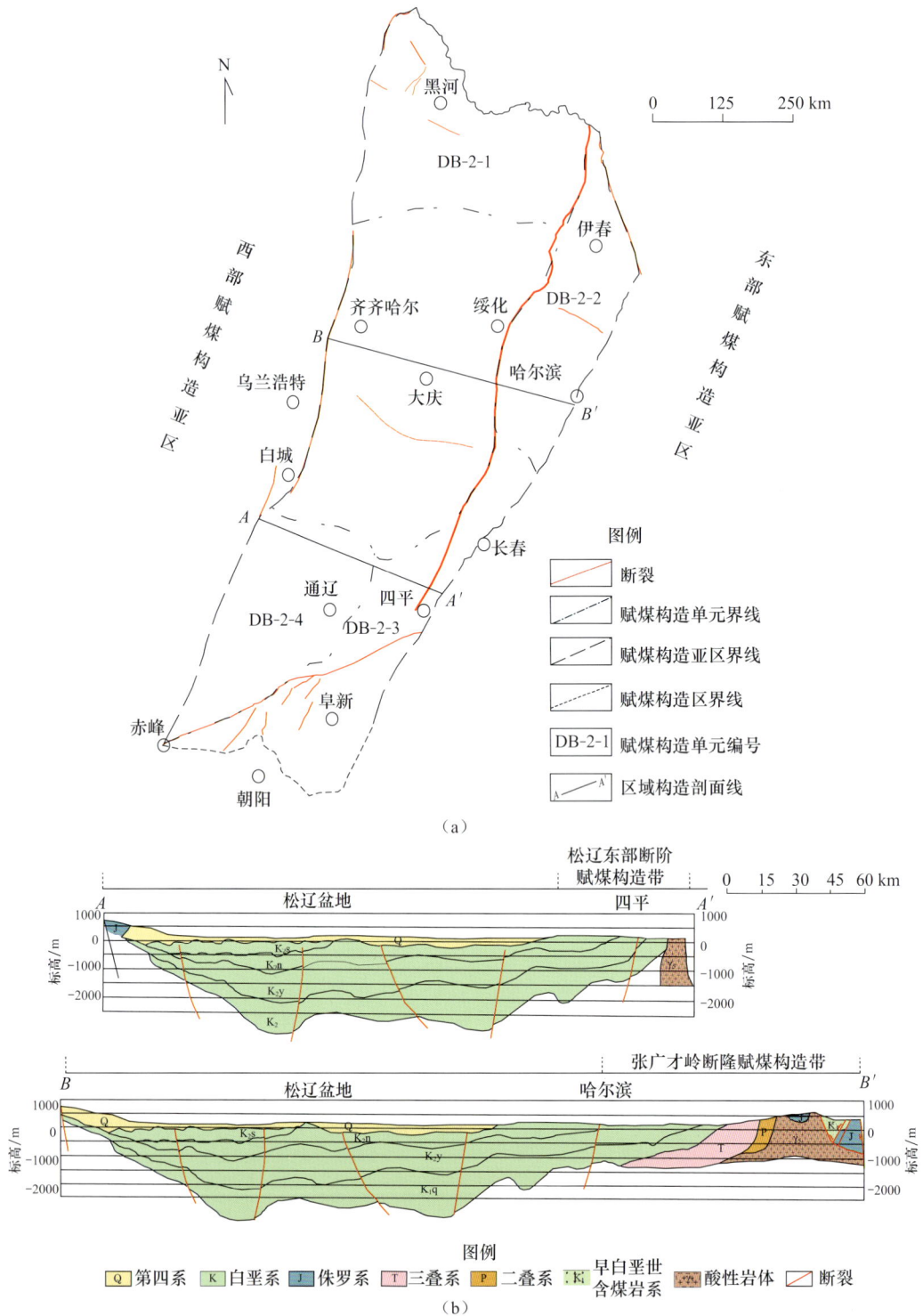

图 3.33　中部赋煤构造亚区赋煤构造单元划分图

（a）赋煤构造单元划分图；（b）剖面图

表 3.6 中部赋煤构造亚区主要控煤构造样式表

编号	赋煤构造单元名称	主要控煤构造样式
DB-2-1	黑河-小兴安岭断拗赋煤构造带	弱伸展形成拗陷
DB-2-2	张广才岭断隆陷赋煤构造带	隆起区上由于岩浆活动引起的伸展构造
DB-2-3	松辽东部断阶赋煤构造带	断阶构造
DB-2-4	松辽西南部断拗赋煤构造带	下部断陷，上部为拗陷

（一）张广才岭断隆赋煤构造带

张广才岭隆起断陷赋煤构造带东界为牡丹江断裂、伊舒断裂带，西界为双河镇-哈尔滨断裂，为断裂岩浆活动产生的内陆断陷盆地，主要的煤盆地有木兰盆地、凤山盆地、翠岭盆地等早白垩世及古近纪小型含煤盆地。

张广才岭是从奥陶纪开始发展起来的地向斜，经晚期海西运动褶皱隆起，大规模花岗岩也是在此时期侵入，燕山运动后以断裂岩浆活动为主，形成了零星分布的含煤火山岩沉积断陷盆地。

该区中部牡丹江一带分布有一条北东向的向南西倾伏的凹陷，使该区构成了中部相对凹陷、两侧相对隆起的构造格局，分别为亚布力隆起区、中部凹陷区、太平岭隆起区。亚布力隆起区出露的古老基底主要为上元古界张广才岭群变质岩，分布方向为南北向，分布有下白垩统零星淘淇河组、建兴组小型断陷盆地，如木兰盆地、翠岭盆地、五河盆地、龙泉、东兴、双岔河等。太平岭隆起区出露的古老基底主要为上元古界黄松群，其上除沿敦密断裂一带有零星的二叠系盖层外，几乎没有古生代的盖层沉积，分布有下白垩统穆棱组小型盆地。

（二）黑河-小兴安岭断拗赋煤构造带

黑河-小兴安岭断拗赋煤构造带位于松辽盆地的北部，东以嫩江断裂为界，西以双河镇-哈尔滨断裂为界，基底为上古生界地层和晚印支期岩体。主要有西岗子、黑宝山-木耳气、红绣沟、四季屯、依龙煤田。

该赋煤构造带内构造以缓波状、幅度不大的褶皱为主，东缘和西缘断裂构造较发育，对断陷的形成、发展具有控制作用。受到蒙古鄂霍茨克洋在晚侏罗世—早白垩世闭合的影响，基底发生北北东向断裂，沿断裂发育有大规模火山岩和碎屑岩沉积，同时形成许多小型地堑式成煤盆地。该区西缘富裕—泰来一带，呈近南北向的北窄南宽的单斜构造带，基底为向东倾的断阶，该区中部拗陷区呈北北东向展布，是松嫩断陷沉降幅度最大的拗陷区，基底为上古生界地层和晚印支期岩体。黑宝山-木耳气等小型成煤盆地形成于火山活动环境，为走向北东的不对称宽缓向斜，北缓南陡，北东、北西向断层较发育。

（三）松辽东部断阶赋煤构造带

松辽东部断陷赋煤构造带东以松辽盆地边缘为界，西以伊舒断裂为界，总体为沿着松辽盆地东部边缘呈北东向展布的多个含煤盆地。这些盆地的基底为松辽地块，主要的含煤盆地包括辽宁境内的铁法、康平、阜新等煤田和吉林境内的四平－双辽、榆树等煤田。

该断陷赋煤构造带是晚侏罗世—早白垩世裂陷作用形成的，呈北北东向展布的中生代断陷盆地。区内褶皱较为发育，多为平缓的向斜构造，其规模不一，两翼不对称，两向斜衔接部位常形成背斜构造，其翼部常伴有断层存在，但总体上呈宽缓的复式向斜。赋煤特点表现为，东部富煤而西部向深部或构造活动带附近发生明显机械沉积分异，造成煤层分叉变薄。

铁法煤田为半地堑式断陷盆地，西部发育北北东向的一条断裂是铁法煤田的边缘断裂，该断裂在煤系煤层沉积过程中不断活动，控制着煤系的沉积分布（图3.34）。总体构造形态呈北北东向的不对称向斜，有北东、北西走向的两组褶皱和断裂，断裂为高角度的正断层，沿断裂带常有辉绿岩侵入煤层。

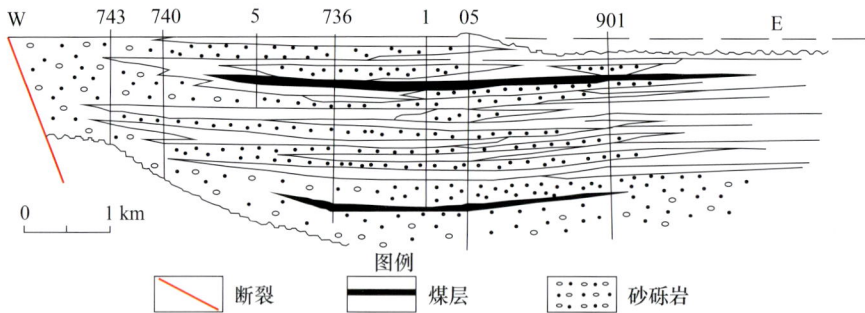

图 3.34 铁法煤田沉积断面图

阜新盆地为走向北东地堑型盆地，其盆地两侧为锯齿状－波状的同沉积断裂，断裂面倾向盆地内部，属正断层，浅部倾角较陡，向深部变缓，呈犁状。长为120km，宽为10～20km，面积约为2000km²，基底和外侧为元古界和太古界变质岩系。盆地内煤层向南倾斜，在盆地内褶皱比较发育，自东北向西南依次有新邱背斜、海州背斜、清河门背斜和李金背斜，区内中小型断裂十分发育，这些背斜被北东向正断层切割，将煤田分割成若干块段（图3.35），这些正断层延伸不远，落差不大，对煤层及开采有一定影响。

（四）松辽西南部断拗赋煤构造带

位于大兴安岭东麓、嫩江－八里罕断裂以东，辽河断裂以西的松辽盆地地区。该区属贫煤地区，主要有瞻榆煤田、北票煤田等。

该赋煤构造带表现的构造格架主要是燕山运动的产物，表现为两拗夹一隆构造格局。由于北东和北北东向断裂和裂陷的发生，产生一系列呈雁行排列的含煤盆地，一般属于单斜构造或宽缓向斜，如镇赉－兴隆山、瞻榆盆地组合及巨流河盆地群。东段总体形态为一平缓的单斜，在早白垩世末，地层抬升，部分地层遭受剥蚀，下降部分接受沉积，煤系地层的厚度由北西向南东逐渐增大；西区总体形态为一轴部向南东倾伏的向斜，两翼于早白垩世末遭受剥蚀，煤系地层厚度以中东部最厚，向两翼及西侧逐渐变薄，直至尖灭。

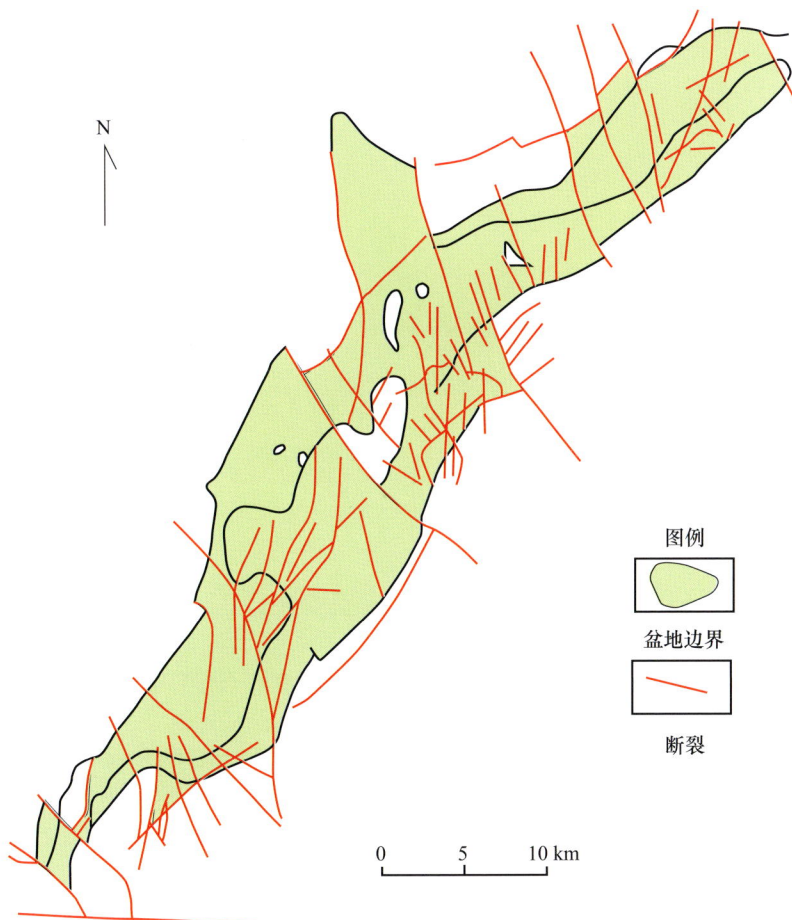

图 3.35 阜新煤田构造略图

　　北票煤田位于两条逆冲断裂带之间（图 3.36），是被 3～4 个逆冲断裂所影响下的复向斜成煤盆地，包括北票盆地、朝阳盆地和黑城子盆地。北票盆地的褶曲呈北东向，由东向西依次为：北票单斜，北东为尖山子逆冲断裂，只保存向斜东南翼，由兴隆沟组、北票组、海房沟组、兰旗组组成，其底部兴隆沟组不整合于蓟县系之上，褶曲倾角为 30°～70°；西房身背斜，位于尖山子断裂和土城子向斜之间，背斜不完整、不对称，西北翼倾角为 25°，东南翼大于 30°；土城子向斜，主要由土城子组构成，西北翼陡，倾角为 30°～50°，东南翼缓，倾角为 6°～12°；矫麻子背斜，西北翼倾角为 40°左右，东南翼大于 50°，由土城子组和兰旗组构成，大馒头沟门向斜，倾角缓，出露兰旗组，西为龙潭断裂，由建平群片麻岩逆冲其上。

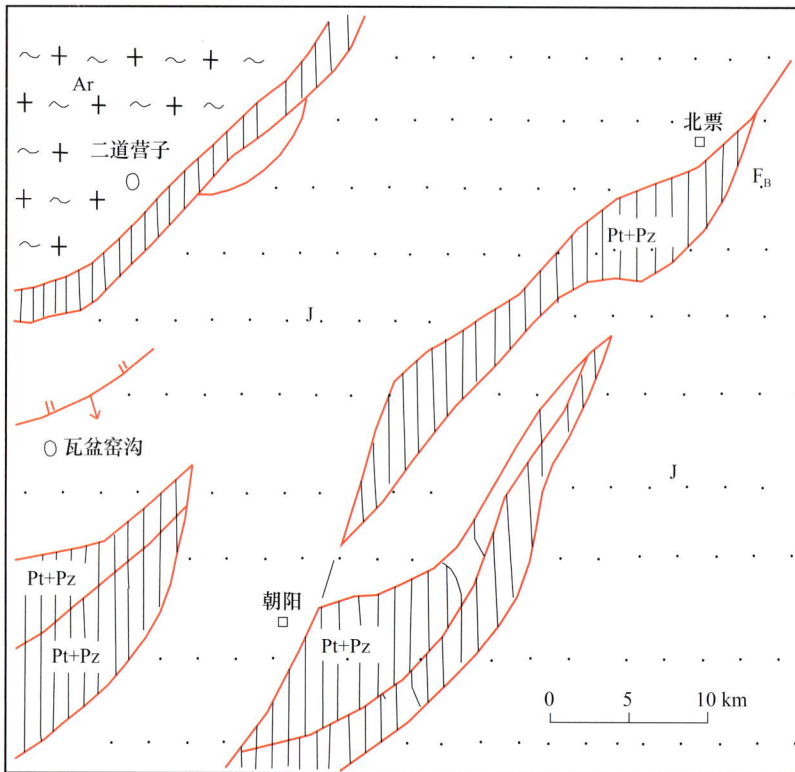

图 3.36　北票地区逆冲断层展布简图（据汪新文，2007）

Ar. 太古宇构造层；Pt+Pz. 新元古界和古生界构造成；J. 侏罗系构造层

三、东部赋煤构造亚区

东部赋煤构造亚区位于北东向的依兰－舒兰断裂和南北向的牡丹江断裂以东的区域。包括三江－穆棱河断拗赋煤构造带、虎林－兴凯断陷赋煤构造带、伊舒－敦密断陷赋煤构造带三个赋煤构造带。除三江－穆棱河断拗赋煤构造带发育较多重要的煤盆地外，其他地方零星分布中、小盆地，该赋煤构造亚区内，既有中生代的断陷－拗陷盆地，也有新生代的裂陷和拗陷盆地（图 3.37，表 3.7）。

三江－穆棱断拗赋煤构造带为区内唯一有海相地层的赋煤构造带，现今为早白垩世统一的大型活动大陆边缘盆地遭受后期破坏的构造盆地群，控煤构造样式主体以伸展为主，但挤压构造在该带较发育，煤系后期改造强烈。虎林－兴凯断陷赋煤构造带位于东北赋煤区的最东部，小型断裂较为发育，区域性的深大断裂少，由于基底为寒武纪结晶地块，使该赋煤构造带虽处于太平洋构造域，煤系受到的改造程度较弱。伊舒－敦密断陷赋煤构造带的成煤盆形成受伸展和走滑双重机制的控制，同时由于先存的东西向断裂存在，使得断裂带的煤盆地分布表现为堑垒相间的格局，在后期受到挤压作用改造较强。

（a）

（b）

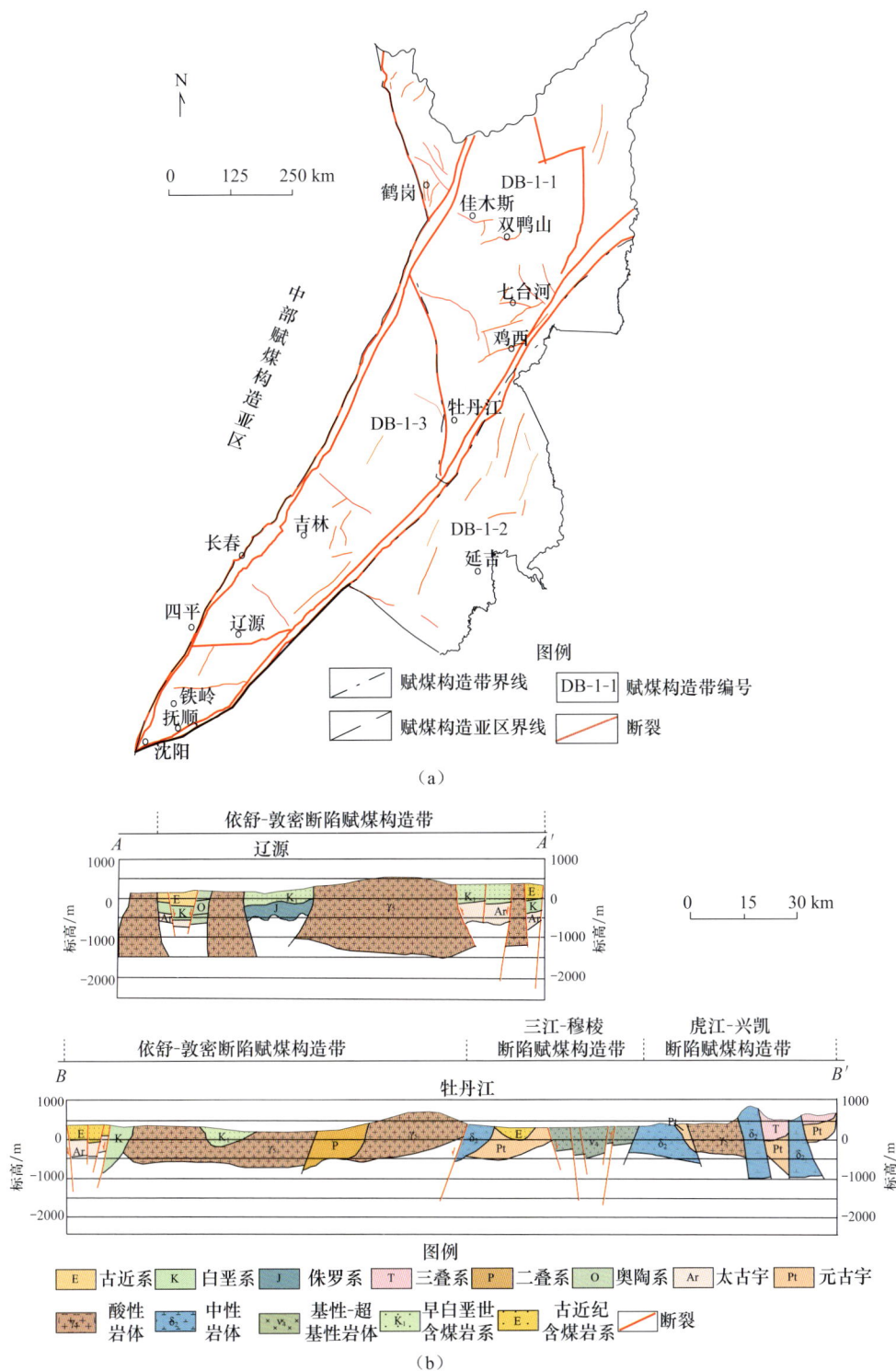

图 3.37　东部赋煤构造亚区赋煤构造单元划分图

（a）赋煤构造单元划分；（b）剖面图

表 3.7　东部赋煤构造亚区主要控煤构造样式表

赋煤构造单元名称	主要控煤构造样式
三江－穆棱河断拗赋煤构造带	以伸展构造样式为主，边缘发育挤压构造样式
虎林－兴凯断陷赋煤构造带	以伸展构造样式为主
伊舒－敦密断陷赋煤构造带	伸展构造样式的垒垒构造

（一）三江－穆棱断拗赋煤构造带

三江－穆棱河断拗赋煤构造带位于牡丹江断裂以东，墩密断裂以北的区域内，基底主体为佳木斯－布里亚地块和东部边缘燕山期拼贴的那丹哈达地体，含煤地层为下白垩统滴道组、城子河组、穆棱组，分布有鸡西煤田、勃利煤田、双桦煤田、双鸭山煤田、绥缤煤田、鹤岗煤田等。

近年来煤炭和石油相关部门的研究表明，黑龙江东部地区在早白垩世为遭受海侵的统一大型大陆边缘盆地。何玉平（2006）和钟铧等（2008）综合分析盆地的地层学、沉积学、构造地质学、物源特征等，认为该区在滴道组（裴德组）沉积期为孤立的断陷盆地，在城子河组和穆棱组沉积期属于统一的拗陷盆地。

区域地球物理场特征为探讨三江－穆棱河地区早白垩时期是否为统一的盆地提供了深部地质证据，黑龙江省东部地区的航磁异常值为 $-200 \sim 700nT$，总体表现为以负异常为背景，局部的正异常分布在勃利、七台河及饶河等地区，其中的负异常区多为中、新生代以来的沉积地层的反映，通过展布的范围可以看出，在沉积时期的大体范围，可以推断东部地区的三江－穆棱地区在中生代时期可能为一个统一的大型盆地（图 3.38），叠加在其上的正异常为后期构造运动，基底的隆起的表现。

1. 鸡西煤盆地

鸡西盆地呈北东东—北东向展布，盆地中有向东倾没的基底隆起，其北的鸡东拗陷和以南的穆棱拗陷均为赋煤复向斜。基底有四组断裂构造：近东西向的断裂以平麻逆断层为代表；南北向的断裂有大通沟断裂等；还有北东向和北西向断裂（图 3.39）。基底断裂构造不仅控制盆地沉积相带分布，而且由于断块的差异升降而导致煤系沉积厚度变化，破坏了地层连续性。盆地内已被证实的压性、张性、剪切性等多种断裂有 350 余条。

根据断裂所处的部位、交截关系及切割的地层，结合受力方向和性质等分析，盆地内断裂构造数量多，相互交汇截切，使构造格局复杂化。区内多为高角度正断层，逆断层较少。逆断层一般发育在复向斜的南翼或盆地边缘，呈近东西向，对盆地有控制和改造作用。南北向和东西向的断裂一般产生较早；北东向、北北西向次之，北东东向、北西向较晚，北北东向、北西向最晚。断裂大多为继承性活动，由于各期受力方向不同，可显现压、张、剪等力学机制的转化。

由于鸡西盆地后期受挤压力较其他地区强烈得多，盆地变形区复杂，更多地表现为压性构造，地层褶皱强烈、地层倾角较陡，局部甚至直立、侧转且有较大规模逆冲断层

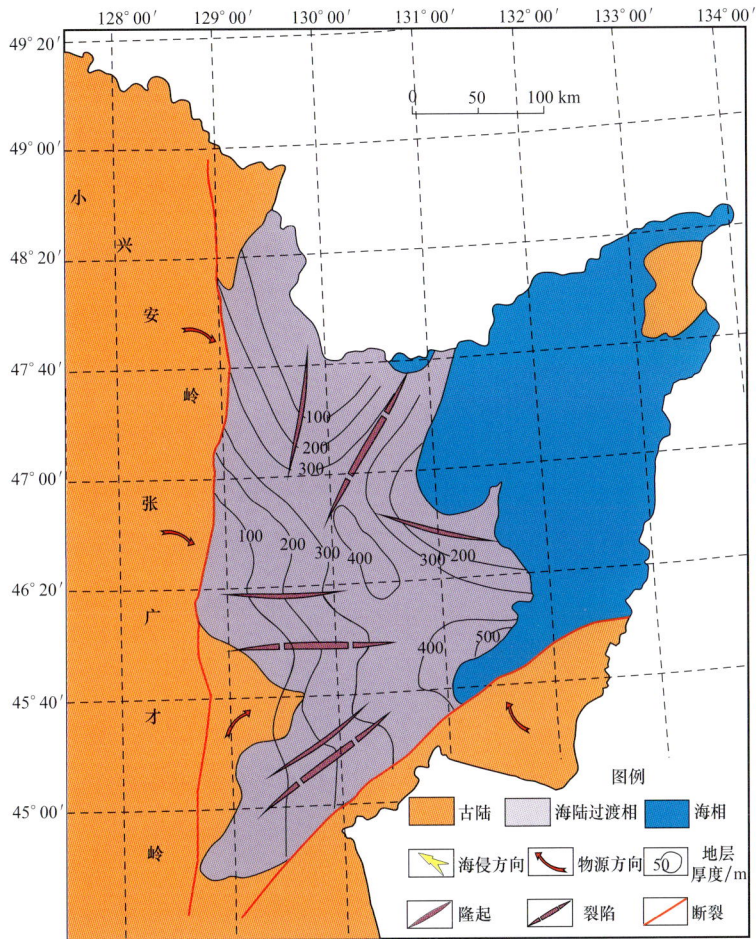

图 3.38 黑龙江省东部盆地群早白垩世成煤盆地原型盆地恢复图

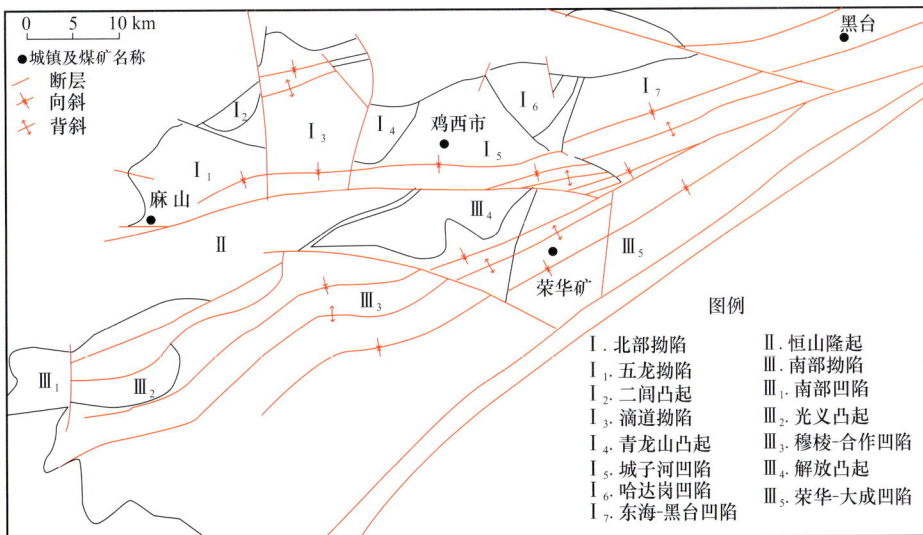

图例
断层
向斜
背斜
城镇及煤矿名称

Ⅰ.北部拗陷
Ⅰ₁.五龙拗陷
Ⅰ₂.二间凸起
Ⅰ₃.滴道拗陷
Ⅰ₄.青龙山凸起
Ⅰ₅.城子河凹陷
Ⅰ₆.哈达岗凹陷
Ⅰ₇.东海-黑台凹陷

Ⅱ.恒山隆起
Ⅲ.南部拗陷
Ⅲ₁.南部凹陷
Ⅲ₂.光义凸起
Ⅲ₃.穆棱-合作凹陷
Ⅲ₄.解放凸起
Ⅲ₅.荣华-大成凹陷

图 3.39 鸡西盆地构造纲要图

相伴生, 形变为近东西向复向斜, 规模较大, 对煤盆地构造起控制作用的往往是逆冲断层。如鸡西盆地近东西向的麻山-平阳 (平麻) 逆冲断层, 即将盆地分隔成南、北两个向斜。平麻断裂位于鸡西盆地中部, 是一条具有代表性的逆冲断层, 在重磁图上、卫星片上都有明显反映, 显微构造特征亦反映剪切和旋转变形 (王桂梁等, 2007)。平麻逆冲断层走向呈北东东向, 断层面向南倾, 断层上盘为一向斜煤盆地, 其基底为麻山群, 煤系地层为城子河组和穆棱组, 断层下盘也是一个含煤盆地。沿断裂带麻山群推覆在煤系之上, 或者含煤地层应逆冲而重复 (图 3.40、图 3.41)。

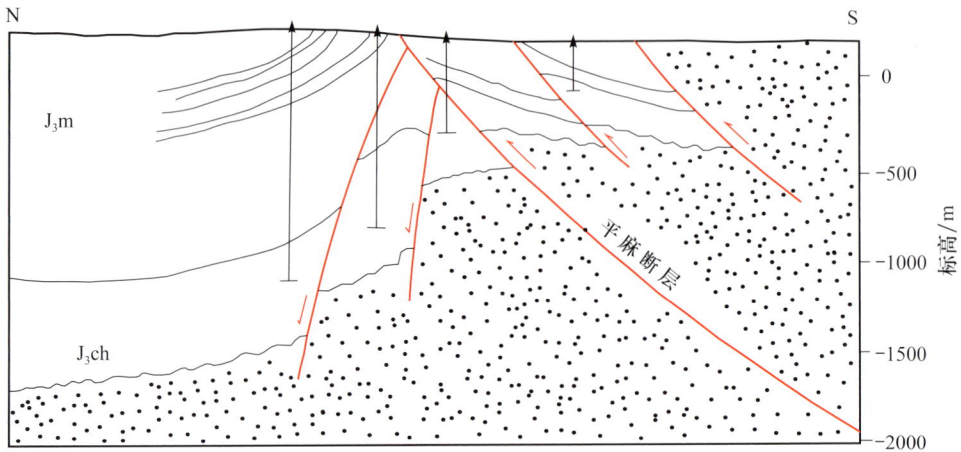

图 3.40　鸡西盆地中部平麻断层剖面图 (据王桂梁等, 2007)

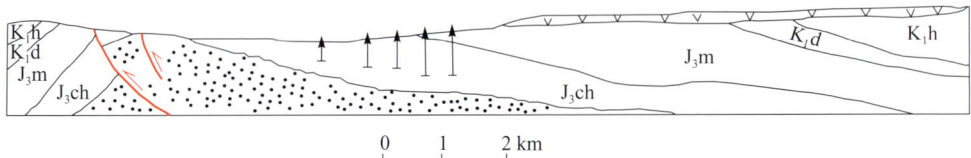

图 3.41　鸡西盆地张新煤矿附近平麻断层剖面图 (据王桂梁等, 2007)

2. 勃利盆地

勃利盆地总体为一弧形盆地, 西翼走向北东、倾向为南、倾角小, 东翼走向转为北东东向、倾角陡。盆内次级褶皱、断裂发育, 构造复杂。后期挤压强烈, 形变为近东西向复向斜, 规模较大, 对煤田构造起控制作用的往往是逆冲断层, 煤田内东西向逆断层落差可达 1000m 以上, 被北西向、近南北向断层切割, 使煤田显得支离破碎, 呈大小不等、形状各异的断块组合。自西向东有数条近南北向大型横断裂将盆地截为数段, 形成桦南拗陷、七台河断陷、宝密拗陷 (图 3.42)。

盆地北侧为侵蚀边界, 西南为依兰-勃利断裂, 南侧为兴农-裴德断裂, 东南侧面为裴德-云山断裂。盆地基底断裂主要有三组: 南北向断裂形成于元古宙, 控制了中生代沉积; 北东—北北东向断裂形成于海西—印支期构造运动, 控制了中生代晚期的海侵及沉积; 北西向断裂时代较晚, 对早期构造和煤系起改造作用。通过对盆地内的断

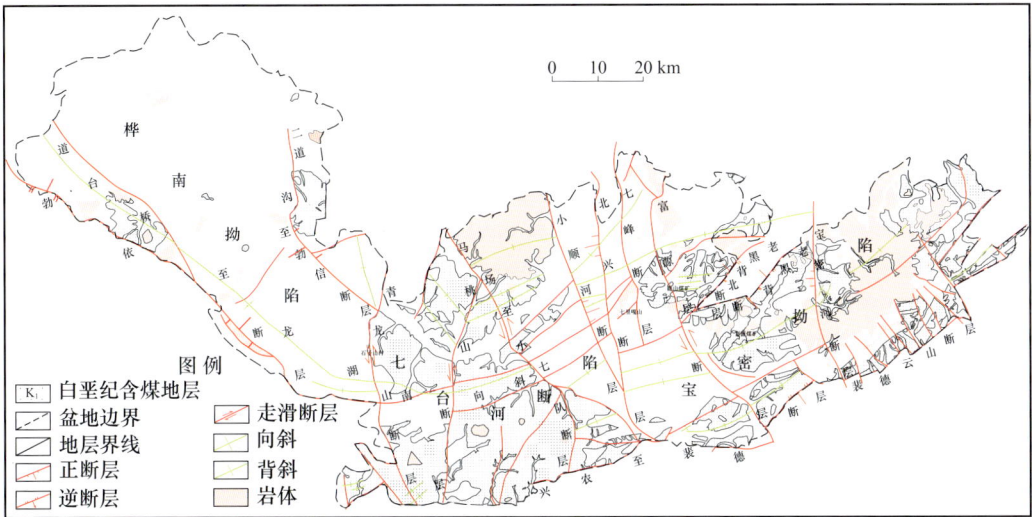

图 3.42　勃利盆地构造纲要图

裂进行统计，可以看出盆地中东西、南北、北西及北东向断裂均有发育，主要有北东、北西和南北向三组断裂，以北东和南北向为主［图 3.43（a）］。区内南北向张 - 张剪性断裂形成的时间较早、结束活动较晚，对煤系的沉积和后期改造有控制作用，多为高角度正断层，大部分与地层走向斜交，断裂延伸短，仅切割盖层而不切割基底；对褶皱轴的统计可以看出，盆地内的褶皱轴主要沿着北东和北西两个方向延伸［图 3.43（b）］，与该盆地的弧形构造向吻合，表明褶皱的形成与弧形构造形态形成的时间一致或较晚。

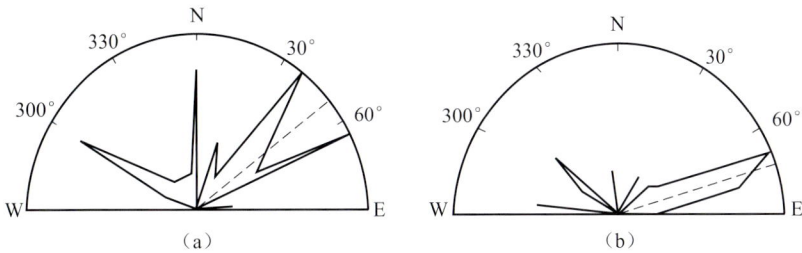

图 3.43　褶皱与断裂走向统计玫瑰花图

（a）断裂走向玫瑰花图；（b）褶皱轴玫瑰花图

　　总体而言，盆地的西部拗陷内，断层以北东向、北西西向为主体走向，如二道沟至勃信断层、勃依断层，其中勃依断层控制着盆地西部南端的边界，分布少数的南北向断层；中部断陷内，密集分布着近东西向的褶皱，断层走向以近南北向为主，这些断层切割东西向的褶皱，使盆地中部形成网格状的构造格局；东部拗陷内，断层以北东、北东东向为主导方向，并发育有南北向、北北西向断层。

　　对该盆地煤系地层分布特征、断裂和褶皱的综合分析，认为勃利盆地内以挤压控煤构造样式为主，伸展控煤构造为辅，在勃利煤田桃山断裂西侧又以断层控煤为主，东侧以褶皱控煤为主，划分以下六类控煤构造样式（表3.8）。

表3.8　勃利煤田控煤构造样式特征表

类型		实例	模式图
褶皱断裂组合	褶皱断裂型	勃利煤田东部龙湖、鹿山、珠山、铁东	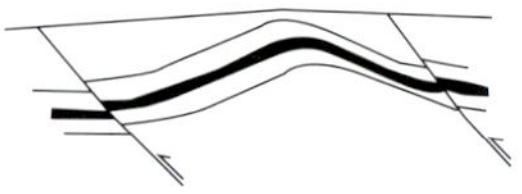
逆冲断层组合	双重构造型	煤窑西山	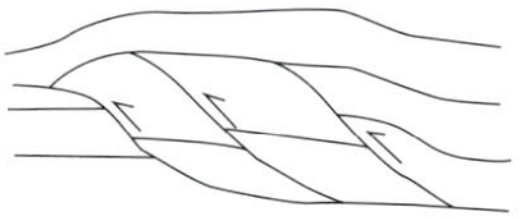
	对冲断夹块型	七峰	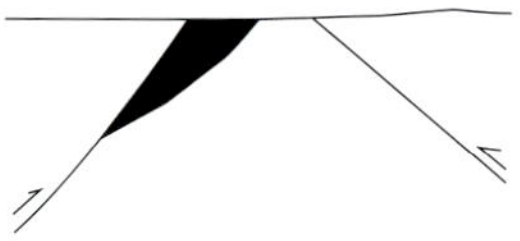
	叠瓦扇断夹块型	桃七三区	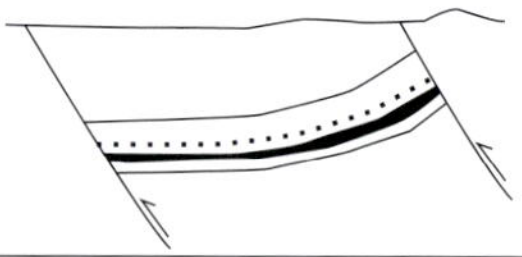
单斜断块组合	单斜断块型	牧羊地	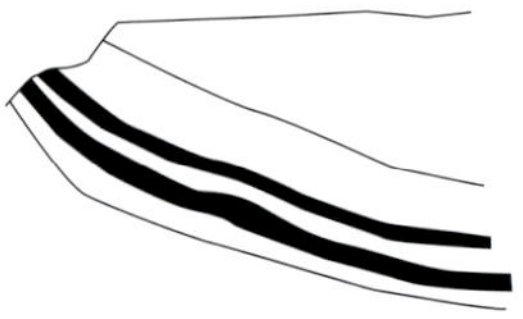
伸展构造组合	堑垒构造型	七虎林	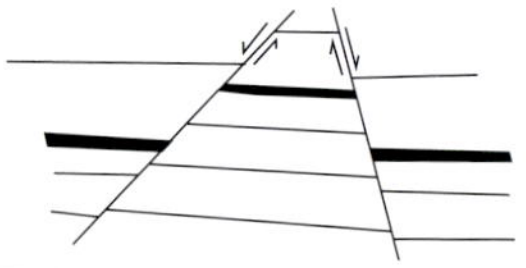

3. 集贤、绥滨煤盆地

集贤、绥滨盆地位于佳木斯地块北部，盆地受西侧军川断裂控制呈半地堑型构造，区内褶皱不发育，断裂纵横交错，构造较复杂。由于佳木斯地块长期遭受剥蚀，使盆地基底凹凸相间，总体呈北东向延展，控制着该区盖层沉积。根据物探资料，盆地基底断裂发育，大多数具有同沉积断裂性质，直接控制着上覆盖层的沉积厚度和分布。盆地内以形成于燕山期的北东向断裂和形成于喜马拉雅期的北西向断裂为主，两组断裂相互交截，将断陷分割成多个构造断块，呈现北东向成条、北西向成块的构造格架。区内断裂的基本特点是南北向、东西向断裂形成时间较早，北东向次之，北西向形成时间最晚。大部分断裂具有多期活动特点，表现出力学机制的多次转换（图3.44）。

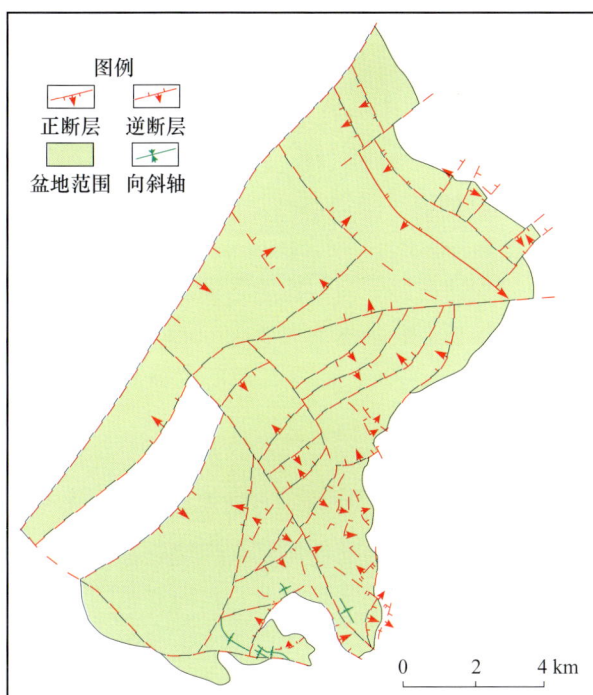

图 3.44　绥滨 – 集贤盆地构造纲要图

集贤、绥滨盆地的控煤构造样式可大致分为三类（表 3.9）。

表 3.9　集贤、绥滨盆地控煤构造样式一览表

大类	类型	实例	模式图
伸展构造	单斜断块	黑龙江省集贤煤田顺发井田第 9 倾向勘探线地质剖面	
挤压构造	冲起构造	集贤煤田东荣勘探一区 16 勘探线剖面；集贤煤田东荣勘探一区 16 勘探线剖面；集贤煤田绥滨区普查地质报告第 I 走向勘探线剖面	
	逆冲褶皱型	合江煤田集贤勘探区第 XI 勘探线剖面	

4. 双鸭山、双桦煤盆地

双鸭山盆地更多地表现为压性构造，地层褶皱强烈、地层倾角较陡，局部甚至直立、侧转（如双鸭山、双桦煤田）且有较大规模逆冲断层相伴生。双鸭山煤田后期挤压强烈，形变为近东西向复向斜，规模较大，对煤盆地构造起控制作用的往往是逆冲断层。此外，后期的岩浆侵入也加剧了煤田改造，如双鸭山煤田中生代中基性岩呈岩体、岩脉、岩墙侵入煤层，也造成一定的破坏作用。

双鸭山煤田为一东西向、向东倾的向斜构造，向斜北翼倾角平缓，南翼较陡，盆地南缘为一向北逆冲的东西向断裂，断距落差大于1500m，与此断裂有成因联系的压性断裂，有岑东矿的 F_{44} 断裂，岭东八井、长山顶、双阳、新安矿的逆冲断裂，其断距都较大，次一级的断裂亦很发育（主要为北西向）。

双桦盆地中部为一轴向北西、向东倾没的复背斜构造，其南北两侧分别为一向斜构造，并在东部密林处汇合，盆地南缘被双桦 - 双柳逆冲断裂所切，其走向由头道沟至煤窑沟一带呈北西西向，使元古界地层向北逆冲到含煤地层及东山组之上，盆地内断裂活动似较强烈，以北东向展布的张断裂和北东东及北西向展布的扭断裂为主（图3.45）。

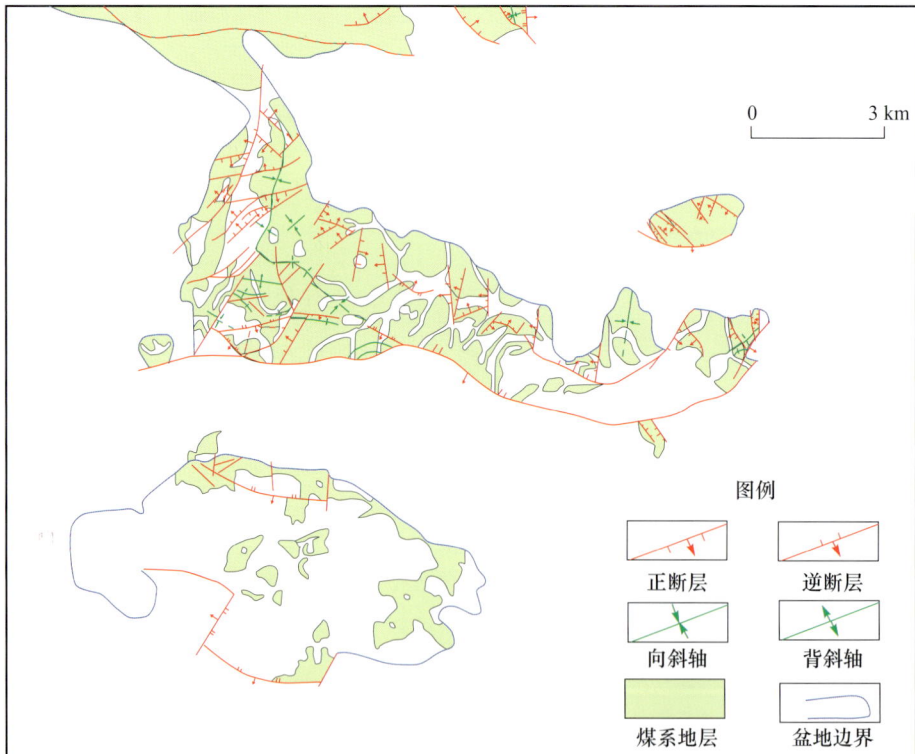

图 3.45 双鸭山双桦构造纲要图

（二）虎林 - 兴凯断陷赋煤构造带

虎林 - 兴凯断陷赋煤构造带西北以敦密断裂为界，西南在天宝山—延吉市—开山屯一线,向东及东南伸向俄罗斯和朝鲜,跨越黑龙江、吉林两省。盆地基底为前寒武纪结晶地块,主要含煤地层为下白垩统和古近系,主要有老黑山、延吉、珲春、凉水、春化等煤田。

虎林-兴凯断陷赋煤带内晚古生代地层褶皱呈北东向,紧闭线型特征明显,也有南北向褶皱,且褶皱构造属舒缓型。中、新生界属短轴开阔平缓的褶皱,受基底构造的控制。北北东向、北东向、南北向和东西向及北西向等断裂均较发育,北北东向和南北向断裂与东西向断裂交汇部位控制了中、新生代断陷生成和火山喷发活动。断陷带北部的虎林盆地为中、新生代叠合盆地,是重要的含煤区域。构造格局为三个断隆与三个断陷相间排列成垒堑式组合样式。影响和控制沉积盖层的形成与变形,变位的断裂主要是不同期次的张扭性高角度正断层或走滑-正断层。

珲春煤田总体构造方向为北东45°,为叠置于中生代盆地之上的新生代断陷盆地,盆地充填序列为古、始新世粗碎屑岩含煤建造及渐新世较细碎屑含煤建造。盆地整体为双鸭山、双桦盆地的控煤构造样式可大致分为三类,见表3.10。

表3.10 双鸭山、双桦盆地控煤构造样式一览表

大类	类型	实例	模式图
伸展构造	堑垒构造	双鸭山煤田四方台一二井勘探第1-1走向剖面图;四方台一二井勘探区第Ⅲ勘探线剖面图;双鸭山煤田公立勘探区第Ⅱ勘探线剖面图;双鸭山煤田开花山第Ⅵ勘探线地质剖面图	
	单斜断块	双鸭山煤田四方台一二井勘探第1-1走向剖面图;四方台一二井勘探区第Ⅲ勘探线剖面图;双鸭山煤田开花山第Ⅵ勘探线地质剖面图	
挤压构造	对冲断夹块型	双鸭山煤田东保卫第十八勘探线地质剖面	

宽缓而稍有起伏的向斜构造,轴向北东,向南倾伏,次级构造表现为一系列北北东和北东东向的断层。有古近纪辉绿岩侵入煤系,对煤的变质程度有一定的影响。

(三)伊舒-敦密断陷赋煤构造带

伊舒-敦密断陷赋煤构造带为北东向的敦密断裂、伊舒断裂与南北向的牡丹江断裂所围限的区域内。主要含煤炭地层区内的含煤盆地主要在古近纪形成,多数分布在依

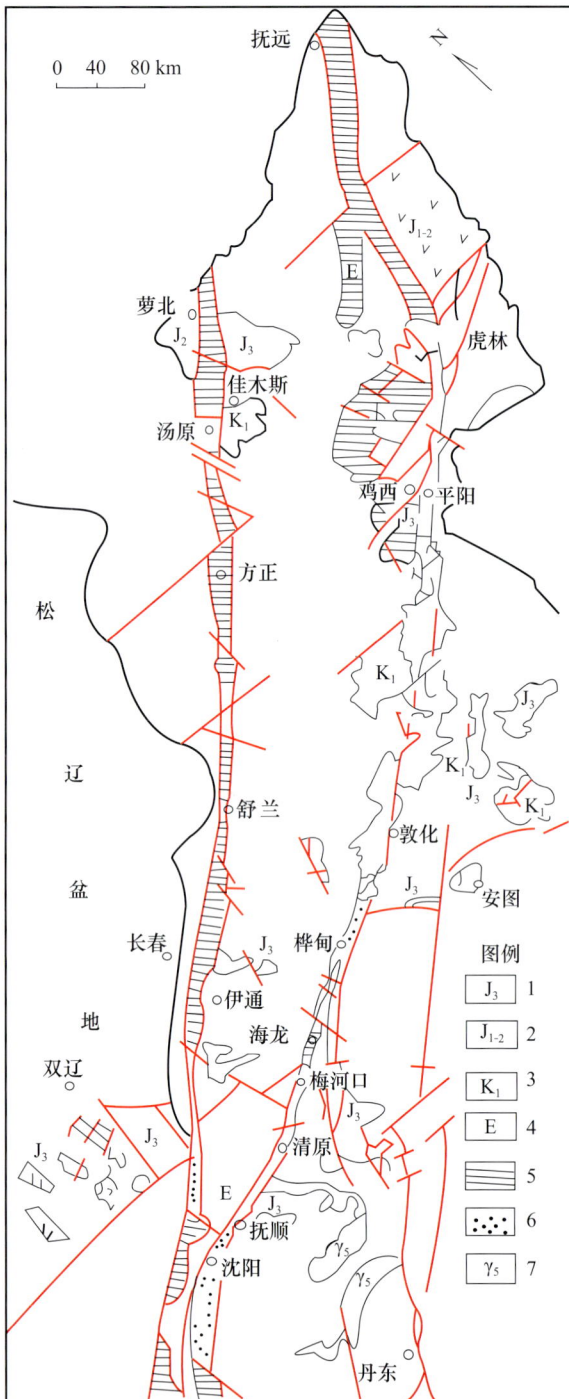

图 3.46 伊舒、敦密断裂带盆地分布图（据王桂梁等，2007）

1.晚侏罗世沉积盆地；2.早、中侏罗世火山碎屑岩盆地；3.早白垩世
沉积盆地；4.古近纪沉积盆地；5.大型断拗型煤和油气盆地；
6.中、小型断拗型煤和油气盆地；7.燕山期岩浆岩

舒断裂带和敦密断裂带中，含煤地层为舒兰组、梅河组，主要有辽源煤田、双阳煤田、蛟河煤田、伊通煤田、舒兰煤田、梅河煤田–桦甸煤田、敦化煤田等。

这两条断裂带内盆地的形成演化受伸展和走滑双重机制的控制，形成的盆地构造样式一侧为平直且陡峭的走滑断裂，另一侧为正断层。其结构类型为单断箕状和双断地堑型裂陷。

1. 依舒断裂带

依舒断裂带为北东向的半地堑式断陷构造格架。断陷带被纵张断裂切割，盆内形成次级的地垒、地堑构造（图3.46）。断裂带在古近纪的右行走滑控制了成煤盆地中煤系地层、沉积相的分布，形成的煤盆地为陆相半地堑式陆源–火山碎屑沉积成煤盆地。北西支上众多逆断层以较老地层覆盖古近纪为特征，说明在成煤后期遭受到较强的改造。煤系的沉积严格受两侧的主干断裂或先存的东西向断裂联合控制，使得断裂带表现为赋煤盆地与隆起区沿着断裂的走向相间排列的特点。

舒兰盆地位于依舒断裂带中段，呈北东—南西向延伸，长约80km，宽为3~7km，面积400km²，基底为石炭系—二叠系沉积盖层，是一个半地堑式的断陷沉积煤盆地。盆内构

造属地堑式断裂拗陷带，两侧被北东45°方向堑缘断裂所夹持，两边界断裂不对称，西北缘边界断裂比较连续和平直，走向呈北东向；而东南缘边界断裂分段性明显，平面形态弯曲，走向总体呈北东向。盆地内部的断裂主要分布在东南，展布方向为北东向和近东西向。其北东与尚志断隆相邻，南西与乌拉街断隆相连。

舒兰半地堑盆地受到了后期构造变动后，形成了一系列现今的地垒、地堑相间的断块构造格局，控盆同沉积断裂也被改造为压扭性逆掩断裂，但地堑型盆地基本保持原貌，并由于断裂改造，南东边缘抬升剥蚀，形成了现存的构造格局（图3.47）。

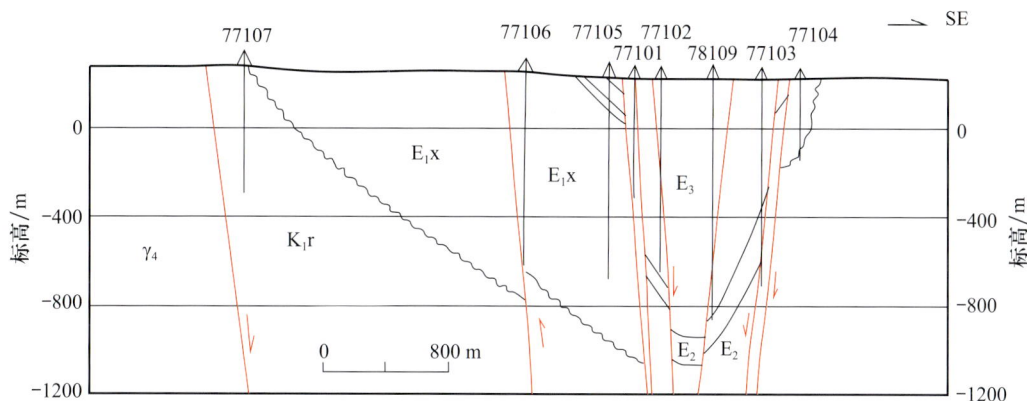

图3.47　舒兰盆地构造剖面简图

2.敦密断裂带

敦密断裂带主要是由两条相距10～20km的、大体平行、沿北东东60°延展的主干断裂组成，北西支产状稳定，以倾向北西或北西西为主，倾角为30°～70°；南东支倾向不定。后期发生对冲，从而成为"逆地堑"式断裂（图3.46）。敦密断裂带总体呈北东向贯穿辽、吉、黑三省，古近纪—新近纪，该地堑系的盆地构造样式主要包括早期的伸展构造特征和盆地反转作用形成的挤压－走滑反转构造系统。

在抚顺－桦甸发育一系列的古近纪煤盆地，煤系呈宽缓褶皱或缓倾单斜，盆地断裂亦以北西侧发育，并多向东南推覆或逆冲，东南侧断裂发育较差，部分地区缺失。盆地构造断面多样，呈碟状、箕状、槽状等（图3.48）。

（1）抚顺煤田：为一北东东向的不对称向斜构造，向斜东南翼缓，倾角10°～20°，西北翼陡，倾角可达30°～60°，并为逆冲断裂所掩盖，其断层面倾角为45°～50°。在盆地的西北侧发育一系列的逆冲断层及逆冲－褶皱构造，逆冲断层可导致太古界逆冲于白垩系或煤系之上，东南侧煤系与太古宇沉积接触（图3.48中的⑥）。

（2）梅河煤田：为构造较复杂，被多条走向断层剖坏的轴向北东60°的狭长向斜，长23km，宽仅1～2.5km。核部、翼部常被正、逆断层破坏，局部形成小型的地堑或地垒，或呈单斜产状。西北面，太古宇逆冲于古近系与白垩系之上。在东南侧的主干断层遭受了较强的挤压－走滑反转作用，但剖面上正断层性质尚未完全反转为逆断层，断层面一般构造为陡倾或近于直立（图 3.48 中的②～⑤）。

（3）桦甸煤田：位于大断裂西北侧，剖面呈箕状，东南侧为庙岭宽缓向斜盆地，煤系被 10 余条正断层破坏。该区域的正断层的反转作用较弱，较好地保持了早期的半地堑伸展构造形态，盆地构造断面形态为箕状（图 3.48 中的①）。

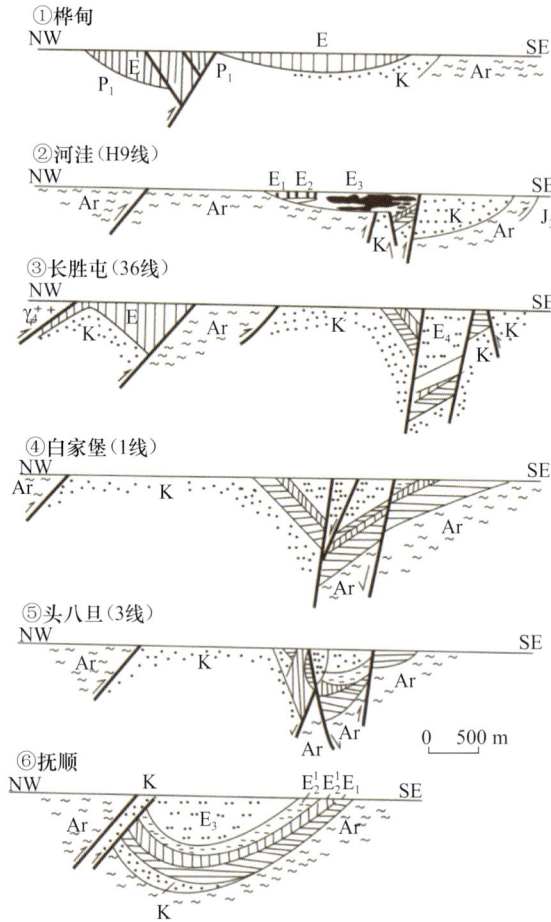

图 3.48 抚顺 – 桦甸区段盆地构造剖面图（据莽东鸿等，1994）

① 桦甸煤田；②～⑤梅河煤田；⑥抚顺煤田

（4）敦化煤田：古近系呈北东的单斜产状，局部有次级波状褶曲，盆地基底西缓东陡、南深北浅，盆地东南侧控盆断裂比西北侧控盆断裂活动性强，而盆地东翼沉降幅度比西翼大，西、北翼含煤岩系倾角为 5°～8°（图 3.49）。

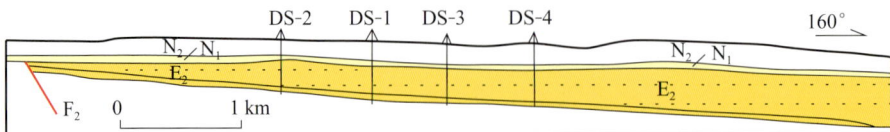

图 3.49 敦化盆地剖面图

第四章　华北赋煤构造区

华北赋煤构造区是指天山 – 兴蒙褶皱系阴山造山带以南、秦祁昆褶皱系秦岭 – 大别山造山带以北、贺兰山 – 六盘山以东的大华北和东北南部地区。行政范围包含了京、津、冀、鲁的全部，宁、甘的东部，陕、豫、皖、苏北的中部，蒙、吉、辽的西南部，面积约 $120 \times 10^4 km^2$。华北赋煤构造区煤炭资源十分丰富，开发历史悠久，煤炭产量居各赋煤区首位。区内广泛发育石炭纪—二叠纪煤系，其次为西部和北部的早中侏罗世煤系、鄂尔多斯盆地的晚三叠世煤系、阴山 – 燕山地区的早白垩世煤系、新近纪煤系及东部沿海的古近纪褐煤。

第一节　大地构造背景与煤盆地构造演化

一、大地构造格局

华北克拉通是地球上最古老的克拉通之一，是我国最大、最老的克拉通，经历了从 38 亿年到现今的悠久演化历史，经多块体先后拼贴、同期联合和后期裂解，形成了复杂多样的构造格局（李三忠等，2010）。华北位于欧亚板块东缘，处于古亚洲洋、特提斯洋和太平洋三大构造域相互作用交接的中心区域（图 4.1），被具有不同构造特征的多个块体所包围。在长期演化过程中，周边块体的运动和相互作用在华北克拉通周围形成了一系列的造山带和重要构造带。

三叠纪华北克拉通与扬子克拉通的碰撞形成了其南侧和东侧的秦岭 – 大别 – 苏鲁造山带及东部边界大型走滑断裂带——郯庐断裂带；古生代至中生代与中亚造山带（天山 – 内蒙古 – 大兴安岭造山带）相关的俯冲增生和碰撞后构造作用形成了其北侧的阴山 – 燕山构造带；古生代大洋岛弧的俯冲增生和柴达木、阿拉善块体的碰撞导致了其西侧祁连造山带的形成（陈凌等，2010）。

华北赋煤构造区大地构造格局的主要控制因素包括两条现代板块边界锋线、两条古板块对接带和三个古生代以来的地球动力学体系。

（一）两条现代板块边界

Grahmann（1985）所作的全球板块应力分析，阐明了中国大陆所处的现代板块位置：欧亚板块向南运动、太平洋板块向北西运动和印度板块向北北东运动是基本趋势。其中中国大陆东西两侧为现代活动板块边界，形成两条运动锋线。东侧为沟 – 弧 – 盆系统的洋陆会聚边界（西太平洋贝尼奥夫带），太平洋板块和菲律宾海板块沿日本 – 琉球海沟向北西西俯冲，导致大陆边缘裂解，构成包括华北含煤盆地在内的东亚地区中新生

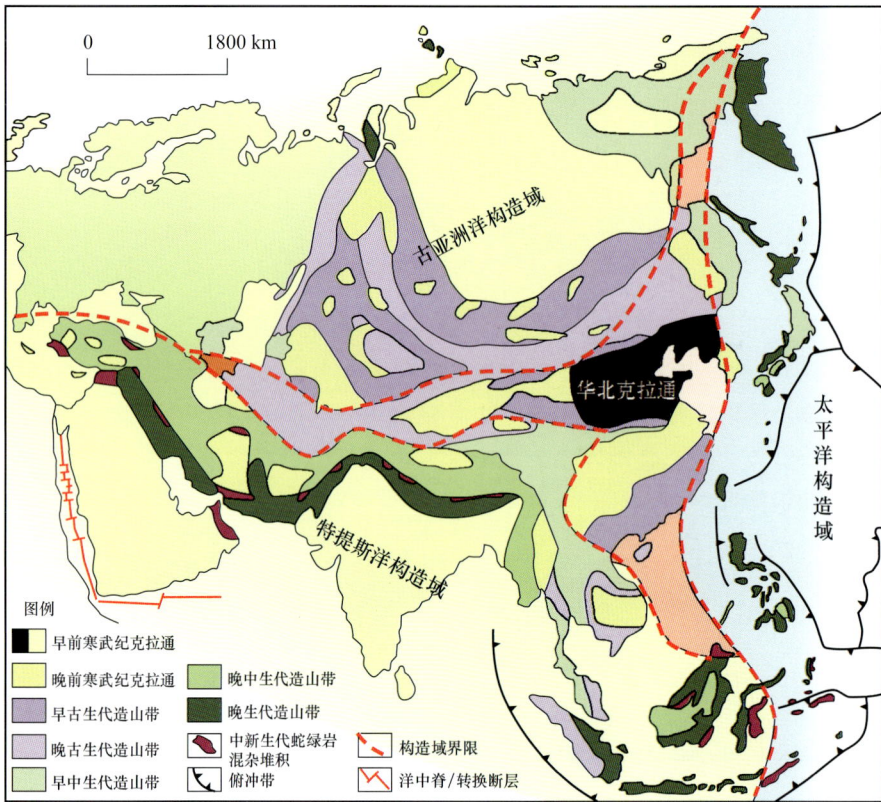

图 4.1　华北克拉通大地构造位置图（据李三忠等，2010）

代构造体制转换的地球动力学背景。西侧为陆壳碰撞型板块边界，印度次大陆板块沿雅鲁藏布江缝合线与欧亚板块发生碰撞，并持续向北推挤消减，一方面使青藏高原因地壳重叠而隆起，另一方面以滑移线场形式影响中国大陆东部的构造变形（Tapponnier et al.，1986；Molnar and Tapponnier，1975）。

（二）两条古板块对接带

在显生宙古板块构造格局中，华北克拉通处于西伯利亚克拉通与扬子克拉通之间，其间分别隔以属于古亚洲洋分支的古蒙古洋和秦岭洋。晚古生代至早中生代，华北克拉通南北大洋相继消减，华北古板块分别与西伯利亚古板块和华南古板块碰撞对接，在华北古大陆南北边缘分别形成蒙古 – 兴安褶皱造山系和昆仑 – 秦岭褶皱造山系。中新生代，在特提斯 – 古太平洋、印度洋 – 太平洋动力学体系作用下，上述褶皱系发生多旋回复合造山，不同程度地卷入特提斯喜马拉雅构造域和环（滨）太平洋构造域（任纪舜等，1999）。

1. 南部古板块对接带

华北古大陆板块与华南古大陆板块的对接在二者之间形成秦岭 – 大别山造山带，属于昆仑 – 祁连 – 秦岭造山系成分，后者构成中国南北地质、地球物理、地球化学及自然地理的分界，故又被称为中央造山带（姜春发，2002）。秦岭 – 大别造山带是一个碰撞型复合造山带，由华北古板块南部大陆边缘、扬子古板块北部大陆边缘和位于其间的古秦岭洋（缝合带）三部分组成（张国伟等，1995；刘少峰等，1999）。郯庐断裂带以东的苏北-胶南地体以高压变质作用和柯石英榴辉岩等一系列超基性岩石矿物的出现为特征，代表板块俯冲、地体拼贴和陆-陆碰撞的构造环境，是秦岭-大别造山带的东延，具有相同的大地构造意义（任纪舜，1990），郯庐断裂带中生代左行平移使二者发生分离（徐嘉炜，1984；徐嘉炜等，1995；朱光等，2004）。

多旋回造山作用是中国大地构造的突出特点（任纪舜等，1999）。两个大陆的拼合是一个长期而复杂的地球动力学过程，它包括从初始碰撞到全面拼贴等一系列构造事件（贾承造和施央申，1988），另一方面，古板块对接带作为强烈非均质的构造带，在后期地球动力学体系作用下，通常表现出显著的构造活动性。秦岭-大别造山带同样具有多旋回复合造山特征，经历了复杂的古大陆边缘演化、陆-陆碰撞、陆内俯冲、逆掩-叠覆等造山历程，晚古生代初南北大陆碰撞，从东向西逐渐拼合，到早中生代拼合完成（王鸿祯等，1982；Mattauer et al.，1985；许志琴等，1988；任纪舜，1990；张国伟等，1995；王鸿祯和莫宣学，1996；刘少峰等，1999；任纪舜等，1999）。古生代以来，三大动力学体系的复合、交切，使秦岭-大别造山带构造面貌和演化过程十分复杂，古生代时受古亚洲洋动力学体系作用，形成加里东—海西造山系；中生代阶段受特提斯动力学体系控制，形成印支—早燕山造山系；而新生代以来秦岭-大别和胶南带则受太平洋动力学体系的强烈影响（任纪舜等，1999）。

秦岭-大别造山带在燕山运动中，以总体指向南的陆内A形俯冲和中深层次的滑脱及逆冲推覆为基本特征，其北侧发育由造山带指向板内的区域性反向逆冲断裂系（贾承造和施央申，1988；张国伟等，1995；刘少峰等，1999；王果胜和刘文灿，2001），前锋抵达华北赋煤区（图4.2），使华北晚古生代成煤盆地原始边界遭受破坏和改造（曹代勇等，1991；王桂梁等，1992）。

2. 北部古板块对接带

古生代期间在华北-塔里木古板块（地台）与西伯利亚古板块（地台）之间存在着宽度超过4000km的大洋（蒙古洋），该洋盆在晚古生代消失，中生代初封闭成陆，最终成为巨大的向南突出的弧形中亚蒙古巨型造山带（马文璞，1992；任收麦和黄宝春，2003）。主缝合线索伦-贺根山蛇绿岩带以南我国境内的部分为天山-兴蒙造山系，在华北古大陆北缘称为内蒙古-燕山造山带（王瑜，1996）（图4.3）。该造山带构成晚古生带华北克拉通成煤盆地的北部边界和主要物源。

任纪舜等（任纪舜，1990；任纪舜等，1999）认为蒙古-兴安造山带构造演化具有多旋回造山的特点，王瑜（1996）将内蒙古-燕山造山带晚古生代晚期至中生代的造山作用划分为六个不同性质的演化阶段，任收麦和黄宝春（2003）认为中国大陆与西伯利亚的剪刀式闭合直到晚侏罗世—早白垩世才结束。而中生代早期（侏罗纪）伊泽奈崎板块以小角度向北或北西方向向亚洲大陆边缘的斜向俯冲（Natalin，2010），标志着构造体制转换的开始。

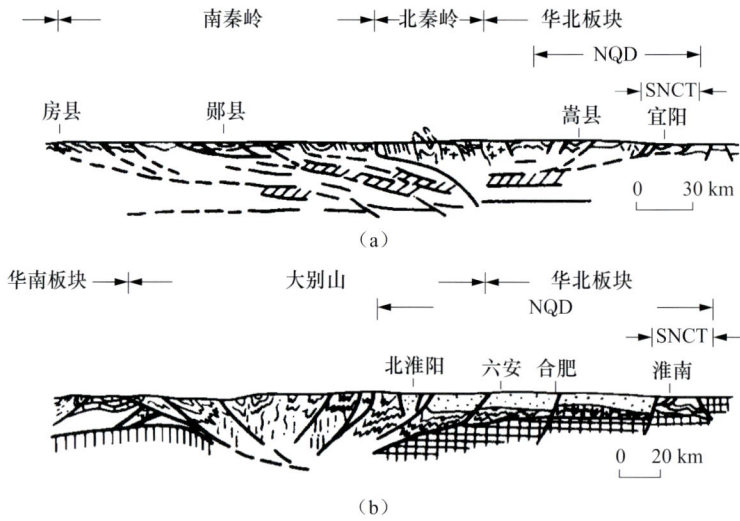

图 4.2 秦岭 – 大别造山带至华北古板块的区域构造剖面

（a）西段；（b）东段；

SNCT. 华北含煤盆地南缘逆冲推覆构造；NQD. 造山带北麓逆冲断层系

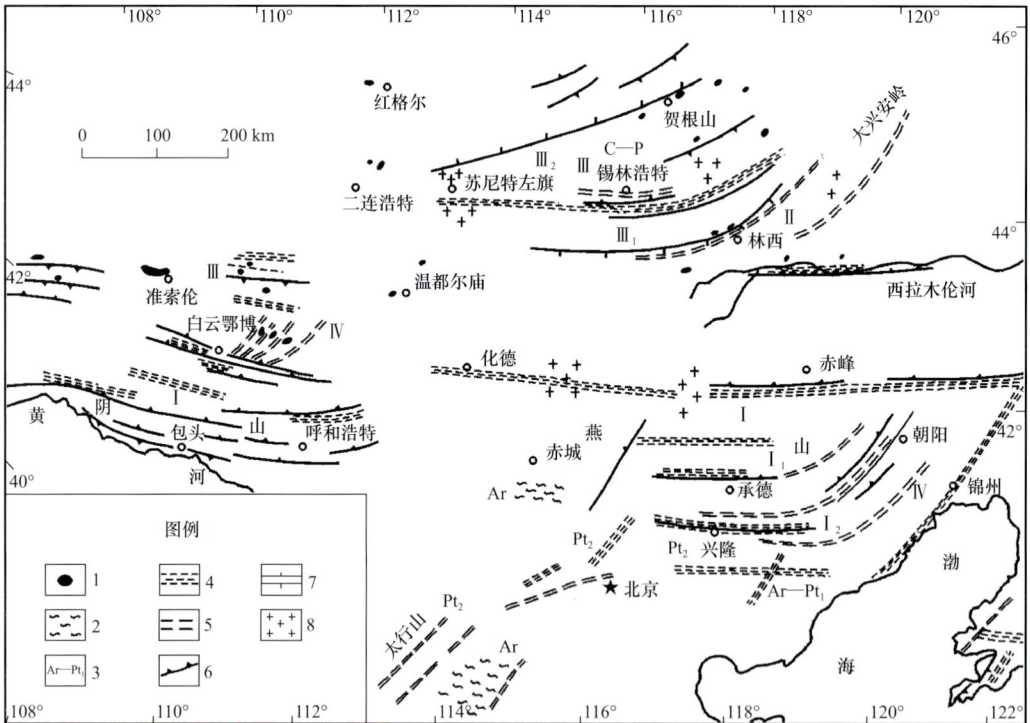

图 4.3 内蒙古 – 燕山造山带构造地质图（据王瑜，1996，有简化）

1. 蛇绿岩；2. 片麻岩；3. 地质年代；4. 韧性剪切带；5. 褶皱带；6. 逆冲断裂带；7. 碰撞带；8. 花岗岩；

Ⅰ. 造山带南缘带：Ⅰ₁. 强烈褶冲带，Ⅰ₂. 褶皱抬升带；Ⅱ. 弧后盆地、岛弧火山岩区；

Ⅲ. 碰撞带：Ⅲ₁. 碰撞带的南带，Ⅲ₂. 碰撞带的北带；Ⅳ. 旋转 – 滑脱带

蒙古 – 兴安造山带于中、新生代卷入环（滨）太平洋构造域，发生陆内俯冲、逆冲推覆、伸展断陷、走滑旋转等构造运动。中、晚侏罗世之间发生一次重要的板内汇聚事件，中蒙边界附近的亚干推覆体、大青山推覆体、燕山地区的下花园推覆体、平泉 – 北票、墙子路 – 喜峰口逆冲断裂及许多东西走向的褶皱构造都发生在该时期，许多推覆构造和逆冲断裂的南北缩聚从 260 千米到几十千米不等。早白垩世 120Ma 左右燕山运动晚期使蒙古 – 华北 – 华南、西伯利亚块体最终焊合。燕山中部近南北向构造剖面复原表明，在 135Ma 之前的构造变形缩短率达 38%（张长厚等，2011）。

二、深部构造特征

（一）岩石圈厚度特征

华北克拉通东部普遍分布着薄的岩石圈（图 4.4），从东南边缘郯庐断裂带的 60～70km 向西北内部逐渐增加至 90～100km。中 – 西部岩石圈厚度显示出强烈的横向非均匀性，即在鄂尔多斯盆地之下保留着约 200km 厚的岩石圈，在环鄂尔多斯的新生代，银川 – 河套和汾渭裂陷区岩石圈厚度薄，且横向变化大。岩石圈厚度在华北克拉通东部与中部边界附近的显著变化，与南北重力梯度带和地形的突然改变密切相关（朱日祥等，2012）。

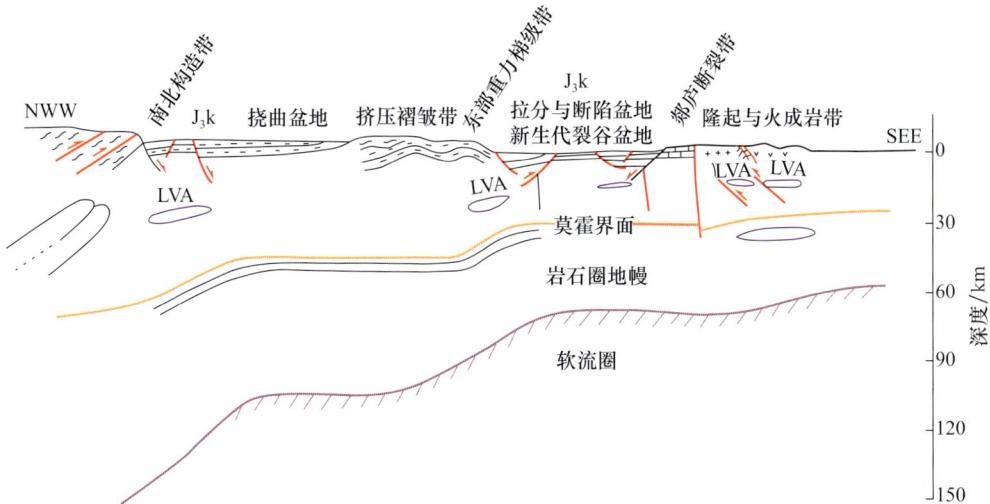

图 4.4　中国东部大陆岩石圈结构断面示意图（据刘国栋，1994）

LVA 为壳内低速体

通过研究华北地区天然地震 P 波的地震层析成像资料，发现该区中、新生代深部构造的基本格局是：若干大小不等的上涌低速体和厚度不同的高速块体共存，并以 65～75km 为界将高速块体分为上、下两套（刘福田等，1986），据此可将华北地区以太行、吕梁为界划分为三个区带（邢作云等，2006）（图 4.5）。

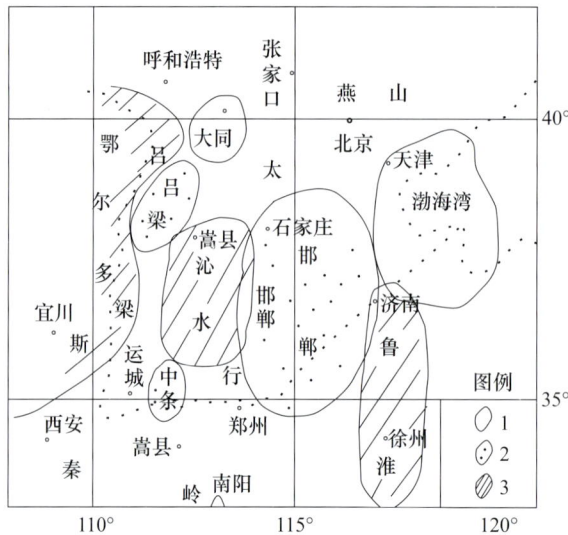

图 4.5 华北地区深部构造示意图（据邢作云等，2006）

1. 新生代软流圈上涌柱；2. 中生代软流圈上涌柱；3. 岩石圈厚区

（1）大型软流圈上涌柱带：太行带以东，鲁淮以北。主要出现邯郸、渤海湾两个大型软流圈上涌柱。

（2）过渡带：主要指太行带、吕梁带之间，呈现四个小型软流圈上涌柱（软块）与岩石圈较厚区（硬块）相间的特殊构造格局。四个小型软流圈上涌柱（软块）分别为大同软流圈上涌柱、中条软流圈上涌柱、吕梁软流圈上涌柱和南阳软流圈上涌柱。岩石圈厚区（硬块）为沁水硬块和鲁淮硬块。

（3）巨厚岩石圈带：吕梁带以西的鄂尔多斯硬块巨厚岩石圈稳定区。

（二）磁场特征

华北地区航磁异常的总体特征表现为磁场强度大，正负变化复杂，走向多变。北部燕山造山带最强，正负相间，东部海域相对较弱，变化相对较平缓，西北部主要表现为负异常。从异常走向组合上看，主体以北东向为主，以北西向为辅。

（三）重力场特征

我国东部地区深部重力场等值线呈北北东—南北走向，重力异常值具有由东向西逐渐降低的变化趋势。我国大陆 $1° \times 1°$ 布格重力异常图上存在着三条明显的重力异常梯度带，呈北东至北北东方向展布，其中大兴安岭 - 太行山 - 武陵山、贺兰山 - 龙门山两条一级梯度带规模最大，穿越东西向构造带、纵贯中国南北。这两条重力梯度带也是地壳厚度陡变（梯度）带，构成由东向西地壳厚度增加的台阶状结构，与我国大陆地形三级台阶呈镜像对称关系。重力梯度带在地质上对应着构造隆起带和巨型断裂带，也是中国大陆上两条北北东向的地震活动带。上述特征表明，大兴安岭 - 太行山 - 武陵山和贺兰山 - 龙门山一级重力带是印支期以来形成的重要构造界线，通常可以其为界，将中国中新生代以来的大陆划分为东部、中部和西部三大构造分区。

上述两条重力梯度带在研究区内分别为太行山段和贺兰山段。后者构成华北成煤盆地西界，表现为鄂尔多斯盆地西缘断裂带和银川地堑。太行山重力梯度带宽 100 余千米，两侧地壳厚度差达 4km，对应一条巨型深断裂带（吴利仁等，1984）。该梯度带将华北地区分为东、西两部分，梯度带以西为鄂尔多斯和山西高原，地壳厚度较大；梯度带以东为华北平原区，地壳厚度变化平缓且较薄，岩石圈厚度仅 60～80km，不及鄂尔多斯高原岩石圈厚度的一半。

三、区域构造单元划分

在板块构造 – 地球动力学理论指导下，以地层划分和对比、沉积建造等地质记录为基础，以成矿规律和矿产能源预测的需求为基点，以不同规模相对稳定的古老陆块区和不同时期的造山系大地构造相分析为主线，以特定区域主构造事件形成的优势大地构造相的时空结构组成和存在状态为划分构造单元的基本原则，可将华北地区大地构造单元分为七个二级单元（图 4.6），分别为阴山 – 冀北陆块、鄂尔多斯陆块、五台 – 太行陆块、冀辽陆块、渤海东陆块、鲁西陆块和陕豫皖陆块（潘桂棠等，2009）。

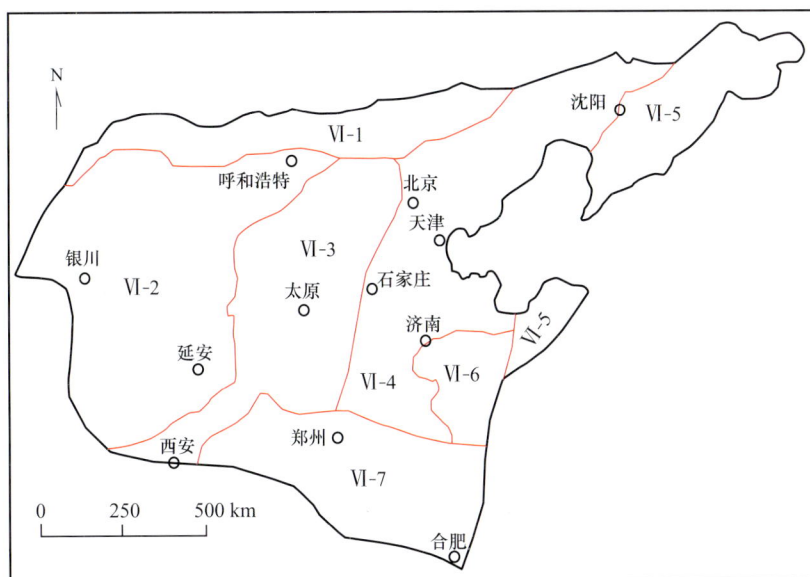

图 4.6　华北陆块区大地构造单元划分

Ⅵ-1. 阴山 – 冀北陆块；Ⅵ-2. 鄂尔多斯陆块；Ⅵ-3. 五台 – 太行陆块；Ⅵ-4. 冀辽陆块；Ⅵ-5. 渤海东陆块；

Ⅵ-6. 鲁西陆块；Ⅵ-7. 陕豫皖陆块

四、区域构造演化进程

华北地区在太古宙—古元古代结晶基底形成后，经历了天山期、印支期、燕山期、四川期、华北期和喜马拉雅期六个阶段的演化进程（图 4.7），形成了现今的构造格局。

地质年代		含煤地层	岩浆作用	构造环境	聚煤强度	构造期次	构造演化
新生代	Q					喜马拉雅期	印度板块迅速北移，与欧亚板块强烈碰撞造山。在近南北向挤压作用下，华北地区发生近东西向伸展作用，使中生代北北东向断裂重新裂开，形成大规模隆拗构造及呈雁行展布的新生代裂陷
	N₂						
	N₁	汉诺坝组					
	E₃	白水组				华北期	在此期近东西向挤压，近南北向伸展作用下，华北东部广泛发育走向近东西向的张性正断层系，形成许多单断箕状盆地，如渤海湾
	E₂	李家崖组					
中生代	E₁					四川期	受北东-南西向推挤作用，扬子板块向华北板块作A式俯冲，产生陆内压缩，使秦岭构造带由拼贴—剪切—陆陆焊接最终完成
	K₂						
	K₁	固阳组				燕山期	受北西—南东向挤压，华北的构造变形及岩浆活动达地质历史上的顶峰，表现为自长城纪以来第一次显著的区域性褶皱和逆冲运动，其影响不仅在板缘而且深刻地波及到板内
	J₃						
	J₂	延安组 大同组 兰旗组					
	J₁	窑坡组 富县组 义马组					
	T₃	瓦窑堡组				印支期	受南北向挤压，北部蒙古洋封闭，形成兴蒙板缘造山带，南部祁连-秦岭海槽也最终关闭，扬子与华北陆块拼合成一体，印支期是华北晚古生代聚煤盆地开始解体与强烈变形的转折期
	T₂						
	T₁						
	P₃						
古生代	P₂	石盒子组				天山期	华北古板块北移，与西伯利亚板块完成拼合
	P₁	山西组					
	C₂	太原组					
	C₁						

图 4.7 华北赋煤构造区构造演化简图

（一）基底形成阶段

华北地区经历了阜平、吕梁和晋宁三个构造旋回，以陆核垂向增厚和侧向增生方式形成最早的陆壳克拉通。华北古板块具有两套变质岩系，太古界为麻粒岩相和角闪岩相为主的区域深变质岩系，下元古界为以绿片岩相为主的浅变质岩系（杨森楠和杨魏然，1985）。吕梁运动使华北地区褶皱基底全面固结，隆起成陆，形成华北古大陆板块的主

体陆壳。

华北古大陆板块主体南北两侧分别发育古大陆边缘，内蒙古地轴以北至索伦山－贺根山对接带之间的兴蒙褶皱带被认为是华北古陆的北部大陆边缘。大体以西拉木伦河蛇绿岩带为界，可分出南侧加里东褶皱带和北侧海西褶皱带，代表古大陆边缘向北增生过程。古地磁资料表明，早古生代早期，华北古板块与西伯利亚古板块之间隔着宽达4000km的大洋。早古生代中晚期，华北古大陆北缘转化为主动大陆边缘（马文璞，1992），洋壳向南俯冲消减，石炭纪时大洋关闭，华北大陆与西伯利亚大陆基本连为一体，对接带位置为赛音山达－鄂伦春和索伦山－贺根山蛇绿岩带（任纪舜，1990；马文璞，1992；任纪舜等，1999；任收麦和黄宝春，2003）。

华北古大陆南缘在早古生代早期为被动大陆边缘，寒武系和奥陶系均向北超覆（叶连俊，1983），表明基底向南倾斜，海侵来自南侧古秦岭洋。早古生代中期，洋壳开始向北俯冲消减（马文璞，1992），华北古大陆南缘转化为安第斯型主动大陆边缘，中奥陶世后华北古板块普遍抬升与此有关。

（二）海西期

华北古大陆板块与华南古大陆板块之间的初始碰撞始于泥盆纪，全面拼贴完成于三叠纪，碰撞期长达150Ma，空间上具有由东向西逐步进行的穿时性（马文璞，1992）。华北古大陆板块北缘构造演化亦经历了晚泥盆世—早二叠世自西向东剪刀式闭合，至晚侏罗世—早白垩世末全面焊合的多旋回造山过程（任纪舜，1990；马醒华和杨振宇，1993；任纪舜等，1999；任收麦等，2003）。中晚奥陶世，南北大陆边缘相继转化为主动大陆边缘，洋壳相对俯冲产生挤压力导致华北古板块全面隆升，经受长达100Ma的剥蚀夷平，为晚古生代广泛而连续的成煤作用提供了稳定的盆地基底。

经历了中奥陶世至早石炭世长期隆起剥蚀之后，华北古大陆板块主体再度下降，于加里东—早海西侵蚀－夷平基底面上，发育统一的巨型克拉通内拗陷盆地，接受了稳定的晚古生代海陆交互相含煤岩系沉积。晚古生代，北部大陆碰撞过程及造山作用是控制板内克拉通煤盆地发育的主要因素，早二叠世以后，古板块南缘构造作用的影响逐渐明显。海西运动末期，随南北古洋不断消减乃至天山－兴蒙褶皱系的崛起，盆地基底抬升，海水由北向南逐渐退出，过渡为晚二叠世陆相盆地，晚古生代成煤作用结束。

（三）印支期

中生代早期的印支运动是中国东部大陆地质演化进程中的重要转折，南、北古大陆板块全面拼贴，形成统一的中国板块主体，由此开始了由古亚洲构造域向特提斯－古太平洋构造域的转化的进程，区域构造格局由"南北分异、东西展布"向"东西分异"与"南北分异"并存发展。板缘造山作用的影响向板内递减，印支运动的总体规律是南北边缘明显、内部较弱、东强西弱；明显的构造变动分布于辽东、辽西、冀北燕山、南华北、鄂尔多斯西南缘等晚古生代煤盆地边缘地区，煤系变形构造样式主要包括近东西向的隆起和拗陷及由盆缘指向盆内的逆冲推覆。印支运动的另一表现是导致华北东部的抬

升，大华北含煤盆地的东界于晚三叠世向太行山以西退缩。华北东部渤海湾盆地普遍缺失晚三叠世沉积，地震剖面和钻井资料揭示下侏罗统不整合于中、下三叠统之上（于福生等，2002），表明华北东部伴随抬升作用的构造变形。鄂尔多斯盆地内部受影响微弱，发育了晚三叠世含煤岩系沉积。

（四）燕山期

燕山期，亚洲大陆东侧发展为宏伟的安第斯型活动大陆边缘（任纪舜，1990），中国东部大陆大地构造演化进程受到古亚洲大陆与库拉－太平洋板块之间的相互作用及古陆壳板块拼贴后持续作用的联合控制，地壳运动激化、岩浆活动频繁、构造变形复杂、挤压与拉伸多次交替。太平洋地球动力学体系对中国大陆东部的影响日趋明显，中侏罗世早期起开始构造格架的转变，由印支运动的东西向构造线转变为燕山运动的北东—北北东向构造线。应力场分析展示了燕山期北西西—南东东向最大主压应力方向，形成一系列平行排列或呈雁列的褶皱、逆冲断层。板内构造变形使华北东部原始近水平状、基本连续的煤层变形和变位，现今构造形态基本面貌多形成于此期。

华北西部的鄂尔多斯盆地表现非常稳定，发育了连续的中生代鄂尔多斯克拉通继承性沉积盆地，形成另一套主力煤系——早侏罗世陆相含煤岩系。鄂尔多斯盆地现今主体构造形态为向西缓倾的单斜，强烈变形现象集中于盆地西缘逆冲断裂带。

（五）喜马拉雅期

进入新生代以后，中国东部南北两大陆块已成为统一的欧亚板块的一部分，南北向聚效作用已明显减弱，而太平洋板块和菲律宾板块向西俯冲于亚洲大陆之下，印度板块与欧亚板块碰撞所表征的印度洋－太平洋动力学体系成为中国大陆构造演化的主控因素。燕山运动末期，尤其是晚白垩世以后，随着库拉－太平洋板块俯冲带向东迁移，亚洲大陆东缘由安第斯型大陆边缘转化为西太平洋型大陆边缘，中国大陆东部进入受太平洋地球动力学体系控制的裂陷阶段。

在近南北向挤压、近东西向拉张的应力作用下，华北东部继续沿北东向断裂发生伸展，由断块掀斜转变为整体沉降的坳陷，华北东部准平原化。华北中部山西地块内沿基底断裂的右行剪切平移，形成多字形地堑盆地，连同汾河地堑构成汾渭地堑系。

五、岩浆活动

华北地区岩浆活动十分频繁，分布广泛，岩类较齐全，超基性岩到酸性岩均有出露，其中，以酸性岩类最为发育，遍布全区。

（一）前寒武纪岩浆岩

中元古代以前的岩浆主要分布在华北地区的河南、山东、山西等地。侵入岩以花岗岩、花岗伟晶岩和混合花岗岩为主，此外发育少量超基性岩、基性岩。

中、晚元古代岩浆活动较为强烈，侵入岩主要为花岗岩和花岗闪长岩，分布在华北南缘（豫西和嵩箕地区）及北缘（燕辽地区）。

（二）古生代岩浆岩

1. 加里东期

北秦岭褶皱带内，加里东期侵入岩沿主要深断裂带分布。花岗岩类主要为花岗岩、斜长花岗岩、花岗闪长岩，且与超基性岩、基性岩和中性岩分布在同一地带，共同构成复杂岩带。一般超基性、基性岩浆侵入比中性、酸性岩浆侵入晚。因此在空间上，超基性岩、基性岩产于深断裂带中，两侧分布中性岩和酸性岩。

内蒙古地槽内，早古生代火山活动强烈，火山岩分布较广，以海底基性熔岩喷溢为主，并间有中酸性火山喷发，形成细碧角斑岩建造。主要岩石类型为细碧岩、角斑岩、石英角斑岩。

2. 海西期

晚古生代岩浆活动主要集中于华北板块南北大陆边缘活动带内，侵入岩以花岗岩类为主，主要呈近东西向展布，构成花岗岩带。华北板块南部陆缘活动带的豫西南地区，海西期侵入岩全为酸性岩，主要为黑云母花岗岩，岩体呈近东西方向展布。

华北板块北部陆缘活动带内，火山活动较为强烈，以海陆交互相为特征，以中心、裂隙式喷发为特点，形成以玄武安山岩－安山岩－流纹岩组合为特征的一套钙碱性火山岩，分布在吉林南部地区。

（三）中生代岩浆岩

1. 印支期

印支期岩浆活动以侵入为主，酸性侵入岩分布于华北的燕山地区、胶辽、吉南等地。印支期火山岩分布相当有限，仅在吉林的浑江等地分布有玄武安山岩－安山岩－流纹岩组合的一套中酸性火山岩，为裂隙式－中心式喷发的产物。

2. 燕山期

燕山期是华北地区岩浆活动的极盛时期，喷发－侵入作用十分强烈，且具有多期次、多阶段活动特征。自早、中侏罗世开始至晚侏罗世达到高潮，早白垩世岩浆活动仍较强烈，到晚白垩世渐入尾声。

燕山期侵入岩分布广泛，各地几乎都有出露，特别是燕山、胶东、秦岭、大别山等地分布相当广泛。华北地区岩浆侵入活动最强烈的时期是燕山晚期，侵入岩以酸性岩类为主，集中分布在燕山地区和胶辽地区。燕山地区燕山早期侵入活动亦较强烈，主要为闪长岩、石英二长岩、石英正长岩等中性、中偏碱性侵入岩类，也有部分中酸性和酸性岩类及少量的基性岩类。燕山、胶辽地区燕山期酸性侵入岩体的成因类型几乎都是 I 型或 M 型。

燕山地区是华北燕山期火山强烈活动的地区，火山岩分布在一系列北北东或北东向断陷盆地内或盆缘，总体上构成东西向展布的火山岩带。该地区火山活动由早到晚可划分为南大岭、髫髻山、张家口、大北沟四个火山旋回。此外，鲁东、鲁西地区火山活动亦强烈，尤以沂沭断裂带内最为强烈。鲁东火山岩以玄武岩－安山岩－英安岩－流纹岩组合为主；鲁西和沂沭断裂带内以粗面玄武岩－粗安岩－碱流纹岩组合为主。

（四）新生代岩浆岩

华北新生代岩浆活动仍十分强烈，主要表现为中性和基性岩浆喷溢和喷发，广泛发育以玄武岩类为主的火山岩系，分布在河北、山西北部及内蒙古、辽西及南缘豫西等地，是太平洋西岸中、新生代岩浆带的重要组成部分。

古近纪火山岩主要分布于北东或北北东向的裂谷及一些规模不等的裂陷盆地内，以拉斑玄武岩及相应成分的火山碎屑岩为主。新近纪火山岩主要出露于新生代早期形成的裂谷和裂陷盆地的周缘和一些断裂带上，以碱性玄武岩为主。第四纪火山岩分布格局与新近纪火山岩相似，但一般火山活动强度减弱，以碱性－强碱性玄武岩为主（王文杰和王信，1993）。

（五）岩浆活动对煤系的影响

岩浆活动会破坏煤田的完整性，甚至掩盖煤田。岩床侵入煤层，会使煤层被吞蚀，煤层厚度变薄。由于岩浆侵入活动，使煤层受高温影响，产生不同程度的变质作用，甚至演变成天然焦和隐晶质石墨。

华北地区中生代岩浆岩形成了若干个地温异常区，其中燕辽地温异常场及晋冀豫地温异常场最重要，是造成北、中、南三条东西方向高变质煤带的主要地质背景（杨起等，1996）。新生代岩浆岩在豫西韩梁矿区呈岩床侵入煤层，喷发岩掩盖了部分煤系地层，并产生接触变质作用（尚冠雄，1997）。

六、成煤期古构造面貌

（一）盆地基底

成煤盆地的形成、发展及演化取决于其所处的大地构造背景，具有工业价值的煤层通常以较稳定的基底结构为基础，华北晚古生代含煤盆地与作为华北古大陆板块主体的克拉通范围相当，华北古大陆板块演化及其与周缘板块之间的相互作用构成控制含煤盆地煤系的形成、形变与赋存的地球动力学背景。

1. 前古生代

一般认为，早期太古代地层仅存于该区西部鄂尔多斯陆核及东部冀鲁陆核，从早元古代开始，经过1800Ma的吕梁运动固结为统一的华北板块基底雏形，整体上可以看作为一不包含显生宙褶皱区在内的大陆地壳，可称之为克拉通，但其内部结构中两个太古代的陆核及它们之间的古元古代褶皱是不均一的（莽东鸿等，1994；尚冠雄，1997）。中、新元古代发育了准盖层沉积，在这长达1200Ma的漫长的过渡阶段中，其构造、沉积过程仍存在差异，包括一直稳定隆升的块体和发生裂陷作用及沉降活动的部分，其中相对活动部分对于后期的地质演化将产生或多或少的影响，尽管如此，相对于我国其他几个大型成煤盆地，其基底性质仍然是稳定程度最高的，在很大范围内沉积物具有明显的可比性和清晰的变化方向性，这也使我们从整体上进行全盆地的综合研究成为可能。

元古宙末，泛大陆的形成导致在华北板块上形成一个广泛分布的夷平面。早古生代

时首先在华北东北部及南部豫淮地区发生沉积作用，并保存了较完整的寒武系地层。海侵首先发生的边缘地区，如北部的燕辽地区、南部的豫淮地区、东部的辽东南部和朝鲜半岛北部，以及西部的鄂尔多斯西南缘等地，均发育了最低的寒武系层位和最高的元古界层位。该阶段华北板块的地形表现为：鄂尔多斯中央南北向隆起与整个板块中部中央东西向隆起相接形成"丁"字形古陆［图 4.8（a）］，显示南北向的伸展和东西向的挤压。从晚寒武世开始沉积底面变得平坦，海水覆盖全区，形成各地近等厚的浅水沉积。早、中寒武世时存在的中央隆起及吕梁古陆和东胜古陆均几乎完全消失，晚寒武世时北祁连经历收缩和洋壳俯冲，鄂尔多斯地区广泛缺失冶里组及整个华北地区大范围存在早奥陶世平行不整合面。

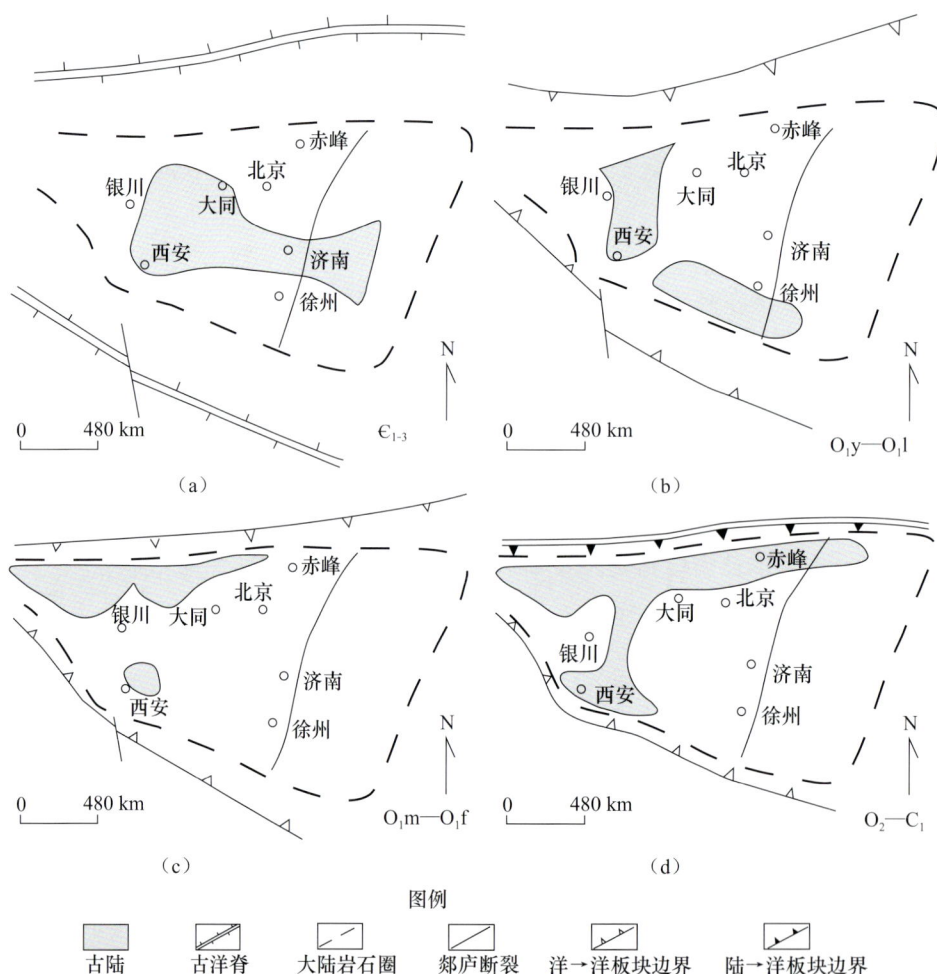

图例

图 4.8　华北成煤盆地基底（早古生代）构造 – 沉积演化平面图（据刘波等，1999，有修改）

2. 早古生代

早奥陶世马家沟期至中奥陶世期间，由于南北向的挤压应力开始占据主导地位，从而导致华北沉积底界由平坦状向中凹状转变［图 4.8（b）、（c）］。中奥陶世晚期至早石

炭世，在进一步的南北向挤压作用下，华北大陆板块整体抬升，海水退出全区，南北两侧的挤压抬升导致华北整体抬升［图4.8（d）］。靠近俯冲带的北部及南部抬升最快，中部次之，东部及西部最慢。因此在华北东西两缘形成相对低凹区，这些地方保存了华北最高的奥陶系地层层位。泥盆纪和早石炭世大部分为抬升状态，华北大部分接受了长期的剥蚀，为即将到来的石炭纪—二叠纪成煤期奠定了良好的基础。

（二）成煤期构造

在石炭纪—二叠纪期间，华北大部分地区为稳定性沉积，总体呈缓慢、稳定的大面积拗陷，部分地区有小幅度的轴向北东和近东西向的水下隆起、拗陷，分布多条近东西向和北东、南北向同沉积断裂，隆升与拗陷的幅度为数十至数百米，沉积速度为5～10m/Ma，与典型克拉通沉积近似，属滨海、浅海沉积环境。构造控制了煤系的发育，不同时期常呈持续性发育。初期，整个华北准平原地势接近海平面，导致本溪组及太原组的海、陆沉积物频繁更迭，整体呈北隆南低，使华北南部河南地区、安徽北部地区的太原组、山西组、下石盒子组的海相碳酸盐岩较发育。山西期及其之后，地势总体抬高，仅在华北南部常有海水侵入，成煤期岩浆活动较为微弱（莽东鸿等，1994）。

1. 本溪期

该时期盆地北部较高，导致现今陆相沉积及煤层较多，而南部以平缓斜坡为主，海相碳酸盐岩较发育，本溪组厚10～100m。海水主要由东北部的辽宁、吉林和南部安徽、河南及西部甘肃侵入。盆内发育为幅度较小的局部隆起与拗陷，呈北西与近南北向分布于北京、石家庄一带，西部陕西一带推测发育一条大型近南北向的较宽中央古隆起，使该区太原组直接与奥陶系接触。豫、皖南部，盆地边缘翘起，本溪组厚度减至4m左右，皖北萧山一带最厚38m，至淮南减薄为3～10m，局部尖灭。沉积相从北至南由滨海–潮坪–浅海碳酸盐组合相变为滨海潮坪–滨海沼泽相组合（图4.9）。

2. 太原期

太原期含煤盆地持续下降，盆内地形更趋平坦，沉积范围更加宽广。本溪期位于西部陕西一带的中央隆起沉于水下，沉积厚度变化小，一般厚数十米至150m，局部厚200m，在宁夏、甘肃一带沉积至最大，厚354～600m。隆起与拗陷较分散，起伏小，走向不一，南部为东西向，西部、中部及北东部为南北及北北东向，部分地区为北西向。在北纬36°、北纬38°、北纬39°三处附近，各有一条近东西向的同沉积断裂（图4.10）。

太原期盆地仍呈北高南低的基本态势，但盆地内部不同区域构造格局差异明显。在山西境内存在三条北东东向同沉积断裂，向南呈梯状降落，基本控制了石炭纪各期及山西期海岸线展布和成煤作用的演化，南部垣曲—阳城一带隆起，使太原组下部及本溪组变薄或局部缺失，北南两侧分布沁水煤田及平陆、垣曲煤产地。鲁西、苏北呈东西走向的齐广、汶泗同沉积断裂和丰沛隆起带，成为南北岩性、岩相和含煤性化变的界线。安徽省境内，沉积中心在淮北，太原组北厚南薄，濉溪以北为160m，淮南等隆起不到20m，宿南近东西向同沉积断裂使太原组及本溪组、山西组等的厚度，在此一带产生梯

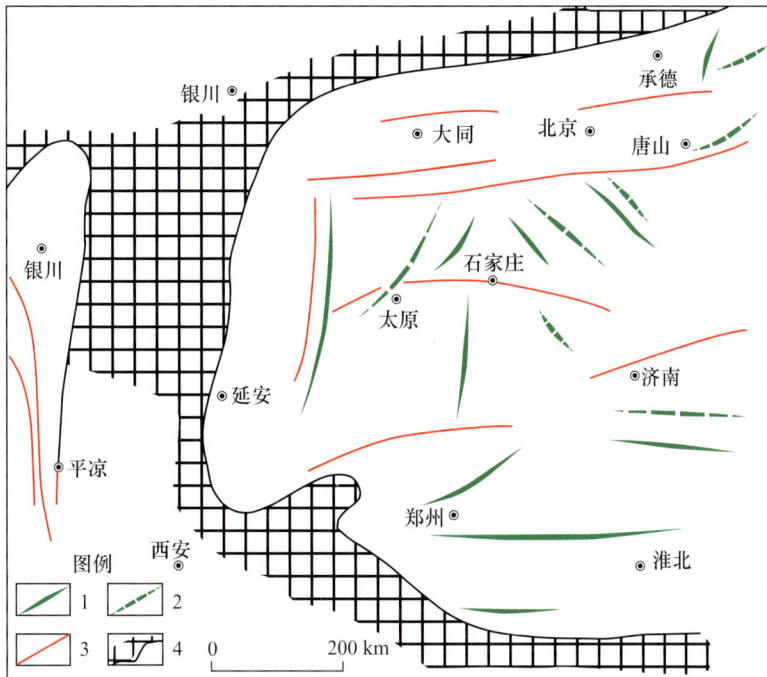

图 4.9　华北含煤盆地本溪期成煤古构造示意图（据莽东鸿，1994，有修改）

1.古隆起；2.古拗陷；3.同沉积断裂；4.剥蚀区

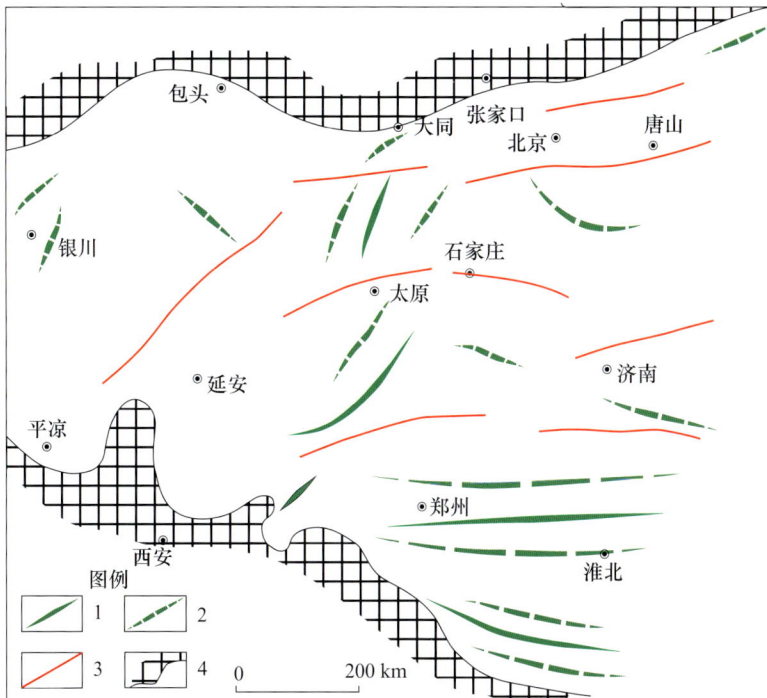

图 4.10　华北含煤盆地太原期成煤古构造示意图（据莽东鸿，1994，有修改）

1.古隆起；2.古拗陷；3.同沉积断裂；4.剥蚀区

状变化，北侧下降盘地层厚度大、岩性较粗，太原组灰岩明显减少，本溪组也到此趋于尖灭。河南省在整个石炭纪—二叠纪期间，以走向近东西的隆起、拗陷发育为特征，豫北主要为向南倾斜的东西走向的隆起斜坡带，豫中、豫南总体呈北西高、南东低的地势，内为大致向东撒开、向西收敛的多个近东西向隆、拗相间组成的波状地形，拗陷中心大致在平顶山—枯城—永城一带。苏北的河口—铁佛沟东西向、北升南降的同沉积断裂之北，为丰沛同沉积褶皱，太原组及石炭纪—二叠纪其他各组的等厚线及其延展方向，与褶皱形态近一致。陕西省中央隆起在太原期逐渐消失，由北向南，全区被海水淹没，当时有两个拗陷中心。太原期末，该区随华北整体隆升，海水向东、西两方向分别退却。起伏不平的地形，对以后的沉积有继承性影响。

3. 山西期

山西期华北盆地的大部基本抬升为陆，在南部部分地区海水侵入，盆地内构造基本继承了太原期的格局，无明显异常变动。

隆起与拗陷在东北部为北东东、北东向为主，在河北中部一带以近东西和北西西向为主。鲁西分解为三个隆起，东西向的济南-潍坊隆起、东平隆起和蒙阴-临沂隆起。安徽的沉积中心仍在北部，走以近东西向为主，淮北宿县厚度约100m，淮南减为60m，砂岩北厚南薄，泥岩相反。河南境内的隆起与拗陷幅度更加平缓，山西的隆、拗轴线，部分南移成呈角度不大的偏转，局部隆、拗有交替的现象，但幅度不大，变得更加宽缓，三条同沉积断裂仍继续控制着主要岩相带的分布。陕西以广泛的三角洲和河流冲积平原的陆相沉积为主；吴旗至定边以西，可能是属于祁连海的滨海环境。拗陷中心在延安附近（图4.11）。

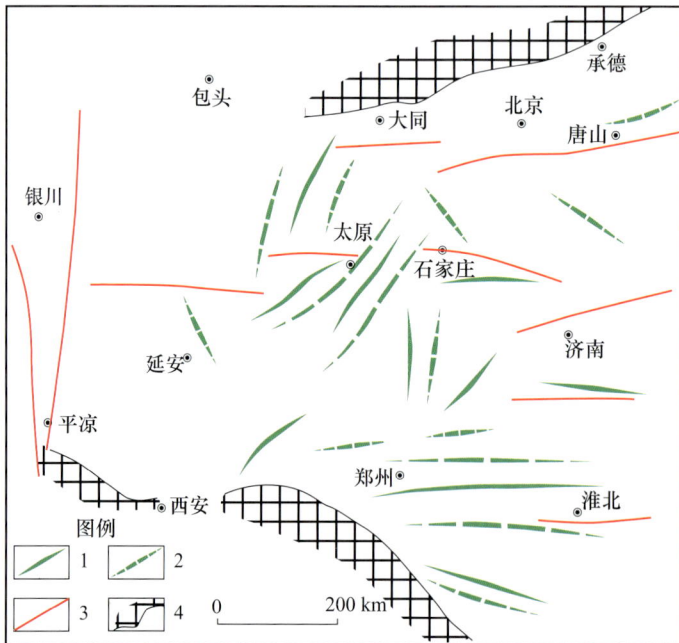

图4.11　华北含煤盆地山西期成煤古构造示意图（据莽东鸿，1994，有修改）

1.古隆起；2.古拗陷；3.同沉积断裂；4.剥蚀区

4. 石盒子期

山西期末盆地大部分地区尤其北部已经不具备成煤环境，仅在河南、安徽、山东南部等地发育下石盒子组含煤地层，构造格局继承了山西期的特征。安徽为向南倾斜的斜坡，属三角洲平原环境，淮北居上游，淮南为下三角洲平原，宿县－临涣为过渡带，沉降中心为潘集—展沟一带，宿北近东西向断裂的产生，导致下石盒子组厚度产生突变，断裂两侧的沉积相含煤性差异很大，南盘煤层、地层较厚。盆地东南侧的徐州、丰沛煤田，下石盒子组为滨海平原向内陆冲积平原过渡的含煤岩系，湖泊相、河流相沉积占绝对优势，徐州煤田含煤 3～11 层，最大厚度为 18m。下石盒子期的河南，西北部抬升，海水继续向东南退缩，豫北为河流冲积平原，豫中、豫南继续为三角洲平原，仍为西高东低、北高南低的地貌，但褶皱有所加大，局部沉积厚度减小，煤层发育变差。

整个石炭纪—二叠纪期间，华北盆地大部分地区处于构造稳定状态，沉积层分布宽广，岩相、厚度稳定，成煤范围广大，煤系与煤层的连续性好，部分地区地区石炭纪—二叠纪煤系总厚约为 1100m。隆起、拗陷及同沉积断裂多属持续发展型，幅度小，隆起顶部的地层薄，岩性较粗，岩层易向边缘分叉，煤层较薄，拗陷部位地层较厚，以较深水相沉积物为主，煤层也较多、较厚，但局部也有含煤性相反的情况（吕大炜等，2009；王恩营等，2012）。

5. 晚三叠世晚期

三叠纪初，位于华北西部的鄂尔多斯盆地继承晚古生代北高南低的地貌，印支运动使早、中三叠世盆地形成宽缓的隆起与拗陷。晚三叠世，南部大幅沉降，其中铜川、三门峡二处形成沉积厚度为 1600～2500m 的两个东西向深拗陷。盆地范围东面扩及太原、长治、郑州，西面延至中宁、平凉。

晚三叠世晚期，鄂尔多斯盆地内部发育上三叠统瓦窑堡组，为厚 150～200m 的内陆河流、湖泊沼泽相含煤沉积，煤层多、规模小。拗陷中心有三个，子洲—清涧、甘泉及铜川，主要成煤作用发生在东部子洲—清涧、甘泉—富县一带。盆地北部和西部以上升为主，主要为河流环境；东部以沉降为主，为河流、湖泊、沼泽交互出现的地区。

6. 中侏罗世

鄂尔多斯盆地在侏罗纪以含薄煤的上三叠统瓦窑堡组之上，发育了富县组、延安组含煤岩系。富县期以河流冲蚀及填平补齐为主，发育了下侏罗统富县组，含煤甚少。延安期以稳定均衡沉降，接受大面积河湖砂泥质沉积为主，发育了中侏罗统延安组，含煤极为丰富，厚 200～520m，含煤 20 余层（王双明等，1996）。

中侏罗世延安组沉积初期，延安－华池至银川，以及杭锦旗－榆林地区，形成较大的北西西、北西向条状拗陷，水流方向以由西向东为主，准格尔与神木间和环县附近，有几个河边或河间高地。后期以延安地区为中心，再次拗陷为湖泊，形成面积约 16000km² 的无煤区。外侧为广阔的湖滨平原。北西南三面为延安组煤层富集区，煤层层数、厚度及含煤系数向外逐渐增加。华池、延安地区有一些近东西向拗陷，幅度较小，西部天池－环县地区沉降强烈，侏罗纪地层总厚度达 800～1700m。

盆内的同沉积隆、拗在以环县为拗陷中心、延安为沉降中心的背景下，呈大致向南凸出的弧形展布（图 4.12）。神木、定边、延安、陇县等地分布着 20 余个短轴拗陷与隆起，轴向以北东、近东西向为主，少数为南北和北西向。

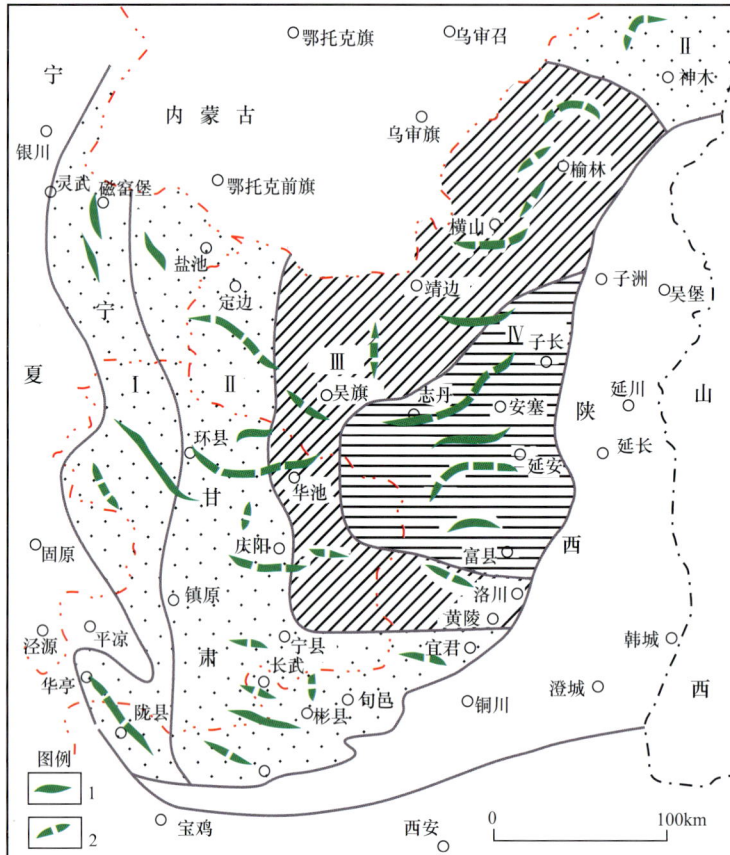

图 4.12 鄂尔多斯盆地中侏罗世成煤古构造示意图（据莽东鸿，1994，有修改）

1. 古隆起；2. 古拗陷；Ⅰ. 河流沼泽相区；Ⅱ. 湖泊河流沼泽相区；Ⅲ. 河流湖泊沼泽相区；Ⅳ. 湖泊相区

七、煤盆地类型和盆地演化

（一）煤盆地类型

煤炭资源现今赋存状况是煤盆地及其充填其中的含煤岩系经历长期、多次构造运动的综合结果。从煤盆地基底属性、盆地形态、盆地规模、地球动力学环境、成煤作用、盆地演化和煤系变形等角度，划分了华北赋煤区主要成煤盆地的构造类型（图 4.13、表 4.1）。从原型成煤盆地经历多旋回构造变动、分解破坏、反转叠合，形成不同级别赋煤构造单元的思路，恢复煤田构造演化历程，揭示煤田构造成因机制（曹代勇等，2016）。

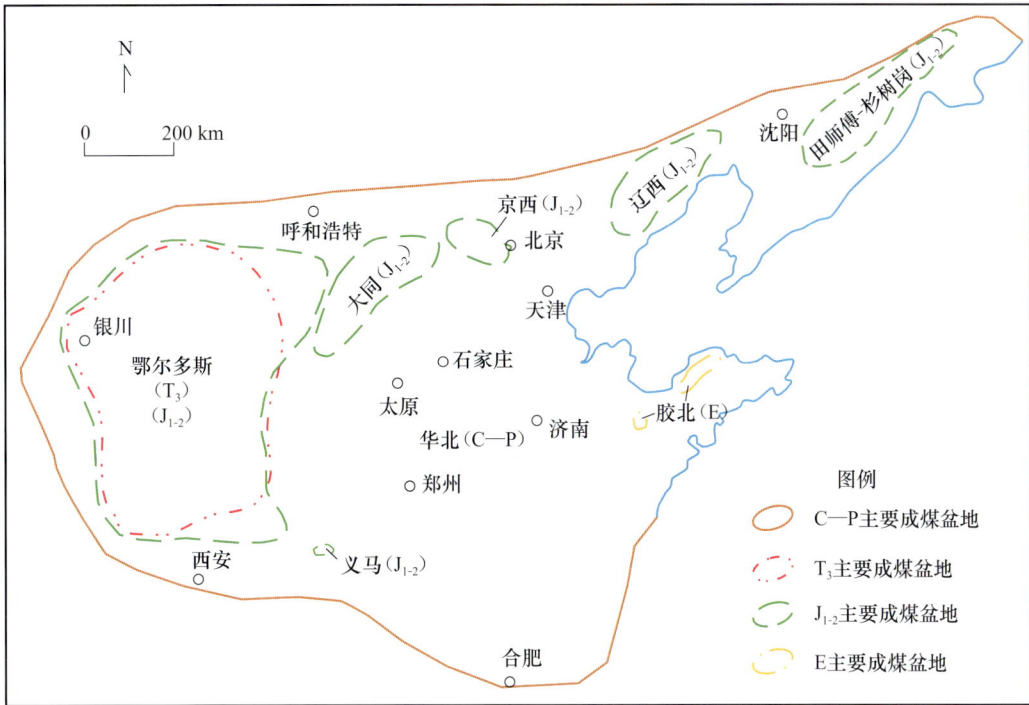

图4.13 华北赋煤构造区主要煤盆地分布略图

表4.1 华北赋煤构造区煤盆地类型划分

盆地名称	盆地类型	盆地形态	基底属性	规模	古地理	成煤特征	盆地演化和煤系变形
华北 C—P	克拉通拗陷	拗陷型	太古宇—中元古界结晶基底	巨型	陆表海-河湖	海陆交互相-陆相、成煤作用连续广泛分布	改造分解空间差异显著，总体呈同心环带变形分区组合
鄂尔多斯盆地 T₃	前陆盆地（西部）-克拉通拗陷	断拗型	太古宇—中元古界结晶基底	中型	湖盆	陆相、成煤作用较稳定，分布局限	弱改造
鄂尔多斯盆地 J₁₋₂	克拉通拗陷	拗陷型	太古宇—中元古界结晶基底	大型	湖盆	陆相、成煤作用稳定	弱改造，继承性盆地，同心环带变形分区组合
华北东部 J₁₋₂	活动大陆边缘裂陷	断陷型	太古宇—中元古界结晶基底	中型	河湖	陆相、成煤作用稳定	强改造（反转、叠合）
华北胶北 E	走滑拉分	断陷型	太古宇—中元古界结晶基底	小型	湖盆	成煤作用不稳定	弱改造

（二）盆地演化

1. 太古宙—元古宙（基底形成阶段）

经历了迁西运动、阜平运动、五台运动和吕梁运动，华北地区实现了两次克拉通化，华北陆块固结形成（马杏垣等，1979）。吕梁期前的古老克拉通，是构成华北盆地基底稳定性和均一性的基础。

中元古代早期，由于地幔上隆，长城纪以火山岩喷发为特征，开始了华北克拉通之上的初始裂陷期，先后形成了四个裂陷槽，即西北部内蒙古地区的白云鄂博－渣尔泰裂陷槽、东北部的燕辽裂陷槽、西南部的晋豫裂陷槽和东南部的徐淮裂陷槽（何海清等，1998）。由长城期和蓟县期陆内及边缘裂陷槽，构成了华北克拉通基底相对不稳定的部分。现今北纬 38° 和北纬 35° 附近所表现的活动性，可看作是燕辽陆内裂陷槽所造成的南缘效应和晋豫陕边缘裂陷槽所造成的北缘效应。豫陕三叉裂谷北支对印支期后鄂尔多斯盆地与华北东部块体的构造－沉积分异也或多或少有影响（尚冠雄，1997）。

2. 古生代（华北 C—P 盆地形成阶段）

古生代，华北地区进入克拉通盆地稳定发展时期，蓟县运动使华北地区整体上升为陆，经历了长期的风化剥蚀，在早寒武世中期，受克拉通盆地南北海槽伸展扩张的影响，开始了早古生代海侵的历史。

早寒武世时期，华北地区南北缘为被动大陆边缘性质，造成沉积作用由南向北和由北向南层层超覆，使克拉通被动大陆边缘与克拉通内部陆表海形成连续过渡的格局。早寒武世末至中奥陶世末期，蒙兴洋壳向南边的华北板块俯冲，古秦岭洋壳向北部华北板块俯冲，使大陆边缘不断增生，这种持续的挤压作用使华北地区发生大规模整体上升（即加里东运动），并导致了近 130Ma 长期处于隆升剥蚀的状态。

加里东期后，华北巨型晚古生代拗陷盆地的基底、盆廓、盆型均已形成，但从整体上看华北盆地处于隆升位势，并未接受沉积。泥盆纪后期到石炭纪初期，华北南部板缘区的俯冲使华北盆地南隆北倾，位于盆地南端的豫西一带，晚古生代含煤岩系自北向南依次超覆于中奥陶统、下奥陶统、上寒武统及中寒武统之上，反映了沉积初始阶段南缘的翘隆状态。辽东太子河流域，海水自东北方向向盆地中心侵进和超覆。晚石炭世早期的本溪组，在辽东太子河流域的本溪一带有可采煤层，河北开平亦含有薄煤层，均为滨海沼泽环境的产物。晚石炭世晚期的太原组，由辽东太子河流域以北向西经北京西山、山西大同，直到鄂尔多斯北部等地均有分布。早二叠世，自东南方向海水入侵规模远大于此前东北方向的海进，于是山西组现在晋北、霍西、渭北等地形成原地泥炭沼泽，以湖沼相及芦苇相为主，然后扩展到之间的丘岗高地，以陆地泥炭沼泽化为主，并继续向东南方向扩展到滨海平原，此期陆源碎屑贫化，也有助于煤层的良好发育。

晚二叠世，沿现今北纬 35° 附近产生了南北的明显差别，西伯利亚板块与华北板块碰撞造山，使华北北部隆起成山，而华北南缘在晚二叠世—早三叠世仍为一活动大陆边缘，华北晚古生代盆地主体可划分为中华北、南华北两部分，南华北继续成煤。至印支运动体制变格后，北纬 35° 带的作用仍不时表露。后期华北与华南板块开始对接，华北南北相对的板缘活动促使盆地又发生整体抬升，其结果使石千峰组与下伏岩系产生轻微不整合，盆地的全面隆升预示着盆地建设阶段的终结。

3. 中生代（鄂尔多斯 T_3、J_{1-2} 盆地及华北东部 J_{1-2} 盆地形成阶段）

中生代是华北地区在欧亚构造域的动力作用下，逐渐转化为环太平洋构造域的转折阶段。

早三叠世，华北盆地由晚古生代陆表海盆地演化为陆相湖盆地，鄂尔多斯盆地为该盆地的一部分。印支运动期间，受秦岭海槽的关闭及太平洋 – 库拉板块的俯冲作用的影响，华北盆地明显收缩至太行山以东一带。鄂尔多斯盆地内部以整体升降为主，属于大型稳定克拉通盆地发育阶段。

晚三叠世，受古特提斯海扩张和华北地块逆时针旋转的共同影响，包括鄂尔多斯盆地在内的华北广大地区处于拉张松弛状态。鄂尔多斯盆地的沉积环境主要为河流、湖泊三角洲体系，河流由北东向南西方向推进，在延安、子长、横山一带形成湖泊三角洲。此时，发育了上三叠统瓦窑堡组含煤岩系。成煤作用发生在活动构造背景的相对稳定期，成煤作用和碎屑活动频繁交替，煤层厚度不大，煤层层位达几十余层，但可采煤层仅 1～2 层（毛节华和许惠龙，1999）。

印支运动末期，由于秦岭和祁连山强大的挤压力及太平洋板块的俯冲作用，鄂尔多斯盆地整体抬升，西部和南部抬升幅度较大，三叠系上部地层遭受强烈剥蚀，使侏罗系煤系基底构造在总体上呈北北西走向，向北东东缓倾斜的形态。

早中侏罗世，鄂尔多斯盆地构造活动趋于缓和，西缘逆冲构造带幅度明显减弱，为成煤作用创造了良机，发育了下侏罗统富县组和中侏罗统延安组含煤岩系。其中，富县期以河流冲蚀及填平补齐为主，含煤甚少；延安期以稳定均衡接受大面积河湖砂泥质沉积为主，含煤极为丰富，厚 200～520m，含煤 20 余层，可采煤层 3～9 层，单层厚 2～4m。鄂尔多斯盆地东部的大同、济源、义马等地，煤系沉积及含煤特征与其类似，可能原为鄂尔多斯盆地的一部分。鄂尔多斯盆地侏罗系及下伏三叠系、石炭系—二叠系后期改造微弱，大部分地区呈近水平或低缓角度单斜产状，整体呈向西倾斜的箕状。

燕山运动是华北地区大地构造格局发生重大变革的时期，表现为欧亚构造域的动力作用方式和滨太平洋构造域板块活动作用力共同作用的局面。自中侏罗世开始，由于欧亚构造域的南北向挤压作用和伊佐奈崎板块向西俯冲及法拉隆板块向北运动，派生出强大的北西—南东向压应力，同时存在块体的旋转及左旋剪切作用，华北地区北东向构造格局开始形成，出现了近北东向展布的隆拗相间的格局。侏罗纪时期，由于断裂作用活跃，因而火山作用异常发育，形成了陆源碎屑岩与火山岩及火山碎屑岩并存的特点。

早中侏罗世，在华北东部形成了大同、京西、辽西、杉松岗 – 田师傅、大青山等盆地群，多为山间盆地湖泊相、河流相沉积，厚数百米，少数达千米。虽然，侏罗纪期间总的构造环境不稳定，火山活动较强烈，但成煤盆地所在地域较稳定，火山活动微弱，能有一定规模的煤层聚集。这些煤盆地后期改造强烈，褶皱发育，以广泛的岩浆侵入活动、煤种复杂和部分地区发育推覆构造为特点。大同盆地群含煤地层为中侏罗统大同组，为内陆河湖沼泽相稳定沉积，可能为鄂尔多斯盆地东延部分。京西盆地群的含煤地层为下侏罗统窑坡组和下花园组，其煤系变形较强烈，区内紧密排列的褶皱轴向与逆掩断层的走向多呈弧形或 S 形，并有岩浆侵入煤系。大青山盆地群发育下侏罗统五当沟组和中侏罗统召沟组，一般为轴向近东西的不对称复式向斜。义马盆地下侏罗统义马组呈近东西向的不完整向斜，南翼倒转，并被断层切割而不完整。

晚侏罗世—白垩纪时期，华北地区已基本进入滨太平洋构造域的构造演化阶段，由于伊佐奈崎板块洋壳向北西向俯冲挤压，在中国东部地区形成了广泛发育的安山岩系列的岩浆作用，同时在晚侏罗世晚期—早白垩世形成了北东向和近东西向两个裂谷系，北东向裂谷系包括三个带，即西部的北京 - 保定 - 石家庄裂陷盆地群、中部的渤中 - 南堡 - 黄骅 - 临清裂陷盆地群和东部郯庐断裂以东的辽东 - 胶莱裂陷盆地群；近东西向裂谷系为五号桩盆地、惠民 - 东营盆地、鲁西诸盆地和周口盆地等，晚白垩世时期，中国东部地区表现为西隆东陷，华北地区的裂陷盆地主要分布在郯庐断裂带附近及以东地区，晚白垩世末期裂陷盆地受挤压抬升。

4. 新生代（胶北 E 盆地形成阶段）

自新生代开始，随着库拉 - 太平洋板块俯冲带向东迁移，亚洲大陆东缘由安第斯型大陆边缘转化为西太平洋型大陆边缘，中国大陆东部进入受太平洋地球动力学体系控制的裂陷阶段。华北地区区域构造应力场发生了明显变化，在华北的胶北地区形成走滑拉分性质的断陷含煤盆地。黄县盆地位于山东半岛的黄县—龙口一带，构造上位于郯庐断裂带以东的胶北块隆的西北缘，东、南、西三面分别为北沟 - 玲珑、平度 - 界河和黄县等同沉积断裂所限（毛节华和许惠龙，1999）。其中，北沟 - 玲珑和黄县两条同沉积断裂在始新世初期的强烈活动导致了黄县盆地东南部强烈下沉，形成了盆地东南较深，向西北渐变浅的基底古地形特征。在断裂活动减弱的背景下，盆地进入了相对稳定发展时期，沉积体系主要由冲积扇、湖泊及泥炭沼泽体系，形成了始新统黄县组等主要煤层，厚达 1600m，主要分布于盆地西部的中村—北乡城一带，局部可采。

第二节　赋煤构造单元划分

一、煤系分布特征

华北地区广泛发育石炭纪—二叠纪煤系，其次为西部和北部的早中侏罗世煤系、鄂尔多斯盆地的晚三叠世煤系、阴山 - 燕山地区的早白垩世煤系、新近纪煤系及东部沿海的古近纪褐煤。

晚石炭世早期本溪组，在辽东太子河流域的本溪一带有可采煤层，河北开平亦有薄煤层。晚石炭世晚期太原组的陆相含煤地层分布于华北北部，由辽东太子河流域以北，向西经北京西山、山西大同，直到鄂尔多斯北部等地；本溪地区、辽东半岛、河北开平、山西中部和鄂尔多斯中南部，以及整个华北盆地南缘仍为海陆交互相含煤岩系。

早二叠世早期，华北地区普遍成煤，后期由于板块运动，气候逐渐干旱，煤系分布层位自北向南有逐渐升高的规律。如内蒙古准格尔旗、大青山仅山西组含有劣煤；山西太原、陕西韩城的主要煤层为山西组，下石盒子组仅含薄煤层或煤线；河南禹州、安徽淮南除下石盒子组含煤外，上石盒子组亦含可采煤层。石炭纪—二叠纪华北地区主要含煤地层为太原组和山西组，共厚 100~200m，一般含可采煤层 5~10 层，可采煤层总厚为 5~25m。

晚三叠世的延长组，广泛分布在铜川以北至内蒙古准格尔旗以南，以延安、延长一带最为发育。在鄂尔多斯盆地中，子长—铜川一带该组沉积厚度达千余米，其上段含煤性最好，含煤层和煤线 20 余层，煤质较好。

早、中侏罗世含煤岩系几乎遍布华北地区各省，主要代表为陕西的富县组和延安组、山西的大同组，及北京西山的窑坡组。富县组主要分布在陕西北部至内蒙古察右中旗一带，在陕西府谷、神木、子长、延安和富县一带出露较好。延安组在鄂尔多斯盆地广泛分布，基本沿盆地周边出露，厚度达 200~400m。

早白垩世，华北地区有少量含煤沉积，如内蒙古的固阳组、山东的莱阳组。固阳组主要分布于内蒙古固阳县，以锡莲脑包出露较好。

古近纪煤系主要分布于华北东部沿海，如山东李家崖组，主要分布于山东的黄县、昌邑、昌乐等地。山西古近系主要出露于晋南的垣曲盆地及晋北的繁峙玄武岩区。

新近纪汉诺坝组含煤地层主要分布于内蒙古察右中旗、后旗及凉城县东南一带，均有含煤层位，含煤 4 层以上，单煤层最厚 1.65m，在凉城县东南一带含煤性较好。

二、区域性（控煤）构造要素

大型断裂及褶皱控制了区域古地理、古构造的发展，进而控制了区域性的地层、岩相和厚度的变化，煤系地层的聚集和消亡也与其密切相关。华北赋煤区被多期构造活动改造，含煤地层分布多受控于中新生代以来活动的断裂及褶皱，从区域构造格局考虑，对煤田构造格局影响较大的主要构造为华北北缘断裂带、华北南缘断裂带、鄂尔多斯西缘断裂带、郯庐断裂带、离石断裂带、晋获断裂带、太行山山前断裂带、盘古寺－丰沛断裂，断裂带将含煤盆地分割为不同变形特征的块体（图 4.14），直接影响着不同区段的含煤地层变形特征。华北地区较为典型的区域控煤褶皱为鄂尔多斯盆地和沁水盆地。

由于被构造活动带所环绕，受基底性质、周缘活动带和区域力源的控制，华北赋煤构造区含煤岩系变形存在较大差异，具明显的变形分区特征，总体呈不对称的环带结构，变形性质和变形强度由边缘向内部递变。从赋煤区外围向内部，可分出强挤压的外环带、弱挤压的中环带和内部稳定－活动区（图 4.14）。

（一）控煤断裂

1. 华北北缘断裂带

华北含煤盆地北缘断裂带（图 4.14 中的①），是一组由多条断裂组成的控煤断裂统称，主要包括：白云鄂博－化德断裂、康保－围场断裂、凌源－北票断裂、临河－集宁断裂、尚义－平泉断裂、丰宁－隆化断裂等。断裂整体走向为近东西向，部分为北东

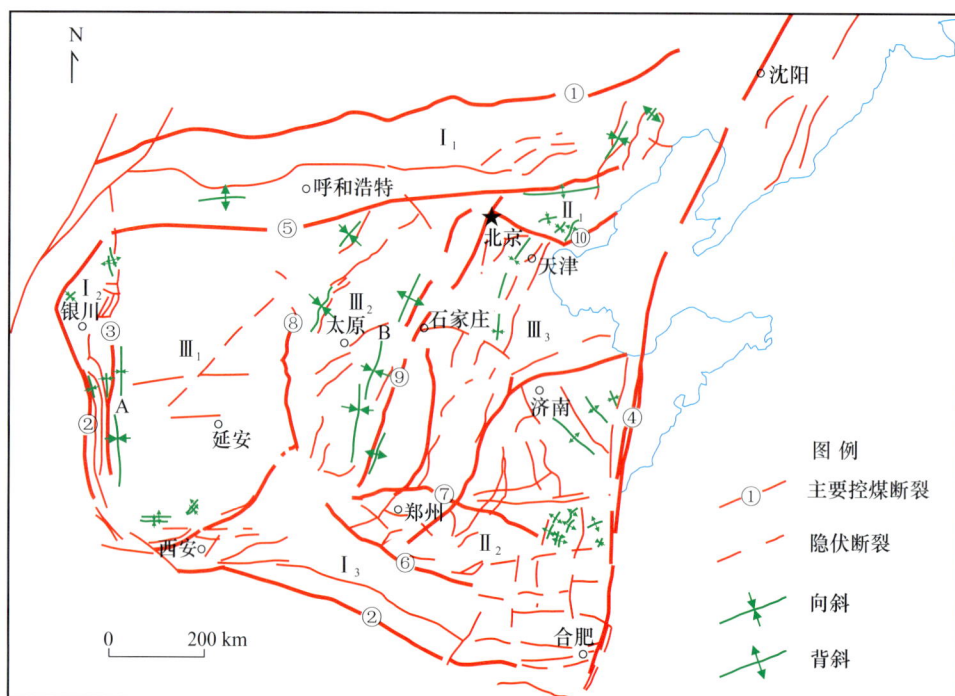

图 4.14 华北赋煤构造区主要控煤构造及煤系变形分区图

① 华北赋煤区北缘断裂；② 华北赋煤区南缘断裂；③ 鄂尔多斯盆地西缘断裂带；④ 郯庐断裂；⑤ 遵化 - 包头基底隆起带；⑥ 华北含煤盆地地区南缘逆冲断裂带；⑦ 盘古寺 - 丰沛断裂；⑧ 离石断裂；⑨ 紫荆关断裂；⑩ 昌平 - 宁河断裂；A.天环向斜；B.沁水向斜；I_1.华北北缘挤压变形带；I_2.华北西缘挤压变形带；I_3.华北南缘挤压变形带；II_1.华北北部京冀地区诸煤田；II_2.华北南部豫西含煤区和徐淮含煤区；III_1.鄂尔多斯盆地稳定弱变形亚区；III_2.山西地块；III_3.华北东部伸展变形亚区

向，横跨整个含煤盆地北部延伸近 1000km，是华北赋煤区北部构造单元的边界性控制断裂，也控制了北部边缘大部分含煤盆地的构造格局，其主要变形方式为以低角度逆断层为主的逆冲断裂组合，在部分地区发育逆冲推覆构造和小型控煤褶皱，赋存有晚古生代及中生代含煤地层。

2. 华北南缘断裂带

华北盆地南缘控煤断裂带（图 4.14 中的②），为一条北西延伸的巨型逆冲断裂带，地跨陕西、河南、安徽三省，长达 700km。断裂带西起陕西境内，经河南栾川、鲁山、确山、固始一线进入安徽境内与郯庐断裂相交，表现为向北倾向的逆冲性质，挤压破碎带较为发育，构造形态复杂，是华北板块与秦岭褶皱带的分界断裂。在对煤田的构造控制上可以称之为含煤盆地的实际保存边界（曹代勇等，1991）。断裂以北属华北地层，以南属于秦岭地层。

3. 鄂尔多斯盆地西缘断裂带

鄂尔多斯盆地西缘褶皱逆冲带是分隔我国东部与西部大陆构造单元的贺兰山 - 龙门山南北构造带的组成部分，由于构造带所处的构造环境及其油气和煤炭前景，引起了众多地质学家的关注（Sengor，1984；汤锡元等，1988；杨俊杰等，1990；Liu，1998；张进等，2000；杨圣彬，2008）。鄂尔多斯盆地西缘断裂带（图4.14中的③），北起桌子山、贺兰山，南抵宝鸡附近，西面与阿拉善地块和祁连山加里东褶皱带毗邻，东面是鄂尔多斯盆地本部，南北长约为60km，东西宽为30～100km，是连接我国北方东部和西部不同大地构造环境的枢纽。

鄂尔多斯盆地西缘褶皱逆冲带由10余条近南北向延伸的大型逆冲断裂、数条同向大型正断层及一些近东西走向的大型平移断层组成构造骨架，基本构造形态为总体由东向西扩展的逆冲断裂组合。这些主干逆冲断裂沿走向断续延伸，相互平行，呈近等距出现。沿主干断裂延伸方向被东西走向的断层分隔为若干区段，东西走向的断层多表现为右行走滑或向南逆冲特征，具有调节断层（Morley et al.，1990）性质。喜马拉雅运动时，受银川断陷和六盘山弧形构造带的强烈改造并叠加其上，使该区构造更加复杂（曹代勇等，2015）。

4. 郯庐断裂带

郯庐断裂带（图4.14中的④）贯穿华北东部，呈北北东走向，南起湖北武穴，顺走向经安徽的宿松、庐江，江苏的宿迁，山东的郯城、沂水，穿渤海湾，过东北三省进入俄罗斯境内，绵延3600km。郯庐断裂带经历复杂形成与演化过程，由多条断裂组成，其变形性质及力学性质于不同时期和不同区段表现为不同的方式。整体而言，早期（晚三叠世—早、中侏罗世）表现为右旋韧性剪切为主并向脆性变形转化；中晚期（晚侏罗世—早白垩世）张扭性脆性为主，出现拉张作用；晚期（新近纪—第四纪）变现为右旋扭压性为主（徐嘉炜，1984；徐嘉炜等，1995；万天丰和朱鸿，1996；朱光等，2004）。

郯庐断裂带影响华北多期煤田的沉积和改造，由于断裂的分割和位错，使统一的煤盆解体为二，且东段向北错移形成相对较为独立的单元，断裂运动的强大作用，塑造了两侧断盘的变形，尤其是对其西部影响显著。影响主要表现在两个方面：第一，位置的错断。晚古生代含煤地层在郯庐断裂西盘保存较好，连续分布，而东盘辽吉块体上含煤地层多遭剥蚀，剩余的零星分布在太子河流域、浑江、复州湾等有限地区之内，导致岩石地层带、厚煤层带及煤中元素分布规律的位错。第二，郯庐断裂带的中新生代的构造活动控制了华北东部的变形特征。断裂东盘表现为东部太平洋板块活动影响，以挤压缩短及剪切引起的滑脱、推覆形式为主。断裂带西盘由于新生代郯庐断裂的伸展作用，影响该地区的广泛发育的掀斜断块、断陷盆地的控煤构造。

5. 离石断裂带

离石断裂带（图4.14中的⑧）为呈近南北走向的逆断层组，控制山西地块与鄂尔多斯盆地边界，分布在黄河以东、吕梁山以西，东经111°10′附近，北起山西兴县向南经临县汉高山、峪口，过离石、中阳县、隰县、蒲县至临汾峪里，长约为300km，宽为0.2～2km。离石断裂带的南北向构造控制了鄂尔多斯盆地的东界，由西向东逐渐过渡到山西裂陷盆地系含煤构造。离石断裂带具有明显的分段性，在离石、马头山以北由多条北北东向雁行排列的逆冲断裂组成，断层面向西倾、倾角为60°～80°。离石以南由数条近平行的南北向断裂组成，主要向东倾，倾角为50°～85°，断裂带附近多为陡倾甚至直立的三叠系，宽达数百至上千米，亦是断裂带的组成部分。由东向西垂直断裂的走向方向，构造强度逐渐变小，分别发育有断裂破碎带、隆起带、拗陷带和缓坡带，断裂对煤系地层的控制能力逐渐变弱。在断裂带附近煤层的赋存和开采受断裂影响严重（张胜利和李宝芳，1996；渠天祥等，1999）。

6. 晋获断裂带

晋获断裂带（图 4.14 中的⑨紫荆关断裂北南段）北起河北获鹿县，向南经山西和顺、左权、潞城至晋城，总体走向北北东，断裂带具有长期存在、多期活动的演化历史，中生代时期为向东扩展的逆冲－褶皱带，新生代构造反转发生局部伸展，断裂带具有明显的分段性，由北至南可以分为北、中、南三段，北部逆冲构造变形强烈，发育推覆构造等强挤变形，中部向南逐渐过渡，变形程度减弱，并且在南部长治一带于新生代发生构造反转，表现为正断层形态和新裂陷盆地的形成（曹代勇等，1996）。晋获断裂基本控制了沁水含煤盆地的东翼，它与太行山山前断裂一起分割了华北中部与东部的煤田构造格局。

7. 太行山山前断裂带

太行山山前断裂带（图 4.14 中的⑨紫荆关断裂北段）分布于太行山东麓地区，地表被第四系覆盖，走向北北东。断裂北起北京北，向南经涞水、定兴、新乐、石家庄、邢台、邯郸，向南延入河南，断裂带全长大于 500km，是一条控制中新生代拗陷的重要断裂，断裂带由一系列北东、北北东向断裂左型斜列组成，被北西至近东西向断裂所分隔，断裂带的结构构造和活动具有鲜明的分段性，断裂带在形成至今在各活动期变现为不同的性质，现在表现为断面东倾的上陡下缓的伸展性质断裂。控制了一系列不同级次断陷盆地的发育，成为渤海湾裂陷盆地的西部边界，也是华北东部以伸展作用为主的控煤构造格局的西部边界（徐杰等，2000；王桂梁等，2007；张路锁等，2012）。

8. 盘古寺－丰沛断裂

横切陕、豫、皖的盘古寺－丰沛断裂（图 4.14 中的⑦）对煤田构造格局的分布起到了分界的作用，断裂基本呈近东西向，表现为断面南倾的正断层性质，是北部北东东向构造格局与南部北西向构造格局的分界线。断裂北部以高角度正断层组成的堑垒、阶梯状、裂陷盆地等控煤构造为主，断裂南部则以宽缓的拗陷、重力滑动及走滑平移为主的控煤构造。

（二）控煤褶皱和构造盆地

1. 鄂尔多斯盆地

鄂尔多斯盆地在晚古生代属于华北大型克拉通成煤盆地的一部分，发育了与华北其他地区相似的含煤岩系，中、新生代时期该区仍然继承性地发育大型克拉通沉积盆地，形成连续稳定的早侏罗世煤系，与华北东部中、新生代强烈的构造变动形成鲜明对比。

鄂尔多斯盆地沉积盖层构造格局的显著特点为：明显的构造变形局限于盆地边缘，盆地内部变形微弱，主体构造格局呈向西倾斜的单斜。中生代时期，盆地边缘发育指向盆内的逆冲断层或逆冲推覆构造，使晚古生代煤系遭受变形、抬升，切割为大小不等的煤田和含煤块段。盆缘的挤压变形向盆内迅速减弱，盆内主体部分的侏罗纪煤系保持了连续、近水平的原始产状。新生代的大地构造环境发生根本性变化，盆缘挤压构造带被伸展构造体系改造，沿鄂尔多斯盆地周缘发育新生代剪切－拉张带，构成断陷盆地与边缘隆起相邻排列的构造地貌格局（王双明，2011）。

2. 沁水盆地

沁水盆地为一大型构造盆地，其周缘被隆起带和新裂陷所限制，总体构造形态为轴向北北东的宽缓向斜，总体地层走向为北北东向，由石炭系、二叠系、三叠系组成（图4.15）。由于受周边大规模断裂活动的影响和区域挤压应力的作用，向斜内发育次级褶皱构造，以北北东向和南北向的长轴及短轴波状褶皱为主，东西向褶皱展布于北

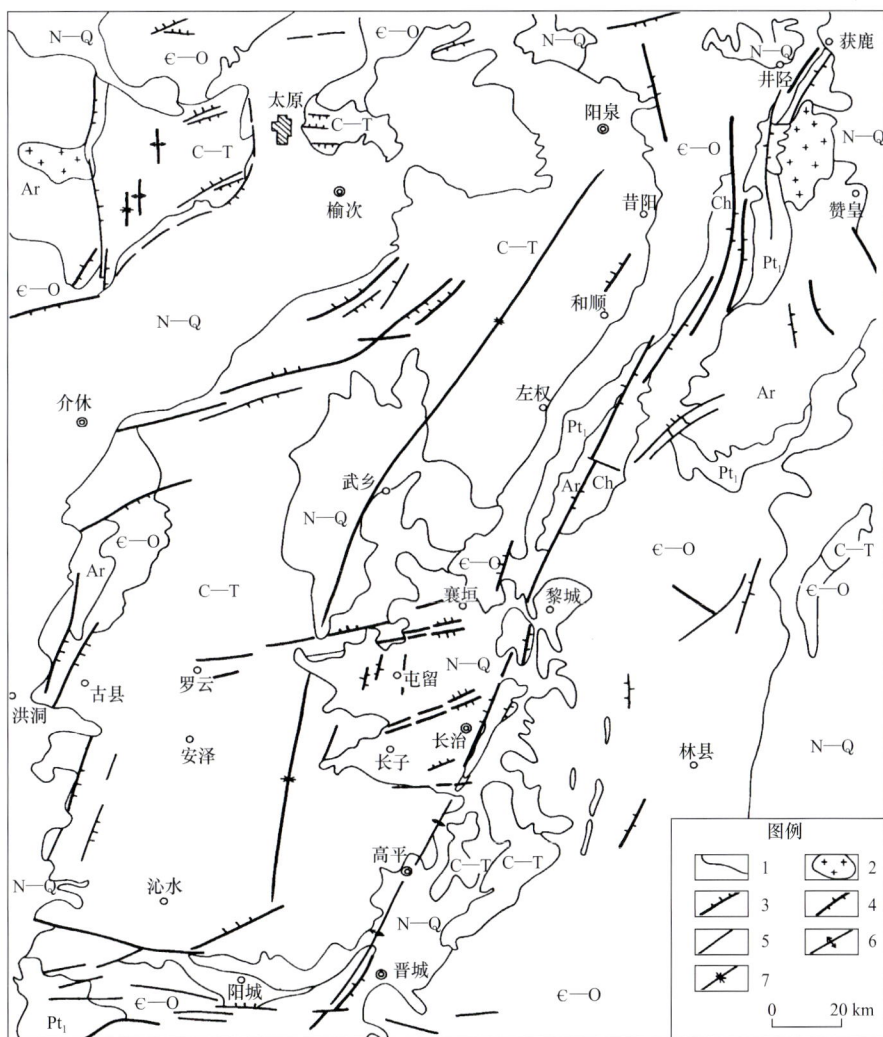

图 4.15 沁水盆地构造纲要略图

1.地层界线；2.花岗岩体；3.正断层；4.逆断层；5.走滑断层；6.背斜；7.向斜

部太原东山、阳泉、盂县一带，北东向褶皱分布在陵川一带。断裂构造局部发育，北东东向和北东向断层主要发育于区内西北部，襄垣、长治一带，翼城、沁水一带多发育近东西或北东东向正断层组合。

沁水复向斜为石炭系—二叠系煤层的赋存提供了极好的条件，向斜两翼煤系地层较浅，局部出露，向斜两翼浅部分别有阳泉矿区、晋城矿区、潞安矿区、沁源矿区等主要煤矿产地，两翼地层倾角较大，并且发育小型短轴不对称褶皱，与盆地走向一致的逆断裂较为发育，构造相对复杂，向斜核部煤层埋深加大，榆社一带煤层埋深超过 2km，内部发育短轴褶皱，倾角一般较小，不超过 20°，并伴随发育高角度正断层，构造相对稳定，对煤层影响较小（曹代勇等，1996）。

三、赋煤构造单元划分方案

根据煤系赋存的构造特征等赋煤构造单元的划分原则，依据该赋煤构造区煤系的分布特征及控制煤系赋存的构造特征，将华北赋煤构造区划分为 5 个赋煤构造亚区，22个赋煤构造带（图 4.16，表 4.2）。

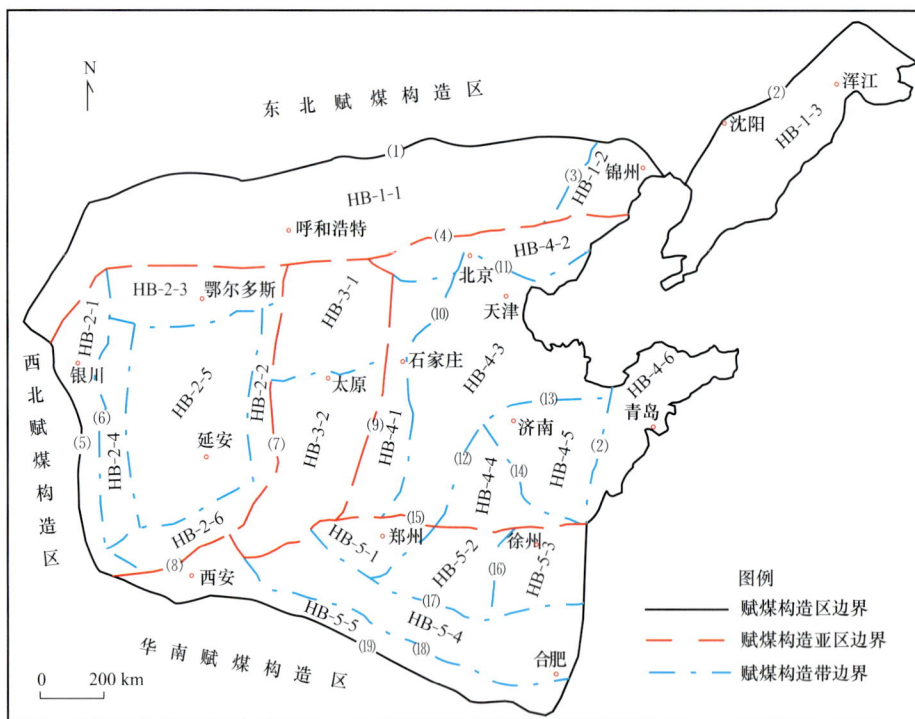

图 4.16 华北赋煤构造区赋煤构造单元划分图

（1）赤峰－开源断裂；（2）郯庐断裂带；（3）凌源－建平断裂；（4）密云－喜峰口断裂；（5）青铜峡－固原断裂；（6）阿色浪－车道断裂；（7）离石断裂带；（8）渭河盆地北缘断裂；（9）晋获断裂带；（10）太行山山前断裂；（11）昌平－宁河断裂；（12）聊兰断裂；（13）齐广断裂；（14）峄山断层；（15）盘古寺－丰沛断裂；（16）阜阳断裂；（17）岸上－襄郏断层；（18）栾川－固始断裂；（19）信阳－镇平断裂

表 4.2　华北赋煤构造区赋煤构造单元划分表

赋煤区	赋煤亚区	赋煤构造带
HB 华北赋煤构造区	HB-1 华北北缘赋煤构造亚区	阴山-燕山褶皱-逆冲赋煤构造带（HB-1-1）
		辽西逆冲-断陷赋煤构造带（HB-1-2）
		辽东-吉南逆冲-拗陷赋煤构造带（HB-1-3）
	HB-2 鄂尔多斯盆地赋煤构造亚区	鄂尔多斯盆地西缘褶皱-逆冲赋煤构造带（HB-2-1）
		鄂尔多斯盆地东缘挠曲赋煤构造带（HB-2-2）
		伊盟隆起赋煤构造带（HB-2-3）
		天环拗陷赋煤构造带（HB-2-4）
		陕北单斜赋煤构造带（HB-2-5）
		渭北断隆赋煤构造带（HB-2-6）
	HB-3 山西块拗赋煤构造亚区	晋北断陷赋煤构造带（HB-3-1）
		晋南断拗赋煤构造带（HB-3-2）
	HB-4 华北东部赋煤构造亚区	太行山东麓断阶赋煤构造带（HB-4-1）
		燕山南麓褶皱赋煤构造带（HB-4-2）
		华北平原断陷赋煤构造带（HB-4-3）
		鲁西断陷赋煤构造带（HB-4-4）
		鲁中断隆赋煤构造带（HB-4-5）
		胶北断陷赋煤构造带（HB-4-6）
	HB-5 南华北赋煤构造亚区	嵩箕滑动构造赋煤构造带（HB-5-1）
		豫东断块赋煤构造带（HB-5-2）
		徐淮断块-推覆赋煤构造带（HB-5-3）
		华北南缘逆冲推覆赋煤构造带（HB-5-4）
		秦岭大别北缘褶皱赋煤构造带（HB-5-5）

第三节　典型赋煤构造单元特征

一、华北北缘赋煤构造亚区

华北北缘赋煤构造亚区沿东西向展布，自西向东包括阴山-燕山褶皱-逆冲赋煤构造带、辽西逆冲-断陷赋煤构造带及辽东-吉南逆冲-拗陷赋煤构造带，延伸长度1500km 左右（图 4.17、图 4.18）。该区处于古亚洲构造域和太平洋构造域的叠合部位，其构造变形受板缘构造作用控制，控煤构造样式以逆冲推覆构造为主（表 4.3），逆冲推覆方向总体上由板缘向板内。

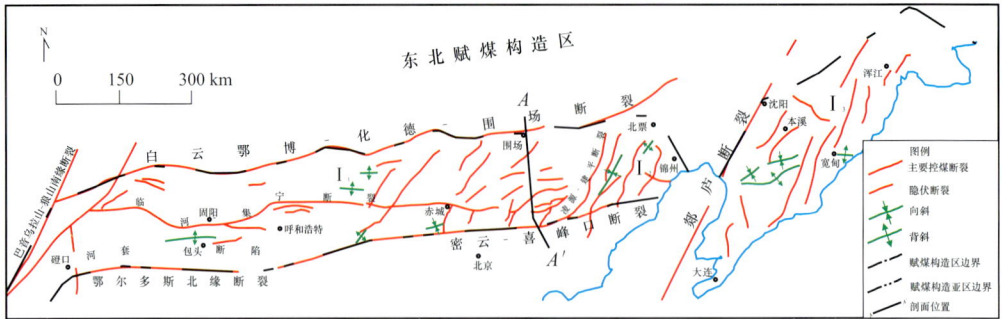

图 4.17 华北北缘赋煤构造亚区赋煤构造单元划分及构造格局简图

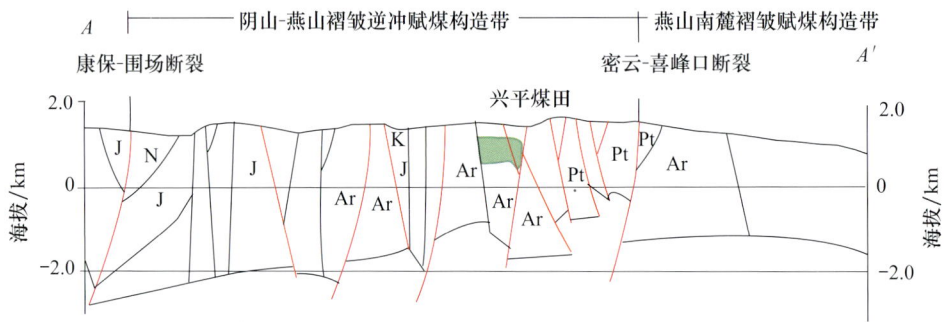

图 4.18 华北北缘赋煤构造亚区南北向 A–A' 构造剖面（剖面位置见图 4.17）

表 4.3 华北北缘赋煤构造亚区主要控煤构造样式

赋煤构造亚区	赋煤构造带	主要控煤构造样式
华北北缘赋煤构造亚区	阴山－燕山褶皱－逆冲赋煤构造带	逆冲叠瓦构造
	辽西逆冲－断陷赋煤构造带	逆冲褶皱构造
	辽东－吉南逆冲－拗陷赋煤构造带	逆冲叠瓦构造

（一）阴山－燕山褶皱－逆冲赋煤构造带

　　阴山－燕山褶皱－逆冲赋煤构造带沿阴山南麓至燕山展布，构造线方向自西向东由近东西向偏转为北东向。西部阴山段的逆冲推覆构造格局被新生代河套断陷破坏，煤系呈块段零星保存，自西向东有昂根、营盘湾－固阳、大青山等煤田，以大青山煤田研究程度较高。

　　大青山煤田位于阴山造山带大青山复背斜南翼，呈东西向条带状展布，含煤层位为石炭系—二叠系和下中侏罗统栓马桩群。大青山含煤块段被夹持于对冲组合的临河－集宁断裂带和乌拉特前旗－呼和浩特断裂带之间，主体构造格架为受南、北逆冲断层控制的复向斜及其走向逆冲断层（图 4.19）。煤田南部石炭系—二叠系分布区断层密度较大，逆冲断层多倾向南，并伴有轴向南倾的倒转向斜构造；北部逆冲断层多倾向北，呈对冲构造组合。卷入逆冲系统的最新地层为上侏罗统大青山组，表明逆冲断裂最终定型于晚侏罗世之后，反映了华北北部板缘造山带的长期活动性。

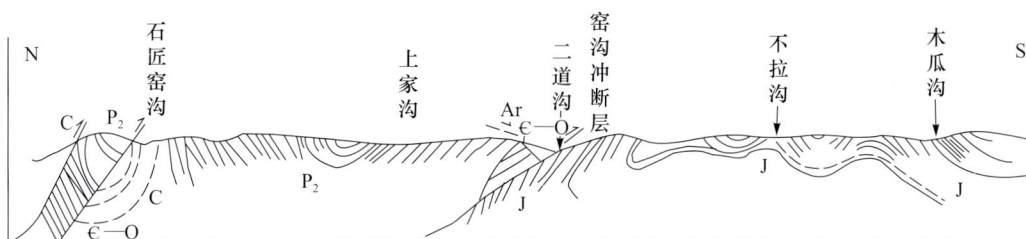

图 4.19　大青山煤田逆冲推覆构造示意图

（二）辽西逆冲 – 断陷赋煤构造带

辽西逆冲 – 断陷赋煤构造带位于郯庐断裂带北北东向构造和"内蒙地轴"近东西向构造的叠合部位，现今构造线方向为北东向。该带中生代以来构造体制发生转化，在太平洋动力学体系控制下，形成挤压隆起背景下的侏罗纪—早白垩世断陷盆地（杜旭东等，1999），其中下侏罗统和上侏罗统—下白垩统含煤。盆内中生代煤系地层构造变形一般表现为轴面北西倾的斜歪褶皱，西北部盆地内甚至出现倒转褶皱（毛节华等，1999）。

（三）辽东 – 吉南逆冲 – 拗陷赋煤构造带

辽东 – 吉南逆冲 – 拗陷赋构造煤带东起鸭绿江，西北至郯庐断裂及其分支抚密断裂，基本构造形态为两隆（北部铁岭 – 靖宇隆起和南部营口 – 宽甸隆起）夹一拗（太子河 – 浑江拗陷），包括吉林南部杉松岗煤田、浑江煤田和辽东太子河流域煤田三个主要含煤区块，含煤岩系主要有石炭系—二叠系和侏罗系。煤系变形构造样式以逆冲推覆构造为主，可分为盖层推覆构造（图 4.20）和基底推覆构造（图 4.21）两类（毛节华等，1999）。从地球动力学背景分析，中生代早期在南北板块碰撞所产生的挤压应力场作用下，该带早期近东西向隆起拗陷得到加强，并形成近东西走向的盖层叠瓦断层和由隆起向拗陷内推覆的基底逆冲推覆构造，中侏罗世之后，太平洋地球动力学体系影响占据主导地位，在北西—南东向挤压应力场作用下及其郯庐断裂左行活动的影响，早期近东西向构造受到改造，向北东向偏转，基底推覆构造在燕山晚期再次活动。

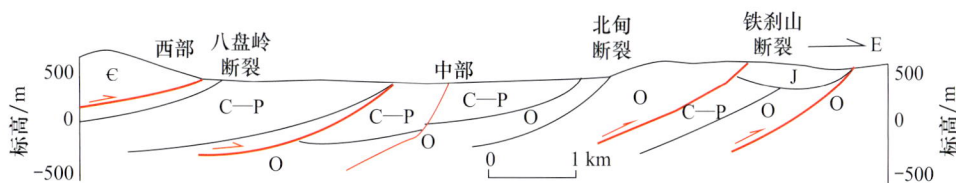

图 4.20　太子河区田师傅地质剖面

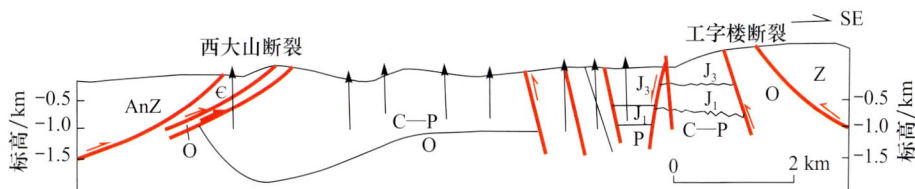

图 4.21　太子河区蔡屯 – 河东地质剖面

二、鄂尔多斯盆地赋煤构造亚区

鄂尔多斯盆地赋煤构造亚区位于华北赋煤构造区西部，为华北赋煤构造区内煤系变形最为稳定的地区，包括鄂尔多斯盆地西缘褶皱－逆冲赋煤构造带、鄂尔多斯盆地东缘挠曲赋煤构造带、伊盟隆起赋煤构造带、天环拗陷赋煤构造带、陕北单斜赋煤构造带和渭北断隆赋煤构造带共六个赋煤构造带（图4.22）。该构造亚区明显的构造变形局限于鄂尔多斯盆地边缘，盆地内部变形微弱，主体构造格局呈走向南北、向西倾斜的大单斜（图4.23）。中生代，盆缘发育指向盆内的逆冲断层或逆冲推覆构造（表4.4），使晚古生代煤系遭受变形、抬升，挤压变形向盆内迅速减弱，盆内主体部分的侏罗纪煤系保持了连续、近水平的原始产状。新生代，盆缘挤压构造带被伸展构造体系改造，构成断陷盆地与边缘隆起相邻排列的构造地貌格局（邓起东等，1999）。

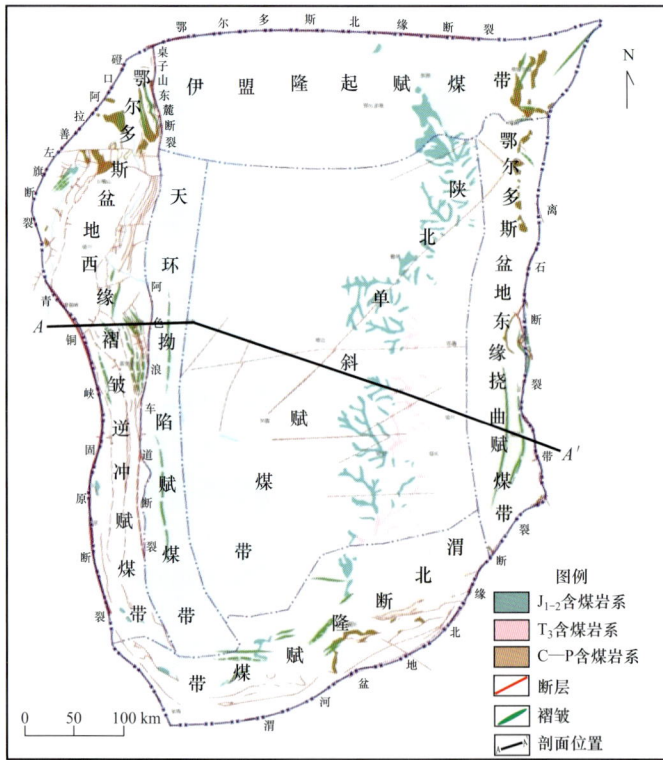

图4.22　鄂尔多斯盆地赋煤构造亚区赋煤构造单元划分及构造纲要简图

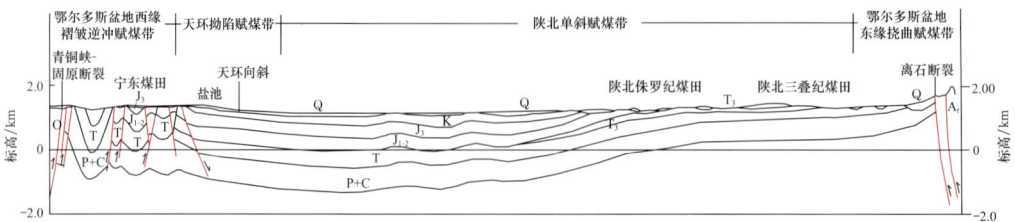

图4.23　鄂尔多斯盆地近东西向 A–A' 构造剖面图（剖面位置见图4.22）

表 4.4　鄂尔多斯盆地赋煤构造亚区主要控煤构造样式

赋煤构造亚区	赋煤构造带	主要控煤构造样式
鄂尔多斯盆地赋煤构造亚区	鄂尔多斯盆地西缘褶皱－逆冲赋煤构造带	逆冲推覆
	鄂尔多斯盆地东缘挠曲赋煤构造带	逆冲褶皱构造
	伊盟隆起赋煤构造带	单斜断块
	天环拗陷赋煤构造带	褶皱拗陷
	陕北单斜赋煤构造带	地堑构造
	渭北断隆赋煤构造带	堑垒构造

（一）鄂尔多斯盆地西缘褶皱－逆冲赋煤构造带

1. 基本特征

鄂尔多斯盆地西缘褶皱－逆冲赋煤构造带西侧分别以磴口－阿拉善左旗断裂和青铜峡－固原断裂与阿拉善地块和祁连加里东褶皱带毗邻，东以桌子山东麓断裂、阿色浪－车道断裂与鄂尔多斯盆地本部相接，南北长约 650km，东西宽 30～120km。该带由 10 余条近南北向延伸的大型逆冲断裂、数条同向大型正断层及一些近东西走向的大型平移断层组成构造骨架，基本构造形态为总体由东向西扩展的逆冲断裂组合（图 4.24）。桌子山煤田、贺兰山煤田、宁东煤田、宁南煤田、陇东煤田等均位于构造带中。褶皱逆冲作用使鄂尔多斯盆地西缘石炭纪—二叠纪和侏罗纪两套煤系遭受强烈改造，失去原始的连续性和完整性，被割成许多大小不等、形状各异的块段，增加了煤炭资源开发的难度。

鄂尔多斯盆地西缘南北向褶皱逆冲带在构造形态方面的分段差异性已经引起许多学者注意，并已认识到该褶皱逆冲带是由成因机制不同、构造样式不同的南、北两套不同的构造系统组合而成（汤锡元等，1988；张进等，2000）。北段为贺兰山逆冲推覆构造系统，构造线方向呈南北—北北东走向，与华北地块与阿拉善地块之间的磴口－阿拉善左旗断裂近于平行。南段为六盘山东麓逆冲推覆构造系统，构造线方向总体上呈拉长的反 S 形，南端在平凉—宝鸡一带向南东偏转与华北含煤盆地区南缘逆冲推覆带相连，北端在青铜峡附近向北西方向偏转呈向北东凸出的弧形，与东祁连褶皱带六盘山弧形逆冲推覆构造带平行。南、北段两套构造系统在青铜峡—吴忠一线交汇，在含煤区内，两套构造线是逐渐过渡的（曹代勇等，2015）。

2. 北段

贺兰山逆冲推覆系统中的前寒武变质岩系已经卷入变形，属于基底卷入厚皮构造（张进等，2000），地层收缩量约为 15km（杨俊杰等，1990）。贺兰山逆冲推覆构造带总体呈北北东展布，向东扩展，多数逆冲断层西倾东冲，但倾角和倾向变化较大。在桌子山西麓可见小松山逆冲断层呈舒缓状向东推覆，形成由下古生界灰岩构成的推覆体，而银川地堑以东横山堡段则发育一组东倾西冲的反冲断层。构造演化史分析表明，贺兰山逆冲推覆系统主体形成于燕山期，阿拉善地块向东推挤，贺兰拗拉槽内巨厚的中元古界—中生界发生褶皱隆起，并使变质基地亦不同程度卷入，形成总体向东扩展的逆冲断裂系统，变形强度以贺兰山一带最大，发育较密集的西倾叠瓦逆冲断层和后部东倾的反

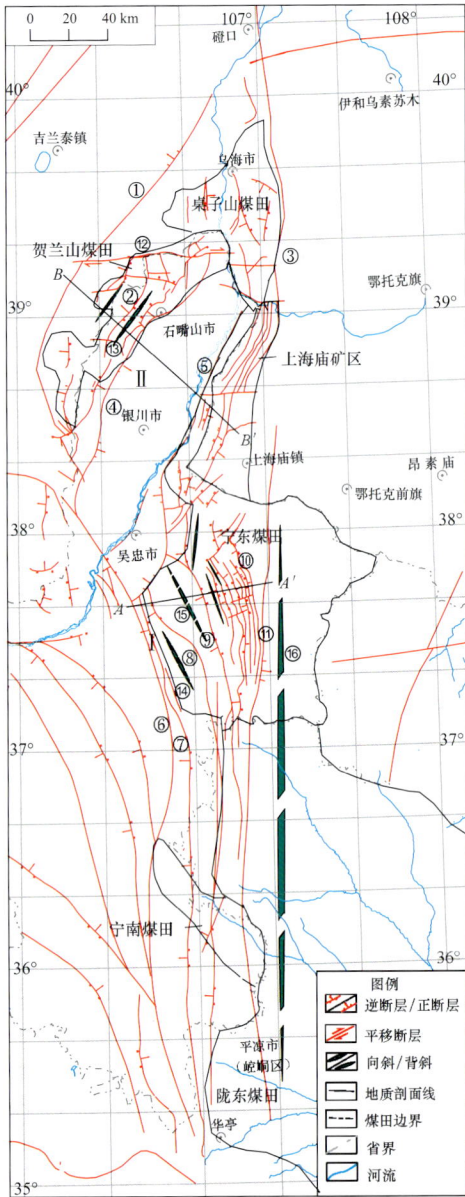

图 4.24 鄂尔多斯盆地西缘构造纲要图

I.六盘山东麓逆冲推覆构造系统；II.贺兰山逆冲推覆构造系统；① 磴口–阿拉善左旗断裂；② 小松山断裂；③ 桌子山东麓断裂；④ 贺兰山东麓断裂；⑤ 黄河断裂；⑥ 青铜峡–固原断裂；⑦ 韦州–安国断裂；⑧ 青龙山–平凉断裂；⑨ 惠安堡–沙井子断裂；⑩ 马柳断裂；⑪ 车道–阿色浪断裂；⑫ 正义关断裂；⑬ 汝淇沟向斜；⑭ 韦州向斜；⑮ 石沟驿向斜；⑯ 天环拗陷

冲断层。逆冲系统向东扩展，受鄂尔多斯地块阻挡，在陶乐—横山堡一线形成反冲断裂带［图 4.25（a）］。新生代喜马拉雅期，该逆冲断裂系统发生强烈构造负反转，在贺兰拗拉槽基础上发育充填数千米新生界的银川地堑，贺兰山逆冲推覆构造带的锋带遭到破坏，仅陶乐–横山堡反冲带得以保留；同时，磴口–阿拉善左旗正断层的发育也使逆推覆系统的根带与中带分离［图 4.25（b）］。因此，与南段六盘山东麓逆冲推覆构造系统完整的分带特征不同，贺兰山逆冲推覆系统现今构造格局更为复杂，逆冲断层系的后期改造显著，中带（宁夏贺兰山煤田）和外缘反冲带（内蒙古自治区桌子山煤田和宁夏回族自治区宁东煤田北段）保存较完整，构成鄂尔多斯盆地西缘北段含煤区。

3. 南段

六盘山东麓逆冲推覆构造总体表现为由西向东扩展的逆冲断裂系统，以盖层逆冲叠瓦组合为特征，古生界地层冲到中生界地层之上，属于薄皮构造（张进等，2000）。组成逆冲叠瓦系的几条大型走向逆冲断裂自西向东分别为：青铜峡–固原断裂、韦州–安国断裂、青龙山–平凉断裂、惠安堡–沙井子断裂、马柳断裂，马柳断裂以东逆冲断裂系统被北东倾的车道–阿色浪正断层破坏（图 4.26）。六盘山东麓逆冲系统沿扩展方向的分带特征明显，韦州–安国断裂以西为根带，下古生界大面积分布，主要构造样式为逆冲叠瓦扇组合。韦州–安国断裂与惠安堡–沙井子断裂之间为中带，以较开阔的韦州向斜和石沟驿向斜及其二者之间的青龙山–平凉逆冲断裂为主体构造格架。惠安堡–沙井子断裂与马柳断裂之间是逆冲系统的锋带，构造变形强度明显加大，主要构造样式为逆冲断层和较紧闭的斜歪褶皱组合，

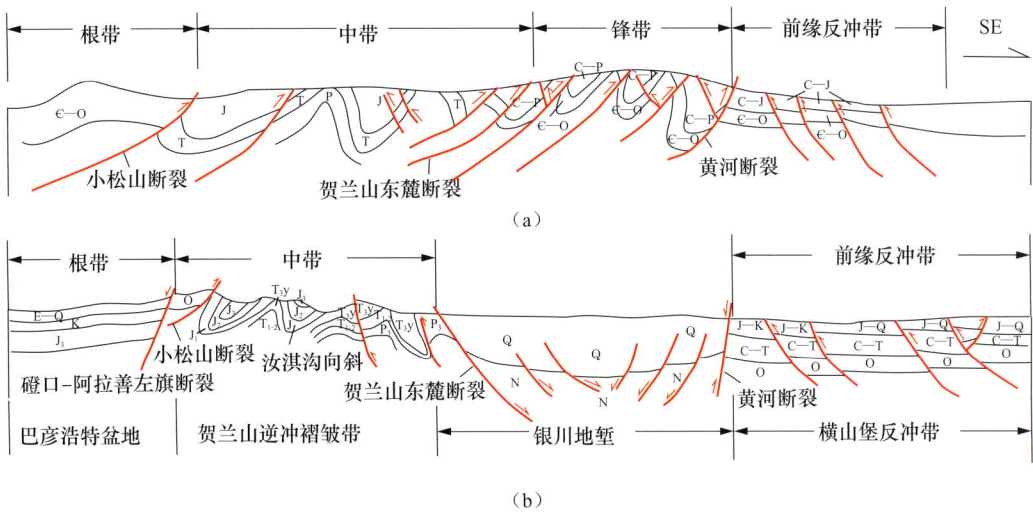

图 4.25 贺兰山－横山堡地区构造剖面示意图（剖面位置见图 4.24，B–B′）

（a）燕山期剖面；（b）现今剖面

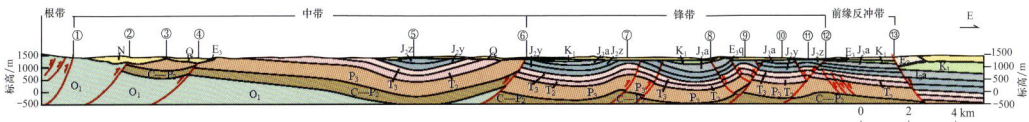

图 4.26 韦州－马家滩段剖面图（剖面位置见图 4.24，A–A′）

① 青铜峡－固原断裂；② 韦州－安国断裂；③ 韦州向斜；④ 青龙山－平凉断裂；⑤ 石沟驿向斜；
⑥ 惠安堡－沙井子断裂；⑦ 积家井背斜；⑧ 于家梁断层；⑨ 周家沟－于家梁背斜；⑩ 长梁山－
马家滩向斜；⑪ 鸳鸯湖－冯记沟背斜；⑫ 马柳断层；⑬ 车道－阿色浪断裂

褶皱不完整，具有断层相关褶皱性质。地震剖面揭露，前锋逆冲断层－马柳断裂以东，深部发育少量东倾西冲的逆冲断层，构成逆冲系统的前缘反冲带。鄂尔多斯盆地西缘含煤区主要为六盘山东麓逆冲体系的中带和前锋带，变形强度由西向东增强，逆冲断层面主要西倾，逐次向东逆冲，该段总收缩量可达 40km，收缩比为 43%，重叠率达 76%（汤锡元等，1988）。主干逆冲断层构成三个逆冲席，自西向东依次为韦州逆冲席、石沟驿逆冲席和烟墩山逆冲席，含煤岩系呈向斜和逆冲断块形式保存在逆冲席内。

（二）鄂尔多斯盆地东缘挠曲赋煤构造带

鄂尔多斯盆地东缘挠曲赋煤构造带东侧与山西地块相邻，西侧大体以黄河为界，与陕北单斜呈过渡关系，其间没有明显的界线。该带由离石大断裂和大同鹅毛口等北东向斜列展布的逆冲推覆构造共同组成，呈北东或近南北向展布，平面上为雁列组合。大同鹅毛口等逆冲推覆构造由南东向北西推覆，地层褶皱强烈。离石断裂带正断层和逆断层共存，自南而北断续发育，倾向或东或西，倾角一般较陡。陕北石炭纪—二叠纪煤田及河东煤田发育于此带中（图 4.27）。

赋煤构造带北段自保德向南经兴县、临县到柳林之北，南北长约 200km，地表构造

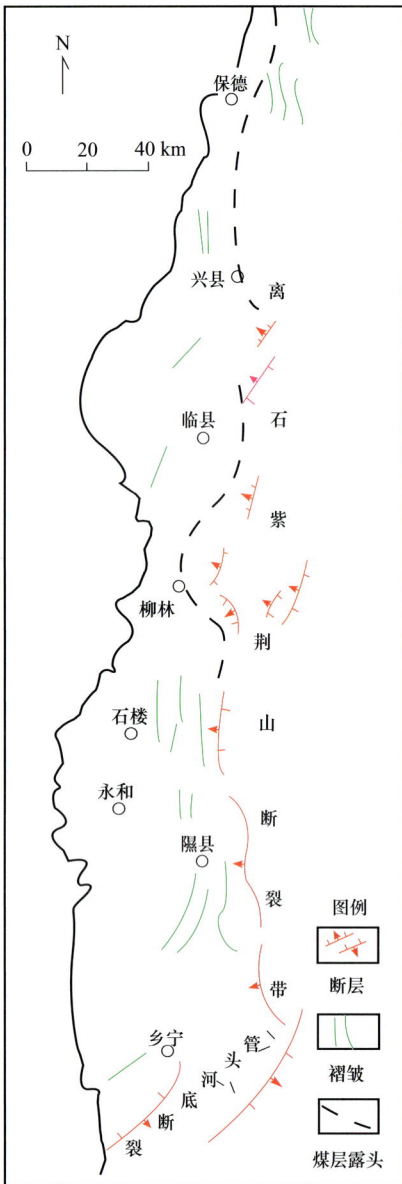

图 4.27　河东煤田构造纲要图

以平缓开阔的小型背斜为主。这些背斜虽有向东或向西偏转及呈 S 形弯曲趋势，但总体仍为南北走向。此外还有为数不多的南北向正断层和逆断层发育，断面倾角 70°～85°，断距数十米。赋煤构造带南段自柳林南经石楼、大宁至乡宁，除短轴背斜外，亦有现状褶曲发育，此外发育与褶皱方向相同的正断层和逆断层，断面倾角为 70°～80°，断距数十米至数百米不等。柳林东西向构造带位于鄂尔多斯盆地东缘挠曲赋煤构造带中部，地表构造由东西走向的小型断裂和短轴褶曲构成。断裂为正断层，长数千米，断面倾向或南或北（张泓等，2005）。

（三）伊盟隆起赋煤构造带

伊盟隆起赋煤构造带位于河套断陷之南，西界是桌子山东麓断裂，东面是呼和浩特－清水河断裂，南面经正谊关－偏关断裂与天环拗陷、陕北单斜和鄂尔多斯盆地东缘挠曲赋煤构造带呈过渡关系。发育该带的主要煤田有东胜煤田、准格尔煤田及长不素梁预测区、沙坪梁预测区、司家山预测区。

褶皱主要见于东胜—准格尔一带，均为短轴背斜，卷入的地层为三叠系和侏罗系。百眼井、杭锦旗一带的下白垩统中有几个短轴背斜、鼻状背斜和箕状向斜。地面断裂构造极不发育，除达拉特旗高头窑、罕台川附近有逆冲断层及与之相伴的不对称背斜、倒转向斜外，西部桌子山东麓附近有小型逆冲断层，其他地区只有方向性极差的小型正断层。

东胜煤田的基本构造形态表现为一简单的单斜构造（图 4.28），是石炭纪—二叠纪、侏罗纪构成的双纪煤田。全区含煤层产状平缓，近于水平，一般倾角小于 3°。煤田内断层不发育，发现的 20 余条断层在区内稀疏分布，均为张性正断层，走向多为北东—南西向，断距一般小于 20m，走向延伸 2～5km。仅发育宽缓的波状起伏，一般波高小于 20m，波长大于 500m。

准格尔煤田位于东胜煤田东部，是石炭纪—二叠纪煤田。煤田断裂构造不发育，仅见到几条稀疏的张性断层，主要有龙王沟正断层、焦稍沟正断层、田家石畔正断层。煤田中东部发育有轴向呈北北东的短轴背向斜，如窑沟背斜、东沟向斜、西黄家梁背斜、焦家圪卜向斜、贾巴壕背斜。南部有走向近东西的老赵山梁背斜、双枣子向斜，轴向呈北西西的田家石畔背斜、沙沟背斜、沙沟向斜，走向近南北的罐子沟向斜。

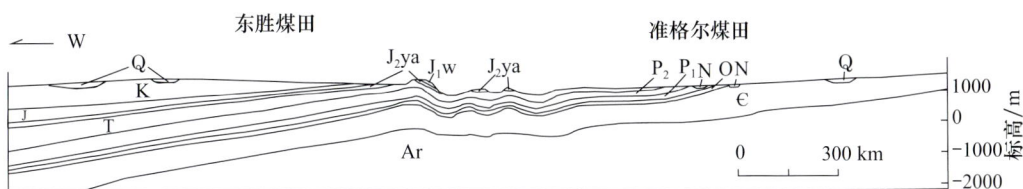

图 4.28　伊盟隆起赋煤构造带构造剖面图

（四）天环拗陷赋煤构造带

天环向斜的西翼为天环拗陷，东翼为陕北单斜。该不对称向斜西翼窄陡，宽约为20km，并被西侧的逆冲断裂截切。天环向斜总体走向为南北向，某些段落可能呈左行雁列。鄂尔多斯西缘褶皱－逆冲带在中生代的向东推挤活动，在前缘形成前缘拗陷，其中三叠系、侏罗系、白垩系厚度不仅大于陕北斜坡，而且有三叠系、上侏罗统和下白垩统三套向东逐渐变薄、尖灭的磨拉石建造，从而表明，天环拗陷是一个中生代形成的拗陷。

宁东煤田和陇东煤田（图 4.29）的一部分发育于天环拗陷赋煤构造带中。天环拗陷内除南部镇原之北有无煤区以外，其余地区石炭纪、二叠纪煤系及侏罗纪煤系均有赋存。石炭纪—二叠纪煤系埋深均超过 3000m，侏罗纪煤系在束亥图、盐池和红井子三个

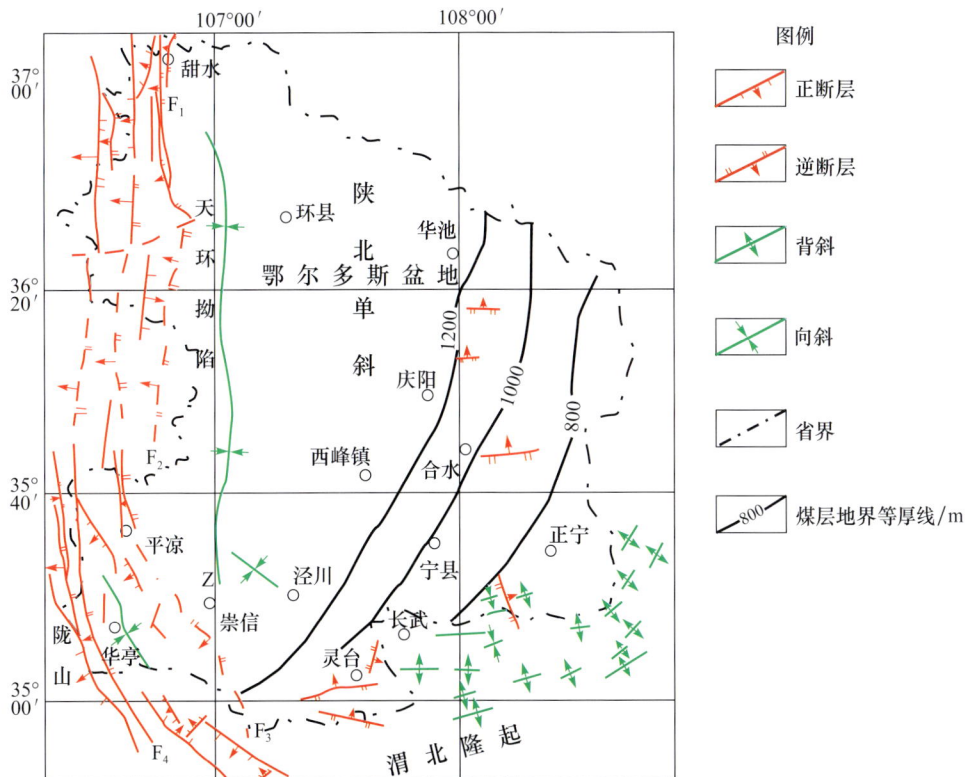

图 4.29　陇东煤田构造纲要图

F₁. 鲁家庄逆断层；F₂. 沙井子逆断层；F₃. 青龙山－平凉逆断层；F₄. 韦洲－古城逆断层；Z. 天环向斜

131

向斜轴部的埋深亦已超过 2000m（王双明等，1996）。

（五）陕北单斜赋煤构造带

陕北单斜赋煤构造带是位于伊盟隆起之南，鄂尔多斯盆地东缘挠曲赋煤构造带越过黄河向西缓斜的大单斜构造，三叠系、侏罗系、白垩系自东而西依次排列，岩层倾角一般小于 1°。带内除零星分布的短轴背斜、鼻状构造外，有少量不明显的挠曲，这些褶曲构造范围局限，幅度一般为十几米至 50m，断裂构造少见（图 4.30）。陕北侏罗纪煤田、陕北三叠纪煤田均位于该构造带中。

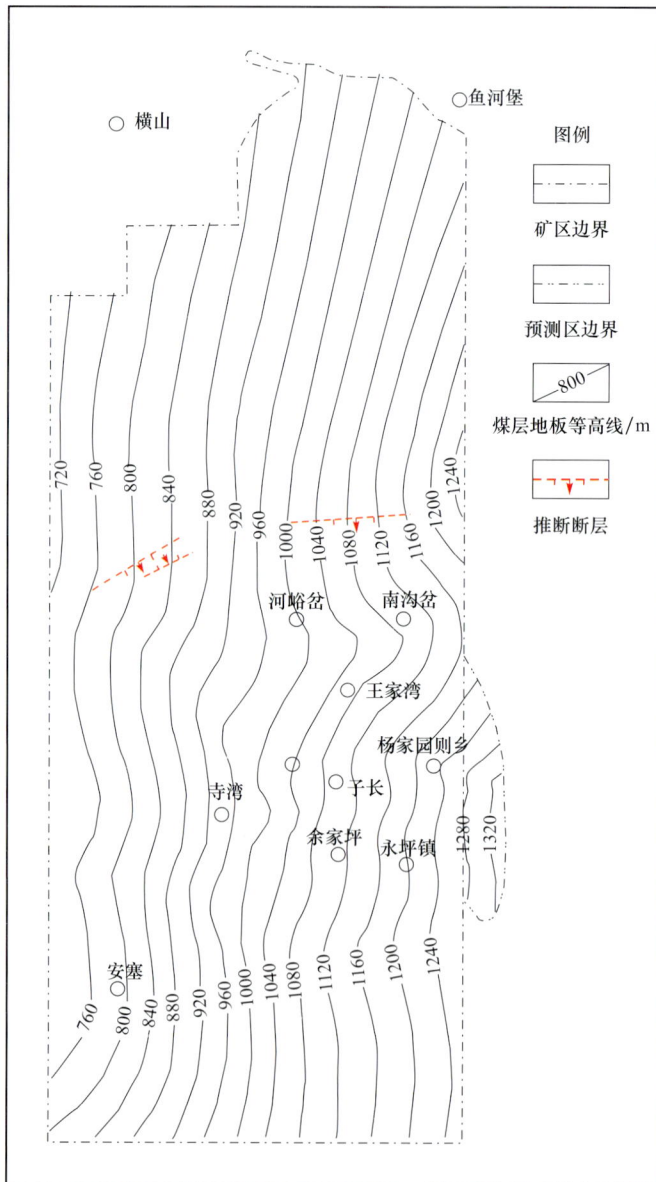

图 4.30　陕北三叠系煤田构造示意图

（六）渭北断隆赋煤构造带

渭北断隆赋煤构造带南以渭河断陷北缘断裂为界，北与天环拗陷、陕北单斜相邻，大致在龙门—长武南—黄陵—黄龙一线，西与鄂尔多斯盆地西缘褶皱逆冲带相接，东以黄河为界。渭北断隆赋煤构造带总体上呈南翘北倾状态势，组成地层有太古界涑水群、元古界、寒武系、奥陶系、石炭系、二叠系、三叠系、侏罗系和白垩系下统等，第四系广泛覆盖于其上。各时代地层的出露自南东向北西依次变新。构造线方向在西部为东西向，向东逐渐转折为北东向。

按地层分布和构造特点，以麟游—金锁关—黄龙一线为界划分出两个次级构造单元，北侧为彬县–黄陵拗褶带，南侧为铜川–韩城褶断带。黄陇侏罗纪煤田主要分布于彬县–黄陵拗褶带，总体构造形态为中生界构成的向北西缓倾的大型单斜构造。渭北石炭纪—二叠纪煤田分布于铜川–韩城断褶带，区内褶皱和断裂均较发育，断裂尤为突出。

三、山西块拗赋煤构造亚区

山西块拗赋煤构造亚区（图 4.31）位于华北赋煤构造区中部，西以离石断裂带与鄂尔多斯盆地赋煤构造亚区相临，东以晋获断裂带与华北东部赋煤构造亚区相接，煤系变

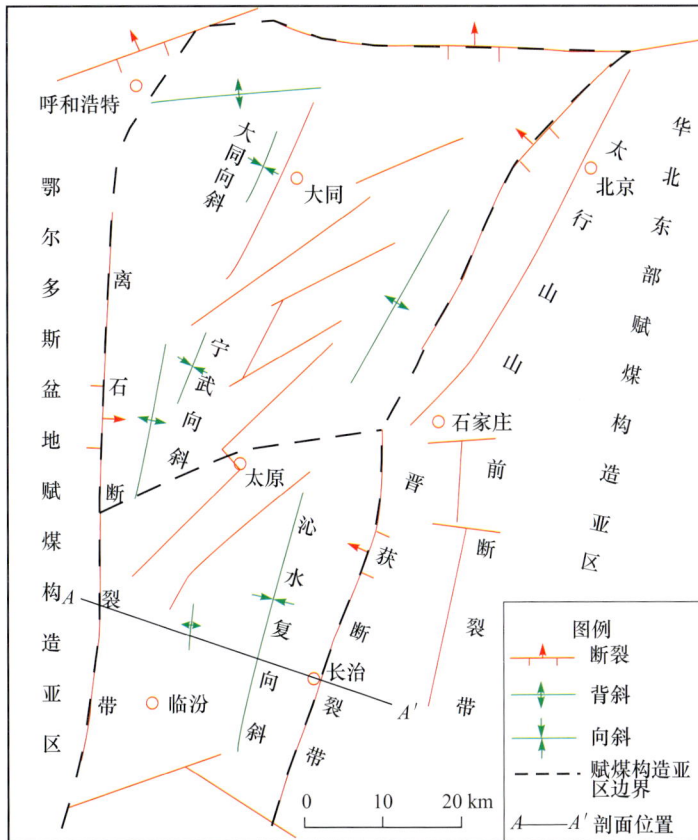

图 4.31　山西块拗赋煤构造亚区构造格局示意图

形以介于两亚区之间的过渡性为特征。以38°枢纽构造带将该亚区分为晋北断陷赋煤构造带和晋南断拗赋煤构造带两部分。

晋北断陷赋煤构造带中生代以来大幅度抬升，五台山、阜平隆起区变质基底大面积出露，石炭纪—二叠纪煤系和侏罗纪煤系保存在北北东向的大同断陷盆地、宁武断陷盆地中（表4.5）。晋南断拗赋煤构造带相对隆起幅度较小，主体构造格架为北北东向的沁水复向斜，石炭纪—二叠纪煤系连续（图4.32）。

表4.5　山西块拗赋煤构造亚区主要控煤构造样式

赋煤构造亚区	赋煤构造带	主要控煤构造样式
山西块拗赋煤构造亚区	晋北断陷赋煤构造带	逆冲叠瓦构造
	晋南断拗赋煤构造带	堑垒构造

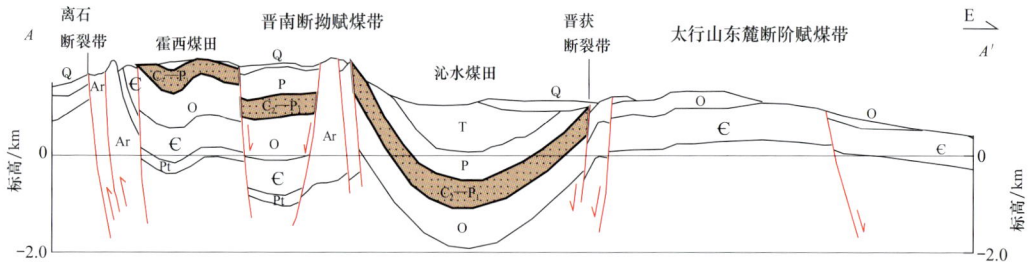

图4.32　晋南断拗赋煤构造带 A–A′ 构造剖面图（剖面位置见图4.31）

（一）晋北断陷赋煤构造带

晋北断陷煤系地层主要分布在大同向斜和宁武向斜内。大同煤田东北以青磁窑断裂为界，东南为口泉断裂，南以洪涛山背斜与宁武煤田相隔，西为西石山背斜，主体形态为一北北东向复式向斜构造，西北翼宽缓，东南翼盆缘断层较多，构造较复杂。大同煤田石炭纪—二叠纪与早中侏罗世煤系共存，为双纪煤田（图4.33）。

宁武向斜主要发育晚古生代及中生代含煤地层，盆内煤系构造形态为轴向北北东，向北东突出的弧形复向斜。东西走向的担水沟断裂以北为平朔矿区，石炭纪—二叠纪地层略呈波状起伏，除盆地边缘个别地段煤层倾角略大外，其他地段与盆内倾角一般都在10°以下，断层稀少（图4.34）。

（二）晋南断拗赋煤构造带

晋南断拗赋煤构造带西部为离石－紫荆山断裂带，东部为晋获断裂带，南部为横河断裂，北部以38°枢纽构造带与晋北断陷赋煤构造带相隔。该带主要包括霍西煤田、沁水煤田、西山煤田，主体部分为沁水构造盆地。

1. 沁水构造盆地特征

沁水盆地是华北晚古生代拗陷的一部分，经历中、新生代构造改造，呈宽缓向斜构造，主体为一北北东向展布的大型宽阔复式向斜，是一个被周缘断裂所围限的矩形断

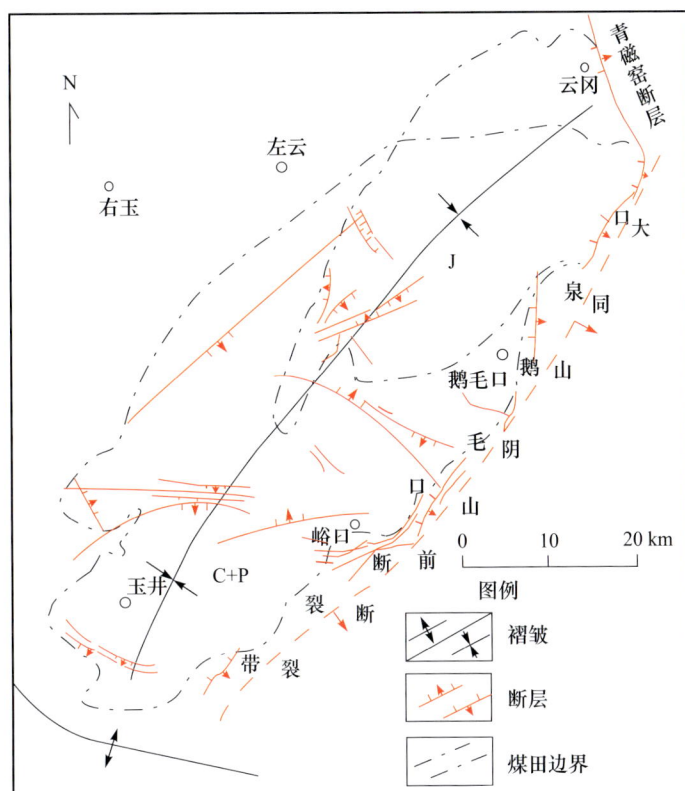

图 4.33　大同煤田构造纲要示意图

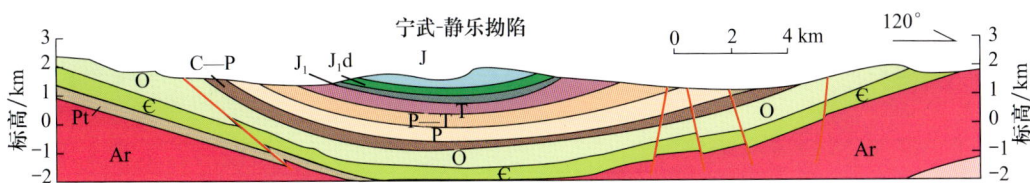

图 4.34　宁武向斜煤盆地构造剖面

块。其东侧以晋获断裂带与太行山块隆相接，西北部为晋中新裂陷所改造，使太原西山矿区与煤田主体分离（曹代勇等，1996）。西南部的霍山隆起带，总体走向为近南北向，中生代为东向西逆冲的逆冲推覆构造，东盘变质基底逆冲于下古生界之上；新生代发生西降东升的构造反转，东盘霍山强烈上升，太古宇变质基底大面积出露。北侧的柳林－盂县东西向构造带，在晚古生代表现为水下隆起，控制了成煤期古地理环境；中生代晚期继承性褶断隆起，构成沁水煤田的北部边界。南侧的横河断裂带走向近东西，南盘的长城系、寒武系地层逆掩于北盘的奥陶系地层之上，下盘岩层往往产生强烈的牵引现象乃至褶皱倒转。

　　沁水盆地内北部构造较复杂，南部则相对简单，次级褶皱走向多为北北东向和近南北向，断裂较为发育。走向北北东向的褶皱在盆地东部相对较多，规模大小不等，常呈背斜、向斜相间发育。走向近南北向的褶皱在盆地西南部发育，密集排列。盆地西北部发育大量北东—北东东向高角度正断层，且分布密集，走向基本平行，倾向相向或相反，组成各种堑垒构造，切割煤层露头，其主导控煤构造是相同样式的小型堑垒（图 4.35）。

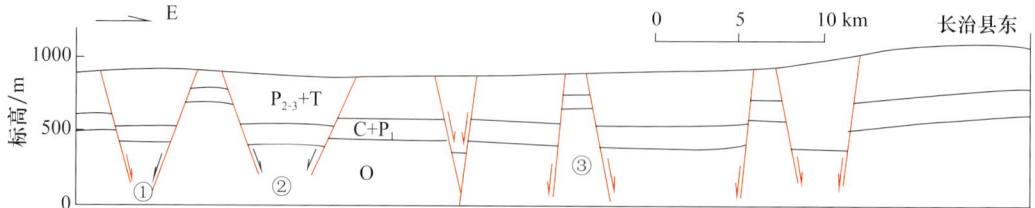

图 4.35　沁水煤田潞安矿区内部堑垒构造剖面

① 西川正断层；② 文王山地垒；③ 二岗山地垒

2. 沁水构造盆地沉降史分析

盆地中北部的沉降史曲线如图 4.36 所示（刘亢等，2013），大致可分为五个阶段（图中以垂向虚线隔开），反映自晚古生代以来，煤田构造演化经历了三期沉降和两期抬升：①段为晚石炭世至中二叠世，曲线下降，斜率小，代表晚古生代成煤期的缓慢沉降，本溪组、太原组和山西组含煤地层持续发育。②段为晚二叠世至晚三叠世，曲线下降，斜率较大。由于印支运动使华北、华南和西伯利亚古板块对接拼贴，但对板内影响不大，研究区以继承性沉降为特点，使含煤地层埋藏深度不断增加，演化为稳定的早中生代（三叠纪）大型沉积盆地，晚三叠世沉降速率减缓。③段为侏罗纪—白垩纪，曲线上升，由于燕山运动，研究区与整个华北地区相似，于侏罗纪全隆

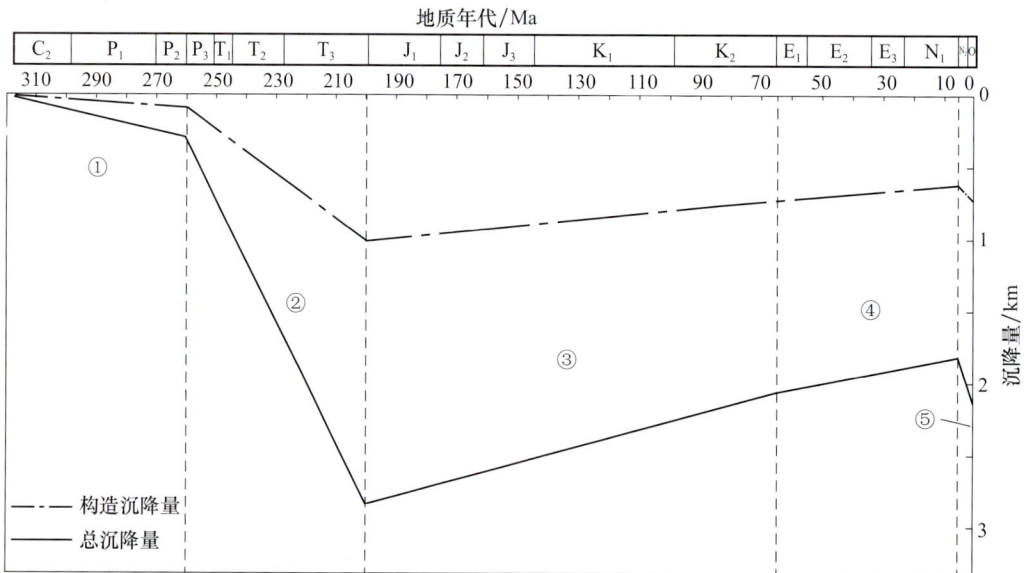

图 4.36　沁水盆地中部沉降曲线综合模式图

起遭受剥蚀，改造了含煤地层的赋存状况。研究区在早侏罗世经历了一次短暂的抬升，于中侏罗世小幅沉降，之后于晚侏罗世发生了较大规模的区域隆升和构造变形。研究区区域差异性隆升，普遍缺失侏罗系和白垩系，仅在本区西北部有少量中侏罗世地层出露。此期间受东部太行山隆起晋获断裂带的影响，研究区东部地层抬升剥蚀幅度大于1000m。④段为曲线上升，进入新生代，受中国东部大规模走滑伸展、喜马拉雅碰撞造山和青藏高原隆升的影响，沁水盆地整体表现为抬升改造。⑤段为曲线下降，研究区经历抬升剥蚀后，于新近纪和第四纪再次小幅度沉降，现今煤田构造格局和煤系赋存状况最终定型。

四、华北东部赋煤构造亚区

华北东部赋煤构造亚区包括晋获断裂带以东的太行山东麓断阶赋煤构造带、燕山南麓褶皱赋煤构造带、华北平原断陷赋煤构造带、鲁西断陷赋煤构造带、鲁中断隆赋煤构造带和胶北断陷赋煤构造带六个赋煤构造带（图4.37）。该赋煤构造亚区的特征是自中

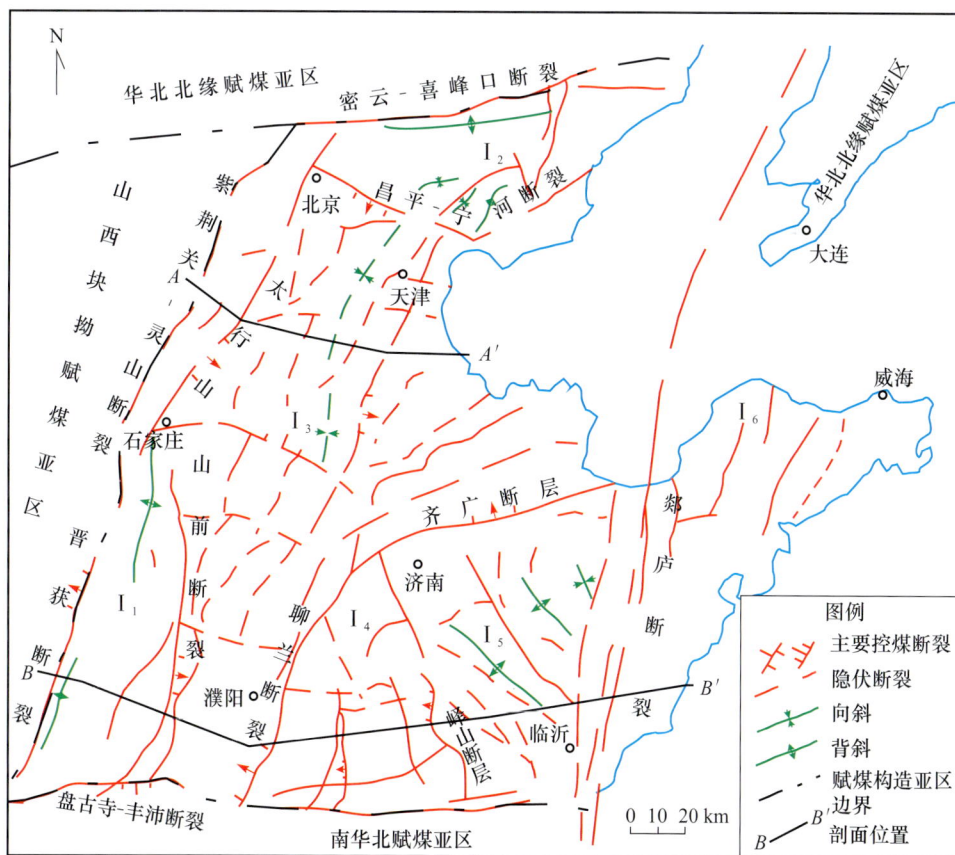

图4.37 华北东部赋煤构造亚区赋煤构造单元划分及构造格局简图

I₁.太行山东麓断阶赋煤构造带；I₂.燕山南麓褶皱赋煤构造带；I₃.华北平原断陷赋煤构造带；I₄.鲁西断陷赋煤构造带；I₅.鲁中断隆赋煤构造带；I₆.胶北断陷赋煤构造带

生代后期以来，受新太平洋地球动力学体系的控制，进入东亚大陆边缘裂解阶段，发生不同程度的构造反转，形成以阶梯状正断层、堑垒构造和箕状断陷盆地等构造样式为主的伸展构造组合（马杏垣等，1983），早期挤压构造样式被破坏殆尽，呈现较典型的盆岭构造格局（表4.6）。

表4.6 华北东部赋煤构造亚区主要控煤构造样式

赋煤构造亚区	赋煤构造带	主要控煤构造样式
华北东部赋煤构造亚区	太行山东麓断阶赋煤构造带	阶梯状构造
	燕山南麓褶皱赋煤构造带	纵弯褶皱
	华北平原断陷赋煤构造带	堑垒构造
	鲁西断陷赋煤构造带	堑垒构造
	鲁中断隆赋煤构造带	箕状构造
	胶北断陷赋煤构造带	单斜断块

（一）太行山东麓断阶赋煤构造带

太行山东麓断阶赋煤构造带西至煤系与奥陶纪灰岩接触线，东至太行山东缘山前断裂，石炭系—二叠系呈北东东向分布，自北而南有邯邢煤田、临城煤田、元氏煤田、井陉煤田、安鹤煤田、焦作煤田、济源煤田等重要煤田。该带以丘陵地形为主，出露地层有寒武系、奥陶系、石炭系、二叠系和下、中三叠统，但大部分地区为新近系掩盖。煤系埋深从西向东逐渐加大，在太行山东缘断裂东侧可达2000m以上。该区地层走向总体为近南北向，沿走向呈波状起伏延展，整体呈向东倾的单斜层，倾角为10°～25°，靠近断层局部变陡（图4.38）。

太行山东麓断阶赋煤构造带伸展构造体系发育在燕山期褶皱背景之上，是华北裂陷盆地一个组成部分。其主要特点是：①密集的北北东走向断层束组成阶梯式断块、地堑、地垒的复合构造型式；②断层密度大，但切割较浅；③伸展变形始发于白垩纪，在新生代早期达到高峰，包括古近纪断陷和新近纪拗陷；④伴随伸展发生强烈岩浆侵入和喷发。

以武安-邯郸剖面为例（图4.39），伸展构造同样由两个断裂系统组成，大体以F_6武安断层为界，西部为顺倾向下阶梯状断层系，东部为逆倾向上阶梯断层系，整体构成地堑系统。含煤区受地堑控制，分布在地堑东西两侧，西侧含煤区包括上泉、云驾岭、贺庄等矿区，构造为阶梯式单斜断块；东侧含煤区位于F_7（峰峰矿区称鼓山断层）与F_{10}之间。该区段地层产状平缓，埋深较浅，多呈水平断块或缓倾单斜或楔形地堑，相对西侧含煤区构造比较简单。

（二）燕山南麓褶皱赋煤构造带

燕山南麓褶皱赋煤构造带北以密云-喜峰口断裂与阴山-燕山褶皱逆冲赋煤构造带相邻，南以昌平-宁河断裂、昌黎断裂与华北平原断陷赋煤构造带相邻，包括三河煤田、蓟玉-车轴山煤田、开平煤田、柳江煤田、蔚县煤田、京西煤田、京东煤田等。该带整体特征为燕山期形成的北北东向隔挡式褶皱组合，断裂构造发育，煤系变形强度大。

京西煤田的西北边界为沿河城断裂（紫荆关断裂带的北分支断裂），东南边界为大灰厂断裂，北至镇边-牛栏山断裂，南至阜平隆起（图4.40）。京西煤田地处燕山褶皱带西南段与太行山构造带东北端阜平隆起交汇部位，区域构造线的叠加及中生代以来不同地球动力学系统的先后作用，造就了区内多期构造的运动图像，煤系构造变形较为复杂，中生代岩浆活动强烈，晚古生代和中生代煤系除斋堂地区有少量贫煤、瘦煤外，全区均为无烟煤，使其在中环带中具有较为独特的煤层变形-变质面貌。京西煤田主体构造煤田为北东走向至近东西走向的复式向斜及其与褶皱轴向平行的走向断层（图4.41）。主要褶皱包括髫髻山-百花山向斜、九龙山-香峪向斜、谷积山背斜和北岭向斜等，由于北北东向和近东西向区域构造线的叠加，褶皱多呈短轴状，向斜开阔、背斜紧闭多伴生逆冲断层。

京西煤田构造的一个典型特征是多层次、多期次、多类型的煤田滑脱构造普遍发育。构成滑脱构造滑面的软弱层主要是两套煤系中的碳质泥岩、黏土岩等，以及杨家屯煤系下部的本溪组和门头沟煤系下部的杏石口组等，门头沟煤系与上覆龙门组砾岩间亦往往构成滑脱面（王文杰和王信，1993）。京西煤田滑脱构造有两类：一类是燕山早期在区域性挤压隆起的基础上，沿层面或不整合面下滑形成的滑动构造，包括斋堂滑覆构造和庙安岭滑覆构造；另一类是燕山中晚期由区域性侧向挤压形成的逆冲推覆构造，如石门营-九龙山逆冲推覆构造。后者明显改造前者，使前者构造变形复杂化。

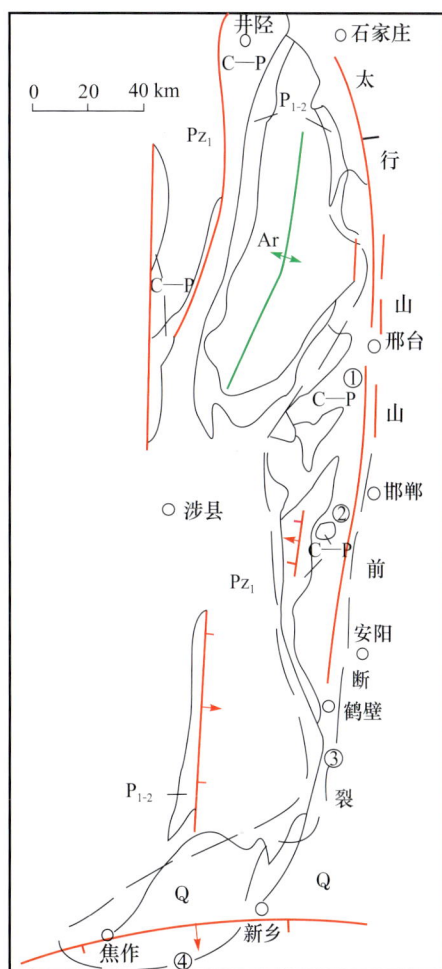

图4.38　太行山东麓赋煤构造带地质略面（据尚冠雄，1997，有简化）

①台矿区；②邯郸矿区；③安阳-鹤壁矿区；④焦作矿区

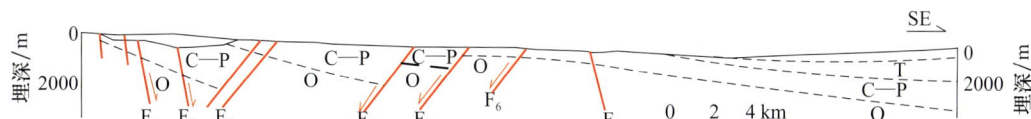

图4.39　太行山东麓煤田中段武安—邯郸地质剖面（据尚冠雄，1997，有简化）

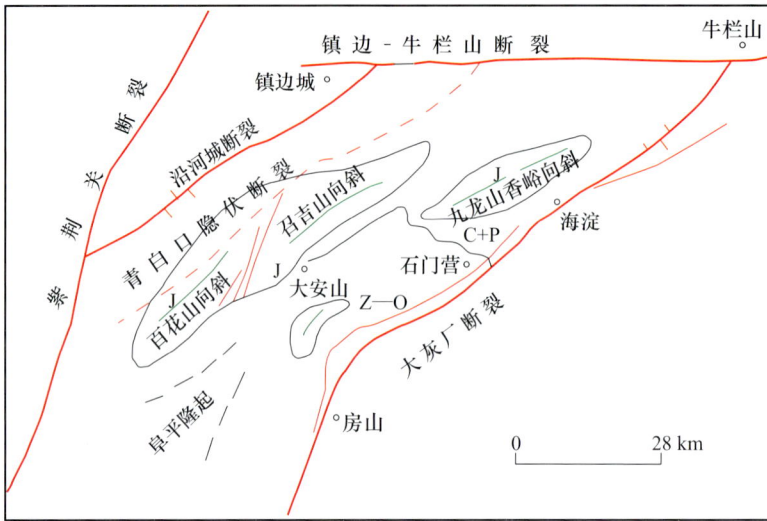

图 4.40　京西煤田构造简图

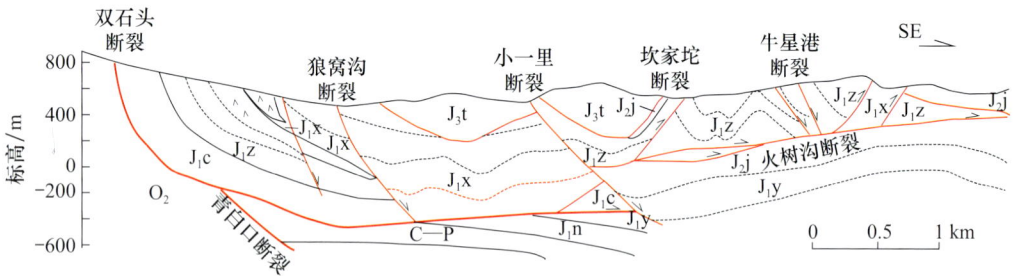

图 4.41　斋堂滑覆构造剖面图（据王文杰和王信，1993，有修改）

（三）华北平原断陷赋煤构造带

华北平原断陷赋煤构造带北以昌平－宁河断裂与燕山南麓赋煤构造带相邻，南以聊考断层、齐广断层与鲁西、鲁东赋煤构造带相邻，西以太行山山前断裂与太行山东麓赋煤构造带相邻（图 4.42），呈北东—南西向反 S 形展布，是叠加在古生代华北克拉通巨型拗陷之上的中、新生代界裂谷盆地。该带内主要发育有河北平原大型煤田及东濮找煤区。

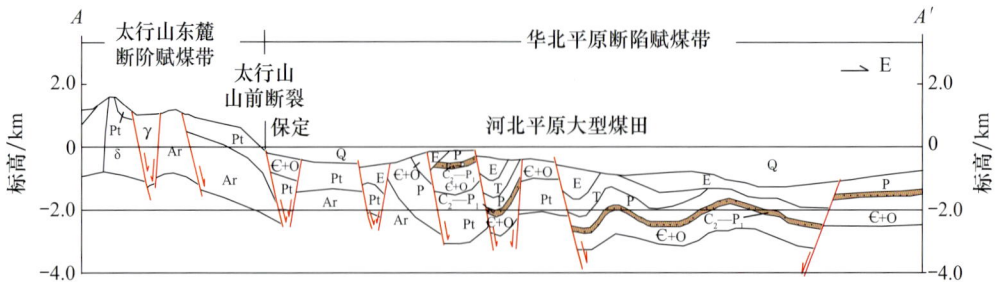

图 4.42　华北东部赋煤构造亚区北部东西向 A-A' 构造剖面（剖面位置见图 4.37）

石炭系—二叠系历经中新生代多期不同方向和规模的构造运动，尤其是新生代以来的伸展和差异升降，形成较典型的盆岭构造格局，由一些大型断裂划分成不同的构造单元，平面上呈右阶斜列的裂陷带与隆起带。新近纪以来的区域性沉降，形成统一的华北平原区，使煤系深埋达 1000m（隆起带上）至 10000m（深拗陷中），超过了当前井工开采的深度。

（四）鲁西断陷赋煤构造带

鲁西断陷赋煤构造带指峄山断层以西、聊考断层以东、韩台断层以北的鲁西地区，包括巨野煤田、曹县煤田、单县煤田、梁山煤田、阳谷 – 茌平煤田、宁阳 – 汶上煤田、兖州煤田、济宁煤田、金乡煤田、滕州煤田、陶枣煤田、官桥煤田、鄄城煤田。

鲁西地区是东西向及南北向两组正断层组成的井字型伸展滑脱构造系统，东西向的正断层除了向南滑落的金乡、凫山、沛县等断层外，还有局部反向的郓城、单县等断层，但它们总体还是由北向南拉伸滑脱的单剪式的伸展构造。鲁西断陷赋煤构造带以堑垒型控煤构造为特点，含煤岩系赋存于近东西向及近南北向两组断层组成的复式堑垒构造之内，一般呈片出现，面积较大，次一级宽缓褶曲比较发育，全部隐伏，盖层较厚。

鲁西断陷含煤岩系时代均属石炭纪—二叠纪。自北而南有汶泗、郓城、凫山及韩台（丰沛）断层组成中间为地垒、北部为地堑、南部为半地堑的"两堑一垒"构造；从西向东有聊考、田桥、巨野、嘉祥、孙氏店、峄山断层，组成中间及两边为地垒，中夹地堑的"三垒二堑"构造（图 4.43）。位于南北两侧的东西向地堑（汶宁凹陷和成武滕州凹陷）含煤岩系保存比较完整，构成汶上宁阳煤田及滕县煤田及鱼台、单县等地的含煤地区。位于中部的地垒含煤岩系保存不完整，只是在与南北向地堑构造叠加的地带，如济宁凹陷、巨野凹陷保存完好，形成济宁煤田及巨野煤田中部；在与南北向地垒构造叠加的地带如菏泽凸起、嘉祥凸起、兖州凸起含煤岩系大部遭到剥蚀，仅在背斜翼部、向斜轴部有所保存，如位于兖州凸起的兖州煤田（兖州复向斜西翼）和位于菏泽凸起的巨野煤田西部（巨野向斜西翼）。正向构造叠加区煤田范围小，煤层赋存较浅，如兖州煤田，大部分在 1000m 以内；负向构造叠加区煤田范围大，煤层埋藏深，如鱼台北部据地震资料推测可能达 5000m 左右。

（五）鲁中断隆赋煤构造带

鲁中断隆赋煤构造带东以郯庐断裂带为界，西以峄山断层与鲁西断陷赋煤构造带相隔（图 4.44），北以齐广断层与华北平原断陷赋煤构造带相邻，包含坊子煤田、昌邑五图煤田、临沂煤田、淄博煤田、章丘煤田、沂源煤田、肥城煤田、新汶煤田、黄河北煤田、莱芜煤田。该带以箕状断块型赋煤构造为基本特点（图 4.45），含煤块段呈单斜，形成箕状断块组合；根据地层倾向与断层倾向的关系，又可分为反向与同向倾斜断块两个亚型。

（1）反向倾斜断块组合。煤系赋存于断层上盘，其倾向与断层倾向相反，形成典型的箕状断块。含煤岩系一般呈条带状分布，断层倾角较陡，常达 60°～70° 或更大，煤层基本呈单斜状，靠近断层处赋存较深，向相反的方向变浅出露。鲁中各煤田大多属于该类型，如莱芜煤田、新汶煤田、莱芜煤田，石炭纪、二叠纪煤系走向长 30 余千米，宽 10 余千米，大致沿东西—北西方向呈带状分布，北侧泰山断层，倾向南，倾角大于60°；煤田以南出露泰山群、寒武系、奥陶系。含煤地层倾向北—北东，靠近泰山断层处煤层埋藏 −2000～−800m 以深。

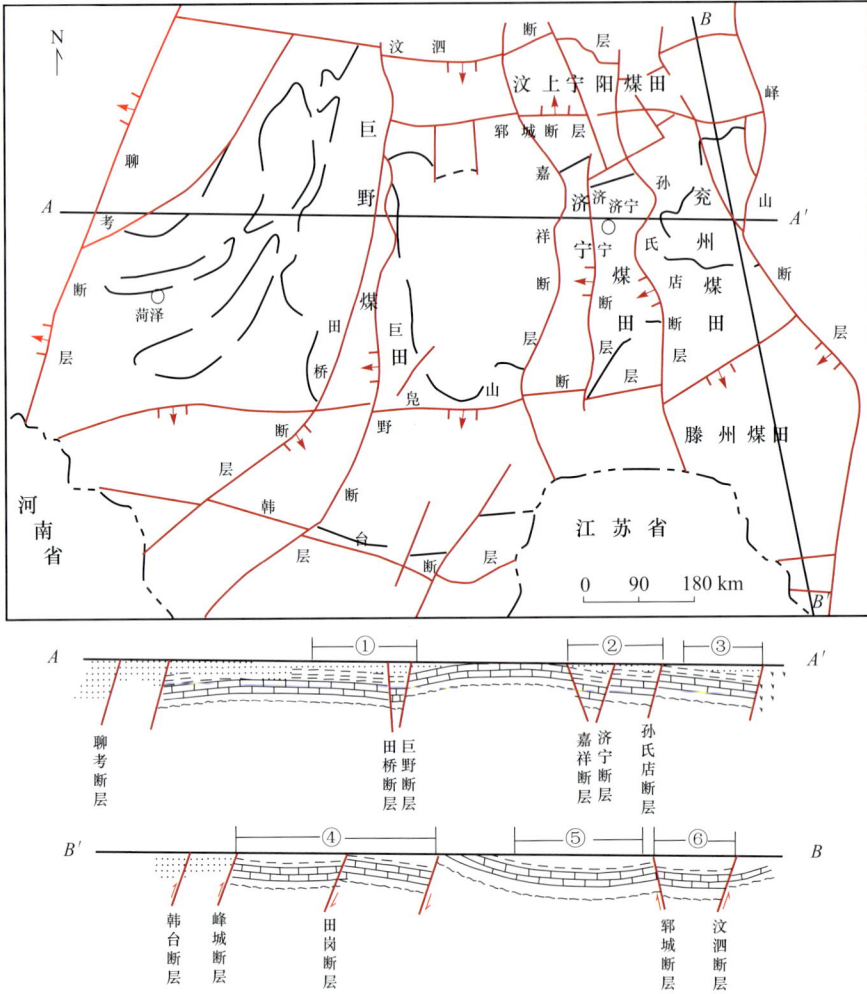

图 4.43　鲁西堑垒型赋煤构造示意图

①巨野煤田；②济宁煤田；③兖州煤田；④滕州煤田；⑤兖州煤田；⑥汶上宁阳煤田

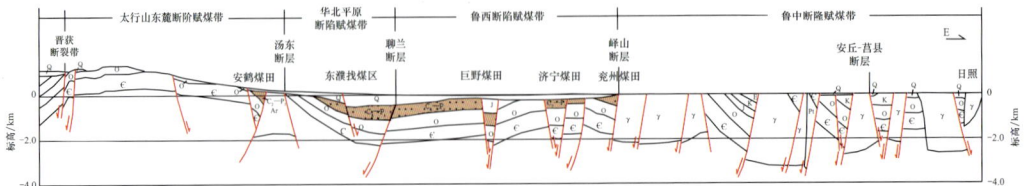

图 4.44　华北东部赋煤亚区南部东西向 B—B′ 构造剖面图（剖面位置见图 4.37）

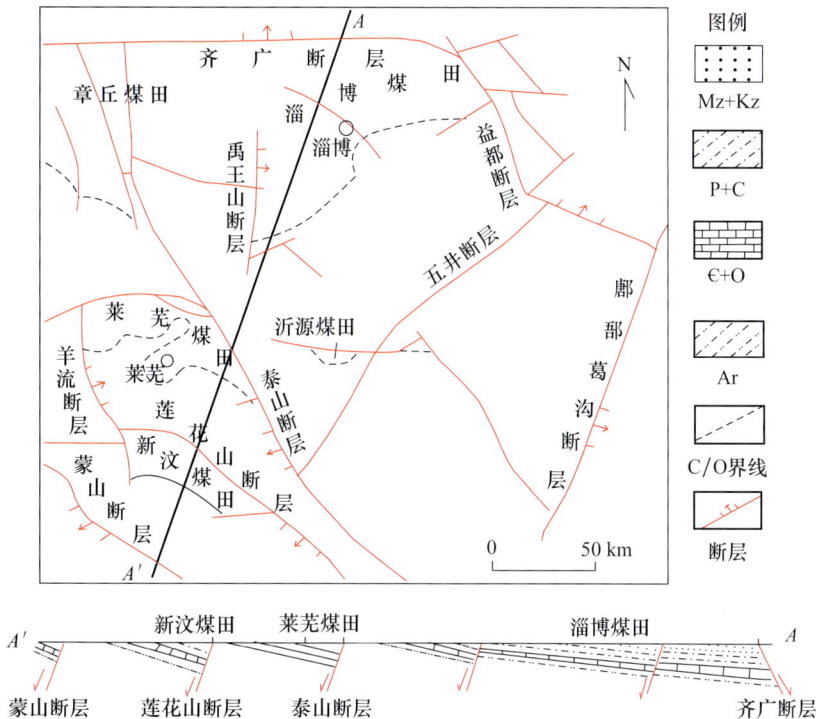

图 4.45 鲁中地区箕状断块赋煤构造示意图

（2）同向倾向断块组合。煤系赋存于断层下盘，其倾向与断层倾向一致。其他特征与反向倾斜断块相同。该类型煤田数量较少，但范围较大。最重要的是位于鲁中的黄河北、章丘、淄博煤田，这几个煤田由西向东依次分布于齐广断层南侧，含煤地层时代属于石炭纪—二叠纪，东西长达 230km 以上，南北宽 20～40km。煤田南侧出露泰山群、寒武系、奥陶系，含煤地层总体倾向北，倾角为 5°～15°，与齐广断层倾向一致，煤层赋存深度由南向北加深，靠近齐广断层处标高达 −2000m 以深。

（六）胶北断陷赋煤构造带

胶北断陷赋煤构造带位于郯庐断裂带以东的胶东隆起地区，主要包含黄县古近纪煤田。黄县煤田东起北沟－北林院断层，南以黄县断层为界，北、西均至煤层自然露头，东西长为 28km，南北宽为 12～15km，总面积为 375.2km²，其中，陆域含煤面积为 274.6km²，海域含煤面积为 100.6km²。该煤田赋存于前寒武纪基底隆起区中的新生代古近纪断陷盆地中，盆地东部和南部为太古宇及元古宇古老地层、中生代早白垩世青山组和新生代玄武岩，北为渤海海域。其东、南两侧均受断层控制，九里店断层将盆地分布东西两部分。地层总体走向为北东东向，倾向南东，东西两端向盆地中心倾斜，形成以单斜为主的盆地构造。地层倾角平缓，一般为 5° 左右；断层比较发育，按其走向可分为北东东、北西、北东、北北东向四组；煤田内次一级褶曲有北马向斜、北沟－庄头向斜及曲谭向斜等（图 4.46）。

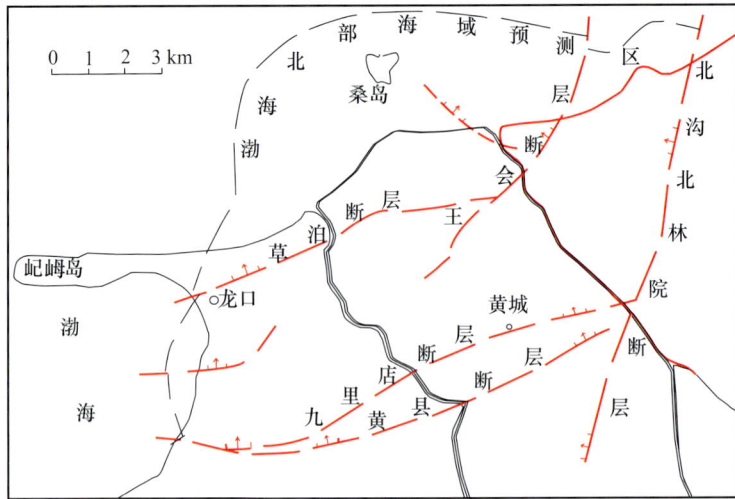

图 4.46　黄县古近纪煤田构造纲要图

五、南华北赋煤构造亚区

南华北赋煤构造亚区位于华北赋煤构造区南部，指盘古寺－丰沛断裂与华北盆地南缘逆冲推覆构造带之间的北西西向区域，由豫西嵩箕滑动构造赋煤构造带、豫东断块赋煤构造带、徐淮断块推覆赋煤构造带、华北南缘逆冲推覆赋煤构造带和秦岭大别北缘赋煤构造带五部分组成（图 4.47、图 4.48）。该区煤田构造格局中主体构造线方向与其北部山西地块和华北东部亚区北北东向主体构造线展布不协调，中生代以挤压变形为主，构造格局表现为与古大陆板块边界近于平行的宽缓大型褶皱或隆起，以及与之配套的剪

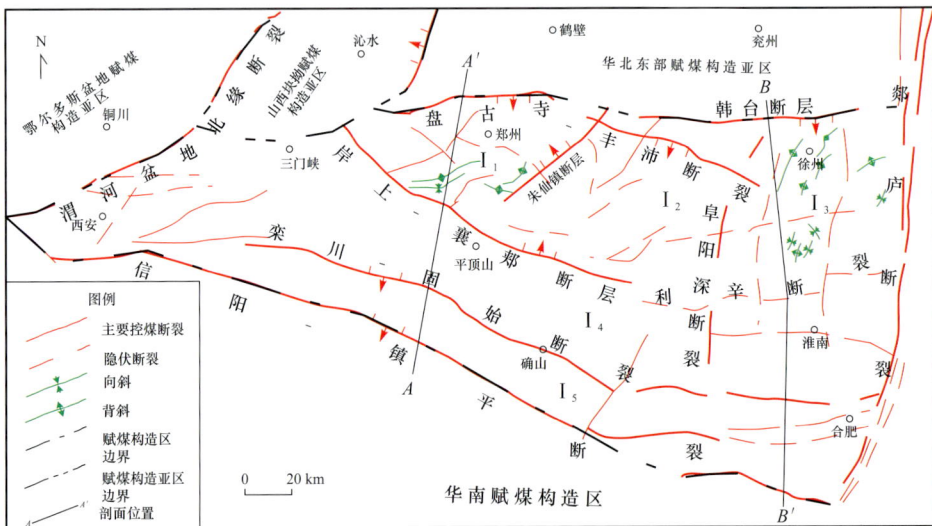

图 4.47　南华北赋煤构造亚区赋煤构造单元划分及构造格局简图

I_1.豫西嵩箕滑动构造赋煤构造带；I_2.豫东断块赋煤构造带；I_3.徐淮断块推覆赋煤构造带；I_4.华北南缘逆冲推覆赋煤构造带；I_5.秦岭－大别北缘褶皱赋煤构造带

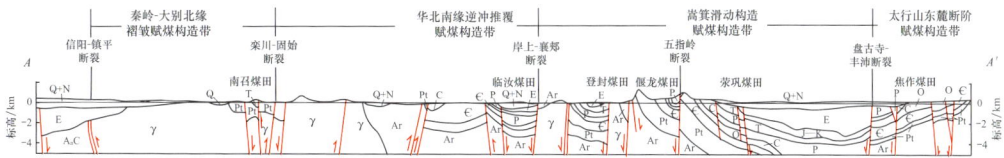

图 4.48　南华北赋煤亚区西部南北向 *A-A'* 构造剖面（剖面位置见图 4.47）

切断裂和压性断裂系统，除靠近郯庐断裂带的徐淮地区外，逆冲推覆构造样式不发育。新生代伸展变形较为显著，很大程度上改造和掩盖了早期挤压构造形迹，豫西含煤区在宽缓褶皱基础上，叠加发育了掀斜断块基础上的重力滑动构造；豫东隐伏区以正断层控制的断块构造格局为特征（表 4.7）。

表 4.7　南华北赋煤构造亚区主要控煤构造样式

赋煤构造亚区	赋煤构造带	主要控煤构造样式
南华北赋煤构造亚区	嵩箕滑动构造赋煤构造带	滑动构造
	豫东断块赋煤构造带	堑垒构造
	徐淮断块 – 推覆赋煤构造带	逆冲叠瓦构造
	华北南缘逆冲推覆赋煤构造带	逆冲叠瓦构造
	秦岭 – 大别北缘褶皱赋煤构造带	逆冲褶皱构造

（一）嵩箕滑动构造赋煤构造带

嵩箕滑动构造赋煤构造带构造线的方向为近东西向，以太古宇登封群和下元古界嵩山群为主体的中岳嵩山及箕山呈东西走向横亘全区，向东越过京广铁路沉没于豫东平原。带内主要含煤岩系为晚古生代石炭纪和二叠纪煤系，主要包括新安煤田、偃龙煤田、荥巩煤田、登封煤田、新密煤田、禹州煤田。以掀斜断块为主要标志的伸展构造和沿盖层中软弱层位发育的重力滑动构造，是嵩箕滑动构造赋煤构造带内最富特色的构造现象（图 4.49）。

1. 滑动构造基本特点

重力滑动构造产生于特定的构造环境，马杏垣等（1981）研究嵩山构造变形时曾指出，南北向水平挤压作用下，登封大背斜褶皱隆起造成的地形差异和重力失稳，是林台山 – 大岭滑动构造和芦店滑动构造发生的最基本条件和控制因素，而五佛山群重力滑动构造则与晚元古代末期东西向基底断层的翘升活动有关。李万程（1982）及孙锦屏（李万程和孙锦屏，1986）研究了豫西煤田内的重力滑动构造后，进行了初步的形态分类，继后又进一步提出豫西石炭纪—二叠纪煤系中伸展型缓断层模式。李万程等（李万程，1982；李万程和孙锦屏，1986）、胡益成（1982）、袁耀庭等（1987）、王昌贤和曹代勇（1989）、河南煤田地质公司（1991）、刘传喜（2008）先后对发育较完整的芦店重力滑动构造进行了专题研究，就其成因机制提出了各自的见解。

作者等于 20 世纪 80 年代中期以来曾多次在豫西煤田进行野外地质调查和专题研究，探讨了豫西煤田中新生代构造格局演化及其地球动力学背景（高文泰等，1988），认识到新生代早期嵩箕地区发生的裂陷作用并形成以掀斜断块为标志的伸展构造格局

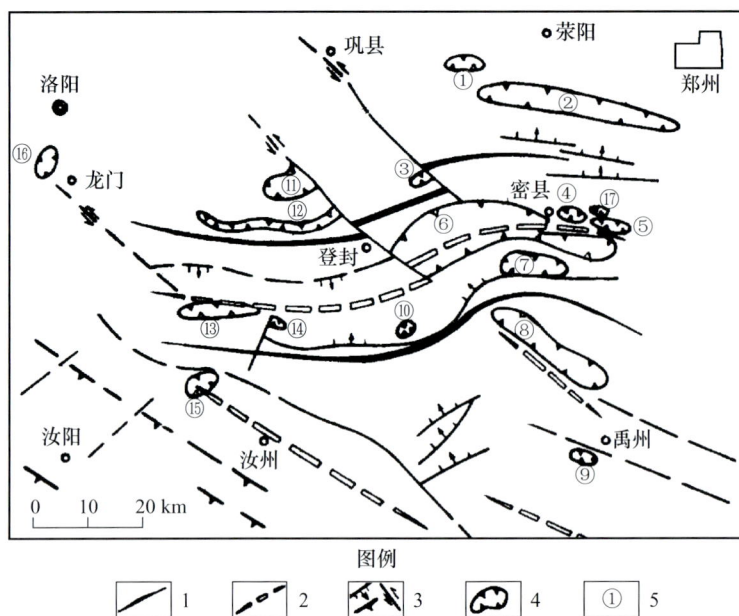

图例

1 背斜　2 向斜　3 断层　4 重力滑动构造　5 ① 滑动构造编号

图 4.49　嵩箕滑动构造赋煤构造带重力滑动构造分布图

1. 背斜；2. 向斜；3. 断层；4. 重力滑动构造；5. 滑动构造编号；
① 石坡；② 荥阳崔庙；③ 林台山 - 大岭；④ 杨家洼；⑤ 曲梁；⑥ 芦店；⑦ 大冶；⑧ 蔡寺；
⑨ 梁北；⑩ 圈门；⑪ 夹沟；⑫ 五佛山；⑬ 暴马；⑭ 龙泉寺；⑮ 庇山；⑯ 龙门；⑰ 任岗

（曹代勇和王昌贤，1988），强调新生代断块掀斜运动是煤田重力滑动构造发育的重要动力学条件，提出了其成因分类与模式（曹代勇和王昌贤，1994）。

嵩箕地区滑动构造具有以下基本特点（王桂梁等，2007）。

（1）数量多、分布广，形成重力滑动构造群。目前已发现了十余个规模不等的滑动构造，它们遍布嵩山和箕山两侧的各个矿区（图 4.49）。

（2）滑动构造规模不等（由不足 $2km^2$ 至上百平方千米）、运动方向各异、成因不一，由其所在构造部位决定。

（3）绝大多数滑动构造的主滑面属缓倾角正断层性质，造成地层缺失。

（4）滑动构造的平面展布与地层走向基本一致，剖面上主滑面呈铲形和舟形，原地系统与滑动系统除地层层位不连续外，一般还具有明显的构造不协调性。

（5）煤田内部的滑动构造均发育于煤系地层中，尤以主滑面沿山西组底部二煤层及附近发育者数量最多、规模亦最大；而林台山 - 大岭重力滑动构造和五佛山重力滑动构造的主滑面则分别发育于下古生界与上元古界之间、盖层与变质基底之间（马杏垣等，1981），由此显示构造滑脱的多层次性（马杏垣和索书田，1984）。

（6）滑覆体的构造样式主要为滑片型，小构造和显微构造研究结果，反映应变速率较大的浅层次脆性变形环境。

（7）滑动构造与逆冲推覆构造在时间演化和空间分布两方面均互为消长关系。印支期—燕山期，豫西煤田属于秦岭 - 大别碰撞 / 逆冲推覆造山带广义前陆的一部分，逆冲推覆作用由南向北或由南西向北东波及嵩箕地区；燕山运动晚期—喜马拉雅运动早期的构造体制变革，使嵩箕地区处于地壳伸展状态，与伸展掀斜相伴生的重力滑动构造广泛发育。空间上，属于华北赋煤区南缘逆冲推覆带的逆冲断层仅展布在襄郏断层以南，嵩箕地区则主要展布重力滑动构造和掀斜断块。

2. 芦店重力滑动构造

芦店重力滑动构造是嵩箕地区最具代表性的滑动构造。芦店重力滑动构造主滑脱面主要沿山西组底部二$_1$煤层附近发育，剖面上呈中部平缓、两端翘起的舟形（图 4.50）。除主滑面外，在滑动构造南缘和北缘尚发育一些次级滑面，它们分布面积较小，一般具有浅部倾角大、向深部倾角逐渐变小直至交于主滑面上的铲式断层特点。原地系统由山西组底部、太原组和下古生界组成。基本构造形态为枢纽向北西凸出的弧形向斜，弧顶位于密县安沟附近，其东部称为大隗向斜，西部称为芦牛向斜。

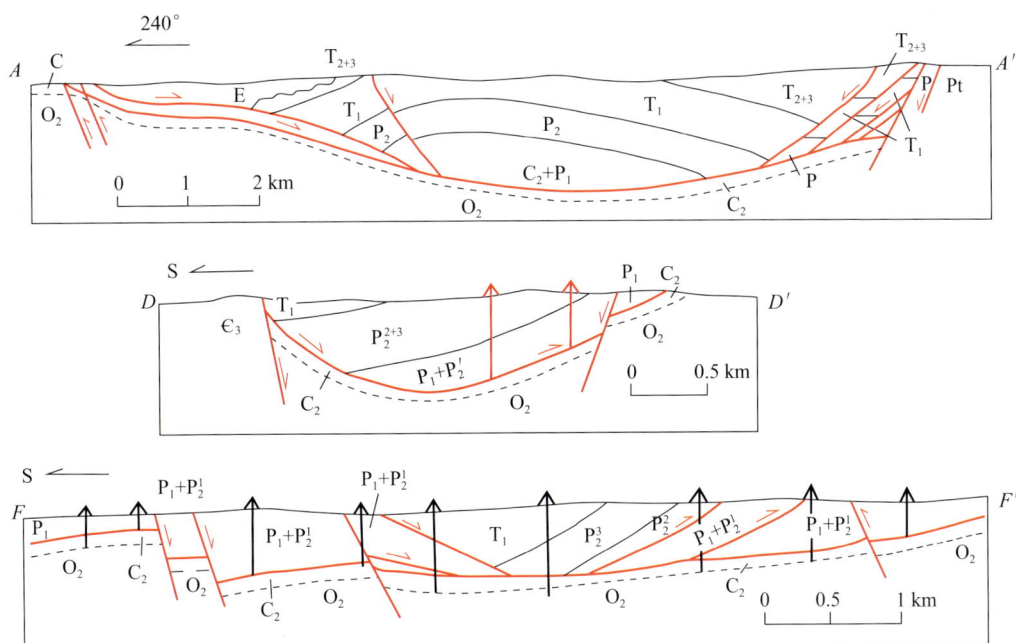

图 4.50 芦店滑动构造横剖面（据河南煤田地质公司，1991）

芦店滑动构造的滑动系统主要由山西组二$_1$煤层以上层位的二叠系和三叠系组成。在郏城附近，古近系始新统陈宅沟组亦卷入滑动系统中，表明芦店滑动构造在始新世后仍有活动。滑动构造的一个显著特征是南部和北部均缺失地层。南部边界附近三叠系乃至古近系直接与二煤组接触，最大断距近 3000m，向深部地层逐渐减小，直至为零；北部边界的大部分地段，亦存在由北向南地层缺失量减小的趋势，但规模逊于南部。

滑动系统北部边界断层为月湾正断层和牛店正断层，断层面总体向南倾斜，断层带内构造变形以张性为主，并具有先张后压的复合力学性质。滑动系统南部边界断层包括石淙河断层、沁水 - 安沟正断层和大隗正断层，断层面总体向北倾斜，在平面上构成向北凸出的弧形带。南部边界挤压构造形迹较发育，主要表现为一些斜歪、倒转褶皱，在超化－大冶以北，原地系统中发育一组次级褶皱，显示外缘挤压带特征。另一方面，南缘原地系统挤压带与滑动系统之间以正断层关系接触，这表明后期又曾发生明显的伸展活动。

（二）豫东断块赋煤构造带

豫东断块赋煤构造带以京广铁路与嵩箕滑动构造赋煤构造带相隔，构造型式多样，断裂构造发育，主要包含永夏煤田和通许找煤区。带内断裂多为正断层，以断距较大、延伸较远为特点（图 4.51），另有少量的走滑式断裂（包屯断层、扶沟断层为左行走滑），褶皱则为幅度较小、延伸不远的背、向斜或鼻状构造。地质构造线主要可见三组发育方向，即近东西向、北西向及北北东—北东向。大致沿郑州—尉氏—太康—郸城一线发育北西向构造，并以此为界，西南部主要发育近东西—北西西向构造，形成近东西—北西西向条带状凹、凸相间的构造格局，东北部则主要发育北北东—北东向构造，并以北北东—北东向展布的块状构造单元为特点。

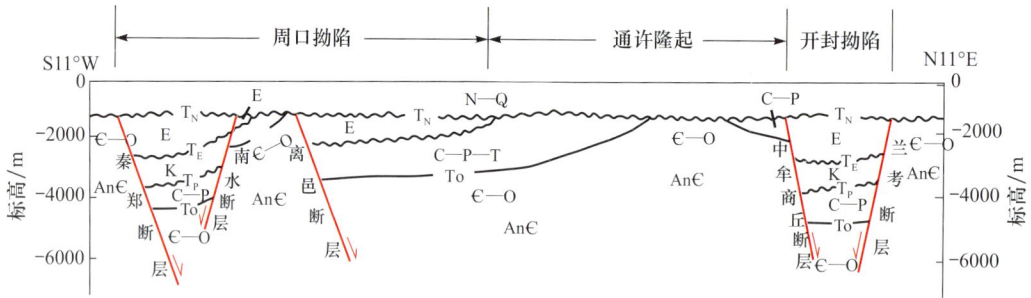

图 4.51　豫东地区地质剖面简图

永夏煤田是发育在嵩（箕）徐（淮）东西向隆起带上的伸展型构造区，南部紧邻秦岭－大别板缘带，东部邻近郯庐断裂带，因此该煤田受这两大构造背景控制。永城背斜为区内一级构造，是永城矿区的主要控煤构造，南段轴向近南北，北段轴向近东西，两翼地层走向和轴向基本一致，含煤地层倾角东翼较西翼陡，倾角为 10°～20°。永城矿区内断裂分为两组：主干断裂近南北向，属于高角度正断层，配套断裂近东西，多为平移正断层。两组断裂构成网络，组合成地堑、地垒或阶梯式断块。由于断层的牵引，形成一系列褶曲，皆为平缓宽阔褶皱，轴向与主干正断层平行，属于断层派生构造（图 4.52）。

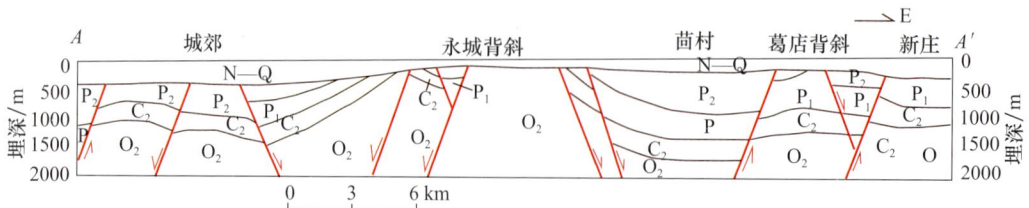

图 4.52　永城矿区东西向构造剖面图

（三）徐淮断块－推覆赋煤构造带

徐淮断块－推覆赋煤构造带位于郯庐断裂带西侧苏鲁豫皖交界处的徐州、淮北地区，其北部以韩台断层与鲁西断陷赋煤构造带相接，南部以利辛断裂与华北南缘逆冲推覆赋煤构造带相隔（图4.53），西部以阜阳深断裂与豫东断块赋煤构造带相邻，东部为郯庐断裂带（图4.47）。徐淮断块－推覆赋煤构造主要包括淮北煤田、韩台煤田和徐沛煤田。

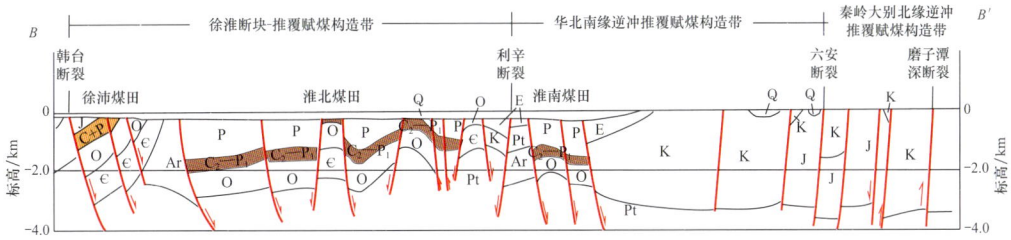

图4.53　南华北赋煤亚区东部南北向 B–B′ 构造剖面（剖面位置见图4.47）

1. 徐淮推覆－滑覆构造双冲断层系统

徐淮地区构造格局独具特色，发育一系列逆冲断层和紧闭的线性褶皱，平面上呈向西凸出的弧形，与区域性的北北东向宽缓褶皱和正断层组合及近东西向隆、拗和正断层组合格局极不协调。徐淮地区独具的构造特征早就引起了地质工作者的注意，前人提出过复式半背斜（夏邦栋和黄钟锦，1984）、旋卷构造（陈富伦，1987）、褶皱推覆体（徐树桐等，1987）、受X形基底断层控制的盖层弧形构造（王永康，1987）、重力滑动构造（马公伟，1991）、弧形构造（王长海和王仁农，1990）、潜造山带（徐树桐和陶正，1993）、叠瓦扇推覆体（舒良树等，1994）、双冲叠瓦扇逆冲断层系（王桂梁等，1992，1998）、重力扩展与滑脱（李万程，1996）、复杂滑脱构造组合（李东平，1993）等解释。王桂梁等（2007）在上述成果基础上通过进一步工作，提出徐淮推覆－滑覆构造系统的模式：所谓"徐淮弧"是一个经历了早期逆冲推覆和晚期重力滑覆叠加作用形成的双冲断层系（图4.54），其成因与我国东部南、北古板块中生代碰撞和郯庐断层带的演化密切相关。

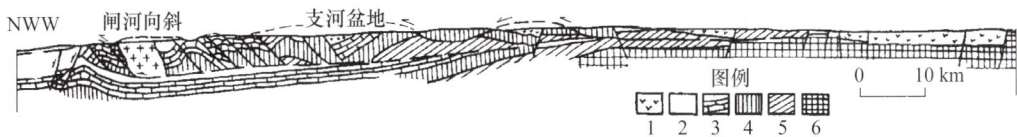

图4.54　徐淮推覆－滑覆构造双冲断层系统结构示意图

1. 侏罗系和白垩系；2. 上古生界；3. 下古生界；4. 震旦系；5. 青白口系；6. 太古宇

双冲断层系由东向西大致可以分为三个条带。郯庐断层至支河盆地之间为东带，基岩主要为震旦系和青白口系，以宽缓褶皱、缓倾角逆冲断层、正断层与断陷盆地组合为特征。支河盆地与闸河向斜之间为中带，由一系列叠瓦扇逆冲断层和紧闭斜歪褶皱组成，局部可见残存的平缓逆冲断层。闸河向斜以西为西带，由利国驿经肖县至宿州、西寺坡一线属逆冲断层系的前锋带，变形强烈，可见早期平卧褶皱、缓倾角逆冲层和第二期的斜歪褶皱、叠瓦逆冲断层。前锋带以西新生界覆盖层下，古生界至下三叠统地层组成大型开阔的褶皱构造，伴以高角度正断层（图4.55），构造线方向稳定为北北东向和东西向，其变形样式和构造线展布均与"徐淮弧"内部有较大差异，故应属于原地系统。

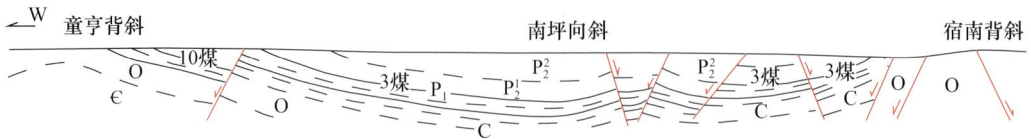

图4.55 淮北煤田南坪向斜构造剖面图

2. 淮北煤田地质构造演化剖面（平衡剖面）分析

剖面解析是构造地质研究最重要的手段之一，而平衡地质剖面的编制又是剖面解析中最重要的方法。平衡地质剖面是指可以把剖面上的变形构造通过几何学原则全部复原成合理的未变形状态的剖面，从而恢复构造演化历程（Dahlstrom，1969）。平衡地质剖面恢复最早被用于造山带缩短过程的研究，随后在伸展构造区也得到运用（Dahlstrom，1969；Hossack，1979；张向鹏和杨晓薇，2007）。由于煤田地质剖面往往缺乏深部信息，以及在区域地层分层和构造信息等方面的不足，平衡剖面方法在煤田构造研究中的应用受到一定的限制。

本书选取了安徽省五条典型地质剖面，仅采取长度守恒和弯滑模型的方法进行恢复剖面（张继坤，2011），以此探讨其构造演化史（图4.56）。

（1）二叠纪末期，成煤期结束，地层产状基本保持东高西低的单斜形态，煤系地层沉积在西侧，向东地层时代变老。

（2）早、中三叠世时，印支期南北两大古板块全面拼贴在徐淮地区产生了斜向挤压应力，引起板内变形，形成了褶曲的变形形态。

（3）晚三叠世至早侏罗世时，强大的挤压应力在东西向构造较稀疏的徐淮地区作用，褶曲形态破坏，发生缓倾角北西西向的逆冲推覆构造，且上盘变形强烈。

（4）早、中侏罗世时，古板块之间的挤压缩短达到高潮，在徐淮地区东侧形成隆起，后又由于郯庐的切入，破坏了重力均衡状态，由隆起上向西作弧形滑移，形成了一系列向西的滑动构造。

（5）中、晚侏罗世时，滑覆构造的叠瓦分支逆冲断层在重力扩展机制作用下向西扩展，并向上切割剖面，与早期的推覆构造及滑脱面构成双冲断层系；另外，在推覆构造前缘外侧，受一反冲断层阻挡；同时，该时期发生了岩浆活动，侵入局部煤系地层；所处的应力状态也开始由先前的挤压缩短机制向伸展裂解机制转化。

（6）白垩纪至古近纪时，主要受伸展裂解的应力作用，西侧成煤拗陷被伸展断裂切

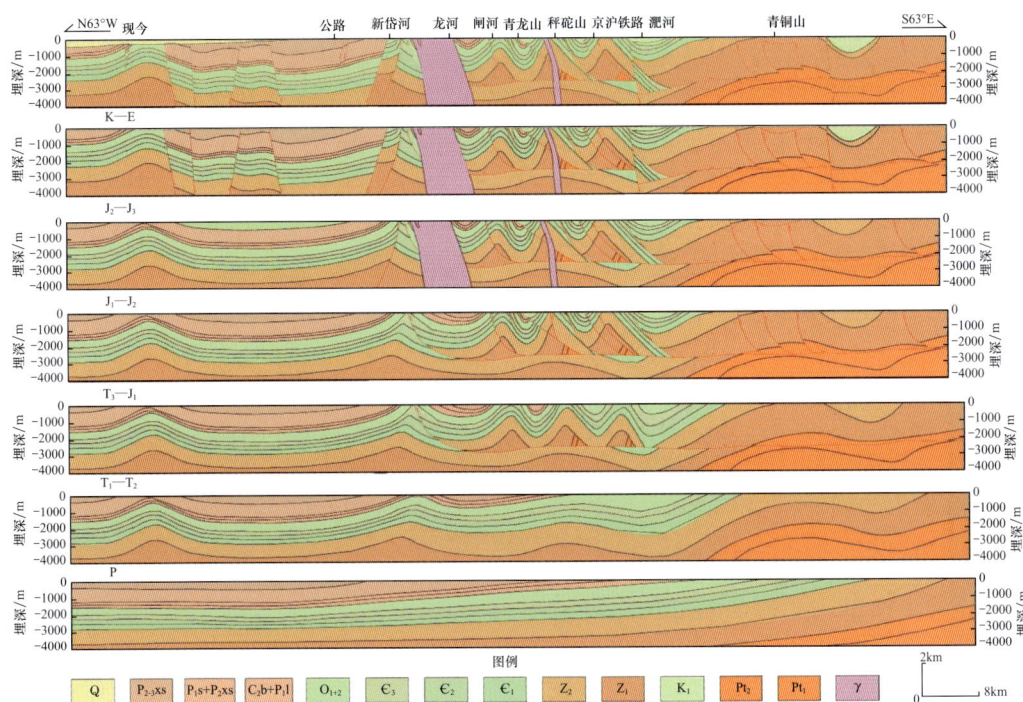

图 4.56　淮北煤田北西－南东向地质构造演化剖面图

割破坏了连续性，东侧发育于老地层之中的双冲断层系也被切割；同时，中生代时期的沉积—挤压—隆升—剥蚀—裂解—断陷—沉积的全过程作用，使得拗陷内中生代地层几近全部被剥蚀或无沉积，仅在东侧山区局部范围内沉积有少量白垩纪地层。

（7）新近纪以来，西侧的成煤拗陷基本被第四系所覆盖，同时依旧处于伸展裂陷的应力状态之中，局部地区产生一些小规模的伸展断陷。

（四）华北南缘逆冲推覆赋煤构造带

华北南缘逆冲推覆赋煤构造带以岸上－襄郏断层、利辛断裂为北界，以栾川－固始断裂、六安断裂为南界，与秦岭－大别造山带平行，呈北西西向延伸，包含陕渑煤田、义马煤田、宜洛煤田、临汝煤田、平顶山煤田、确山煤田和淮南煤田，构成华北型晚古生代含煤岩系的露头边界（图 4.53、图 4.57）。逆冲推覆构造带西起陕甘交界的六盘山东麓陇县—宝鸡一线，与鄂尔多斯西缘逆冲断层带相接，向东沿渭河盆地至豫西三门峡，折向南东东经义马、宜阳、汝阳、鲁山、舞阳、确山，穿越豫南平原区，向东由阜阳入皖，经凤台、淮南止于郯庐断裂带西侧的灵璧－武店断层，全长 1100km。其沿走向被北东向和北北东向断层切错而断续延伸，呈平放的舒缓状反"S"形，构成一条宽数十千米至上百千米的逆冲推覆／断陷伸展构造带，涉及的地层从变质基底到白垩系，具有多层次、多期次逆冲推覆的特点。上覆系统由 2～3 条主干分支逆冲断层及其所夹持的逆冲岩席组成，逆冲断层面向南或南西倾斜，浅部倾角大，向深部逐渐变缓归并于近水平呈波状起伏的主滑脱面，剖面上呈叠瓦扇组合（曹代勇等，1991；王桂梁等，2007）。

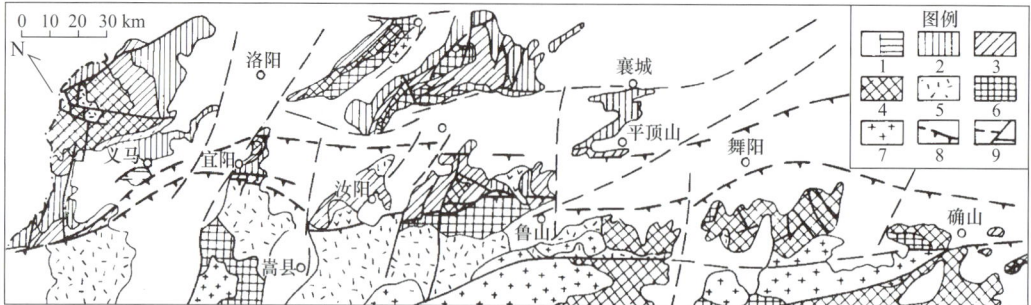

图 4.57　华北南缘逆冲推覆赋煤构造带河南段地质构造简图

1.中新生界；2.上古生界和三叠系；3.下古生界；4.中上元古界；5.中元古界；6.下元古界和太古宇；7.侵入岩；8.逆冲断层；9.其他断层

1. 陕渑煤田和义马煤田

由三门峡至义马一带，逆冲推覆构造走向近东西，构成陕渑石炭系—二叠系煤田和义马侏罗系煤田的南界，称为硖石－义马逆冲断层带。该断层带由两条大致平行的主要分支逆冲断层构成，硖石以西，分支逆冲断层合并为一条，南侧中元古界熊耳群向北逆冲于受北东向断层控制的下古生界地层之上，北东向构造线止于东西向逆冲断层。硖石以东基岩区，断层出露良好，分支逆冲断层近于顺层，使震旦系石英岩、下古生界灰岩依次向北逆冲呈叠瓦状。断层带内次级逆冲断层、小褶皱、劈理、片理和碎裂岩发育，地层直立甚至倒转，形成宽为 300~1000m 的挤压变形带，断层前缘的上古生界地层发生明显牵引（图 4.58）。

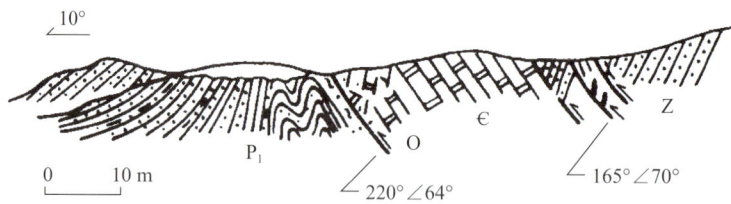

图 4.58　硖石－义马逆冲断层带东南岭剖面

英豪车站以东为新生界覆盖区，综合地表零星露头、物探和钻探资料，断层带结构如图 4.59 所示。作为逆冲岩席的三叠系中挤压现象明显，在义马市以南的杨大池、康洼等地出露，地层直立、劈理发育，可见顺层挤压透镜体，层面多见斜向擦痕，反映顺层剪切滑移运动。主逆冲断层面下盘是侏罗系—白垩系义马盆地，据杨村矿和耿村矿的钻探揭露，近断层的煤层流变强烈，增厚 1~2 倍，盆地主体的地层则以 15°~20° 倾角向南缓倾，给人一种构造简单的假象。盆地北缘侏罗系露头线为一构造挤压带，中侏罗统东孟村组砾岩沿义马组泥岩段顺层向北逆掩。结合第 52 勘探线和第 8 勘探线等钻探资料所揭示的逆冲断层面沿义马组附近发育的情况，推测下侏罗统义马组是一顺层滑脱面，有可能由碛石－义马断层沿盆地基底延伸至盆地北线出露，这样，义马煤盆地自身亦可看作是逆冲岩席。

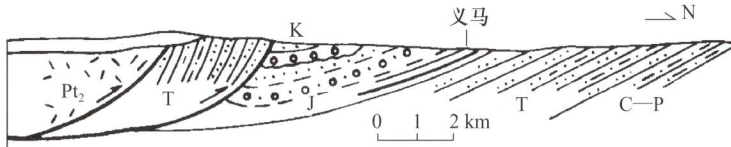

图 4.59　义马盆地中部剖面

2. 临汝煤田

逆冲推覆构造带南分支沿伏牛山－外方山北麓展布，在大部分地段构成山区与平原或高山与丘陵的分界，地貌特征明显。多数地段，构造带由 2～3 条次级逆冲断层组成，南西侧的太古界至中元古界向北东逆冲于上元古界至下白垩统不同地层之上。汝阳至鲁山一段，逆冲推覆构造带构成临汝煤田韩梁矿区西南边界，太古界向北东推覆于中元古界和古生界之上，石铨曾等（1990）经详细调查后确认，韩梁矿区西侧逆冲断层带包括三条呈叠瓦状组合的逆冲断层，其基底滑脱面主要位于上石炭统铝土层或山西组二煤层附近。在逆冲岩席中施工的验证孔于 463m 穿越倒转的寒武系遇滑脱面，下伏平缓的上石炭统铝土层（图 4.60）。

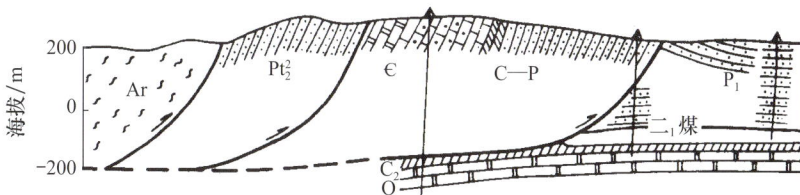

图 4.60　韩梁矿区构造验证剖面（据石铨曾等，1990）

3. 淮南煤田

淮南煤田是皖中段华北晚古生代赋煤区的后期改造边界，该区煤田构造研究已有 60 年以上的历史（谢家荣，1947），20 世纪 80 年代早中期在煤田中段变质岩系推覆体下发现储量可观的含煤块段（刘城庸，1986），由此开始了淮南煤田构造研究的新阶段。现已查明，淮南煤田主体构造格局为止于反向逆冲断层的叠瓦扇逆冲推覆构造系统（曹代勇等，1991；王桂梁等，1992，2007；姜波，1993），由外来系统、滑脱面及分支逆冲断层、原地系统等单元构成完整的逆冲推覆构造体系（图 4.61）。该构造体系正是华北含煤盆地区南缘逆冲推覆构造顺走向的延伸，平面展布相当于北分支逆冲断层带，而南分支逆冲断层带则沉沦于合肥盆地新生界覆盖层之下。

淮南煤田逆冲推覆构造外来系统由太古界霍丘群至二叠系组成，由分支逆冲断层分割为 2～4 个逆冲岩席，依次向北逆冲。主要分支逆冲断层由北而南为阜（阳）凤（台）断层、舜耕山断层和阜（阳）李（都孜）断层，这些逆冲断层面一律南倾，上陡下缓，剖面上呈叠瓦扇组合，收敛于呈波状起伏的基底滑脱面（图 4.62）。与其相对应，淮南煤田北侧发育一条高角度北倾的尚塘集反向逆冲断层（图 4.61），构成淮南坳陷与蚌埠隆起的分界，太古界和元古界向南逆冲于三叠系和二叠系之上。夹持在南部叠瓦扇推覆体和北侧反向断层之间的淮南复向斜主体为原地系统，其构造变形相对较微弱，发育数个轴向近东西的宽缓褶皱，轴面略向南倾，意味着由南向北的主要动力和运动方向。近年淮南段煤矿采掘工程和高分辨三维地震勘探剖面揭露，在阜凤推覆体下晚古生代煤系中发育由犁式断层、滚动背斜和负花状构造组成的伸展构造样式，被认为是印支运动期间，秦岭－大别造山带形成时，其北侧前陆位置的岩石圈大规模弯曲变形导致陆壳上拱边出现伸展作用的结果（张泓等，2003）。

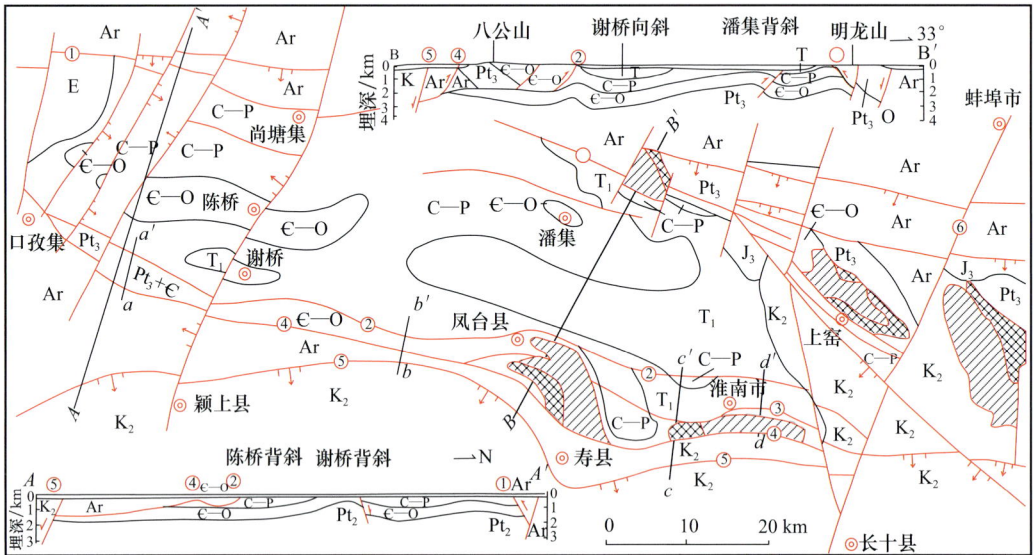

图 4.61　淮南煤田构造简图

①塘集逆冲断层；②阜凤逆冲断层；③舜耕山逆冲断层；④阜李逆冲断层；⑤寿县－定远正断层；
⑥灵璧－长丰平移断层

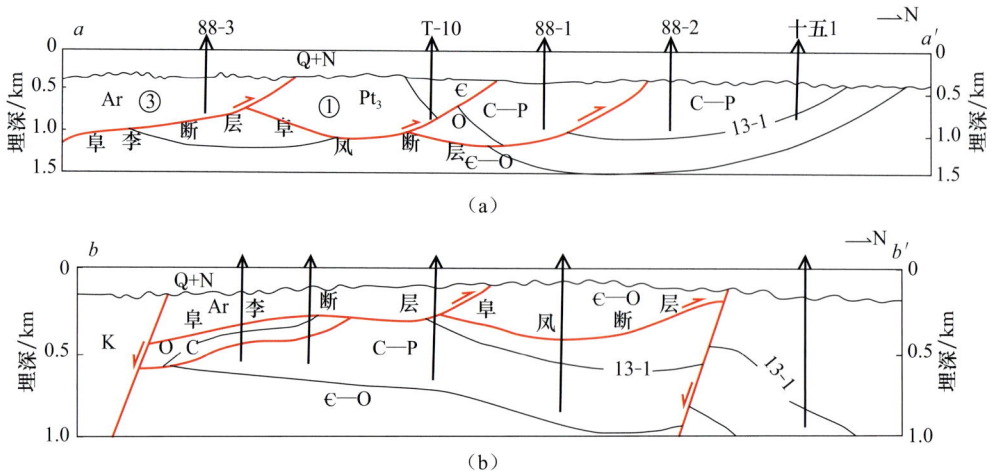

（a）

（b）

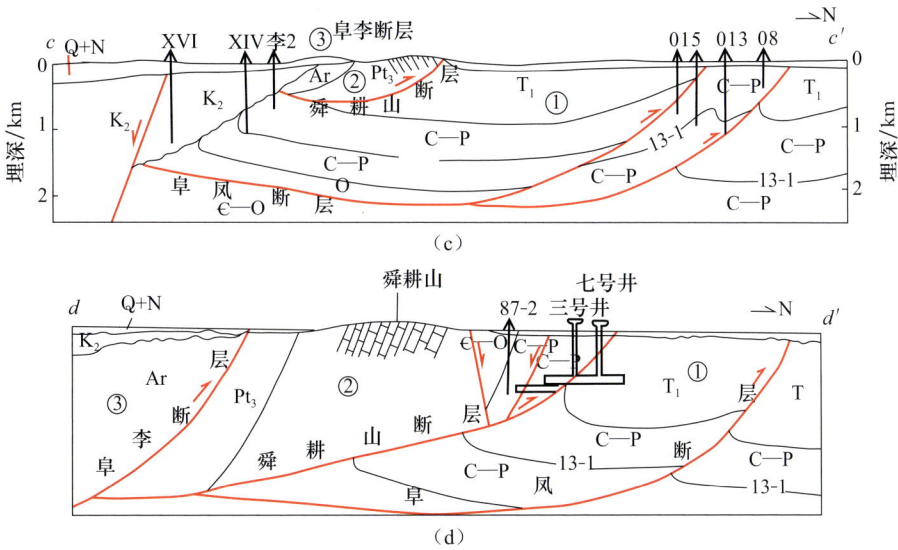

图 4.62　淮南煤田逆冲推覆构造勘探线剖面图（剖面位置见图 4.61）

（a）颍北 4 线；（b）新集 1 线；（c）陆塘 10 线；（d）大通线

① 八公山逆冲岩席；② 舜耕山逆冲岩席；③ 寿县逆冲岩席

4. 构造模式

华北南缘逆冲推覆构造总体上属于 Boyer 和 Elliott（1982）所划分的叠瓦扇逆冲断层系，但各区段内部结构有所差异，各具特色。根据煤系最终保存状况，可将其归纳为以下三种类型（王桂梁等，1992，2007）。

（1）逆冲推覆构造带狭窄，前缘发育中生代逆冲断层前陆盆地，以砾石 – 义马逆冲断层与义马盆地组合为代表［图 4.63（a）］。

（2）逆冲推覆构造分为南、北两支，其间的逆冲岩席一般宽 10km 以上，宜洛矿区代表的一种亚类［图 4.63（b）］，以前缘和逆冲岩席内部均发育逆冲断层相关褶皱（Jamison，1987）为特征；以临汝盆地西南缘构造带为代表的另一亚类［图 4.63（c）］，前缘被新生代断陷盆地所破坏，南北分支断层带之间的逆冲岩席也多被改造为断块结构。

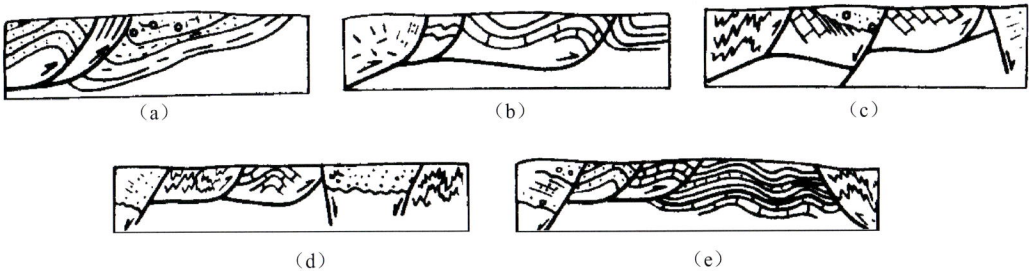

图 4.63　华北南缘逆冲推覆构造结构类型

（3）逆冲推覆构造带后部被中、新生代断陷盆地破坏，与根带（秦岭 – 大别造山带北麓逆冲带）分离，以豫南息县凸起为代表的亚类［图 4.63（d）］，前缘和后缘均被断陷盆地限制，显示了后期断块活动的强烈改造作用；以淮南煤田逆冲推覆构造为代表的第二亚类［图4.63（e）］，逆冲断层止于反向逆冲断层，构成反冲断层组合。

华北南缘逆冲推覆构造带是发育于造山带前陆的浅层次叠瓦扇逆冲推覆构造系统，扩展方式以前者式为主。逆冲推覆构造与秦岭－大别造山带北麓逆冲断层系密切相关，属于区域性逆冲断层系的前锋带，共同组成由板缘指向板内的大型薄皮－构造楔形体。构造形变分析表明，从作为根带的造山带北麓到作为峰带的赋煤区南缘逆冲推覆构造，总体表现为挤压性质（筛除后期应力松弛和伸展裂陷），变形强度递减、构造层次变浅，属于挤压体制下的推覆构造系统。其就位机制与秦岭－大别造山带的缩短有关，为后方推动型（曹代勇等，1991；王桂梁等，1992）。

（五）秦岭大别北缘逆冲推覆赋煤构造带

秦岭大别北缘逆冲推覆赋煤构造带北界为栾川－固始断裂、六安断裂，南界为镇平－信阳断裂（即商丹断裂）、磨子潭深断裂，西界为渭河盆地北缘断裂，自西向东跨越陕西南部、河南南部及安徽中部地区，由西向东分布有商洛煤产地、南召煤田、商固煤田（刘传喜，1995）。

商洛煤产地发育在秦岭弧盆地的小型山间断陷中，含煤岩系为二叠系。

南召煤田晚三叠世含煤地层整体受制于轴向北西的南召长轴复式向斜，自西而东排列有市坪向斜、大毛沟－毛应向斜、王庄－沟口背斜和留山坡－宝山寺向斜等次级褶曲，局部控制着含煤地层的空间形态。北部和南部边界断裂，限制了含煤地层的展布区间。

商固煤田位于河南省商城与安徽金寨一带，即北淮阳地区，石炭纪含煤沉积习称杨山煤系，沿大别造山带呈北西向展布，东西延伸约为70km，南北宽约为16km，出露面积约为1000km^2（图4.64）。杨山煤系无论地层时代、沉积特征，还是岩性或所含的动植物化石上，明显不同于同时代华北地台的石炭系，又异于华南板块的石炭系。主要含煤层位包括石炭系下统杨山组（C_1y）和石炭系上统杨小庄组（C_2y）。

杨山组（C_1y）厚度大于123m，岩性特征以巨厚层石英砾岩和含有可采煤层为特征。其岩性可分为三部分：下部为灰白色巨厚层状石英砾岩夹少量含砾砂岩，偶夹煤线；中部为石英砾岩、石英砂岩、泥质粉砂岩夹碳质页岩及可采煤层；上部为石英砂岩、粉砂质泥岩、脉石英砾岩夹煤层。根据有限的煤田地质勘查资料，杨山组共含煤7段22层（表4.8），每一含煤段的岩性组合一般下部为分选及磨圆度较差的石英砾岩，中部为中细粒石英砂岩、铝土质黏土岩，上部为中细粒石英砂岩、砂质泥岩，表现出良好的韵律性。如果把一个含煤段作为一个沉积旋回来看待，那么在这个旋回中还包含了更多的次级旋回，说明当时地壳震荡频繁，属山间盆地型的河流－泥炭沼泽相沉积。

杨小庄组（C_2y）厚度大于1293m，与下伏胡油坊组呈整合接触，未见顶。主要为由砾岩、砂岩、碳质页岩等组成的碎屑岩系，局部地段含有薄层劣质煤层。按其岩性组合，杨小庄组可分上下两部分，下部主要为石英砂岩、粉砂岩、碳质页岩，底部为复成分砾岩；上部为砾岩、含砾石英砂岩、砂岩、粉砂质页岩、碳质粉砂岩等。该组地层总体上为一套陆相沉积地层，为河湖、沼泽相沉积。

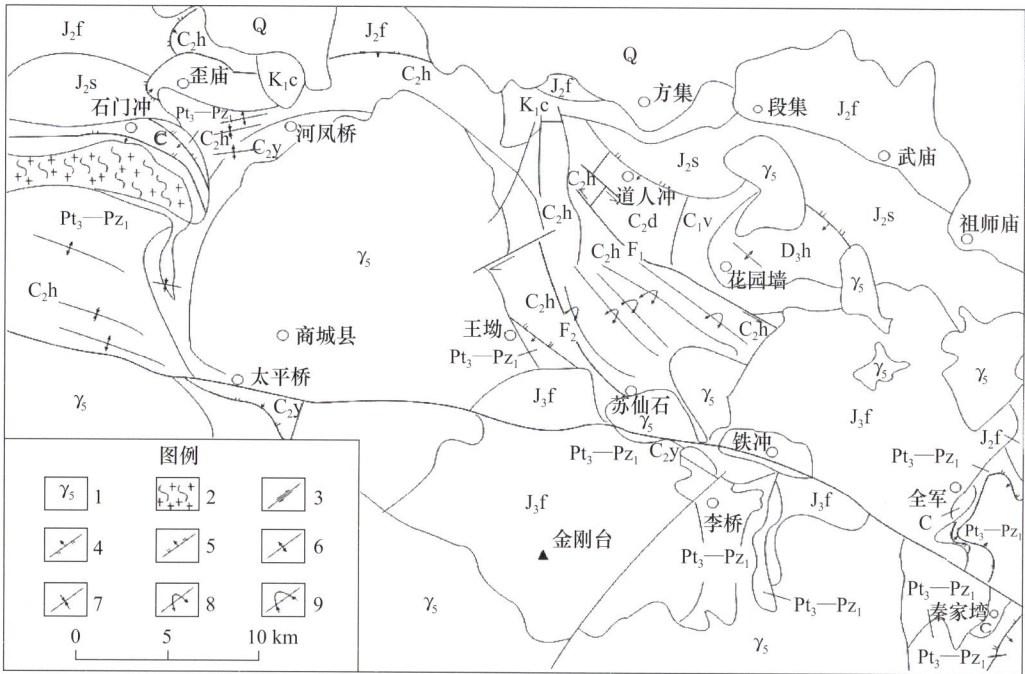

图 4.64　商固煤田构造简图

Q. 第四系；K₁c. 程棚组；J₂f. 凤凰台组；J₂s. 三尖铺组；C₂y. 杨小庄组；C₂h. 胡油坊组；C₁v. 杨山组；D₃h. 花园墙组；Pt₃—Pz₁. 佛子岭群；F₁. 雷店子断层；F₂. 樊家湾断层；1. 中生代花岗岩；2. 变形花岗岩；3. 断层；4. 逆冲断层；5. 正断层；6. 背斜；7. 向斜；8. 倒转背斜；9. 倒转向斜

表 4.8　杨山组煤层含煤性特征

地层时代		地层平均厚度 /m	含煤层数	煤层编号	煤层平均厚度 /m	含煤系数 /%	局部可采煤层层数	主要局部可采煤层编号
组	段							
杨山组	七煤段	77.89	5	二十二 二十一 二十 十九 十八 十七	1.52	1.95	3	二十一
	六煤段	46.38	3	十六 十五 十四	0.71	1.53	1	十六
	五煤段	38.77	4	十三 十二 十一 十	0.21	0.54	1	十三
	四煤段	63.65	4	九 八 七 六	1.15	1.81	2	九

续表

地层时代		地层平均厚度/m	含煤层数	煤层编号	煤层平均厚度/m	含煤系数/%	局部可采煤层层数	主要局部可采煤层编号
组	段							
杨山组	三煤段	72.54	3	五 四 三	1.41	1.94	3	五
	二煤段	78.90	3	二 一 零	0.06	0.08	0	
	一煤段	60.50	0		0	0	0	

北淮阳地区的上古生界为活动大陆边缘沉积，晚古生代以来相继经历了由弧后裂陷盆地—前陆盆地—构造反转—隆升伸展等多期构造–热事件，导致杨山煤系含煤层数较多，但煤层极不稳定，厚度变化频繁、构造变形强烈、煤级高，具有明显不同于华北地区相近时代煤层的特殊性。受区域构造控制，杨山煤系煤层后期改造显著，主要表现在以下几个方面。

1. 煤田构造格局复杂

区内断层分布密集，按其走向延伸可划分为北西西—南东东向、北西—南东向、北东—南西向三组。其中，北西西—南东东向断裂规模大，延伸长，是主要控煤构造，控制了煤系地层的分布；北西—南东向断层规模仅次于前者，多为区域性断裂构造复活期的派生断层；北东—南西向断层数量多，规模小，多为与大杨山背斜相伴生的张性断裂。总之，煤系地层产状变化很大，断裂构造发育，宽缓的小型褶曲、挠曲、倒转及层间滑动现象分布普遍，形态复杂，相互叠加改造，难以辨认地层时序面貌。

2. 小断层发育密集

无论是地表还是井下，小断层成组发育、密集排列的情况都可见到。尤其是井下更为直观明显。如杨山煤矿 +100m 水平北大巷 110m 昌都内巷道编录断层多达 20 余条，其频率为 1.8 条/10m。另外，在矿井及小窑生产巷道中可见到各种形状的褶曲与断层伴生发育（图 4.65）。

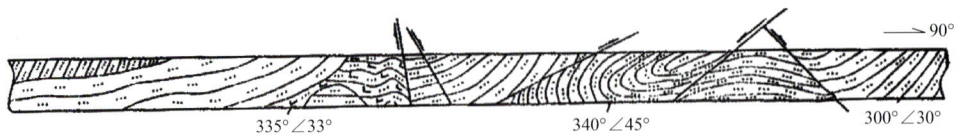

图 4.65　杨山煤矿 +100 水平运输大巷自西向东 580～626m 段素描图

3. 地层产状变化极大

从区内地表及井下均可明显看到，地层产状在小范围内变化显著。如在地表 25m 范围内地层产状由倾向南西变为倾向南东；如在杨山煤矿井下 +135m 水平大巷与 +100m 水平十六煤层大巷同一平面位置，高差仅为 35m 左右，但其产状走向正交。

4. 层间滑动强烈

矿井及小窑内经常可见到沿煤层的滑动面，煤层发育塑性流变，形成粉末状、鳞片状煤，更主要的是使煤层厚度变化重新分布，产生厚薄不均现象，有些地方汇集成煤包，有些地方产生无煤带（图 4.66）。

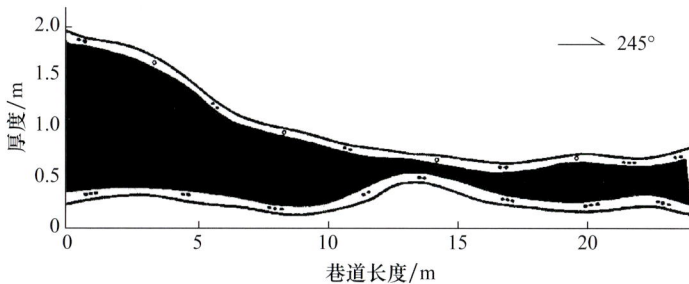

图 4.66　杨山煤矿 +100m 水平十六煤挤压后沿煤走向变化

5. 岩浆活动影响明显

商城岩体产于近南北向商（城）–麻（城）断裂和北西西向龟（山）–梅（山）断裂的复合部位，平面上近似于半圆形，是杨山煤系分布范围内规模最大的中生代侵入岩体，出露面积约为 131km²，岩性为黑云母花岗闪长岩和二长花岗岩。岩体侵位于杨山煤系、中生界火山岩和粗碎屑岩及中–新元古界变质岩系中，受岩体侵位的影响，围岩挤压变形强烈并片理化，在岩体周缘形成宽约 1km 的接触变质带（刘文斌等，2003）。商城岩体侵位所伴随的热力和应力，显著促进了煤的变质–变形进程，形成构造–热变质类型的高变质煤，局部达到半石墨化阶段（曹代勇等，2012）。

杨山矿区岩浆岩广泛发育，在地表、井下及钻孔中都有大量发现。根据井下观察和钻孔对比，岩浆岩岩体对其周围的煤层或碳质泥岩有顺层侵入现象，表现为挤压和吞蚀煤层，使煤层局部变为天然焦或被岩浆岩取代，煤层由于岩浆岩侵入而受到强烈挤压呈现为厚薄突变、串珠状、藕节状或不规则状的煤包（图 4.67）。

图 4.67　杨山煤矿十九号孔右二巷 60～85m 段巷道素描图

第五章　西北赋煤构造区

西北赋煤构造区系指贺兰构造带以西、昆仑造山带以北的广大区域，面积约 $270 \times 10^4 km^2$，发育不同规模的沉积盆地 60 余个，蕴藏着丰富的煤炭资源和油气资源。我国西北地区一直是国内外地质学家关注的热点，先后应用槽台、地质力学、地洼、多旋回、板块等大地构造观点，在地壳结构和深部构造、造山带和盆山耦合、区域构造格局和形成机制等方面取得丰硕研究成果（Tapponnier and Molnar，1976，1977；王作勋等，1990；何国琦，1999；任纪舜等，1999；胥颐等，2001；葛肖虹等，2001；隋风贵，2015；李文渊，2015）。西北地区煤田地质研究方面也开展了不同程度的工作（王煦曾等，1992；童玉明等，1994；吴传荣等，1995；张鹏飞等，1997；张泓等，1998；李恒堂和田希群，1998；毛节华等，1999；程爱国和林大扬，2001；刘天绩等，2013；王佟等，2013，2016），尤其是进入 21 世纪以来，随着西部大开发的持续推进和能源开发战略西移步伐的加快，西北地区煤炭资源勘查也进入蓬勃发展的历史新时期。

西北赋煤构造区的能源盆地多镶嵌于造山带之间或内部，其形成演化和后期变形受造山带活动的制约，且控制了盆地烃源岩发育部位与层系，形成了具有不同特征的古隆起和山前构造带（王桂梁等，2007；何治亮等，2015；郑孟林等，2015），使不同构造区具有独特的构造演化特征和变形形式，时空差异显著。

第一节　大地构造背景

一、大地构造格局

（一）区域大地构造背景

西北赋煤构造区地处中亚腹地，北为西伯利亚板块及其南缘块带群，南为印度板块及其北缘块带群，东、西两侧为与前述板块在规模上相差甚远的中小板块，东部为华北板块和扬子板块，西部为土兰和哈萨克斯坦板块，该区处于特提斯构造域与环西伯利亚构造域的相交部位（图 5.1）。西伯利亚构造域和特提斯构造域在古生代时经历了板块和中小地块的裂离、聚合及造山带的形成和准平原化，中、新生代经历了板块和中小地块的造山挤压，特别是印度板块向北的俯冲、挤压及造山带复活，使该区在不同构造演化阶段经受了不同的构造域作用，形成了复杂的构造面貌。

区内造山带与板块相间分布，存在四大相对稳定板块：塔里木、准噶尔-吐哈、柴达木、阿拉善。四大造山带：昆仑造山带、祁连造山带、天山-兴蒙造山带、阿尔泰造山带。按照造山带最终闭合进入陆内演化的时间，可分为加里东期（祁连造山带、阿尔泰造山带）、海西期（天山造山带、昆仑山造山带）。先后经历了板块（地块）裂离，洋盆、海盆形成，物质充填和板块聚合，造山带形成，以及中、新生代陆相盆地演化、造山带复活等复杂的大地构造多旋回演化过程，最终表现为板块周缘被造山带分割。

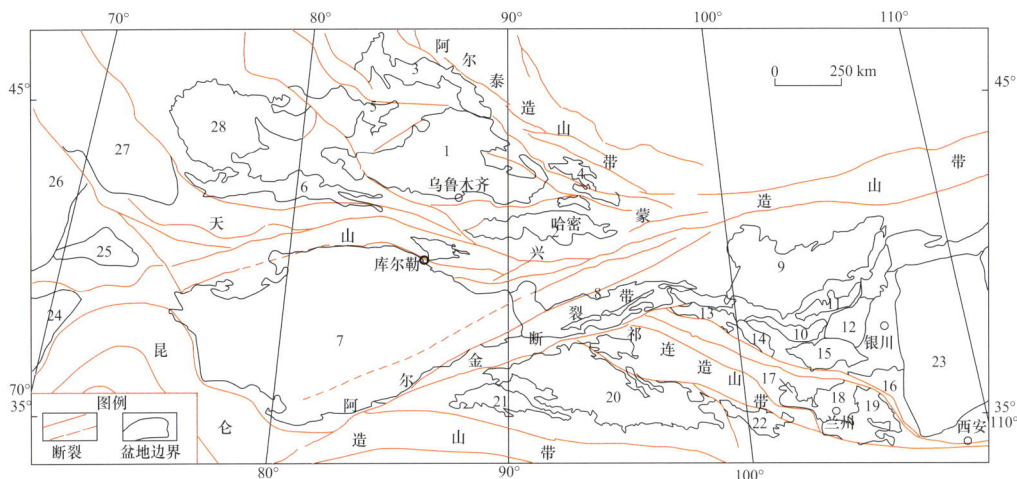

图5.1 西北赋煤构造区大地构造及盆地分布图（据王桂梁等，2007）

1.准噶尔盆地；2.吐哈盆地；3.斋桑盆地；4.三塘湖盆地；5.塔城盆地；6.伊犁盆地；7.塔里木盆地；8.敦煌盆地；9.银额盆地；10.潮水盆地；11.邪念布赖盆地；12.巴彦浩特盆地；13.酒泉盆地；14.民乐盆地；15.武威盆地；16.六盘山盆地；17.西宁盆地；18.民和盆地；19.西吉－双临盆地；20.柴达木盆地；21.库木库盆地；22.共和盆地；23.鄂尔多斯盆地；24.塔吉克盆地；25.费尔干纳盆地；26.锡尔河盆地；27.楚河－萨雷苏盆地；28.巴尔哈什盆地

西北地区块带相间、带内有块、块间有带的基本特征较明显，盆地构造类型多样（图5.2），其主要原因是除塔里木板块规模较大外，其他块体规模较小；造山带与盆地相间，中、新生代活动特别是新生代以来印度板块与欧亚板块的碰撞与隆升作用活跃，盆山作用显著，沿造山带周缘往往发育新生代前陆盆地。

西北地区另一个主要的特征是：在各造山带的内部均存在与造山带平行展布的微小地块，如天山－兴蒙造山带内的伊犁地块、祁连造山带内的中祁连地块、昆仑造山带内的中昆仑地块等，使各造山带在其演化过程中具有非对称性。如祁连造山带，尽管南祁连造山带较北祁连造山带在初始拉张时间上晚，但南祁连地区在古生代晚期、三叠纪相继发生多次开合作用并具有开合区逐渐向南迁移的特点。天山－兴蒙造山带虽然经历了多期开合旋回，但南天山的开合位置亦具有随时间而迁移的特点，具有不对称性。在奥陶纪之前，伊犁地块与塔里木板块仍为一体，早志留世—早泥盆世南天山洋的形成，导致伊犁地块与塔里木板块分离。古生代晚期，博格达裂陷谷的形成使得吐哈地块与准噶尔地块分离。古生代的板块开合作用为中、新生代盆地发育的位置和规模奠定了地质基础。

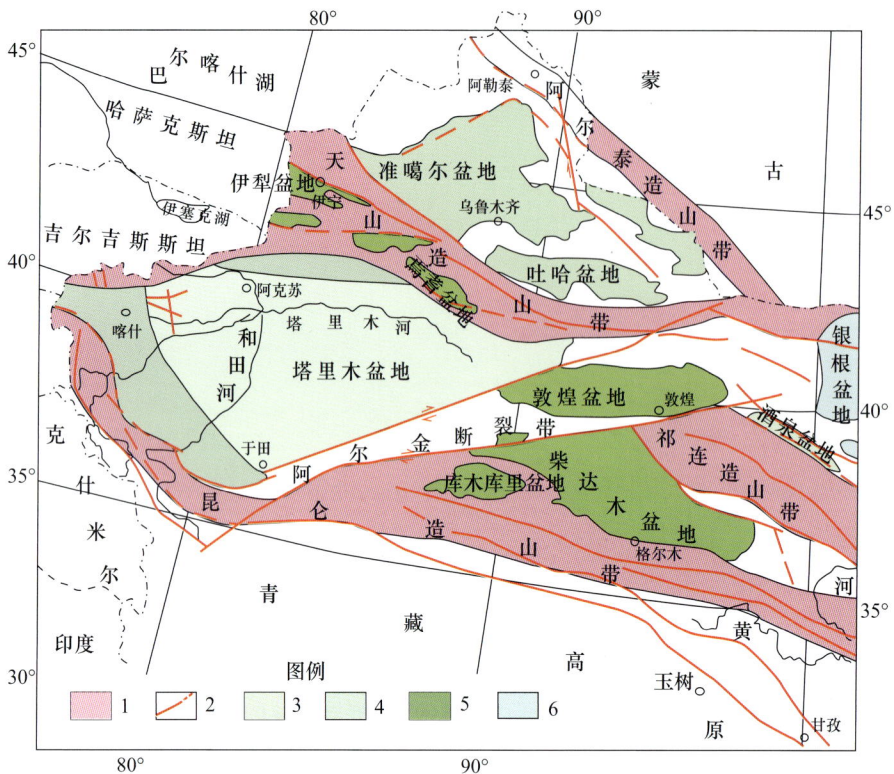

图 5.2　西北赋煤构造区盆山展布图（据王桂梁等，2007）

1.碰撞造山带；2.主要断层；3.克拉通盆地；4.前陆盆地；5.挤压拗陷盆地；6.断陷盆地

　　准噶尔–吐哈板块作为哈萨克斯坦–准噶尔板块的一部分（徐学义等，2014），由地块群组成，其间被西准噶尔、博格达、克拉玛依等造山带分隔。阿拉善地块与鄂尔多斯地块在中、晚元古代—古生代早期被贺兰拗拉谷分隔，晚古生代阿拉善地块的北部形成裂谷（王廷印等，1993）。

　　上述事实说明我国西北区域现今盆、山面貌是不同时期、不同构造背景的盆地在相互叠置及其与造山带相互作用中最终形成的。

（二）大地构造格局基本特征

　　古生代板块构造体制结束后，西北区域形成造山带与（板块、地块）盆地相间分布的格局。造山带在燕山期、喜马拉雅期的重新活动对盆地的形成和盆地后期改造起着重要作用，断裂的多期活动和新生成的区域性深大断裂对盆地的分布和地质特征也具有控制作用。

　　西北区域最显著的特征是小地块、多期开合、多期拼合、造山带后期活动强烈，这就决定了该区盆地形成演化及后期改造的复杂性。区域性深大断裂性质、活动历史构建了不同构造单元之间的相互配置关系，因此区域构造格架的认识是建立在区域深大断裂研究基础之上的。根据重力、航磁和区域地质资料，综合前人研究成果，认为该区域主要发育三组形成时代不同、多期活动明显的深大断裂，即近东西向、北西西向、北东—北东东向和北西向（王素华和钱祥麟，1999；何治亮等，2015）。根据不同地区断裂的发育特点将中西部进行分区。

天山以北的准噶尔、中亚的巴尔喀什、穆云库姆等地区以发育北西向断裂构造带为主要特征，这组断裂向南与天山断裂系相交另外，在各地块的西北缘发育多条北东向断裂。

天山造山带主要呈舒缓波状近东西向展布。从西部的中亚到东部的阴山延伸达3500km，在南天山、中天山和北天山等发育一系列深大断裂，近东西向断裂系将中国北疆与南部不同的构造特征分割开来。

阿尔金断裂带总体呈北东向展布，宽为100～200km（郑剑东，1991；李萌等，2015），发育阿尔金南缘断裂、三危山断裂、且末断裂、车尔臣断裂等数条主要断裂。沿阿尔金断裂带分布有中元古代、晚元古代、早古生代、晚古生代的基性岩、超基性岩岩体，显示其复杂的演化史。该断裂系将天山以南的塔里木和东部的柴达木、祁连、阿拉善进行了构造区分。

柴达木、祁连地区以发育北西西向断裂构造为特征，阿拉善地区由于后期改造强烈，除发育北西西向断裂外，北东向断裂也较发育。如金川－民勤－吉兰泰深断裂西起金川镇，向北东呈弧形经过吉兰泰继续延伸，区内长340km。该断裂在磁异常图中为两大磁场的分区界线，分隔雅布赖正负变化磁异常区和阿拉善中部平静磁异常区，并呈现为磁异常梯度带；在重力异常图上，其表现特点与磁异常相似，为重要的异常分区线和重力异常梯度带。

贺兰断裂构造带发育于阿拉善地块与鄂尔多斯地块之间，呈近南北向展布，形成时间早（晚元古代为三叉裂谷）、活动频繁，侏罗纪晚期表现为向鄂尔多斯逆冲推覆，目前表现为新生代断陷。该构造带将活动性较大的阿拉善地块与稳定性较强的鄂尔多斯地块分开。

根据断裂发育特点，可将其划分为两类：一类为与造山带的方向一致、发育于造山带与板块（或地块）的接合部位，大部分对中新生代的盆地演化、后期改造具有重要控制作用；另一类为横切盆地与造山带的深大断裂，对中新生代盆地的形成演化和油气分布也具有重要控制作用。

二、地球物理场和深部构造

（一）地球物理场及特征

1. 重力场特征

西北部区域以阿尔金断裂带为界，划分为东、西两大布格重力异常区（图5.3）。阿尔金断裂带为中国西部非常清晰的串珠状重力高异常带。其北东向的重力异常走向与塔里木盆地北西向重力异常走向存在明显的差异，该带自昆仑山到北山延伸长达1500km，宽为150～200km；北界与塔里木盆地之间为重要的异常分区线，是车尔臣－星星峡断裂的位置，东南界为非常显著的重力异常梯度带，梯度带向北东方向延伸至北山地区与北祁连重力梯度带相接。从异常等值线图上看，北山地区的异常面貌与银额地区和天山地区都存在差异，可能是阿尔金断裂带作用的结果。

图 5.3　西北赋煤构造区及邻区布格重力异常图（据何登发，1999）（单位：mGal）

以阿尔金重力异常为界，东西面貌存在很大差异，西部重力异常南北高低分带性显示了造山带与稳定地块之间相间分布的特点。重力异常等值线总体为北西向和北西西向展布。最为显著的特点是各前陆盆地发育区均表现出比盆地内部重力异常值高的特点，且具有走向分段的特点。库车前陆盆地的重力异常表现为东高西低，准噶尔盆地南缘重力异常东高西低，塔西南前陆盆地在山前的北西向重力异常低值被北东向异常高带分隔，说明前陆盆地冲断带的构造变形方式、特点在走向上的分段性具有深部构造背景（何登发，1999；刘泽彬等，2005）。

阿尔金断裂带以东可划分为两大重力异常区，北祁连及其以南地区为重力低异常背景，异常等值线主要呈北西西向展布，柴达木盆地是重力低异常背景中的相对重力高值区，特别是盆地南、北存在两条北西向的重力高值带。北祁连以北的阿拉善－银额地区表现为北东向的串珠状的变化剧烈的异常等值线，这与该区发育火山岩有关。需要特别提出的是，该区还存在近东西向异常特征，反映该区不同方向盆地叠合后的现今表现（何登发，1999）。

2. 航磁特征

航磁异常的东、西分区性比重力异常更为清晰（图5.4），阿尔金断裂带的航磁异常等值线表现为北东东向，车尔臣－星星峡断裂和敦煌南的阿尔金缘断裂均表现为明显的航磁异常分区线，断裂带内异常等值线变化平缓（张永军和张开均，2007）。

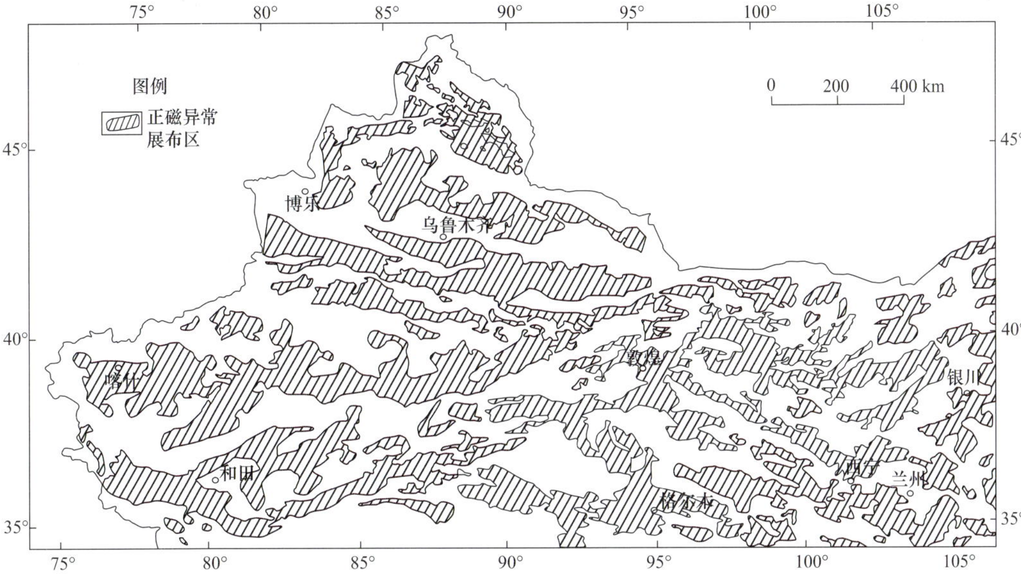

图 5.4　西北赋煤构造区及邻区航磁正异常展布图（据王桂梁等，2007）

阿尔金断裂带以西的新疆地区磁异常变化较大，为 $-200 \sim 200nT$，存在塔中、哈密南 - 伊犁南两大近东西向展布的高磁异常带，最高可达 200nT。高磁异常体的存在可反映两方面的内容：一是该区存在高磁性地质异常体，二是该区存在稳定基底。结合地质资料和前人研究成果，伊犁南、哈密南高磁异常体是该区存在稳定地块的反映，航磁异常向上延拓图反映相同结果。塔中地区存在的高磁异常体被认为是震旦纪裂陷的反映。因此，塔里木盆地的基底南、北存在较大差异，塔中以南较塔中以北基底具有更强稳定性。最为引人注目的是，塔西南地区的高磁异常带呈北东向展布，存在四大北东向高磁异常带。

阿尔金断裂带以东的阿拉善 - 柴达木地区与西部相比整体表现为相对平缓的异常区，可划分为两个次级异常区，龙首山以南的祁连 - 柴达木地区整体表现为北西向宽缓磁异常，以北为变化较剧烈的北东向磁异常，银额地区以负异常背景为主要特征，阿拉善地区为北东向正磁异常区，显示两地区基底差异性，地质资料说明北部为海西期末的造山带，南部为较稳定的地块。

3. 地壳内部低速层的分布

关于地壳内部低速层的解释，就目前来说，主要有三种观点：其一认为是地壳在强烈的构造运动的作用下，地壳内部产生滑脱，形成一个具有一定厚度的破碎地层构成的滑脱构造层，由于岩体破碎，导致了地震波在其中传播速度的降低；第二种观点认为地壳内部的低速层是存在于地层内兑换处于熔融状态的花岗质物质层；还有一种观点来自科拉半岛超深钻资料研究，认为地壳内部低速层形成的直接原因是岩石密度的减小，深部矿物由于高温高压的影响而发生变化，使水析出，析出的水分连同新生成的矿物一起，占据的空间超过了原先所占空间的大小，于是岩石破裂变松，形成低密度带。另外，根据科拉深外所提示的情况，岩石在高温高压的影响而使其成分发生变化，也导致了岩层速度的降低。

根据深部地震测深的地壳结构研究，我国西部大陆的低速层主要分布于青藏高原及攀西裂谷地区，而在广大的西北地区，除了在阿尔金断裂北侧附近地区的低速层外，迄今还未发现其他低速层的存在（肖序常和姜枚，2008）。

我国西部大陆低速层的分布特征也各不相同。西藏地区的上地壳中的低速层埋深均在20km左右；在青海的巴颜喀拉及其邻区，上地壳内部存在埋深为10～20km的低速层；在靠近阿尔金断裂的北部地区及攀西裂谷地区，低速体的埋深增大为20～40km。然而，在藏南的地壳底部65～73km深度段内存在一速度为6.1km/s的低速层，其底界即为莫霍面（黄忠贤等，2014）。

（二）深部构造

自国际岩石圈计划实施以来，我国开展了大规模的深部地震研究工作，并取得了巨大成就，为地壳上地幔结构特征提供了丰富和宝贵的资料。图5.5是在由重力资料反常得到的莫霍面埋深的基础上，利用已有的深部地震测深结果对其进行修正以后得到莫霍埋深。从图中可以看出，以阿尔金断裂及中国南北地震带为界，可将中国西部大陆划分为三大块：新疆地块、青藏高原及西部大陆东缘。新疆地块的地壳厚度为45～60km，且莫霍面在准噶尔盆地及塔里木盆地表现为一隆起，地壳厚度近45km。

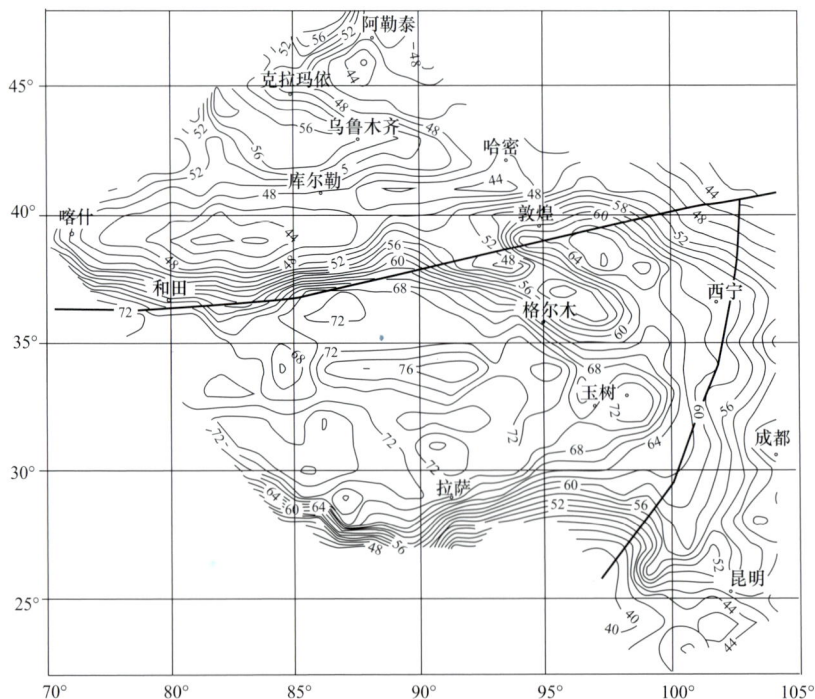

图 5.5　中国西部大陆地壳的莫霍面厚度（据肖序和姜枚，2008）（单位：km）

通过几十年来的基础地质工作，加上近年来的大量地球物理和深部地质的研究，对该区的区域地质构造格架已经有了较深入的认识。该区构造格架的形成，是在地质历史时期中，由于不同岩石圈板块的开裂、漂移、汇聚和碰撞而造成的，在大陆板块基本形成以后的近2亿年的时期内，强烈的陆内造山作用，进一步造就了现代盆山构造格局。在这一长期活动的过程中，岩石圈板块之间的缝合带由于深度大，往往在下地壳甚至上地幔中也有所表现，有的即使经过了板块拼合后1亿~2亿年的时间，在下地壳-上地幔中也还能找到痕迹。西北地区主要缝合带和深大断裂如图5.6所示。

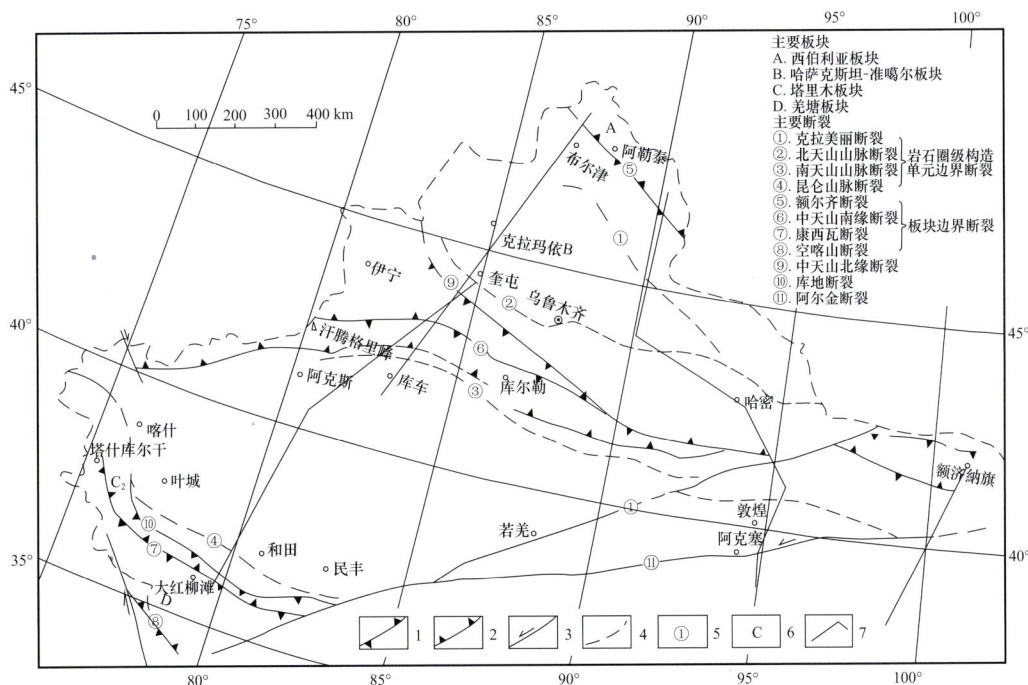

图5.6　西北赋煤构造区主要深部断裂分布图（据肖序常和姜枚，2008）

1.板块碰撞带；2.地壳俯冲带；3.大型走滑断裂；4.其他断裂；5.断裂编号；

6.板块构造单元编号；7.主要地学断面位置

1. 额尔齐斯断裂

该断裂是西伯利亚板块和哈萨克斯坦-准噶尔的分界。《新疆维吾尔自治区区域地质志》（新疆维吾尔自治区地质矿产局，1993）将其归为一条压扭性的超岩石圈断裂，并指出，在其国外延伸部分具有典型的蛇绿岩套，因而是一条重要的板块对接带。

断裂总体走向330°，呈略向南突出的弧形。断面北东倾斜，倾角为60°~70°。该断裂还是一条现代活动性很强的断裂，历史上曾记载多次强烈的深源地震，该断裂位于重力异常梯度带陡变位置上，反映沿该断裂地壳厚度有一个突变（刘飞等，2013）。在中国地震局所做的沙-玛断面大地电磁测深剖面上，F_{10}即为额尔齐斯断裂，断裂两侧的电阻率等值线显示较为陡峭的特点，表现为挤压断裂的特征，其切割深度直达岩石圈底面。

该断裂主要的活动时间为古生代，这是其两侧板块对接拼合的时期。但直至现今，强烈的地震活动，表明它仍在继续活动。

2. 中天山南缘断裂（那拉提南缘断裂）

中天山南缘断裂带沿北东东向经图拉苏—长阿吾子一线至巴音布鲁克盆地以北，然后沿额尔宾山北缘向南东东方向延至巴伦台以南的乌瓦门，呈整体向北凸出的弧形构造带。它是哈萨克斯坦－准噶尔板块与塔里木板块之间的分界。沿该断裂发育有一系列板块碰撞带的产物，包括蛇绿岩套、混杂堆积和双变质带等（高鹏等，2005），表明它是新疆中部一条重要的板块对接带。

断裂主要的活动时期为早古生代后期至晚古生代早期，亦即两侧板块活动至碰撞的主要时期，晚古生代一直有所活动，现代可见明显的地貌特征，近期历史上还有一定的地震记录，《新疆维吾尔自治区区域地质志》（新疆维吾尔自治区地质矿产局，1993）将它划为岩石圈断裂，认为具有明显的压扭性质。中天山南缘断裂断层面向北倾斜，向中天山之下延伸，一直切过莫霍面，并造成了莫霍面错位，表明该断裂具有很大的切割深度。在地球物理特征上，大地电磁测深和重磁资料的综合解释表明，该断裂向北延伸至地壳下部，两侧地体的大地电阻率有明显的不同，地质上的证据也表明，古板井－小黄山断裂是哈萨克斯坦－准噶尔板块和塔里木板块的分界，代表了南北两大板块之间的板块对接带。

3. 康西瓦断裂

该断裂呈近东西向延伸，过去认为该断裂是一个重大的走滑断裂，沿断裂两侧地层、构造均有明显的不同。有关的断裂特征也十分典型。但由于没有找到相关的蛇绿岩套，因而对其是否是一条板块缝合线一直有所争论（李永安等，1995；丁道桂等，1996；Matte et al.，1996）。从已有的资料来看，沿康西瓦断裂南侧的地壳明显向北下插，沿其分布的特提斯洋在晚古生代和早中生代具有向北俯冲的特征。关于康西瓦断裂的演化时限，根据与构造作用关系极为密切的岩浆活动、同位素地质及近代频繁的地震、新构造作用可以确定，康西瓦断裂的形成演化时限就在早中生代至现代。

4. 空喀山口断裂

该断裂位于新疆最南部，喀喇昆仑山地区。该断裂作为南北两大陆的之间的分界，新疆境内断裂呈315°方向延伸，倾向北东，倾角在60°以上。沿该断裂断谷、断崖和糜棱岩化带发育，并见有混杂岩分布。向东南方向，该断裂与班公错－怒江断裂带相连，是一条于中生代闭合的大型地壳对接带。

5. 北天山山前断裂

北天山山前断裂位于北天山北侧，为一南倾推覆断裂，沿该断裂北天山整体推覆于准噶尔盆地之上。北天山山前前锋面见于准噶尔盆地南缘的山前地带，东西向延伸约200km，以古生界推覆于中新生界之上为特征，其构造特征十分明显，可以推覆前锋面为界划分准噶尔盆地与北天山地体。在独库公路巴音沟道班以南不远处，即可看到石炭系的火山碎屑岩逆掩到其北侧的新近系棕红色砂泥岩之上，断层接触关系明显，断层面呈40°~50°向南倾斜。在独库公路北段显示出向北强烈的褶皱冲断，总体构造样式为向北叠瓦式推覆的多重构造岩席。

从盆地边缘所见，北天山的石炭系推覆于盆地新近系之上，表明该断裂的活动一直延续到了新生代。

6. 南天山山前断裂

南天山山前断裂带是塔里木盆地北部最大的一条断裂带，构成塔里木盆地与南天山的分界线。自东而西由北轮台断层、克孜勒阔坦断层、老虎台断层和卡拉铁克断层组成，总延伸长度约1000km。平面上几条断层首尾侧列相接，呈向北凸出的弧形展布，剖面上均北倾，具典型逆冲断层特征，切割深度大，上至地表，下穿基底。沿断裂带发育几十米至数千米的断层破碎带，断裂带内常见构造角砾岩、动力变质带糜棱岩及硅化、高岭石化和矿化现象，反映断裂带遭受过不同层次的变形过程。沿断裂带发育大量海西期和加里东期酸性及中基性侵入岩、中基性火山岩和火山碎屑岩，断裂带北侧伴有大量同方向次级断层和褶皱出现。断裂初始形成于早加里东期，此后经历过极为复杂的活动史。从运动方式看，自加里东末期至喜马拉雅期，一直保持一种北盘向南逆冲的性质，显示出明显的继承性。

7. 昆仑山山前断裂

展布于铁克里克北侧与塔里木盆地之间，以昆仑山山前断裂为界，是一条向南缓倾的逆掩断层，铁克里克的前古生界被推到了盆地的新生界之上。西昆仑前缘褶皱冲断带发育于铁克里克北缘断裂以北的山前地带，绝大部分区段的构造形迹隐伏于地下，该冲断带总体呈南倾上叠式低角度逆掩构造样式，玉龙喀什河口以北由两级断裂带构成，剖面上可以看出从后陆向前陆方向，断裂活动强度逐渐减弱。

西昆仑前缘叠瓦式逆冲带主要出露于铁克里克推覆体前缘地带，是由元古界组成的外来系统在构造运移过程中形成的断裂构造样式。叠瓦式逆冲断裂均发育在西昆仑北缘断裂以南浅变质绿片岩分布区域内，出露宽度约为10km，叠瓦片间逆冲断裂倾角为60°~75°，构成多个断夹块。逆冲前缘为铁克里克北缘断裂。玉龙喀什河口处，古元古界大理岩和变火山岩直接推覆在西域砾岩之上；杜瓦煤矿附近由两条逆断裂组合成构造带，宽度约120m，上石炭统灰岩被冲断形成北翼残破不全的背斜，局部地段推覆形成外来岩块，覆于早中侏罗统之上；西段桑株、棋盘等地则表现为石炭纪—二叠纪断裂均南倾，断面多呈上陡下缓的铲状和勺状，倾角为40°~75°不等，露头观察以脆性剪切破裂变形为主，其中的软弱夹层表现为强烈揉皱变形。

8. 阿尔金断裂

自从Molar和Tapponnier（1975）及Tapponnier和Molar（1977）从卫星图片上识别出阿尔金断裂，并指出它是一条可与美国加利福尼亚州的圣安德烈斯断裂相提并论的巨型走滑断裂以来，阿尔金断裂作为青藏高原的北界及众多青藏高原模型的重要边界条件，一直备受地质学家的青睐。围绕着它的一系列科学问题，如其形态、活动时间、运动方式、总位移量、滑移速率等的研究一直都是地质学界的热点。阿尔金断裂在平面上呈北东东走向的线性构造，它分隔了具有坚硬岩石圈的塔里木板块和相对较软的青藏高原。断裂两侧的海拔相差很大，且向东逐渐变小：在西段达3500m，在中段柴达木盆地附近变为2500～3000m，至东段的祁连山一带仅为1500m左右。崔军文等（2002）认为阿尔金断裂并非完全平直的巨型走滑断裂，而具有线性与弧形相叠加的几何学特征，并沿着断裂识别出10个与阶状线性段相伴的弧形段。阿尔金断裂的东端一般认为和祁连山冲断系统及海原左旋走滑断裂相连（Yin et al.，2002），向北经宽台山、金塔－花海盆地并向东消失在阿拉善地块南缘的合黎山—龙首山一带（陈文彬和徐锡伟，2006；张进等，2007）。阿尔金断裂北侧发育与其平行或呈小角度相交的走滑断裂，如三危山断裂、若羌－米兰断裂、车尔臣断裂及北阿尔金断裂（江嘎勒萨依断裂）等，其形态和运动特征与阿尔金断裂相似（郭召杰和张志诚，1998；Cowgill et al.，2000；Yin et al.，2002）。

目前，许多地质学者认为现今的阿尔金断裂主要形成于新生代，受控于印藏碰撞的远程效应（郭召杰和张志诚，1998；Yin et al.，2002；Ritts et al.，2004）。阿尔金断裂在新生代之前活动的证据主要来自于断裂带内元古界地层中的大型弧形构造和流变褶曲及奥陶系中的塑性变形构造（周勇和潘裕生，1999）的认定，断裂带构造岩定年（Delville et al.，2001；刘永江等，2001）和阿尔金山前盆地中生界原型的分析（Allen et al.，1999；钟建华等，2006；段宏亮等，2007）认为，断裂活动时间从新元古代（870Ma）、古生代到三叠纪、侏罗纪甚至晚白垩世均有提及。肖序常和姜枚（2008）认为，从阿尔金断裂的形成历史来看，中生代以来，它是一个明显的大型走滑断裂，并且控制了两侧的中新生代沉积盆地的形成和发展。

三、区域构造演化进程

西北赋煤构造区成煤盆地的发育是众多地块（板块）和造山带演化及其相互作用的结果，存在地块裂离－聚合和海相盆地构造演化及地块拼合后的陆内盆地构造演化两大阶段。

1. 地块裂离－聚合及海相盆地构造演化阶段

该阶段的显著特点是赋存在稳定地块上的陆表海盆地和地块之间的有限洋广泛相连，形成非汇水盆地，经历了中、新元古代—早古生代和晚古生代两大旋回演化过程。震旦纪—早中奥陶世是西北地块裂离断陷盆地和克拉通内坳陷盆地形成演化阶段。

石炭纪—早二叠世开始新的构造旋回，海盆与地块并存。准噶尔－吐哈、塔里木、北山－阿拉善－祁连和柴达木四个构造区的盆地演化有共性也存在差异。准噶尔地块与吐哈地块的裂离形成断陷盆地，盆地内发育的玄武岩证实伸展断陷盆地存在。石炭纪是塔里木陆表海盆地重要发育期，形成了重要的碎屑岩、碳酸盐岩建造。早二叠世塔里木盆地基性玄武岩发育则指示伸展断陷盆地形成。

石炭纪—早二叠世，柴达木地块南、北存在差异，北缘为海陆交互相和浅海相含煤岩系，南缘则为以碳酸盐岩系为主的建造。早二叠世末的构造运动在该区沉积盆地的形成和演化历史中具有划时代意义，结束了西北区域非汇水海相沉积盆地演化史，西北区域的稳定地块（板块）被其周缘变形的海盆沉积物拼接统一，从此进入陆内盆地形成演化阶段。

2. 陆内盆地构造演化阶段

从晚二叠世到第四纪，是西北赋煤构造区陆内盆地演化阶段（图5.7），准噶尔-吐哈、塔里木、北山-阿拉善-祁连和柴达木四个构造区在各阶段的盆地类型和演化特征及其对成煤盆地形成的地质作用各具特色。

晚二叠世—三叠纪，四大构造区的构造背景有所差异，盆地构造类型及其演化亦不相同，北疆地区的准噶尔盆地为陆内走滑拉分断陷盆地演化阶段，三叠纪末的挤压构造运动使盆地发生反转变形。一般认为晚二叠世—三叠纪塔里木盆地形成于挤压构造背景。晚二叠世盆地主体在塔西南地区，而三叠纪盆地的主体则主要在北部的南天山山前的库车地区。

北山-阿拉善-祁连地区在晚二叠世—三叠纪处于陆内克拉通背景，形成拗陷盆地，为河流、湖泊相沉积建造，早期的潮湿环境形成了有工业价值的煤层。南部为与海盆相连的海陆过渡相盆地，海水逐渐向南迁移。柴达木地块主体部位至今没有发现三叠系存在，一般认为该时期主体为隆升剥蚀期，其东部是西秦岭有限洋的西延部分，以碎屑岩为主的建造。

从侏罗纪开始，西北赋煤构造区成煤盆地的形成演化处于统一的构造背景，经历了多阶段多盆地类型的演化，早—中侏罗世是该区断陷盆地普遍发育阶段，也是含煤地层的重要形成期：北疆地区形成了准噶尔、吐哈、三塘湖等最重要成煤盆地；塔里木周缘山前形成了系列断陷盆地；阿尔金断裂带以东地区众多的中小断陷盆地在该时期普遍发育。晚侏罗世挤压构造背景结束了该时期盆地旋回演化。

早白垩世是西北区域新的断陷盆地演化阶段，塔西南地区、中祁连、河西走廊、阿拉善、北山等地区都形成了重要的断陷盆地，并分别位于阿尔金断裂带的左侧南端点和右侧北端点，可能与阿尔金断裂带的活动方式相关。准噶尔盆地和塔里木库车地区可能为拗陷盆地发育期。晚白垩世，塔里木西南部为海相盆地，准噶尔盆地继承了早期盆地的演化特点，其他地区盆地消亡，柴达木、塔里木的库车、中祁连、河西走廊、阿拉善、北山等大部地区均处于隆升剥蚀状态。

古近纪西北赋煤构造区处于弱伸展构造背景，塔里木、准噶尔、柴达木等盆地表现出断陷盆地性质。新近纪以来，受印度板块向欧亚大陆俯冲、碰撞作用的影响，西北区域的各造山带复活，在稳定地块内形成了大型沉积盆地并经历了南造山带向盆地的挤压改造过程。

综上所述，西北赋煤构造区虽然都经历了海相盆地和陆内盆地两大演化阶段，但煤盆地的形成演化既有统一的地球动力学背景，也受到各构造区的区域构造环境控制，各构造区的盆地演化阶段和主要盆地发育期存在明显差异。

地质年代		含煤地层	构造背景	聚煤强度	构造期次	构造演化
新生代	Q		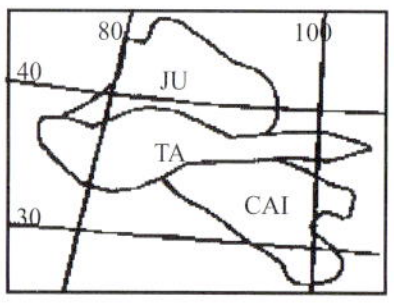		喜马拉雅期	弱伸展构造背景，塔里木、准噶尔、柴达木等盆地表现出断陷盆地性质。各造山带复活，在稳定地块内形成了大型沉积盆地并经历了南造山带向盆地的挤压改造过程
	N_2					
	N_1					
	E_3					
	E_2					
	E_1					
中生代	K_2		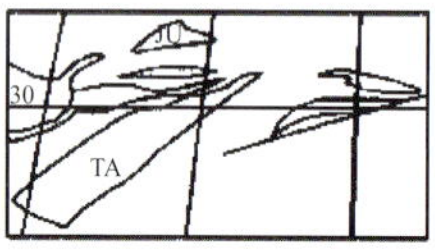	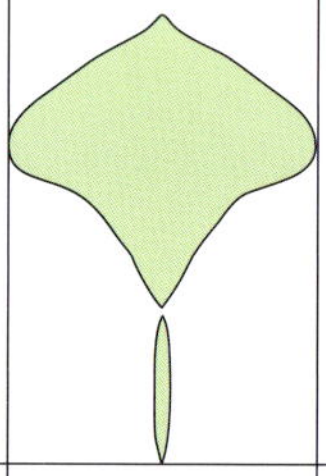	燕山期	早—中侏罗世西北赋煤构造区含煤盆地的形成演化处于统一的构造背景，形成多个重要的含煤盆地；晚侏罗世进入挤压构造背景；早白垩世开始新的断陷盆地演化
	K_1					
	J_3					
	J_2	木里组 西山窑组 大煤沟组				
	J_1	甜水沟组 小煤沟组 八道湾组				
	T_3	八宝山组				
	T_2		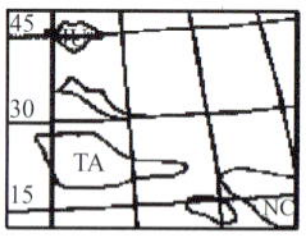		印支期	准噶尔盆地进入走滑拉分断陷阶段，柴达木地块主体为隆升遭受剥蚀
	T_1					
古生代	P_3		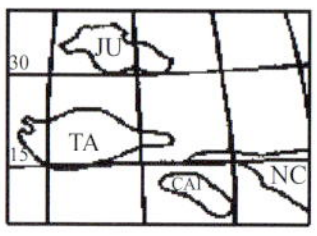		海西期	陆地与海盆并存阶段，赋存在稳定地块上的陆表海盆地和地块之间的有限洋广泛相连。柴达木盆地北缘形成浅海相含煤岩系
	P_2					
	P_1	山西组 龙吟组				
	C_2	太原组				
	C_1					

图 5.7 西北赋煤构造区煤田构造演化历程简图

JU. 准噶尔地块；TA. 塔里木地块；CAI. 柴达木地块；NC. 华北地块

四、岩浆岩及其对煤层的影响

（一）侵入岩

侵入岩广泛分布于阿尔泰山、准噶尔、天山、昆仑山、北山、祁连山等地区，晋宁期、加里东期、海西期、印支期、燕山期、喜马拉雅期的构造中都有岩浆的侵入，岩性可分为五大类，即酸性、中性、碱性、基性、超基性，其中以中–酸性侵入岩体为主。

1. 基性－超基性侵入岩

基性－超基性侵入岩在西北赋煤构造区较发育，主要分布于西准噶尔山、阿尔金山、北祁连山、拉鸡山、宗务隆山－青海南山、日月山－化隆、柴北缘等地区。该类侵入岩主要分布在洋壳沉积带和大陆裂谷带，并受深达地幔的超岩石圈断裂和岩石断裂控制。

基性侵入岩岩性主要有辉长岩、辉绿岩、灰绿玢岩、辉岩、闪长岩、白辉长岩，辉长闪岩；超基性侵入岩岩性主要有橄榄辉绿岩、斜辉橄榄岩、纯橄榄岩、斜长辉橄榄岩、二辉橄榄岩。

该类侵入岩有以下的分布特征：

（1）各岩带基性岩、超基性岩体的侵位机制明显受构造控制，展布方向与其所在区域构造线方向一致，多与地层产状一致或小角度斜交。

（2）基性岩、超基性岩，大部分以脉状、岩墙状产出，多具呈群集中分布的特点，大型岩体不多。

（3）基性岩、超基性岩的成岩时代不一。其侵位地层多为火山沉积岩，三者往往紧密共生，其生成序次大多是火山岩—基性岩—超基性岩。

（4）由北向南，基性－超基性岩侵入时代有由老到新的趋势。

2. 碱性侵入岩

碱性岩是喜马拉雅期岩浆侵入活动的产物，呈岩株产于青海省内北西、北北西向断裂交汇部位及新疆维吾尔自治区乌恰—阿合奇一带。主要岩性为灰色霓辉石霞石金云母斑岩、含黑云霞石白榴岩，多属中基性钾质碱性岩。

3. 中－酸性侵入岩

中－酸性侵入岩在西北赋煤构造区最为发育，广泛分布于南天山、昆仑山、阿尔金山、阿尔泰山、卡拉麦里山、北山、祁连山和西秦岭等地区。中－酸性侵入岩，从元古宙—早新生代经历了6个岩浆旋回，各岩浆旋回都由各种岩类组成，但以大规模酸性岩类为主。

中性侵入岩主要有闪长岩、石英闪长岩、闪长玢岩、安山玢岩；酸性侵入岩主要有片麻花岗岩、二云母斜长花岗岩、黑云母花岗岩、富斜花岗岩、花岗闪长岩、石英二长岩、黑云母花岗岩、斜长花岗岩、钾质花岗岩。

该类侵入岩有以下的分布特征：

（1）前兴凯期岩浆活动较弱，岩石类型简单，分布地区局限；加里东期、海西期、印支期岩浆活动强烈，其中海西期是省内中酸性岩浆侵入活动的鼎盛时期，表现为岩石类型全、分布广；燕山期岩浆活动明显减弱，喜马拉雅期更为明显，其特点与前兴凯期类同。

（2）岩浆岩在空间分布上，由北—南岩浆岩的侵入时代具有由老—新的演化趋势。表现为前兴凯期、加里东期侵入岩主要分布于祁连山地区；海西期、印支期主要分布于东昆仑山地区；燕山期、喜马拉雅期侵入岩主要分布于巴颜喀拉山和唐古拉山地区。

（3）东昆仑是省内中－酸性侵入岩最为发育的地区。是典型的多旋回岩浆活动地区，是在早古生代岛弧隆起带上发展起来的较为复杂的巨型岩浆弧带。以海西期中酸性岩分布最广，前兴凯期、加里东期、印支期、燕山期中酸性侵入岩都有分布。

（4）各岩浆旋回除喜马拉雅期外，岩性的演化由中性—酸性—碱性的演化系列，它们的侵入序次是：钾长花岗岩—花岗岩类—花岗闪长岩—闪长岩类。

（二）喷出岩

西北赋煤构造区域内火山活动频繁，主要集中在青、甘两省，从元古宙到古近纪都有火山喷发，以早古生代最为强烈，而且全为海相，晚古生代到中生代早期（三叠纪），既有海相又有陆相；中生代中期到古近纪，皆为陆相喷发；第四纪以来火山活动处于间歇期。各时期火山活动的规模、强度和所处构造位置及火山岩特征，均有明显的差别。

早古生代火山岩十分发育，广泛分布于北山、北祁连和东昆仑山南坡、柴北缘和拉鸡山等地，南祁连和祁漫塔格地区也有分布。火山活动以海相裂隙式喷发为主，间有中心式喷发。火山岩石类型比较复杂。晚古生代火山岩主要分布在柴达木盆地北部边缘、东昆仑山，以及南部的唐古拉山地区，火山活动皆始于晚泥盆世，止于早二叠世。

中生代火山岩在巴颜喀拉山、东昆仑东缘比较发育，祁连山、北山地区发育较少，主要有四期间歇性喷发，早-中三叠世海相喷发、晚三叠世海相和陆相喷发、早-中侏罗世和早白垩世陆相喷发，以晚三叠世火山活动最为强烈。

新生代火山岩集中分布于青海省的西南部，可可西里山与唐古拉山西段，唐古拉山东部。中新世熔岩被、熔岩穹盖覆于海相三叠系、侏罗系和古近系之上，构成平缓产出的熔岩台地。主要岩石为粗面岩、流纹岩及少量火山角砾岩。

总体来看，区内的岩浆活动以加里东期—印支期为主，自北向南有逐步更新的趋势，多沿板块或地体的构造缝合带分布，具多期、多次活动特点，穿时性强。对区内晚古生代以来的含煤地层一般无直接影响。

（三）岩浆作用对煤层的影响

综上所述，西北赋煤构造区主要成煤时期是侏罗纪，而当时基本上没有岩浆活动，而其后的岩浆侵入活动多发生在天山、阿尔金山、昆仑山、祁连山等地，对煤系影响不大，仅在塔西南乌恰煤田托云矿区和东昆仑独峰煤田尕海矿区发现侏罗纪煤系地层有侵入岩体。托云矿区内岩浆岩对煤层、煤质无明显的影响，泥盆系、石炭系、二叠系等含煤地层，也因分布局限，侵入岩对其没有直接破坏作用；尕海矿区，中侏罗世（J_2）煤系中煤层的煤质为弱黏煤，当煤层顶板出现浅成侵入岩-安山岩时煤层受到烘烤变质，局部地段出现无烟煤。

第二节　含煤地层与煤盆地构造演化

一、含煤地层分布特征

西北赋煤构造区内有石炭纪—二叠纪、晚三叠世、早—中侏罗世、早白垩世等地质时代含煤地层，其中以早—中侏罗世为主。早—中侏罗世西山窑组、八道湾组在新疆天山－准噶尔、塔里木、吐鲁番－哈密、三塘湖、焉耆、伊犁等大型成煤盆地广泛发育，北祁连走廊及中祁连山以早侏罗世热水组、中侏罗世木里组、江仓组为主要含煤地层，柴达木盆地北缘以中侏罗世大煤沟组含煤性较好。

（一）石炭纪—二叠纪含煤地层

晚古生代是西北重要的成煤期，由于地壳活动情况、沉积古地理环境不尽相同，含煤岩系的特征也有所不同。现依所处地区和含煤地层的特征和分布规律，划分为柴达木－祁连山、天山－兴蒙和塔里木三部分进行叙述。

1. 柴达木－祁连山沉积区

该沉积区从早石炭世到晚二叠世都有沉积，以地台型沉积为主，海相碳酸盐岩相、海陆交互相、过渡相的含煤地层，陆相碎屑岩及火山碎屑岩、变质岩等都有发育，岩性岩相较为复杂。在北祁连山、河西走廊等地区，石炭系包括下统前黑山组、臭牛沟组、靖远组，上统红土洼组、羊虎沟组及太原组的下部；二叠系包括下统太原组的中上部、山西组、大黄沟组，上统窑沟组和肃南组。在中、南祁连山地区，缺失石炭系，二叠系包括下统的山西组（局部有分布）、勒门沟组、草地沟组，上统的哈吉尔组和忠什公组。在柴达木盆地北缘，石炭系包括下统穿山沟组、城墙沟组、怀头他拉组，上统克鲁克组、扎布萨尕秀组下部；二叠系只见有下统的扎布萨尕秀组的上部（表5.1）。

表 5.1　柴达木－祁连山区石炭纪—二叠纪含煤地层对比表

系	统	柴达木分区	祁连山－河西走廊分区		
		柴北缘	中南祁连山		北祁连及河西走廊
二叠系	上统		诺音河群	忠什公组	肃南组
				哈吉尔组	窑沟组
	下统		巴音河群	草地沟组	大黄沟组
				勒门沟组	
				山西组⊙	山西组√
石炭系	上统	扎布萨尕秀组⊙			太原组√
		克鲁克组⊙			羊虎沟组⊙
		怀头他拉组×			红土洼组×
	下统	城墙沟组			靖远组
		穿山沟组			臭牛沟组
					前黑山组

注：√含煤性好；⊙含煤性一般；×含煤性差。

该区含煤地层主要是海陆交互相的含煤沉积类型（如太原组、羊虎沟组和红土洼组），次为滨海过渡相沉积类型（如山西组），可分祁连山－河西走廊及柴达木两个地层分区。

1）祁连山-河西走廊地层分区

位于土尔根达板山—宗务隆山—青海南山—积石山—天水一线以北，包括青海的中、南祁连，甘肃的北祁连、河西走廊，宁夏中宁、中卫、六盘山地区和内蒙古阿拉善地区，除中、南祁连山区、六盘山及阿拉善中、北部地区外，均是重要的含煤区。含煤地层主要为太原组，其次为山西组、羊虎沟组和红土洼组，臭牛沟组无可采煤层。山西组以上的大黄沟组、窑沟组和肃南组均为不含煤的陆相碎屑岩建造；在中、南祁连山地区与之相当的勒门沟组、草地沟组和诺音河群均为浅海、滨海相的碳酸盐岩及碎屑岩沉积，不含煤。

（1）红土洼组。主要分布在河西走廊东部地区及宁夏的中宁、中卫地区，为潟湖、潮坪夹碳酸盐陆相沉积，一般只含薄煤层或煤线，仅在景泰红水堡、福禄村及靖远磁窑等地含可采煤层2~3层，单层厚0.6~1.0m，局部可达2.0m，不稳定。

（2）羊虎沟组。分布于北祁连山及河西走廊地区，为一套海陆交互相和滨海相沉积，以粉砂岩、砂质泥岩、页岩为主，夹灰岩、砂岩和薄煤层。在靖远磁窑一带可划分为三个岩性段：下段为泥质砂岩、页岩夹薄煤层，底部为石英砂岩，顶部为泥灰岩及灰岩，为一完整的海进沉积旋回，中段为钙质砂页岩夹灰岩和薄煤层，上段为硅质岩。下段和中段含煤1~4层，在宁夏碱沟山可采及局部可采达11层，可采总厚10.2m；宁夏土坡可采5层，可采总厚4.74m；在景泰黑山、山丹花草滩、玉门东大窑等地偶夹不稳定可采煤层1~2层，厚0.54~3.18m。

（3）太原组。主要分布于宁夏中卫、中宁地区，内蒙古阿拉善地区南缘及甘肃营盘水—景泰—正路堡一线以西至玉门的河西走廊地区。与下伏羊虎沟组为整合接触，景泰—正路堡一线东南缺失太原组。该组为海陆交互相含煤沉积，岩性主要为泥岩、砂质泥岩、粉砂岩夹生物灰岩、砂岩和煤层。在景泰红水堡、黑山至山丹一带，灰岩普遍不发育，仅在永昌夹道以西和蒙、甘、宁接壤地带有较稳定的生物灰岩。该组含煤最多达25层，多集中于中上部，一般可采2~4层，最多达17层，单层厚度一般1~3m，最厚达20m，可采总厚1.25~33.52m，一般2~6m。

（4）山西组。主要分布于河西走廊西部山丹、龙首山地区和北祁连山地区，走廊东部大多因剥蚀而缺失。该组的沉积特征与华北地层区基本一致，为过渡相、陆相含煤碎屑岩沉积，主要由石英砂岩、含砾长石砂岩、粉砂岩、碳质砂质泥岩、泥岩夹煤层组成。含煤性较好，大多含可采煤层1~2层，但分布局限，山丹花草滩和东水泉平均可采厚为4.32~8.99m，煤层较稳定，煤厚一般为20~60m，甘肃新河、宁夏线驮石等地分别达120m和169m，与下伏太原组连续沉积。

2）柴达木地层分区

包括土尔根达坂山—宗务隆山—青海南山一线以南，昆仑山以北的柴达木盆地和祁漫塔格山地区（东部还包括应属于西秦岭地区的一小部分），主要为稳定型海相碳酸盐岩与碎屑岩沉积，上二叠统以碎屑岩为主，但分布局限，含煤地层克鲁克组和扎布萨尔秀组主要分布于柴达木盆地北缘乌兰—德令哈—大柴旦一线以南的察汗乌苏、旺尕秀、阿木尼克山至欧龙布鲁克山和石灰沟一带。下石炭统上部的怀头他拉组只含煤线，局部夹薄煤层。

（1）克鲁克组。为海陆交互相含煤沉积，岩性为砂页岩与灰岩的互层，分上、下两段。下段以砂页岩为主夹灰岩和薄煤层（线），在柴达木盆地北缘的石灰沟、怀头他拉、旺尕秀一带含煤 1～20 层，煤层厚 0.1～1.3m，局部可采；上段为石英砂岩、页岩与灰岩的互层。组厚 696m，与下伏怀头他拉组为平行不整合或整合。

（2）扎布萨尕秀组。该组在石灰沟一带出露较好，大致可分为三段。下、中段为砂页岩夹灰岩和煤层，在柴达木北缘含煤 1～10 层，一般 3～5 层，煤厚 0.1～4.7m，可采厚度一般小于 1.5m，在耗牛山一带煤层最厚，普遍可采；上段为灰岩段。组厚 367m，与下伏克鲁克组为连续沉积。在柴达木盆地北缘本组因遭受剥蚀而保留不全，岩性与石灰沟相似，在旺尕秀厚 590m。

2. 天山－兴蒙沉积区

该沉积区晚古生代地壳活动强烈，海陆变迁频繁，早石炭世—晚二叠世均有含煤沉积，但分布零星，含煤性普遍较差，含可采煤层的有石炭系的黑山头组、太勒古拉群，二叠系的下芨芨槽子群、阿其克布拉克组、珍子山组和乌尔禾群。阿克莎克组、巴塔玛依内山组、科古琴山组、酒局子组等含薄煤层（线）。

（1）黑山头组。主要分布在准噶尔盆地西北部的吉木乃－塔城和布克塞尔地区，在博罗霍洛山（婆罗科山）北坡及美路卡河沿岸，相当黑山组的层位又称美路卡河组。岩性为海陆交互相的中细粒砂岩、泥岩、灰岩、火山碎屑岩夹煤层，厚 390～3000m。在准噶尔盆地西北含可采薄煤层 3～4 层，库铁尔煤矿含煤 3～5 层，可采 2 层，可采总厚 2.15m，苍黄沟煤矿含可采煤层 3 层，可采总厚 3.2m，最大达 5.45m，煤层均不稳定。

（2）太勒古拉群。该群在南准噶尔地区从下至上分为孤形梁组、石钱滩组和六棵树组。在准噶尔西北萨乌尔山一带，相当三组之和，称恰其海组，厚 219～3980m。下部的孤形梁组或包括部分石钱滩组，约相当于恰其海组的第一亚组，厚 623～937m。该亚组分为上、下段，上段为泥岩、粉砂岩、细砂岩夹砾岩及煤层，在那林喀腊山北坡含煤 15 层，煤层总厚 12.31m，可采 7 层，可采总厚 9.4m，煤层极不稳定。该群的上部为中基性火山岩、陆相碎屑岩和海陆交互相粗碎屑岩夹灰岩，不含煤。

（3）下芨芨槽子群。分布在西准噶尔山区的北部及三塘湖盆地一带，主要为陆相中基性火山岩、碎屑岩和煤层，厚 2000～6000m，分为哈尔交组（又称卡拉岗组）和喀拉托洛盖组（不含煤）。哈尔交组为北疆地区主要的晚古生代含煤地层，在吉木乃哈尔交煤矿和富蕴扎河坝煤矿含煤性较好，中部含煤 4 层，沿走向较稳定，上部含煤 10 多层，一般 1～2 层，煤厚 0.4～0.6m；在吉木乃哈尔交煤矿及其以东地区含可采煤层 5 层，总厚 17.5m。

（4）阿其克布拉克组。分布于北天山觉罗塔格地区，与下芨芨槽群层位大致相当，为一套含煤的陆相碎屑岩夹火山熔岩与火山碎屑岩沉积。在大热泉子一带含可采煤 8 层，总厚 16.42m。

（5）珍子山组。分布于黑龙江东部密山－宝清一带，由细砂岩、粉砂岩、板岩、泥岩，含炭泥岩及煤层组成，在二龙山林场含煤10层，煤厚0.65～6.65m。

（6）乌尔禾群。主要分布在准噶尔盆地西部及东部，分为上乌尔禾组和下乌尔禾组，岩性为砾岩、砂岩、砂质泥岩、泥岩互层，局部含煤，地层厚910～1511m。下乌尔禾组在准噶尔盆地西北部及东部含煤，在西部托里地区含煤10余层，可采4～6层，单层最厚0.9m；东部扎河坝一带局部含煤达45层，单层厚一般小于1m，少数2～3m。

3. 塔里木沉积区

石炭纪—二叠纪地层出露于西南天山和南疆等塔里木盆地周缘地区。据近年来的石油勘探资料，盆地中、西部地区均有石炭纪—二叠纪海相及陆相地层发育，且有零星露头发现。岩性为碳酸盐岩、碎屑岩及火山岩、火山碎屑岩等，属于较稳定的地台型沉积。含煤的有盆地西南缘的比京他乌组、盆地西北缘的库普库兹满组、开派兹雷克组、这几个组均以碳酸盐岩为主夹碎屑岩，含薄层，偶见可采，意义不大。

（二）晚三叠世含煤地层

西北赋煤构造区内晚三叠世含煤地层主要分布于祁连山、布尔汗布达山南坡和唐古拉山地区。见于祁连山地区者称默勒群，以陆相沉积为主，局部夹海相层，并含薄煤层（线）或局部可采煤层；见于布尔汗布达山南坡者下部克鲁波组为火山岩，不含煤，上部称八宝山组，由河床相－河漫滩沼泽相堆积的碎屑岩、泥岩夹少量火山岩、薄煤层或煤线组成。

中、南祁连地区以陆相为主者称默勒群，时代为晚三叠世，下划阿塔寺组和孕勒得寺组，后者夹碳质页岩及煤线。主要分布在北祁连东段的南营儿组（T_3n）与下伏西大沟组整合接触，上被早—中侏罗世窑街组不整合盖覆，岩性组合为一套碎屑岩夹薄煤层、煤线、油页岩，厚约1300m。

（三）侏罗纪含煤地层

西北赋煤构造区内侏罗纪含煤地层主要分布于新疆、甘、青两省的大部及陕西西南部地区。新疆地区主要分布在吐鲁番－哈密盆地、准噶尔盆地及塔里木盆地内，三大盆地是低煤阶煤发育典型的大型内陆盆地。甘、青两省的主要集中在柴达木盆地及祁连山地区。

1. 吐鲁番－哈密盆地

吐鲁番－哈密盆地（简称吐哈盆地）位于新疆维吾尔自治区东部，是一个近东西延展的长条形盆地。区内含煤地层主要分布于盆地北部，含煤地层为中—下侏罗统八道湾组和西山窑组，西山窑组除中部呈东西延展的塔克泉隆起和南湖隆起缺失外，其他地区均有分布，而八道湾组分布区小于西山窑组分布区，分布于北部区的十三间房以西和哈密一带。

（1）八道湾组。岩性以碎屑岩含煤为特征，厚度、岩性在横向上变化较大。盆地山前发育巨厚的冲积扇相沉积，南部多为河流冲积相沉积。总体含煤较多，但受古地理、沉积相、物源等因素的共同制约，煤层连续性差，惟中上部存在 1～2 层较稳定连续煤层。该组共含煤层 2～38 层，一般为 4～24 层，平均煤层厚度为 4～67m，含煤系数为 1.1%～8.2%。从平面分布来看，托克逊一带含煤性最好，台北凹陷区次之，哈密凹陷最差。

（2）西山窑组。由下而上可进一步划分为四段：一段主要岩性为灰色砂岩、含砾砂岩和泥岩组成，含煤性较差，煤层一般分布范围较小；二段是西山窑组富煤层段，主要岩性为砂岩、泥岩、砂质泥岩、煤层夹碳质泥岩组成，该段地层沉积较为稳定，沉积韵律清楚，可对比性高；三段主要岩性出灰色砂岩、粉砂岩与泥岩互层，夹若干不稳定煤层，煤层分布面积局限，厚度变化快。经常出现煤层的分叉、合并现象；四段含煤性最差，在西山窑组沉积范围内所揭岩心中很少见煤，主要为一套灰色、灰绿色砂岩和含砾砂岩组成，夹灰色泥岩、砂质泥岩或碳质泥岩。西山窑组煤层埋藏深度小，分布面积大。总体含煤 2～38 层，一般含煤 5～25 层，煤层累计厚度为 8～55m，含煤系数为 1.9%～7.1%，以台北凹陷一带含煤性好，哈密凹陷次之，托克逊凹陷相对较差。

2. 准噶尔盆地

准噶尔盆地位于新疆维吾尔自治区北部，区内侏罗系含煤地层是一套以灰色、灰绿色为主调的含煤地层，其中八道湾组、西山窑组为该区主要含煤地层组。八道湾组属于侏罗系下部沉积组合，主要为河湖相、三角洲相、沼泽相及冲积扇相沉积组成，主要岩性由砾岩、砂岩、泥岩和煤层组成，具有明显的旋回性，是一套典型的陆相含煤沉积体系。煤层层数较多，但多不稳定，横向相变快，煤层变薄、变厚、分叉合并时有发生，该组上部煤层连续性好。西山窑组是由一套灰白、浅灰、灰绿色砂岩、砾岩夹碳质泥岩、泥岩及煤层组成。

3. 塔里木盆地

塔里木盆地位于我国新疆维吾尔自治区西部，侏罗系含煤地层在塔里木地盆地主要出露于北缘、西南缘和东南缘。塔北含煤区含煤地层为下侏罗统塔里奇克组和中侏罗统克孜勒努尔组。塔西含煤区为同期的康苏组和杨叶组。塔里奇克组含煤 2～12 层，可采总厚 5.5～24.53m；克孜勒努尔组合煤 2～19 层，可采总厚 5.1～27.97m，以阳霞一带发育最好。在乌恰一带康苏组、杨叶组含煤 4 层，厚 1.0～6.0m。

4. 柴达木-祁连山沉积区

柴达木-祁连山沉积区侏罗纪含煤地层主要分布于甘、青两省的大部及陕西西南部。除柴达木盆地外，多为中小型山间盆地沉积。区内主要含煤地层为中侏罗统，下侏罗统基本不含煤，大西沟组仅在兰州水岔沟含局部可采煤层，小煤沟组在柴达木盆地北缘含局部可采煤层。根据含煤地层发育的差异，分为南、北两带。

1）北带

龙凤山组。全组岩性从粗到细可分三个旋回。底部为砾岩，下部为主要含煤段，有厚至巨厚煤层，中部相对较细，含薄煤，上部粒度变粗，有砾岩，含局部可采煤层。全组含煤 2～6 层,单层厚为 0.3～46.27m,平均厚为 1.5～24m,结构复杂。组厚百米左右,与下伏刀楞山组假整合或不整合接触。由靖远向西至武威九条岭、山丹大马营长山子、玉门旱峡等地,粗碎屑岩含量增加,主要煤层位于下部或中下部,多为巨厚煤层,但稳定性差。

2)南带

包括柴达木盆地北缘的早侏罗世早期的小煤沟组,晚期的甜水沟组,中侏罗世大煤沟组,大通河流域的中侏罗世窑街组、木里组的含煤地层。

(1)小煤沟组。底部为砾岩,下部为砂砾岩夹粉砂岩、碳质泥岩,上部为含砾砂岩与粉砂岩互层。在全吉大煤沟和西大滩夹局部可采煤 1 层,厚为 0～8.17m。组厚 93 m,与下伏元古宇呈不整合接触。

(2)甜水沟组。岩性为油页岩、页岩与细–中粒杂砂岩的互层,夹局部可采煤层 1～2 层,单层厚度 0～15.13m,在西大滩井田煤层平均厚达 7.55m。组厚为 212m,与下伏小煤沟组呈连续沉积。

(3)大煤沟组。由中–粗粒砂岩、细砂岩、粉砂岩与杂色泥岩、煤层、碳质泥岩等组成,可分为三个旋回,主要煤层位于最上一个旋回的顶部。在全吉煤田一般含可采煤层 1～2 层,单层煤厚 0.85～22.96m,一般厚为 2.65～16.64m,稳定至较稳定。组厚为543m,与下伏甜水沟组呈假整合接触。

(4)窑街组。岩性一般分五个段(三、四段有时难以划分),其中二段为含煤段,砂页岩夹厚煤层或特厚煤层,但时有分叉,四段以油页岩为主夹泥岩、细砂岩,五段为砂泥岩段,夹碳质泥岩及煤线。全组含煤 1～6 层,窑街—海石湾一带含煤 3 层,单层厚为 0～98.17m,平均为 1～24m;炭山岭含煤 3 层,单层厚为 0～28.79m,平均为0.58～6.55m;大滩含煤 6 层,单层厚为 0～32.09m,平均为 0.85～7.17m。

西宁大通的元术尔组与窑街组相当,组厚为 103m,为泥质粉砂岩、泥岩夹细砂岩、碳质泥岩,含局部可采煤层 2 层,平均厚度分别为 4.77m 和 8.2m,厚度变化大,不稳定。大通河上游的木里组也相当于窑街组,岩性可以对比,主要厚煤层都靠近下部,上部油页岩层位亦相当,但木里组油页岩夹较多的粉砂岩、泥岩及薄煤,发育较差。在木里的江仓和孤山矿区含煤 8～10 层,单层煤厚为 0.73～25.9m,一般多大于 2m,属稳定和较稳定煤层。

二、成煤期构造格局

(一)晚古生代成煤期构造格局

从太古宙至早古生代,我国地壳经历了漫长的地质演化过程和多期构造运动。加里东期,祁连褶皱带的形成使塔里木陆块与华北陆块连为一体,成为统一的塔里木–华北陆块。这种古构造格局,对西北赋煤构造区中生代的成煤作用都有重要的影响。

海西运动早期,古蒙古洋、古特提斯洋及其北部分支将中国西北分隔为西伯利亚和塔里木–华北两个独立的沉积区域,随着古蒙古洋洋壳的俯冲消减作用,使西伯利亚–

蒙古大陆、塔里木－华北大陆分别向南和向北增生并逐渐靠近，最终于早二叠世末完成全面对接，形成中国北部大陆，古地理则表现为由海向陆的逐步演化（图5.8）。

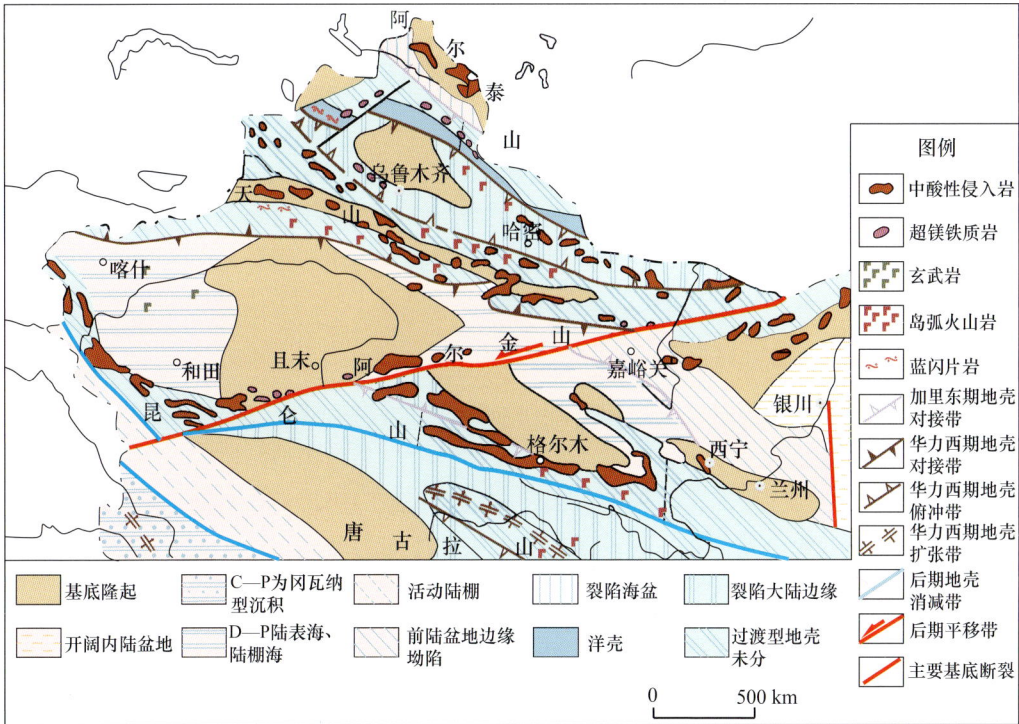

图5.8　西北赋煤构造区海西期古构造图（据马丽芳等，2002，有修改）

晚古生代，塔里木盆地的基底构造及盆地的基盘构造的不均一，对晚古生代成煤盆地的形成、聚煤强度、煤系煤层的稳定性、煤层分布范围等都产生重要影响。西伯利亚地区位于中纬度区，中泥盆世在西准噶尔一带有成煤作用发生。

北祁连－走廊盆地位于阿拉善古陆与中祁连古陆之间，柴达木北缘盆地位于柴达木古陆的北东缘，二者的基底均为祁连山加里东褶皱带。早石炭世初的粗碎屑岩沉积（前黑山组和穿山沟组的底部）与早期裂陷作用有关，随着裂陷的发展和海水的入侵，早石炭世形成一套海相碳酸盐岩夹碎屑岩的沉积岩系（北祁连－走廊盆地的臭牛沟组、靖远组，柴达木北缘盆地的城墙沟组、怀头他拉组），局部有泥炭沼泽发育，无可采煤层。晚石炭世裂陷作用减缓，为成煤作用提供了有利条件。北祁连－走廊盆地的羊虎沟组以宁夏碱沟山、土坡含煤较好，含可采及局部可采煤层5～11层，可采总厚4.74～10.2m，景泰黑山、山丹花草滩、玉门东大窑等地偶夹不稳定煤层1～2层；柴达木北缘盆地为克鲁克组，分布于石灰沟、石底泉滩、欧龙布鲁克山、牦牛山一带，厚度212～696m，含煤20层，可采或局部可采5层，可采总厚4.15m。晚二叠世纪—早二叠世，海水向东退却，潟湖、潮坪沉积广泛发育，成煤范围向东扩展，形成走廊盆地的主要含煤地层太原组和柴达木北缘盆地的扎布萨孟秀组含煤地层。太原组厚数十米至200m，含煤最多达 25 层，其中可采 3～9 层，单层厚度一般 1～3m，最厚达 20m。扎布萨尕秀组厚 369m 以上，含煤 10 层，其中可采或局部可采 3～8 层，以东部尕秀矿区含煤最好。走廊盆地在栖霞期的沉积（山西组）范围明显缩小，地层厚度一般 20～60m，最厚为 169.1m，普遍含可采煤层 1～2 层，厚度多为 1～2m，山丹花草滩达 15.29m。茅口期以后，该盆地的隆起加剧，海水全部退出，以内陆河湖沉积（大黄沟组）为主，由于气候干旱，无煤层形成。

总之，北祁连－走廊盆地与柴达木北缘盆地具有相同的基底和盆地类型，晚古生代盆地演化也有一定的相似性。不同之处是，栖霞期以后，北祁连－走廊盆地为内陆河湖相，而柴达木北缘盆地为海相；北祁连－走廊盆地成煤作用的迁移是由东向西，而柴达木北缘盆地正好相反。

（二）中生代成煤构造格局

印支构造阶段，羌塘陆块与塔里木陆块对接，古特提斯洋北支最后封闭结束了长期南海北陆的古地理格局，中国大陆初步形成（图 5.9）。燕山构造阶段的显著特点是，西太平洋构造域进一步发展，中特提斯关闭，陆地面积进一步扩大，东西构造分异格局形成，以狼山—贺兰山—龙门山一线以东的盆地主体方向为北东、北北东，以西的盆地为北西或近东西向（图 5.10）。

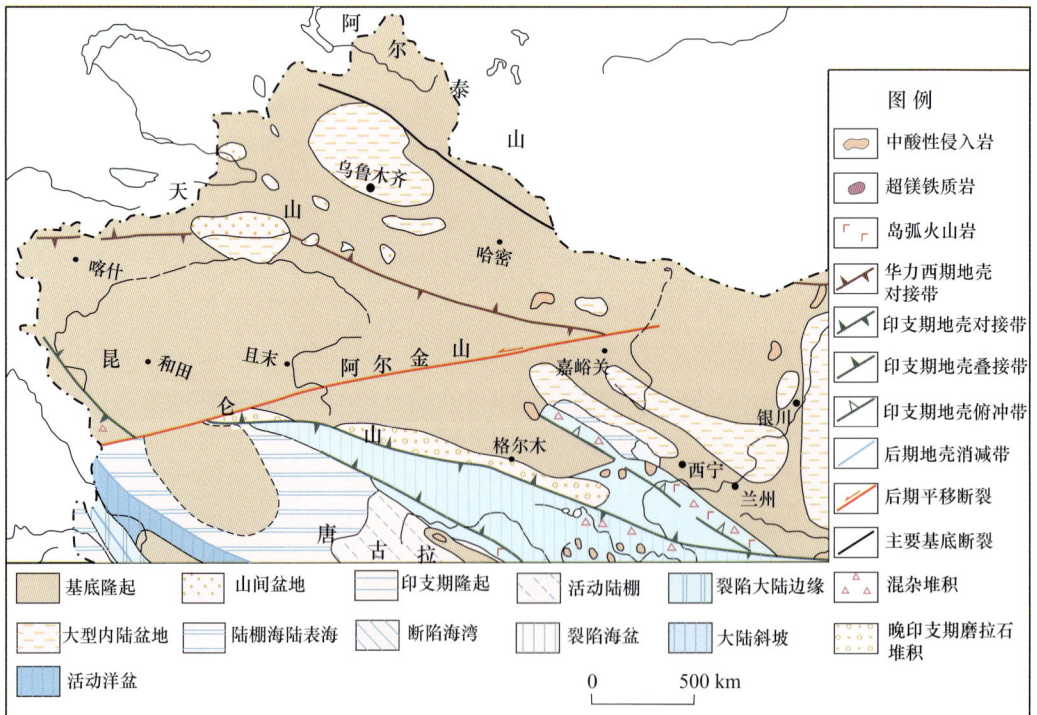

图 5.9　西北赋煤构造区印支期古构造图（据马丽芳等，2002，有修改）

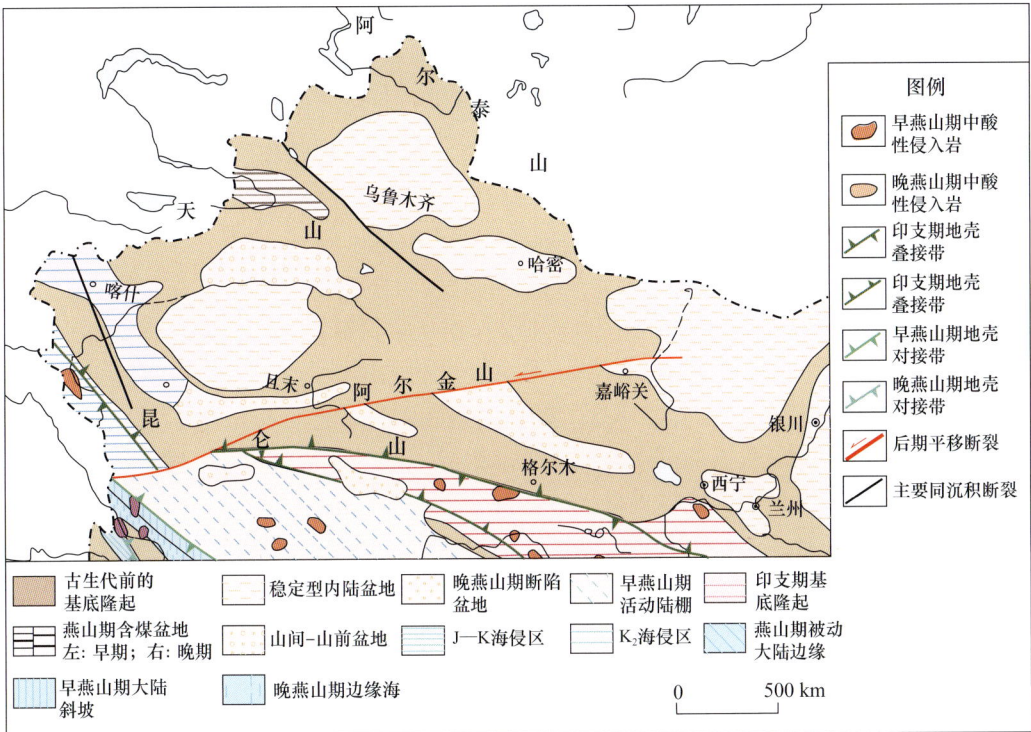

图 5.10　西北赋煤构造区燕山期古构造图（据马丽芳等，2002，有修改）

早—中三叠世全球气候干燥，无成煤作用发生，晚三叠世气候转为潮湿，西北赋煤构造区为温带半干旱、半潮湿气候，仅在准噶尔盆地发育少量的陆相含煤岩系。

早—中侏罗世西北赋煤构造区为温带潮湿气候区，加上有利的构造条件，成为重要的成煤区域，塔里木、准噶尔、走廊等地区成煤作用稳定。晚侏罗世—早白垩世，西北赋煤构造区为干旱气候区，不利于成煤，未形成有工业价值的煤层。

从中生代成煤作用的演化可以看出，西北赋煤构造区的成煤作用具有由南而北迁移的特点，这显然是古构造、古地理、古气候综合作用的结果。

（1）准噶尔盆地位于新疆北部，周缘均为大型冲断带或逆冲推覆构造带，古水流具有向心特征。侏罗纪的沉积范围比三叠纪略有增大。盆地早—中侏罗世沉积古地理演化特征，是在最初的浅水沉积的基础上，经历一次大规模的水进后，湖盆又被淤浅，煤层主要发育在废弃的河流体系和湖泊三角洲体系之上。与湖泊三角洲体系密切相关的西山窑组上部煤层厚度小（0.8～2m），富硫；而形成于废弃西山窑组下部及八道湾组煤层为低硫煤，形成鲜明的对比。盆地南缘的煤层总数在 100 层以上，其中可采 30～60 层，单层最厚达 64m，可采总厚为 70～240m，从盆地南缘向北，煤层层数减少，总厚度变薄；盆地的西北和东北部与南缘相似，但可采煤层一般为 15～30 层，总厚为 30～40m。主要富煤带位于盆地南部，大致沿乌苏—玛纳斯—阜康一线呈东西向展布，富煤中心在乌鲁木齐附近。

（2）伊犁盆地与准噶尔盆地不同的是早—中侏罗世沉积的深湖相不发育，有利于泥炭沼泽的广泛发育。煤层的形成与河流体系和湖泊三角洲沉积体系密切相关。据盆地边缘部分的煤田地质资料和盆地核部的石油勘探成果，盆地内煤层总数在50层以上，煤层总厚达120m，有的单层厚达34m。八道湾组富煤带在霍城和伊宁之间，含煤3～9层，总厚为36.37～62.88m，煤层自北东向南西变薄。西山窑组富煤中心在苏阿苏一带，盆地南东部含煤较好，煤层3～9层，总厚为33.6～46.6m。

（3）吐哈盆地的早—中侏罗世含煤地层的粒度自下而上呈现粗（八道湾组）—细（三工河组）—粗（西山窑组）的变化，成煤作用从早侏罗世到中侏罗世逐渐加强，含煤层段和富煤中心自西而东抬高和迁移。早侏罗世的成煤作用主要发生在盆地西部的吐鲁番凹陷，富煤带位于艾维尔沟-克尔碱和七泉湖附近，但分布范围不大；中侏罗世早期的富煤中心位于吐鲁番凹陷南缘的艾丁湖附近，而艾维尔沟、可尔碱、桃树园、七泉湖及哈密凹陷、大南湖凹陷仅有薄煤层发育；中侏罗世晚期，除盆地西端的艾维尔沟和东段的野马泉以外，全区都有重要的工业煤层形成，富煤中心位于大南湖凹陷。吐哈盆地的侏罗纪煤层层数多，厚度大，桃树圆—七泉湖一带"大槽煤组"由30余层组成，总厚达45m；大南湖地区含煤50余层，总厚度190多米，沙尔湖附近含煤12～60层，总厚为10.4～180.5m，单层最厚达145m，这些煤层与扇三角洲有关。

（4）柴达木盆地的侏罗系由两大沉积旋回组成，下部旋回自下而上经历了冲积扇—扇三角洲—湖泊等体系的演化；上部旋回自下而上的沉积序列是冲积扇体系—河流体系—湖泊体系。泥炭沼泽的发育与河流体系密切相关。茫崖-冷湖凹陷的煤层发育很差。柴北凹陷的富煤带位于鱼卡-柏树山的东北部，富煤中心在大头羊—大煤沟一带。

三、成煤盆地类型和盆地演化

西北赋煤构造区主要成煤时代为早、中侏罗世，由各成煤期煤层厚度等值线图可知（图5.11、图5.12），聚煤中心及强度随着成煤时代的不同有所变化。早侏罗世聚煤中心位于准噶尔盆地南缘和吐鲁番地区，而中侏罗世聚煤中心新增哈密地区、塔北地区、祁连山地区及走廊地区等聚煤中心，中侏罗世成煤范围比早侏罗要分布广泛且聚煤强度大（煤层厚度大）。

西北赋煤构造区主要聚煤中心位于准南、塔北、柴北缘等地区，多数位于较大的成煤盆地内，主要有准噶尔、吐哈（吐鲁番-哈密）、塔里木、三塘湖、伊犁、柴达木北缘、祁连、走廊等成煤盆地（图5.13），通过对这些主要成煤盆地进行研究，可以较全面地分析西北赋煤构造区成煤盆地的演化史。

1. 准噶尔成煤盆地

1）成煤前的古构造演化

准噶尔盆地是一个叠加盆地，伴随着海西期的构造运动，准噶尔地块发生拉张裂陷作用，其周围的弧盆区也不断地发生改变，并以渐进式的方式结束活动，褶皱成山。从某种意义上说，海西期就是准噶尔由地块逐渐发展成为内陆大型拗陷盆地的过程。

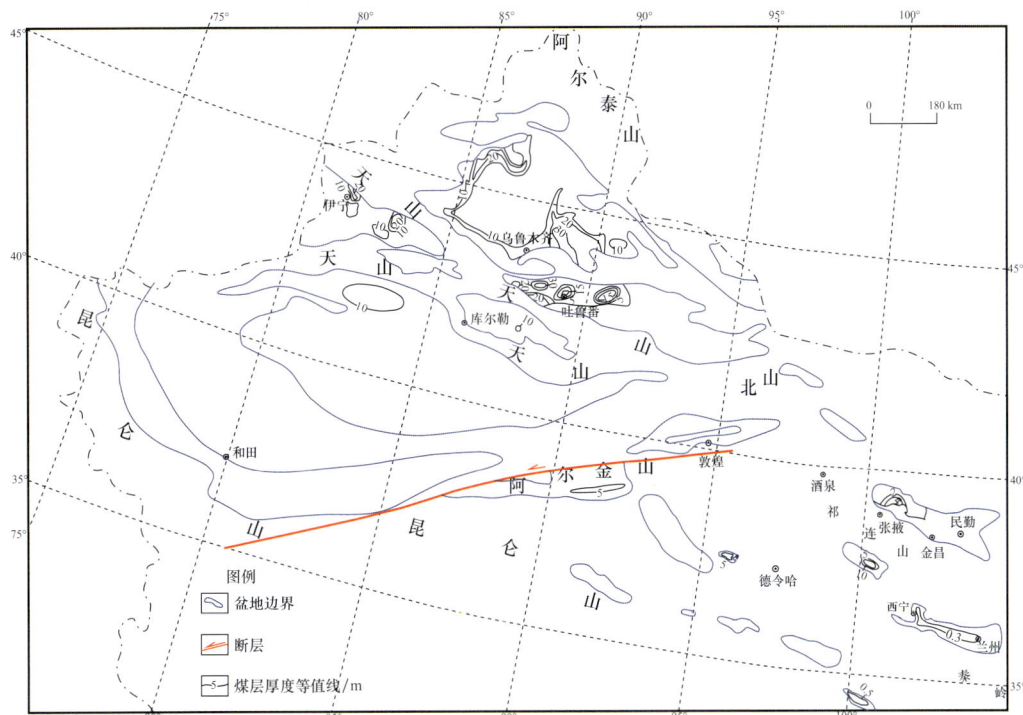

图 5.11　西北赋煤构造区早侏罗世煤层厚度等值线图

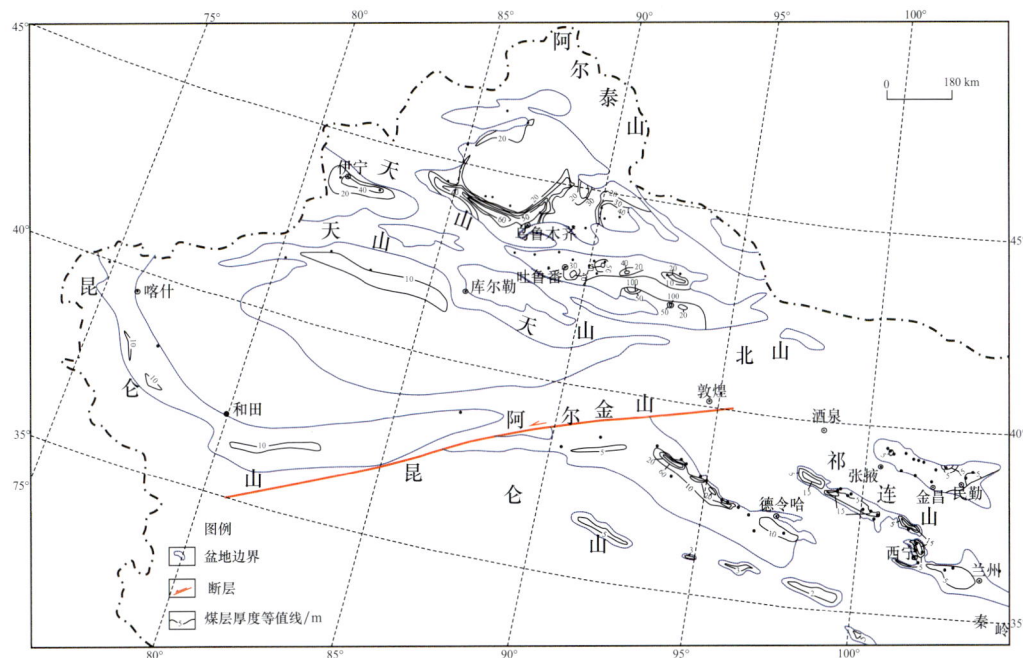

图 5.12　西北赋煤构造区中侏罗世煤层厚度等值线图

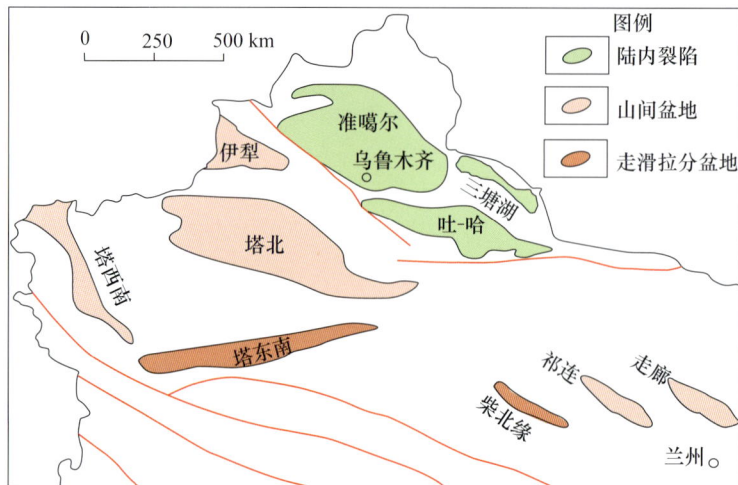

图 5.13 西北赋煤构造区主要成煤盆地分布图

即在拉张作用下又经过褶皱成山的挤压力联合作用，形成了边界由不同方向断裂构成的、其内为隆拗相间的大型内陆盆地。具体为台地中央为北东向、西北部为北西向的隆起区，玛纳斯—乌鲁木齐一带为东西向的拗陷区。在隆起区、拗陷区内又有次一级的隆起和拗陷。到了印支运动时期，构造活动成了对准噶尔构造格局的修补，尤其是对拗陷区的填平补齐，使内陆小盆地逐步形成了一个大型的盆地。

2）成煤期构造演化

准噶尔成煤盆地在经历了海西期、印支期构造活动后，盆地内的构造运动相对有所减弱，但因舒张弹性回返，沉积作用却相对明显增强。在早侏罗世早期至中侏罗世早期含煤建造极为发育，形成了两个主要成煤期。由于盆地内的构造活动存在着差异性，所以含煤建造也不尽相同。盆地北部、西部的含煤建造受边界断层控制，尤其是西北部的克–乌断裂对该区的含煤建造影响很大，形成了数排北东东向的并列式阶地构造，由西向东一阶比一阶低。阶地长 240km，宽 10～30km，断阶西部煤层层数少而薄，东部煤层层数多而厚，由盆缘向中央有增厚趋势。煤系厚度变化为 153.6～459.0m，含煤系数变化幅度为 2.4%～10.87%。煤层层数为 2～20 层，厚度为 2.5～32.6m。

准噶尔盆地东部经海西构造运动后处于隆起状态，当构造活动相对减弱回降时在它的上面一般都表现为差异性升降。凹陷部分就成为形成含煤建造的有利部位，相对凸起区就不利于含煤建造的形成。奇台凸起上的凹陷深为 500～1000m，吉木萨尔凹陷深为 1500～3000m，阜北断隆上的凹陷深为 1000～2000m。

准噶尔成煤盆地的南部，受依连哈比尔尕、喀拉乌成、博格达等边界断裂和中央断裂的联合控制，形成规模较大的山前拗陷区。在海西期、印支期后构造活动相对平静的早中侏罗世，断裂构造控制作用仍很明显。早侏罗拗陷南部沉降速度与沉积速度相适应，对成煤作用有利，形成多层厚煤层。中西部玛纳斯一带沉积速度快，不利于成煤作用，只沉积了少量薄煤层。西部由于拗陷沉降速度慢，不利于成煤作用，所以未形成有工业价值的煤层。中侏罗世拗陷区内成煤作用明显比早期普遍加强，但聚煤中心主要在中段的玛纳斯、东段的阜康等地（图 5.14）。

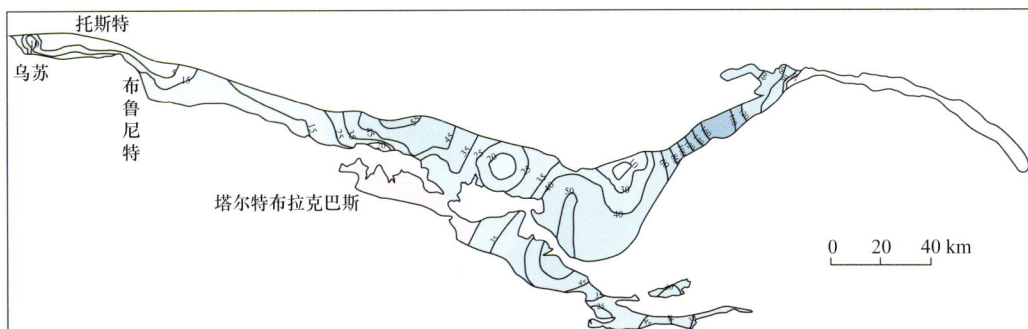

图 5.14　准南地区西山窑组煤层厚度平面分布图（单位：m）

3）成煤后期的构造演变

燕山期后，准噶尔成煤盆地构造演化以上升运动为主，使内陆盆地得以进一步发展。首先从东部隆起区开始，沉积范围收缩，并不断向西迁移。沉积中心由西北部转到盆地中央，沉降幅度最大可达 3000m。再转到西南部沙湾安集海一带，最大沉降幅度为 5000m。喜马拉雅期由于昆仑海槽的褶皱回返，也促使各地构造活动强烈，各主要山脉的急剧隆起使盆地承受了强烈的挤压，造成边界构造剧烈活动。同时盆地又因为其中央的隐伏基底断裂活动，使盆地分解为南北两部分。南部断裂发育，天山隆起造成向北的推覆，使煤系地层形成北西向的线型构造断褶带、北东东—南东东向的线型构造断褶带。西北部为南北—北东东—东西向的断阶构造，煤系地层为倾向东南略有波状起伏缓倾斜的单斜层。东部则是呈北东向的并列式，倾向南西的向斜，鼻状断隆、箱式向斜等构造。盆地中央还发育有东西向的由新生界构成的行行排列的线形构造，包括北西西向的三个泉长垣构造和向南倾伏的玛纳斯向斜。

2. 吐鲁番-哈密成煤盆地

1）成煤前古构造演化

该盆地所在位置属于海西期的吐哈地块，任纪舜等（1980）认为当时为大陆斜坡，其形态主要受博罗科努-阿其克库部充断裂、准噶尔南缘断裂、吐哈盆地中央断裂控制。主要构造可见有博格达—喀尔力克一带的紧闭线型褶皱和与之相伴随的东西向弧形断裂，依连哈比尔尕—觉洛塔格一带的断块、推覆体和叠瓦状构造，断层面和褶皱轴面均向南倾，到了二叠纪的早期或晚期拗陷在该盆地逐步结束。从三叠纪开始，进入山间拗陷沉积期，以断块差异性升降运动为主要特点。

2）成煤期构造演化

20 世纪 80 年代末期以来，后造山期伸展研究受到广泛关注，被认为是大多数造山带演化的重要环节（Dewey，1988；Malavieille，1993）。中天山晚古生代碰撞造山带的应力松弛过程开始于中生代初期，标志着区域构造进入新的演化阶段，吐哈盆地经历三

187

叠纪末短暂的隆升，于侏罗纪再度接受沉积，吐哈成煤盆地就进入中新生代陆相断拗盆地发展阶段。吐哈盆地基底具有受北东—南西向断裂和北西—南东向断裂控制、呈菱形断块组合的性质，同沉积期基底断块活动控制盆地古地理面貌和沉积格局。早、中侏罗世地层厚度等值线呈北东东—南西西向和北西西—南东东向交织展布，地层增厚、减薄带呈北东—南西向和北西—南东向相间排列，在现今吐哈盆地范围内，可识别出6条北东—南西向的次级凸凹带和5条北西—南东向的次级凸凹带（图5.15）。一般而言，北东—南西向凹陷带与北西—南东向凹陷带相交部位常构成次级沉积中心，如台北凹陷西部、托克逊凹陷西部、哈密拗陷和艾维尔沟拗陷等。

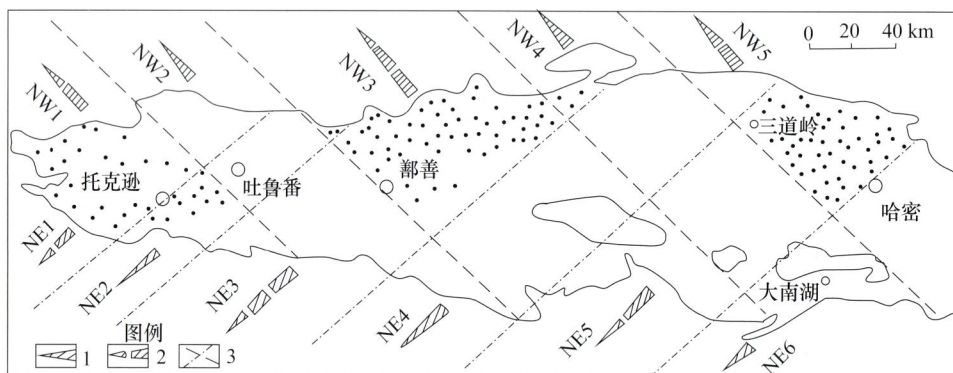

图5.15 吐哈盆地早、中侏罗世基底断块格局

1.凸起带；2.凹陷带；3.断块边界

在早侏罗世早期，由各洼地形成的聚煤中心有艾维尔沟、柯尔碱、桃树园子、东西柯可垭、三道岭、梧桐泉子、野马泉等。沉积中心则集中在盆地的西端，含煤岩系厚达3440~1628m，反映了当时断裂活动性强、沉降幅度大、沉积速度快等特征。中侏罗世早期，随着断裂活动的加剧，尤其是受中央断裂的影响，使沉降范围逐步扩大，到了早期末，达到最大范围，至中侏罗世晚期又开始逐渐萎缩。当时沉积范围已扩大到觉洛塔格隆起的北缘，形成了一系列各自独立的聚煤中心，主要有沙尔湖、大南湖、野马泉等地。盆地的北部，中侏罗世早期的聚煤中心基本上与早侏罗世早期的相同，个别地段如三道岭、艾维尔沟等地因构造运动上升或下降，沉积作用发生改变，不利于成煤作用，使该区成为非聚煤中心。

3）成煤后期的构造演变

当吐哈成煤盆地在经过短暂的构造相对稳定期后，又进入燕山运动的新时期。燕山期，盆地北缘断裂活动强烈，各地段均以向上运动为主，沉积范围逐步缩小，沉积建造也由北向南呈山麓 - 河流 - 湖泊相分带展布。燕山运动的末期，部分含煤建造已遭受剥削，尤其是在边缘和北东向、北西向的凸起构造上。

喜马拉雅运动期，是盆地发生翻天覆地的变化时期，也是现代地貌景观的基础。它以剧烈的升降运动和普遍发育的各种类型的褶皱及断裂为特征。在盆地北部以博格达 -

喀尔力克断裂为主体，辅之一系列北东向、北西向次生断裂组联合控制着北部的各煤田构造形变和改造作用。原来东西向的向斜盆地，改变为北东东向斜列展布，并因北缘断裂向南逆冲，形成推覆构造，使煤系地层呈叠瓦状往南排列。盆地的中部，由于受中央断裂的影响，形成了火焰山隆起和其北侧的北西西—东西—北东东向弧形展布的负向褶曲构造带，并对煤层后期赋存有一定的保护作用。东部的哈密煤田由于后期构造改造作用，形成了南西向的三道岭背斜长垣构造和柳树沟向斜构造。煤田构造总体上看向西为凹陷隐覆区，为东西向的开扩型向斜构造。向东为隆起区在哈密市附近为倾向南西的复式鼻状构造，不利于煤层赋存，使煤层缺失。盆地的南部，受博罗科努－阿其克库都克断裂的控制，成为长期稳定的隆起区。成煤后期构造形变主要是斜坡带，使煤系地层呈倾向北的单斜构造。向东西两侧延伸略有起伏，并形成北西向的开扩型向斜构造。后又被北西、北东两组断裂所分解：一般来说对煤层破坏不是很大，另外在盆地东端的野马泉煤田，由于受南缘断裂的影响，形成了北东东向并列式狭窄的断陷向斜构造。其中有的地段构造破坏严重，含煤地层倾角陡立，深部发育有水平断裂，使煤层层间滑动剧烈。盆地西端的艾维沟煤产地受北西西向依连哈比尔尕断裂、东西向的喀拉乌成断裂的联合控制，使煤系地层形成北西西向展布、南西向倾斜的紧闭向斜。其西南翼被断层切割，使古生代地层向北逆冲在中生代侏罗纪地层之上，为叠瓦状的推覆构造。

吐哈煤盆地是一个典型的正反转构造盆地（Cao et al.，1996），侏罗纪与白垩纪之间的火焰山运动造成区域性不整合，标志着伸展盆地演化的最终结束和挤压盆地发展阶段的开始。印度大陆与亚洲大陆于古新世在喜马拉雅地区发生板块碰撞并以 5cm/a 的速率继续聚合（Tapponnier and Molnar，1977），由此向板内传递挤压应力，从而在古陆块与古造山带之间的结合部位诱导构造分化。新疆地区的典型特征是造山带向盆地方向推覆（马瑞士等，1993）。周缘造山带向盆内逆冲推覆使吐哈侏罗纪伸展盆地发生构造反转，形成新生代挤压型逆冲推覆前陆盆地，早期张性构造形迹受到强烈改造。新近纪末，博格达山大规模崛起并向南推挤，博格达山山前 A 型俯冲带向南迁移火焰山构造带，从而在盆地南部艾丁湖一带形成现代沉降中心，盆地构造面貌定形。

3. 伊犁成煤盆地

1）成煤前的古构造演化

伊犁成煤盆地的前身是属于经塔里木运动后，从塔里木板块分裂出来的伊犁地块的一部分。在早石炭世末经伊犁运动发育了裂谷系，沉积了陆相、海陆交互相的碎屑岩，中酸性火山岩，到了二叠纪，陆相基性－酸性火山喷发仍很剧烈，后经新源运动山间拗陷开始形成。三叠纪时，拗陷里沉积了磨拉石建造，为早中侏罗世的成煤期提供良好的古地理环境。

2）成煤期构造演化

伊犁山间盆地经三叠纪的填平补齐之后，构造活动相对比较微弱，但沉积、剥蚀作用始终都受着尼勒克断裂的控制，北部靠近断裂。在早侏罗世早期，断裂活动使其下降较快，沉积中心的具体位置在清水河—伊宁市一带，聚煤中心在铁厂沟—皮里青和南部的察布察尔县城附近。早侏罗世晚期，尼勒克断裂活动加剧，下降速度增快，凹陷扩大，湖泊相地层普遍发育，成煤作用基本停止。从中侏罗世早期开始，受区域构造的影响，盆地由下降转为有节奏的上升，使湖滨沼泽相又普遍发育起来，形成第二次成煤作用的有利环境，聚煤中心主要在盆地北部的伊宁矿区、南部的察布察尔矿区。中侏罗世晚期，沉积作用以河流相的红色岩系建造为主，使其成煤作用逐步停止。

3）成煤后期的构造演变

伊犁成煤盆地成煤后期经历了燕山期、喜马拉雅期的构造形变改造作用，形成了近东西向展布的往东收敛、向西张开倾没的开扩复式向斜构造盆地。北部为开扩对称向斜、背斜挠曲构造，发育有北西西向的逆断层和次级北东向、北西向的平推断层。赋煤构造主要有皮里青挠曲、干沟向斜等。南部为以向北倾斜的单斜层为主，只是在东端有两对并列式的北西西—东西向的向背斜构造。中—下侏罗统的含煤地层经受了长期剥蚀作用，缺失上侏罗统、下白垩统。古近系和新近系广泛超覆在中侏罗统之上。

另外伊宁煤田的构造特征是总体上为一向西倾斜、不对称的开扩复式向斜，其北翼地层陡立，南翼地层平缓，中部发育有北西西向逆断层和一排北西西向的长坦构造。

4. 三塘湖成煤盆地

三塘湖盆地位于新疆的东北部，北与蒙古人民共和国接壤，南隔巴里坤盆地与吐哈盆地相望。盆地整体呈北西—南东向狭长状分布。

1）成煤前的古构造演化

基底形成于前二叠纪。从二叠纪开始，盆地进入陆相构造演化阶段，早、中二叠世（晚海西期）为区域伸展、陆内断陷、拗陷盆地形成阶段，以发育大量高角度正断层及同沉积断层为特征。此时，海水未完全退出，局部还有残留海，但陆相沉积组合已占据主要地位。晚二叠世—早三叠世（海西末期）为区域挤压作用阶段，造成盆地缺失上、下仓房沟群，发育中 - 宽缓褶皱和冲断构造组合。

2）成煤期构造演化

三叠世中晚期受印支运动影响，盆地开始稳定沉降，三塘湖地区进入前陆盆地发育阶段。早期的剥蚀作用使该区具有准平原化特征，气候比较干旱。层序早期主要是在二叠系火山岩之上沉积了一套红色砾、砂、泥岩混杂沉积物，属低位体系域中的辫状河相沉积。物源主要来自东部岔哈泉凸起或北东方向的古阿尔泰山系，南部物源次之。盆地西部（向汗水泉凹陷方向）地势较低，是河流的主要流动指向，东北部沉积物粒度较粗，向西变细，沉积中心在塘参1井附近，但由于准平原化特征，没有形成明显的湖盆。八道湾期主要继承了三叠纪末期的沉积面貌，气候变得温暖湿润，植物繁盛，因此沉积物颜色变暗，发育有低位沼泽的煤层或碳质泥岩沉积。

从早侏罗世开始，受印支运动末幕影响，盆地开始裂陷，湖盆形成，下侏罗统与下覆三叠系基本上呈整合接触，仅在盆地边缘可见局部超覆现象。三工河期盆地下陷加快，水体迅速加深，因此八道湾期持续时间较短，沉积物较薄，盆地很快过渡到浅湖 - 半深湖的（暗）灰色泥岩及粉砂质泥岩沉积，此时沉积速率远小于沉降速率，为水进体系域类型。物源方向可能仍以北部山系为主，但影响较弱，湖盆沉降中心在北部或东北部，但范围比现今要大得多，沉积中心则在现今盆地中部一带。从三工河期到西山窑期，北部地区多发育三角洲前缘相，并具有良好的继承性。

西山窑期开始，受燕山运动一幕的影响，盆地沉降速率减慢，沉积物以三角洲体系为主，发育水退体系域的典型进积准层序组。西山窑期含煤沉积不同于八道湾期，属三角洲平原广泛的高位沼泽沉积，在整个盆地的许多地区都有分布，为条湖凹陷的区域标志层，向西可能由于相变，在汗水泉凹陷西山窑煤层尖灭。该期气候仍为温湿条件，沉降中心仍在盆地北部或东北部。头屯河期该区又有一次短期湖侵，发育有广泛的滨浅湖沉积。

3）成煤后期的构造演变

晚侏罗世齐古期气候由温湿转为干旱，湖盆逐渐被填平水体也逐渐消失，沉积物以曲流河–泛滥平原的红色砂泥岩沉积为主，为填积体系域类型，可见残留的高位沼泽，但成煤条件较差。条湖凹陷总体上地势平坦，但由于南部造山带活动加剧，地层厚度开始呈现南厚北薄特征。

白垩纪以后，燕山运动和喜马拉雅运动使盆地受到强烈的挤压应力作用，形成逆掩（冲）断裂带，盆地内部压扭变形，形成了南低北高的地貌形态，因此白垩系具有南厚北薄的特点，前陆盆地发育历史结束，广泛湖盆消失，南北界山形成，三塘湖盆地进入了新的山间盆地演化阶段。

5.塔里木成煤盆地

塔里木盆地为塔里木板块的主体部分，是中生代以来转化成的上叠盆地。由于盆地范围大，含煤建造分布广，工作程度相对比较低，煤田地质工作主要集中在塔里木盆地边缘的塔北库车拗陷、塔西南、塔东南地区。近十几年来，随着石油的开发，对盆地的总体构成已有较深的认识，但对各煤田的构造形变认识还很肤浅，所以只能以工作程度相对较高的库车拗陷来说明塔里木成煤盆地成煤期的构造演变过程。

1）成煤前古构造演化

库车拗陷位于塔里木盆地的北部边缘，其北界以库尔勒–阿其克库都克断裂为界，该断裂也是拗陷构造发展的主要控制因素。其成煤期前的古构造形成主要来源于海西末期的构造运动，当在早二叠世时，拗陷西部拜城一带沉积了开阔台地相的碳酸盐岩建造，东部则为隆起剥蚀区。晚二叠世因受区域构造的影响以抬升为主，沉积了粗碎屑岩建造。到了二叠纪，由于海西末期的强烈构造运动，使拗陷成为边缘断陷盆地，沉积了山麓相的磨拉石建造，河流相–湖沼相建造，起到了填平补齐的作用（戴福贵等，2009）。

2）成煤期构造演化

自海西晚期以来，经过三叠纪的填平补齐，区内的构造活动相对较平稳。在早侏罗世早期，升降运动的节奏有利于成煤作用，使其沉积中心位于拜城县的库尔阿肯一带，由此向两侧厚度逐步变薄。而聚煤中心却在库车县的卡普沙良一带，主要为河沼相、湖沼相含煤建造。晚期由于拗陷升降节奏的改变不利于成煤作用，所以沉积了不含煤的河流三角州相建造。中侏罗世早期，拗陷又进入新一轮成煤作用时期，当时由于受边缘断裂的控制，拗陷北部下降较深，沉积物以粗碎屑为主，沉积中心主要在拜城县的库尔阿肯，往南变薄。聚煤中心则在东部和西部，中部含煤性变差，含煤建造主要为河沼相。晚期拗陷下降速度增快，沉积以湖沼相为主，不利于成煤作用，使成煤期结束（图5.16）。

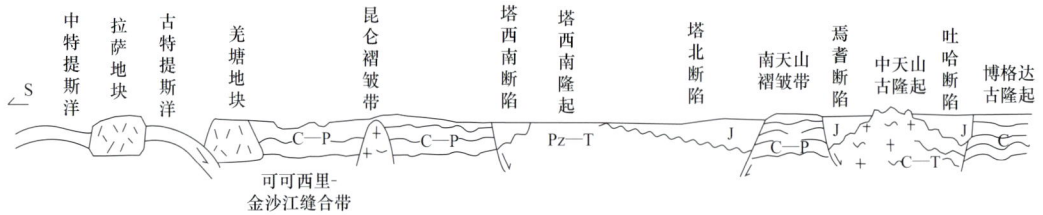

图5.16　塔里木盆地侏罗纪拉伸期（据戴福贵等，2009）

3）成煤后期的构造演变

库车拗陷在经历了暂短的成煤期后，便进入了构造形变改造期，构造运动主要有燕山期、喜马拉雅期。在燕山期，拗陷北缘靠近断裂的地区产生了褶皱，使白垩系呈角度不整合于侏罗系之上。沉积建造主要是上侏罗统、白垩系的红色碎屑岩建造（图5.17）。

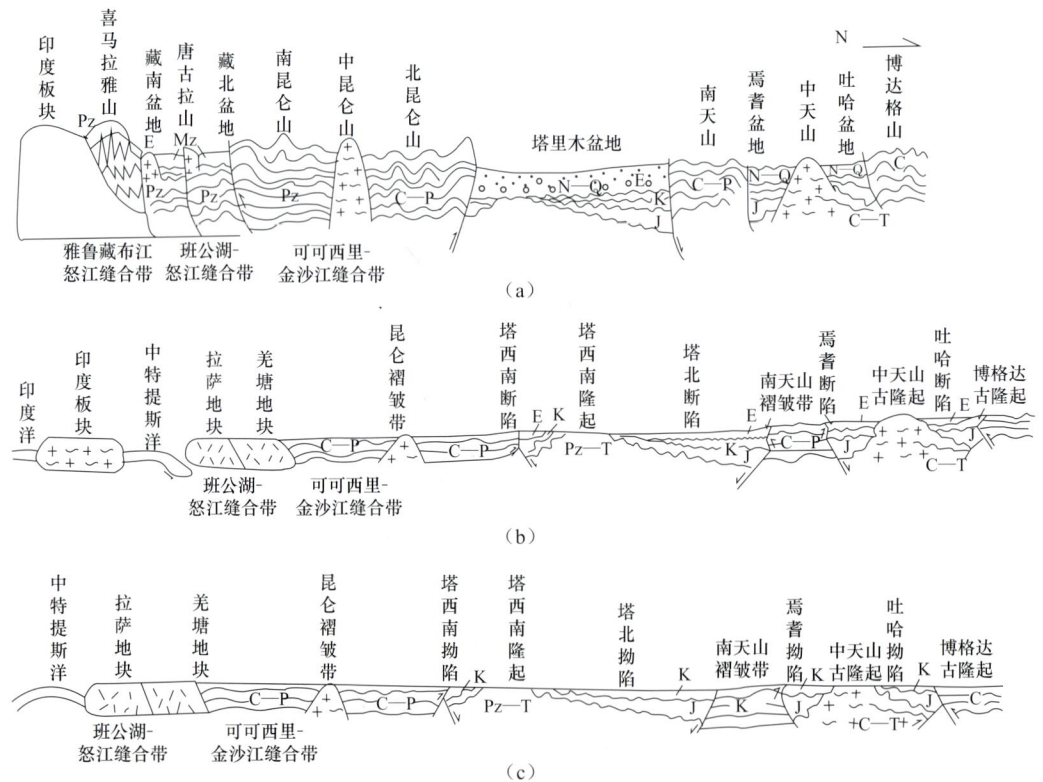

图5.17　塔里木盆地成煤后期的构造演变（据戴福贵等，2009）

（a）塔里木盆地新近纪—第四纪挤压推覆期；（b）塔里木盆地古近纪拉伸活动期；

（c）塔里木盆地白垩纪挤压拗陷期

喜马拉雅期构造运动剧烈，使拗陷变为北东东—东西—南东东向弧型展布的复式向斜构造。其拗陷西部发育为并列式东西向的断陷向斜构造。褶皱紧闭，北翼地层陡立至倒转，并被断层所切割，形成了由北向南的推覆构造。中部为北东—东西—北东东向展布的向南倾斜的单斜构造，倾角较大，局部地段为并列式开扩褶皱。东部为北西西向斜列展布的线型褶皱构造、长垣构造和北缘推覆构造。这时期的沉积主要是古近系的红色含膏盐建造，由红色碎屑岩夹大量的石膏、岩盐组成。第四系为山麓堆积的磨拉石建造，厚度近万米。

6. 柴北缘成煤盆地

柴达木盆地位于青藏高原东北部，属于塔里木－中朝板块的南部地块，是我国第三大内陆盆地，经历了漫长的演化阶段和复杂的发展历程，与周缘板块的发展演化密切相关。柴达木盆地位于古亚洲构造域与特提斯—喜马拉雅构造域结合部位，是西域板块的组成部分。与周围构造单元均以大型断裂相隔（曹运江等，2000；胡受权等，2001；和钟铧等，2002；刘志宏等，2004）。其北以宗务隆山－青海南山断裂为界，与南祁连褶皱系相连；西以阿尔金走滑断裂为界，与塔里木盆地紧邻；东以鄂拉山断裂为界，与西秦岭造山带相邻；南以昆北断裂为界，与东昆仑造山带相接（图5.18）。

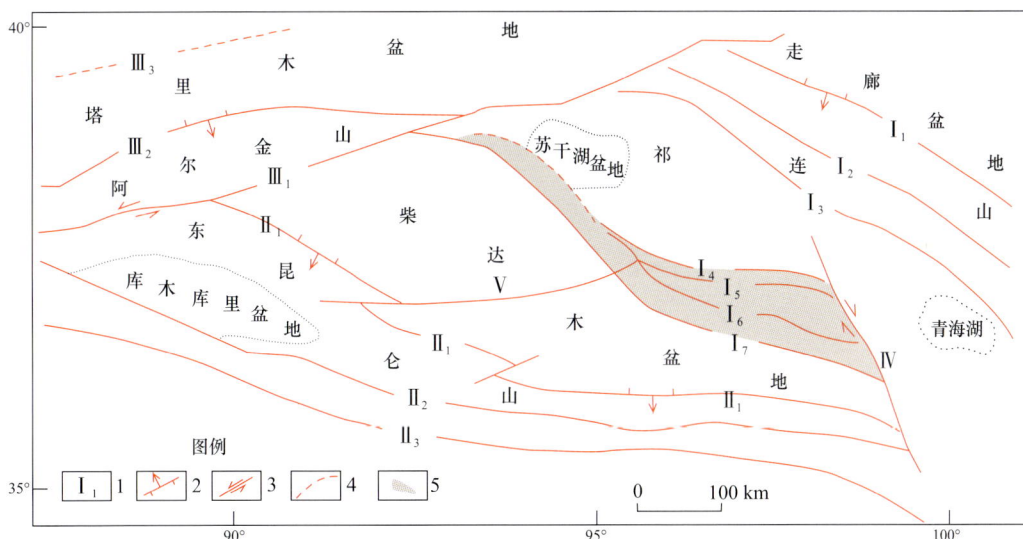

图 5.18　柴达木盆地及周缘造山带区域断裂系统（据汤良杰等，2002，有修改）

1.断裂带编号；2.逆冲断裂带；3.走滑断裂带；4.隐伏断裂带；5.柴北缘盆地范围；

I$_1$.北祁连山山前断裂带；I$_2$.北祁连山南缘断裂带；I$_3$.中祁连山南缘断裂带；I$_4$.北宗务隆山断裂带；

I$_5$.赛什腾山北－达肯大坂－宗务隆山山前断裂；I$_6$.欧龙布鲁克山－牦牛山断裂带；

I$_7$.赛什腾山－锡铁山－埃姆尼克山山南断裂带；II$_1$.昆北断裂带；II$_2$.昆中断裂带；

II$_3$.昆南断裂带；III$_1$.阿尔金南缘断裂带；III$_2$.阿尔金北缘断裂带；III$_3$.塔南隆起断裂带；

IV.鄂拉山断裂带；V.甘森－小柴旦断裂带

　　柴达木盆地的形成和发展，自始至终与特提斯－喜马拉雅构造域的强烈活动密切相关。来源于特提斯洋壳向古欧亚大陆的挤压和俯冲，导致柴达木地块以南一系列微型板块与古欧亚大陆的一次次拼贴，最后印度板块与欧亚板块碰撞，造成昆仑山到喜马拉雅山等一系列山系自老而新依次出现，以及青藏高原的大幅度隆起，柴达木盆地就是在这种特定的大地构造背景和区域构造应力场条件下形成和发展起来的（戴俊生和曹代勇，2000）。

　　1）盆地沉降隆升史和压缩史分析

　　选取柴达木盆地北缘东、中、西部典型钻孔和地震剖面（图5.19），采用盆地沉降史模拟和平衡剖面技术（王信国等，2006），分析柴北缘盆地的沉降隆升史和压缩史。

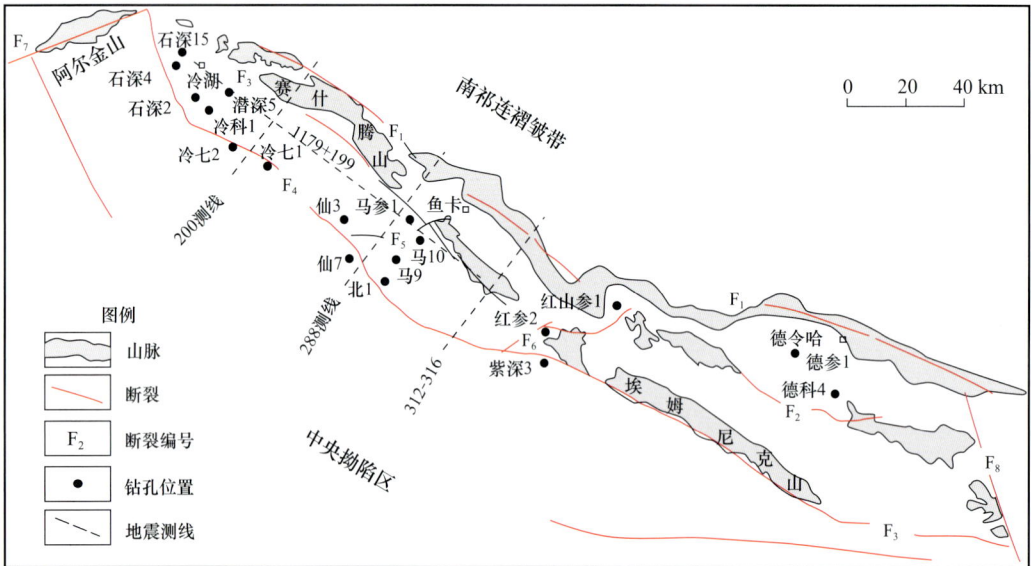

图 5.19　柴北缘沉降史测点、测线位置图

F₁.赛什腾山北－达肯大坂－宗务隆山山前断裂带；F₂.欧龙布鲁克山－牦牛山断裂带；F₃.赛什腾山－锡铁山－埃姆尼克山山前断裂带；F₄.陵间断裂带；F₅.马海－南八仙断裂带；F₆.红山－锡铁山断裂带；F₇.阿尔金断裂带；F₈.鄂拉山断裂带

　　柴北缘沉降速率在早侏罗世、渐新世和新近纪呈现峰值，其中新近纪时期沉降速率最大、超过 580m/Ma，其次是渐新世和早侏罗世；在空间上，中生代西部构造分区沉降速率最大，其次是中部构造分区，西部构造分区最小，新生代沉降速率以东部构造分区最大，西部构造分区最小（图5.20）。平衡剖面模拟得到的剖面压缩率与沉降速率具有相关性（表5.2），从时间上看，压缩率峰值也主要分布在早侏罗世、渐新世和第四纪，这和基底沉降速率特征相似；空间上，压缩率也从西到东逐渐增大（图5.21）。

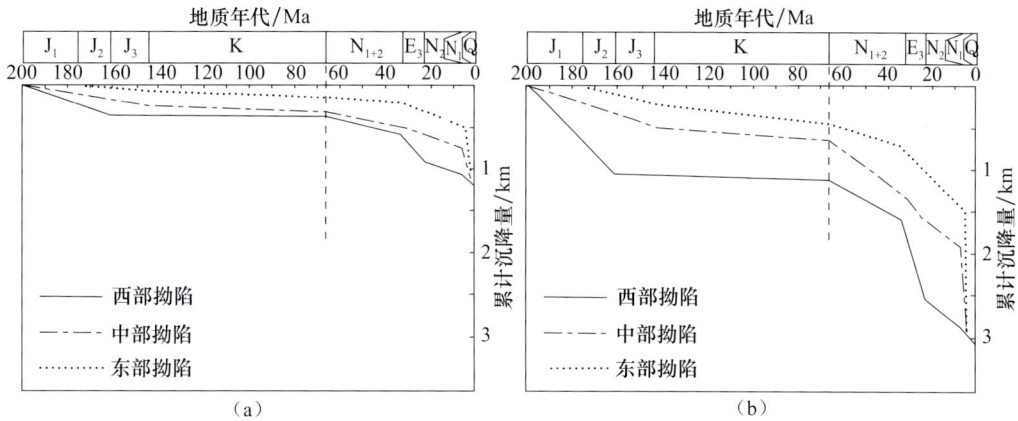

图 5.20 各构造分区平均沉降曲线图（王信国等，2006）

（a）构造沉降量；（b）总沉降量

表 5.2 柴北缘中西部构造沉降量与压缩率数据表

参数	时代				
	J	E_{1+2}	E_3	N_2	N_1
沉降量 /m	212	252	409	232	173
压缩率 /%	−0.99	0.58	2.13	0.81	2.74

　　综合柴北缘沉降史基底沉降速率和中西部平衡剖面压缩率特征分析认为，在沉降史方面，主要表现为沉降起始的时间不同和空间上的沉降速率不同；在平衡剖面方面，也主要表现为在时间上，无论北东—南西向还是北西—南东向都有从中生代到新生代挤压应力场逐渐增强的趋势，在空间上，盆地北东—南西向压缩强度具有西大东小、由西向东递减的基本规律。在时间演化序列分析，柴北缘中生代（J—K）、新生代（E_{1+2} 以来）构造演化具有"幕式"渐进压缩的特点，可以划分为 E_3 和 N_2 两个主要"造山幕"或"造山事件"，分别对应于盆地沉降史的两个快速沉降期和盆地压缩率两个主要压缩期。

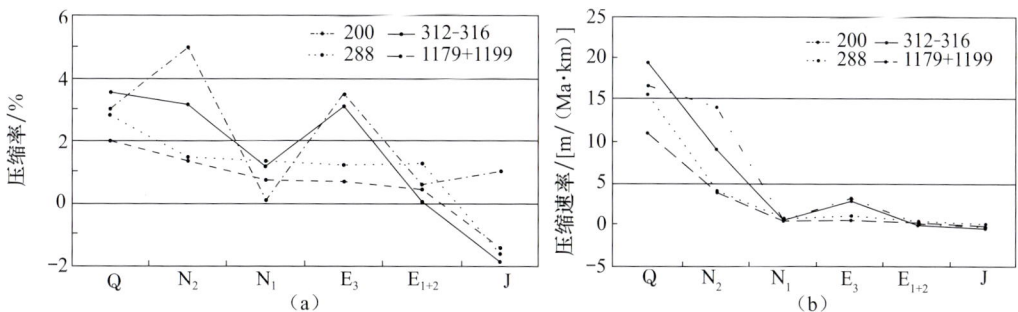

图 5.21 各测线平衡剖面压缩率（a）和压缩速率（b）特征图（王信国等，2006）

由表 5.2 看出，柴北缘中西部构造沉降量与压缩率呈正相关，表明二者间存在成因联系，相关系数为 0.0536，柴北缘新生代时期盆地在挤压的控制下还有较大的沉降量，这与前陆盆地的特征很相似，由此，柴北缘新生代盆地属于前陆盆地。

2）柴北缘演化史分析

以区域构造演化史分析为基础，结合构造应力场分析、沉降史和平衡剖面分析结论，认为宜将柴达木盆地自中生代以来的演化史划分为以下五个阶段（表 5.3，图 5.22）。

表 5.3　柴北缘构造演化特征简表

构造演化阶段	地质年代			构造运动	主要构造－沉降事件
	代	纪	世		
V	新生代	新近纪	更新世	晚喜马拉雅运动	盆地受挤压控制，接受新近系强烈沉积
			上新世		
			中新世		
IV		古近纪	渐新世	早喜马拉雅运动	盆地受挤压控制，接受 E_3 强烈沉积
			始新世		
			古新世	燕山运动V 燕山运动IV 燕山运动III 燕山运动II 燕山运动I 印支运动 海西运动	
III	中生代	白垩纪	白垩世		盆地遭受挤压抬升剥蚀夷平，大部分地区缺失白垩统沉积
		侏罗纪	晚侏罗世		
II			中侏罗世		盆地在近南北向拉张应力场控制下，发生断（拗）陷作用，沉积了 J_1—J_2 地层
			早侏罗世		
I	前中生代	石炭纪			经历多期构造活动，遭受多次挤压抬升剥蚀夷平和沉积作用后形成盆地的基底

（1）前中生代，盆地基底形成阶段（图 5.22 中的①）。柴达木盆地经历了加里东、海西、印支多期构造运动。吕梁期（2300Ma）地质事件结束了早元古代沉积历史，使其回升、褶皱，并产生区域动力热流变质作用，形成了中高级变质岩系，构成柴达木地块的结晶基底。基底岩性具有明显分区性质，主体部分为元古界结晶岩系的古老陆块，在此基础上，古生代接受了超覆型的边缘陆架沉积，部分地区发育了陆缘碎屑和海岸碳酸盐岩超覆体系。加里东运动使盆地遭受近南北向挤压形成近东西向大型宽缓背斜，海西运动则主要使盆地产生垂直升降运动，印支运动使近东西向大型宽缓背斜进一步发育，整个盆地处于挤压应力状态中，地层整体沿着北东东向展布。印支运动后期彻底地结束了柴达木海浸的历史，海水全面退出，湖泊的出现标志着柴达木进入到一个全新的陆相盆地演化时期，地层整体沿着北东东向展布。

（2）早、中侏罗世，中生代伸展－沉降阶段（图 5.22 中的②、③）。早、中侏罗世柴北缘经历了燕山运动 I、II 幕影响，使盆地受北北东—南南西方向拉张应力场控制下，进入初始裂陷阶段，在各构造分区沉积了早、中侏罗统地层。其中，东部构造分区的乌兰凹陷、中部构造分区的鱼卡－红山凹陷和绿南凹陷及西部构造分区的赛南凹陷

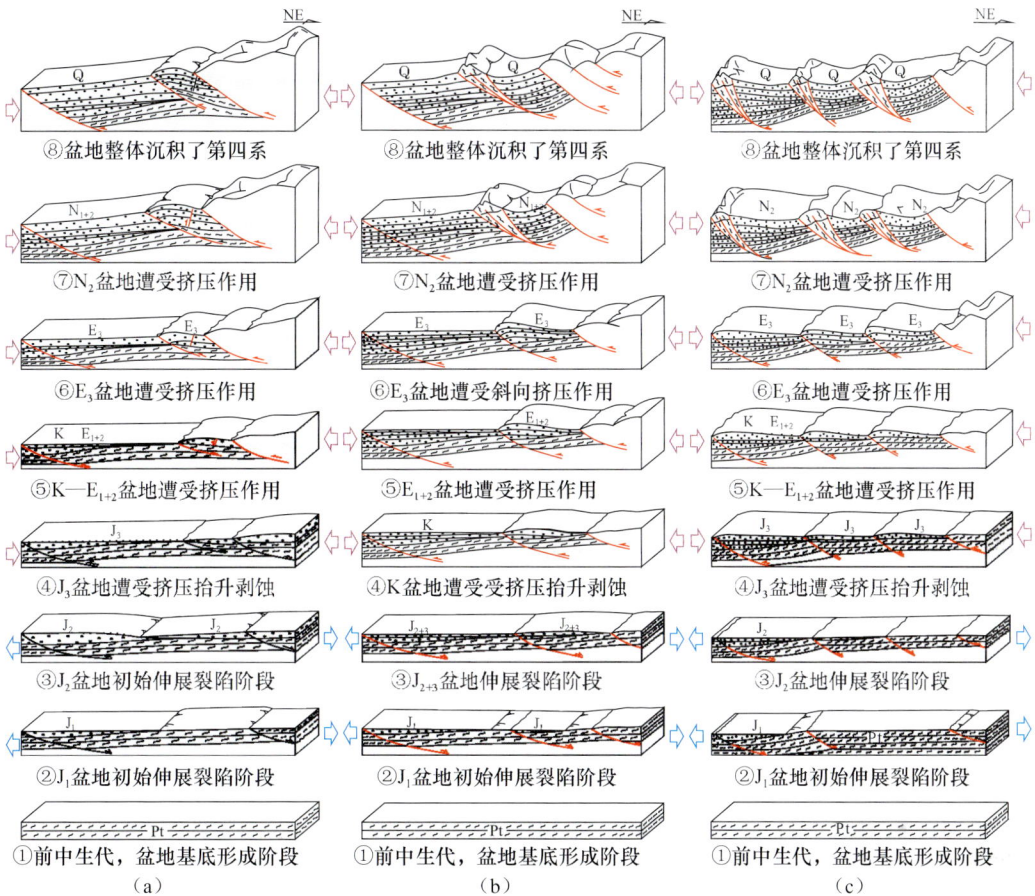

图 5.22 柴北缘构造演化示意图（占文锋等，2008）

（a）西部构造分区；（b）中部构造分区；（c）东部构造分区

有早侏罗统的沉积，而且尤以西部构造分区的赛南凹陷沉积最厚；中侏罗统的沉积在东部构造分区有很大的继承性和扩展性，东部构造分区中侏罗统的沉积除在乌兰凹陷外在欧龙布鲁克－牦牛山逆冲断裂带上也有沉积；而中部构造分区仅体现了继承性，中侏罗统地层继续在鱼卡－红山凹陷和绿南凹陷沉积；西部构造分区却表现出了与早侏罗世沉降中心的不同，中侏罗统的沉积仅分布在赛南凹陷的北部（新高泉和老高泉），没有继续在赛南凹陷沉积，反映了沉降中心的迁移。

（3）晚侏罗世—白垩世挤压抬升剥蚀阶段（图 5.22 中的④、⑤）。盆地经历燕山运动Ⅲ、Ⅳ和Ⅴ幕，使盆地总体上一直处于遭受挤压抬升剥蚀状态。但由于受柴达木地块自身旋转和阿尔金走滑断裂及鄂拉山走滑断裂的影响，造成柴北缘东部构造分区、中部构造分区和西部构造之间又存在差异，体现在：东部构造分区沉积了晚侏罗统而白垩统和古始新统被完全剥蚀了；中部构造分区有白垩统被全部剥蚀掉而保留了晚侏罗统；西部构造分区沉积了白垩统却缺失了晚侏罗统。

（4）古新世—渐新世，新生代强烈挤压阶段（图 5.22 中的⑥）：该时期盆地经历了早喜马拉雅运动的强烈挤压作用，盆地总体处于挤压作用状态，尤其是 E_3 期间的挤压最为强烈。E_3 期间的北北东—南南西方向的斜向挤压作用，在不对称盆地内的拗陷中沉积了始新统—渐新统。其中，东部构造分区在 E_3 期沉降速率最小，而中部构造分区沉降最大，西部构造分区最小。

（5）新近纪以来，盆地主要受晚喜马拉雅运动作用的影响（图 5.22 中的⑦、⑧），盆地受北北东—南南西方向强烈挤压也造成上新统巨厚沉积，柴北缘盆地也最终定型。

7. 祁连成煤盆地群

1）沉降史特征分析

盆地群西部的木里煤田聚乎更矿区三露天井田沉降史曲线大致可以分为七个阶段（图 5.23），自石炭纪以来主要经历了四期沉降和三期抬升：

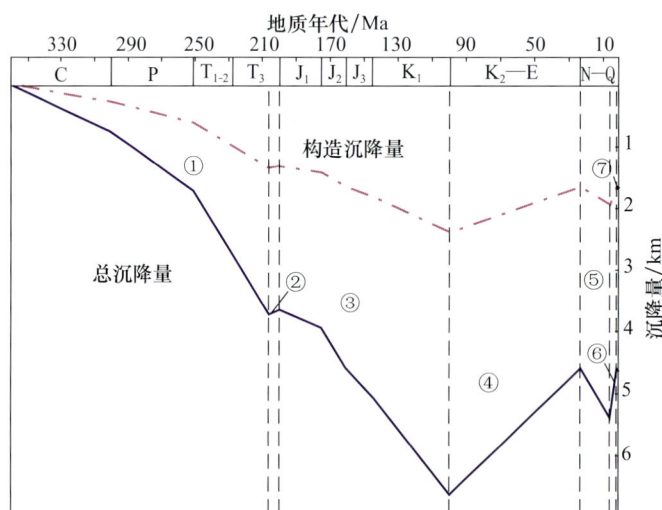

图 5.23　木里煤田聚乎更矿区三露天沉降史模拟图（蒋艾林等，2015）

（1）第一期沉降：从石炭纪至晚三叠世中期，研究区持续接受稳定的沉积，其中石炭纪、二叠纪沉降曲线斜率较小，平均总沉降速率为 15m/Ma，沉降较缓慢，早三叠纪至晚三叠纪中期沉降曲线斜率较大，平均总沉降速率为 44m/Ma，沉降较快速。

（2）第一期抬升：晚三叠世末期，由于晚印支运动影响，古特提斯海洋闭合，地表抬升，地层接受剥蚀，剥蚀厚度较小。

（3）第二期沉降：早中侏罗世，该段沉降曲线表现为上凸段，代表了裂陷旋回，早侏罗世经历了较缓慢热沉降，中侏罗世经历了较快热沉降。晚侏罗世和早白垩世经历了快速沉降。

（4）第二期抬升：晚白垩世燕山运动尾幕，研究区经历了拗陷－隆升的过程，区域隆升遭受剥蚀，剥蚀厚度大于 1000m，构造作用使沉降作用减弱，缺失晚白垩世及早白垩世地层，并导致古近纪部分沉积间断。

（5）第三期沉降：中新世，构造沉降速率为 16m/Ma，总沉降速率为 45m/Ma，沉降速率较快，沉降曲线斜率较大。

（6）第三期抬升：上新世，地层受喜马拉雅碰撞和青藏高原隆升影响，快速隆升，新近纪所沉积地层抬升并剥蚀，中侏罗统地层出露地表。

（7）第四期沉降：第四纪，构造沉降速率为9m/Ma，总沉降速率为27m/Ma地层。沉降速率较快。

木里煤田各地质时期埋藏史曲线（图5.24）基本特征可相互进行对比，基本反映多期构造成盆性质。大致可分为以下四个阶段：

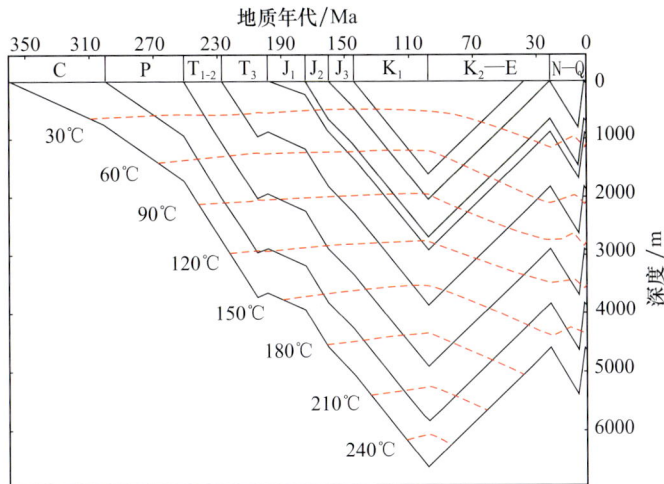

图 5.24　聚乎更矿区埋藏史模拟图（蒋艾林等，2015）

（1）石炭纪—早中三叠世（358.9～199.6Ma）：研究区在石炭纪、二叠纪接受较缓慢的沉积，青藏高原在晚二叠晚期发生海侵，使得研究区沉积活动加剧，沉积速率加快，沉积幅度加大。

（2）晚三叠世—早白垩世（199.6～99.6Ma）：晚三叠世晚期由于印支运动影响，地表抬升，接受剥蚀，然后早侏罗世继续接受沉积，但沉积速率较缓慢，三叠系与侏罗系的不整合面由此而来。中侏罗世至早白垩世，对应的埋深曲线斜率较大，沉积较快。其中，中侏罗世为侏罗纪盆地沉降最活跃时期，形成一套富含有机质的煤系地层，发育可采煤层和生、储岩系。

（3）晚白垩世—古近纪（99.6～23.03Ma）：由于构造运动和青藏高原隆升的影响，盆地结束了快速、大幅沉降阶段，进入了抬升剥蚀阶段，早白垩世与晚侏罗世沉积的地层被抬升至地表并几乎被全部剥蚀。

（4）新近纪—第四纪（23.03Ma至今）：进入新一轮的沉降阶段，沉降量和沉降速率变大。新近纪晚期，由于受新构造运动的影响，中侏罗统被抬升，形成野外露头。

2）古构造应力场分析

祁连山地区在早—中侏罗世成煤后，在燕山—喜马拉雅期挤压应力场的作用下，盖层中形成了一系列规模不等的纵弯褶皱和逆冲断层，控制了煤田构造格局及各种地质构造的分布、排列、组合形式，因此挤压构造应力是该区煤田构造应力场研究的主要对象。

共轭剪节理是常见的小型构造形迹，数量多、分布广、野外观测容易，因此利用足够数量的观测点和节理数据进行共轭剪节理所得到的三向主应力轴方位，可以较好地反映主应力方位的空间变化规律。研究区内各时代地层中节理广泛发育，且多以共轭剪节理形式出现，甚至同一观测点出现多组节理共存、相互切割的现象，反映出多期构造应力场活动的性质，为研究区内节理的统计分析和构造应力场分期提供有力依据（图 5.25）。

(a)　　　　　　　　　　　　　　　(b)

图 5.25　祁连盆地群煤系共轭剪节理发育特征

(a) 西部木里煤田聚乎更矿区Ⅳ井田；(b) 东部热水煤田先锋矿

在木里煤田系统测量了 7 组有效共轭节理数据（表 5.4），对其进行经分期统计分析后，可分出 6 组优势剪节理，3 套共轭节理，其代表性产状如表 5.5 所示。

表 5.4　木里煤田共轭节理一览表

| 点号 | 地点 | 节理组 I | 节理组 II | 主应力轴产状 | | | 剪裂角 / (°) |
				σ_1	σ_2	σ_3	
No.1	热水矿区先锋矿	115.33°∠81.67°	19°∠13.67°	83°∠13.64°	177°∠15.7°	134°∠69.01°	17.05
No.2	热水矿区先锋矿江仓组顶部绿色砂岩	113.25°∠79.75°	326.5°∠20°	54°∠45.98°	69°∠43.11°	152°∠7.43°	34.75
No.3	江仓矿区 I 井田	178.67°∠44.67°	286°∠219.33°	52°∠52.2°	52°∠37.85°	142°∠0.1°	34.51
No.4	江仓矿区 16 号煤层	98.5°∠73.83°	183.33°∠39.33°	74°∠42.46°	76°∠47.57°	165°∠1°	46.36
No.5	聚乎更 3 井田采坑	58.67°∠65.33°	162.33°∠89.67°	106°∠13.91°	10°∠22.83°	45°∠62.89°	24.63
No.6	聚乎更 3 井田北东侧	358.5°∠52°	315.5°∠62°	89°∠28.51°	45°∠53.06°	167°∠21.49°	30.43

表 5.5 木里煤田剪节理产状统计简表

项目	第一套		第二套		第三套	
节理组	I	II	III	IV	V	VI
优选方位	124°∠77°	25°∠12°	115°∠84°	336°∠26°	62°∠65°	160°∠89°
走向	NNE	SEE	NNE	NEE	NNW	NEE

根据节理发育的程度、相互切割关系、方位，对共轭节理进行分期配套（表5.6），对主构造应力场进行分期。

表 5.6 木里煤田主构造应力场分期表

项目	期次					
	第一期		第二期		第三期	
节理组	I	II	III	IV	V	VI
节理产状	115°∠84°	336°∠26°	124°∠77°	25°∠12°	94°∠58°	305°∠77°
σ_1	54°∠45.98°		83°∠13.64°		25°∠26.34°	

结果显示，区内的构造主应力场可分为三期，第一期为北东—南西向的挤压，第二期为近东西向的挤压，第三期区内的主应力场则转变为北北东—南南西向的挤压（图 5.26）。

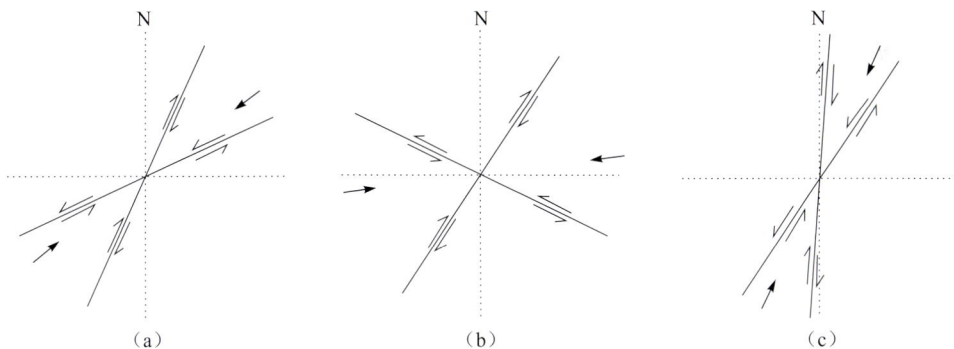

图 5.26 木里煤田平面共轭剪节理分期配套示意图

（a）第一期共轭剪节理；（b）第二期共轭剪节理；（c）第三期共轭剪节理

结合木里煤田区域构造演化史分析，确定研究区第一期主构造应力场为北东向的挤压（图 5.27），其活动时期为印支期。在晚三叠世古亚洲大陆南缘最为重要的构造事件是羌塘地体和华南板块与已经成为古亚洲大陆一部分的塔里木和华北板块的斜向碰撞，并导致其间的古特提斯海消亡，华北板块、华南板块和羌塘地块等三个陆块之间的松潘－甘孜增生杂岩复合体的形成，以及阿尼玛卿、柴北缘和阿尔金大规模走滑断裂的形成。这次碰撞的结果是使研究区受到北东—南西向的挤压（张泓等，1998）。

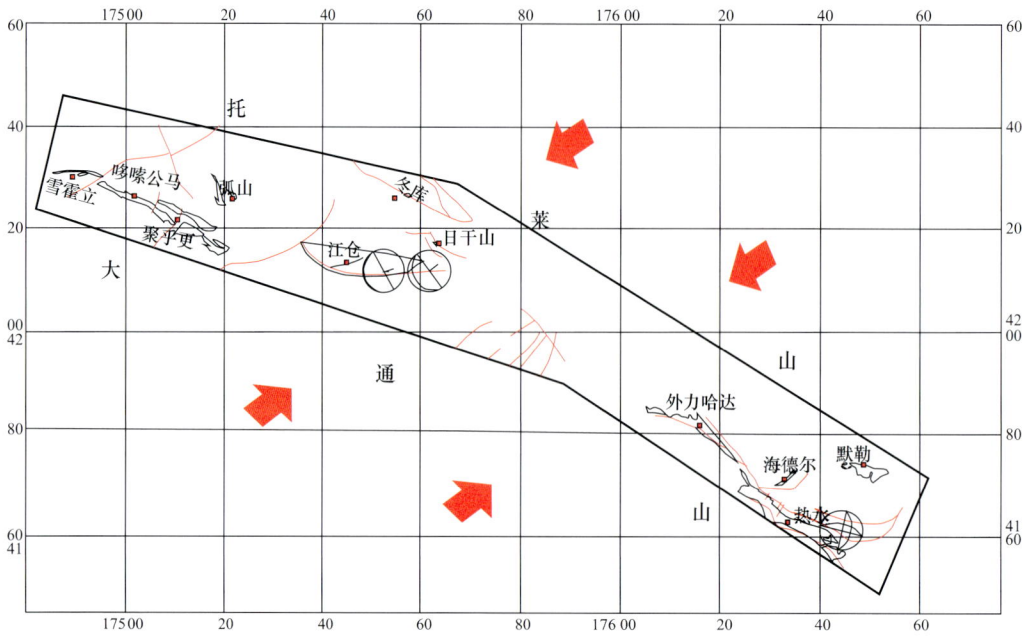

图 5.27　木里煤田第一期构造应力场

燕山运动早期（205～135Ma），研究区内的应力场以近东西向的挤压为主，对应于研究区内的第二期主构造应力场（图 5.28）。其活动时期应为侏罗纪—早白垩世早期，在该期研究区受到了来自东部的挤压，这种应力可能是北美板块西部的鄂霍茨克板块及其附近的微板块在侏罗纪向西运移所产生（万天丰，2004）。

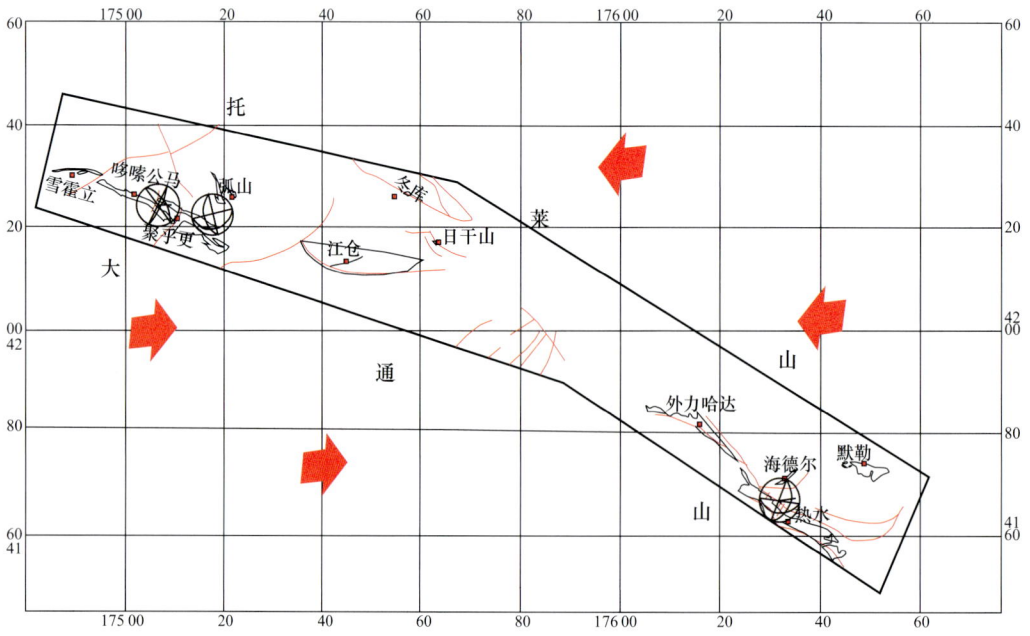

图 5.28　木里煤田第二期构造应力场

燕山运动中晚期（135～52Ma），研究区以北北东向的挤压为主（图 5.29），对应于研究区内的第三期应力场，其活动时期为白垩纪。白垩纪早期新特提斯北洋盆关闭，来自冈瓦那大陆地体再次向亚洲大陆拼接，形成了班公湖 - 怒江缝合带，在同一时期，班公湖 - 怒江以北的地区还受到东部的挤压应力，这种应力很可能来自太平洋板块向西的俯冲，也可能是为来自四川盆地的深部地幔柱活动产生的应力阻挡（许志琴等，2007），最终造成该区北北东向的挤压。

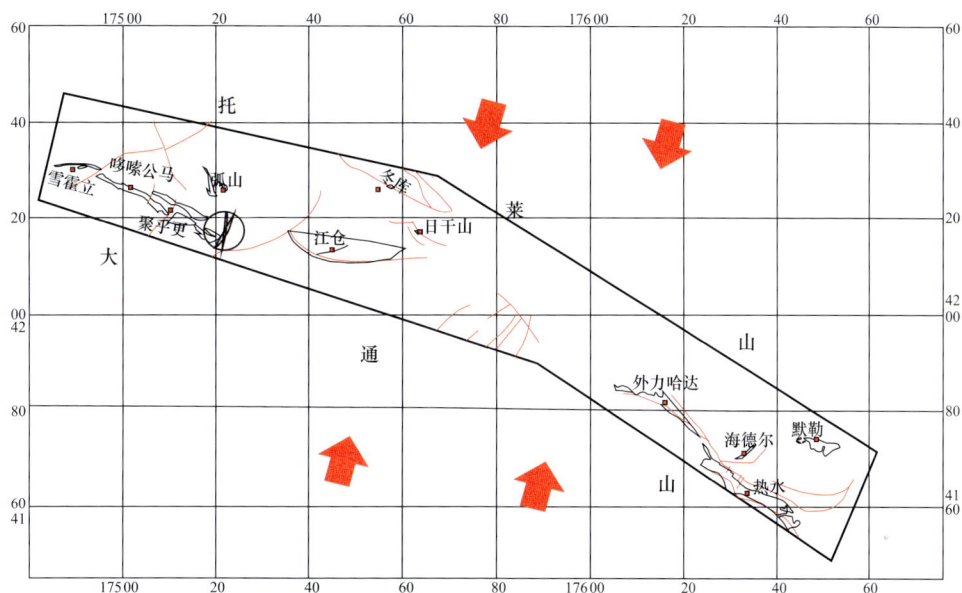

图 5.29　木里煤田第三期构造应力场

3）煤田构造形成机制及演化特征

木里煤田的元古界—下古生界变质基底为一个复背斜，相当于中祁连早古生代古陆的中轴。但在二叠纪—三叠纪塌陷为沉积中心，接受了厚达 3000m 以上的陆源碎屑岩沉积。其中晚三叠世含煤沉积范围较广，几乎囊括了整个祁连山地区，具体的边界是：南起党河南山北坡—青海湖北侧—大坂山—乌稍岭一线，北达河西走廊一线。东、西北均延入甘肃省境内。印支运动后，中轴又局部隆起，促使侏罗纪—白垩纪含煤地层及直接盖层向两翼迁移，并在南北边界断层的控制下形成新的沉积中心。此时该盆地沉积范围大为缩小，除在大通河上游地带残存一个较大的木里成煤盆地而外，在其北的河西走廊和北祁连山，同期成煤盆地范围一般较小，连续性也差（如门源盆地），只有中祁连山西段的疏勒河上游盆地与木里盆地较为相似，但范围也小得多。

木里盆地总的演化规律是晚三叠世呈南深北浅的滨海平原，早侏罗世前期隆起遭受剥蚀，早侏罗世后期初步形成古大通河谷地，中侏罗世前期河谷退化形成泛滥平原，中侏罗世后期进一步夷平形成北浅南深的淡水湖泊。中侏罗世末随着燕山运动的兴起，成煤作用基本中止，代之而起的是晚侏罗世—早白垩世半干旱 - 干旱气候下形成的一套近源红色碎屑岩，主要沿着大通山北侧断裂及托莱山南侧的山前地带分布，仅在弧山矿区—江仓矿区一线残留一个浅浅的湖盆地，形成一套红、绿、灰、黑相间的细碎屑岩，其中偶含不可采薄煤层或碳质泥岩（赤金桥组）。燕山期区内以强烈的隆起活动为主，南北两侧古老断块逐渐抬升，由于两断块之间深断裂存在，导致活动差异。两侧古老断块在抬升过程中，尤其是南侧的大通山在抬升的过程中对区内构造挤压相对较大，两侧古老断块在抬升过程中改变了原断裂的性质，即由张性断裂为主改变为压性为主，并在区内产生一系列的次级构造，形成今日构造形态的格局。

第三节　赋煤构造单元与煤田构造特征

一、赋煤构造单元划分

西北赋煤构造区处于特提斯构造域和环西伯利亚构造域中、新生代复合造山作用区，形成了复杂的盆山结构，盆地镶嵌于天山 – 兴蒙造山带、祁连造山带、昆仑造山带、阿尔泰造山带和阿尔金断裂带之间或内部，造山带（或断裂带）对盆地构造发育和演化具有区域控制作用，各分区盆地类型和构造变形特征存在差异，具有独特的演化特征和变形形式。天山 – 兴蒙造山带和昆仑造山带在该区具有南、北分带特征，阿尔金断裂带对该区具有东、西分区特征。西北区域现今的盆、山面貌是不同时期、不同构造背景的盆地在相互叠置及其与造山带相互作用中最终形成的（图5.30）。根据西北赋煤构造区煤系基底、沉积、变形等特征，划分了二级和三级赋煤构造单元（图5.31、表5.7）。

阿尔泰山、天山、昆仑山和阿尔金断裂将西北赋煤构造区分隔为准噶尔盆地赋煤构造亚区、塔里木盆地赋煤构造亚区和祁连赋煤构造亚区，三个赋煤构造亚区的煤田构造特征各具特色。准噶尔盆地赋煤构造亚区与塔里木盆地赋煤构造亚区的构造特征较相似，具有环带式变形分区组合特征，煤系主要分布于盆地边缘地区，受强烈的挤压作用而形成推覆及走滑构造，对煤系破坏作用较大，盆内则以宽缓褶皱变形为主，煤系深埋或成煤作用不佳；祁连山赋煤构造亚区具有条带状变形分区组合特征，整体处于对冲挤压的变形环境，煤系多呈北西—南东平行条带状分布，构造变形复杂，褶皱形态较紧密，推覆构造较发育，局部发育滑动构造，煤系多以断夹块样式出现。

二、准噶尔盆地赋煤构造亚区

准噶尔盆地赋煤构造亚区南界和东界均为拉那提断裂 – 艾比湖居延海断裂，西界大致为和布克赛尔蒙古自治县 – 托里县断裂，北界大致为额尔齐斯深断裂 – 托让格库都克断裂东段，包括准西、准北、准东、准南、伊犁、吐哈和三塘湖七个赋煤构造带（图5.32）。准西、准北、准东和准南四个赋煤构造带为内环带，其他三个赋煤构造带为外环带，构造复杂程度由内及外逐渐加大，盆地周缘煤系遭受强烈挤压，紧闭 – 等斜褶皱、逆冲推覆或冲断构造，而内部煤系以宽缓褶皱变形为主；由于天山－兴蒙造山带的作用，该赋煤亚区内南部赋煤构造单元构造作用较北部强烈，对煤系的破坏作用较大（图5.33）。

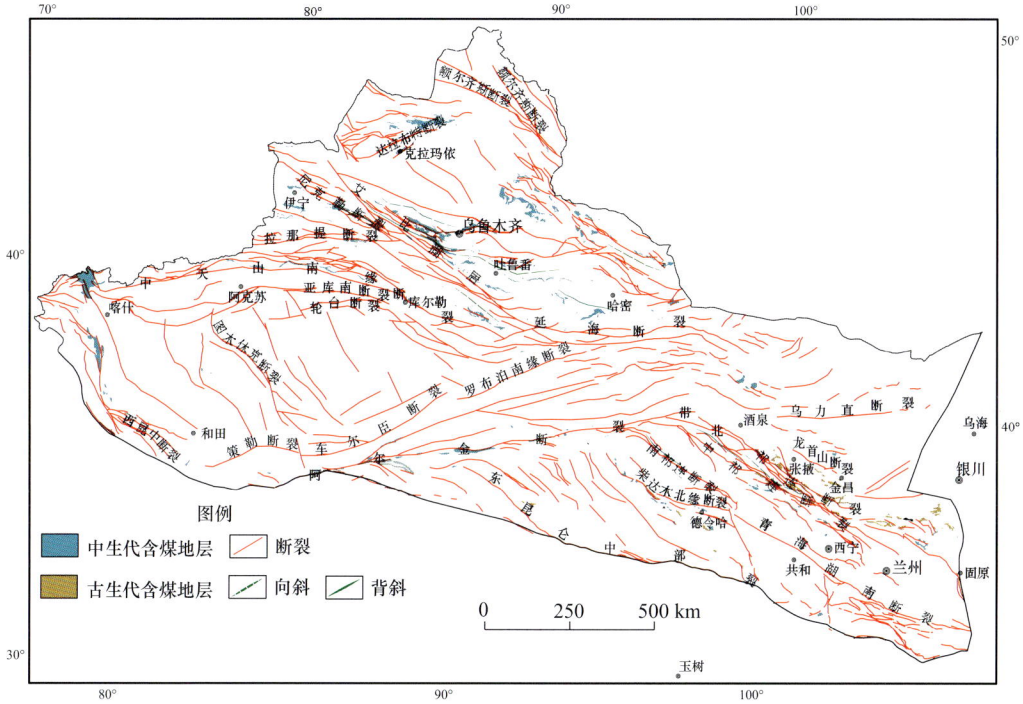

图5.30　西北赋煤构造区构造简图

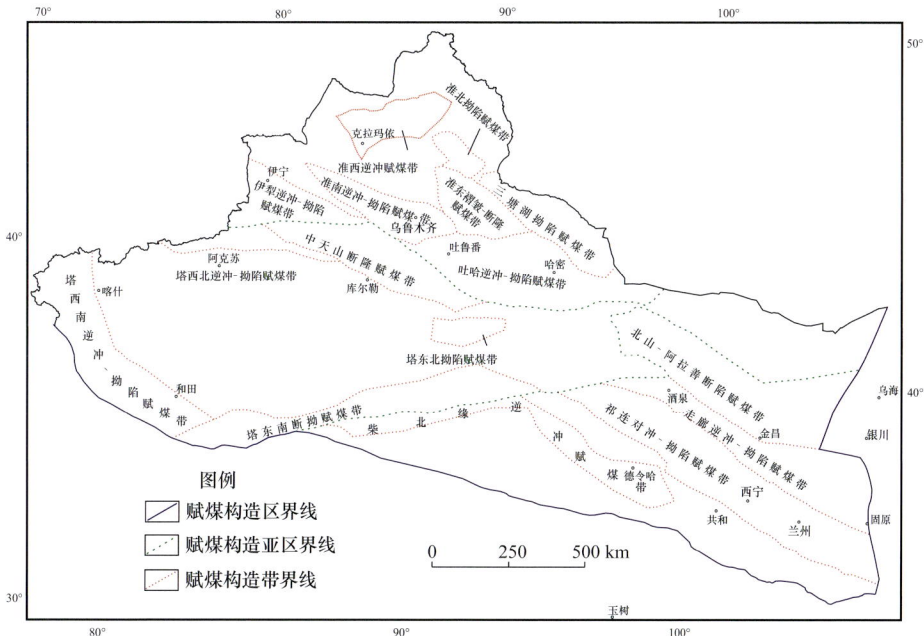

图5.31　西北赋煤构造区赋煤构造单元划分图

表 5.7 西北赋煤构造区赋煤构造单元划分表

一级	二级	三级	主要煤田
西北赋煤构造区	准噶尔盆地赋煤构造亚区	准西逆冲赋煤构造带	克拉玛依煤田、托里－和什托洛盖煤田、和布克赛尔－福海煤田
		准北拗陷赋煤构造带	卡姆斯特煤田
		三塘湖拗陷赋煤构造带	巴里坤煤田、三塘湖煤田
		准东褶皱－断隆赋煤构造带	准东煤田
		准南逆冲－拗陷赋煤构造带	准南煤田、达坂城煤田、后峡煤田
		伊犁逆冲－拗陷赋煤构造带	伊宁煤田、尼勒克煤田、昭苏－特克斯煤田
		吐哈逆冲－拗陷赋煤构造带	托克逊煤田、鄯善煤田、吐鲁番煤田、哈密煤田、沙尔湖－梧桐窝子煤田
	塔里木盆地赋煤构造亚区	塔西北逆冲－拗陷赋煤构造带	温宿煤田、库－拜煤田、阳霞煤田
		中天山断隆赋煤构造带	巴音布鲁克煤田、焉耆煤田、库米什煤田
		塔西南逆冲－拗陷赋煤构造带	乌恰煤田、阿克陶－莎车叶城煤田、布雅煤产地
		塔东南断拗赋煤构造带	民丰煤矿点、且末煤矿点
		塔东北拗陷赋煤构造带	罗布泊煤田
	祁连赋煤构造亚区	北山－阿拉善断陷赋煤构造带	潮水煤田、北山煤田
		走廊对冲－拗陷赋煤构造带	肃南煤田、山丹－永昌煤田、天祝－景泰－香山煤田、靖远煤田
		祁连对冲－拗陷赋煤构造带	中祁连煤田、祁连煤田、木里煤田、门源煤田、西宁煤田、阿干煤田
		柴北缘逆冲赋煤构造带	尕斯煤田、鱼卡煤田、全吉煤田、德令哈煤田

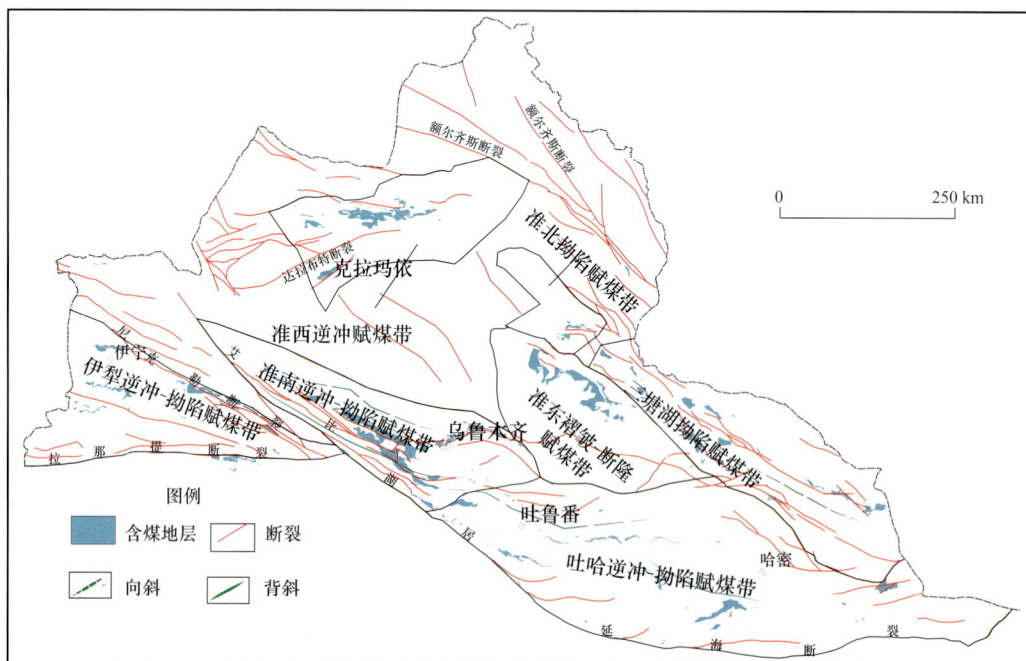

图 5.32 准噶尔盆地赋煤构造亚区构造纲要图

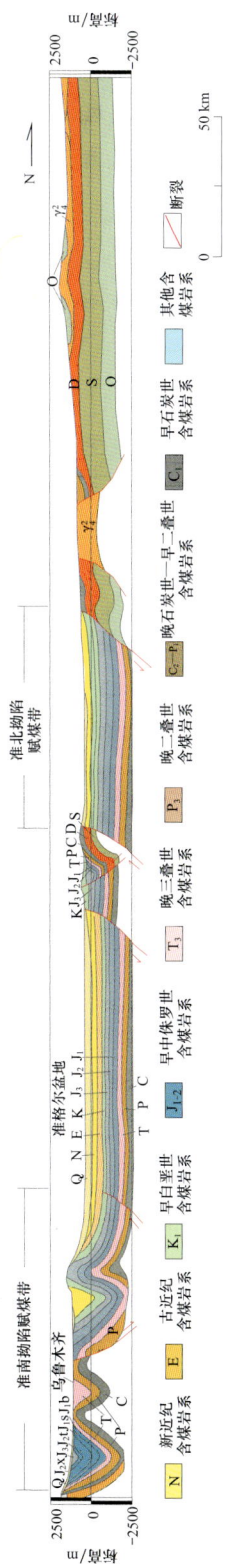

图 5.33　准噶尔赋煤构造亚区煤田构造剖面图

（一）准西逆冲赋煤构造带

位于准噶尔盆地西部，北西以和布克赛尔蒙古自治县－托里县断裂为界，北东以额尔齐斯断裂为界，东南以克拉玛依－乌尔禾断裂为界，总体呈北东—南西向展布，主要有和布克赛尔－福海煤田、托里－和什托洛盖煤田和克拉玛依煤田。该带自三叠纪始，大规模拗陷、和什托洛盖凹陷与准噶尔盆地直接相通，具有良好的成煤条件，成煤期后经历了多次构造运动。该赋煤构造带位于准噶尔盆地西部隆起内，构造变形主要表现为逆冲断裂，形成西缘冲断带，由多条断裂组合而成，在平面上可划分为三段，即红－车段、克－乌段和乌－夏段，各段的构造组合特征及其展布存在一定的差异。

红－车断裂带位于断裂带的南段，呈近南北向展布，表现为叠瓦状冲断构造，断裂较陡，断裂的主要活动时期为二叠纪和三叠纪，对二叠系和三叠系具有明显的控制作用，之后活动微弱，对侏罗系及其以上地层没有明显的作用（图5.34）；克－乌断裂带在平面上为北东走向，由3～4条断裂组成，平面上呈舒缓波状延伸，剖面上构成叠瓦状组合（图5.35），对二叠系和三叠系的沉积具有较强的控制作用，断裂的水平推覆距

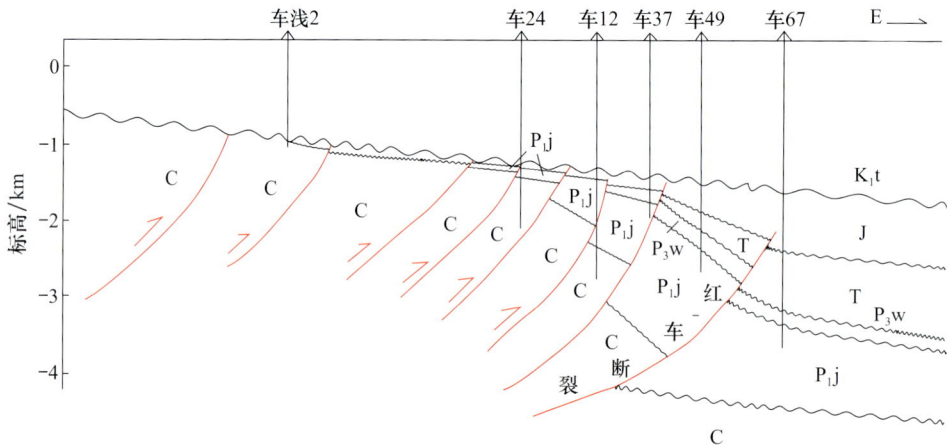

图 5.34　红－车断裂带剖面示意图（据马辉树等，2002）

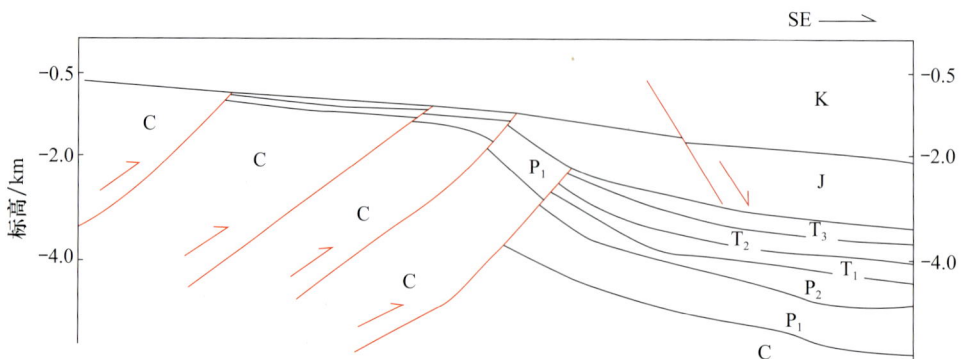

图 5.35　克－乌断裂带剖面示意图（据何登发等，2004）

离与红－车断裂带相比明显增大，侏罗纪活动强度相对较大，断裂被上侏罗统和白垩系不整合覆盖，对西北区早中侏罗纪含煤地层破坏较大；乌－夏断裂带位于准西赋煤构造带的东北段，呈近东西向展布，由4～5条北倾的逆冲推覆断裂组成，断裂的推覆距离较其他地区大，地层变形较强烈，但断裂活动时期为二叠纪和三叠纪，个别断裂在侏罗纪活动非常弱，因此，对该带内的含煤地层破坏作用不强（图5.36）。

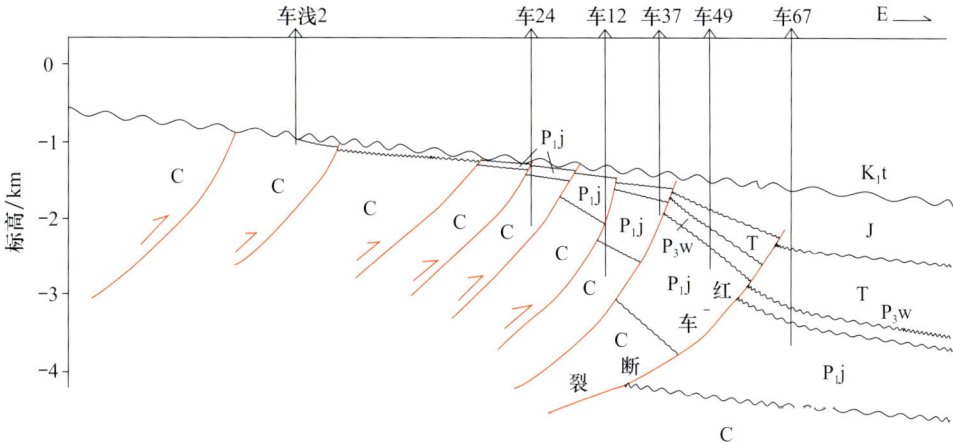

图 5.36 乌－夏断裂带剖面示意图（据马辉树等，2002）

综上所述，准西赋煤构造带内构造作用较强烈，构造形变主要表现为逆冲断裂，克－乌段主要构造运动时期为早—中侏罗纪，对该赋煤构造带内的煤系破坏较严重，主要表现为逆冲断层上盘被推覆出地表遭受剥蚀，或者下盘下降，煤系地层被老地层覆盖，埋深加大。

（二）准北拗陷赋煤构造带

总体为乌伦古拗陷范围，北以吐丝托依拉断裂和乌伦古北断裂为界，南到卡拉麦里深断裂，与准东煤田相邻，主要有卡姆斯特煤田。

二叠纪准噶尔盆地开始形成统一的陆相沉积盆地（乌伦古拗陷未发现二叠系）。早三叠世，乌伦古地区仍未接受沉积。晚三叠世，湖域范围已达到了最大，整个盆地基本上都被湖水浸没，乌伦古拗陷断陷下沉，开始全面接受沉积。从三叠纪晚期开始一直持续到侏罗纪晚期，侏罗系沉积时卡姆斯特煤田属于古准噶尔盆地的东北边缘地带，在由北向南的挤压力作用下，该区发生南北沉降分异：北部抬升，形成红岩断阶；南部沉降，但沉降幅度不均衡，向北部逐渐加大，形成北深南浅的索索泉箕状凹陷。白垩纪以后，构造活动主要以垂直升降作用为主，这一运动使北部地区整体强烈抬升，南部下降，类似"跷跷板"运动。这一时期是拗陷的变革期，它改造了拗陷早期北深南浅的构造格局，使拗陷南深北浅。喜马拉雅构造运动整体比较微弱，对拗陷的基本构造格局影响不大（图5.37）。

赋煤构造带内断裂较发育，已发现的断层有30余条，以逆断层为主，偶见正断层。

图 5.37　准噶尔盆地北部构造单元划分图（据吴天伟等，2011，有修改）

断层形成期主要集中在印支—燕山运动，喜马拉雅运动部分断层可能继续活动。

大型断层多位于拗陷北部边缘（属边界断层），规模大、延伸长。断层形成于印支期，具多期活动性，最晚活动时间一般至白垩纪。断层性质多为逆断层，上下盘构造面貌有明显差异。这类断层主要有吐丝托依拉断裂、乌伦古北断裂、乌伦古东断裂和拜尔库都克断裂等。这些断层错断层位为石炭系至白垩系，以吐丝托依拉断裂为最大。

吐丝托依拉断裂位于拗陷东北缘，总体走向北西向，延伸长度约300km。它于海西构造运动末期开始，主要活动于二叠纪、三叠纪。断裂一侧为基岩浅埋藏区，一侧为沉积凹陷区，侵入岩体的展布和沉积建造明显受该断裂控制，属控拗断裂。

（三）准东褶皱–断隆赋煤构造带

准东断隆赋煤构造带位于盆地东侧，扩及东侧克拉美丽山区，东端至巴里坤，以卡拉麦里断裂为界，主要包括准东煤田、卡姆斯特煤田。准东地区总体呈北西向分布，由帐北、大井、吉木萨尔、奇台、梧桐窝子等多个凸起、凹陷次级单元组成。主要为北西西向开阔褶曲，呈北西西向斜列展布，西部有三排北东东向构造鼻，斜列展布。三叠纪末印支运动在该区内表现为强烈，如东部北东向断层、背斜与早期北西向构造呈棋盘式叠加。三叠系与侏罗系多呈不整合接触，形成了与早期北西向隆拗相间格局完全不同的北东向隆褶带。中三叠世—侏罗纪，准东则处于一种较频繁的挤压状态。盆地边部沉积物表现为多旋回、多韵律的特征，一般可划分3~4个巨型正旋回，形成煤层多、厚度大且很稳定的煤系。中侏罗世末，在克拉玛依运动影响下，盆地逐渐萎缩，出现红层。晚侏罗世末期，盆地曾发生整体掀斜；西部抬升，中侏罗统上部和上侏罗统大部分缺失；东部沉降，较好地保存了较厚的中—晚侏罗世地层。从三叠纪至侏罗纪，从断块差异性活动，转化为整体拗陷。准东地区由于多个隆起构造的穿插与分隔，及隆起外侧向沉积深断裂活动，造成断裂两侧差异性升降，形成湖湾性较细的含煤建造。准东煤田位于准噶尔盆地东部隆起区的边缘地带，呈北西西向展布。煤田北部发育喀拉麦里深断裂，在隆起和深断裂的双重影响下，煤田内发育有一系列垂直于深断裂的向斜构造和鼻状构造。煤田构造整体上成并列式、不对称、开扩性的褶曲形态。后期改造以差异性上升运动为主。

（四）准南逆冲－拗陷赋煤构造带

准南逆冲－拗陷赋煤构造带位于准噶尔盆地的南缘，南以中天山北缘断裂，主要有准南煤田、达坂城煤田和后峡煤田。主要含煤地层为下侏罗统八道湾组、中侏罗统西山窑组。

准南地区为北天山－博格达山北缘强烈拗陷和盖层强烈变形地区。侏罗纪—白垩纪时沉积中心在昌吉、玛纳斯一带，古近纪沉积中心在西侧安集海。区内褶皱强烈，断裂发育，定向性明显，以东西向逆冲断层为主，同时有右旋扭动。三叠纪末印支运动（卡拉麦里运动）在盆地内表现为东强西弱、北强南弱的特征。北西西向隆、拗相间的格局，遭受改造。

准南煤田南部由一系列逆断层构成南部边界，现代研究认为具有推覆构造性质。煤田由西向东呈北西向转为北东向展布，构造形态由西往东，发育有大小不等、形态各异的构造群（图5.38）。在西部主要有东向展布的托斯台褶曲、玛纳斯褶曲，北西西向—东西向的克拉扎、头屯河－板房沟断褶构造；东部则为一系列断褶束构造，主要有西山断褶束、阜康断褶束、吉木萨尔断褶束等。断褶束是由一些背斜、向斜构造和逆掩断层组成，反映了旋转性质（图5.39）。

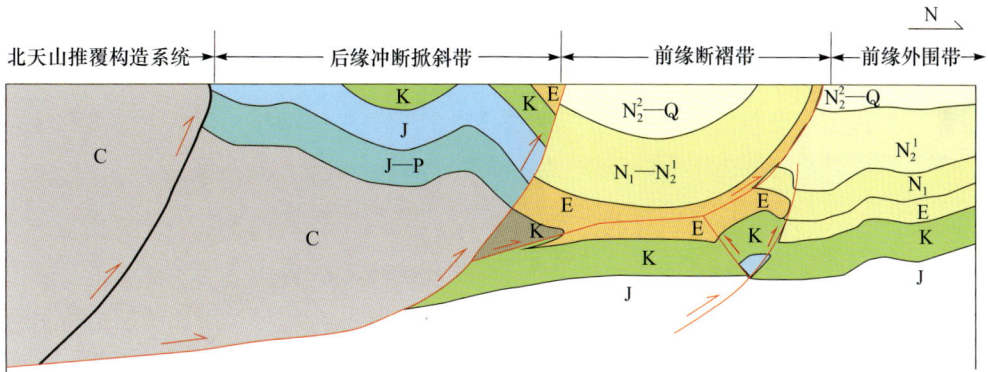

图 5.38　准噶尔盆地南缘中段构造模式图（据孙自明等，2004，有修改）

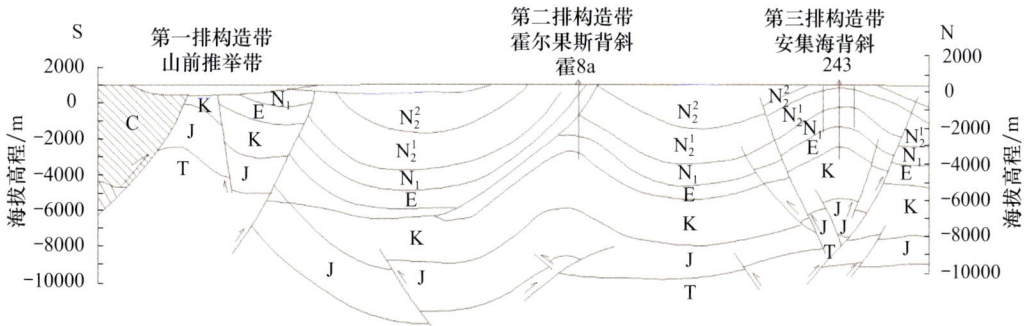

图 5.39　准西南赋煤构造带构造样式

（五）三塘湖拗陷赋煤构造带

三塘湖拗陷赋煤构造带主要包括巴里坤煤田和三塘湖煤田。北与蒙古接壤，东南面与吐哈盆地相望，西南以卡拉麦里断裂为界与准东褶皱－断隆赋煤构造带相邻，盆地呈北西—南东向的条带状夹峙于莫钦乌拉山与大哈甫提克山山—苏海图山—额仁山—克孜勒塔格山之间。位于巴里坤北山山脉西延的山间拗陷里，由若干个成煤小盆地组成，呈北西西向展布，南北两侧均为断裂所控。在东部有官炭窑断陷盆地，深度为2000~2800m，煤田构造主要受南部的卡拉麦里深断裂影响，形成了北西西向紧密复式向斜构造。其南翼因断层破坏，缺失地层，北翼受断层影响形成了推覆构造。在西部有普迪苏断陷盆地，深度大于2000m，呈北西西向展布，西端翘起，由于北缘受恰乌卡尔－结尔得嘎拉深断裂影响，形成了北倾的复式向斜构造。其北翼被深断裂切割，形成向南推覆的构造带。

三塘湖煤田位于东准噶尔界山的三塘湖成煤盆地里。三塘湖成煤盆地构造形态为近东西向展布，呈两排向北倾斜的复式向斜构造，煤田内地形东低西高。受断裂影响，南部拗陷较深，南缘断裂为煤田的主控构造。中央拗陷带即侏罗纪成煤盆地，边缘被南面的石头梅断裂和北面的汉水泉断裂控制，总体呈西窄东宽（15~35km）、北西向延伸的楔形，沉积较厚和较完整的中新生代盖层。受北西和北东向两组断裂的控制，拗陷内形成雁状排列的次一级凹凸相间的构造格局。中央拗陷带由西向东可进一步划分为库木苏凹陷、巴润塔拉凸起、汉水泉凹陷、石头梅凸起、条湖凹陷、岔哈泉凸起、马郎凹陷、方方梁凸起、淖毛湖凹陷、韦北凸起、苏鲁克凹陷11个二级构造单元，表现为以侏罗系—新近系为主的中新生代地层，形成一系列隐伏线状、短轴状、箱状宽缓褶皱，局部为穹窿，地层倾角一般小于20°。

（六）伊犁逆冲－拗陷赋煤构造带

伊犁褶皱赋煤构造带位于新源以东，南、北分别与科古琴山、婆罗科努山及哈尔克山、那拉提山为邻，呈近东西向展布、东窄西宽的楔形。南以那拉提深断裂与哈尔克山复背斜为界，北以尼勒克深断裂与博罗科努复背斜为界。盆内有伊宁、尼勒克、昭苏－特克斯煤田。

该区在燕山运动盆地整体抬升，三叠纪、侏罗纪地层褶皱呈宽阔的向斜和背斜，轴向多为近东西，部分地区叠加了北东、北西向构造。受喜马拉雅运动的影响，断块上升，使伊犁盆地分割呈现代的楔状形态。较大断层为巩乃斯、喀什河、特克斯河三条近东西向断层。

伊宁—巩乃斯一带，为一东窄西宽的近东西向大型宽缓复向斜，冀部倾角北陡西缓，煤系保存较好（图5.40）。北侧由于婆罗科努山向南滑动，产生逆掩推覆。伊宁煤田的南、北侧，石炭纪地层逆冲于侏罗纪煤系及古近系之上，煤系呈开阔对称的向斜，核部煤层埋深达千米以上。尼勒克一带，煤系位于狭窄复向斜轴部，大致沿喀什河延伸，呈东西或北西两向，受东西向及北西向断裂控制，向斜北翼，煤系大部分被古近系和新近系超覆，南翼被断裂破坏。可尔克一带，煤系位于复向斜构造中，呈南东东—北西西向狭长条带状分布，向斜两翼的部分煤系，遭受断裂不同程度的破坏。昭苏—特克斯一带，煤系呈东西、北东向展布，受东西、北东向断裂控制。大致可划分为三个构造单元：①伊宁－喀什河－巩乃斯河拗陷为伊犁盆地的主体，北西西向分布。中新生代地层褶皱宽缓，东西向断裂发育，北东向、北西向后期断裂也较发育。②昭苏－特克斯拗陷包括昭苏、特克斯拗陷，北东东向，侏罗系出露于北缘山前一带。③昭苏－特克斯隆起，侏罗纪时可能为水下隆起，后期抬升，接受剥蚀，现仅保留零星的侏罗纪煤系。

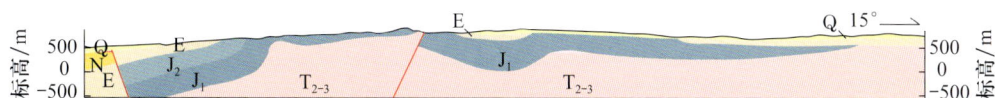

图 5.40　伊宁煤田剖面图

（七）吐哈逆冲－拗陷赋煤构造带

该赋煤构造带位于新疆维吾尔自治区东部，天山山脉以北，呈近东西向扁豆状形态，南北边界分别为中天山北缘断裂和卡拉麦里断裂，含煤地层与准噶尔盆地相同，以早中侏罗系含煤地层为主。

吐哈盆地构造格局是在多种地球动力学背景下、多期构造变动叠加复合的结果。受博格达－哈尔里克构造带和觉罗塔克构造带的控制，吐哈盆地固然是以南北方向的分带为基本特征，但由于大地构造位置和基底结构的不同，盆地东西的差异始终也是存在的。因此，盆地构造单元的划分，既不宜简单地表述"东西分块"，也不宜以"南北分带"来概括，而是同时具备"南北分带、东西分块"的特征，现代构造格局是如此，中生代盆地构造格局也具有这种基本特征（张鹏飞等，1997）。

沿南北方向，可分出北部拗陷带（A）、中部斜坡带（B）和南部隆起带（C）等盆内一级构造单元；由东至西，可分为东部哈密拗陷（Ⅰ）、中部了墩隆起（Ⅱ）、西部吐鲁番拗陷（Ⅲ），后者包括台北凹陷（Ⅲ₁）和托克逊凹陷（Ⅲ₂）两个次级构造单元（图 5.41）。

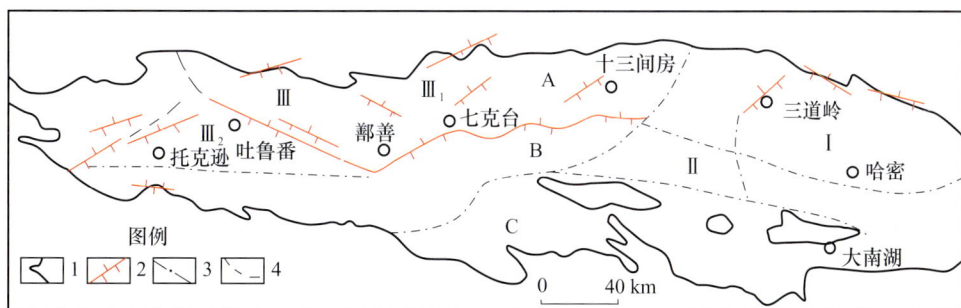

图 5.41　吐哈盆地构造格局略图（据曹代勇等，1999）

1. 盆地边界；2. 逆冲断层；3. 一级构造单元界线；4. 次级构造单元界线

吐哈盆地为夹持于东天山山脉之中的构造盆地，总体上呈东西向展布，构造形迹以反映挤压状态的逆冲断层和褶皱为主。从大地构造角度而言，盆地南部隆起带属于觉罗塔格构造带向盆内的延伸部分，中新生代构造活动性较弱，大南湖一带侏罗系倾角仅 10° 左右。盆地北缘与其形成鲜明对照，中、新生代构造活动强烈，尤其以西段更加明显。沿博格达山前发育由北向南扩展、指向盆内的逆冲推覆构造带，卷入地层时代从石炭纪直至第四纪（图 5.42），表明该构造带主要活动时期为中生代末期至新生代（Cao et al., 1996）。逆冲推覆作用破坏了中生代盆地的原始沉积面貌，并构成新生代盆地边界。

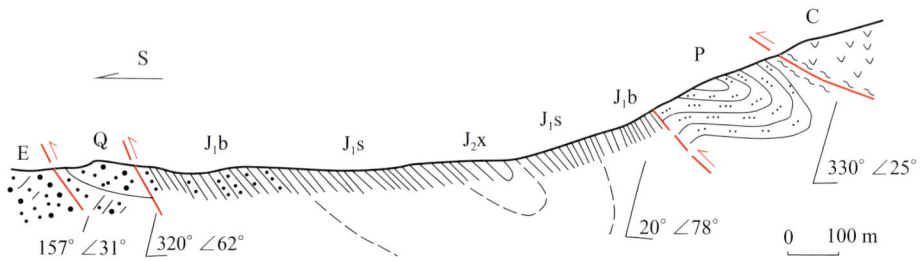

图 5.42   七泉湖地区煤窑沟，博格达山前构造剖面（据曹代勇等，1996）

盆内中、新生界地层倾角多为 20°～60°，逆冲断层和纵弯褶皱等挤压性构造发育，其中最醒目的是构成盆地西部台北凹陷南界的火焰山－七克台构造带。该构造带西段呈北西西—南东东走向、东段走向北东东—南西西，总体为向南逆冲的挤压构造带，构造样式与博格达山前构造带相似，属于博格达逆冲推覆构造带伸入盆内的前锋构造。

三、塔里木盆地赋煤亚区

塔里木赋煤构造亚区由天山造山带与昆仑造山带之间的刚性地块和周边造山带组成，北缘和南缘为指向盆内的逆冲推覆构造带，东南缘为阿尔金断裂（图 5.43、图 5.44），包括塔西北、塔西南、塔东南、塔东北和中天山五个赋煤构造带。煤系形成后，多期造山运动引起盆地周围山系快速上升，外环带煤系变形强烈，以紧闭－等斜－倒转褶皱及其伴生的逆冲断层为特征，内环带煤系埋藏深，变形以东西向大型隆起为核心，向两侧转化为平缓向斜，剖面形态呈 W 形。

（一）塔西北逆冲－坳陷赋煤构造带

该赋煤构造带位于塔里木盆地的北缘，主体为库车盆地范围，由阳霞煤田、库车－拜城煤田和温宿煤田组成，北界为拉那提断裂，南界为中天山北缘断裂，东侧为艾比湖居延海断裂（图 5.43）。

库车坳陷是在古生代天山靠山带基础上发育的中、新生代盆地，从盆地性质上看，库车坳陷中、新生代共发育两期前陆盆地，即二叠纪—三叠纪前陆盆地和新生代再生前

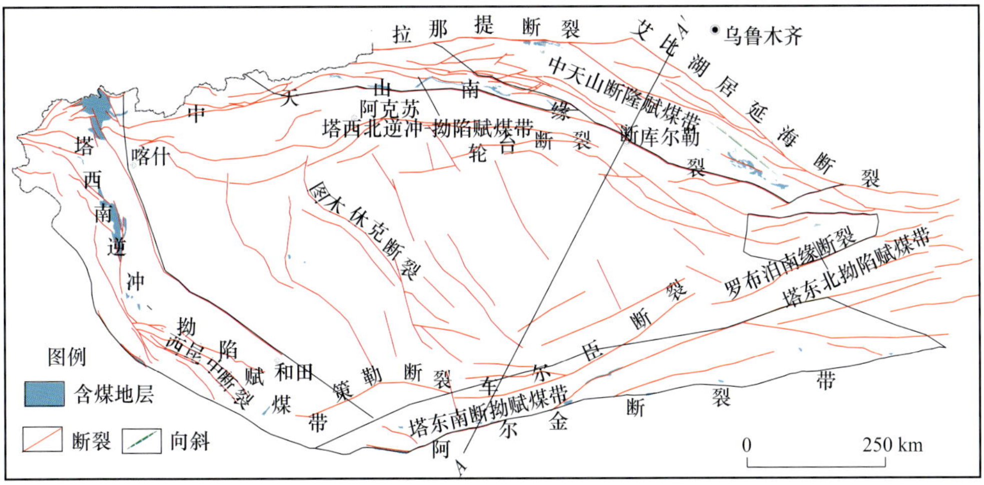

图 5.43　塔里木盆地赋煤亚区构造纲要图

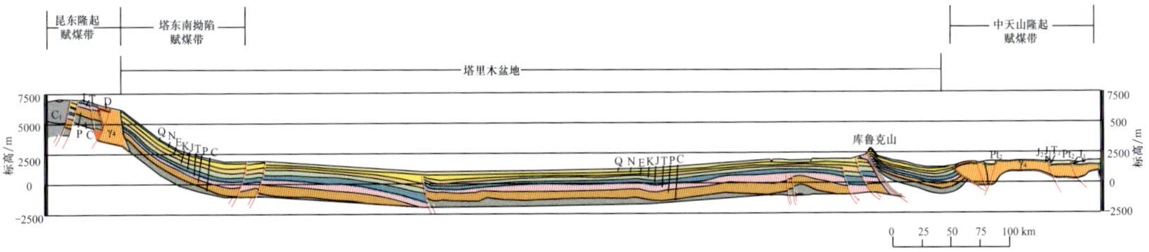

图 5.44　塔里木盆地赋煤亚区构造剖面图

陆盆地或称为陆内前陆盆地。早二叠世塔里木板块与伊犁－中天山地块碰撞，向北发生"A型俯冲"造成南天山造山带隆升，发育库车周缘前陆盆地。始新世末，印度板块与欧亚板块碰撞并向北传递作用力，天山造山带在区域挤压作用下发生活化、隆升，库车拗陷进入前陆盆地演化时期。由于新生代库车拗陷形成模式与经典前陆盆地模式存在明显区别，称为发育在二叠纪—三叠纪前陆盆地基础上的新生代"再生前陆盆地"（刘志宏等，2000；方世虎，2004）。

库车拗陷位于盆地北部边缘，平面上为中部宽、向东西两段收敛的北北东向狭长结构单元，北部边界向北突出呈弧形，中新生界总体表现为向分内倾斜的单斜构造。库车拗陷内部的次级构造单元总体上呈北北东向带状展布，自北向南为北部单斜带、克依背斜带、拜城－阳霞拗陷带和秋里塔格背斜带（图 5.45）。

库车拗陷在经历了短暂的成煤期后，便进入了构造形变改造期，构造运动主要有燕山期、喜马拉雅期。在燕山期，拗陷北缘靠近断裂的地区产生了褶皱，使白垩系呈角度不整合于侏罗系之上，沉积建造主要是上侏罗统、白垩系的红色碎屑岩建造；喜马拉雅期构造运动剧烈，使拗陷变为北东东—东西—南东东向弧形展布的复式向斜构造。西部发育为并列式东西向的断陷向斜构造，褶皱紧闭，北翼地层陡立至倒转，并被断层所切割，形成了由北向南的推覆构造（图 5.46）；中部为北东—东西—北东东向展布的向南

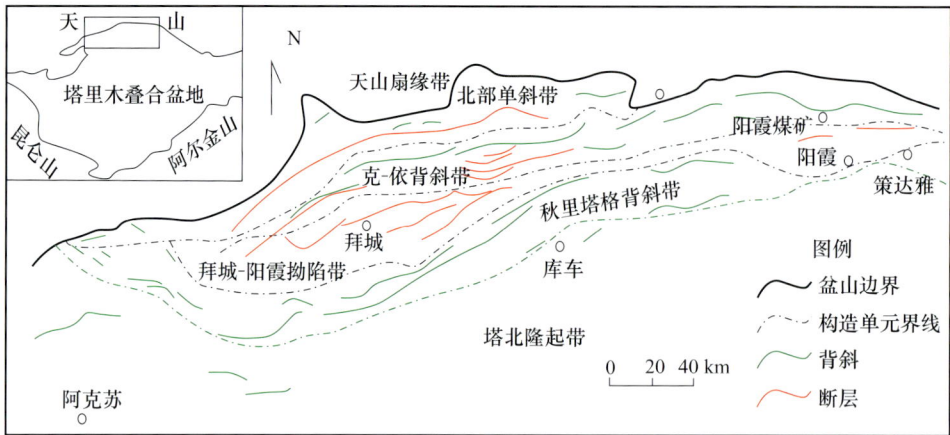

图 5.45　库车盆地构造单元划分（据张仲培等，2006，有修改）

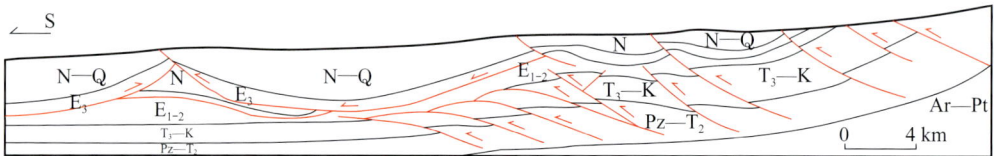

图 5.46　塔里木盆地北部构造剖面图

倾斜的单斜构造，倾角较大，局部地段为并列式开扩褶皱；东部为北西西向斜列展布的线型褶皱构造，长垣构造（图 5.47）和北缘推覆构造。

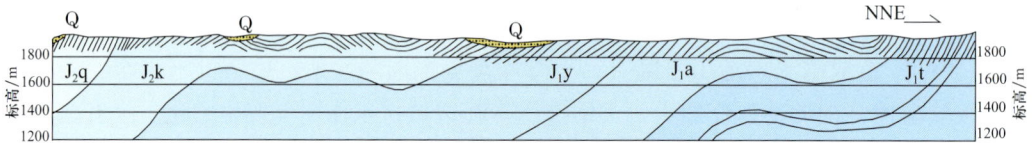

图 5.47　库拜煤田东部构造剖面图

（二）塔西南逆冲－拗陷赋煤构造带

该赋煤构造带位于塔里木盆地西部，南倚西昆仑造山带，东北边界为和什拉甫－和田断裂，东南交于阿尔金断裂，主要包括乌恰煤田、阿克陶－莎车煤田和布雅煤产地。赋煤构造带内的沉积构造演化受到西昆仑造山带和南天山造山带演化的共同控制，中新生代形成的前陆盆地最具特征，且可进一步划分为前陆冲断带、前陆拗陷、前陆斜坡和前陆隆起等构造单元（图 5.48）。

塔西南逆冲－拗陷赋煤构造带的构造变形具有分带性，在靠近西昆仑山造山带和北部南天山造山带地区变形较强烈，发育大量逆冲推覆构造，中部以拗陷为主。该赋煤构造带呈狭长条带状分布，构造走向由西部的近东西向转变为中部的北北西向，再转变为东部的近东西向，平面上呈反 S 形。构造复杂程度由西北向东南也有所变化，西部较复杂，逆冲推覆强度较大，表现为石炭系—二叠系向北逆冲于新生界和中生界之上；中部

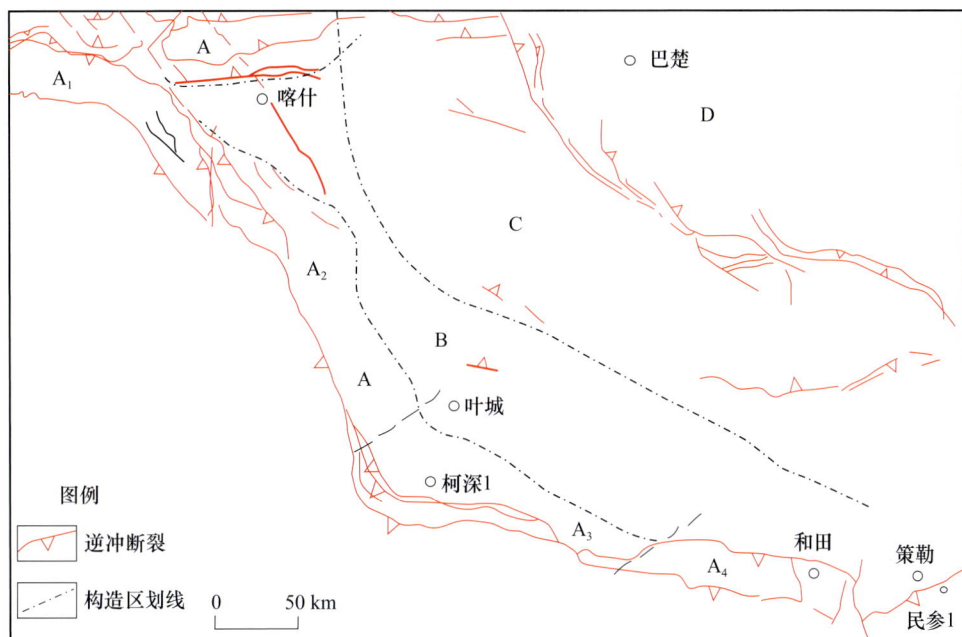

图 5.48　塔西南拗陷构造格局示意图

A. 前陆冲断带；B. 前陆拗陷；C. 前陆斜坡；D. 前陆隆起；

A₁. 乌泊尔弧形逆冲推覆段；A₂. 齐姆根走滑挤压段；A₃. 柯克亚 - 桑株逆冲段；A₄. 和田逆冲推覆段

以背斜构造为主，在平面上呈雁列式展布；东段主要是由南向北逆冲的断裂构造，自西向东由多上推覆体组成的复杂构造组合转变为单一大型推覆体构造。

乌恰煤田位于南天山南麓的托云山间拗陷中，为赋煤构造带西部，构造上是在不同方向的断裂联合控制下形成的东西向、北东东向、北西向紧闭的、开扩型的向斜构造，局部地区还可见有推覆构造、扇形构造和鼻状构造，总体为一向南倾斜的向斜构造盆地。阿克陶 - 莎车煤田位于赋煤构造带中部，呈北西—南东向展布，构造明显受区域断裂影响，形成斜向排列的紧闭、开扩型的背（向）斜构造，南北两侧均为断层所破坏，缺失地层，次级褶曲、断裂发育。

（三）塔东南断拗赋煤构造带

该赋煤构造带位于塔里木盆地东南缘，主体处于阿尔金断裂带内，呈长条状向北北东向延伸，西北界为策勒断裂和车尔臣断裂，东南界为阿尔金南缘断裂，煤炭资源不丰富，主要有且末煤矿点和若羌煤矿点。

车尔臣断裂带的活动控制塔东南拗陷的形成与演化，由3～4条断裂组成，呈北北东向舒缓波状延伸，为高角度由南东向北西扩展的逆冲断裂，被新生界覆盖。塔东南拗陷并非一个统一的大型拗陷，而是在断裂走向变化部位形成的中生代凹陷，断裂在民丰和若羌地区均呈近东西向展布，是断裂走向发生变化区段，在该区段分别形成了民丰凹陷和若羌凹陷，这些凹陷在走向上呈雁列式展布，凹陷内主要为侏罗纪沉积，为成煤有利区域。

（四）塔东北拗陷赋煤构造带

该赋煤构造带位于塔里木盆地东部沙雅—尉犁—楼兰古城一带，北以兴地断裂为界，南以罗布泊南缘断裂为界，呈近南北向展布，平面上近似于矩形，有罗布泊煤田，但是煤类为气煤，所以资源为差等。由于煤炭资源较差，对该赋煤构造带研究资料较少，大体可推断含煤地层受天山南麓深断裂、阿尔金山北缘断裂，北民丰 - 罗布庄断裂、塔里木河断裂等联合控制。

（五）中天山断隆赋煤构造带

该赋煤构造带位于盆地以北，与准噶尔赋煤构造亚区相接，北以中天山北缘断裂为界，南以塔里木盆地北缘断裂为界，呈向东西两端收缩的纺锤体状展布，主要有巴音布鲁克煤田、焉耆煤田和库米什煤田。

该赋煤构造带内主要有尤尔都斯盆地、焉耆盆地、库米什盆地，各盆地受北西向和北东东向断裂的控制而形成一系列斜列似菱形断陷盆地。尤尔都斯盆地近东西向展布，是成盆以来断裂长期活动控制的结果，而呈菱形是成煤期以后又叠合北东、北西向断裂所致，盆内有巴音布鲁克煤田，位于那拉提山南坡，尤路都斯山间拗陷中，呈北东东—北西西向展布，构造形态整体上为一复式向斜，整个拗陷受断裂控制。焉耆盆地位于博斯腾湖的周缘地区，呈北西西向展布，近菱形，盆内有焉耆煤田，煤系后期形变一般多为较宽缓的背、向斜构造，东西向、北东向、北西向断裂发育，以前二者为主，南缘的逆掩断层延伸数百千米，元古代及二叠系向北东逆掩于煤系及新生代地层之上。库米什盆地位于喀拉塔格 - 克孜勒塔格山北坡的库米什拗陷中，呈北西西向展布，构造形态为并列式向斜构造，早—中侏罗世与焉耆盆地应是同一盆地，二者沉积特征相同，但由于后期构造升降活动与剥蚀，使侏罗纪盆地一分为二，也有人认为，库米什盆地可能是吐哈盆地的西延。

四、祁连赋煤构造亚区

祁连赋煤构造亚区包括内蒙古自治区西部、青海北部、甘肃大部及宁夏西部，大地构造位于塔里木陆块区与秦祁昆造山系接壤地区，东以鄂拉山断裂、六盘山断裂为界，南为昆中断裂，西大致沿阿尔金断裂（北山部分跨过阿尔金断裂）为界，包括阿拉善、走廊、祁连、柴北缘和东昆仑五个赋煤构造带（图5.49），主要含煤地层为早—中侏罗世。构造比较复杂，主要断裂走向为北西—南东向，且多为逆冲性质，褶皱形态较为紧密，煤系被破坏较严重（图5.50）。

（一）北山 - 阿拉善断陷赋煤构造带

该赋煤构造带位于祁连赋煤亚区北部，地理范围包括内蒙古自治区西南部和甘肃北部，大地构造属于阿拉善陆块，南以龙前首山断裂为界，北以艾丁湖居延海断裂东延为界，呈北西—南东向展布，含煤地层为早中侏罗世。

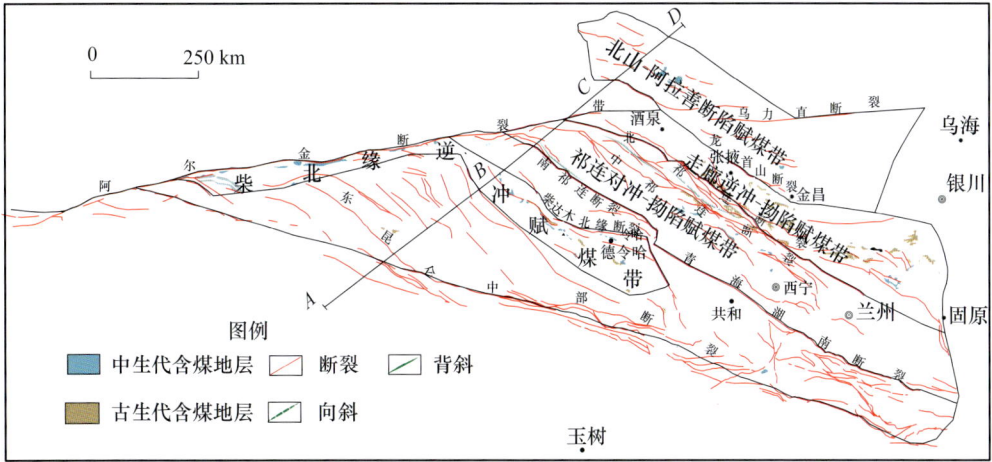

图 5.49　祁连赋煤构造亚区煤田构造纲要图

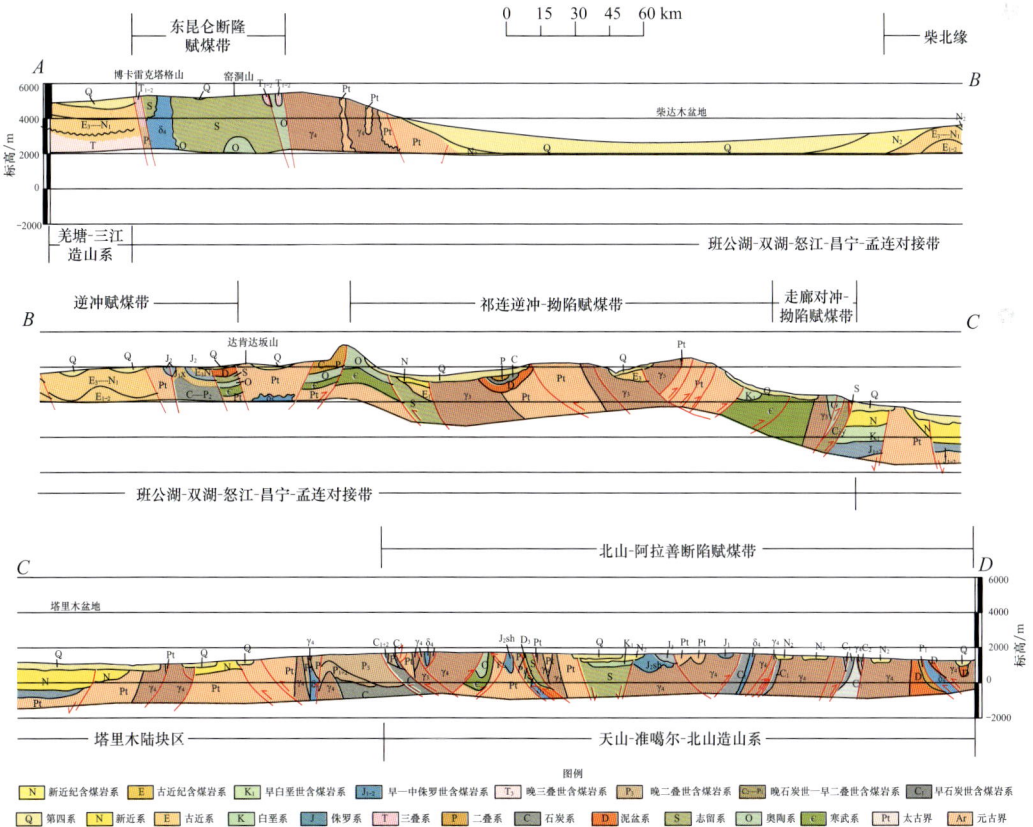

图 5.50　祁连赋煤构造亚区区域剖面图

　　阿尔金断裂带是西北地区十分重要的构造要素，但对于该断裂带延至该区后如何向北东方向延伸仍有较大的争议，总的来说是两方面：一种观点认为阿尔金断裂带在该区隐没于巴丹吉林沙漠之中（郑剑东，1991；蔡学林等，1992），或从巴丹吉林沙漠和腾格里沙漠之间穿过（陈国星和高维明，1987）；另一种观点认为，阿尔金断裂到北山地区发生分化（任纪舜等，1999），并未延入该区。引起上述争议的重要原因是在发育了中、新生代盆地后，该区构造格局发生了一定的变化，更加复杂化。

该赋煤构造带内构造走向以近东西向和北西向为主，其次发育一定规模的走向北东的断裂，且后者活动时期晚于前者，切割前者或被其限制（图5.51）。而侏罗系沉积地层主要与近东西向和北西向断裂有关，沿沉降带时断时续分布。现今存在的断裂主要为逆冲断裂和正断裂（郑孟林等，2003）。这两类断裂在盆地沉积演化过程中起着不同的作用，正断裂主要控制早—中侏罗世断陷盆地的形成，在剖面上形成箕状或不对称地堑，逆冲断裂主要对侏罗系进行改造。

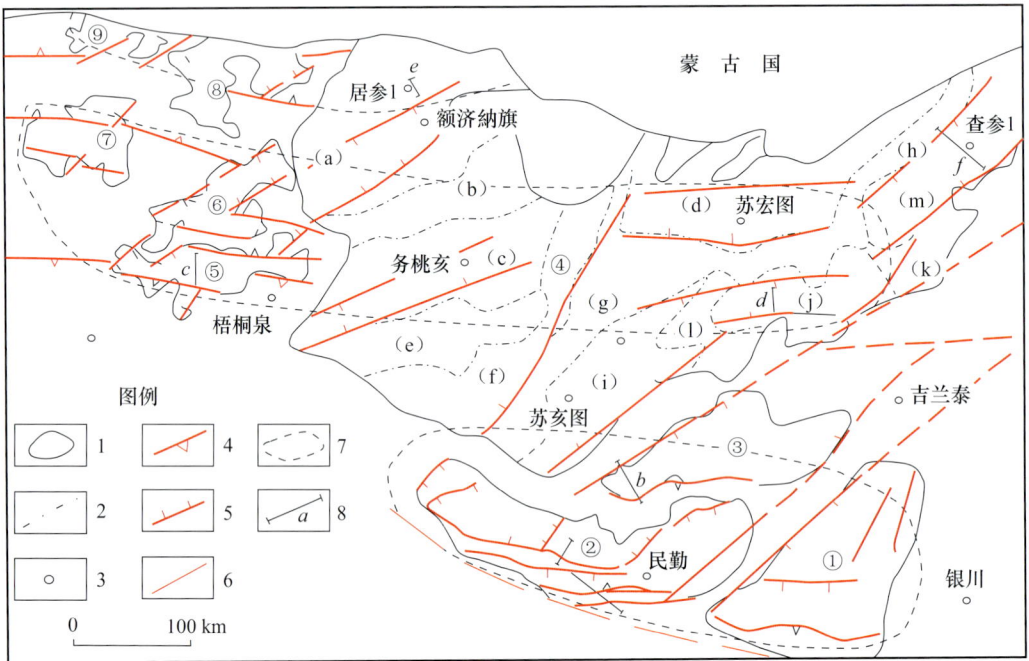

图5.51　北山–阿拉善盆地断裂分布图（据王桂梁等，2007）

1. 盆地边界；2. 盆地次级构造单元划分线；3. 钻井；4. 逆冲断裂；5. 正断裂；6. 龙首山山前断裂；7. 侏罗系残存区；8. 剖面位置；①巴彦浩特盆地；②潮水盆地；③雅布赖盆地；④银额盆地；⑤中口子盆地；⑥扎格脑脑盆地；⑦公婆泉盆地；⑧黑鹰山盆地；⑨哈布盆地；（a）居延海拗陷；（b）绿园隆起；（c）务桃亥拗陷；（d）苏红图拗陷；（e）特罗西滩隆起；（f）达古拗陷；（g）宗乃山隆起；（h）楚鲁隆起；（i）苏亥图拗陷；（j）尚丹拗陷；（k）本巴图隆起；（l）昂都隆起；（m）查干拗陷

潮水煤田位于潮水盆地内，是赋煤构造带内重要的煤炭资源聚集区。盆地位于龙首山以北，大地构造位置位于阿拉善地块南部（图5.52）。

由于受龙首山—阿拉古山的北西—近东西向构造和北大山弧形构造及东邻巴彦乌拉山北东向构造线的共同控制，形成断裂和拗陷相间的构造格架，西部、中部和东部又有明显的差异，盆地西部桃花拉山以西至阿右旗拗陷均呈北西向，中部金昌拗陷呈近东

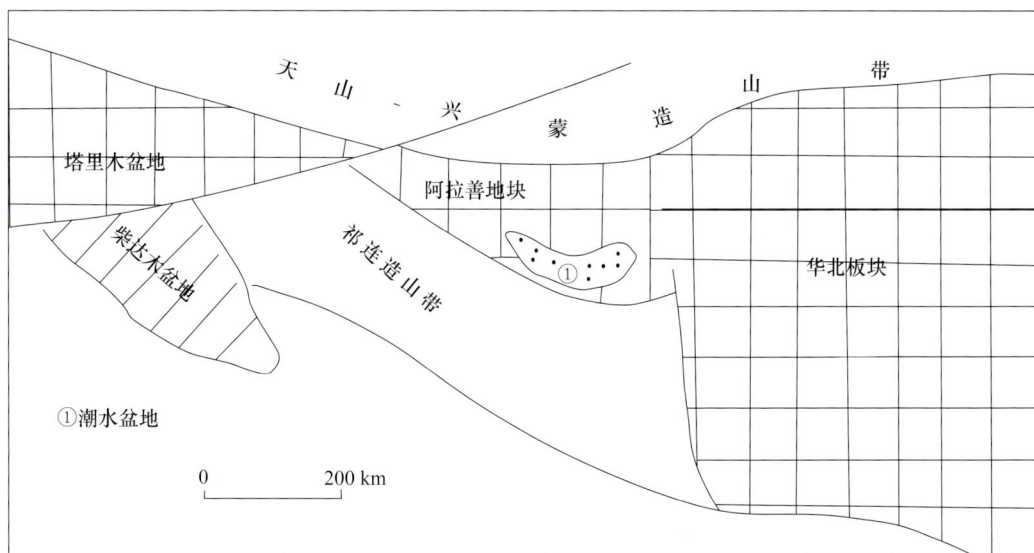

图 5.52　潮水盆地大地构造位置示意图（据王贞等，2007，有简化）

西向，东部红柳园拗陷又转为北东向，呈一弧形构造形态，弧顶位置在东经 102° 30′ 附近，盆地内纵向大断裂和褶皱轴线，大体上反映出西部紧束向东撒开的特点，并且存在南北差异和东西差别，表现出明显的构造差异性，说明该区构造的复杂性。盆地中各拗陷的边界断裂，其形成、演化与煤系地层的沉积和保存有着密切的关系：桃花拉山以西和阿右旗拗陷燕山早期受北东—南西方向拉张作用，接受早、中侏罗世地层沉积，断陷主要以北西方向的断裂为主，在中侏罗世末期以后发育挤压性逆断层，具有明显的构造抬升，造成上侏罗统和下白垩统缺失；中部金昌拗陷在燕山早期，受边缘拉张性正断层控制，沉积了早、中侏罗系，因持续沉降的原因，中生代地层厚度较大，喜马拉雅期，由于受南北向挤压作用，形成了一系列东西向逆掩断层，并且产生了一批依附于断层的构造圈闭（汤锡元和李道燧，1990），它们多以断背斜为主，完整的背斜、向斜较少；东部红柳园拗陷，在燕山早期也受拉张性正断层控制，中、上侏罗统较厚，晚期挤压作用相对较弱，只在局部地段发育一些逆断层，一些小型的凹陷和凸起构造，是形成局部构造及各种圈闭条件的良好基础，特别是在凹陷边缘的凸起构造上，易发育成串的断背斜，由于后期抬升，使煤系地层埋藏变浅，是含煤地层较发育地带。

（二）走廊对冲 – 拗陷赋煤构造带

该赋煤构造带位于北山 – 阿拉善赋煤构造带西南侧，以龙首山断裂为界，南以北祁连北缘断裂与祁连赋煤构造带相邻，呈北西—南东向展布，主体位于甘肃省境内。带内主要有肃南煤田、永昌煤田、天祝 – 景泰 – 香山煤田和靖远煤田，含煤地层有晚石炭系和早—中侏罗系。该赋煤构造带是一条莫霍面变异带，也是一条重力梯度带。上新世以来，印度板块与欧亚板块的碰撞致使该断裂带继续活动，并产生了一系列向北逆冲的推覆构造。走廊盆地的煤系变形，主要受控于走廊两侧的龙首山断裂与北祁连北缘的断裂，以北东—南西挤压应力环境为主，主要的褶皱轴向与主干断裂的走向均与走廊两侧断裂平行。通过煤系变形的几何形态分析，南部挤压力要大于北部，因此由南向北逆冲的断裂是主动的，数量多，推移距离大，向斜轴面多南倾。

（三）祁连对冲–拗陷赋煤构造带

该赋煤构造带位于走廊赋煤构造带南侧，以北祁连北缘断裂为界，南以党河南山–青海湖南断裂为界，与柴北缘赋煤构造带相邻，亦呈北西—南东向展布，地理范围包括甘肃省南部和青海省北部。赋煤构造带内主要有中祁连煤田、祁连煤田、木里煤田、门源煤田、西宁煤田和阿干煤田等重要煤炭资源赋存地区，含煤地层主要有晚石炭系和中侏罗系。根据中祁连北缘断裂，该赋煤构造带可分为南北两部分。

祁连山造山带属挤压变形构造带，煤系主要分布在以元古界结晶片岩为基底的中祁连山区，多为断陷盆地群，煤田一般呈向斜构造，两翼存在相向的对冲断裂（图5.53），一般南翼陡北翼缓，呈条带状变形。

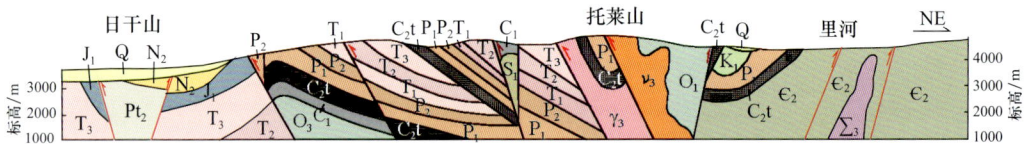

图5.53　祁连煤田构造剖面图

祁连对冲–拗陷赋煤构造带北部构造复杂，区域性大断裂发育，自北向南分布有：北祁连北缘断裂、黑河断裂、中祁连北缘断裂，这些断裂呈北西向展布，多为壳型断裂，控制了北祁连赋煤带的总体构造格局（图5.54）。受其影响，区内的次级断裂强烈发育，以北西向呈束状密集分布。沿缝合带分布有一系列的造山带，晚古生代以前的结晶基底、岩浆岩、变质岩在赋煤带内广泛出露。根据区内的地层出露状况及

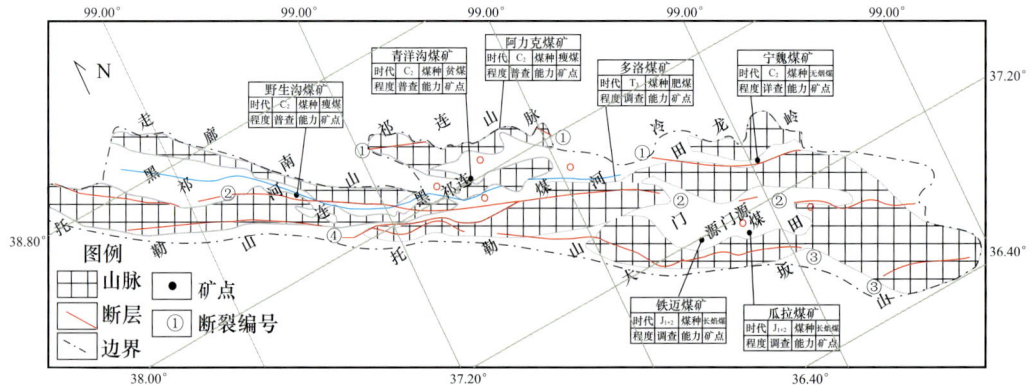

图5.54　祁连赋煤带北部构造略图

①北祁连北缘断裂；②黑河断裂；③中祁连北缘断裂；④措喀莫日曲断裂

基底构造特征，自北向南可将该区分为两个构造隆起带和一个构造凹陷带。北侧为走廊南山－祁连山脉－冷龙冷隆起带，南侧为托勒山－大坂山隆起带，中间为黑河复向斜和凹陷门源盆地。黑河复向斜和门源盆地因受托勒山的阻隔呈孤立状分布。

祁连对冲－拗陷赋煤构造带南部位于托勒山－大坂山和疏勒南山－大通山－拉鸡山之间，两个构造基底隆升带之间为中祁连西部复向斜、木里复向斜和大通－西宁－民和盆地三个基底凹陷带，是有利的成煤盆地。其成煤时代以早、中侏罗世为主，晚石炭纪仅在西部地区有分布。赋煤构造带南带主体为木里煤田，自西向东分布有聚乎更、弧山、江仓、外力哈达、热水、海德尔、默勒等矿区，西宁煤田的大通、小峡、大茶什浪等矿区，以及一些矿点（图 5.55）。

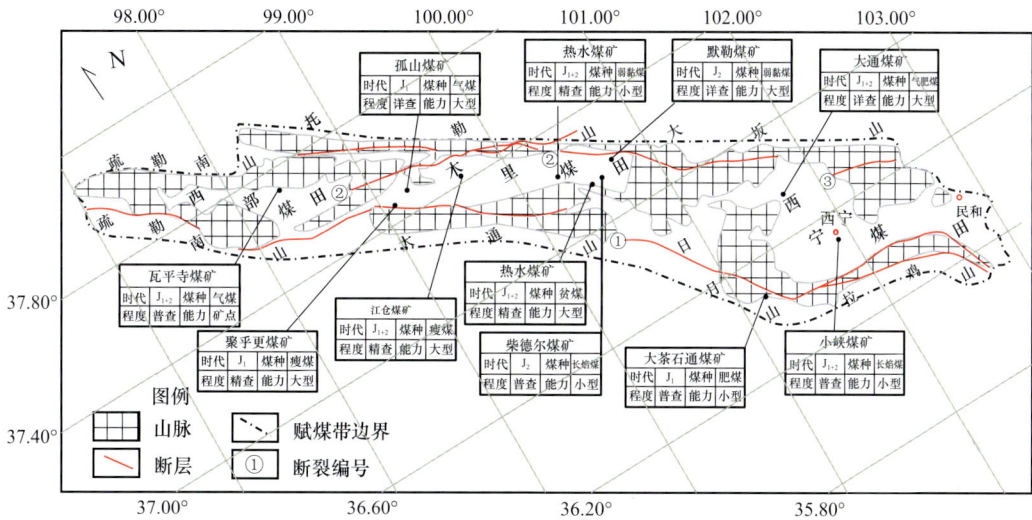

图 5.55　祁连赋煤带南部构造略图

①中祁连北缘断裂；②疏勒南山－拉鸡山断裂；③措喀莫日曲断裂

木里煤田主要呈断褶带分布特征，且以断裂构造为主。煤田内断裂多集中成带状分布（图 5.56），以北西西向为主的逆冲断裂构成了煤田的主体轮廓。自西向东，断裂密度呈降低趋势（陈利敏等，2015），煤田西部的木里乡、江仓煤矿区等断裂十分发育，

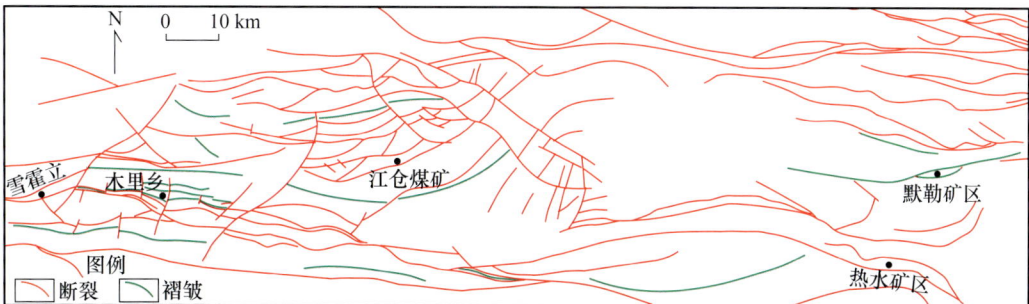

图 5.56　木里煤田构造简图

223

密度最高达 12 条 /（20km×20km）；东部热水、勒德寺地区断裂发育程度较低，密度最低仅为 1 条 /（20km×20km）（图 5.57）。

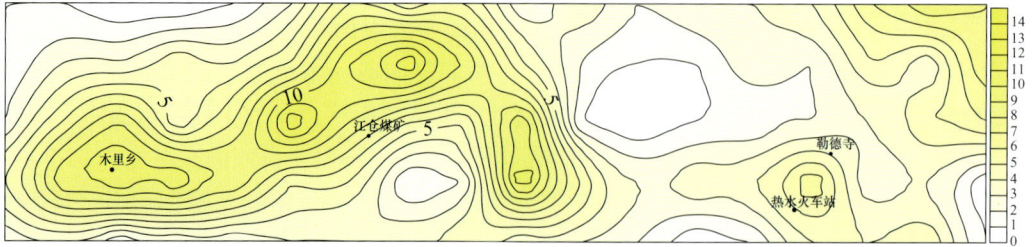

图 5.57　木里煤田主要断裂密度等值线图［单位：条 /（20km×20km）］

木里煤田内断裂主要为逆断层，占总断裂的 54%，正断层与走滑断层分别占 10% 和 18%。而在逆断层里，以逆冲推覆断层为主，约占逆断层总数的 56%。

煤田内的断裂构造依据走向可分为三组。第一组为规模较大的主干断层。该组断层走向较稳定，呈北西西—南东东向，与区域推覆构造系统垂直，性质均为逆冲断层。在大通山和托莱山前缘地区，断裂多密集分布，呈现叠瓦构造特征。研究区内个别断层的产状随分布区不同而不同，在南部区域时断层面向南倾，而在北部地区则向北倾，该特征充分说明研究区所处的对冲挤压构造环境。其余两组为倾向正断层，走向分别为北西和北东向，且这些断层多数具有平移特征，发育程度不尽相同，北西向的断层较北东向断层不发育。

木里煤田的构造格局总体呈北西西向展布的拗褶带，受区域性断裂带的控制及其煤系基底构造的影响，煤田构造空间分布具有明显的差异性（孙军飞等，2009；孙红波等，2009）。受北西西走向的逆冲断裂其控制，木里煤田自南向北可划分为南带、中带、北带三个构造带，北西和北东向倾向断裂自西向东分割为西部构造段、中部构造段、东部构造段（图 5.58，表 5.8）。

南带（A）：因为大通山由南向北的挤压作用，研究区南带内形成了许多逆冲推覆断裂，这些断裂具有叠瓦状组合样式特征。同样由于大通山的挤压作用，带内地层被改造为南翼陡立甚至倒转的不称向斜。

中带（B）：由于受南北两侧构造作用的影响，尤其是北侧北倾断裂的作用，带内的向斜总体表现为南翼缓而北翼陡。褶皱的轴向也发生一定的变化，自西向东由北北东向转变为北东向，即弧山矿区附近轴向为北北东向，江仓矿区附近为北西向，东部海德尔矿区附近为北东向展布。

北带（C）：该带内北侧托莱山向南挤压为主要作用力，主要形成逆冲前峰型或单斜型构造展布样式。带内东部默勒矿区附近地区，南倾逆断裂和北倾逆断裂交替出现，断裂造成泥盆系及更老地层出露地表。

西段（1 段）：研究区西段内广泛分布三叠系。段内发育的复式向斜由于受区域南北向的挤压作用，造成两翼产状发育变化，局部地层发生倒转，形成不对称向斜。

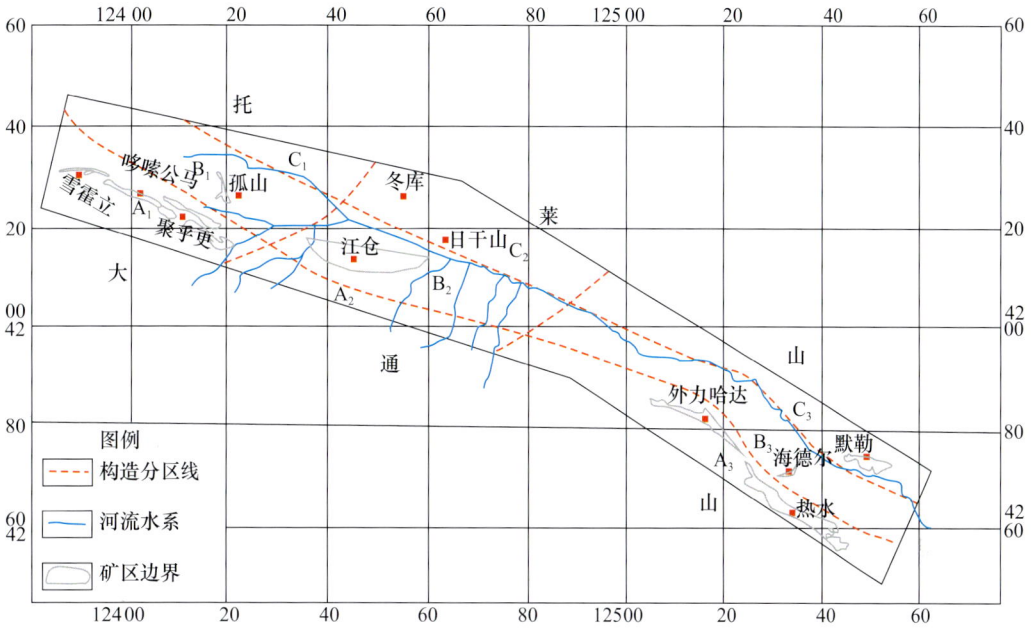

图 5.58 木里煤田构造单元划分

表 5.8 木里煤田构造单元划分表

区带	西段（1段）	中段（2段）	东段（3段）
北带（C）		日干山矿区、冬库矿区	默勒矿区
中带（B）	弧山矿区	江仓矿区	海德尔矿区
南带（A）	聚乎更矿区、哆嗦公马矿区、雪霍立矿区		热水矿区、外力哈达矿区

另外值得注意的是，西段内发育有北西向和北东向的正断层，这些断层经常作为划分井田或煤矿区的边界。

中段（2段）：中段大面积地层被第四系覆盖，南北两侧局部分布有侏罗系及更老地层，有江仓煤矿区、日干山煤矿和冬库煤矿等。由于区域构造作用的影响，北西和北东向断裂不发育，而地层则多呈单斜构造样式产出（图 5.59）。

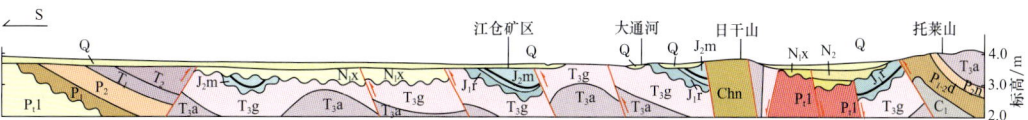

图 5.59 木里煤田中段江仓东－日干山剖面图

东段（3段）：东段内主要出露地层为三叠系，断裂构造十分发育，分布有外力哈达、默勒、热水和海德尔四个矿区。东段内的构造发育极为复杂，热水矿区附近有北东向展布的断裂；另外，向斜已被改造为单斜构造样式，且各个井田内的轴线展布方向也有较大变化。

（四）柴北缘逆冲赋煤构造带

该赋煤构造带位于祁连赋煤构造带南侧，北以柴达木北缘断裂为界，西以阿尔金断裂为界，平面上呈倒 V 字形展布，主要有尕斯、鱼卡、全吉和德令哈等煤田，含煤地层包括晚石炭系和下—中侏罗统。

1. 次级赋煤构造单元

在该赋煤构造带西部，即新疆吐拉地区，构造走向以北东东向为主，白干湖煤产地处于东昆仑祁曼塔格造山带阿牙克库木湖山间拗陷，侏罗系遭受程度不等的褶皱变形，形成一条近东西向的断裂和褶曲构造。东部柴北缘地区，主体构造展布方向为北西—北西西，根据区内的地貌状况及基底起伏出露特征可划分出三条隆起带，南部为锡铁山–埃姆尼克山隆起带，中部为绿草山–欧龙布鲁克山–牦牛山隆起带，北部为赛什腾山–达肯大坂山–宗务隆山隆起带。由此分隔三条凹陷带，由南向北为赛南凹陷、鱼卡–乌兰凹陷、德令哈凹陷，呈斜列式展布，构成柴北缘三隆三凹的构造格局。受区域构造作用的影响，及后期近南北向构造挤压应力叠加作用的影响，并融入阿尔金走滑断裂的影响，导致柴北缘自西向东，断裂及褶皱构造行迹多呈反 S 形展布，并控制其间的次级断裂构造体系。这些构造对盆地构造演化、煤系赋存状况起到至关重要的控制作用。其总体构造规律是：走向逆冲断层构成主体构造格架，多具压扭性，平面上呈平行、雁行、反 S 形排列，呈带分布，剖面上具叠瓦扇组合特征，被小规模斜向断裂切错呈分段性。褶皱以背斜构造为主，规模一般较小，多为短轴褶皱、轴向与断裂平行，褶皱形态不完整，两翼多被断裂破坏或与断裂相伴生，与其具有成因联系。综合区内的构造特征、含煤岩系的沉积特征及赋存规律，以马海–南八仙断裂、红山–锡铁山断裂为界，可将柴北缘的构造单元自西向东分为西部、中部、东部三个构造分区（图 5.60）。

2. 煤系赋存基本规律

柴达木盆地构造格局对柴北缘地区侏罗系沉积存在明显控制作用，使柴北缘侏罗系存在多个厚度中心。由于受后期大规模逆冲推覆构造作用，构成南北对冲构造格局。加之走滑断裂的影响，柴北缘地区的侏罗纪含煤地层发生强烈的构造变形，夹持于断层中的断夹块，普遍抬升，多以断–褶构造形式产出，其展布呈明显的规律性。

柴北缘含煤区各次级构造单元之间具有一定的连续性和相关性，构成柴北缘块断带三隆三凹的构造格局（曹代勇等，2007）。由南向北，三条北西—南东向展布的凹陷带，依次为赛南凹陷、鱼卡–乌兰凹陷、德令哈凹陷，呈斜列式展布，其间被三条隆起带所分隔。这种南北分带特征，在东部构造分区内表现尤为明显和完整。三条隆起带上，煤系抬升埋藏较浅，有利于开采，现有煤矿或勘探区多沿隆起带山前分布，但受构造破坏显著，含煤块段连续性较差，面积一般较小，因而煤矿规模多为小型。凹陷带内煤系埋藏一般较深，仅鱼卡一带埋藏相对较浅，形成大面积勘

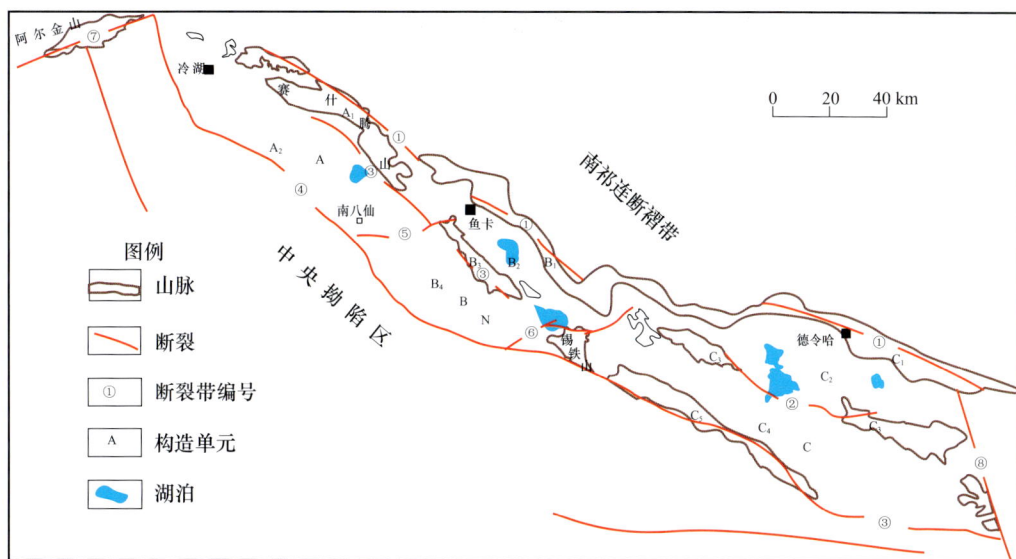

图 5.60　柴北缘块断带构造单元划分图

① 赛什腾山北 – 达肯大坂 – 宗务隆山山前断裂带；② 欧龙布鲁克山 – 牦牛山断裂带；③ 赛什腾山 – 锡铁山 – 埃姆尼克山山前断裂带；④ 陵间断裂带；⑤ 马海 – 南八仙断裂带；⑥ 红山 – 锡铁山断裂带；⑦ 阿尔金断裂带；⑧ 鄂拉山断裂带。A. 西部构造分区；B. 中部构造分区；C. 东部构造分区

探开发区块。由于沉积环境的差异，加之后期构造活动影响，煤层垂向分布亦不均衡。深部受构造影响较小，煤层产状正常，赋煤稳定；浅部受构造影响，变形强烈，煤层被断层切割抬升，支离破碎，靠近主断层面，煤层直立甚至倒转，出露至地表（图 5.61）。

3. 次级赋煤构造单元的煤系赋存差异

东西方向上，以马海 – 南八仙断裂和红山 – 锡铁山断裂为界，西、中、东部构造分区内含煤块段赋存呈现出明显的差异（表 5.9）。

（1）西部构造分区。锡铁山 – 埃姆尼克山隆起带向西延伸，逐渐与赛什腾山隆起带归并，呈现出一隆一凹的构造面貌。该分区主要受北东—南西向构造应力场控制，加之受阿尔金走滑断裂作用，因此构造较为发育，以北西向为主，具压扭性质。含煤层位为中侏罗统大煤沟组，下侏罗统仅在潜西地区有分布，但不含煤，称为湖西山组。煤矿床

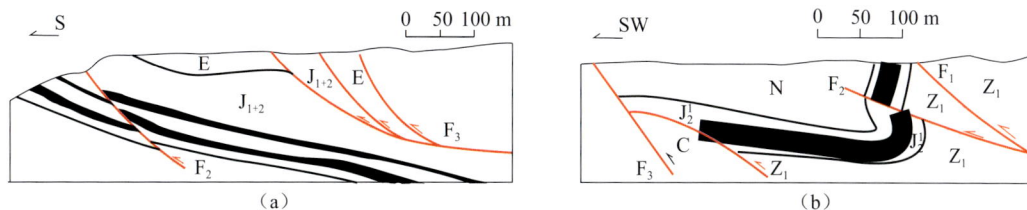

图 5.61　柴北缘典型矿区构造剖面图

（a）大煤沟矿区近南北向勘探剖面；（b）欧南矿区近南北向勘探剖面

表 5.9　柴北缘各次级赋煤构造单元矿点煤层厚度分布

构造单元编号	煤矿（点）	煤层厚度/m	构造单元编号	煤矿（点）	煤层厚度/m	构造单元编号	煤矿（点）	煤层厚度/m
A₁	新高泉矿	26	B₁	路乐河矿	18	C₁	柏树山矿	7.4
	老高泉矿	23		大头羊矿	7			
	园顶山矿	10		大煤沟矿区	47			
	马海尕秀矿	15						
A₂			B₂	鱼卡煤田	12	C₂		
				红山参井	31			
				西大滩井田	4			
			B₃	绿草山矿	26	C₃	欧南矿	5
							旺尕秀矿	13
			B₄			C₄		
						C₅	埃南矿	2.9

沿赛什腾山及其山前分布，包括新高泉矿、老高泉矿、园顶山矿等。

（2）中部构造分区。欧龙布鲁克山-牦牛山隆起带在大煤沟一带与北侧的达肯大坂隆起带逐渐归并，因此在研究区中部地区表现出的是两隆两凹的构造面貌。北侧凹陷为鱼卡-红山凹陷，为柴北缘主要含煤区。南侧为绿南凹陷，处于柴北缘前陆滑脱拆离带内，属低应变区，褶皱构造较为发育。该分区基底起伏程度明显加大，侏罗系沉积范围及厚度相应缩小，沉积环境复杂多变，区内地层分布总的方向为北西、北西西向。侏罗系发育较全，除中侏罗统大煤沟组为主要含煤层位之外，下侏罗统小煤组在大煤沟-西大滩地区也含可采煤层。该区是目前柴北缘煤炭资源赋存最丰富的区段，大煤沟露天矿、鱼卡煤矿等较大规模的生产矿井均分布在该区段，形成南、北两个含煤条带，北部条带包括沿达肯大坂山前分布的路乐河矿、大头羊矿、大煤沟矿，以及鱼卡-红山凹陷西部的鱼卡煤田。南部条带展布于绿梁山南麓，煤层分布零星。

（3）东部构造分区。南部为锡铁山-埃姆尼克山隆起带，北部为宗务隆山隆起带，中间为欧龙布鲁克山-牦牛山隆起带，三条隆起带较为完整，将东部构造分区由南向北分割为两个凹陷盆地：乌兰凹陷和德令哈凹陷，呈现出三隆夹两凹的构造面貌。该分区基底较为稳定，断裂和褶皱构造主要发育在欧龙布鲁克、德令哈地区，且构造线方向以近东西向为主。由于受到马海-南八仙断裂、红山-锡铁山两条断层的影响，阿尔金构造对东部地区的影响逐渐减小。该分区发育三个赋煤条带，由北向南分别是：北带沿宗务隆山逆冲推覆构造前锋，如柏树山矿；中带沿欧龙布鲁克山-牦牛山逆冲断裂带展布，包括欧南矿、旺尕秀矿等；南带沿埃姆尼克山山前展布，如埃南矿等。该区主采煤层为大煤沟组，含煤性相对较差，后期构造变形强烈，煤矿规模较小。

第六章　华南赋煤构造区

第一节　大地构造背景

一、大地构造背景

华南赋煤构造区与华南板块范围相当，北界在商丹－信阳－商城缝合带，西界和南界在金沙江－越南马江缝合带，跨扬子地块（扬子陆块区）和华夏地块（华南加里东褶皱带、华南造山系）两大构造单元（图6.1）。扬子地块和华夏地块的交接转换地带是 Huang（1945）命名的"江南古陆（江南－雪峰古陆）"，自桂北、黔东南，经湘鄂到赣北、皖南及浙边界分布着长条状新元古代变质岩系（王自强等，2012；Zhao and Gawood，2012）。郭令智（2001）用板块构造观点将华南褶皱系划分为五个构造带，提出"沟－弧－盆"机制的大陆增生模式。Hsu 等（1990）认为华南系印支运动使洋盆闭合，华南地体与扬子地体拼合并推覆其上。任纪舜（1990）认为东南沿海的华夏古陆是经过加里东造山运动改造的，而真正的前震旦纪古陆位于大陆之外。

华南板块的古陆核（扬子地块）稳定于古中元古代，新元古代—早震旦世时期其内侧发育被动陆缘拗陷盆地，外侧则为被动陆缘裂谷盆地，晚震旦世时期普遍有冰碛和碳酸盐岩盖层发育。湘桂地区江南－雪峰隆起形成于新元古早期的华夏地块与扬子地块碰撞（舒良树，2006，2012），随后转为扬子大陆东南陆缘，在早古生代沉积了陆坡钙屑浊流加积楔，晚古生代发育自北向南由陆表向深水盆地东西向"台－盆"相间的沉积格局（陈旭等，1995；潘桂棠等，2009；陈世悦等，2011）。Li 等（2012）认为该区在加里东期处于陆内深海盆地环境，不存在分割扬子地块与华夏地块的洋盆。古生代始，华南板块古陆周边均处于强烈伸展裂陷状态，并先后于加里东和海西—印支期褶皱隆起，形成加里东、海西—印支或印支造山带，这些造山带的共同特点是：沉积厚度大；变形强烈，但多为断续或过渡型褶皱，无同期普遍火山活动；除云开隆起外，多轻微或无变质，与陆缘造山带明显不同。同时具有由内向外而渐次推进的特点，如华南加里东褶皱带隆起之后，海西—印支期才向外推进到浙闽地区（车自成等，2012）。

二、地球物理场和深部构造

（一）区域地球物理场特征

地球物理场特征是地壳岩石圈的物质组成、结构、构造及演化历程的综合反映。通

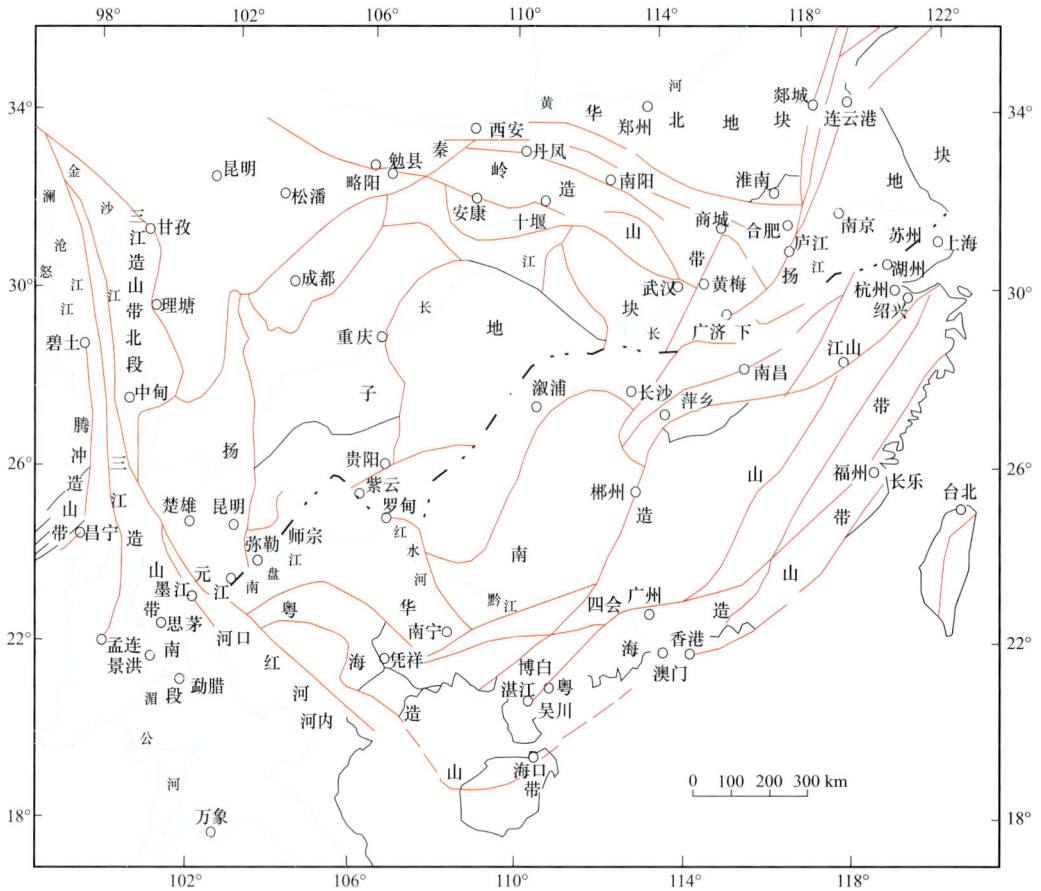

图 6.1 华南构造区划及主要断裂（马力等，2004）

过地球物理场特征可以获得盆地深部地壳和岩石圈的物质组成、结构和构造在三度空间
具有垂向分层、横向分块的层块结构特征。

1. 重力异常场特征

华南及东海地区布格重力异常显示了岩石圈分区的异常特征。在上扬子克拉通地区，
布格重力异常显示为环状平稳缓变的重力封闭异常，反映了上扬子克拉通陆核区的基本
特征。而华夏地块为正负相间的局部异常，异常变化大，反映地壳内物质密度不均匀程
度增加。华南及东海地区的布格重力异常，从东至西分布有数条北东向或北北东向的梯
级带（马丽芳，2002）。

（1）环青藏高原、川西及滇西重力梯度带。从岷山、龙门山，经三江地区到高黎贡
山，宽为 100～150km，重力值变化范围为 $-200 \times 10^{-5} \sim 300 \times 10^{-5} \mathrm{m/s^2}$。青藏高原为低
至 $-550 \times 10^{-5} \sim -500 \times 10^{-5} \mathrm{m/s^2}$ 的负异常区，反映了印度次大陆冲到青藏高原之下，引
起岩石圈增厚，较低密度物质在这一区域汇聚的动力过程。

（2）太行山-武陵山重力梯度带。从华北太行山穿越伏牛山向南、南西向延伸到湖南武陵山、广西西部直至越南境内。宽为 50～150km，重力变化幅度为 $-80\times10^{-5}\sim$ -50×10^{-5}m/s^2。这是一条反映岩石圈内部密度变化的重要界限，是中生代以来地幔物质上升侵位，引起岩石圈变薄的结果。

（3）东海重力梯度带。位于东海大陆架东侧，布格重力异常高值区，其变化幅度为 $100\times10^{-5}\sim150\times10^{-5}$m/s^2。

此外，从浙江宁波至广东茂名沿武夷山还存在一条较小的梯度带，反映了地壳内燕山运动引起的密度变化。

上述重力梯度带划分了华南地区的大地构造基本格架，武陵山重力梯度带分隔上扬子、中下扬子地块和赣湘桂加里东褶皱带，环青藏高原重力梯度带分隔扬子地块与青藏地块，东海重力梯度带分隔冲绳海槽与东海大陆架，沿武夷山较小的梯度带分隔赣湘桂加里东褶皱带与华夏陆块。

2. 航磁异常基本特征

航磁异常反映了华南地区岩石圈的磁性分布，按磁性异常特征分为以下几个区（马丽芳，2002）。

（1）上扬子地块，除川中及川东表现为强度较大的平缓异常外，其余均为平缓圈闭的负异常。表明上扬子块体自克拉通形成之后，一直较为稳定，地壳内物质成分变化较小。上扬子克拉通具有面积大、磁强度较高的封闭异常，其反映扬子克拉通岩石圈具备古老且稳定的基底，具有很高变质程度、磁性源埋藏深。

（2）中下扬子区、赣湘桂褶皱带及华夏陆块，主要为紧密线性分布（北东或北北东方向），以及强度较大的局部异常分布，表明这些区域在中生代燕山运动以来的地壳发生了重大的转变，特别是较新的火山岩及花岗岩的分布。在东海大陆架上沿钓鱼岛向北出现强烈的北北东向现状异常，主要反映了中新生代以来的岩浆火山活动。

（二）地壳结构和深部构造

根据区域地球物理场特征，结合大地构造环境，华南地区地壳－上地幔结构的组成及其横向变化具有下述规律（朱介寿等，2005）。

1. 地壳－上地幔结构

该区岩石圈结构自内陆向大洋方向做规律性变化。华南大陆地壳波速较大，平均为 6.3km/s，地震活动性小，平均热流值低；根据现今各种地球物理场资料显示，存在龙门山、武陵山、萍乡－郴州、东南沿海和台东五条北北东—近南北向深层构造带。

1）地壳速度结构分区特点

（1）上扬子地区。地壳厚度为 40～50km，近地表处大都有一个厚为 3～4km 的速度随深度快速增长的表层，向下速度增加减缓，到 10km 深度附近其波速可达 6.0km/s 左右。再向下速度逐渐增加，在接近地壳底部的地段，波速有一个向下快速增加的趋势。该地区上地壳的厚度为 10～20km，中地壳的厚度为 12～20km，下地壳的厚度为 9～12km。

（2）江汉地区。地壳厚度约为 35km，近地表处 2～5km 的深度上有一个速度随深度快速增长的表层，向下速度增加减缓，7～8km 深度段左右波速就可达到 6.0km/s；在接近地壳底部的地段速度梯度有所增高，但没有上扬子地块区增加得快；在地壳中部有可能出现低速层。该地区上地壳的厚度在 8km 左右，中地壳的厚度为 11～17km，下地壳的厚度为 7～10km。

（3）下扬子地区。地壳厚度为 32～33km，近地表处约 5km 的深度范围内有一个速度随深度快速增长的表层，向下速度增加减缓，到 11km 深度左右速度接近 6.0km/s，在 11km 以下直到壳底速度增加的趋势较稳定，在 20km 的深度附近有可能出现速度倒转的低速层。该地区上、中、下地壳的厚度均为 11km 左右。

（4）赣湘桂地区。地壳厚度在 32km 左右，仅其西南局部地区可达 36km。近地表处约 4km 的深度范围内有一个速度随深度快速增长的表层，向下速度增加减缓，到 10km 深度左右速度接近 6.0km/s，再向下速度增加减缓，在近地壳底处有一个 3～4km 的速度快速递增层。该地区上地壳的厚度约为 10km，中地壳的厚度在 15km 左右，下地壳的厚度在 7km 左右。

（5）华夏地区的地壳厚度为 30～32km。该地区上地壳的厚度为 8km 左右，中地壳的厚度约为 17km，下地壳的厚度约为 6km。在中地壳中部 16km 深度附近有可能出现低速层。

（6）东海陆架区的地壳厚度变化很大，在速度分区的 II 区内，地壳厚度在 30km 左右，而速度分区的 J 区内，地壳厚度由 28km 左右迅速地减薄到 18km 左右。地壳大致可分成上、下两层，下层的速度较高，为 7.0km/s 左右。上地壳厚为 12～15km，下地壳厚为 10～15km。

2）莫霍面

全区莫霍面平缓，地壳自西向东变薄，上扬子区为 40～45km，江南区为 36～40km，南华区为 29～31km，东海区为 24～26km。壳中断续出现高导低速层，主要发育于下地壳上部或上、下地壳之间，可能是构造拆离、岩石局部熔融的反映。另据地震层析资料显示（刘建华等，1996），台湾至闽东有一条幔内楔形低速带，前缘抵武夷山东侧，可能是库拉-太平洋板块的俯冲带。

2. 地壳结构类型

华南晚古生代拗陷区地壳结构的多层性和横向不均匀性，为这些地区壳内滑脱拆离面（或带）的产生提供了良好的物质基础和必要的边界条件。华南晚古生代拗陷区地壳内存在着以下几个重要的滑脱拆离面（或带）：①地壳中部的低速层具有低密度、低强度、高导、富水及瞬时稳态蠕变的特征，华南板块内一些大规模、深层次的推覆、滑脱构造便沿其发生滑移，在剖面中，许多断裂消失在该层顶面上；②浅变质岩系的顶界面，与上覆海相古生界、中生界在物性上具有显著的差异，浅变质岩系塑性较强，华南晚古生代煤田内的一些规模较大的推覆、滑脱构造便沿其发生滑移；③上古生界中的含煤岩系（如测水组、龙潭组、童子岩组等），与其下伏和上覆碳酸盐岩在物性上具有显著的差异，是相对的塑性层位，华南晚古生代煤田中众多的滑脱构造便位于这些层位之中。上述滑脱拆离面（或带）对华南晚古生代煤田中推覆、滑脱构造的形成、发展演化、分布组合及形成机制具有显著的控制作用。

扬子地块与华夏地块（华南加里东褶皱带）地壳结构的差异，在一定程度上决定着两者推覆、滑脱构造发育的差异。扬子地块的基底岩系由前震旦纪变质岩系组成，盖层包括青白口系、寒武系、奥陶系、志留系直至中新生界巨厚沉积岩系，盖层出现多层次软弱滑面。石炭纪—二叠纪煤系距离盖层与基底间的基底滑脱面亦甚远。基底滑脱面的活动，只能造成上面石炭纪—二叠纪煤系的褶皱。而加里东褶皱带则不同，基底滑脱面位于前泥盆纪变质岩系与中、上泥盆统之间，上覆下石炭统测水组（湘中）、下二叠统童子岩组（闽西南）间的滑面很容易与基底滑脱面同时活动，造成华南盖层中不仅出现极为明显的多层次滑脱，在华南加里东褶皱带内还造成含煤拗陷中普遍出现大型滑脱及大范围内的无根褶皱。

三、大地构造格局

（一）基本大地构造格局

华南板块地处太平洋板块与欧亚板块的结合部位，是特提斯构造域和太平洋构造域的转换区域，经历了自晋宁运动以来的多期强烈构造运动，现今构造格局呈现时空多样的结构构造组合，可分为扬子地块和华夏地块两大基本构造单元。

1. 扬子地块

华南板块以杭州—九江—张家界—怀化—南宁为界分为两个主要部分，西侧属于扬子地块，东侧的江南复背斜（江南隆起或雪峰山构造带）是扬子地块和华夏地块的过渡地段。在中生代以后扬子地块受到印支运动和燕山运动的影响，构造活动比较复杂。

扬子地块的变质褶皱基底一般属于前震旦纪或前雪峰期，结晶基底属于前四堡期。该区中生代以来显著隆起，使中、上元古界浅变质岩系大面积出露，太古宙变质岩也零星出露于康定地区（康定岩群）、汉南地区（后河组）、略阳东阁老岭地区（鱼洞子群）、鄂西地区（洞冲河岩组）等地，震旦系及以后的地层以盖层形式不整合于前震旦系结晶基底和变质褶皱基底之上。

扬子地块基底褶皱作用发生于新元古代早期，由中元古代浅变质岩构成复式隆起褶皱，其轴向为北东东转为东西向。该复式隆起褶皱带内部多期叠加。后期推覆构造和韧性脆性剪切变形使该复式褶皱带变得更加复杂。盖层褶皱由震旦系至中三叠统组成，褶皱构造的继承性较为明显，其主褶皱轴向与基底褶皱构造线方向近于一致，以近东西向及北东向为主。中生代以来早期由于印支事件的影响，大部分处于挤压环境，形成挤压前陆盆地；中后期（中侏罗世）开始，整体上转为拉张环境，在扬子地块上形成了克拉通型基底的伸展盆地。

2. 华夏地块

华夏地块又称华南加里东褶皱带，其变质褶皱基底一般属于前震旦纪或雪峰期，其中结晶基底属于前四堡期。由于加里东期构造强烈褶皱及中生代强烈的构造岩浆活动，华南地块较扬子地块表现更为活化。前晋宁期结晶基底出露少，仅在广东云开地区有少量出露；前寒武纪基底主要出露于武夷山一带，古老的太古代—元古代的麻粒岩、角闪质岩等均出现在扬子–武夷块体碰撞的仰冲带边界上。吕梁运动末期，华北地块、扬子地块和华夏地块已经构成一个统一的古大陆。之后在四堡期、晋宁期、加里东期、印支期、燕山期等多次构造运动中经历了多次的离散–拼合旋回。作为盆地基底的还有震旦系和古生界。震旦系—志留系为一套局部有火山岩的复理石沉积，至志留纪大部上升隆起，褶皱造山，其上被泥盆系不整合覆盖。

华夏地块基底褶皱形成于早古生代晚期（加里东运动），由下古生界及其下伏地层构成复式褶皱带，由一系列规模不等的复背斜、复向斜交替展布，多数具有同斜倒转特征。受后期断裂岩浆侵入和混合演化等多种因素的叠加干扰，其内部构造极其复杂。盖层褶皱由上泥盆统至中三叠统组成，褶皱构造的新生性较为明显，其主褶皱轴向与基底褶皱构造线方向呈显著斜交，以北东及北北东向为主。

（二）区域构造单元划分

Huang（1945）论述了中国大地构造基本轮廓，划分的一级中国大陆构造单元为地台或准地台和地槽褶皱系，并从全球构造角度将古生代以来的中国大地构造划分为古亚洲、特提斯和滨太平洋三大构造域。任纪舜（1999）编制的大地构造图，进一步发展了黄先生的认识，将中国大陆块分为亲西伯利亚陆块群、古中华陆块群和亲冈瓦纳陆块群，将显生宙造山带概括为古亚洲造山区、特提期造山区和环太平洋造山区。王鸿祯等（1986）认为中国南方及沿海海域有两个震旦纪前固结的稳定陆壳：扬子地台和南海–印支地台。从扬子地台东南直到浙闽沿海和雷琼半岛都属于不同阶段的华南大陆边缘区，海南岛五指山区则为南海–印支地台区的北侧陆缘区，两个陆缘区在海西阶段后期互相接近对接，印支阶段进一步碰撞。李廷栋（2006）根据地壳表层构造与深部构造相结合原则，提出岩石圈构造单元划分应遵循的 6 条原则。刘训等（2012）认为板块构造在不同历史时期是变化的，其以"新全球构造"思想为指导，以板块学说为基础，以大陆动力学为线索，以古生代时中国的板块构造格局为依据，将我国划分为 7 个一级构造单元（板块）和 30 个二级构造单元，包括克拉通（或微地块）和不同时期的造山带。潘桂棠等（2009）在板块构造–地球动力学理论指导下，以成矿规律和矿产能源预测的需求为出发点，划分出由陆块区和造山系组成的中国大地构造单元，其中华南大地构造区划如图 6.2 和表 6.1 所示。

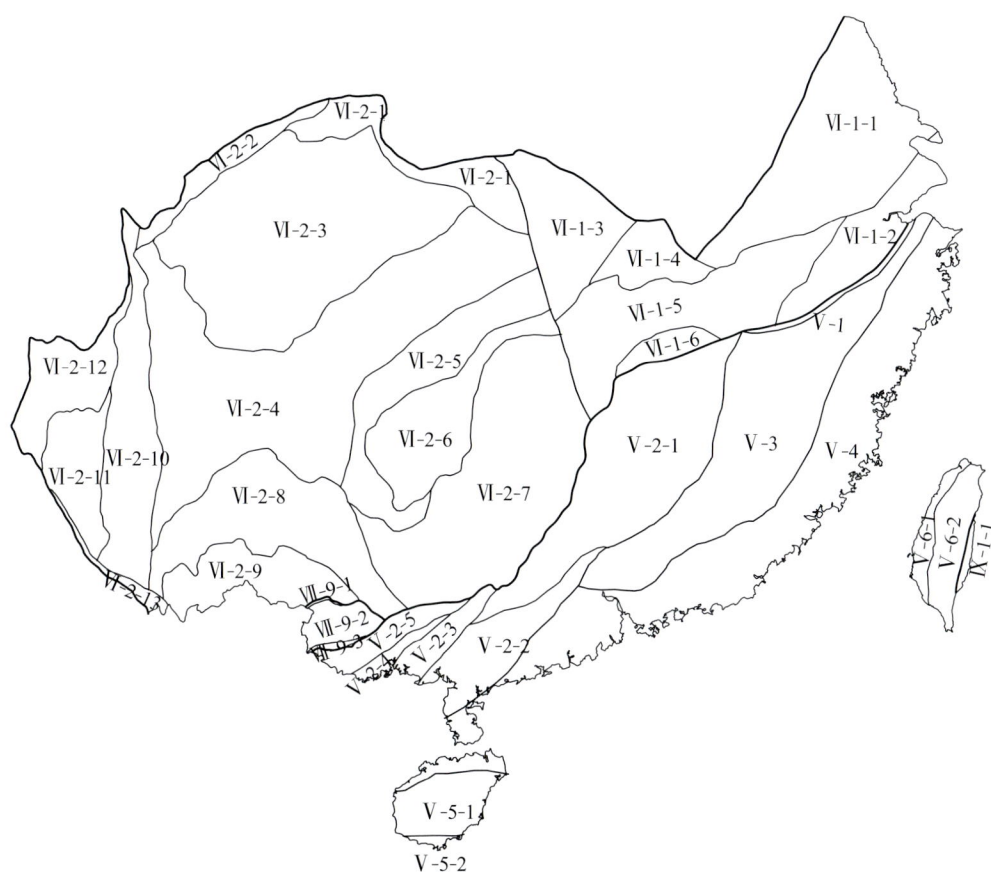

图 6.2 华南赋煤区大地构造单元划分图（潘桂棠等，2009）

表 6.1 华南赋煤区大地构造单元划分表（潘桂棠等，2009）

一级构造单元	二级构造单元	三级构造单元
V：武夷 – 云开 – 台湾造山系	V–1：郴州 – 萍乡 – 江绍结合带	
	V–2：罗霄 – 云开弧盆系	V-2-1：罗霄岩浆弧（S） V-2-2：云开岛弧（S） V-2-3：六万大山 – 大容山岩浆弧（P_2—T） V-2-4：钦防残余盆地（S—T_1） V-2-5：十万大山断陷盆地（J—K）
	V–3：华夏地块	
	V–4：东南沿海岩浆弧（K_2）	
	V–5：海南地块	V-5-1：五指山岛弧（Mz） V-5-2：琼南碳酸盐岩台地（Є—O）

续表

一级构造单元	二级构造单元	三级构造单元
V：武夷 – 云开 – 台湾造山系	V-6：台湾弧盆系（Pz）	V-6-1：台西前陆逆推带 V-6-2：大南澳蛇绿混杂岩带（J—K、N_2）
VI：扬子陆块区	VI-1：下扬子陆块	VI-1-1：下扬子（苏皖）前陆盆地（S_1—Pz_2） VI-1-2：怀玉山 – 天目山被动边缘盆地（Pz_1） VI-1-3：鄂中碳酸盐岩台地（Pz_1） VI-1-4：幕阜山（鄂东）被动边缘盆地（Pz_1） VI-1-5：江南古岛弧（Pt_2）（南华裂谷，Nh） VI-1-6：宜春断陷盆地（Pz_2）
	VI-2：上扬子古陆块	VI-2-1：米仓山 – 大巴山基底逆推带 VI-2-2：龙门山基底逆推带 VI-2-3：川中前陆盆地（Mz） VI-2-4：扬子陆块南部碳酸盐岩台地（Pz） VI-2-5：上扬子东南缘被动边缘盆地（Pz_1） VI-2-6：雪峰山陆缘裂谷盆地（Nh） VI-2-7：湘桂断陷盆地（Pz_2） VI-2-8：南盘江 – 右江前陆盆地（T） VI-2-9：富宁 – 那坡被动边缘盆地（Pz） VI-2-10：康滇基底断隆带（攀西上叠裂谷，P） VI-2-11：楚雄前陆盆地（Mz） VI-2-12：盐源 – 丽江陆缘裂谷盆地（Pz_2） VI-2-13：哀牢山基底逆推带

四、区域构造演化进程

根据华南赋煤构造区内各构造单元基底、早古生代盖层和其壳幔结构的相似性，可分为三类构造成分：扬子克拉通地块、被动陆缘（典型的有秦岭 – 大别 – 苏鲁和松潘 – 甘孜、南盘江越北，均表现为地体或微板块形式）、华南加里东造山带（新元古代形成的被动陆块边缘）。

华南板块的主体部分在太古宙时期已为稳定陆块，如上扬子古陆核，以黄陵背斜为基底的江汉古陆核。扬子地块基底的性质和组成非常复杂，构造活动的继承性表现明显，其突出特点为"一盖多底"（常印佛等，1996），即地块由多个不同性质的基底块体拼合而成，之间被断裂带分割。与华北板块不同的是这里尚未发现中元古代稳定型沉积，表明古陆核的拼接时期较晚，可能推迟到中元古代末。新元古界板溪群和下震旦统已经明显表现为陆缘地带活动型火山 – 沉积组合，陆内则为浅海到半深水稳定型沉积，表明克拉通化基本完成，广泛发育震旦纪冰碛和灯影组灰岩盖层型沉积。但古生代时期，西缘、北缘一直是隆起、拗陷相互交叠、此起彼伏的复杂构造环境；或为缓慢下沉的深拗陷槽，或为裂谷式火山岩盆地，隆起带则多发育较为稳定的台盆。早古生代裂谷活动于北大巴山至湖北随县—应山一线，晚古生代的裂谷活动偏于西部的攀西、金沙江两侧和右江—南盘江—越北。沿金沙江一线，早二叠世末有一次明显的板块碰撞事件，裂谷和陷槽曾先后闭合，发育了该时代不同类型的蛇绿岩。三叠纪期间，以松潘甘孜为中心发育的被动陆缘型深拗陷盆地，各地的主活动期不尽相同，早三叠世主要活动于西秦岭，中—晚三叠世在松潘–甘孜，早—中三叠世在南盘江–越北，均发育了 20～30km 的巨厚复理石沉积，先后结束于晚三叠世初（T_3^1 右江–南盘江、西秦岭）或晚三叠世末（松潘–甘孜）。

上扬子地块的古生代时期为台地相沉积，但受边缘强烈活动的影响，差异性升降明显，岩相厚度变化较大，海侵持续到中三叠世末，且其东部盖层中的滑脱型褶皱发育，反映了其活动性较大的特点。自震旦纪至早—中三叠世，整个扬子地块以升降运动为主，晚古生代因隆起使部分地层缺失，其余地层序列基本完整，古生代地层或因隆拗，沉积厚度有厚薄差异，晚三叠世龙门山逆冲带向东逆冲形成西深东浅的箕状拗陷盆地，江南隆起成为主要物源供给区，川东地区晚三叠统须家河组煤层即形成于湖滨–三角洲环境。中、新生代时期，上扬子地块受龙门山山前挠曲变形控制，整体沉陷形成一个大型山前拗陷型沉积盆地，东侧自汉江到苏北，与华北同样在向东伸展背景上形成伸展型襄阳盆地、江汉盆地、苏北和苏南盆地。控煤构造经印支期碰撞造山事件发育了川滇前陆盆地，燕山期多板块汇聚构造体系导致川东北西向突出的弧形构造和川南华蓥山帚状构造形成，川东褶皱构造带主体定型于晚侏罗世的陆内造山作用（张岳桥等，2011）。从大地动力学环境角度，研究区经历了晚元古代—古生代弱造山与稳定的克拉通盆地、中生代强造山与周缘前陆盆地、新生代造山后与残余盆地三个发育世代，现今构造格局与样式实为多期构造变形叠加（徐政语等，2004）。

东南地区可能曾经存在一个面积较大的古陆块——华夏古陆，新元古代时期沿江南隆起一线与扬子地块，前者在九岭山、环玉山一带残存由新元古代的蛇绿岩和高压变质岩，华南褶皱带就发育在这样一个新形成的板块边缘之上。对浙南–闽北、赣中–赣南、浙闽沿海和粤西云开大山一带太古代—古元古代基底杂岩的确定，证明了华夏古陆的存在。加里东构造期，扬子地块与华夏地块碰撞拼合（舒良树，2006；Shu et al.，2008；刘运黎等，2009；周小进和杨帆，2009），形成初步统一的岩相古地理格局，为连续统一的陆内海盆。此区加里东期强烈花岗岩浆活动带；震旦纪—早古生代的 10 余千米厚的沉积岩均已被卷入强烈的褶皱变形和韧滑流变；但变质很弱，没有明显的俯冲–碰撞遗迹，缺乏一致的逆冲方向，均说明该区在被动边缘之上发育起来的早古生代褶皱带。在安化—溆浦—靖州一线以东，泥盆系中下统与下伏早古生代地层呈高角度不整合接触（金宠等，2009；郝义等，2010）。雪峰山隆起东缘为一相对稳定的滨海–浅海环境，接受了海相碳酸盐类、陆源碎屑类及海陆交互相含煤沉积，煤系受雪峰山隆起控制，沉积中心沿隆起分布。华夏古陆晚古生代主要呈隆起状态，印支—燕山时期活动中心东移至东部边缘的浙闽沿海一带，新生代则表现为台澎岛弧的形成，显然这些都与太平洋板块的向西俯冲有关。

华南区域构造演化对煤田构造的影响进程简要总结如图 6.3 所示。

地质年代		含煤地层	构造动力学环境	聚煤强度	构造期次	煤田构造演化
新生代	Q				喜马拉雅期	太平洋俯冲背景下构造伸展，中国东部边缘裂解
	N₂					
	N₁	昭通组 小龙潭组				
	E₃					
	E₂	邕宁组 油柑窝组 长昌群				
	E₁					
中生代	K₂				燕山期	中晚三叠世扬子地块与华北地块、印支地块与扬子地块碰撞与增生，形成四川盆地及周缘晚三叠世含煤地层；中侏罗世多向挤压；晚中生代构造转换，转为伸展背景
	K₁					
	J₃					
	J₂					
	J₁					
	T₃	须家河组 安源组				
	T₂				印支期	早中生代陆内褶皱-推覆，伸展、收缩交替活动，形成多期次、多成因、多层次的滑推叠加构造
	T₁					
古生代	P₃	龙潭组 吴家坪组 宣威组			海西期	板块稳定发展阶段，在湘桂赣闽粤形成北东向裂陷带，为华南早石炭世及晚二叠世含煤地层主要聚煤场所
	P₂	童子岩组 文笔山组				
	P₁	梁山组 上饶组				
	C₂					
	C₁	测水组 寺门组 万寿山组				

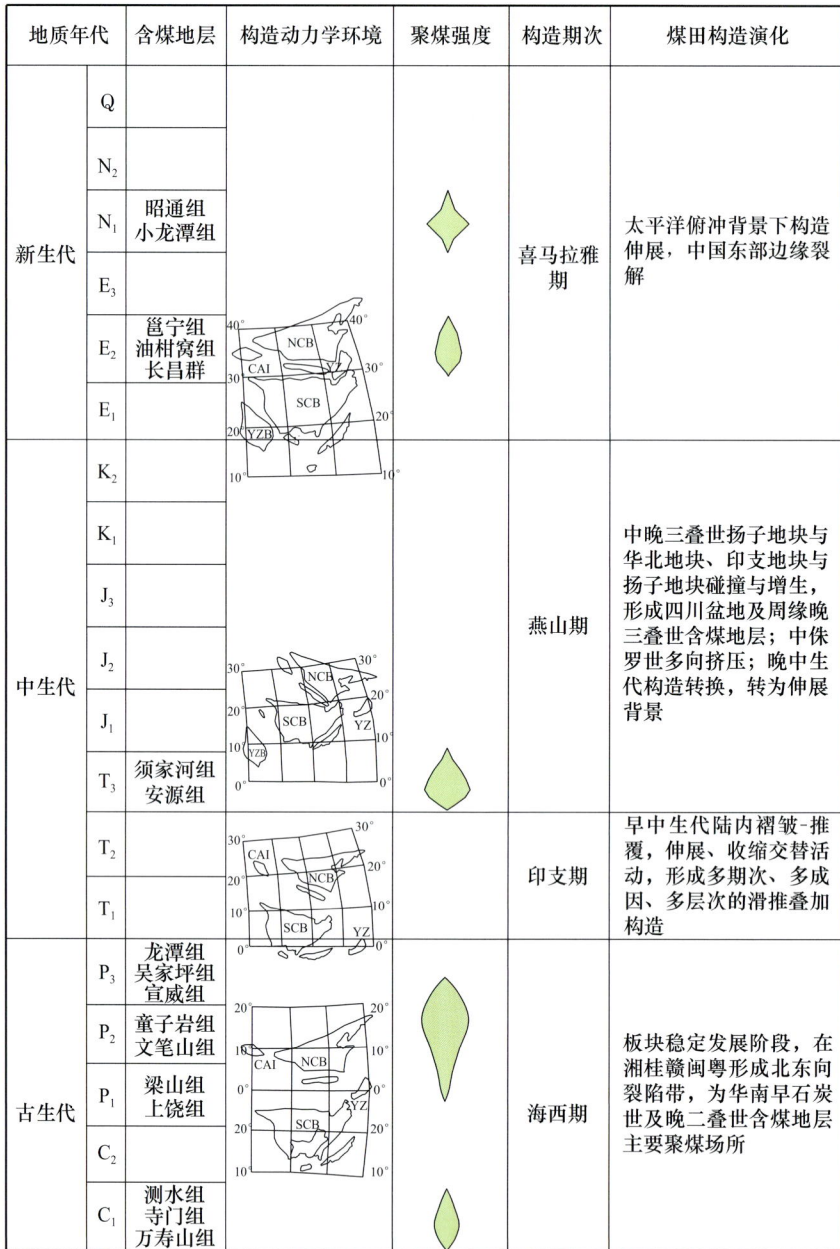

图 6.3　华南赋煤构造区构造演化简图

NCB. 华北地块；SCB. 四川地块；YZ. 扬子地块；CAI. 柴达木地块；YZB. 印支地块

五、岩浆活动

一定地质历史时期的岩浆岩系列组合是相应地质历史时期构造应力状态和大地构造发展演化的必然产物。华南地区岩浆活动频繁，广泛发育各时期长英质火成岩，包括花岗岩类及中酸性火山岩，面积超过 $100 \times 10^4 km^2$，被称为"长英质火成岩省"（王德滋和周金城，2005）或大花岗岩省；其中南岭又是华南长英质火成岩省中花岗岩类最为发育的地区。华南花岗岩类的时代有东安期、雪峰期、加里东期、海西期、印支期、燕山期等，其中以燕山期花岗岩类的分布最广；而加里东期的花岗岩类在强度和广度上仅次于燕山期花岗岩（孙涛，2006），因此是华南花岗岩的重要组成部分（华仁民等，2013）。

（一）前寒武纪岩浆岩

扬子地块崆岭地区出露中—新太古代结晶核及其周缘广泛发育的新元古代岩浆岩；华夏地块已知最早基底岩石是古元古代花岗岩和晚新太古代八都群变质岩（Gao et al.，2011）。早元古代时期扬子地块与华夏地块是两个被华南洋所隔开的块体，到了晚元古代这两个块体沿江绍断裂带发生碰撞拼贴，在缝合带上有几个起"焊接"作用的晋宁期辉闪岩–闪长岩小岩体（王德滋，2004）。中、晚元古代时期，中国东部岩浆活动较为强烈，侵入岩主要为花岗岩和花岗闪长岩，分布在江南隆起（如许村、休宁、九岭等岩体），属于 S 型花岗岩。

（二）古生代岩浆岩

早古生代岩浆活动集中分布在大陆边缘活动带内，华南加里东褶皱带的岩浆活动强烈，侵入岩主要以花岗岩类为主，大多出露在华夏地块及其与扬子地块交界的湘、赣、贵、粤地区。从已获同位素年龄数据来看，大致有两组：一组为 552～422Ma，相当于加里东早期，主要是混合花岗岩和片麻状花岗岩；另一组为 446～385Ma，相当于加里东晚期，以混染型花岗岩和侵入型花岗岩为主（江西省地质矿产局，1984；孙鼎和彭亚鸣，1985）。加里东期花岗岩出露面积较大的地区有武夷–云开地区、万洋山–诸广山地区、武功山地区及桂东北地区等，常呈大岩基产出。

钦州湾残留海槽中的晚古生代地层厚度在 5000m 以上，主要由海相碎屑岩和碳酸盐岩构成，经海西期—印支期造山运动，泥盆纪至三叠纪地层全部褶皱造山，同时形成面积超过 7000km^2 的大容山复式花岗岩基（276～213Ma）和超浅成的台马紫苏花岗岩（235Ma）（广西壮族自治区地矿局，1986），它们都是典型的 S 型花岗岩类（王德滋，2004）。

（三）中生代岩浆岩

1. 印支期岩浆岩

印支期岩浆活动以侵入为主，酸性侵入岩广泛分布于华南各省，尤以湘中–湘西北和桂东南十万大山地区最为集中。华南地区印支期侵入岩主要由花岗岩、花岗闪长岩组成，呈岩基、岩株状产出。一般与围岩接触界线清晰，热变质现象明显，外接触带常具强烈硅化、角岩化，局部混合岩化。岩石化学成分复杂，因地而异，以湘中地区为例，SiO_2含量为 66.5%～73.63%，Al_2O_3 含量为 13.22%～15.95%，由于 CaO、Na_2O、K_2O 含量较低，故大多数岩体属于铝过饱和系列。K_2O+Na_2O 含量为 7.20%，K_2O/Na_2O 为 1.26，是一种相对富钾花岗岩。印支期酸性侵入岩的成因类型以 S 型花岗岩为主，少部分岩体属于

Ⅰ型花岗岩，并且后者多位于隆起区（张德全和孙桂英，1988）。东西向展布的南岭花岗岩形成于华夏地块和印支地块的主碰撞期后的伸展阶段（Carter et al.，2001）。

华南印支期火山岩零星分布，在江西萍乡青山矿区安源煤系底部赋存有玄武岩、凝灰岩等火山岩。

2. 燕山期岩浆岩

燕山期是中国东部地区岩浆活动的极盛时期，喷发-侵入作用十分强烈，且具有多期次、多阶段活动特征，可视为特提斯构造域与太平洋构造域的岩浆活动转换和叠加产物。自早、中侏罗世开始至晚侏罗世达到峰期，早白垩世岩浆活动仍较强烈，到晚白垩世渐入尾声。燕山期侵入岩分布广泛，在东南沿海浙、赣、闽、粤一带最为发育。燕山期侵入岩可分为早（侏罗纪）、晚（白垩纪）两期。

华南地区燕山早期是岩浆侵入活动的鼎盛时期，尤以晚侏罗世岩浆侵入为最盛。侵入岩主要为黑云母花岗岩、二长花岗岩、花岗闪长岩等。其岩石化学成分以SiO_2和总碱量（K_2O+Na_2O）含量偏高，且K_2O（5.08%）含量大于Na_2O（3.19%）的含量，而CaO、MgO、MnO、Fe_2O_3、FeO和TiO_2等含量普遍较低为主要特点。此外，在赣东北、赣南等地零星分布超基性-基性侵入岩，主要由橄榄石、辉石岩、辉长岩、辉绿岩等组成，多呈岩脉、岩瘤状产出。在闽东沿海燕山早期尚有动力变质的混合花岗岩和片麻状花岗岩分布。

华南地区燕山晚期侵入岩仍以酸性岩类为主，且较集中分布在南平—玉林一带以东广大地区，岩体大部分呈岩株、岩墙状，少数呈岩基状产出。岩性主要为肉红色黑云母花岗岩，局部为灰白色花岗闪长岩、二长花岗岩、钾长花岗岩和花岗斑岩等。岩石化学成分特征与燕山早期花岗岩类相似。这一时期的超基性-基性侵入岩零星分布于江西、广西和东南沿海一带，主要由橄榄岩、辉长岩、辉绿岩等组成，呈岩瘤、岩脉（墙）状产出。据张德全和孙桂英（1988）的研究结果，华南燕山期花岗岩类的成因类型除东南沿海的白垩纪花岗岩多属Ⅰ型外，均以S型花岗岩为主。

长江中下游地区火山活动主要在燕山晚期（早白垩世），火山岩分布在受北北东或北西向断裂所控制的断陷盆地内。该区火山活动多属于裂隙-中心式喷发。其主要岩石组合为安山岩-粗安岩-安粗岩-粗面岩，偶尔出现响岩。但在溧水、溧阳、繁昌火山盆地内侧出现玄武岩-安山岩-英安岩-流纹岩（吴利仁，1984）。

（四）新生代岩浆岩

新生代火山岩按生成时代可划分为古近纪、新近纪和第四纪三期。古近纪火山岩主要分布于呈北东或北北东向展布的裂谷及一些规模不等的裂陷盆地中，以拉斑玄武岩及相应成分的火山碎屑为主。在广东三水盆地出现粗面岩、流纹岩和相应成分的碎屑岩。部分地区（如福建沿海、嘉山六合一带等）碱性玄武岩和拉斑玄武岩并存。而在闽浙地区的一些断裂带（如江山-绍兴、上虞-丽水等）则分布有碧玄岩-玻基橄辉岩-霞石玄武岩的熔岩及角砾岩。第四纪火山岩分布格局与新近纪火山岩相似，但一般火山活动强度减弱，以碱质-强碱质玄武岩为主，但在台湾北部则以安山岩为主（鄂莫岚和赵大开，1987）。

第二节 煤田构造格局

一、煤系分布特征

华南赋煤构造区煤炭资源分布很不均衡，西部资源赋存地质条件较好，东部的资源地质条件差，地域分布零散，煤炭资源匮乏（图6.4），主要成煤期包括早石炭世、中二叠世、晚二叠世、晚三叠世、早侏罗世、古近纪和新近纪等（毛节华和许惠龙，1999；李文恒和龚绍礼，1999）。

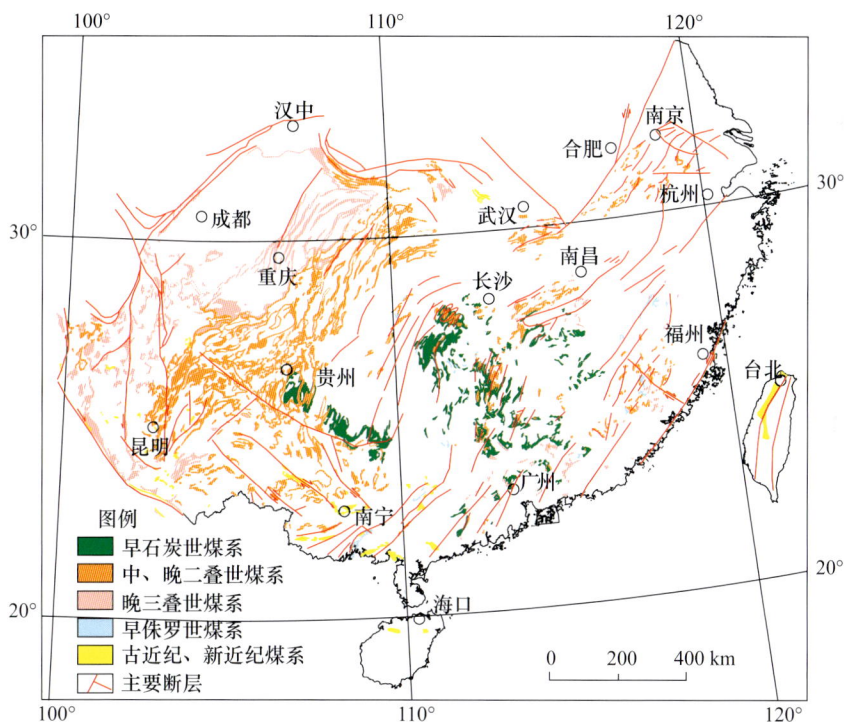

图6.4 华南赋煤构造区含煤岩系分布与煤田构造纲略图

1. 早石炭世含煤地层

包括湘中、湘东、赣、粤和桂北的测水组、寺门组；江西大部（赣西除外）、浙西、粤东北及闽西南等地的梓山组、叶家塘组、忠信组及林地组；苏皖鄂高骊山组。测水组富煤带分布于湘中和粤北地区，湘中含煤3～7层，其中3号煤为主要可采煤层，2号和5号煤为局部可采煤层。3号煤层厚度为0～19.71m，平均为1.5m左右，以渣渡矿区发育较好，平均厚度可达3.55m左右，煤层结构简单至复杂。此外，在粤北地区含可采或局部可采煤层两层，2号煤层厚度为0～6.0m，平均为1m左右，3号煤层厚度为0～42.5m，平均为3.00m，结构极为复杂，煤层极不稳定，两煤层间距为18m左右。

2. 中、上二叠世含煤地层

中、上二叠世含煤地层包括梁山组（罗甸早期）、童子岩组（冷坞期）、龙潭组（冷坞期至吴家坪期）、赣北－湘西北的龙潭组（吴家坪早期）、翠屏山组（吴家坪期）、合山组（吴家坪期至长兴期）的分布遍及全区，大部含可采煤层，以贵州六盘水、四川筠连、赣中、湘中南及粤北一带为煤层富集区。

华南东部龙潭组含煤沉积被古陆和水下隆起所分隔，各成煤拗陷内含煤性差异较大，普遍含有可采煤层，由南向北大致可分为三个聚煤带。

（1）南带位于赣南—粤北—湘南一带。赣南信丰、龙南含 B_{24}、B_{26}、B_{28} 等不稳定可采煤层，单层厚度为 1m 左右；粤北韶关含煤 10 余层，其中 11 号煤层全区稳定可采，厚约为 2m；湘南郴州含煤 10 层，其中 5 号和 6 号煤层稳定可采，厚度小于 2m。

（2）中带展布于湘中—赣东—皖东南—浙西北—苏南一带，是华南东部龙潭组的主要富煤地带。湘中涟邵含煤 6 层，其中 2 号煤全区稳定可采，厚约为 2m。赣中萍乡、乐平等地含 A、B、C 三个煤组，其中 B 组煤全区发育，C 组煤在赣东上饶发育较好，A 组煤在萍乡一带发育较好，厚约为 2m。在皖东南、浙西北的长兴－广德地区，发育 A、B、C、D 四个煤组，其中 C_2 煤层全区稳定可采，厚度一般小于 2m。在苏南一带上、中、下三个煤组，其中上煤组 3 号煤层较为稳定，厚度为 1~2m。

（3）北带位于鄂东南—皖南—赣北一带，龙潭组相对较差。鄂东南黄石地区含上、中、下三层煤，其中下煤层较为稳定，厚为 1m 左右。皖南铜陵、贵池一带含煤 7 层，均为不稳定薄煤层，其中 A、B、C 三层煤局部厚度可达 1m。赣北九江仅含不稳定的薄煤层。

3. 晚三叠世含煤地层

晚三叠世含煤地层包括四川须家河组，鄂西沙镇溪组，滇北大荞地组、罗家大山组、干海子组，江西安源组，湘东南出炭垅组、杨梅垅组，闽西大坑组、焦坑组，粤北红卫坑组，以川滇须家河组、湘东－赣中安源组含煤性较好。

四川盆地须家河组含煤段为粉砂岩、泥岩、碳质泥岩及煤层，含煤 10 余层，可采煤 2~3 层。在四川盆地西北部须家河组之下小塘子组厚 150m，由黄灰色砂岩、粉砂岩组成，下部含煤，含煤数十层，可采总厚可达 30~50m。江西萍乡安源组可分三个岩性段，下段紫家冲段为主要含煤段，一般含煤 7~8 层；中段三家冲段；上段三丘田段，含局部可采煤 1~4 层。此外在川西的渡口、盐边，滇北的永仁一带，大荞地组含煤地层厚度大、含煤层数多，是重要的三叠纪含煤区。

4. 早侏罗世含煤地层

典型的早侏罗世含煤地层包括湘东南－赣西的唐垅组和灶上组、广西大岭组、广东金鸡组等，主要分布赣湘粤地区，含煤性差。

5. 古近纪和新近纪含煤地层

古近纪和新近纪含煤地层主要分布于滇、桂、粤、琼、台及闽浙等地小型盆地内，如滇东昭通组、小龙潭组，含巨厚褐煤层；桂西百色盆地古近系那读组、百岗组、建都岭组等；台湾含煤地层为古近系木山组、新近系石底组及南庄组，以石底组含煤性稍好，其他均较差。

二、成煤期古构造面貌

1. 成煤盆地基底构造

加里东运动晚期（晚奥陶世—志留纪），是晚加里东运动的重要时期，由于古中国洋的逐步消减关闭，塔里木、柴达木、华北、华南等主要陆块发生碰撞联合，形成统一的"古中国陆"，它们之间形成著名的加里东碰撞造山带，与此同时或稍前，由于受前特提斯洋向华南陆块的俯冲消减作用，推动华夏、湘桂、扬子地块东南缘发生碰撞，形成东南沿海加里东造山带，并在造山带向北西的推挤作用下，使华南大部分隆起，仅桂东南钦防一带残留有海盆。

晚古生代，扬子地块主体为陆表浅海－滨海环境，发育较稳定的海陆交互相含煤岩系。华夏地块则在泥盆纪—早二叠世裂陷基底上叠加了大型复杂拗陷盆地，煤系沉积－构造分异作用明显。早石炭世煤系是在岩关期碳酸盐岩台地的基础上形成的，古地理表现为上扬子准平原、华夏古陆与江南丘陵分隔的南北两个海域，南部滇湘赣的海水来源于钦防海槽，陆源碎屑主要来源于东部华夏古陆，在湘桂粤海盆中广泛发育碳酸盐沉积，其东侧边缘则出现碎屑滨岸带沉积（图6.5）。海盆与北东向基底断裂密切相关的、条带状延伸的钙泥质、硅质沉积及局部重力流沉积，是伸展作用下的较深水沉积。

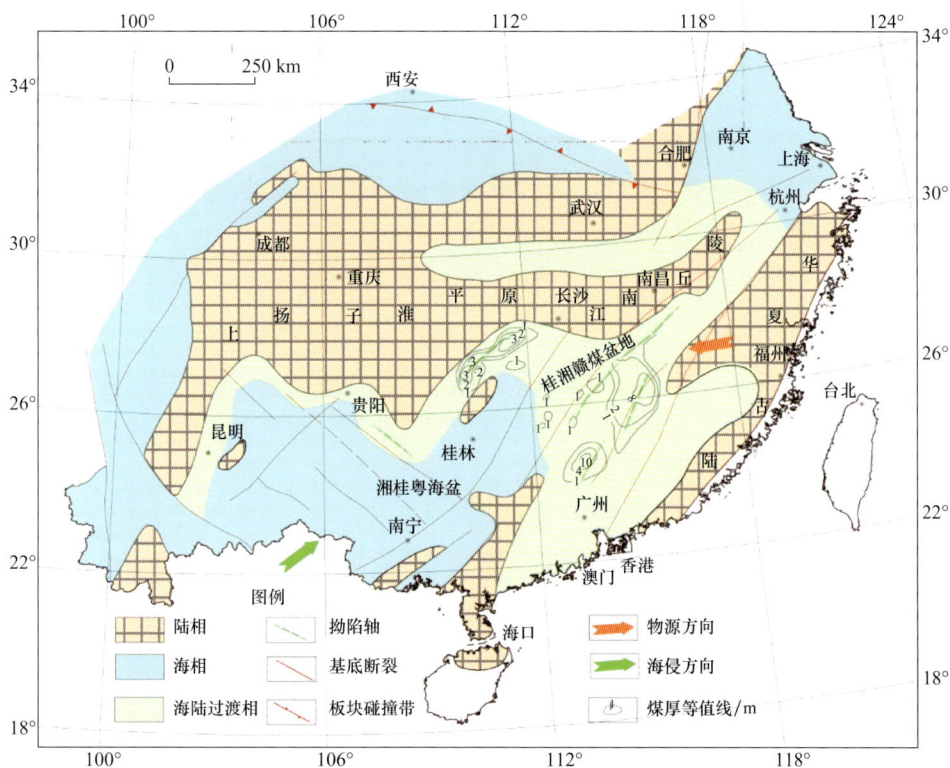

图 6.5 华南赋煤区早石炭世成煤古构造图

2. 早石炭世成煤期古构造

在早石炭世测水期，测水煤系沉积时期，湘西北为雪峰山古陆，湘东南存在罗霄丘陵及九嶷低丘。总体为浅海、滨海相的沉积。测水煤系主要受构造隆起的雪峰山古陆和万洋山古陆控制，发育在古雪峰隆起及安化－浏阳东西带的东南部，即湘中、湘南地区（图 6.6）。

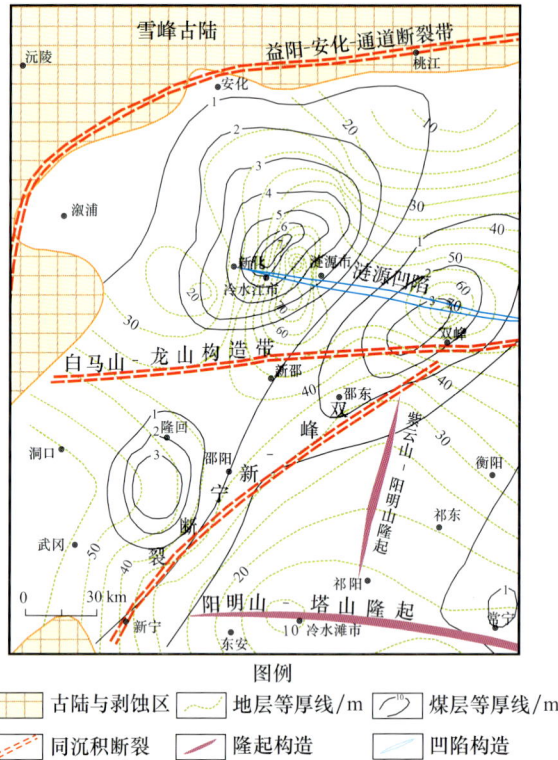

图 6.6 湘中地区石炭纪成煤期古构造图

雪峰山古陆包括湘西北及湘西一带。从南到北由武岗至新化呈北东向分布，而后转为东西向延至浏阳一带，两端伸出省外。古陆上主要出露有元古代—中、晚泥盆世地层和时代不明的花岗斑岩、石英闪长岩、辉绿岩、煌斑岩、橄榄岩及玄武岩。在东北端华容、岳阳至平江一带，有燕山期花岗岩。

万洋山古陆包括汝城以东桂东一带，呈北北东向展布，两端伸出省外。古陆上出露有震旦纪—中、晚泥盆世地层，另有加里东期花岗岩出露。

在雪峰山古陆和万洋山古陆之间的大型凹陷中，次级隆起和凹陷相间成列出现。

在早石炭世时，湘中地区东西向的构造和北东向的构造控制了测水组含煤建造的分布，从岩相古地理图上可以清楚地看出，测水煤系等厚线大都是沿北东向展布的，并且是隆起拗陷相间的雁行斜列，从西北向东南依次为：古雪峰隆起、涟邵拗陷、越城岭－牛头寨－衡山隆起、祁零拗陷、紫荆山－阳明山隆起及江宁拗陷。郴耒地区由于受南

244

北向的干扰，略向北偏转，沿北东向隆起的两缘厚度变薄。两体系的复合部位，煤层发育较好，如湘中拗陷与白马山－龙山东西向构造两侧的边缘拗陷的复合部位，对成煤有利，特别是白马山－龙山东西带北侧的涟源煤区，含煤性最好，不但厚度大，煤层也稳定。它不但受到这个复合体的控制，而且可能受古雪峰隆起与安化－浏阳东西向构造形成的联合弧的影响，致使涟源煤区的含煤性比邵阳煤区要好。在湘南阳明山－塔山、大义山东西向两缘拗陷与湘东北东向拗陷的复合部位，如常宁、宜章、资兴等地测水组的含煤性也相对较好。

3. 中二叠世成煤期古构造

中二叠世早期沉积范围大致在贵阳—南昌一线北侧，即滇东、黔北、湘西北、川东、鄂、皖东南和苏南等地（图6.7），含可采煤层的梁山组主要分布在康滇－龙门山隆起东侧，川南－黔北的东西向隆起带，以及武陵－江南隆起两侧，以后者含煤较好。

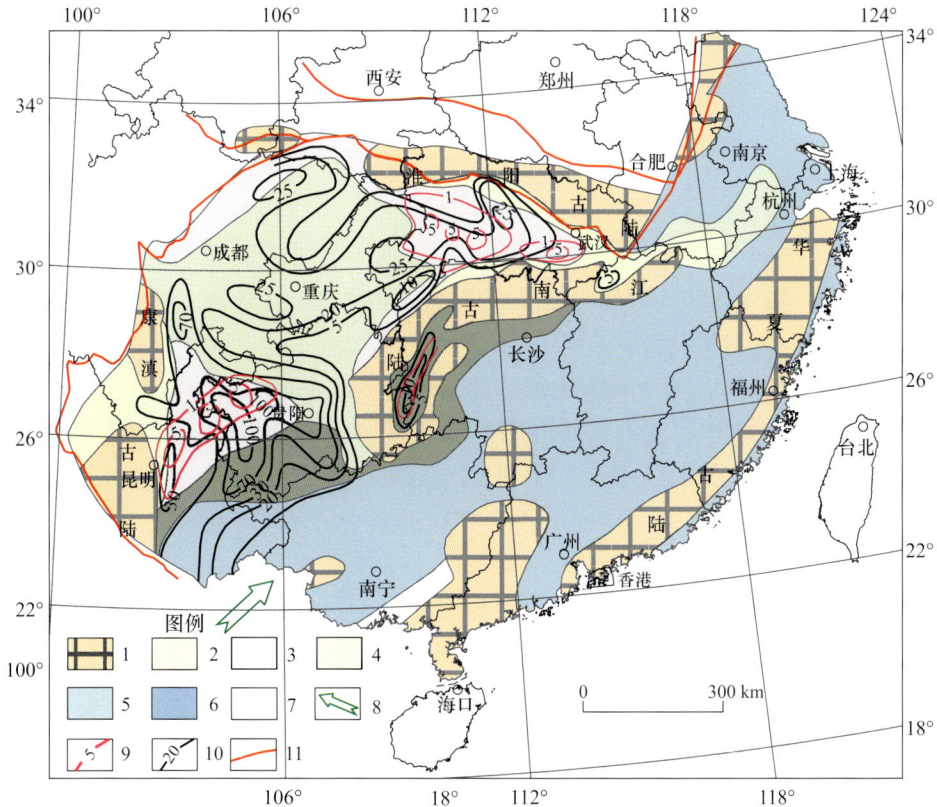

图 6.7　华南中二叠世早期梁山组地层等厚线与煤层等厚线图

1. 古陆；2. 河流；3. 沼泽；4. 潮坪－潟湖；5. 浅海；6. 潟湖；7. 深水盆地；8. 海侵方向；9. 煤层等厚线；
10. 地层等厚线；11. 构造线

梁山组含煤岩系由碎屑岩、碳酸盐岩及煤层组成，变化大，旋回结构多而不完善，厚度薄，含煤性较差，而且极不稳定，显示梁山期沉积环境不稳定。梁山组属滨海型沉积。煤系沿隆起带或隆起边缘分布，大多直接沉积在基底灰岩的岩溶面上，甚至直接堆积在石灰岩的溶洞内。结合栖霞期、船山期在武陵－江南隆起周围均为浅海相碳酸盐岩来看，武陵－江南隆起在梁山期前后，位于水下，是华南广海盆地中的浅水台地，梁山组是在此隆起台地上沉积的。此外，江南和东南盆地梁山组也有分布，除湘西之外，其他地区含煤很差。梁山组成煤作用主要受同沉积断裂和隆起的联合控制，滇东－黔西拗陷西部为南北向小江断裂，煤系基本分布在其西侧；康滇古陆东侧拗陷加大，并向北扩大，南部的梁山组仅分布在北东向弥勒－师宗断裂的西北侧。黔东沿江南古陆西侧形成范围较广的成煤拗陷。湘西拗陷是晚古生代武陵－雪峰古陆上新形成的断陷盆地，明显受北北东向的溆浦－永福断裂带的控制。湖北的中二叠世早期含煤岩系称马鞍段，含煤性较好，是湖北省重要的含煤层位，拗陷呈北西西—东西向，与晚古生代东西向拗陷呈继承性关系，内有次级凹陷、凸起。鄂东地区的梁山期主要成煤区，是在靠近江南古陆的蒲圻－龙溪凹陷内，郭西地区主要是在麻沙－松盘凹陷。前者靠近江南古陆，是古陆斜坡带上的次级东西向凹陷，后者夹在黄陵凸起（北）和五峰凸起（南）之间，呈北西向分布。赣北、浙西北及闽、粤等局部地段也存在层位与梁山组相似的海相细碎屑岩沉积，但一般不含煤。

中二叠世晚期童子岩组是华南盆地东侧的重要含煤层位之一，厚700～800m，可采煤层最多，为3～5层，以闽西南含煤丰富。童子岩组与下伏地层呈整合接触，盆地构造与早二叠世早期一致，为继承性盆地。华夏古陆是主要的物源区，云开古陆、武夷古陆是次要物源区，盆地内还有更小的岛状隆起，如增城、九涟等。这些古陆或岛屿总体呈北东向排列，边界多受断裂控制（图6.8）。含煤拗陷主要有闽西南－粤东北、赣东北－浙西及赣中，以闽西南－粤东北拗陷为最大。北东向断裂发育，对控煤密切的主要有福安－陆丰、政和－大埔、绍兴－江山、邵武－河源、吴川－四会、恩平－新丰等断裂；浙西武盛－杭州凹陷的东北部即位于三个断裂带形成的断陷内。东南盆地总体为东高西低的不对称拗陷，海水主要从西—西南向东—东北方向侵入，属于指状海湾式含煤盆地，由数个成煤断陷盆地组成，其中含煤性最好的是闽西南－粤东北拗陷中的闽西南凹陷。

4. 晚二叠世成煤期古构造

晚二叠世为华南最重要的成煤期。成煤作用最强的为川、滇、黔地区，其次为桂中、桂北、湘、赣一带，最弱的是东南沿海的福建、浙江和粤中－赣东南等地（图6.9）。

晚二叠世成煤作用主要有两种沉积类型：一种分布在川中、川南、黔北、黔西、滇东、苏南、湘赣一带，以陆相沉积为主，局部夹海相灰岩和硅质岩沉积，称为龙潭组；另一种主要分布在盆地或拗陷的中心部位（川北、黔东、湖北、湖南大部、赣北），以海陆交互相（夹海相灰岩）为主，称为吴家坪组（广西中、北部称合山组）。另外，康滇古陆的近陆部分和雷波－宣威地区以陆源碎屑岩为主体的煤系，称宣威组。

成煤期古构造表现为：东吴运动之后，盆地逐渐下降，海水从桂南向湘、赣方向侵

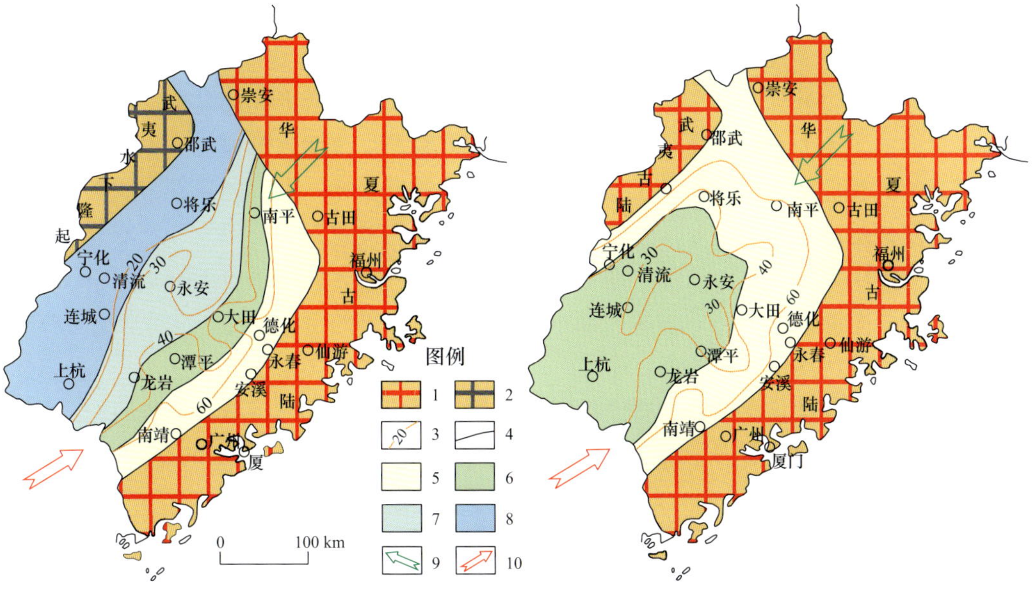

图 6.8 福建童子岩组岩相古地理图

（a）童子岩期初期；（b）童子岩期末期

1. 古陆；2. 水下隆起；3. 含砂率等值线；4. 沉积组合界线；5. 冲积－上三角洲平原沉积；6. 下三角洲平原－三角
洲前缘沉积；7. 障壁－潟湖沉积；8. 海湾－浅海沉积；9. 陆源碎屑供给方向；10. 海侵方向

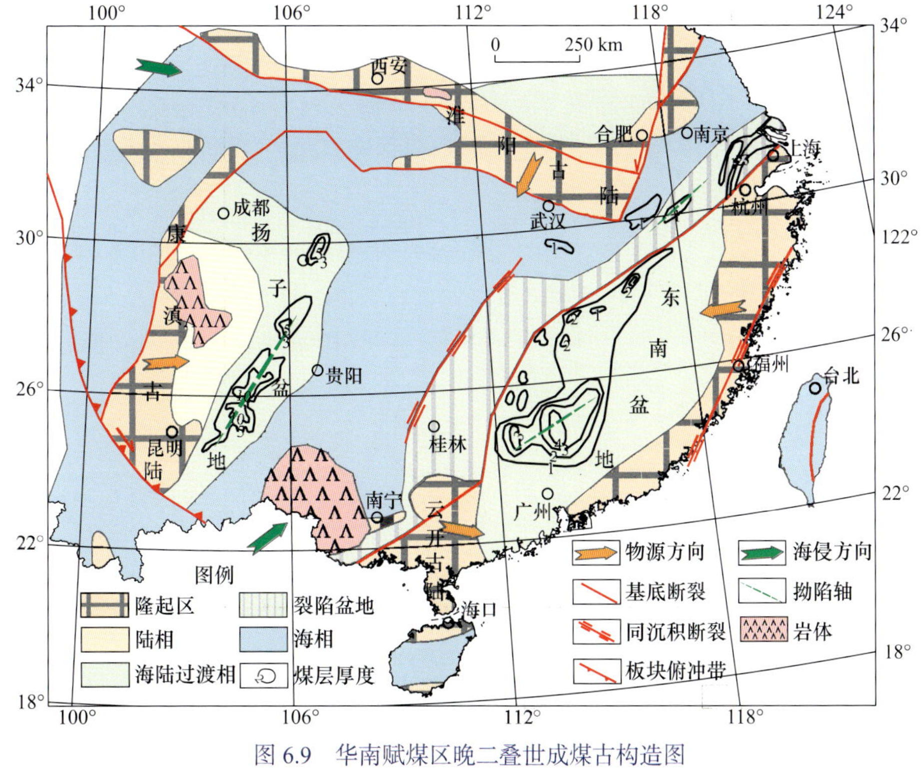

图 6.9 华南赋煤区晚二叠世成煤古构造图

入（川西、川北及江苏一带也有局部侵入），在康滇和华夏古陆之间形成晚二叠世含煤沉积。沉积基底的平原化程度比其他成煤期强，使龙潭期成为成煤范围最广的成煤期。在康滇–龙门山古陆隆起的东侧，由于玄武岩的大量溢溢，沿隆起向盆地中心再一次填平补齐，形成了更为开阔的隆起斜坡带，这不仅有利于在该地区形成对成煤关系密切的海陆交互相沉积环境，而且为扬子盆地提供了大量的沉积物。东部的华夏、武夷、云开等古陆在东吴运动时强烈抬升，但断裂切割不深，没有造成玄武岩喷发，只形成发育的陆相沉积，成煤条件较差。江南盆地距离康滇和华夏古陆远，所以该区的武陵–江南和武夷–云开两个隆起的大部分时期处于水下，因而这一带的沉积物细，含煤性介于扬子和东南盆地之间，具过渡性特点。

湖南省晚二叠世含煤建造主要受区域性东西向构造、北东向构造和南北向构造的控制，从岩相古地理及地层等厚线图上明显地看出（图6.9、图6.10），湘中地区，大约在北纬27°39′的白马山—龙山—武功山东西向构造的北缘，等厚线均呈东西向展布，南缘邵阳、隆回一带，等厚线呈北东向展布，湘南地区，地层等厚线呈南北向展布，到衡山向北东弯曲，渐转成东西向。湖南省龙潭煤系的"南型"和"北型"大致也是沿白马山—龙山—武功山东西带划分的，整个上二叠统在岩性、地层厚度及古生物方面，南型和北型都有明显的差异。沿此东西带的两侧，含煤性普遍较好，主要可采煤层由北向南呈现向上迁移现象。

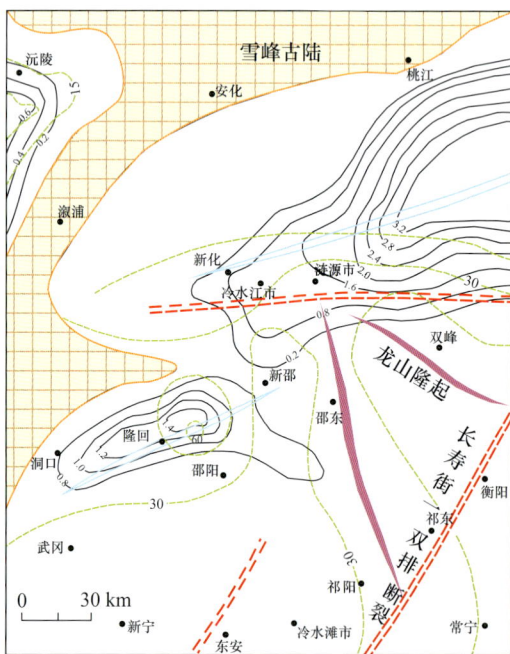

图6.10 湘中二叠纪成煤期古构造图

248

5. 晚三叠世成煤期古构造

华南晚三叠世煤系分为东南部湘赣粤残余海湾–山间盆地和西部四川大型内陆盆地两个分离的沉积区（图 6.11）。晚三叠世盆地主要分布在以四川、滇中、赣中和湘东、湖北等成煤条件较好的地区。华南盆地在晚古生代成煤作用结束之后，持续凹陷，早、中三叠世进入全面海进时期，除了康滇、华夏云开隆起仍凸出水面外，武陵–江南隆起及武夷隆起与扬子、江南次级盆地共同接受了早、中三叠世海相碳酸盐岩和碎屑沉积。

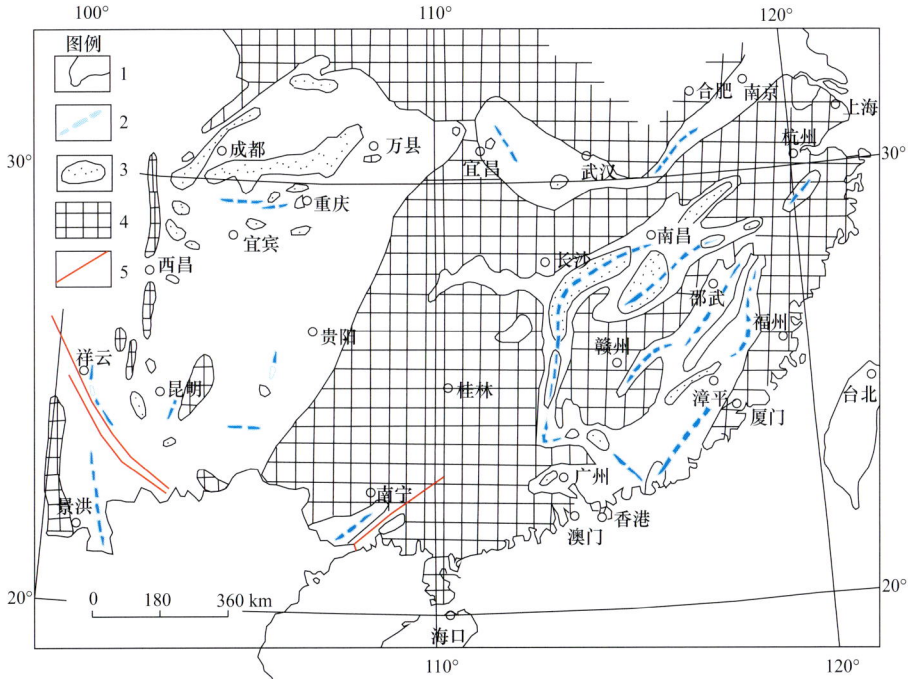

图 6.11　华南晚三叠世盆地及富煤区图（据莽东鸿等，1994）

1. 沉积区；2. 拗陷轴；3. 富煤区；4. 剥蚀区；5. 断裂

发生于中三叠世末期的印支运动，使上扬子盆地和江南、东南一带早、中三叠世广海盆地强烈抬升为陆，出现大范围的海退，武陵–江南隆起成为陆源区；华夏、云开、武夷古陆变得更为宽广；以海相碳酸盐沉积为主的盆地转为陆相碎屑沉积。抬升产生的断块活动，也造成盆地各地升降幅度不均，影响构造格局和沉积特征的变化：川东成煤盆地，晚古生代为东低西高的地势，晚三叠世逐渐形成西低东高的地势，聚煤中心明显西移；康滇古陆及其周缘一些古断裂复活和新的南北向断裂（如绿汁江断裂等），形成晚三叠世裂谷式盆地，这些新生的盆地随时间的推移，往康滇古陆核心发展，使康滇古陆范围逐渐缩小；龙门山隆起范围变小，呈孤立的岛链状分布；武陵–江南古陆范围明显扩大，并和湖北的黄陵隆起联结，基本把华南分为扬子与江南–东南两大区，云开、华夏古陆范围也明显扩大。此外，武夷隆起、云开隆起和闽西北等隆起地区产生了新的裂陷盆地。

6.新生代成煤期古构造

新近纪的含煤地层主要分布在云南及台湾,其他地区有零星分布,但以滇东一带发育最好。云南盆地群的盆地展布,多沿断裂构造带断续分布,并与控盆主干断裂展布协调一致,散布在断裂带中的盆地与基底褶皱轴部叠加,都受到构造作用的严格控制;滇东盆地群的时空展布以上新世盆地为主。

1)构造古地理背景

云南地处特提斯构造域与环太平洋构造域的交接复合部位,滇东稳定区位于金沙江-哀牢山断裂带以东,主要由下、中元古界结晶及轻变质岩系构成古老褶皱基底,加里东期构造层发育不全,海西—印支早期构造层在东部和西北部发育较好。而滇中地带直到印支晚期才开始沉降,燕山期、喜马拉雅期构造发育。地壳运动以垂直升降为主,一般形成疏缓褶皱,喜马拉雅期古断裂复活,各断裂之间普遍发生走滑扭动,总体以脆性变形为主。

2)昭通盆地

昭通盆地位于南北向昭通-曲靖压扭性左行走滑断裂西侧,主体部分保存完好,据外围残留沉积范围判断,原型盆地在总体上呈南北向,平行主干走滑断裂展布。盆地东缘的走滑断裂时新近纪昭通盆地的同沉积断裂,控制了近盆缘断裂附近沉积厚度大,盆地东侧的冲积扇体系自始至终发育,基底最深处及煤系最厚处在盆地东北边部的昭通北部一带。由于箐门同沉积断裂的周期性的强烈活动,使得洪积扇发生相应的向前推进和向后退缩,导致剖面上出现了洪积相与湖泊相呈犬牙交错的形态。煤层在远离洪积扇的前缘地带发育较好,以至出现富煤带,向洪积扇方向煤层发生分叉、变薄的现象。盆地基底地形对含煤岩系的形成与分布的控制作用是昭通盆地的另一重要特征。

三、成煤盆地类型和盆地演化

(一)华南赋煤构造区成煤盆地类型

不同构造时期的沉积盆地有不同的特征,古生代与中生代的沉积盆地差异性更为明显。晚古生代前统一的中国古大陆主体尚未形成,组成中国古大陆的塔里木-华北板块、华南板块及其北、南间的古亚洲洋、古昆秦洋均处于南北向挤压应力为主的古亚洲构造域。华南石炭纪、二叠纪含煤盆地,基底由扬子地块与华夏地块组成。扬子地块是元古宙以来的古来块体,震旦纪进入陆缘发展阶段为陆表海沉积,华夏地块晚古生代前为裂谷带,加里东末期褶皱回返,与扬子地块统一成为华南古板块,晚古生代以来华南大陆形成广阔的陆表海,早石炭世开始含煤沉积,中、晚二叠世发育有含煤沉积建造,直至中三叠世末结束海相沉积,与塔里木-华北板块拼合成中国古大陆主体。华南石炭纪、二叠纪含煤盆地也是陆表海型含煤盆地,即板内克拉通盆地。

印支期是古生代与中生代具承前启后性质的过渡期,沉积盆地特征亦具有明显的过渡性。晚三叠世含煤盆地基本上都发育在形成晚古生代含煤盆地的扬子、昌都等陆块或地块上,早、中三叠世沉积特征及沉积范围均与二叠纪相似,含煤沉积发生在晚三叠世，沉积特征与分布格局发生了分异。华南大陆晚三叠世两分为东部华夏拗陷盆地（赣湘桂、浙闽粤亚盆地）和西部四川（川黔滇）克拉通拗陷盆地（图 6.11、图 6.12）。

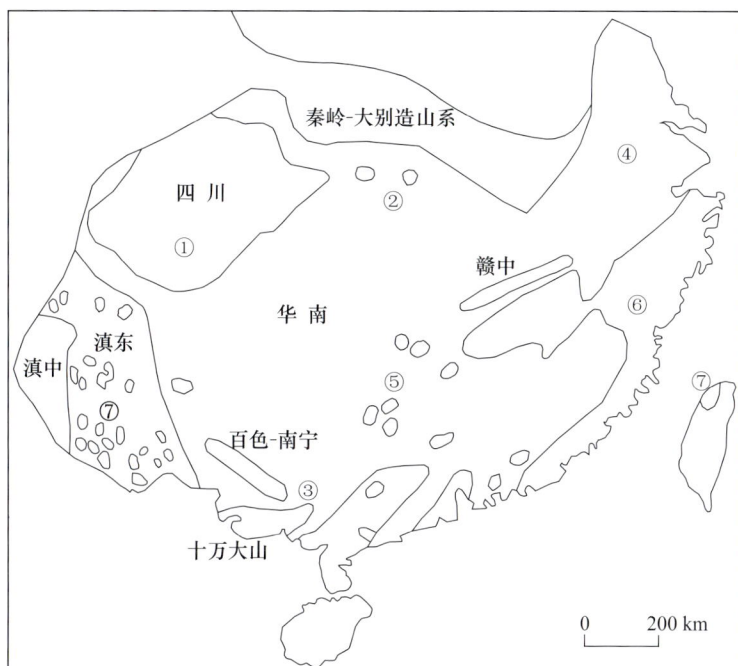

图 6.12　华南赋煤构造区成煤盆地分布图

① 扬子亚盆地（川黔滇盆地）；② 鄂中亚盆地；③ 右江亚盆地；④ 苏皖亚盆地；⑤ 赣湘桂亚盆地；

⑥ 浙闽粤亚盆地；⑦ 古近纪—新近纪亚盆地

印支期中国大陆构造应力场分布状况出现古新构造域过渡、交织的格局，从而导致构造格局的过渡性特征。华南板块东部主要是受滨太平洋构造域与古华夏构造域北西向的推挤，华南大陆中部江南、云开古隆隆升形成近南北向隆起带，在东侧形成拗陷型盆地，在西侧龙门山－箐县断裂带向盆地内逆冲推覆，在造山负载作用下形成规模较大的四川（川黔滇）克拉通拗陷盆地（西侧为前陆拗陷盆地）。晚三叠世早期盆地西缘尚有残留海湾，其后逐渐过渡为海陆交替－陆相含煤沉积，覆盖了川黔滇及桂中大部地域，至燕山期又转为分割型构造盆地，四川前陆盆地发育至晚白垩世。

印支期含煤盆地集中发育在晚三叠世，早期尚有海相沉积，晚期皆为陆相沉积。印支期中国大陆应力场出现交织过渡格局，古亚洲构造域、古华夏构造域渐趋减弱，滨太平洋构造域、特提斯构造域逐渐增强。印支期沉积盆地分布格局承袭了晚古生代特征，主要分布在几个陆块上，以拗陷型盆地为主，但在陆块边缘与活动带交接部位，由于逆冲断裂带的形成地层推覆，如四川（川黔滇）西部大型前陆拗陷盆地。

燕山运动是具有造山性质的剧烈构造运动，中国大陆东部受滨太平洋构造域的影响，形成北东、北北东向隆拗相间的巨型构造带，大陆西部受特提斯构造域的影响，形成北西向、近东西向巨型构造带。

晚三叠世在西部形成的四川（川黔滇）大型克拉通拗陷盆地解体，侏罗纪仅有四川盆地继承发展为前陆拗陷盆地，武陵山隆起带继续隆起，仅江汉沉降带发育有当阳、黄石、蒲圻等中小型断陷盆地，在江汉沉降带以南及其以东的诸广构造隆起带上主要发育了众多的含煤断陷盆地，其中有赣北、湘中南、桂东北、闽浙等断陷盆地群。

古近纪—新近纪含煤盆地主要分布在西南部云南，以古近纪为主，滇东盆地群多为小型断拗型走滑拉分盆地，滇西盆地群多为断陷型走滑拉分盆地。古近纪—新近纪拗陷型含煤盆地在海域较发育，如东海陆架盆地、南海北部盆地均为弧后盆地，台西盆地为弧后前陆盆地。

（二）主要成煤盆地演化

1. 晚古生代成煤盆地

华南成煤盆地素以构造背景复杂、沉积类型多样、煤类齐全、煤炭资源分布不均匀而著称。盆地范围为大别隆起以南、康滇古陆以东的江苏、安徽省南部。加里东期的软碰撞，使扬子地块与印支－南海地块不断靠近，最终使华南海盆范围缩小连为统一的华南古板块，形成了中国南方晚古生代成煤盆地统一的区域基底。该基底是由三个构造单元拼合而成，具有很大的不均一性，这是华南盆地成煤作用复杂多样的重要原因。

根据盆地的地壳性质、所处的古板块的位置、盆地演化的地球动力学特点，特别是二叠纪沉积充填序列、沉积相的空间配置等关系，可将华南盆地划分为六个亚盆地：扬子亚盆地（或川黔滇、四川盆地）、鄂中亚盆地、右江亚盆地、苏皖亚盆地、赣湘桂亚盆地（或湘赣粤盆地）、浙闽粤亚盆地，其中最后两者在晚古生代可合并为东南盆地。

1）扬子亚盆地

扬子亚盆地为发育在扬子地块上的克拉通盆地。盆地西部边缘为康滇古陆，南为紫云－南丹断裂，东为无锡－来宾断裂，北为雾渡河断裂。构造机制以稳定的均匀沉降为主，是一种地势平坦、地形坡度很小的内陆表海盆地，内部断裂不发育，主要为浅水碳酸盐和碎屑沉积，沉积速率相对缓慢，形成薄而宽广的沉积席状体。东吴运动造成扬子地块大面积上升，致使中、晚二叠世之间存在着明显的沉积间断，尤其是西部康滇地区的隆起，构成盆地西缘的主要陆源碎屑供应区。自西向东沉积体系依次为河流体系、三角洲体系、多重障壁体系、台地体系和大陆斜坡体系。

2）鄂中亚盆地

鄂中亚盆地位于扬子地块北部，大致以湖北的雾渡河断裂为其南部边界，北部与秦岭盆地相接，实际上鄂中拗陷是台地和边缘裂谷盆地的过渡区。鄂中拗陷的发展演化与南秦岭海密切相关，加里东运动末，南秦岭带经短暂的隆升后，自早泥盆世中期开始了新的拉张，至二叠纪演变为裂谷盆地。由于一系列北东向的同沉积断裂活动，使以断裂为边界的地质块体不均衡沉降，盆地海水向北变深，依次形成碳酸盐岩台地—斜坡—盆地的格局，分别沉积了浅水碳酸盐岩－浊积岩－深水碳酸盐岩、硅质岩组合。盆地总体以深水沉积为主，栖霞期深水盆地的范围仅限于京山—襄樊一带，茅口早期则扩至东山、黄石等地，茅口中晚期至吴家坪期略有缩小，至长兴期范围最大，占据了湖北北部的大部分地区（王立亭等，1993），反映了盆地拉张不断强烈的过程。

3）右江亚盆地

右江亚盆地周边为断裂所限，东部边缘以无锡－来宾断裂和横县－凭样断裂为界，西部为师宗－弥勒断裂，北部为紫云－南丹断裂，是断裂构造长期活动的继承性裂陷盆地。加里东运动以来，裂陷盆地一直保持着台盆相间的展布格局。茅口期，北西向展布的断裂活动性明显增强，并伴有海底火山活动，台盆分异愈加明显，呈现出浅水碳酸盐岩与火山碎屑浊积岩及伴生深水放射虫硅质岩相间的格局。吴家坪期以后裂陷活动愈演愈烈，至中三叠世，盆地整体强烈沉降，转化为深水裂陷盆地（刘本培等，1986）。

4）苏皖亚盆地

苏皖亚盆地位于下扬子地区，盆地北界为胶南陆，西界为安徽立新、宿松一线，南界为无锡－来宾断裂。自茅口期盆地开始与扬子地块出现明显的沉积分异，为一套陆源碎屑为主的沉积，可能是受华北古板块的挤压所致，盆地总体向北东东方向倾斜，与东部海区的联系密切，其物源主要来北面的胶南陆，长兴期该盆地沉积逐渐与扬子地块趋于一致。

5）赣湘桂亚盆地

赣湘桂亚盆地位于扬子地块、华夏地块的拼合带上，泥盆纪开始裂陷。自南西向北东为景德镇－三江断裂、无锡－来宾断裂、横县－凭祥断裂；东南以杭州－龙南断裂及佛岗－陆川断裂为界，为一呈北东向展布的条形盆地。盆地的发展明显受控于加里东运动所形成的构造格局。中国南方唯有其中的钦防海槽泥盆系与志留系连续沉积，直到中二叠世仍为一套含锰黏土岩和含放射虫硅质岩的深海沉积，显示了基底具洋壳－过渡壳的性质。栖霞期，华南盆地大部分地区沉积差异不大，随后拉张进一步加强，拼贴带发生断裂沉降；茅口期，裂陷盆地中的相对深水沉积与两侧地台上的浅水沉积截然相交。东吴运动以后，海槽全面褶皱回返。

裂陷西段在湘南常宁、耒阳一带的浊积岩指示形成于较深水环境中，它与相邻的潮间－浅海碳酸盐岩台地间存在着陡峭的边坡，这种边坡的存在至少可以在泥盆纪找到相似的例证。泥盆纪时宁远的碳酸盐复理石，桂阳、莲塘碳酸盐重力流组合与周边浅水沉积相邻的古地理格局，印证了这种边坡的存在，同时也说明了盆地形态的相似性和盆地发展过程中的继承性。吴家坪早期发生海侵作用，发育一套含煤碎屑岩沉积，并在其上发育一套较深水盆地相硅质岩，未见有明显的沉积间断。

位于裂陷盆地东延部分的苏浙皖交界地区，以往作为扬子台地的一部分，地域上常被称为下扬子区，但从含煤沉积的发展、演化来看，明显有别于扬子台地。这一时期，它的陆源碎屑物供应、海进海退方向及沉积组合等均与扬子台地有所差别，而与赣湘桂裂陷的含煤沉积更为相似，为赣湘桂裂陷的一部分。

6）浙闽粤亚盆地

浙闽粤亚盆地北西以杭州－龙南断裂、佛岗－陆川断裂为界，南东以华夏古陆北西边缘为界。该地区是中元古代后期以来长期发展的、复杂的古大陆边缘（王鸿祯等，1986）。

但海西—印支期盆地总体表现为相对平缓的拗陷，方向以北东向为主，不同时期拗陷幅度有所加强，具有明显的同沉积拗陷特点，栖霞期以后总体以浅水碎屑岩沉积为主。

2. 中生代成煤盆地

川滇盆地的成盆期始于中三叠世，成煤作用主要发生在晚三叠世。受印支运动的影响，印度板块向北运移，羌塘地块向东滑移与扬子古板块对接，发生造山作用，形成龙门山系及前陆盆地，即川滇盆地。

1）基底构造及先存构造

煤系沉积前，盆地东高西低、东缓西陡，泸州－开平隆起上升幅度最大，剥蚀最为强烈，核部为下三叠统嘉陵江组，两翼残留中三叠统雷口坡组，向西逐渐变新，基本未遭到剥蚀（图6.13）。

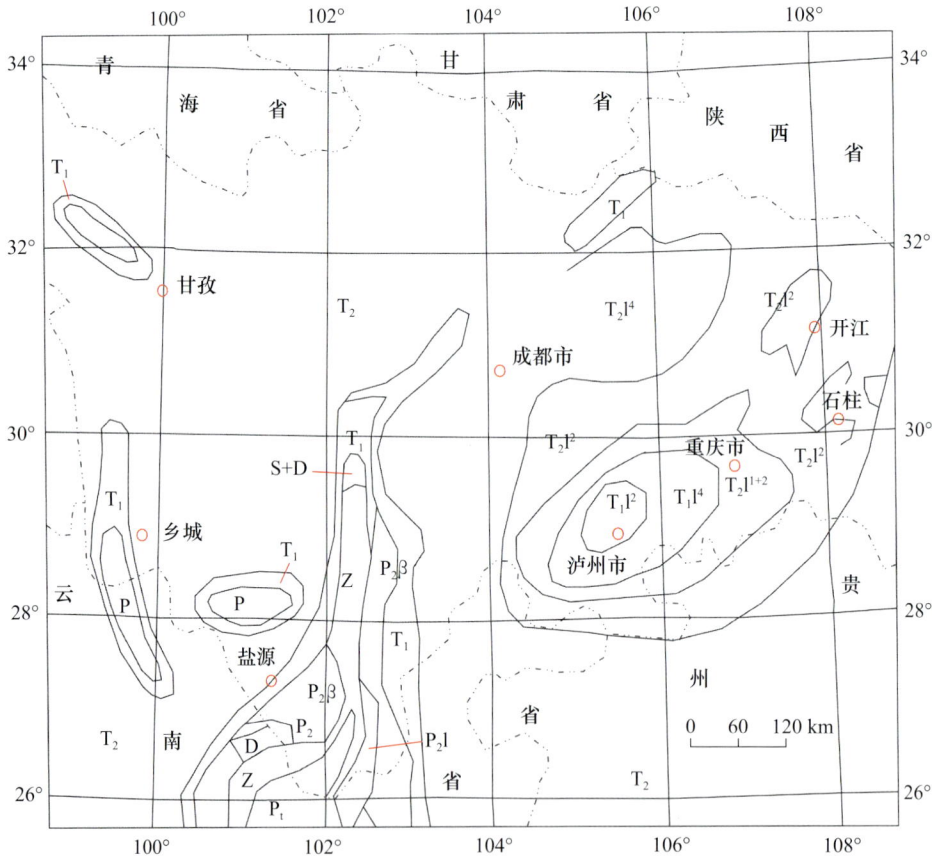

图6.13　四川盆地上三叠统前古地质图（程爱国和林大扬，2001）

2）同沉积构造

包括盆缘和盆内构造。盆缘构造主要有龙门山冲断带、江南隆起、大巴山前陆盆地－冲断带、攀西裂谷带、米仓山冲断带、黔北川南隆起及城口、峨眉断裂（图6.14）。

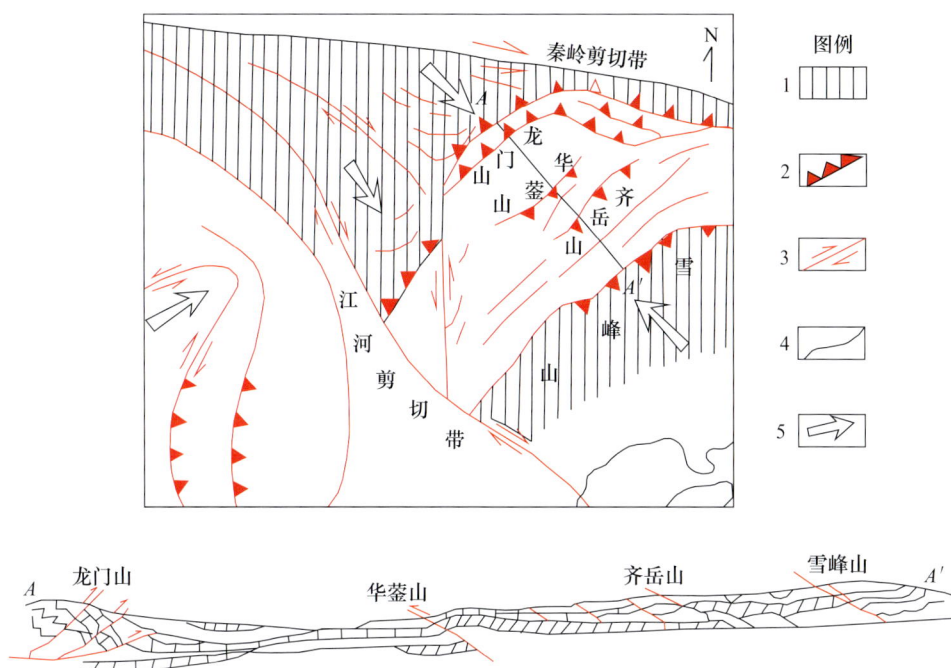

图 6.14　四川盆地区域构造图（据刘和甫等，1994）

1.特提斯海沉积区；2.冲断层；3.平移断层；4.褶皱轴；5.压应力方向

龙门山冲断带由一系列叠瓦冲断带组成，具有飞来峰，总体呈北东—南西向展布，可以进一步划分为叠加褶皱冲断带、相似褶皱冲断带、同心褶皱冲断带和三角带。上述褶皱冲断带反映了不同层次的构造变形。冲断带开始发育于晚三叠世，定型于喜马拉雅期，早期形成复理石前陆盆地，晚三叠世至白垩纪为陆相磨拉石盆地（刘和甫，1992）。龙门山冲断带是川滇盆地的主要物源区之一，跨洪洞和小塘子期，仅在九顶山形成长型岛，九顶山两侧与外海相通。须家河早期龙门山抬升与摩天岭连为一体，使盆地与外海通道变窄，海水对盆地沉积影响大大减弱。须家河晚期九顶山岛与龙门山连为一体，使川滇盆地与外海完全封闭，演化为内陆盆地。

江南隆起位于奉节至武隆一线以东，为东部盆缘构造，隆起幅度不大，为缓坡状丘陵山地。

大巴山冲断带与城口断裂位于盆地东北部边缘。城口断裂为大巴山山前断裂，是基底古构造的延续和发展。晚三叠世，在大巴山前缘带附近冲积扇发育，地层厚度常陡然增大，反映出断裂对沉积厚度、沉积相有明显的沉积控制作用。

摩天岭米仓山为盆地北部的盆缘构造和陆源区，控制了川滇盆地晚三叠世沉积和煤层聚积，冲断带前缘地层厚度变化较大。小塘子期开始，山前冲积扇十分发育，须家河晚期，摩天岭米仓山抬升活动进一步增强，导致冲断带前缘地带的广泛缺失。

黔北川南隆起位于筠连、古蔺、叙永以南地区，系川滇盆地的南缘构造。地层厚度小于 400m，地层厚度等值线近东西向展布。

康滇隆起和攀西裂谷位于盆地的西南边缘。康滇隆起从晚三叠世早期到晚三叠世晚期构造活动由强变弱，逐步沉降解体，四川盆地、攀西区连为一体。攀西裂谷晚三叠世比较活跃，沿南北向断裂带形成一些同沉积拗陷，沉积厚度为 20～3000m。

盆内构造主要为盆地西部拗陷和川东隆起以及安县、龙泉山、华蓥山等断裂。盆地西部拗陷位于龙门山冲断带和华蓥山同沉积断裂之间，由东向西地层厚度由 600m 增至 3000 余米。盆地沉降中心位于龙门山前缘的大邑—江油一带。

川东隆起位于华蓥山断裂以东，地层厚度为 190～620m，由西向东增大，为一不对称的同沉积隆起，河流体系一般不越过川东隆起区。

华蓥山断裂带是东部隆起和西部拗陷的分界断裂，沿断裂分布着湖滨三角洲，影响地层厚度变化和等值线展布（图 6.15）。

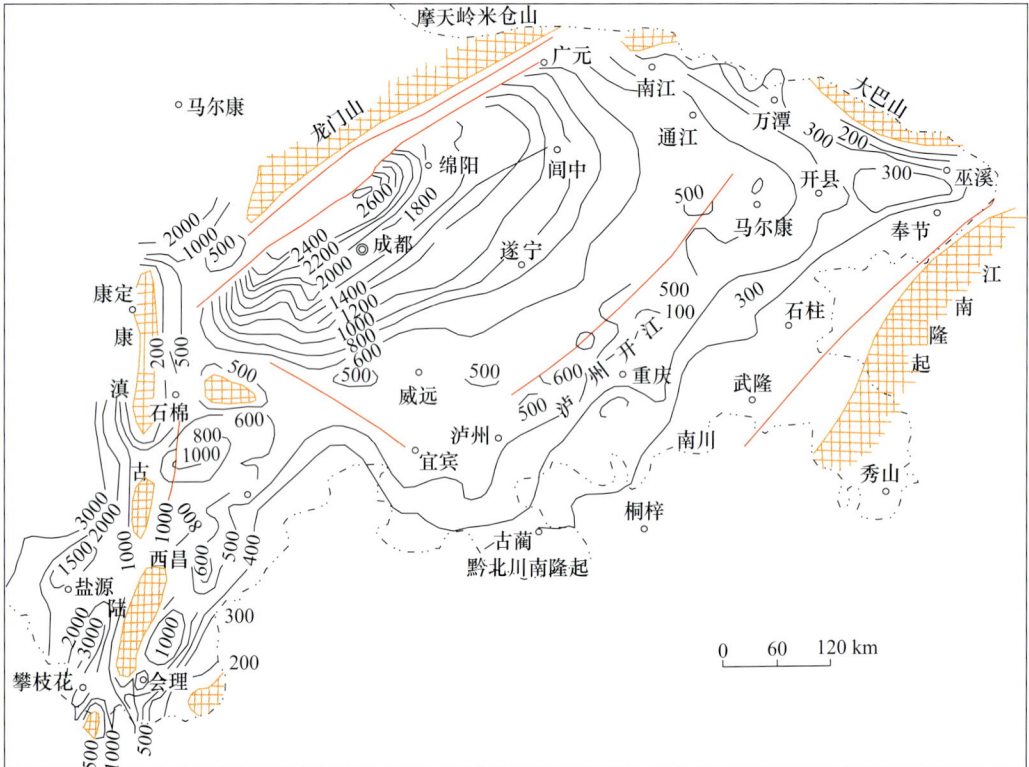

图 6.15　四川盆地晚三叠世地层等厚线图（程爱国和林大扬，2001）（单位：m）

3. 新生代成煤盆地

1）古近纪成煤盆地

广西处于扬子地块的东南端、华夏地块的西南部、滇藏褶皱系右江褶皱带的东部，受到滨太平洋、特提斯－喜马拉雅、中国古大陆构造域的联合控制。古近纪时，受喜马拉雅运动的影响，区域以抬升作用为主，桂北、桂东北及桂西北一带地势相对较高，处于风化剥蚀状态，少有沉积；桂东南、桂南、桂西南及右江流域一带等断陷盆地比较发育，断续沉积了陆相碎屑岩，仅北部湾坳陷区的合浦一带逐渐下沉并接受海侵作用，在古近纪始新世早期为陆相沉积，中期为过渡相沉积，中新世—上新世为滨海相沉积。

古新世至始新世初期在干燥炎热的气候条件下，这些断陷盆地中形成红色粗碎岩建造；始新世以后，气候变得温暖潮湿，植物开始茂盛，构造趋于稳定，各盆地普遍发生成煤作用，形成了陆相含煤岩系。这些盆地主要包括桂西的百色盆地和永乐盆地，桂西南的南宁盆地、那龙盆地、上思盆地、海渊盆地、宁明盆地，往东南的广平盆地、稔子坪盆地、那彭盆地和合浦盆地等，另外博白、桂平、容县、平南、藤县等地也有零星分布。其中以百色盆地含煤性最好，研究程度也最高。

百色盆地发育于右江断裂的西南侧，整体走向北西西。根据有关地震资料可知百色盆地的基底构造特征为两凸三凹的古构造格局，即由北西向南东依次排列着：百色凹陷—四塘凸起—田阳凹陷—那百凸起—田东凹陷（图6.16），这种凹凸相间的古构造格局控制着成煤期的岩相古地理格局和含煤岩系沉积厚度变化。一般来说凹陷区沉积厚度大，而凸起区沉积厚度小。如百色凹陷沉积了那读段1100m，而那百凸起上那读段仅有几十米。

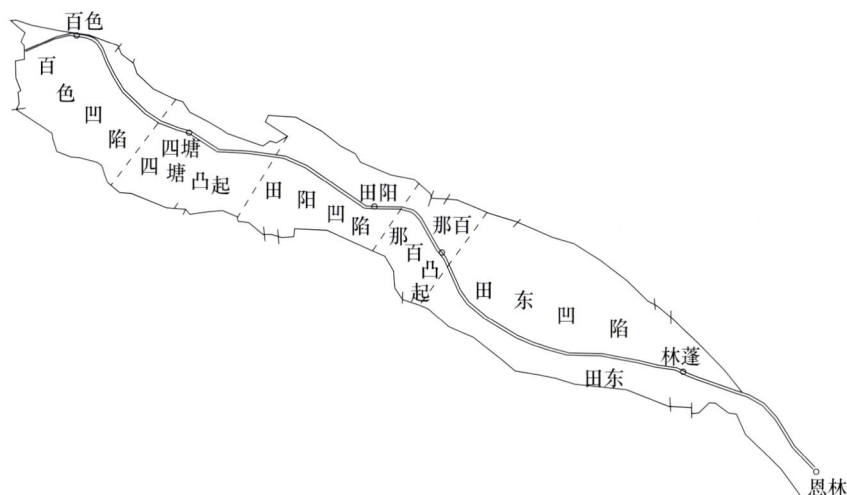

图 6.16 广西百色盆地凹陷凸起划分简图

印支期—燕山期已经存在的右江断裂及其与盆地（或右江断裂）走向相一致的次级断裂在喜马拉雅期的强烈活动，使盆地北部强烈沉降且幅度较大，导致盆地基底呈现向北倾斜、多级变深的断阶特点。这种由右江同沉积断裂控制的沉积特征在地震资料上反映特别明显，同时在野外露头和钻孔的资料中也证明了这一点。在沉积上则表现为古近纪各期沉积物大部分以断层方式与盆北中三叠统接触，而超覆于盆地南部的中三叠统之上。盆地北部近盆缘断裂地带，断陷幅度较大，沉积区与剥蚀区高差显著，使得盆地北缘的硅质碎屑岩成为盆地的主要充填物质来源，沉积厚度相应较大；而盆地南部沉积物一般以碳酸盐为主，沉积厚度也相应变薄。由于后期改造作用十分微弱，原型盆地结构得以保存。

2）新近纪成煤盆地

新近纪煤系主要分布于云南省及台湾省境内，其他地区虽有零星分布，但经济价值较小，在有重要经济价值的地区中又以滇东一带最为发育。在云南省内以滇东分区昭通盆地的昭通组、昆明盆地的洪家村组、小龙潭盆地的小龙潭组及滇西分区剑川双河的双河组等为代表；台湾盆地则以木山组、石底组和南庄组为代表，其中云南省境内的含煤地层均为纯陆相沉积，而台湾盆地的则为海陆交互相沉积。

四、赋煤构造单元

根据赋煤构造单元划分原则，将华南赋煤构造区划分为扬子赋煤构造亚区和华夏赋煤构造亚区，19 个赋煤构造带（图 6.17，表 6.2）。

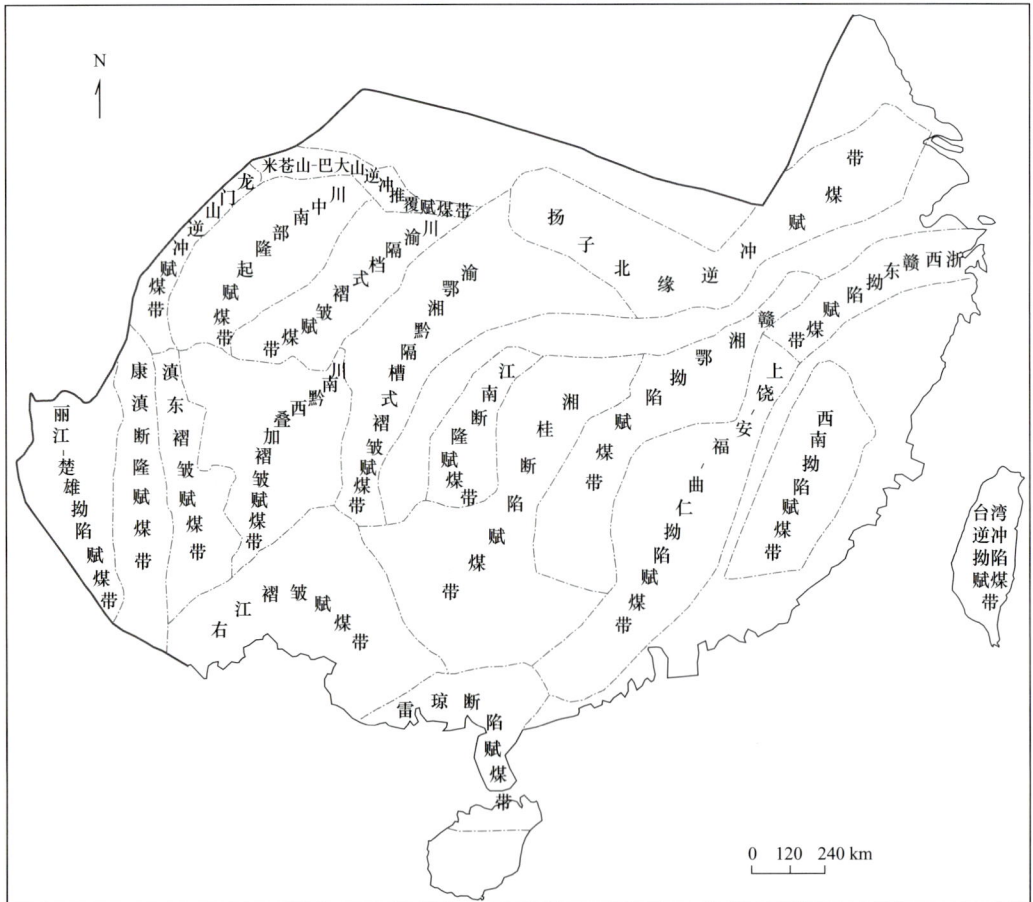

图 6.17 华南赋煤区赋煤构造单元划分

表 6.2　华南赋煤构造区构造单元划分简表

赋煤构造亚区	赋煤构造带
扬子赋煤构造亚区	米仓山－大巴山逆冲推覆赋煤构造带
	扬子北缘逆冲赋煤构造带
	龙门山逆冲赋煤构造带
	川中南部隆起赋煤构造带
	川渝隔挡式褶皱赋煤构造带
	丽江－楚雄拗陷赋煤构造带
	康滇断隆赋煤构造带
	滇东褶皱赋煤构造带
	川南黔西叠加褶皱赋煤构造带
	渝鄂湘黔隔槽式褶皱赋煤构造带
	江南断隆赋煤构造带
华夏赋煤构造亚区	湘桂断陷赋煤构造带
	赣湘粤拗陷赋煤构造带
	上饶－安福－曲仁拗陷赋煤构造带
	浙西赣东拗陷赋煤构造带
	闽西南拗陷赋煤构造带
	右江褶皱赋煤构造带
	雷琼断陷赋煤构造带
	台湾逆冲拗陷赋煤构造带

第三节　典型赋煤构造单元煤田构造特征

一、扬子赋煤构造亚区

扬子赋煤构造亚区与扬子地块范围相当，上扬子四川盆地古老基底发育完整，构成了扬子赋煤构造亚区盖层变形分带的稳定核心。由于扬子地块基底的固结程度较华北地块较差，煤系变形强度相对较大，以挤压体制下的褶皱变形和逆冲推覆为主，变形强度由边缘向内部递减，具有近似环带变形分区组合特征。扬子赋煤构造亚区西北缘松潘－甘孜造山带的形成是古特提斯闭合的结果，随后扬子地块向西北俯冲，形成了龙门山推覆构造带，这一板缘挤压应力在扬子地块内部传递过程中，在四川盆地的东侧的华蓥山、方斗山、鄂西的七曜山及湘西北的雪峰山一带受阻，产生反向逆冲，从而形成了龙门山－雪峰山褶皱对冲带。由扬子地块西缘龙门山至雪峰山，赋煤构造带划分为龙门山逆冲赋煤构造带、川中南部隆起赋煤构造带、川渝隔挡式褶皱赋煤构造带、渝鄂湘黔隔槽式褶皱赋煤构造带、江南断隆赋煤构造带（图6.18）。

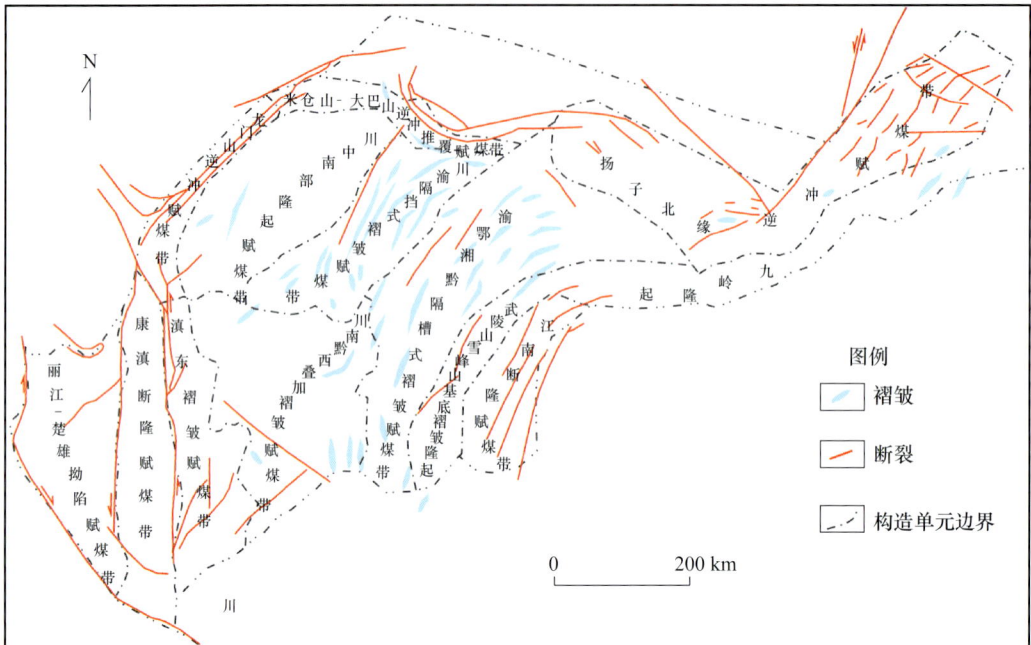

图 6.18　扬子赋煤构造亚区构造格局

（一）米仓山－大巴山逆冲推覆赋煤构造带

米仓山－大巴山逆冲推覆赋煤构造带地理上位于川渝陕交界处，属上扬子北缘和秦岭造山带交接转换部位。其中汉南－米仓山地块属于川中地块的北延，而大巴山以城口断裂为界，南大巴山则属上扬子北缘，为秦岭造山带南缘前陆冲断带和前陆盆地，其构造则由米仓山、大巴山、华蓥山和龙门多种多方向构造叠加复合区。北大巴山属推覆体，归秦岭造山带，通南巴则属米仓山前的四川盆地北部。大巴山弧形构造的前缘和米仓山－摩天岭东西向构造带，为紧闭的线性弧形褶皱，构造线呈北西向转东西向，褶皱和断裂发育，特别是走向逆断层对煤层破坏较强烈。

1. 大巴山煤田

位于米仓山－大巴山赋煤构造带东段，大巴山推覆构造带的前缘部位，表现为一系列紧密的线性弧形褶皱。构造轴线走向北西，呈略向南西突出的弧形展布，背斜核部出露地层多为古生界，主要构造有中坝、田坝、团城、长石、水洋坪及坪溪等背斜，走向断裂发育。

含煤地层为上二叠统吴家坪组、上三叠统须家河组。断层对煤层的破坏作用较强烈，含煤地层主要保存在断夹块、背斜两翼及向斜中。

2. 广旺煤田

广旺煤田位于四川省北部，处于东西向的米仓山推覆构造带及北东向龙门山褶皱带前缘，大致以嘉陵江为界，其东部属于米仓山－大巴山推覆构造带南缘，在关坝－鹿渡断裂以南为近东西展布的复式褶皱，煤系赋存于背斜两翼，倾角为 15°～65°，断层少见。西部属于龙门山推覆构造带前缘，由北向西南东逆冲的断裂呈叠瓦状，褶皱紧密，并出现倒转，煤系赋存于向斜中及背斜的南东翼。整体来看，东部米仓山推覆构造带主要褶皱有大两会背斜（图6.19）、汉王山背斜、吴家坪鼻状背斜等，褶皱宽缓，断层较稀少，煤系地层分布连续、稳定；西部龙门山推覆构造带主要褶皱有牛峰包复背斜、天台山向斜和天井山复背斜等，西部推覆构造发育，对煤层影响极大。

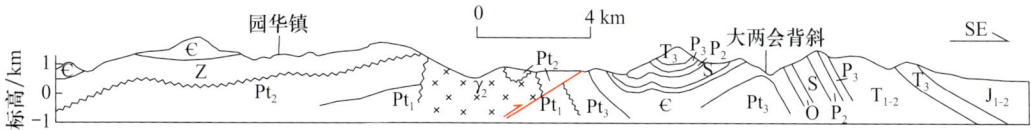

图6.19 广旺矿区大两会背斜横剖面

含煤地层为上二叠统吴家坪组、上三叠统须家河组、下侏罗统白田坝组。其中须家河组为主要含煤层位，吴家坪组仅在西部可采，白田坝组仅局部可采。

3. 镇巴晚三叠世—早侏罗世煤田

镇巴晚三叠世—早侏罗世煤田位于上扬子盆地北缘，秦岭纬向带南侧。煤田为一复式褶皱构造，由一系列相互平行的背、向斜组成，倾角为50°～70°，构造形态以褶皱为主，除东部边界断裂规模较大外，煤田内部断裂少且规模小。

主要有5个向斜和4个背斜相间展布，自东向西依次为二里垭向斜、渔渡背斜、梨子园向斜、长木岭复背斜、长岭复向斜、力坝复背斜、板桥向斜、水洋坪复背斜及泥溪复向斜。它们大致平行，轴线由北向南由北西20°～30°逐渐偏为北西50°～60°，总体呈现向南西突出的弧形。褶皱长短轴之比大多在10∶1以上，间距2～7km并从北东向南西增大，轴面大多倾向北东，幅度一般为300～500m，最大为1600～2400m。向斜开阔，中心部位倾角为10°～20°，轴部地层为J_2，煤系均在其内保存；背斜紧密，东北翼较缓，西南翼较陡，局部直立或倒转，两翼倾角为50°～70°，轴部出露地层为T_{1-2}。此外，还有一些规模较小的褶曲。

镇巴大断裂位于煤田东部，走向北北西，呈向南西突出的弧形，断面倾向北东，倾角为60°～70°，落差约为2000m，东侧地层为Z，西侧地层为T_{1-2}，控制了两侧的沉积，构成了煤田的东部边界。

总体来说，镇巴晚三叠世—早侏罗世煤田地处华南陆块上扬子古陆块米仓山－大巴山基底逆冲带上，为中生代内陆相成煤盆地。成煤后，由于燕山期构造运动的影响，在挤压应力作用下，形成一系列相互平行的北西向梳状褶皱，这些复背斜对煤系地层影响甚重，有的发生直立、倒转，其主要控煤构造样式为压缩构造样式——纵弯褶皱。

（二）扬子北缘逆冲赋煤构造带

扬子陆块北缘逆冲赋煤构造带位于秦岭－大别山逆冲带和九岭－官帽逆冲带之间，秦岭－大别逆冲带由北西向南东逆冲，九岭－官帽逆冲带由南东向北西逆冲。其中的锡澄虞、常州、苏州以及皖南宣泾、芜铜、贵池等含煤区处于由南东向北西的叠瓦式逆冲断裂带，应属于九岭－官帽逆冲构造体系，巢湖、安庆等煤田属于扬子地台北缘逆冲体系，一般向南东逆冲，与九岭－官帽构成了对冲体系，两侧对冲的中心线位于长江断陷附近。

锡澄虞含煤区煤系褶皱呈隔挡式，背斜的西北翼陡，多伴有北东向逆冲断裂，由南东向北西逆冲，将煤田切割成断块。南东翼倾角一般为20°～30°，有少量倾向南东的正断层，北西向的走滑断裂发育，形成了网格状断块组合。

常州、苏州含煤区均为由一系列北东向褶皱与逆冲断裂组成的带状推覆构造，叠加了北西向横切断裂，使煤系呈断块状。苏州含煤区有约8个大小不同的滑体叠置其上，增加了复杂程度。

皖南宣泾、芜铜、贵池等煤田受来自南东方向的挤压和推覆，构造线以北东向为主。芜湖的逆掩推覆向南西渐变为倒转向斜，到贵池已变成线形背斜。宣泾煤田西南部燕山期岩浆岩活动频繁，对煤系变形有一定影响。

巢湖煤田受来自北西方向的强烈挤压，倒转褶皱和逆冲推覆、滑覆构造发育，断裂走向北东，向南东逆冲，向斜倒转翼倾斜北西，倾角为30°～60°（图6.20）。

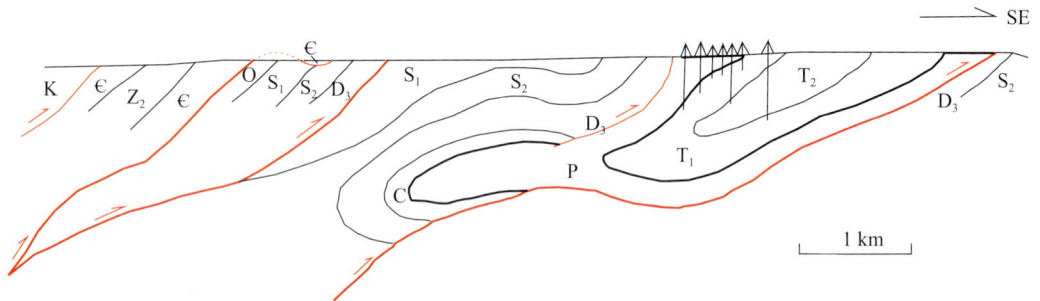

图6.20 皖南巢湖煤田和县－含山推覆构造－平卧褶皱剖面图（李文恒和龚绍礼，1999）

安庆煤田地处郯庐断裂南东侧，大别地块的南缘。怀宁断裂以东的巢湖、含山乃至苏南，普遍受到来自西北的挤压力，地层向南东强烈倒转，煤田变形具有挤压与走滑的特征。怀宁断裂以西构造极其复杂，煤层遭到破坏。

秦岭逆冲推覆作用的挤压应力在向华南板块内部传递过程中，在推覆带的构造前锋逐渐减弱、消失。前锋的构造样式在不同地区表现各异，板缘应力传递的前方存在板内基底隆起时，前锋表现为对冲构造的对接带，如鄂东南地区，其南侧的幕阜山隆起与秦岭－大别造山带构成相向对冲（图6.21）。黄石矿区位于江汉平原东南缘，为夹于两隆起之间的对冲带，北为襄广断裂，毗邻大别山复背斜，南以江南隆起的幕阜山复背斜为界。由于受南北相向挤压，矿区褶皱呈东西向，被北北东向的新下陆－姜桥横向走滑断裂切为两段，西段为北西西向复式褶皱，发育倾向相对的逆冲断裂，东段为近东西向的复式褶皱，多为紧密斜歪、倒转的复向斜，伴生由南向北逆冲的叠瓦式断裂，并且越向东挤压变形越强烈。由于挤压力的松弛，在东段还产生了大量切层滑覆构造，显然是由于重力势能的不平衡而引发的。总体上煤田变形强烈，先逆冲后滑覆是其变形的主要样式（图6.22）。

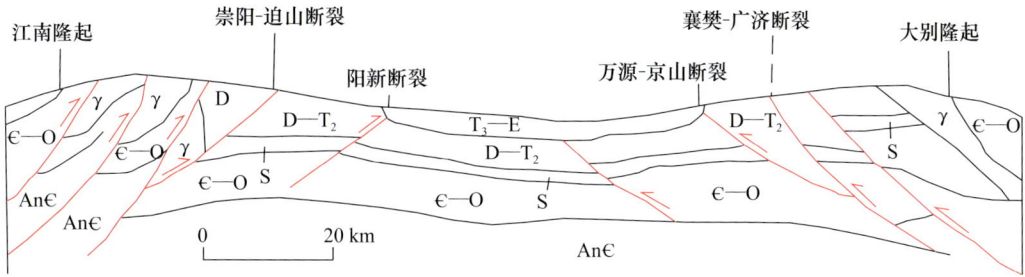

图6.21 鄂东南大别－江南隆起对冲带结构示意图（李文恒和龚绍礼，1999）

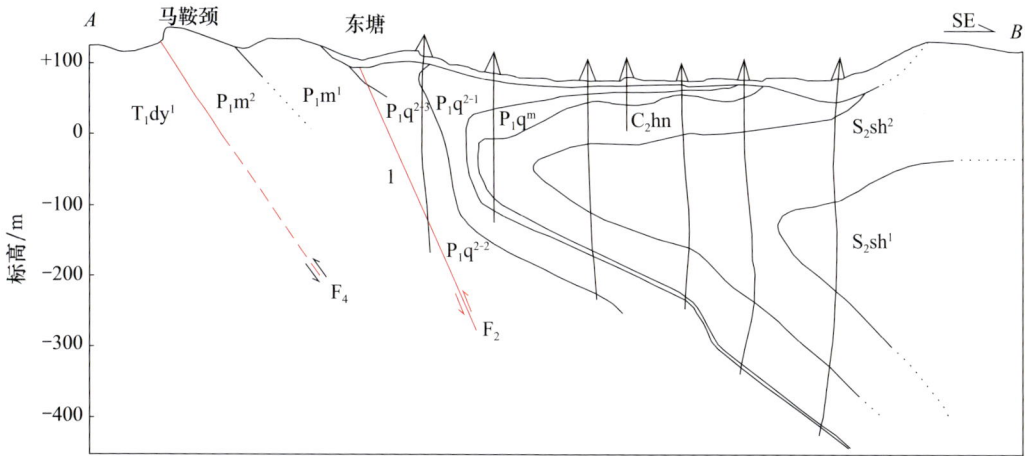

图6.22 蒲圻煤田沈家山井田倒转背斜构造控煤剖面图

京山、荆当、远安含煤区处于扬子地台北缘大别逆冲带与黄陵地块之间（图6.23）。由于西部北西向黄陵块体的存在，南北对冲的格局局部转化为北东—南西的挤压应力场，褶皱呈北西向，轴面倾向北东，翼部发育倾向北东的叠瓦状逆冲断裂。由于应力松弛出现的伸展机制，形成北西向的堑垒相间的断块构造，煤系多出露在地垒上。黄陵地块的西缘存在由南西向北东逆冲的断裂，保留对冲格局。

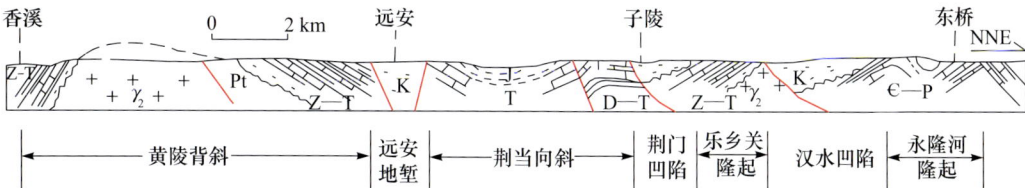

图6.23 鄂中褶断区构造剖面图（据湖北省地质矿产局，1990）

赣北复式向斜构造控煤区，包括整个九江煤田，位于江西北部，北达省界，南止渣津（修水）—柘林（永修）—都昌—东至（皖南）断裂，主要含煤地层为中二叠统王家铺煤组和上二叠统吴家坪组。二叠系煤系属滨浅海碳酸盐岩型含煤建造，地层薄，煤层厚度变化大，只适于小井开采，目前主要矿山有武宁煤矿、德安付山煤矿、瑞昌煤矿等。煤类以肥煤、贫煤为主。赣北赋煤区内有两个大的复式向斜，北面为瑞昌-彭泽复式向斜，是该区的主要赋煤构造，南面是修水-武宁复式向斜。这两个复式向斜均形成于印支期，雏形较宽缓，经燕山运动继承和改造，使褶曲幅度加大，部分向斜轴面南倾。轴线方向，在赋煤区南部以继承为主，大体与九岭-八字脑台隆方向近一致。愈向北、向东，逐逆时针偏转成北北东—北东方向，主体构造线成为中段向南凸的弧形。

（三）龙门山逆冲赋煤构造带

龙门山推覆构造带：由三条自西而东的主要断裂带组成，剖面上呈叠瓦状排列。其形成是在印支期多期次构造事件中，在上地壳内"龙门山"西侧前期的张性断裂，率先发生构造反转形成逆冲断层，而后再次挤压中在其东部的第二个逆冲断层形成，早先西部的逆冲断层爬升在第二个逆冲断层之上，并出露了深部老地层；随后又再次受挤压，在第二个逆冲断层之东又产生了第三个逆冲断层，第二个逆冲断层又爬升在新逆冲断层之上，并出露了较老地层，第一个逆冲断层也自然往上升，出露了更深的老地层。总体而言，地应力是由北西向南东挤压推进，龙门山西部最先发生褶皱、冲断、推覆，形成山岳，而后渐次向东递进，形成背驮式断裂组合，构成巍峨的古龙门山系，断裂面地表倾角较大，往地腹变缓而成为推覆构造面，最大相对水平位移为44km。断裂的同时，古龙门山还形成了复杂的褶皱与牵引褶皱（图6.24）。

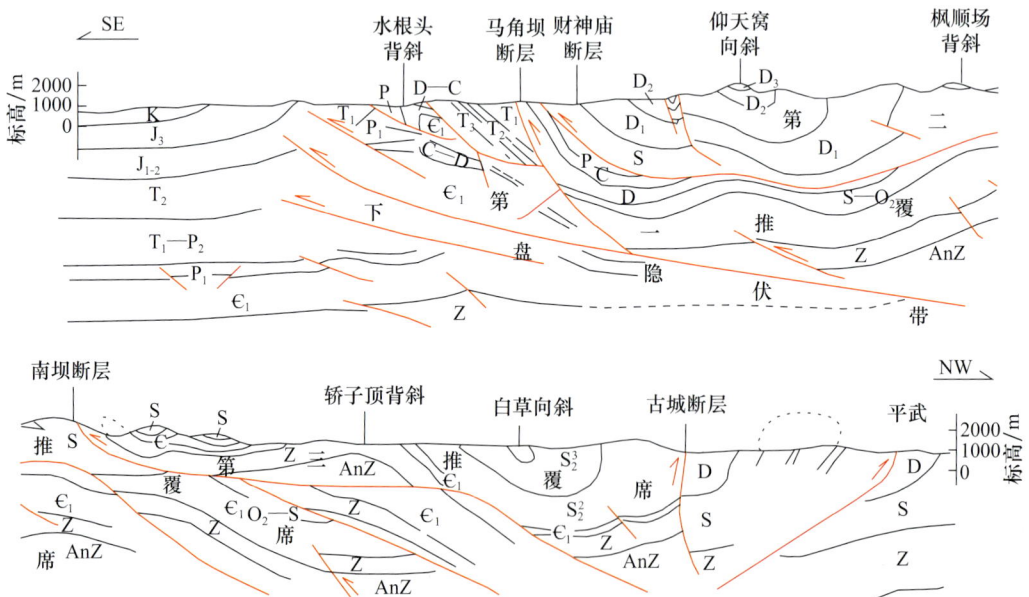

图6.24　龙门山区I-55测线地震、地质综合解释剖面（据宋文海，1989）

龙门山赋煤构造带北界为龙门山北东向构造与米仓山近东西向推覆构造复合带一

线，西界为青川茂汶断裂带，东界为江油灌县大断裂，南达甘洛斯足、吉米一带。该带构造变形主体为北东向的龙门山推覆构造带，有一系列倾向北西的逆冲叠瓦状断裂组成，间夹线状或倒转褶皱，出露含煤地层为上二叠统及上三叠统，煤系地层多以向斜或单斜形式保存，局部赋存于逆掩推覆构造之下，对煤系的破坏作用以断层切割为主，次为背斜隆起剥蚀。

1. 龙门山煤田

位于龙门山赋煤构造带北段，地处龙门山前陆逆冲带。东以江油 – 都江堰（灌县）断裂带与川西前陆盆地带相隔，西以茂县 – 汶川断裂带与松潘 – 甘孜造山带分界。主要构造呈北东—南西向展布，其间以北川 – 映秀断裂带划分为两个次级单元：西部为龙门后山基底推覆带，由多个古老火山 – 沉积岩、岩浆杂岩推覆体组成，形成叠瓦状岩片，由西向东推覆。东部为龙门前山逆冲带，由一系列收缩性铲式断层分割的冲断岩片组成，北段以唐王寨、仰天窝滑覆体规模较大，中、南段为灌宝飞来峰群。

含煤地层为中二叠统梁山组、上二叠统吴家坪组及上三叠统小塘子组、须家河组。含煤地层主要保存在断层间的断块及次级褶皱中。

2. 雅荥煤田

位于龙门山赋煤构造带南部，构造以断裂为主，褶皱一般属于挟持于大断裂之间的次级构造。煤田西部边界受控于北川 – 映秀及汉源 – 甘洛大断裂，受此影响北段构造线走向呈北东向展布，南段转为北西向。含煤地层为上三叠统小塘子组、须家河组，主要分布于云雾山、高家山背斜两翼及五岔树、宝兴背斜北段的东南翼。

（四）川中南部隆起赋煤构造带

川中南部隆起赋煤构造带处于龙泉山 – 巴中断裂与华蓥山基底断裂带之间，南界至峨眉 – 宜宾基底断裂带。区内主要有三组构造，东部以近东西向的隆起及北东—北北东的断裂为主，伴有近南北向的断裂发育，西部则以北北东断裂为主，断裂向南偏转为北北西向。盖层基底为前震旦系的古老地核，中生界轻微褶皱呈水平状态，据石油钻井资料，晚二叠世煤系埋深 6876m。北部上三叠统煤系深埋在 2000m 以下；南部隆起区资兴 – 威远穹窿有晚三叠世含煤地层出露，岩层产状平缓，晚三叠世煤系相对较浅；峨马复背斜北东翼有晚二叠世煤系出露。总体而言，对含煤岩系的破坏作用主要为背斜隆起剥蚀，次为断层分割破坏；川中南部隆起使煤系埋深变浅，有利于煤层的开发利用。

1. 川中煤田

川中赋煤构造带北界为米仓山 – 大巴山前缘地带广元红岩镇、旺苍张华镇、南江沙河镇及万源竹峪镇一线，东界为华蓥山基底断裂带，南界至峨眉 – 宜宾基底断裂带，该带简阳、乐至、安岳一线以北为四川盆地主体部分，该线以北发育浅层低缓褶皱，卷入地层主要为盆地内广布的中新生代红层。南段主要构造有三组，南段东部以近东西向的隆起及北东—北北东的断裂为主，伴有近南北向的断裂发育，南段西部则以北北东断裂为主，断裂向南偏转为北北西向。

川中赋煤构造带仅南部隆起区（资威穹窿）有晚三叠世含煤地层出露，中北部含煤地层深埋地腹，仅有少量石油钻孔揭露。对含煤岩系的破坏作用主要为背斜隆起剥蚀，次为断层分割破坏，总体而言，该带南部背斜隆起使煤层埋深变浅，有利于煤层的开发利用（图6.25）。

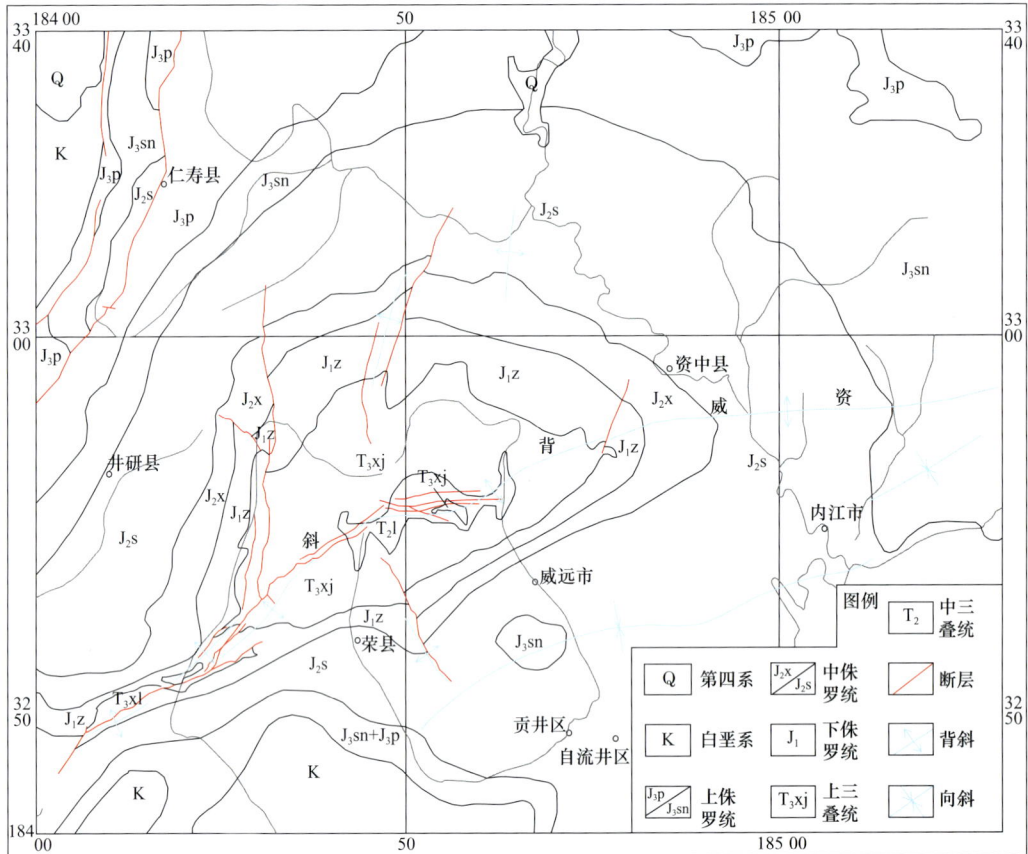

图 6.25　资威矿区地质构造略图

川中煤田位于川中赋煤构造带的中北部。该煤田为隐伏煤田，地质构造相对较简单，主要为一些幅度不大的低缓隆起或拗陷，地层倾角平缓（一般小于10°），断层稀少。地表广泛出露的为中新生代红层。含煤地层为上三叠统小塘子组及须家河组、上二叠统龙潭组/吴家坪组，埋深一般大于2000m，仅有少数石油钻孔揭露。

2. 乐威煤田

该区西部主体构造为峨马复式背斜，以短轴褶皱为主，隆起较高，背斜核部出露前震旦系峨边群，断层较多，构造复杂。中部寿保、凤来区位于峨马复式背斜与资威穹窿之间的宽缓地带，在寿保区主要褶皱有铁山、老龙坝、寿保、秋家山、杨家湾背斜及午云向斜，断层稀少，构造简单。构造线在平面上组合呈以北东—南西向为主，北北西至南南东向次之。东部以资威穹窿、自贡穹窿、铁山背斜为主体。资威穹窿轴部出露下三叠统嘉陵江组，构造较简单，倾角平缓。含煤地层为上三叠统须家河组、小塘子组和上二叠统宣威组和龙潭组。

（五）川渝隔挡式褶皱赋煤构造带

川渝隔挡式褶皱赋煤构造带西界为华蓥山基底断裂，东界为齐耀山断裂，北达大巴山推覆构造段前缘，南至宜宾、江安、赤水一线。该区以北北东向构造为主，但两端多呈弧形弯曲。北端受北西西向大巴山台缘褶带的约束而发生联合，形成北东东向的万县弧；南端受川黔南北向构造带的复合，形成近南北向的弧形构造（重庆弧）。该带背斜狭窄成山，向斜开阔成谷，构成典型的隔挡式褶皱。背斜北西翼较陡，南东翼较缓，轴面多有扭曲。当褶皱受到南东方向挤压时，褶皱构造由东向西推移。当遇到川中地块遏制时，在其交接部位受力最大，因而形成区内褶皱幅度最高、褶皱最紧密、断裂最发育的华蓥山复式背斜，在翼部或轴部普遍发育有倾向南东，由南东向北西逆冲的断裂，如华蓥山区逆冲断裂带由10多条断裂组成，倾向南东，将古生界逆冲到三叠系之上。南部构造迹线向南西方向延伸并呈帚状散开分布，主要褶皱有青山岭、螺观山、古佛山、黄瓜山等构造。背斜核部出露地层多为三叠系。各背斜陡翼往往有平行或近于平行背斜轴的逆断层，局部破坏严重者使煤层失去开采价值。含煤地层以紧密背斜的两翼及相对宽缓的向斜形式赋存，为如华蓥山复式背斜、铜锣峡背斜、峨眉山背斜、明月峡背斜、达县向斜等，其中背斜相对紧密高陡，向斜宽缓，形成川东独特的隔挡式构造。对含煤岩系的破坏作用主要为构造隆起剥蚀为主，断层切割影响次之。

1. 华蓥山煤田

该带西界为华蓥山基底断裂，东界为齐耀山断裂，北达大巴山推覆构造段前缘，南至宜宾、江安、赤水一线。该区以北北东向构造为主，但两端多呈弧形弯曲。北端受北西西向大巴山台缘褶带的约束而发生联合，形成北东东向的万县弧；南端受川黔南北向构造带的复合，形成近南北向的弧形构造（重庆弧）。该带背斜狭窄成山，向斜开阔成谷，构成典型的隔挡式褶皱。背斜北西翼较陡，南东翼较缓，轴面多有扭曲。当褶皱受到南东方向挤压时，褶皱构造由东向西推移。当遇到川中地块遏制时，在其交接部位受力最大，因而形成区内褶皱幅度最高、褶皱最紧密、断裂最发育的华蓥山复式背斜。断层东倾、向西逆冲，组成叠瓦状构造。南部构造迹线向南西方向延伸并呈帚状散开分布，主要褶皱有青山岭、螺观山、古佛山、黄瓜山等构造。背斜核部出露地层多为三叠系。各背斜陡翼往往有平行或近于平行背斜轴的逆断层，局部破坏严重者使煤层失去开采价值。

卷入褶皱变形的最新地层为侏罗系，该带主要出露含煤地层为上三叠统须家河组及上二叠统龙潭组，其中须家河组含煤地层为四川省上三叠统最主要的含煤地层，以紧密背斜的两翼及相对宽缓的向斜形式赋存，为如华蓥山复式背斜、铜锣峡背斜、峨眉山背斜、明月峡背斜、达县向斜等，其中背斜相对紧密高陡，向斜宽缓，形成川东独特的隔挡式构造。对含煤岩系的破坏作用主要为构造隆起剥蚀为主，断层切割影响次之。

华蓥山煤田构造变形相对较简单，主要表现为紧密的背斜与宽缓的向斜相间排列，发育少量断层，煤系地层保存较为完整。构造变形相对简单，由众多北东—北东东向的背、向斜相间排列组成，由西南往北东呈雁行"多"字形排列，南段过重庆至荣昌、泸县一带向南西方向撒开，呈帚状构造。背斜呈紧密线状，十分狭窄，构成狭长陡峻的山脉，背斜北西翼倾角30°～80°，南东翼30°～40°；向斜构造则十分宽缓，轴部地层倾角3°～7°，两翼10°～30°，相间排列组成川东独特的隔挡式构造。各向斜构造几乎均具北西翼缓而南东翼陡的特点，背斜核部被断裂破坏，但总体上断层不发育（图6.26）。煤系一般于背斜处遭受剥蚀及断裂破坏，在背斜两翼及各向斜中则保存较为完整，向斜中煤层一般埋藏较深。

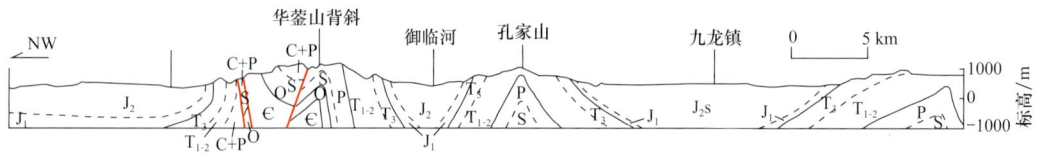

图 6.26　华蓥山煤田地质剖面图

2. 南桐煤田

南桐煤田主体构造由呈北东向的龙骨溪背斜及次级构造弹子山背斜、长坝向来斜及南北向的丰盛场背斜和桃子凼背斜以及南西为酒店垭背斜组成。该煤田主要含煤地层为上二叠统龙潭组（P_3l），煤系沿龙骨溪背斜与酒店垭背斜北西翼及弹子山背斜轴部、长坝背斜西翼分布。在丰盛场、桃子凼背斜中，龙潭组（P_3l）煤系则呈隐伏状态赋存，褶皱轴部仅出露三叠系。断裂构造一般发育于背斜轴部，且多属走向逆冲断层。丰盛场、桃子凼背斜属高陡背斜褶皱翼部产状呈西陡东缓，轴面东倾，为南北向构造。其与龙骨溪背斜北西翼复合部位及其附近，地层多见直立甚至倒转，断裂构造亦较发育，断裂多属压扭性，其断裂面倾向主要为南东向，倾角为40°～70°。此外在弹子山背斜中段北西翼地层倒转，断裂亦较发育。这些地层倒转和断层的发育使含煤地层产状复杂化，煤层的连续性受到相应破坏。

3. 渝东煤田

展布于南桐煤田以东，北西以长寿 - 遵义基底断裂为界，南东以七曜山基底断裂为界，北侧西段以沙市隐伏断裂东段和东西向构造线圈定范围，即四川中生代红色盆地东部。煤田内褶皱呈北东—北东东—近东西向弯转，构成向北西突出的"万县弧"，主要包括飞龙 - 黄草峡、大池干、黄泥塘、龙洞坝、铁峰山、龙池坪、龙驹坝和方斗山等背斜，七曜山背斜的北翼（或石柱向斜南东翼）等构造。构造形态总体由高陡背斜与宽缓向斜相间，从而构成"隔挡式"褶皱系列，构造特色鲜明。该区中段黄泥塘、大池干背斜轴面倾向北西为主，一般翼部地层呈北西翼缓（十几度至50°）南东翼陡（十几度至70°）的特征。近七曜山背斜的次级背斜和龙驹坝背斜的轴面则近于直立。方斗山背斜轴面呈"S"形展布，其南段表现出北西翼缓（倾角30°～60°）南东翼陡（倾角50°～80°），北段则北西翼陡（倾角20°～88°）甚至发生倒转，南东翼缓（倾角

35°～70°），南北两段特征迥异。渝东煤田总体断裂构造不甚发育，仅在一些背斜轴部沿轴向分布，多分布于褶皱枢纽的高点，如方斗山、大池干、黄草峡、黄泥塘、铁峰山等背斜。断裂性质以倾向北西的逆冲断裂为主。仅在方斗山背斜发育有倾向南东的逆冲断裂。走向以北东向走向断裂为主，少部分呈北西向。逆断裂的倾向为北西或南东，倾角一般为 40°～70°，少数为 30°～40°。

1）伸展构造样式

区域内在渝东南煤田剖面上局部发育地堑、地垒构造。在渝东南煤田火石垭 - 东山盖剖面普子向斜和桑柘坪向斜之间发育地垒构造，桑柘坪向斜处发育地堑构造（图 6.27），在水车坪 - 七浩岭剖面濯河坝向斜部位发育地堑构造（图 6.28）。

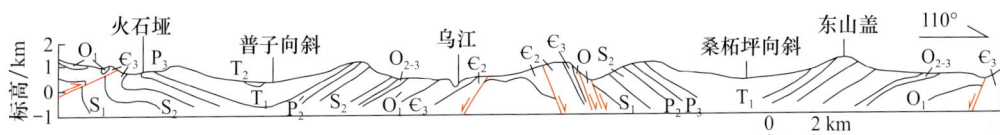

图 6.27　渝东南煤田火石垭 - 东山盖剖面

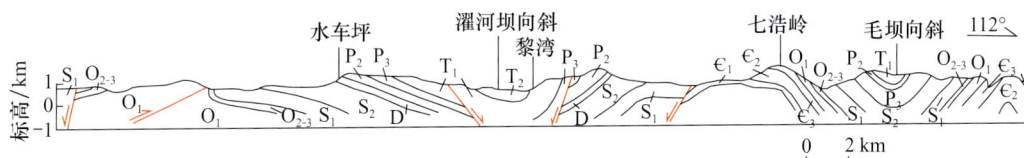

图 6.28　渝东南煤田水车坪 - 七浩岭剖面

2）逆冲褶皱构造

由于雪峰山隆起造山与龙门山逆冲断裂带对四川盆地东部地区产生南东—北西的对冲水平挤压，导致地层褶皱变形，背斜总体西翼陡、东翼缓。部分背斜东翼缓、西翼陡，当属构造应力不均衡的表现，逆冲断裂沿背斜轴部发育（图 6.29）。

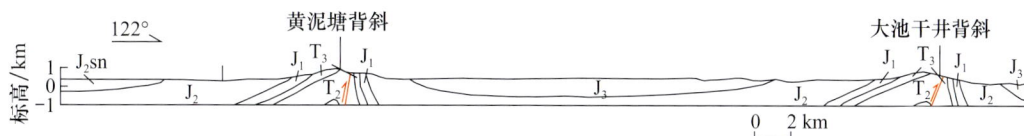

图 6.29　渝东煤田黄泥塘—大池干井剖面

（六）丽江 - 楚雄拗陷赋煤构造带

丽江 - 楚雄拗陷赋煤构造带东以元谋 - 绿汁江断裂、楚雄 - 蒙自 - 马关断裂一线为界，西以小金河 - 三江口断裂、格咱河 - 黑惠江断裂、红河（元江）断裂一线为界。丽江 - 楚雄拗陷赋煤构造带是一个受后期构造强烈改造地区。该带构造变形主要以北东、北西压扭性断裂及褶皱为特征。构造活动自西向东有逐渐减弱趋势。该带西部以北东向的主干断裂形成推覆构造及平行展布的北北东向褶皱构造为特征，但其推覆断裂带之间，构造却相对简单，褶皱两翼对称、平缓开阔，但靠近推覆主干断裂及边界断裂时，以线状褶皱为主。褶皱及断裂波及含煤岩系为上二叠统及上三叠统，煤系主要以较宽缓的向斜构造形态赋存，局部赋存于逆掩断裂推覆体之下，前者如华坪、宁蒗、丽江、宣化关煤矿区，后者如鹤庆马厂煤矿及宣化关矿点区；该带东部主要受哀牢山-红河（元江）断裂带的影响，断裂褶皱均呈北西向展布，出露煤层主要为晚三叠世含煤地层。煤系主要以接近断裂处局部陡转的向斜构造形态赋存，如三街羊城庄、香什所矿区。该赋煤构造带对含煤岩系破坏因素为断裂及褶皱隆起区抬升剥蚀作用。

（七）康滇断隆赋煤构造带

康滇断隆赋煤构造带西以元谋-绿汁江断裂、楚雄-蒙自-马关断裂一线为界，东为小江断裂，西南以红河（元江）断裂为界。该带以南北向及北西向左行走滑大断裂为骨架，因自西向东各断块的地壳表层依次向南滑移会聚，于南端通海、建水及红河一带与北西向左行走滑断裂复合，产生拖曳式的顺时针弧形旋转，形成向南凸出的弧形褶皱及逆冲断裂束（即原称山字形构造弧顶部位），弧顶东、西区的小江断裂旁侧及楚雄地区北北东及北北西褶皱、断裂相间展布，褶皱一般开阔，接近边界断裂或主干走滑断裂则紧密线状排列。

康滇内陆裂谷带展布方向近南北，发育一组自元古宙以来长期活动的深断裂系，褶皱强烈，伴有多期岩浆活动。晚三叠世煤系沉积在裂谷带内分散的断陷盆地中，总的变形趋势是越靠近康滇古陆褶皱越紧密，断裂密度越大，远离古陆地层趋于平缓，断层稀少，构造简单。其原因可能是金沙江-红河断裂向北东俯冲导致康滇古陆向西推挤所致。区内攀枝花宝鼎矿区为向南西倾伏的大箐复式向斜，轴向北北东，西翼构造较简单，东翼次级褶皱发育，可见大小断层近百条，轴面和断面多东倾。西侧的格地坪-龙洞区为南倾单斜，构造简单。红坭为向北西收敛，向南东撒开的帚状构造，褶皱、断裂非常发育，岩层直立倒转，构造形态复杂，对煤层的破坏极大（图6.30）。

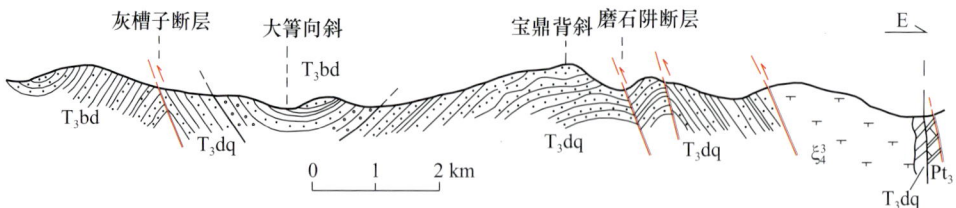

图6.30　宝鼎矿区渡口剖面图

新生代煤系位于小江断裂、红河断裂、箐河-程海断裂之间的康滇隆起区，南北向的走滑断裂发育，沿绿汁江断裂分布有元谋、禄丰等盆地，沿安宁河断裂分布有西昌盆地，沿罗茨-易门断裂分布有温泉（罗茨）等盆地，沿普渡河断裂分布有玉溪、昆明等盆地。在普渡河与小江断裂之间有江川、先锋等盆地。该区多为拉分盆地，面积相对较小。靠近断裂的盆地变形较为强烈，如先锋（中新世）为北东东向斜歪向斜，南翼的东西向逆断裂使上二叠统由南往北逆冲到新生代煤系之上（图 6.31）。

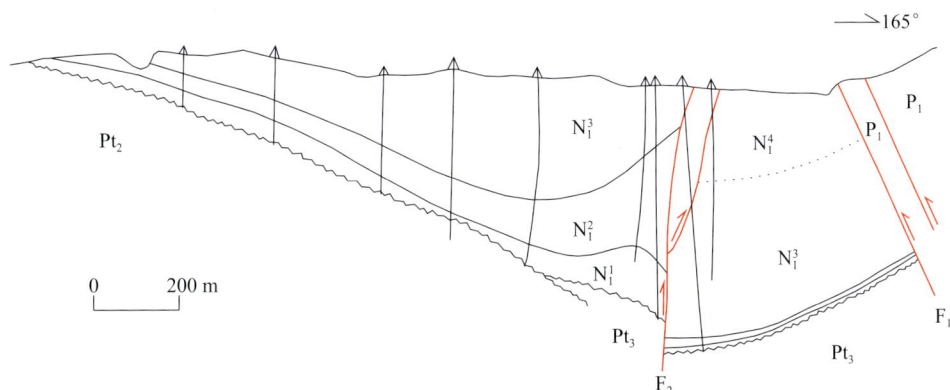

图 6.31　先锋矿区第 10 勘探线剖面图（据王桂梁等，1997，有修改）

（八）滇东褶皱赋煤构造带

滇东褶皱赋煤构造带范围包括小江断裂以东及南盘江断裂以北的广大地区，为云南省晚古生代及新近纪含煤建造主要分布区。

滇东压扭断块褶皱带位于小江断裂（开远—宜良—东川—巧家—雷波一线）以东，马边—雷渡—昭通—宣威一线及富源 - 兴义断裂以西，南盘江断裂以北。区内的煤田有滇东的恩洪、圭山、老厂等。区内北东向走滑断裂发育，如弥勒 - 师宗断裂、南盘江断裂、富源 - 弥勒断裂等，含煤地层被断裂切割成断块，一般呈单斜形态。老厂为轴向北东的断头背斜，向南西倾伏，两翼被北东向的走滑断裂切割成断块状，断块的差异沉降作用控制着煤系的赋存状态（图 6.32）。背斜东南翼保存完好，煤层埋藏较浅，总体呈单斜，倾角不大，断层较少。背斜北西翼逆冲断裂发育。

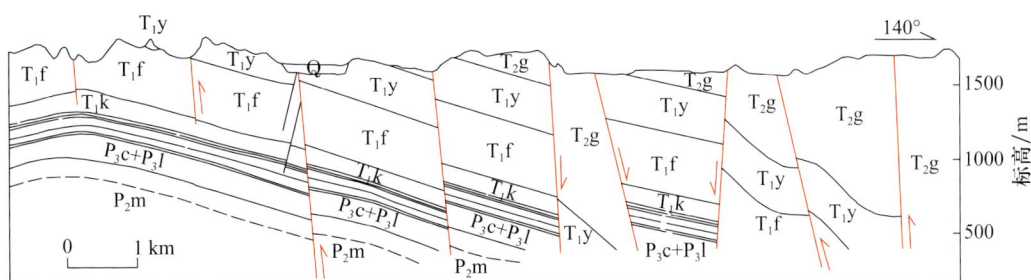

图 6.32　滇东老厂矿区构造剖面图

圭山矿区位于师宗 - 弥勒断裂带中，为走向北东、倾向南东呈窄条状延伸的单斜，倾角为 35°～62°，发育有走滑性质的走向高角度逆冲断层，由南东往北西逆冲（图 6.33）。

恩洪矿区南段为不完整向斜的北西翼，富源 - 弥勒断裂由北西往南东逆冲，构成矿区西北边界，还发育一组密集的走向逆断裂，由南东往北西逆冲，与富源 - 弥勒断裂构成对冲样式，煤系被切割成断块（图 6.34）。后所矿区为走向北东、倾向南

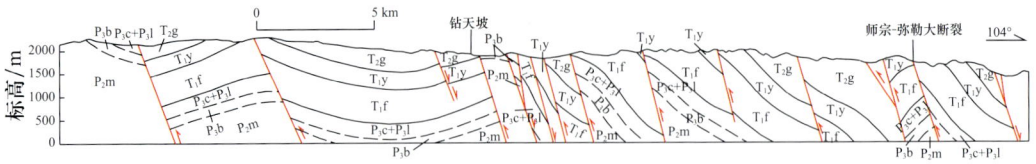

图 6.33　圭山煤田北部 4 线剖面图

东、倾角小于 25°的单斜，北西侧发育由北西往南东逆冲的断裂，南东侧为富源－弥勒断裂带的延伸部分，表现为一系列走向正断层，将煤系切割成断块状，断块沉降使煤系埋藏加深。庆云矿区为走向北东、倾向北西、倾角为 10°～25°的单斜，北西侧发育向南东逆冲的断裂，将阳新统灰岩逆掩到煤系之上，南东侧发育正断层及向北西逆冲的逆断层，煤系被切割成断块状，由于断块掀斜，局部地层变陡。

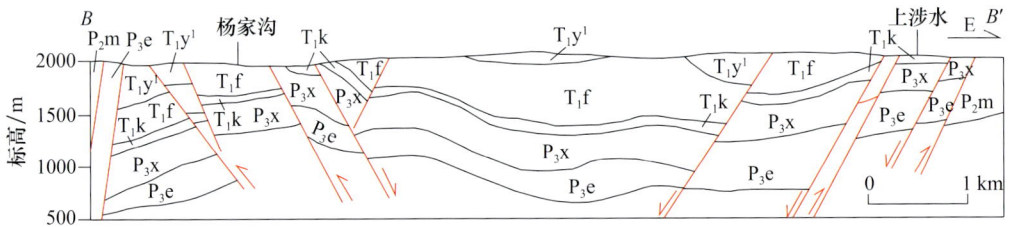

图 6.34　恩洪矿区 B–B' 地质剖面图

分布在小江断裂带及附近的新生代含煤盆地有寻甸、可保（凤鸣村）、宜良、小龙潭等，昭通－曲靖断裂带中有昭通、会泽等，富源－弥勒断裂带有盘江、沾益、曲靖等，师宗－弥勒断裂带中有师宗、跨竹园等。各盆地的后期构造变形轻微，大多保持近水平的原始状态，产状平缓，构造简单，仅临近断裂带的部分盆地变形较强。位于小江断裂带中段的可保盆地，左行走滑的主干断裂及侧列断裂接续，产生局部扭张或扭压的构造环境，导致基底断块的相对运动形成拉分盆地，煤系被南北向断裂切成断块状，地层倾角为 10°～20°，局部在 30°以上。小龙潭盆地为北东向宽缓向斜，北西翼缓，南东翼陡，盆地边缘正断层发育。跨竹园盆地东缘为南北向同沉积断裂，煤系呈单斜状态，倾角为 2°～8°（图 6.35）。

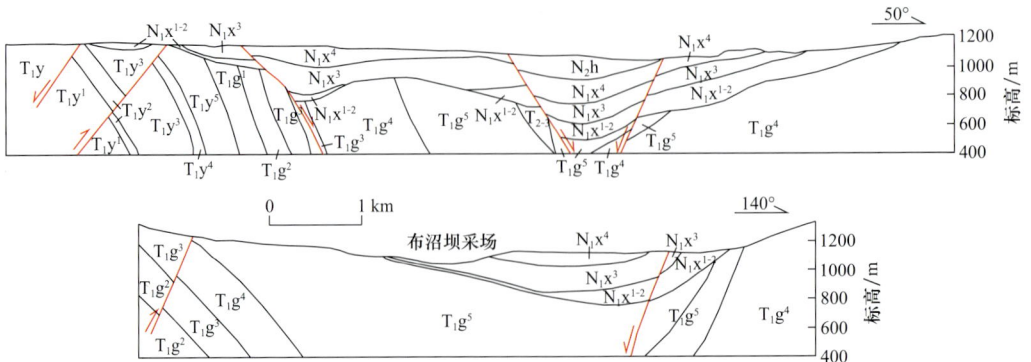

图 6.35　滇东小龙潭煤盆地剖面图

272

　　隔挡型以滇东北盐津矿区和镇雄矿区为代表，构造变形相对简单，由众多北东—北东东向的背、向斜组成，由南东往北西雁行排列，向斜构造较宽缓，背斜相对紧密，各向斜构造几乎均具北西翼陡而南东翼缓的特点，发育少量断层。煤系一般于背斜处遭受剥蚀及断裂破坏，在各向斜中则保存较为完整，如中村向斜、普洱度向斜、庙坝向斜、洛旺向斜等（图6.36）。

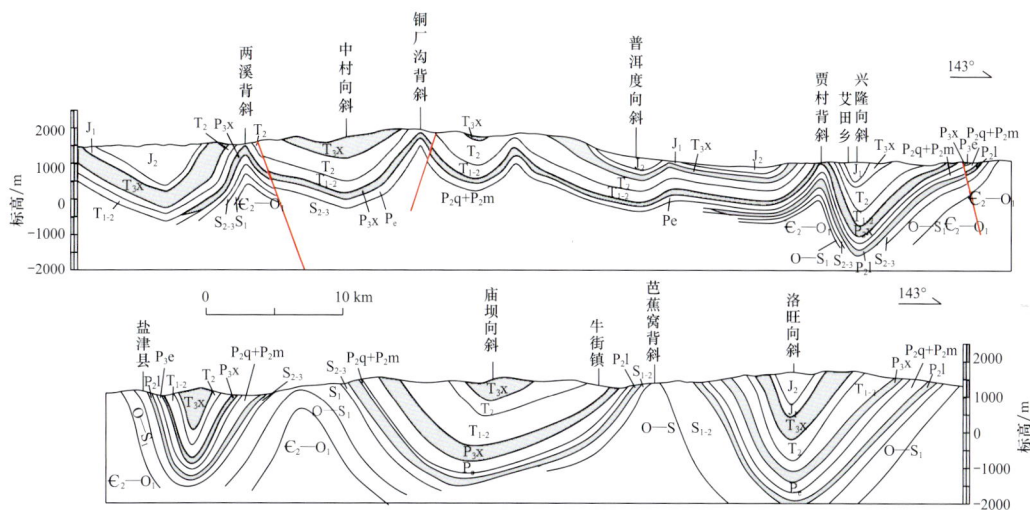

图6.36　滇东北地质剖面图

（九）川南黔西叠加褶皱赋煤构造带

　　川南黔西叠加褶皱赋煤构造带位于赫章—纳雍—黔西—息烽一线以北，南川‒遵义断裂以西地区，包含四川南广、芙蓉、筠连、古叙，贵州毕节、桐梓、遵义等。该区变形以轴向北东—北东东褶皱为主，呈弧形展布，煤系赋存在隔挡式褶皱的向斜部位。断裂多发育在背斜翼部，倾向南东，多由南东往北西逆冲。

　　古叙矿区位于四川盆地南缘，主体构造为近东西向的龙山‒古蔺复背斜，背斜核部为早古生界，北翼发育北北东向的次级向、背斜，并叠加了北北西向背斜，地层倾角平缓。背斜南翼发育一组斜列的短轴褶皱，轴向与主干背斜近平行（图6.37）。

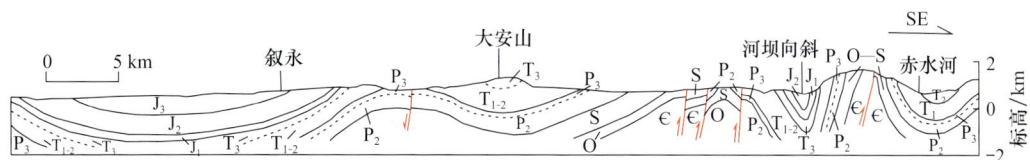

图6.37　古叙矿区剖面图

　　遵义‒贵阳断裂以西、弥勒‒师宗‒安顺‒贵阳断裂以北的六盘水、织纳煤田及贵阳煤田西部，是我国南方煤田内叠加褶皱的典型发育地区，叠加褶皱类型多样。分布最广的叠加褶皱是由若干次级褶皱围限成三翼或多翼褶皱。如盘江矿区由北北东向的竹箐背斜，北西向的照子河、土城、白秧坪向斜及北东东向的盘南背斜围限呈一个三角形的盘关向斜，向斜核部为三叠系，三边（或三翼）出露二叠纪煤系。六枝矿区郎岱三角形弧形由三个弧形背斜组成，东北侧为三丈水背斜，西北侧为古牛河背斜，南侧为茅口背斜，弧形都向三角形中心凸出，沿三个角分布着蟠龙、中营和郎岱等赋煤向斜，三角形端点部分变形强度最大，其次为边框背斜，内部变形较弱（图6.38）。

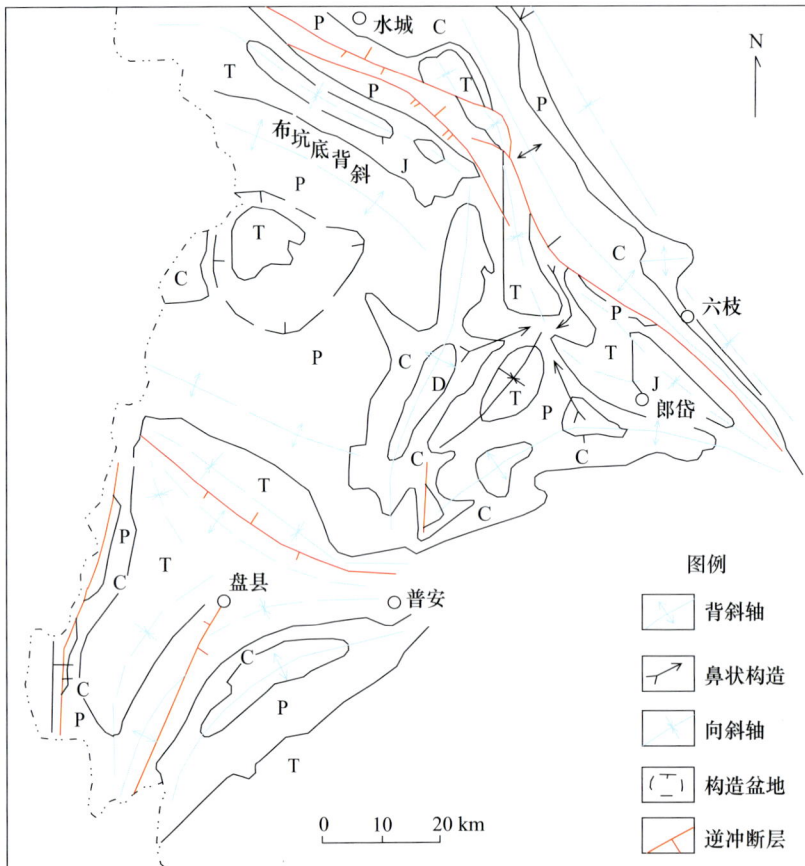

图6.38 黔西六盘水地区构造纲要图（毛节华和许惠龙，1999）

（十）渝鄂湘黔隔槽式褶皱赋煤构造带

渝鄂湘黔隔槽式褶皱赋煤构造带位于七曜山断裂以西、贵阳－遵义断裂以东，安化－溆浦－罗成断裂以西，紫云－南丹断裂以北，含鄂西南、松宜，湘西北桑石，黔东贵阳、都匀、桂北红茂、罗城等含煤区。

鄂西南煤田构造格架由一系列长轴褶皱与走向断裂组成，断裂走向北东，倾向南东，多为由南东往北西逆冲。褶皱轴走向北东，呈向北西突出的弧形展布（利川复向斜、建始－咸丰背斜带、野三关复向斜、长阳－中营背斜带、五峰－鹤峰向斜带、走马－长乐坪背斜带），以似隔槽式为主，向北西至七曜山断裂以西过渡为川东隔挡式褶皱造山带。

湘西北桑石煤田位于临湘－慈利－大庸－古丈断裂以北的桑石断拗内。东段石门－临湘造山带为有近东西向的褶皱及压性、压扭性断裂组成，一般背斜紧密，向斜开阔，煤系赋存于向斜中，北翼平缓、南翼较陡，局部倒转，断裂多发育在背斜南翼。西段褶皱轴向北北东—北东—北东东，煤系在向斜中保存完整。

桂北的褶皱仍具隔槽式的特点，但断裂及断块作用更加明显。背、向斜均呈北北东向展布。茂兰向斜以断块形式保存煤系，红山向斜东翼被正断层切割，煤系保存在西翼。红山向斜东侧的明伦向斜轴向与雪峰隆起边缘平行（图6.39），以高角度正断层为主构成井田边界，向斜西翼走向推覆断层切割破坏煤系。

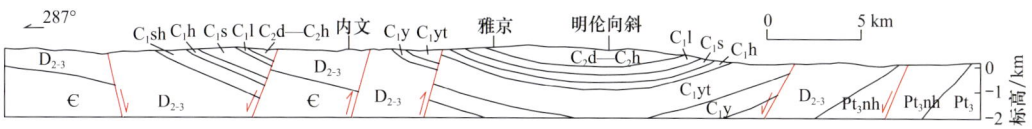

图6.39 桂北红山煤田剖面图

（十一）江南断隆赋煤构造带

江南断隆赋煤构造带赋煤主体为湘西北黔溆煤田，该区构造主要受北东及北东东向（或东西向）两组构造的控制，二叠纪含煤地层的分布，亦基本上遵循这两组构造线的方向。雪峰隆起是一组较老的北东向构造带，西缘为芷江、麻阳新华夏沉降区，辰溪、怀化、会同位于该沉降带与雪峰隆起带的边缘。区内沿北东向展布的诸含煤向斜为隆起带边缘的含煤沉积，由于晚古生代末北北东向构造强烈，含煤向斜多被切割得支离破碎。

沿凤凰、溆浦、安化一线，断断续续分布一些走向东西的褶皱片断，这些东西向构造具有较长时间的活动性，造成南北成煤条件的差异性，即北部中二叠世成煤较差，晚二叠世成煤较好，而南部恰恰相反；此外，还使东西向展布的含煤盆地成煤条件较好。而区内活动强烈的北北东向压性断裂，则破坏了含煤向斜的完整性。从煤系赋存状况为出发点，根据区内沉积、断裂构造展布特点，其主要有三个较大的向斜构造，因而将该区由北东至南西划分为三段。北东段为长田湾至低庄的小江口向斜，包括大江口、椒板溪、麻阳水三个矿区，由一系列不完整的向斜组成，一般北西翼平缓、南东翼较陡，且被北东向的逆掩断层破坏；中段为黔城至沅陵的北北东向向斜，北西翼呈单斜构造并被红层覆盖，北北东向的逆掩断层发育，包括双溪、岩冲、泸阳、五一、辰溪、沅陵等矿区；南西段为靖县至坪村向斜，包括坪村和靖县两矿区，区内向斜一般不完整，北东向逆断层发育，常被近东西向横断层切割。

（十二）扬子赋煤构造亚区煤田构造展布规律

华南赋煤构造区来构造变形强度及岩浆活动强度均具有由板内或陆内向板缘或造山带递增的趋势；盆缘煤系构造变形比盆内复杂，盆内变形具不均一性。扬子赋煤构造亚区煤系变形具有近似同心环带结构的基本特点，上扬子四川盆地存在古元古代的刚性基底，构成扬子陆块区赋煤构造单元组合分带的稳定核心，其主体受印支运动及其之后的造山运动北西—南东向的挤压应力产生了变形，形成盆－山耦合关系，赋煤构造单元组合分带明显，川中赋煤构造以宽缓的穹隆构造、短轴状褶皱变形和断层稀疏为特征（表6.3）。由此向周边，煤系变形强度递增。

表6.3 扬子赋煤构造亚区主要控煤构造样式

赋煤构造亚区	赋煤构造带	主要控煤构造样式
扬子赋煤构造亚区	米仓山－大巴山逆冲推覆赋煤构造带	叠瓦状构造、逆冲岩席
	扬子北缘逆冲赋煤构造带	叠瓦状构造、逆冲岩席
	龙门山逆冲赋煤构造带	叠瓦状构造、逆冲岩席、反冲构造
	川中南部隆起赋煤构造带	穹窿型、横弯褶皱
	川渝隔挡式褶皱赋煤构造带	隔挡型褶皱、断展褶皱、旋转构造、断弯褶皱
	丽江－楚雄拗陷赋煤构造带	左行、右行平移断层
	康滇断隆赋煤构造带	叠瓦状构造、逆冲岩席
	滇东褶皱赋煤构造带	隔挡型、叠瓦状构造、对冲型、花状及帚状构造型
	川南黔西叠加褶皱赋煤构造带	叠加褶皱
	渝鄂湘黔隔槽式褶皱赋煤构造带	隔槽式褶皱
	江南断隆赋煤构造带	叠瓦状构造、逆冲岩席

四川盆地以其周缘的冲断带－前陆盆地的二元结构著称，前陆盆地与造山山带之间的界线清楚，为地貌陡变带，盆山地势差距大、坡度陡。龙门山冲断带的多期活动性控制了燕山期前形成的前陆盆地，逐渐显示出盆山耦合的关系。四川盆地的构造演化受龙门山冲断带、川东北大巴山冲断带及川东燕山期褶皱－冲断带的控制。在川西龙门山、川北北大巴山显示突变型盆山结构，其控制范围较窄，局限于冲断带及其前缘前陆盆地。现今的四川盆地实际上是川西、川东北冲断带控制下的复合前陆盆地。盆山结构向川东、川西南渐变，构造变形微弱。

雪峰山陆内造山带构造演化历程经历了陆缘向陆内的转化，晋宁期之前该区域处于陆缘演化阶段，在震旦系至早古生代的裂陷作用，加里东运动末期扬子地块湖华夏地块碰撞拼合，动力学过程转变为陆内俯冲和顺层滑脱作用。雪峰山两侧构造变形以具有多期次、多层次、多尺度的滑脱构造著称，滑脱层次包括下滑脱层次为寒武系下统或震旦底部，中滑脱层次为志留系中下统和上滑脱层次为石炭系—二叠系及下三叠统。在雪峰山隆起的两侧均发育盆缘逆冲推覆构造带，也有构造窗和飞来峰等构造样式。但向周缘前期形成的薄皮构造形成的基底，进一步滑动促使外缘的盖层褶皱变形，形成顺层滑动、切层滑动、断层相关褶皱或褶皱带、逆冲推覆作用。雪峰山陆内复合构造变形系统位于华南板块核心地区，在加里东可能存在一个相对独立的湘桂地块，这也说明其基底的特殊性，导致后其继承性的构造活动；以江南－雪峰为核心，构造变形递进向西至华螯山断裂带，向东至郴州－临武断裂带，涉及滇东褶皱赋煤构造带、川南黔西叠加褶皱赋煤构造带、川渝隔挡式褶皱赋煤构造带、渝鄂湘黔隔槽式褶皱赋煤构造带、江南断隆赋煤构造带。

二、华夏赋煤构造亚区

华夏赋煤构造亚区范围与华夏地块（华南褶皱系）范围相当，华南褶皱系作为华南古大陆板块中较软弱部分，在多次挤压、拉张等不同构造机制的交替作用下，盖层变形十分复杂，一系列北东—北北东向大型隆起和拗陷相间排列，逆冲推覆与滑覆均由隆起指向拗陷，滑脱构造分类中最复杂的滑、褶、推覆叠加型和滑推多次叠加型均发育在该亚区。华夏赋煤构造亚区的大型滑脱构造往往位于基底与盖层之间，主滑面在全面伸展条件下形成，在后期挤压松弛条件下进一步发展，具有区域性，对煤系变形影响较大。各种滑动的前缘都伴有扩展性逆冲断裂。由于滑脱构造具有多期次与多层次的特点，在剖面上表现为上覆系统、滑面、下伏系统的多次叠加，使煤系形成无根褶皱，而且在上覆系统中比在下伏系统中变形更为复杂。华夏赋煤构造亚区的基底逆冲推覆构造不但出现在板缘，而且在板内基底隆起的两侧均有指向拗陷的背冲式推覆构造，邻近推覆断裂的盖层变形都明显受到挤压作用的影响，形成大范围的逆掩断裂与飞来峰、天窗等构造，有些地方显示出煤系被掩盖。

就整个华南地区来看，构造变形强度和岩浆活动强度均有由板内向板缘加强的趋势，滑脱构造明显受区域性隆起和拗陷的控制。由西北扬子地台向东南沿海中生代闽浙火山岩带，一系列北东—北北东向大型隆起和拗陷相间排列：扬子地台东南缘的雪峰隆起、湘中拗陷、九岭隆起、赣中－湘南拗陷、武功－云开隆起、浙西－赣东拗陷、武夷山隆起、闽西南－粤东拗陷。上述隆起多与深层次拆离作用有关，晚古生代煤系保存在基底隆起之间的拗陷之中，逆冲推覆与滑覆由隆起指向拗陷，北东—北北东向展布的条带状变形分区规律性明显。按照华夏赋煤构造亚区煤田构造格局和煤系构造样式的空间展布形态，可划分为湘桂断陷赋煤构造带、赣湘粤拗陷赋煤构造带、上饶－安福－曲仁拗陷赋煤构造带、浙西赣东拗陷赋煤构造带、闽西南拗陷赋煤构造带、右江褶皱赋煤构造带、雷琼断陷赋煤构造带、台湾逆冲拗陷赋煤构造带（图6.40）。

（一）湘桂断陷赋煤构造带

湘桂断陷赋煤构造带位于雪峰隆起与衡山－九岭对冲带之间。江南隆起在湘中被北东向的长寿街－双牌断裂切割，其西段即为雪峰隆起，东段为衡山－九岭隆起。雪峰隆起呈北西向的弧形。依据构成江南隆起的前震旦系的展布格局，衡山－九岭隆起相对雪峰隆起向南错移，说明长寿街－双牌断裂具右旋性质，且存在与该断裂大致平行的一组断裂，将九岭隆起依次向南错移。衡山－九岭隆起倾伏在衡阳白垩纪盆地北侧，越过衡阳盆地，仅出露下古生界，沿永州、道县呈北北东向往南延伸，它隔开了湘中、湘南的

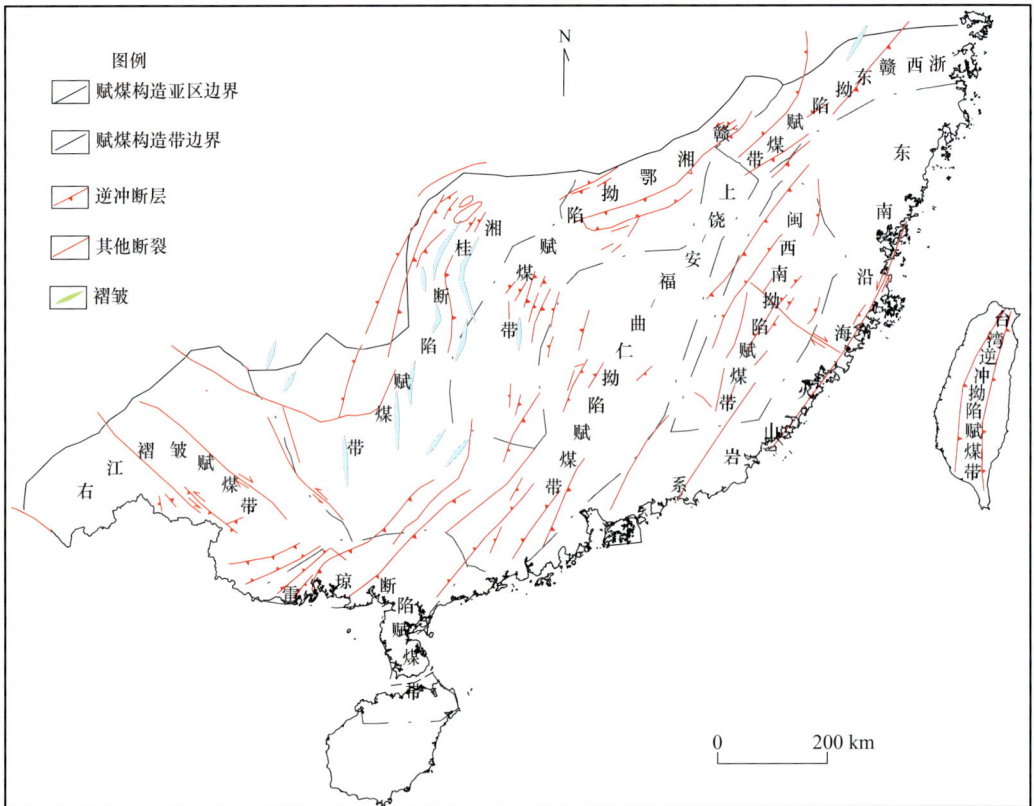

图 6.40 华夏赋煤构造亚区构造格局图

晚古生代煤系。对冲带之间的涟源、邵阳、湘潭等含煤区在沉积时是相连的，现在的分隔是燕山运动以后变形的结果。雪峰山构造带的演化导致湘中地区煤田构造变形的时空差异显著，龙山串珠状隆起把湘中地区分隔成涟源拗陷和邵阳拗陷，且由西向东可划分为三带：西部为逆冲推覆构造带，中部为隔挡式褶皱与逆冲断层组合，东部为逆冲断裂与宽缓褶皱带组合。

1. 韶山煤田

位于雪峰隆起的东北段，由道林向斜和坪塘－松花铺向斜组成，由于多期构造叠加，构造复杂，湘潭冷水冲井田剖面（图6.41）显示了挤压逆冲的构造格局，元古宙板溪群逆冲在煤系之上。通过钻孔揭示，在构造相对简单的下伏系统中，煤系中尚保留由北西向南东逆冲的构造痕迹。

2. 涟邵煤田

湘中地区盖层逆冲推覆、重力滑动构造发育（王义方，1989；孙岩等，1990；云武等，1994；何红生，2004；陈健明和屈端阳，2006；王建等，2010；李焕同等，2013，2014），存在多期次构造叠加。现以贯穿涟源褶皱带、邵阳褶皱带的典型剖面为例来说明区域赋煤构造特征。

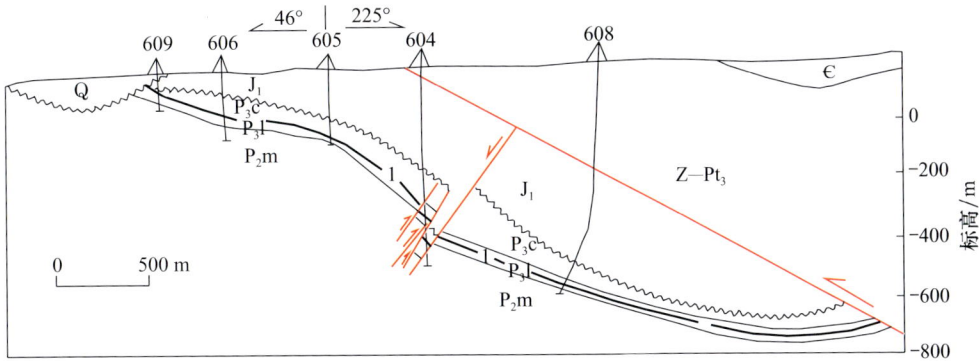

图 6.41　韶山煤田坪塘矿区冷水冲井田 6 线剖面

湘中涟邵拗陷位于祁阳弧的北翼，图 6.42 剖面为北西—南东方向，由西向东表现为一系列的含煤向斜，向斜一般东南翼较平缓，构造较简单且煤层赋存较好；西北翼受逆冲断裂影响，倾角较陡，有时直立、倒转，断层发育，构造复杂，煤层赋存较差。同时，西部各向斜复式褶皱发育，且较紧闭，东部则较宽展开阔；在大的向斜间，有一系列北东向的断裂挤压带，将背斜构造破坏，总体构造样式为基底卷入型叠瓦式褶皱－逆冲推覆带。以集云断裂和凤冠山断裂为界，大致可分为三个带：梅城－新化构造带、集云－凤冠山构造带及娄底－洪山殿构造带。

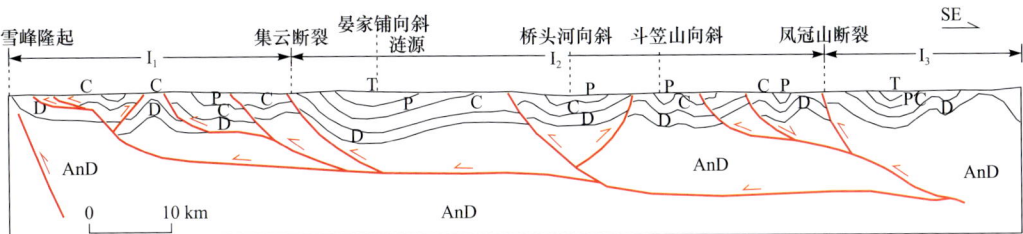

图 6.42　涟源拗陷剖面（据金宠等，2009，有修改）

1）梅城－新化构造带（I₁）

总体走向北东，平面上呈略向北西凸出的弧形条带，主要构造样式为叠瓦状逆冲断层及其间的挠曲状紧闭线性褶皱，且早期形成的褶皱受到严重破坏，如白溪、鸡叫岩、芦毛江三个向斜中，仅芦毛江向斜保存较好。逆冲推覆断裂常使煤层发生多次重复（图 6.43），从而增加煤炭储量，所以已知矿区外围或远离矿区的逆断层下盘为找煤前景区。该构造带的西缘发育了一系列向东滑移的重力滑动构造——主要由石炭系下统灰岩、部分还含有白垩系上统红色地层组成的小型飞来峰，如芦毛江矿区矿仔岩飞来峰（图 6.44），叠覆在石炭系下统及其下伏地层之上，这些飞来峰形成于西部逆冲断裂带形成之后，白垩系上统沉积之前，即燕山晚期，被掩盖的石炭系—二叠系往往含有可观的煤炭储量，为推覆体下找煤开辟了新途径。

279

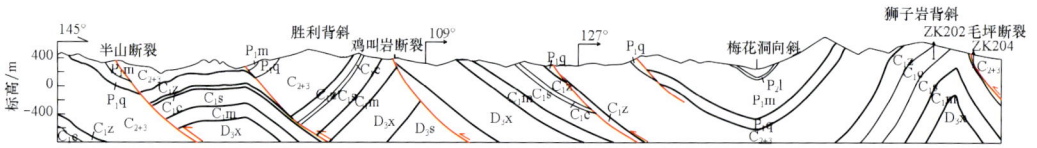

图 6.43　新化地区半山 – 毛坪剖面图

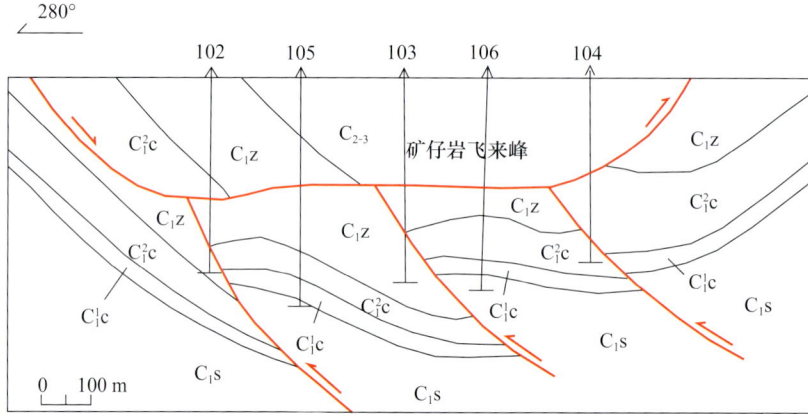

图 6.44　芦毛江飞来峰（云武等，1994）

2）集云 – 凤冠山构造带（I₂）

该带基本的构造样式为隔挡式褶皱和层间滑动断层。向斜宽缓，褶皱轴倾向均为北西，保存了大量煤层，背斜较窄并因断裂破坏而不完整，所以向斜两翼成为煤炭勘探、开采的主要区域。几个较大逆冲断层的前锋均位于向斜的两翼背斜部位，如集云断层（F₇）、金盘仑断层（F₈）等。断层和地层产状大体一致，这类断层表现为顺层滑动，在此后的构造变形过程中，断裂面与相关地层同步褶皱。在涟源桥头河向斜调查显示，三叠系大冶组薄 – 中厚层泥质灰岩、大隆组硅质灰岩和龙潭组煤系构造变形强烈，小型褶皱发育，在大冶组多为尖棱褶皱［图 6.45（a）］，大隆组和龙潭组多呈直立倾伏褶皱、直立水平褶皱和平卧褶皱［图 6.45（b）］；毛易向斜西翼逆冲断层，常形成宽至数十米不等的断裂带，破碎带内断层泥、断层角砾岩及碎裂岩等脆 – 韧性构造岩发育，构造岩样薄片中常见波状消光、网状变形纹、机械双晶和共轭剪节理等现象［图 6.45（c）、（d）］，少见石英颗粒的动态重结晶现象，前者可能是在浅层低温环境下由内部滑移和粒间旋转而产生。

3）娄底 – 洪山殿构造带（I₃）

西部以凤冠山逆冲断层带为界，与中部滑脱构造带毗邻，东部以跳马涧组底界面露头线为界，与衡阳裂谷盆地西部谷肩隆起带相接。发育有北东东向的洪山殿短轴向斜和北西向的梓门桥向斜，两者均为宽缓的褶皱带（图 6.46）。总体构造形态由数条规模较大的走向北东、倾向北西的逆冲断层组成，平面上呈略向南东凸出的弧形逆冲构造带，剖面呈向南东逆冲扩展的叠瓦扇。在洪山殿向斜西翼形成的挤压型断夹块，系区域性盖层重力滑动构造的前缘挤压逆冲构造带，其形成可能与西部的梅城 – 新化构造带重力滑动构造同期。

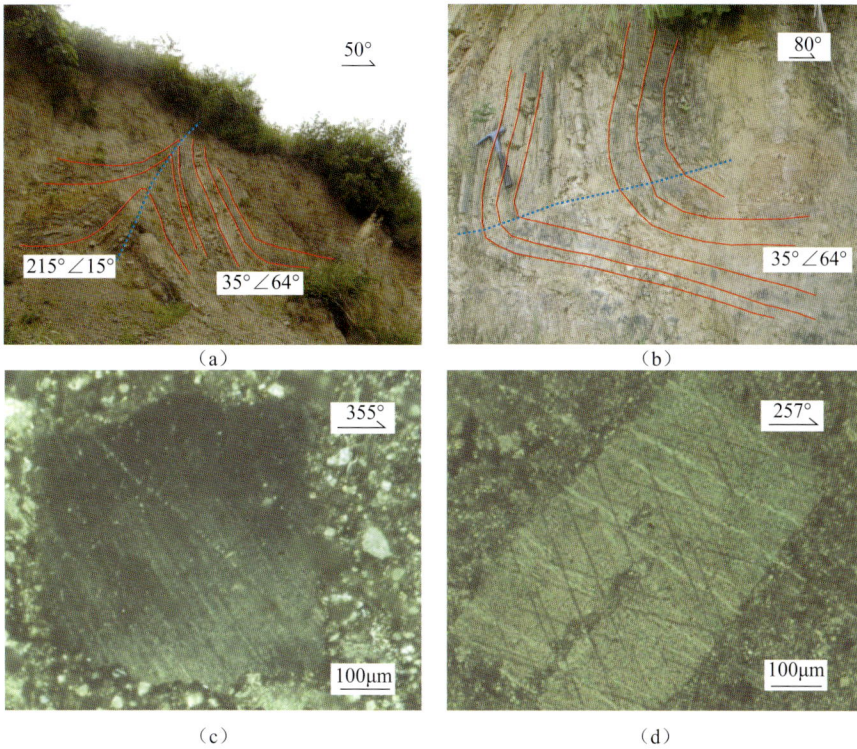

图 6.45　湘中地区褶皱、断裂构造和定向样变形显微构造

（a）尖棱褶皱；（b）平卧褶皱；（c）石英颗粒波状消光及变形纹，砂岩，正交偏光；（d）方解石中发育两组机械双晶，可见一组平行排列的显微脉穿过晶体，灰岩，正交偏光

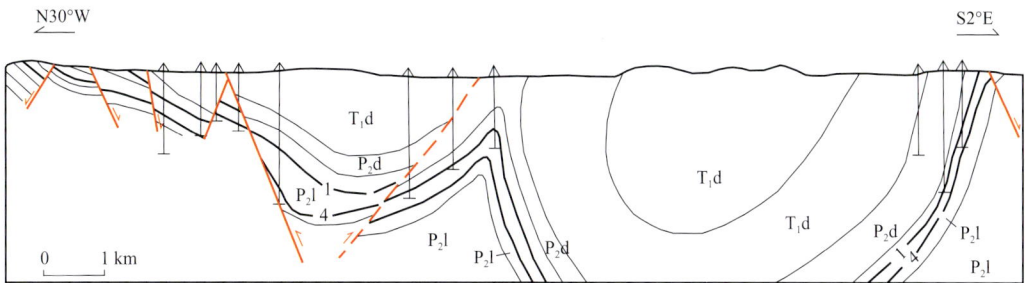

图 6.46　洪山殿向斜剖面图

　　邵阳拗陷含煤地层以二叠系龙潭组为主，加里东期不整合面以下地层为基底。邵阳拗陷为祁阳弧的弧顶，大致以洞口—隆回—邵阳连线为界，在南部褶曲为北北西走向，向北逐渐转为南北—北东走向。弧顶端为逆断层、逆掩断层组合，断裂密集，对煤层破坏较大；在弧内侧，走向逆断层较发育。总体构造样式为一系列被断层破坏的向斜构造，向斜东翼较平缓，西翼陡峻甚至倒转，由西至东可分为三个带：洞口–城步构造带、隆回–邵阳构造带及邵东–双峰构造带（图 6.47）。

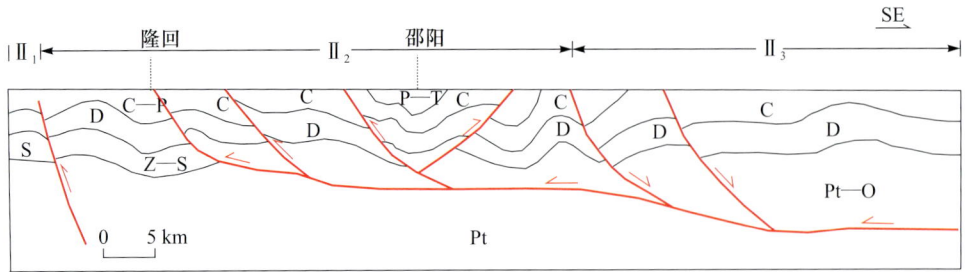

图 6.47　邵阳拗陷剖面

（1）洞口 – 城步构造带（Ⅱ₁），西界城步 – 新化断裂是一条重要的区域性基底断裂带，开始发育于加里东期，并沿新化、隆回、洞口地区，总体为一系列规模大、延展长的逆断层，断层走向北东，倾向南东。城步 – 新化断裂由武岗向北经洞口石下江区切白马山花岗岩体，说明其在燕山期又开始活动。

（2）隆回 – 邵阳构造带（Ⅱ₂），为较紧闭的褶皱带，分布一系列含煤向斜，向斜轴向由北东转为南北—北西。隆回以西地区为祁阳弧顶端，逆断层、逆冲推覆构造较发育，如洞口石下江水口祠逆冲推覆构造（图 6.48）将泥盆系等老地层推覆至三叠系—侏罗系含煤地层之上，并形成飞来峰、构造窗，石下江预测区含煤地层属于水口祠推覆构造下的复式向斜，西翼地层出露于构造窗内，东翼被外来系统（D₃）覆盖，可能受印支期北西—南东向的挤压作用。

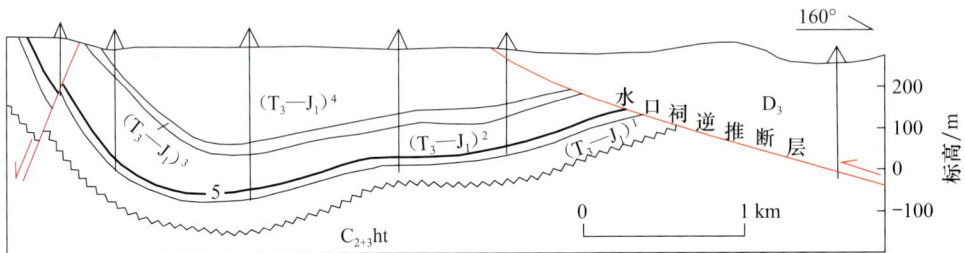

图 6.48　洞口石下江煤矿 2 勘探线剖面

（3）邵东 – 双峰构造带（Ⅱ₃），总体为小型宽缓褶皱带。白垩系红色盆地多呈北北东向或北东向，伴随主干断裂如新邵新宁断裂产出，并不整合于石炭系—二叠系之上，类似于半地堑式构造盆地，个别以断裂为界，盆地内地层倾角平缓；下三叠统卷入褶皱变形，至早白垩世伸展作用使构造反转，形成白垩系红色盆地（图 6.49）。

（二）赣湘粤拗陷赋煤构造带

该区北侧的九岭隆起为背冲推覆构造系，指向萍乐拗陷的逆冲推覆构造具双冲构造结构，将九岭隆起的中元古界双桥山群推覆到晚古生代煤系之上，形成众多的飞来峰和构造窗（图 6.50）。南西侧为武功隆起，出露新元古界神山群，北东侧属官帽山隆起，出露的是中元古界双桥山群。武功隆起为前期滑覆与后期推覆的叠加构造，在萍乐拗陷

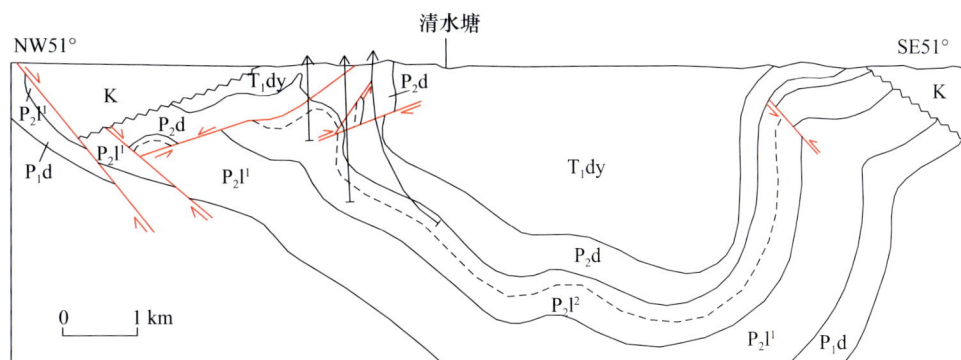

图 6.49 邵东两市塘矿区 23 勘探线剖面图

南侧形成一套断面南倾的逆冲断裂。构成官帽隆起的双桥山群由南东向北西逆冲到下侏罗统及二叠系之上，其前锋在乐平—婺源一带。

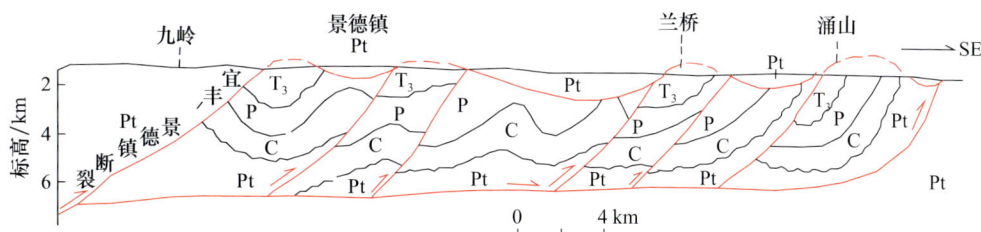

图 6.50 九岭 – 萍乐拗陷逆冲剖面图（王文杰和王信，1993）

据现有资料，九岭隆起与官帽隆起在皖赣交界附近重合，共同构成江南隆起。位于其间的含煤区有萍乐拗陷、湘南、粤北连阳等含煤区。

1. 萍乐煤田

由于拗陷两侧的衡山 – 九岭隆起与武功 – 官帽隆起发育指向拗陷的滑、褶、推等叠加构造，因而煤系的构造变形复杂，一般可归纳为以顺层滑覆为主控的煤系变形（图 6.51）；以切层滑覆为主控的煤系变形（图 6.52）；以多期次推覆为主控的煤系变形（图 6.53）；以褶皱及滑覆为主的煤系变形（图 6.54）等几种构造样式。

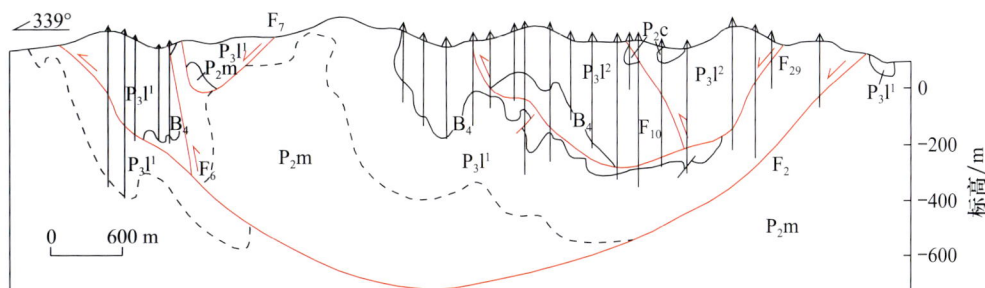

图 6.51 分宜杨桥矿区 14 线剖面图

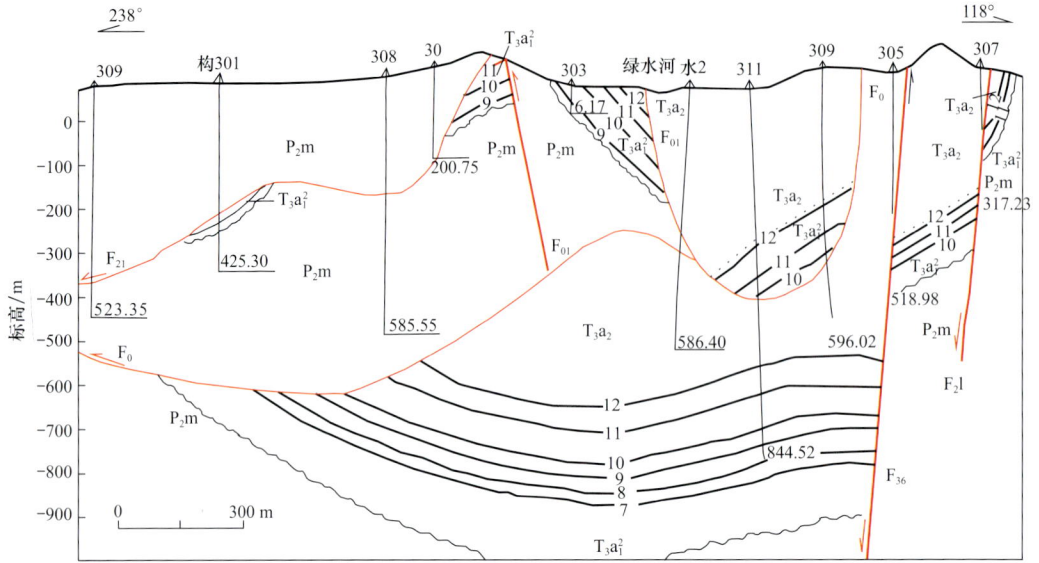

图 6.52　萍乡矿区黄塘滑覆构造剖面图

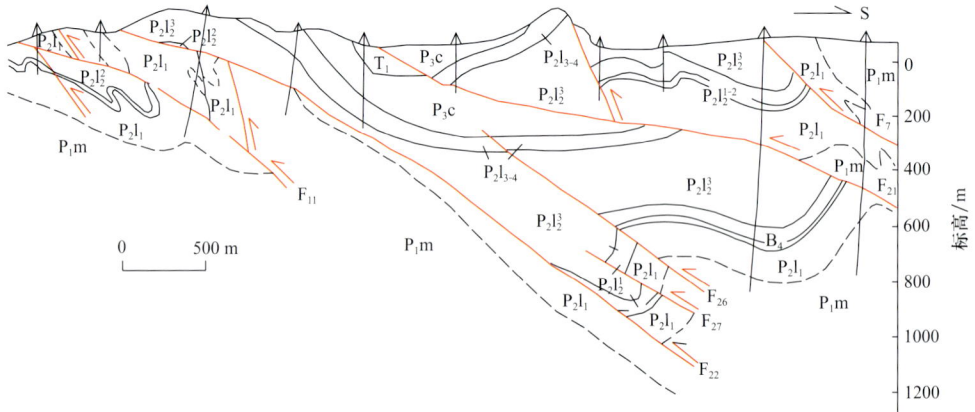

图 6.53　新余皇化区 12 线剖面图（毛节华和许惠龙，1999）

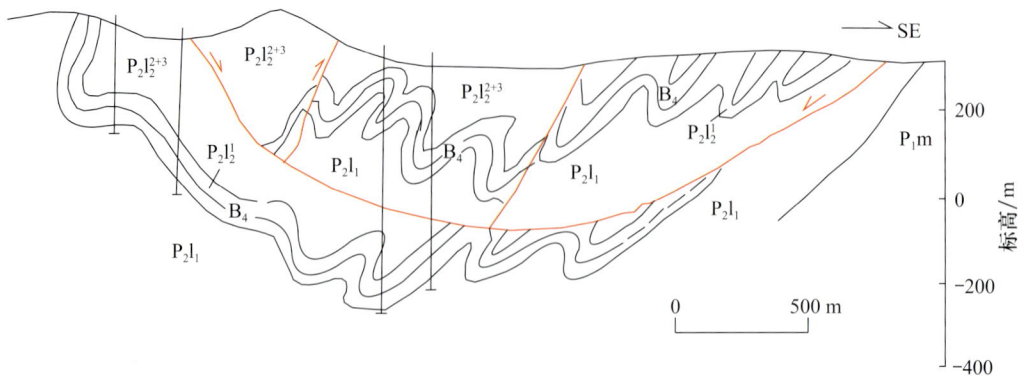

图 6.54　礼堂井田 11 线剖面图（毛节华和许惠龙，1999）

萍乐拗陷带的北侧为宜丰－景德镇断裂，南侧为萍乡－广丰断裂，拗陷轴大致呈北东—北东东—北东展布。拗陷带基底次一级凸起和凹陷的差异运动，以及同沉积断裂的不均一活动，控制着晚三叠世煤系沉积中心的迁移和摆动，形成了大小不一的盆地，加上后期构造变形，造成了寻找赋煤构造带的困难。

1）萍乡矿区

位于萍乐拗陷西端，矿区主要构造为由袁水向斜、竹亭向斜组成的复式褶皱，走向北东，包括巨源、青山、白源、安源和高坑等井田，因受其北侧的九岭推覆构造的影响，走向逆冲断层发育，呈叠瓦状，并伴有滑覆构造、飞来峰，构造复杂（图6.55）。

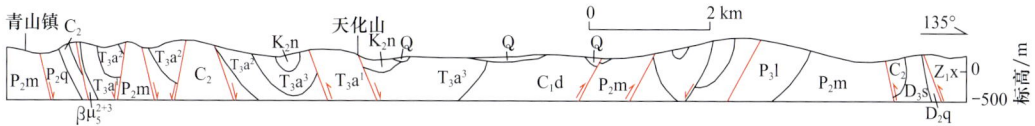

图6.55　萍乡矿区青山－天化山剖面图

2）丰城攸洛矿区

位于萍乐拗陷中段，由于煤系沉积在元古宙板溪群之上，依托了古老刚性地块，又位于对冲构造峰线的外缘，为构造应力减弱、消失部位，使丰城矿区构造简单，为对称的宽缓向斜，两翼倾角仅10°。其南侧的攸洛矿区受武功山推覆构造的影响，煤系被元古宇所覆盖，由于上覆系统被剥蚀而使煤系在构造窗中出露（图6.56），煤系基本为北东向复式向斜，向斜开阔。

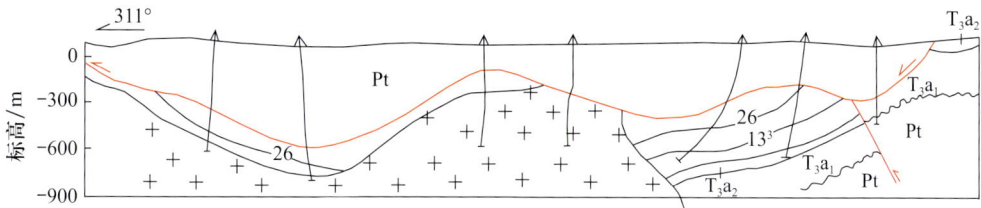

图6.56　丰城攸洛矿区流舍井田19线剖面图（李文恒和龚绍礼，1999）

图中数字为煤层编号

2. 湘南郴耒煤田

位于衡山－九岭隆起与武功、官帽对冲带的南部，广东佛岗、连阳岩体以北。煤系延伸为北北东向，向北穿过攸县白垩纪盆地与萍乐拗陷相连。煤系褶皱以北北东、北东向为主，现存的煤田构造样式以推覆、滑覆或滑、推叠加变形为主。

1）北部

位于湖南衡阳－常宁、茶陵－永兴之间，含白沙、永耒、马田等矿区。煤系褶皱轴向北北东或南北，以耒阳－桂阳背斜为界。以东的褶皱轴面倾向东，向斜东翼直立倒转，分布有白沙、永耒向斜和白垩纪断陷盆地；以西的褶皱轴面倾向西，西翼呈直立或倒转，分布有回龙山、四丘田、盐湖、斗岭等向斜和白垩纪断陷盆地。西侧发育由西向东的逆冲断裂，如盐湖、四丘田等；东侧发育由东向西的逆冲断裂，如白沙、永耒等，构成了对冲样式（图6.57）。

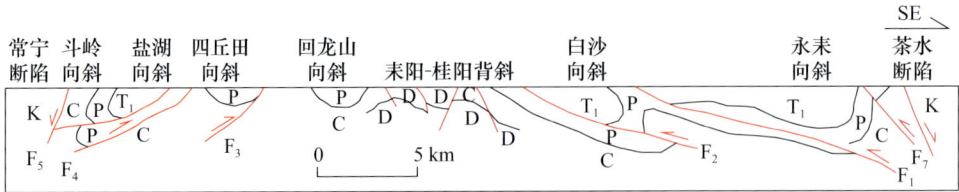

图6.57　湖南郴耒煤田北段含煤向斜构造剖面图（王文杰和王信，1993）

2）南部

位于郴州西南的嘉禾、宜章等地，含华塘、袁家、梅田等矿区。华塘矿区由华塘复向斜与火田复向斜组成，其间的背斜遭 F_6 断层的破坏，南东翼发育一组密集的叠瓦状走向逆冲断层，地层陡立或倒转，北西翼较缓，一般为20°～60°。袁家矿区为南北向复式向斜，西翼陡，倾角为35°～85°，局部地层倒转，东翼较缓，倾角为20°～45°，走向近南北的次级小褶曲发育。断裂多集中在复向斜的两侧及转折端，以平行褶曲轴的逆冲断层为主，总体上与华塘矿区形成对冲、挤压褶皱区。

3. 粤北连阳煤田

煤田为连阳、大东山、九嶷、禾洞等岩体所包围，晚古生界在九嶷岩体与大东山岩体之间可延伸到湘南的梅田矿区。连阳煤田总体呈向东的凸出的弧形条带，北部为一系列北西向的不完整褶皱或单斜，主要有大路边向斜、汛塘向斜、黄沙背斜、保安向斜等；中部发育近东西向的等轴褶皱或叠加褶皱，南部发育轴向北北东的向斜及逆冲断裂，逆冲断裂由南东向北西逆冲，呈叠瓦状排列，多发育在向斜的倒转翼。如双塘区的逆冲断裂在平面上呈弧形，叠瓦状排列，倾角为0°～45°，使石炭系壶天群灰岩以飞来峰的形式覆盖在二叠纪煤系之上（图6.58）。

连阳煤田与曲仁煤田之间被燕山期大东山花岗岩体所隔，使两者孤立成块。曲仁煤田与湘南煤田之间被诸广山岩体、大瑶山下古生界隆起及坪石白垩纪盆地隔开。煤田之间的这些地质体显然是后期构造变形的结果，因为在二叠纪成煤期间，湘南、粤北是相互贯通的条带（裂陷带）。大东山岩体是中、深成花岗岩体，现在暴露地表，反映了板内造山作用使深部地质体隆起，从而使二叠纪煤系互不连续。

（三）上饶-安福-曲仁拗陷赋煤构造带

上饶-安福-曲仁拗陷赋煤构造带处于武功-武夷山对冲带，分布有上饶、安福、赣南、曲仁等煤田。武夷山为背冲推覆构造系，其北缘为由南东向北西背冲的推覆构造、由四条主干逆冲断裂构成叠瓦状推覆系统，浅部倾角较陡，向深部变缓并收敛于一个低角度滑脱面上。武夷山北缘断裂在瑞金东侧的日东含煤区由南东向北西将寒武系逆掩到煤系之上，在龙南大罗矿区、赣县小坪矿区均发育总体上由南东向北西逆冲的断裂。武夷隆起的南缘为由北西向南东指向闽西南拗陷的逆冲断裂系。

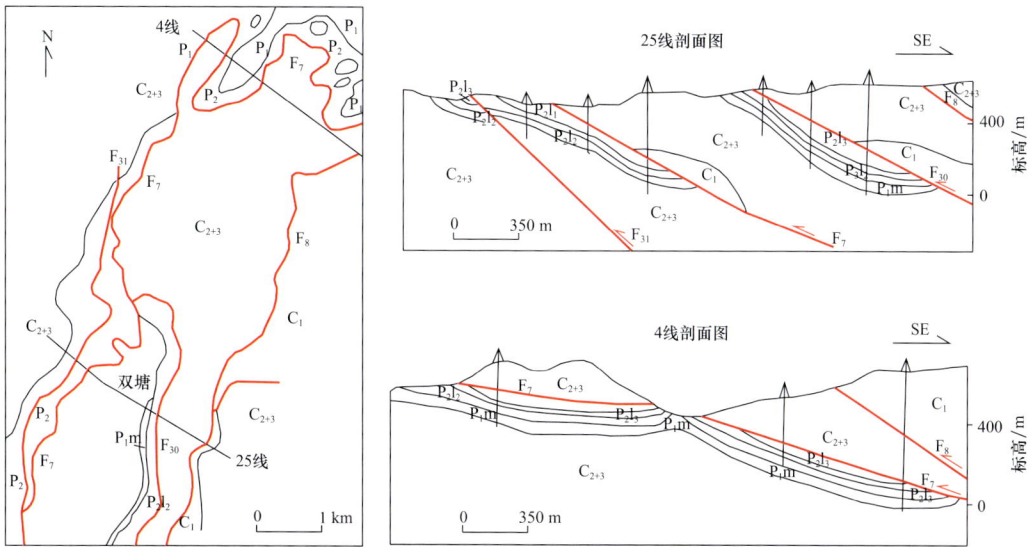

图 6.58　连阳煤田吉古—双塘区叠瓦式逆冲推覆构造

　　武功隆起以滑覆构造为主，滑面位于茅口灰岩与栖霞灰岩之间的小江边灰岩中，既造成上覆煤系的滑脱，又使茅口灰岩以飞来峰的形式推覆构造位于武功山的南侧，由北向南滑覆，主滑面倾角浅陡深缓，断裂具有后缘拉张、前缘逆冲的性质，其峰缘与武夷隆起形成了对冲构造。

　　1. 上饶煤田

　　位于武夷山北缘，包含了局里、应家和排山三个呈斜列展布的复向斜，各向斜间被上侏罗统火山岩和震旦系推覆体所掩盖。局里复向斜南东翼倒转，有五条较大的南倾向北冲的逆断裂，呈叠瓦状，主滑面位于底部，下伏系统为侏罗系和燕山期闪长岩体（图 6.59）。应家倒转复式向斜走向北东东，轴面倾向南，有多条由南东向北西逆冲断裂破坏了煤层的连续性（图 6.60）。

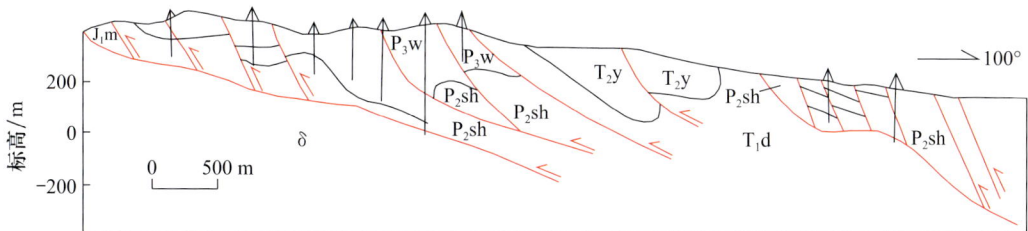

图 6.59　局里向斜剖面图（毛节华和许惠龙，1999）

　　2. 安福煤田

　　位于武功山南缘，陈山背斜与油田红盆之间，为东西向展布的复式向斜，包括文家北、哑岭、大光山、北华山、铁华山和青坡等井田。在震旦系与寒武系，寒武系与泥盆系，泥盆系与石炭系，上、下石炭统，栖霞组与茅口组及龙潭组的老山段内部均发

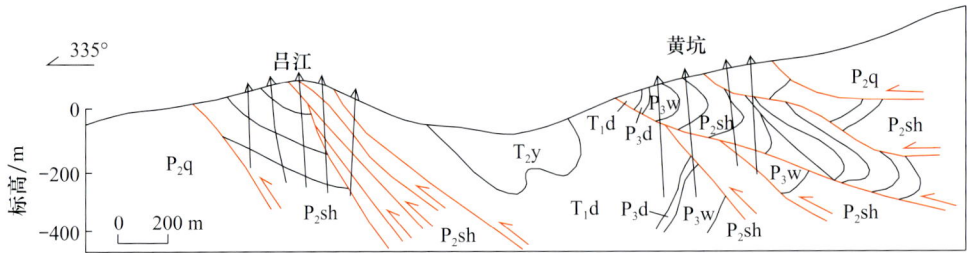

图 6.60　应家向斜剖面图（毛节华和许惠龙，1999）

育有多个滑脱面。滑脱面大部分布在安福矿区的北部，地表见有张性断层，造成地层缺失，显示出根带的特征，滑脱面前锋在青坡东南及安福东侧形成多条逆冲断裂带（图 6.61），与武夷山北缘形成独特的对冲带。

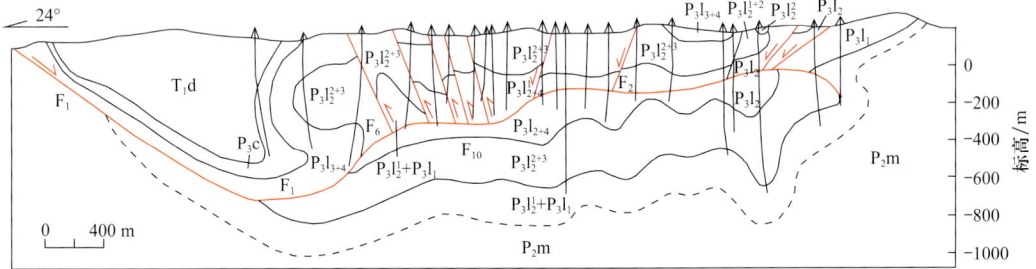

图 6.61　安福矿区剖面图

3. 曲仁煤田

位于粤北诸广山岩体和南侧的大东山、贵东岩体之间，以发育不完整褶皱及滑覆构造为主，测水煤系赋存在厢廊、芙蓉山、大塘等轴向北东的向斜内，向斜北西翼缓，南东翼陡，煤系底部的"兜底"断裂使煤系自北西翼向南东翼滑动，并出现逆冲，形成后滑前冲的滑覆构造。二叠纪煤系主要赋存在丹霞白垩纪盆地的西缘，构成北西向的向斜，存在由西向东指向白垩纪盆地边缘的滑覆构造（图 6.62），滑动面与煤系同步褶皱。

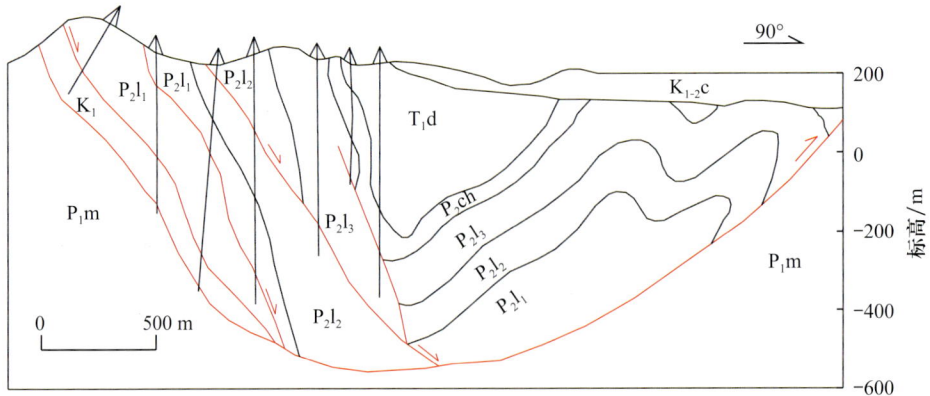

图 6.62　曲仁煤田云顶 8 线延伸剖面图

288

（四）浙西赣东拗陷赋煤构造带

浙西赋煤构造带位于江山－绍兴结合带以西，昌化－普陀断裂带以南，与大地构造分区的怀玉山－天目山被动陆缘与陆表海盆地（Ⅲ级构造单元）和赋煤单元划分的浙西赋煤构造带相当。以球川－萧山断裂带为界，可划分浙西陆源斜坡和平水陆缘盆地两个Ⅲ级构造单元。浙西陆源斜坡的西南侧，紧靠球川－萧山断裂北侧，赋存含煤层位为下石炭统的叶家塘组的常山－建德煤田和含煤层位为二叠系的礼贤组、雾林山组的煤产地，平水陆缘盆地亚相的西南侧，赋存二叠系中统礼贤组的含煤地层。侏罗世的陆相河流盆地的含煤碎屑建造，发育在复式向斜核部和主要断裂带两侧的呈零星分布的兰溪马涧、建德李家、龙游杜山坞等拗陷小盆地。

（五）闽西南拗陷赋煤构造带

闽西南拗陷赋煤构造带位于武夷山东南邵武－河源断裂以东的闽粤沿海，包括闽西南及粤东兴梅煤田。

闽西南煤田位于武夷隆起东南，因顺昌—上杭一带北北东向的燕山期古田岩体而分隔为东西两个条带，煤田内滑脱构造十分发育，西侧的清流－连城条带被夹持在武夷隆起与古田岩体之间，表现为滑片型或滑块型，滑动系统和原地系统的构造都较简单，东条带以龙岩—大田一带为中心，构成复向斜，滑覆构造在不同部位分别表现出重力滑动构造的后缘、中带和前锋的特征。永安加福、洪田、龙岩、苏邦等矿区为滑块型或滑片型，具有后缘带的特征（图6.63）；中带上京大田、大竹林、龙岩翠屏山等矿区为滑褶型或滑片型，滑褶型使岩煤层发生强烈褶皱，出现流变特征，形成独特的"红绸舞"式、"剑鞘褶皱"形态（图6.64）；前锋带位于永春天湖山一带，出现后滑前冲的逆冲推覆构造（图6.65）。

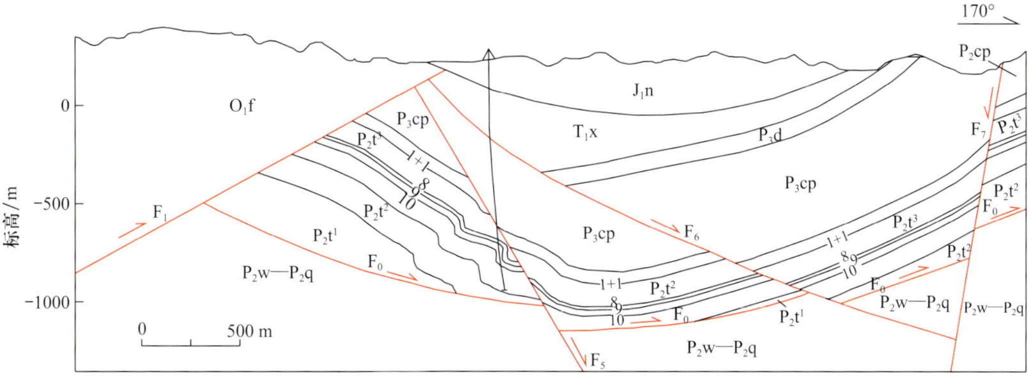

图6.63　福建省永安市福溪矿区8线地质剖面图（后缘）

图中数字为煤层编号

粤东兴梅煤田为燕山期花岗岩和由震旦系构成的隆起所围限，与闽西南煤田之间为北西向的燕山期岩体所分隔。煤田呈向南凸出的弧形，以近南北向的梅县－蕉岭断裂为界，西侧以由二叠纪煤系组成的南北向褶皱为主，呈似隔挡式褶皱；断裂以东煤系受一

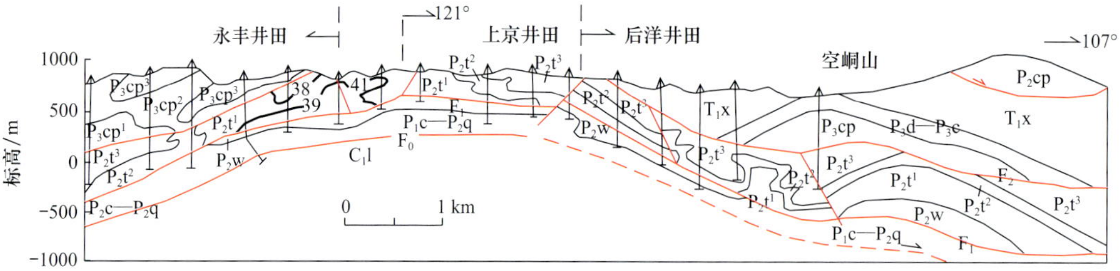

图 6.64　福建上京大田井田地质剖面图（中带）

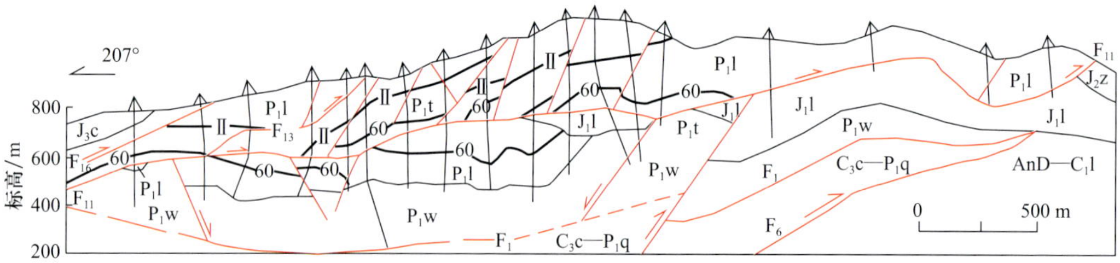

图 6.65　福建永春天湖山 19 线地质剖面图（前锋）

系列北东、北北东向叠瓦式逆冲断裂的切割。二叠纪煤系主要分布在北北西向的长田侏罗纪盆地、东西向的白渡－松口侏罗纪—白垩纪盆地两侧。煤田内明山、丙村、槐岗、罗坑、宝坑等矿区滑覆构造均呈现滑片型，一般为背斜指向斜核部、隆起指向拗陷、盆缘指向盆内滑动，由二叠纪煤系底部的滑覆断裂一条或数条倾向相同反向运动的逆冲断裂共同组成的滑、推叠加型构造（图 6.66）。

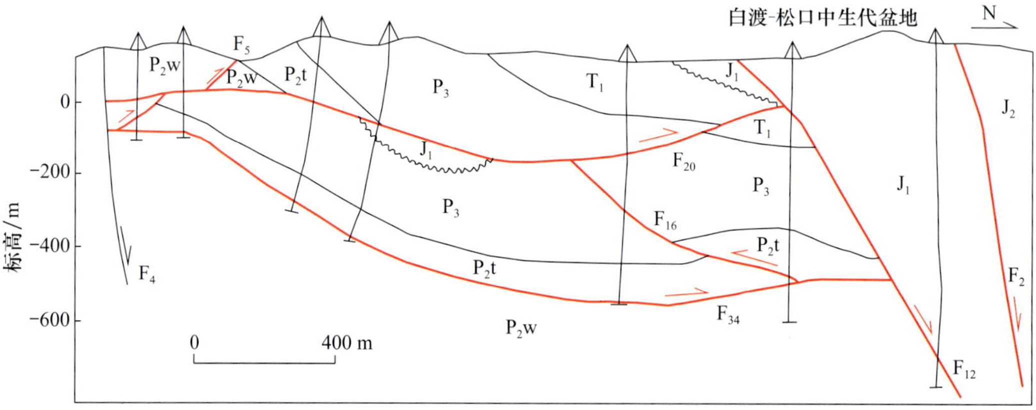

图 6.66　粤东 2 兴梅煤田丙村矿区剖面图（李文恒和龚绍礼，1999）

（六）右江褶皱赋煤构造带

右江褶皱赋煤构造带范围与右江造山带大致相当，西北界为南盘江断裂，东界为桂林—黎塘—邕宁—宁明一线，含煤盆地分布在滇东南的文山和桂西的右江、南宁、宁明、钦州、合浦等地。

该区北西向断裂发育，北东向的断裂主要发育在滇东南并与南盘江断裂平行，在文山—富宁一带，北东向断裂与北西向断裂连通，构成向北凸弧形，二叠纪煤系呈孤立的带状、块状出露在断裂带旁侧，显然是断裂抬升的结果。主要含煤区分布在桂中一带，由于煤系下伏变质基底，该区褶皱作用不强烈，地层掀斜幅度小，褶皱宽缓，轴向以北西向占绝对优势，局部为北东、北北东向，或呈东西向的弧形展布。

滇东南的古近纪—新近纪盆地主要沿富宁、文山–麻栗坡、马关–楚雄等北西向断裂带分布，有蒙自、富宁、花枝格等盆地，以古生界为核心呈向北凸出的弧形断裂及褶皱构成煤系基底格架，新近纪煤系不整合其上，变形较微弱。沿右江断裂带分布的有百色、雁江、南宁、那龙等盆地。受右江断裂的控制，百色盆地为不对称向斜，北东翼陡，南西翼缓（图 6.67）。南宁盆地及那龙盆地是古近纪初开始发育并逐步发展而成的小型内陆断陷盆地，含煤沉积受西乡塘断裂的控制（图 6.68），古新世红色岩组的沉积中心位于盆地西南那廊一带，始新世凤凰山组沉积中心东移，大致位于南宁一带。沿北东向的凭祥–大黎断裂分布有宁明、海渊、上思等盆地，盆地变形微弱，多呈堑垒状。

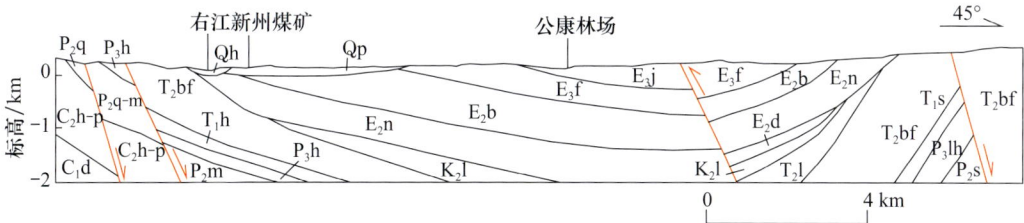

图 6.67　百色盆地古近纪—新近纪煤系剖面图

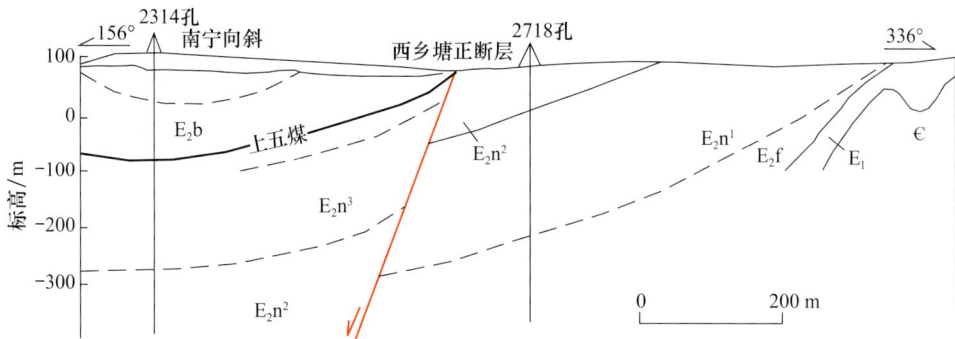

图 6.68　南宁盆地西乡塘正断层综合示意剖面图

（七）雷琼断陷赋煤构造带

雷琼断陷赋煤构造带位于广东雷州半岛及海南岛北部地区，有广东茂名、洋青–界炮、琼北长昌、长坡等煤田。该区为巨型垒–堑构造（图 6.69），琼州海峡为断陷中心，含煤盆地位于断陷区与断隆区的过渡位置。洋青–界炮盆地位于遂溪断裂北侧，长昌、长坡盆地位于王五–文昌断裂带南侧。茂名、洋青–界炮盆地在成煤期为箕状盆地，北缘及盆内均发育正断层，煤系形成不对称向斜。长昌盆地有东西向和北西向两组控盆断裂，北西向断裂后期发生右旋走滑，使煤系错移，盆地遭受了轻微挤压，呈轴向南北转东西的宽缓向斜，地层倾角为 $15°\sim25°$，近盆缘断裂处变陡。长坡盆地后期变形微弱，基本呈水平状态。

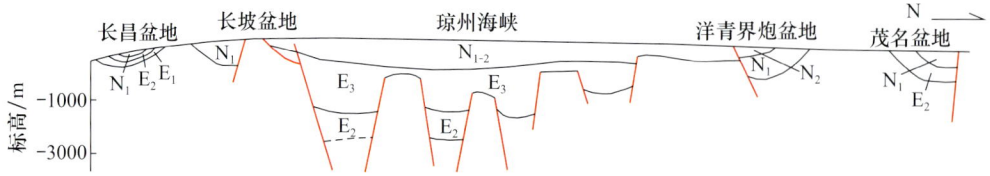

图 6.69　雷琼断陷堑－垒构造与古近纪盆地剖面示意图（毛节华和许惠龙，1999）

（八）台湾逆冲拗陷赋煤构造带

台北煤盆地在古近纪之前已接受沉积，晚期至新近纪时发生拗陷，其间有一不整合界面。在中新世时形成了三个沉积旋回，每个沉积旋回由浅海相地层和海陆交互相含煤地层组成，即野柳群、瑞芳群和三峡群。这些海陆交互相沉积地层向南逐渐变为浅海沉积，显示拗陷由北向南逐渐加深，同时反映了台北煤田盆地沉积的总体状况。

新近纪之后，台北煤盆地至少经受两期较强烈构造运动。一是渐新世末期强烈地壳运动，使台湾中部隆起纵贯南北，其走向由南部北北东向至北部逐渐转为北东向、北东东向，并在中部隆起两侧形成台东拗陷和台西拗陷，台西拗陷为中新世煤系形成提供了良好的沉积场所；二是更新世早期的卓兰组沉积后发生的蓬莱运动，使新近纪和卓兰组煤系发生变形。

台北煤盆地东侧为屈尺－潮州断裂，该断裂是一大断裂，走向与台湾岛相仿，呈向西北凸出的弧形，全长约为420km。断裂向南延出台湾岛外，与马尼拉海沟相连（福建省地质矿产局，1994）。马尼拉海沟是吕宋岛弧与南海板块间的俯冲带，屈尺－潮州断裂可视为该俯冲带北段在台湾岛上的延伸，同时又是一条大型的岩石圈断裂（Biq，1989）。在渐新世末期开始的碰撞运动中，形成台西拗陷，此断裂带亦成为台北煤盆地的东界。

台湾地区的煤盆地形成时代较新，总体受改造时间较短。其沉积时期为新近纪的中新世，而新生代及之后最重要的板块构造运动是欧亚大陆板块边缘与东侧菲律宾板块的会聚和碰撞：即菲律宾板块的洋壳俯冲至欧亚大陆板块之下。因此，板块运动形成了之后的一系列构造形态，使得位于台湾西北部台北煤盆地中的地层受挤压应力作用发生了相应的褶皱和断裂，致形成的煤田发生了相应的形变和破坏，主要控煤构造样式为（复）向斜构造和逆冲断层两大类（图6.70）。

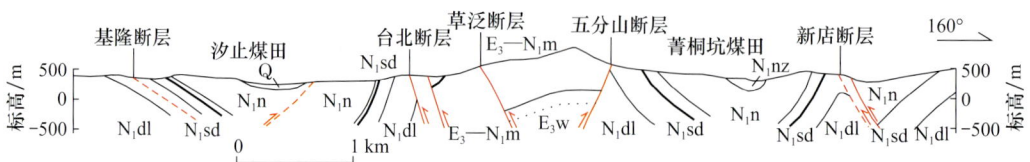

图 6.70　台北煤田汐止－菁桐坑一带煤田构造剖面图（福建省地质矿产局，1994）

在更新世的蓬莱运动中，煤系受到构造挤压发生褶曲和断裂，煤层常为小断层所切割，使煤层延续性差，时现时灭，局部膨缩，或煤层受挤压而变得粉碎，故煤层中多粉煤（福建省地质矿产局，1994）。

（九）华夏赋煤构造亚区煤田构造变形规律

华夏赋煤构造亚区的基底为前泥盆纪浅变质岩系，较扬子地块煤系基底固结程度低，多期次的挤压与伸展构造体制转换，煤系构造变形强烈，形成了多期次、多尺度的滑脱构造，先成断裂大多经历了滑覆（顺层）—褶皱—推覆（切层）—重力滑动等运动过程，煤系变形十分复杂。煤系形成越早，遭受后期构造运动叠加、改造越强烈，构造变形越复杂，煤田推覆和滑覆构造全面发育，闽、湘、赣地区以"红绸舞状褶皱"的形象比喻而著称。明显受基底隆起和盖层拗陷的构造格局控制，滑脱构造由隆起指向拗陷，印支运动受南北—北西挤压应力的影响，赋煤构造单元呈一系列北东—北北东向展布的组合（表6.4）。根据晚古生代—新生代煤系构造变形构造样式的空间展布特征，自西向东可划分为九岭－武夷对冲带，湘南粤北滑覆、推覆带、闽西南粤东褶皱滑覆带、右江褶皱带。

表6.4 华夏赋煤构造亚区主要控煤构造样式

赋煤构造亚区	赋煤构造带	主要控煤构造样式
华夏赋煤构造亚区	湘桂断陷赋煤构造带	叠瓦状构造、双重构造、冲起构造、隔挡式褶皱、复合反转型、重力滑覆型、层滑型
	赣湘粤拗陷赋煤构造带	叠瓦状构造、逆冲岩席、重力滑覆型
	上饶－安福－曲仁拗陷赋煤构造带	叠瓦状构造、逆冲岩席、重力滑覆型、层滑型
	浙西赣东拗陷赋煤构造带	纵弯褶皱、逆冲岩席、挤压断块
	闽西南拗陷赋煤构造带	叠瓦状构造、背冲式、逆冲岩席、双重式、对冲式
	右江褶皱赋煤构造带	单斜断块、箕状构造、对冲构造、断滑褶皱、正－平移、逆－平移断裂、掀斜断块型
	雷琼断陷赋煤构造带	地堑式
	台湾逆冲拗陷赋煤构造带	逆冲岩席、纵弯褶皱

就整个华南赋煤构造区而言，构造变形强度和岩浆活动强度均有由板内向板缘递增的趋势，煤田构造格局明显受区域性隆起和拗陷的控制，煤田内的推覆、滑脱构造全面发育，主要呈现低角度的推覆型和滑脱型构造。由华夏赋煤构造亚区沿海中生代闽浙火山岩带向扬子赋煤构造亚区，一系列北东—北北东向大型隆起和拗陷相间排列，逆冲推覆与滑覆由隆起指向拗陷，北东—北北东向展布的赋煤构造单元组合规律明显。基底逆冲推覆带不仅可以出现在板缘造山带上，亦可以出现在板内基底隆起带的两侧。

第七章　滇藏赋煤构造区

滇藏赋煤构造区位于我国西南部，北界大致以昆仑山为界，东界为龙门山—大雪山—哀牢山一线，包括西藏自治区、青海省、四川省西部、云南省西部，以及新疆维吾尔自治区南部部分地区，东西长约为 2100km，南北宽为 600～1300km，面积约为 $200 \times 10^4 km^2$。滇藏赋煤构造区主体部分是有"世界屋脊"和"第三级"之称的青藏高原，平均海拔为 4000～5000m，地域辽阔，交通较困难，自然地理条件和地质条件十分复杂，煤田地质工作程度极低。

第一节　大地构造背景

一、大地构造格局

（一）大地构造格基本特征

青藏高原主体部分是冈瓦纳大陆裂解的一系列地体由南向北漂移并相继碰撞增生的结果，特提斯洋的最终闭合形成了青藏高原上的几条东西走向的缝合带，从北向南由老到新依次为木孜塔格－昆南－阿尼玛卿缝合带、金沙江缝合带、龙木措－双湖缝合带、班公湖－怒江缝合带和雅鲁藏布缝合带。在青藏高原主体部分缝合带分隔的东西走向的地体，从北向南依次为：东昆仑－柴达木地体、松潘甘孜－可可西里地体、北羌塘地体、南羌塘地体和拉萨地体，以及构造上属于印度板块的喜马拉雅地体（Sengor，1984；Dewey and Sun，1988；Pearce and Deng，1988；刘增乾等，1990；Burchfiel and Royden，1991；Yin et al.，2002；许志琴等，2013）（图 7.1）。

（二）大地构造单元划分

众多学者在研究全国大地构造单元格局时，对于滇藏区提出了不同的划分方案，黄汲清（1954，1960）将滇藏区域划分为西藏滇西准地台和喜马拉雅褶皱系，王鸿祯（1981）划分为北部陆缘区南带、南部陆块区和中国南缘（冈瓦纳）大陆区，李春昱（1980）提出冈底斯－拉萨中间地块和印度板块的划分方案，杨巍然和王豪（1991）将西部划分为西伯利亚板块、中国板块和欧亚板块，邓起东等（2002）以活动断裂为研究对象划分了青藏断块区，刘训（2012）提出羌塘－扬子－华南板块和冈瓦纳板块的划分方案。还有一些学者专门针对青藏高原大地构造格局开展研究（肖序常等，1986，2001；杨巍然和王豪，1991；高延林，1993；

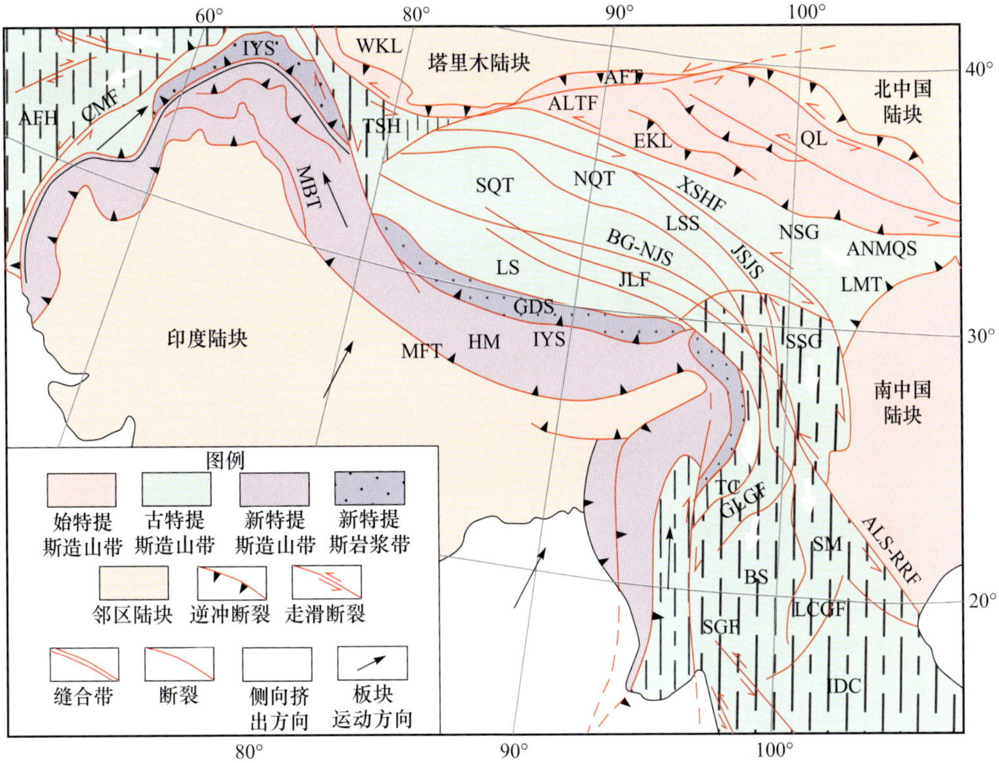

图 7.1 青藏高原大地构造格架图（据许志琴等，2013，有简化）

QL. 祁连地体；EKL. 东昆仑地体；AFT. 阿尔金地体；NSG. 北松潘 – 甘孜地体；SSG. 南松潘 – 甘孜地体；

NQT. 北羌塘地体；SQT. 南羌塘地体；WKL. 西昆仑地体；TSH. 甜水海地体；LS. 拉萨地体；

TC. 腾冲地体；BS. 保山地体；SM. 思茅地体；IDC. 印度支那地体；HM. 喜马拉雅地体；

AFH. 阿富汗地体；GDS. 冈底斯地体；ANMQS. 阿尼马卿缝合带；JSJS. 金沙江缝合带；

LSS. 龙木错 – 双湖缝合带；BG-NJS. 班公湖 – 怒江缝合带；IYS. 印度 – 雅鲁藏布江缝合带；

ALTF. 阿尔金断裂；XSHF. 鲜水河断裂；ALS-RRF. 哀牢山 – 红河断裂；LCGF. 澜沧江断裂；

GLGF. 高黎贡断裂；JLF. 嘉黎断裂；SGF. 实皆断裂；MBT. 主边界冲断裂；

MFT. 主前锋逆冲断裂；CMF. 恰曼断裂；LMF. 龙门山断裂

李德威，2003；崔军文等，2006；张克信，2015），从不同的侧重点划分了青藏高原大地构造单元。

潘桂棠等（2012）以板块构造理论和大陆动力学思维为指导，以多岛弧盆系观点为切入点，运用大地构造相分析方法，研究中国大陆形成演化过程中地壳块体离散、会聚、碰撞、造山等过程的大地构造环境及其与成矿的时空关系，从洋陆转换过程中的大地构造环境理解中国大地构造形成演化的基本特征，提出了较全面的大地构造划分方案（图 7.2，表 7.1）。

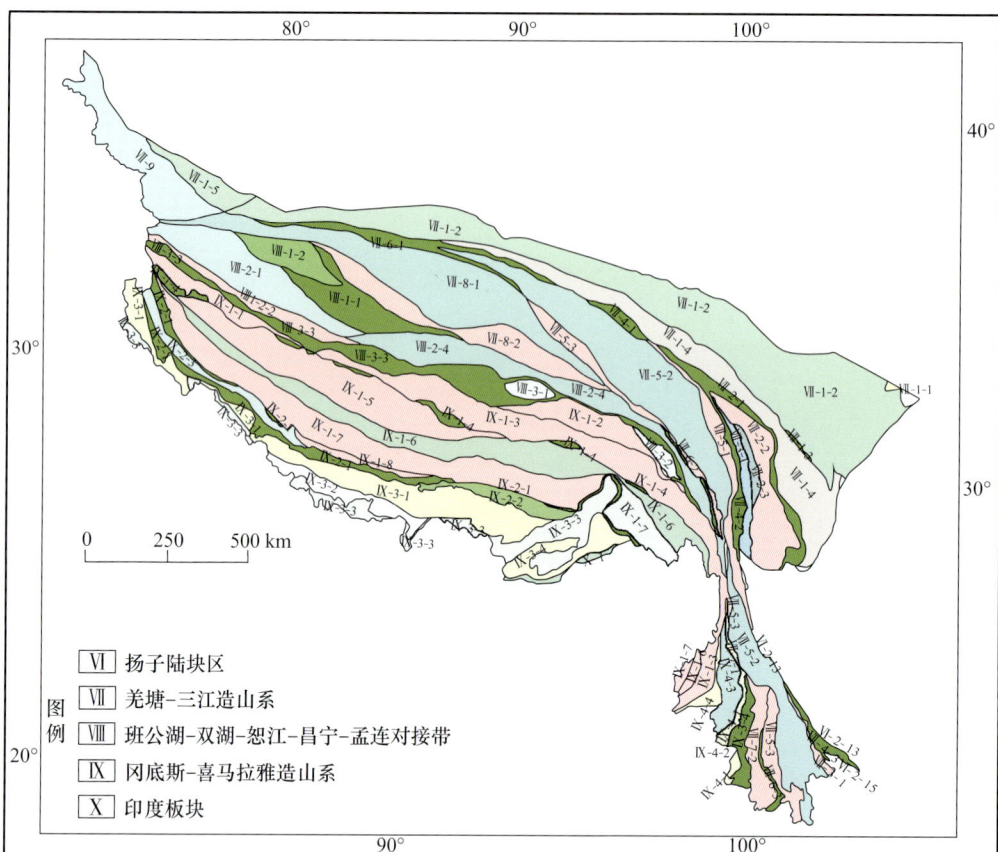

图 7.2　滇藏地区大地构造单元划分图（据潘桂堂等，2012）

表 7.1　滇藏地区大地构造单元划分表（据潘桂堂等，2012）

一级构造单元	二级构造单元	三级构造单元
Ⅵ：扬子陆块区	Ⅵ-2：上扬子古陆块	Ⅵ-2-13：哀牢山变质基底杂岩（Pt₁）
		Ⅵ-2-15：都龙变质基底杂岩（Pt）
Ⅶ：羌塘–三江造山系	Ⅶ-1：巴颜喀拉地块	Ⅶ-1-1：碧口弧盆系（Pt₂₋₃—T₂）、黄龙被动陆缘（T₂—N）
		Ⅶ-1-2：巴颜喀拉前陆盆地（T₃）
		Ⅶ-1-3：炉霍–道孚蛇绿混杂岩带（P—T₁）
		Ⅶ-1-4：雅江残余盆地（T）
	Ⅶ-2：甘孜–理塘弧盆系	Ⅶ-2-1：甘孜–理塘蛇绿混杂岩（P—T₃）
		Ⅶ-2-2：义敦–沙鲁岛弧（T₃）
		Ⅶ-2-3：勉戈–青达柔弧后盆地（T₃）
	Ⅶ-3：中咱–中甸地块	Ⅶ-3-1：中咱碳酸盐岩台地（Pz—T）

续表

一级构造单元	二级构造单元	三级构造单元
VII：羌塘－三江造山系	VII-4：西金乌兰－金沙江－哀牢山结合带	VII-4-1：西金乌兰蛇绿混杂岩（Pz—T）
		VII-4-2：金沙江蛇绿混杂岩（C_1—T）
		VII-4-3：哀牢山蛇绿混杂岩（C—P）
	VII-5：昌都－兰坪－思茅地块	VII-5-1：治多－江达－维西－绿春陆缘弧（P_2—T）
		VII-5-2：昌都－兰坪－思茅双向弧后前陆盆地（P—T）
		VII-5-3：开心岭－杂多－景洪陆缘弧（P_2—T）
	VII-6：乌兰乌拉－澜沧江结合带	VII-6-1：乌兰乌拉湖蛇绿混杂岩（D—P）
		VII-6-2：北澜沧江蛇绿混杂岩（D—P）
		VII-6-3：南澜沧江冲增生杂岩（C—P）
	VII-7：崇山－临沧地块	VII-7-1：碧罗雪山－崇山变质基底（Pt_2）
		VII-7-2：临沧岩浆弧（P—T）
	VII-8：北羌塘地块	VII-8-1：雁石坪弧后前陆盆地（T_3—J）
		VII-8-2：那底岗日－格拉丹东陆缘弧（T_3—J_1）
	VII-9：甜水海地块	
VIII：班公湖－双湖－怒江|昌宁－孟连对接带	VIII-1：龙木错－双湖－类乌齐结合带	VIII-1-1：龙木错－双湖蛇绿混杂岩带（Pz—T_2）
		VIII-1-2：托和平错－查多岗日洋岛增生杂岩（C—T_2）
	VIII-2：羌塘－左贡增生弧盆系	VIII-2-1：多玛地块（Pz）
		VIII-2-2：扎普－多不杂岩浆弧
		VIII-2-3：南羌塘增生盆地（Pz—T）
		VIII-2-4：左贡地块（Pt 或 C）
	VIII-3：班公湖－怒江结合带	VIII-3-1：聂荣（地体）增生弧（Pt_{2-3} 或 J）
		VIII-3-2：嘉玉桥（地体）增生弧（Pt_{2-3} 或 Pz—J）
		VIII-3-3：班公－怒江蛇岩杂岩（D—K_1）
		VIII-3-4：昌宁－孟连蛇绿混杂岩（Pz—T_2）
IX：冈底斯－喜马拉雅造山系	IX-1：冈底斯－察隅弧盆系	IX-1-1：昂龙岗日岩浆弧（J—K）
		IX-1-2：那曲－洛隆弧前盆地（T_2—K）
		IX-1-3：班戈－腾冲岩浆弧（C—K）
		IX-1-4：狮泉河－申扎－嘉黎蛇绿混杂岩（T_3—K）
		IX-1-5：措勤－申扎岩浆弧（J—K）
		IX-1-6：隆格尔－工布江达复合岛弧带（C—K）
		IX-1-7：冈底斯－下察隅火山岩浆弧（J—E）
		IX-1-8：日喀则弧前盆地（K）

续表

一级构造单元	二级构造单元	三级构造单元
IX：冈底斯 – 喜马拉雅造山系	IX-2：雅鲁藏布江结合带	IX-2-1：雅鲁藏布蛇绿混杂岩（T—K）
		IX-2-2：郎杰学增生杂岩（T₃）
		IX-2-3：仲巴地块（Pz—J）
	IX-3：喜马拉雅地块	IX-3-1：拉岗轨日被动陆缘盆地（Pt₂₋₃ 或 Pz—E）
		IX-3-2：北喜马拉雅碳酸盐岩台地（Pz—E）
		IX-3-3：高喜马拉雅基底杂岩（Pt₁₋₂）
		IX-3-4：低喜马拉雅被动陆缘盆地（Pt₁₋₂ 或 Pz—E）
	IX-4：保山地块	IX-4-1：耿马被动陆缘（Є—T₂）
		IX-4-2：西盟基底变质杂岩（Pt₁）
		IX-4-3：保山陆表海盆地（Є—T₂）
		IX-4-4：潞西被动陆缘（Z—T₂）
X：印度陆块区	X-1：西瓦里克前陆盆地	

二、地球物理场特征

（一）重力异常

青藏高原为全国最低的重力负异常区，重力最低值为 $-575 \times 10^{-5} \sim -550 \times 10^{-5} \mathrm{m/s^2}$，周边被布格重力异常梯级带围绕，其北界是昆仑山 – 阿尔金山 – 祁连山东西向布格重力异常梯级带，东界是贺兰山 – 龙门山 – 邛崃山南北向布格重力异常梯级带，南界是喜马拉雅山布格重力异常梯级带（图7.3）。

（二）莫霍面埋深

青藏高原的地壳以巨厚为其特征，除在柴达木盆地内部较薄外，莫霍面埋深大都在70km以上；在青藏高原东缘，莫霍面埋深向东南方向逐渐变浅，形成一条近似南北向的梯度带，其埋深由龙门山下部的60km变浅为成都附近的50km；而在攀西裂谷一带，莫霍面埋深则与南北地震带对比，它由北（约50km）向南（约44km）逐渐变浅（图7.4）。滇西地区莫霍面起伏形态较为复杂，自金沙江 – 哀牢山断裂向西，可划分为哀牢山幔隆、兰坪 – 思茅幔拗、澜沧江幔隆、镇康 – 保山幔拗、高黎贡山幔隆及滇西地块等幔貌区划，体现出了丘壑相间的轮廓，反映了特提斯构造的沟 – 弧 – 盆构造地貌特征。由于受到推覆构造的影响，向北收敛，向南撒开的帚状弧形特点不及地表构造线明显。

三、区域构造演化与成煤背景

从特提斯到青藏高原的形成，经历了一个漫长的演化过程，通常划分为以下阶段：原特提斯阶段、古特提斯阶段、新特提斯阶段、印度 – 欧亚大陆碰撞与青藏高原形成阶

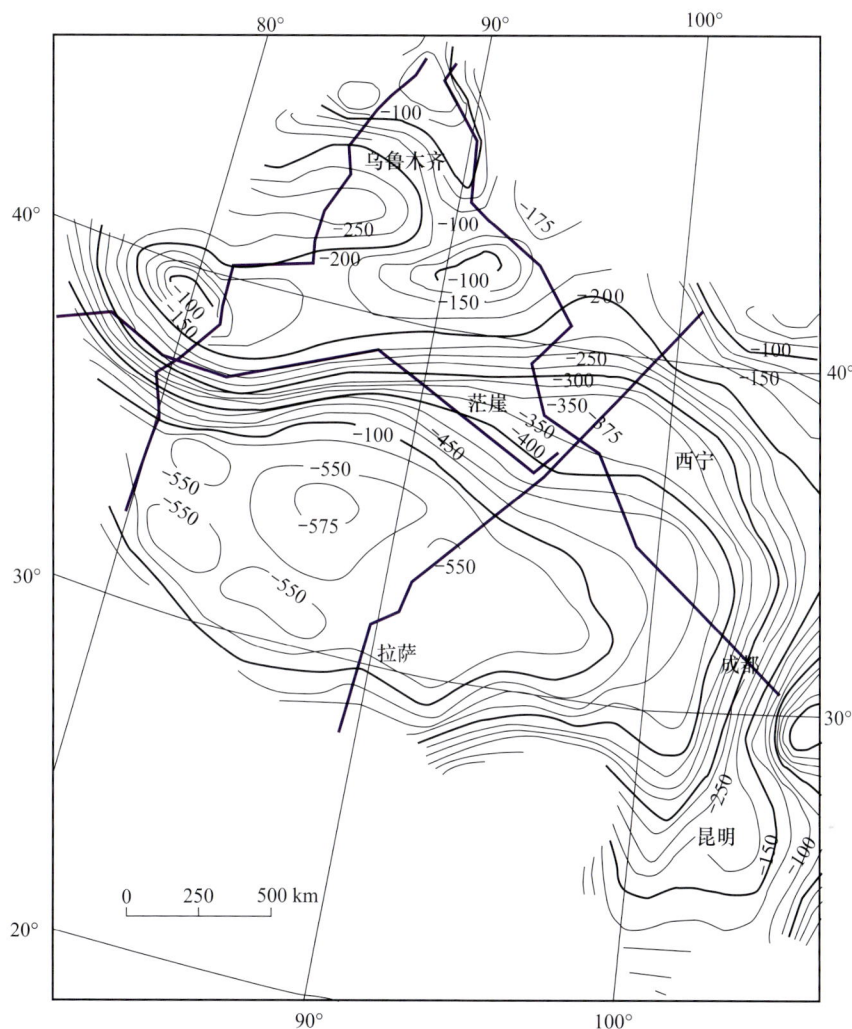

图 7.3　中国西部（1°×1°）布格重力异常图（肖序常和姜枚，2008）（单位：10^{-5}m/s^2）

段（莫宣学和潘桂棠，2006；潘桂棠等，2012）。最终形成了现今平均海拔 4000m 以上的青藏高原。

　　青藏高原成煤期众多，最早的成煤期为昌都地体上的早石炭世，在松潘甘孜 - 可可西里地体与东昆仑 - 柴达木地体上则发生了中侏罗世成煤作用。白垩纪成煤作用主要发育在拉萨地体上。古近纪聚煤期则主要出现在青藏高原西南部。除早中侏罗世和新生代成煤期为陆相沉积外，其余成煤期皆为海相交互相的含煤沉积。在空间展布上，青藏高原的成煤作用以昌都地体为中心，向北以及西南方向由滨海向内陆发展。

　　在青藏高原的形成过程中，东特提斯演化对青藏高原各成煤期含煤性优劣的决定性因素，不同地质历史阶段的洋盆开启和闭合，决定了含煤盆地的类型，控制了成煤植物生长的气候条件，最终制约了成煤作用的展布特点（谭岳岩和魏振声，1989）。

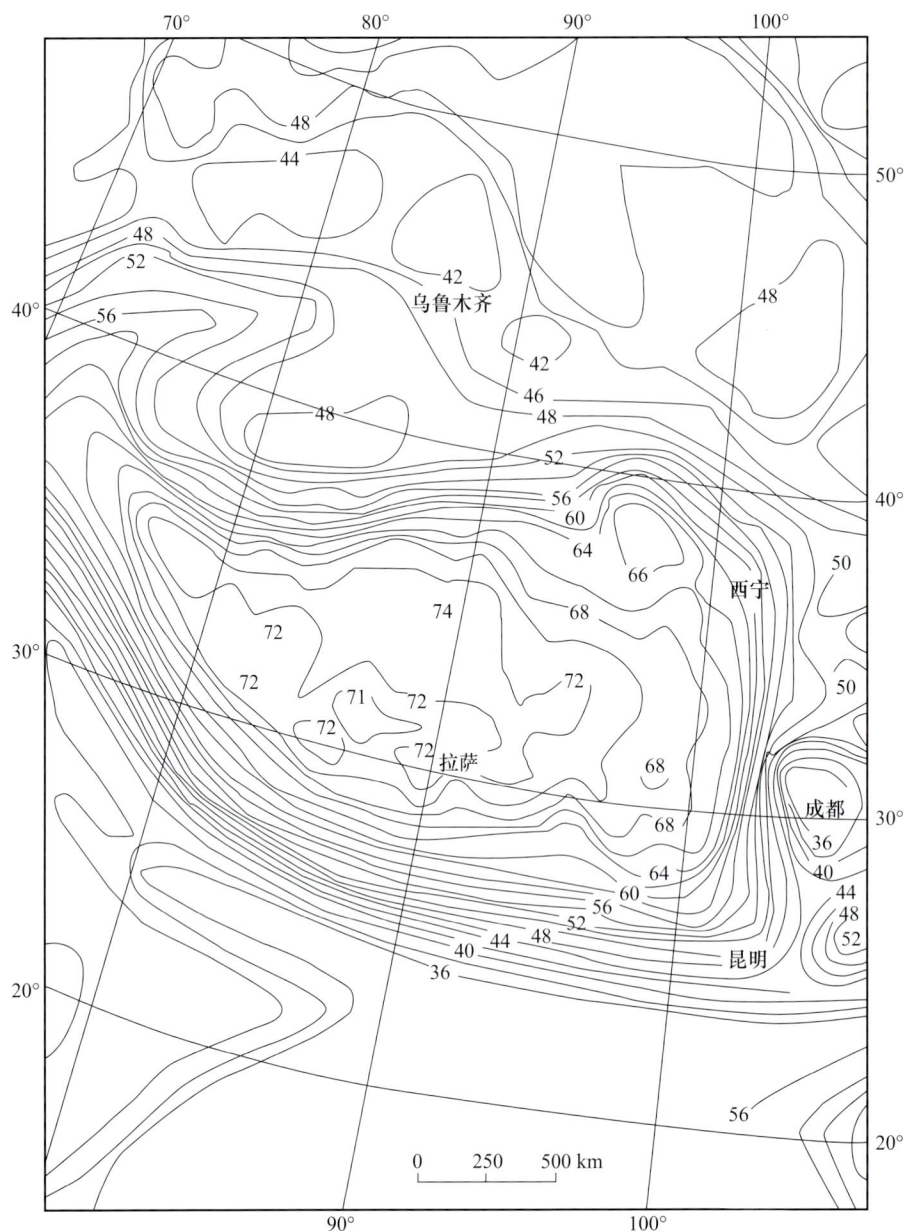

图 7.4　中国西部大陆地壳厚度等值线图（肖序常和姜枚，2008）（单位：km）

（一）原特提斯时期

原特提斯洋是一个近东西向的古大洋，地质记录主要分布于东亚地区。尽管国内大多数学者认为原特提斯洋形成于震旦纪—早古生代，但对中国境内原特提斯的空间界定尚存在不同观点。①原特提斯洋由北部古中亚洋（天山－蒙古－兴安主洋盆）、中部秦－祁－昆洋和南部有深水记录的未定名洋构成（钟大赉，1998；陆松年，2001；郭福祥，2001）。其中古中亚洋被认为是 Rodinia 超大陆裂解过程产生的原特提斯主洋盆（陆松年，2001；高长林，2006）。②原特提斯洋由北部具复杂多岛洋特征的古中国洋（商丹洋为其东部分支）和南部相对简单的主大洋"原特提斯洋"构成（高长林，2006；徐旭辉，2009）。③原特提斯洋是一个位于华北－塔里木陆块以南、滇缅泰/保山地块以北的复杂大洋（李兴振，1999；Xiao et al.，2009）。

（二）古特提斯时期

古特提斯时期是指发生在晚古生代—晚中生代的特提斯运动，是由修沟－玛沁、龙木错－澜沧江－昌宁孟连、金沙江－哀牢山、甘孜－理塘等几个在不同时期打开而近同时关闭的洋盆构成。昆南－阿尼玛卿、澜沧江－昌宁－孟连、金沙江－哀牢山三个主要洋盆在早石炭世打开形成洋壳，到早二叠世达到最大规模。较新的甘孜－理塘洋盆在晚二叠世打开。而所有古特提斯洋盆均在晚三叠世—早侏罗世早期由于陆－陆碰撞、弧－陆碰撞或弧－弧碰撞而关闭，形成了数条蛇绿混杂岩带（缝合带），夹持着若干微陆块的空间格局，之后又叠加了后碰撞地质作用的影响。在这些缝合带中，龙木错－双湖－昌宁孟连带及昆南－阿尼玛卿带两条地壳对接消减带（简称对接带），代表两个基本对等的陆块最后拼合的界线（莫宣学等，1993；Wang and Mo，1995；钟大赉，1998；李才，2008）（图 7.5）。

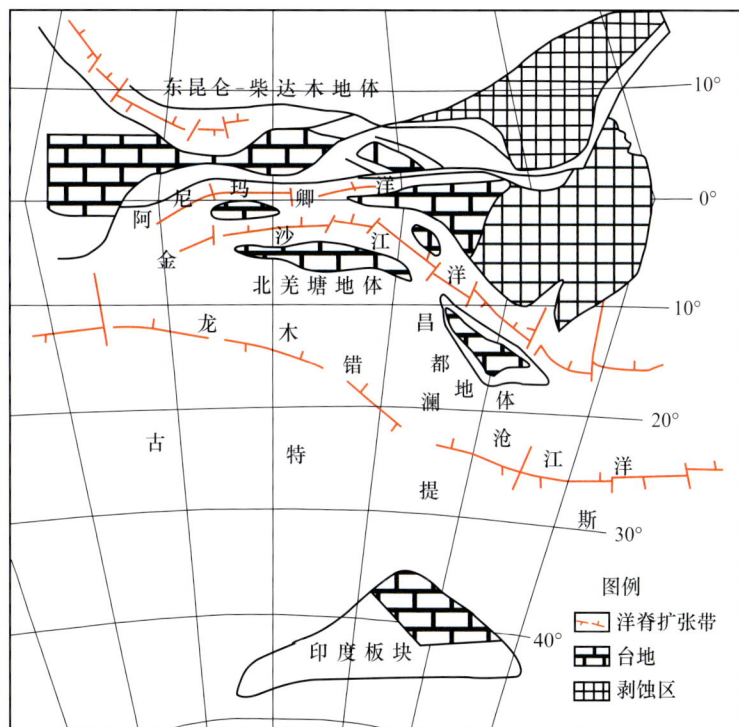

图 7.5 古特提斯洋盆位置简图（据徐旭辉，2005，简化）

1. 昆南－阿尼玛卿缝合带

昆南－阿尼玛卿洋盆残留的蛇绿岩带分布于东昆仑南缘，巴颜喀拉盆地北侧。德尔尼蛇绿岩熔岩的 U–Pb 年龄 308Ma（姜春发等，1992；Yang et al.，1996）及其中玄武岩的 U–Pb 年龄为 319～276Ma（杨经绥等，2004），标志洋盆的形成可能从早石炭世开始。在东昆仑地区，发育与俯冲造山有关的中二叠世至早三叠世弧火山岩类和弧花岗岩类，以及与碰撞造山相关的晚三叠世高钾火山岩及强过铝质花岗岩类，记录了洋盆俯冲和碰撞的时间。东昆仑南缘发育钙碱性系列岛弧岩浆系（250～230Ma，260～237Ma）（许志琴等，1992），昆南 - 阿尼玛卿蛇绿岩带南侧的松潘甘孜造山带伴随着三叠纪造山期以来的碱钙性系列钾长花岗岩岩浆活动（237～226Ma）（许志琴等，2013）。东昆仑地区下石炭统—下三叠统为海相地层，而上三叠统已经变为陆相，并普遍缺失中三叠统。在玛沁地区，三叠系为厚度很大的海相复理石，而侏罗系则为陆相湖泊沉积（杨经绥等，2004）。以上事实说明昆南 - 阿尼玛卿洋大致在早石炭世扩张形成，二叠纪开始向北俯冲消减，在晚三叠世—早侏罗世前，大洋闭合，两侧地体碰撞，形成昆南 - 阿尼玛卿缝合带。

2. 金沙江 - 哀牢山缝合带

金沙江缝合带中的蛇绿岩主要分布于金沙江附近（韩松等，1996；简平等，1999；汪啸风和 Metca，1999），向西经过玉树至巴音查乌玛（Pearce and Deng，1988）。简平等（1999）对金沙江缝合带南部川西雪堆地区蛇绿岩中的斜长花岗岩和滇西书松蛇绿岩套中的斜长岩进行了锆石 SHRIMPU-Pb 的定年（分别为 294Ma±4Ma，340Ma±13Ma），结合其他地质背景将其裂解时间限定为晚泥盆世—早石炭世（汪啸风和 Metca，1999）；该缝合带东南段硅质岩中的放射虫化石也主要集中于早石炭世—早二叠世（吴浩若，1993；王传尚，1999）。金沙江洋壳的向南俯冲极性和时代主要由岛弧类岩石来制约，如玉树哈秀地区俯冲带岛弧型石英闪长岩角闪石，定年为 216.4Ma（陈文等，2005）；金沙江附近复理石建造中的玄武岩夹层（249Ma）（汪啸风和 Metca，1999）；羌塘地体北部上三叠统巴塘群中岛弧火山岩夹层（Dewey and Sun，1988）。所以，俯冲时代为中—晚三叠世。

松潘 - 甘孜地体和羌塘地体上三叠统砂岩碎屑物源分析表明金沙江古特提斯洋的关闭呈现东早西晚穿时进行，首先在东段于晚三叠世末北羌塘地体与亚洲板块碰撞缝合，接着在西段于侏罗纪由南羌塘地体和亚洲板块碰撞缝合（张玉修等，2006）。缝合带东南段的碰撞闭合时间可能始于晚二叠世—早三叠世，持续到晚三叠世，如混杂岩体及同碰撞花岗岩（255～227Ma）的出现（汪啸风和 Metca，1999）。古地理研究表明，羌塘地体早侏罗世大部分地区为海岸平原，北部和北东部出现一套陆相磨拉石沉积（Dewey and Sun，1988；Leeder and Yin，1988），金沙江缝合带的蛇绿岩以岩块的方式产于三叠系巴塘群中（Pearce and Deng，1988），碰撞后花岗岩的活动时间主要集中于 200～190Ma（Harris et al.，1988）；松潘 - 甘孜地体海相沉积向非海相沉积的转变时间以及较强烈的褶冲变形时期（Dewey and Sun，1988；Burchfiel et al.，1995；Yin et al.，2002）等，都表明金沙江古特提斯洋盆的闭合时代在晚三叠世—侏罗纪早期。

3. 澜沧江 - 昌宁 - 孟连缝合带

澜沧江 - 昌宁 - 孟连洋盆是古特提斯洋的主洋盆，其残留的蛇绿岩带北段为东西向的羌中（龙木措 - 双湖）缝合带，中段为南北走向的澜沧江蛇绿岩带和昌宁 - 孟连蛇绿岩带。羌中缝合带里的蛇绿岩代表了古特提斯洋盆的扩张时代，其中基性岩墙的年龄314~299Ma和辉绿岩的年龄302~284Ma表明该处洋盆大致形成于晚石炭世—早二叠世（翟庆国等，2006），同时缝合带里与俯冲相关的岩浆作用U-Pb年龄（275~248Ma）（Zhai et al.，2011）及与洋壳俯冲相伴随的高压蓝片岩中蓝闪石的^{40}Ar-^{39}Ar年龄（221~220Ma）和榴辉岩U-Pb年龄（243~217Ma）（李才，1997）表明该处洋壳俯冲大致从早三叠世开始（许志琴等，2013）。在昌宁-孟连蛇绿岩带里发现的洋脊型玄武岩上面的洋岛玄武岩之上的硅质岩里的早石炭世放射虫组合表明该处洋盆在早石炭世形成（莫宣学等，1998），初始张开的时间可能早到晚泥盆世。在该蛇绿岩带东侧发育的二叠纪至晚三叠世弧岩浆岩与碰撞型岩浆岩带表明该处洋壳自早二叠世起向东俯冲，在晚三叠世时发生碰撞（莫宣学等，1993，1998；莫宣学和潘桂棠，2006）。

晚古生代石炭纪—二叠纪是全球第一个大范围成煤期，在青藏东部昌都地体的东西两缘分别沉积了早石炭世马查拉含煤地层以及晚二叠世妥坝组含煤地层。成煤植物属于华夏植物群及大羽羊齿植物群，木质部无年轮，反映炎热、潮湿的热带及亚热带气候。含煤沉积类型主要为大陆边缘的海陆交互相。

中生代是全球范围内第二个重要成煤时代，主要成煤植物为亚热带、温带气候的裸子植物及被子植物。随着特提斯洋的演化，进入中生代，青藏地区古地理格局已经发生了很大的变化，龙木措-澜沧江洋盆于早三叠世闭合，昌都地体与左贡地体合并为一个大陆。晚三叠世在残留的澜沧江洋盆上沉积了巴贡组含煤沉积。而晚三叠世末期至早侏罗世，昌都地体、松潘甘孜-可可西里地体与东昆仑-柴达木地体碰撞，古特提斯洋彻底消亡，受南部较强挤压作用，区域整体褶皱隆起，整个青藏高原北部进入陆内造山时期。侏罗纪，区域性大断裂昆南大断裂及玛沁大断裂在区域构造应力的影响下局部形成裂陷盆地，并沉积了年宝组、羊曲组含煤地层。

（三）新特提斯时期

新特提斯大洋由班公湖-怒江洋、雅鲁藏布洋两个主要洋盆构成，它们开始打开的时间大致相同，都不会晚于晚三叠世，但碰撞、闭合的时间不同（Wang and Mo，1995；莫宣学等，1998；钟大赉，1998），班公湖-怒江洋俯冲开始时间在170Ma左右（双向俯冲），其闭合时间，可能自晚侏罗世（约159Ma）开始，到早白垩世末（约99Ma）完成，使拉萨地块与羌塘地块碰撞拼合。雅鲁藏布洋板块自中侏罗世开始向北俯冲于拉萨地块之下，在70~65Ma洋盆闭合使印度大陆开始与亚洲大陆南缘碰撞（图7.6）。

1. 班公湖-怒江缝合带

班公湖-怒江缝合带是青藏高原上出露的几条近东西向缝合带之一，该带是南面的拉萨地体和北面的羌塘地体的构造碰撞带（郭铁鹰等，1981；任纪舜和肖黎薇，2004；Zhang et al.，2007）。班公湖-怒江缝合带的北西段横亘西藏中部，向西延至印控克什米尔，在中国境内西起班公湖，向东经改则、东巧、丁青，南东段延伸情况有争议，大体呈弧形折向南东沿怒江进入滇西，并南延进入缅甸，在西藏境内全长约2000km。

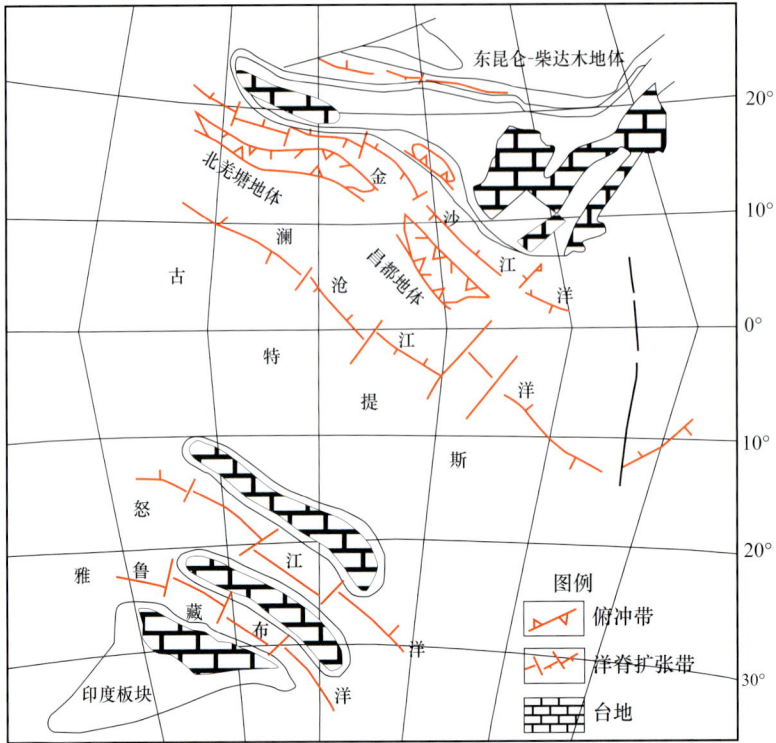

图 7.6 新特提斯洋盆位置略图（据徐旭辉等，2005，有简化）

班公湖–怒江缝合带发育一套形成时代以侏罗纪为主的蛇绿岩及与之伴生的蛇绿混杂岩和构造混杂岩（Allégre et al.，1984；Dewey and Sun，1988），蛇绿岩带及附近岩浆岩带中与碰撞有关的火成岩年龄及上下地层关系表明，古特提斯各洋盆均在晚三叠世末至早侏罗纪初闭合。由班公湖–怒江洋和雅鲁藏布洋组成的新特提斯大洋在同一时期至少不晚于三叠世打开。从晚三叠世至早、中侏罗世，新特提斯洋逐渐扩展并达到最大规模，班公湖–怒江洋大约在晚侏罗世时开始俯冲消减，直到早白垩世末（99Ma 左右）闭合，使得拉萨地体与羌塘地体碰撞拼合（莫宣学和潘桂棠，2006）。雅鲁藏布洋开始俯冲时间晚于班公湖–怒江洋，大致于早侏罗世晚期开始向北俯冲消减，至印度板块于欧亚大陆碰撞使得洋盆闭合（朱弟成等，2009）。

班公湖–怒江洋盆残留的蛇绿混杂岩带夹持于南羌塘地体与北拉萨地体之间，出露有变质橄榄岩、堆晶岩、辉绿岩墙、枕状或块状玄武岩、放射虫硅质岩、绿片岩与灰岩块体等。丁青、碧土一带发现的石炭纪至早三叠世的蛇绿岩（尹光侯和侯世云，1998；王玉净等，2002），以及碧土–丙中洛深海硅质岩中发现的晚石炭世放射虫和三叠纪—侏罗纪放射虫化石（吴根耀，2006），表明班公湖–怒江新特提斯洋盆的形成至少可以追溯到石炭纪。在班公湖–怒江蛇绿岩带西段，舍马拉沟蛇绿岩中层状辉长岩的 Sm-Nd 同位素内部等时线年龄（191Ma±22Ma）（高长林等，2006）代表了该段洋盆张开的年龄为早侏罗世。中侏罗世时班公湖–怒江洋盆已具相当规模，在两侧地体的边缘发育了被动边缘，沉积了巨厚的浅海－次深海碳酸盐岩夹碎屑岩、火山岩和砂泥质或钙质浊积岩。SSZ 型蛇绿岩年龄（167.0Ma±1.4Ma）（史仁灯，2007）的发现代表了班公湖－怒江洋盆由扩张转为俯冲消减的时限为中侏罗世，在洋盆的南侧发育弧－盆体系，残余洋盆的消亡一直延续到早白垩世。班公湖－怒江蛇绿岩带南侧和北侧一系列花岗岩、闪长岩、火山岩年龄及地球化学特征的研究（Zhang et al.，2007，2014；杜德道等，2011；陈华安等，2013；秦川，2015）限定了班公湖－怒江洋在早白垩世末闭合的时间，同时也表明班公湖－怒江洋盆存在双向俯冲的特征（朱弟成等，2006；康志强等，2009；费光春等，2010，2014；杜德道等，2011）。早白垩世晚期，洋盆闭合后进入陆内造山阶段，陆相磨拉石建造广泛不整合于早白垩世地层之上；造山运动伴随一系列构造变形组合，逆冲断层、韧性剪切带和叠加褶皱十分发育，伴有 S 型花岗岩（高长林等，2006）。

2. 雅鲁藏布江缝合带

关于雅鲁藏布江缝合带代表的新特提斯的形成时代认识不一，基于拉萨地体裂谷火山活动的时代，新特提斯洋的张裂时间被限定在晚三叠世—早侏罗世，地幔柱成因的早二叠世（280Ma）西羌塘大玄武岩省的形成可能导致了冈瓦纳大陆的裂解，形成包括新特提斯在内的特提斯域（Zhang et al.，2007）。

随着印度板块于早白奎世从东冈瓦纳大陆裂解 114Ma（Göpel et al.，1984），俯冲带向南跃迁，形成雅鲁藏布江蛇绿岩带及日喀则弧前盆地（王成善等，1999）。所以雅鲁藏布 SSZ 型蛇绿岩的侵位时代，有研究认为于 8090Ma 侵位于拉萨地体南缘（Pearce and Deng，1988）；或者认为蛇绿岩的侵位时代大体为晚白垩世—古近纪（Aitchison et al.，2003）；古地磁、沉积物学及古地理等地质资料，表明新特提斯的闭合时间可能主要发生在始新世。

3. 拉萨地体

拉萨地体位于班公湖－怒江缝合带和雅鲁藏布江缝合带之间，由南北两个具有不同地质特征的区域组成，北部为遭受强烈变形的中生代沉积地层，南部则主要包括延伸达 3000km 的冈底斯岩浆弧和厚层钙碱性火山岩（England and Searle，1986；Dewey and Sun，1988）。

根据拉萨地体发育的大量晚古生代冰碛岩和冰海动物群及 Glossopteris 植物群（刘增乾等，1990），一般认为拉萨地体在古生代属于冈瓦纳超级大陆（Zhang et al.，2014），拉萨地体约在三叠纪—侏罗纪之交从冈瓦纳大陆裂解（Allégre et al.，1984；Dewey and Sun，1988），沿印度板块北缘为相当宽阔的被动大陆边缘，其上堆积了巨厚的侏罗纪—白垩纪的海相沉积物（Liu and Einsele，1994）。念青唐古拉群片麻岩或者安多片麻岩代表拉萨地体的基底，中元古代念青唐古拉群出露于冈底斯岛弧火山及活动陆缘火山带的北部地区，为一套片麻岩、片岩、大理岩、石英岩和花岗片麻岩组合。锆石 U–Pb 同位素获得的原岩年龄为 1250Ma（西藏自治区地质矿产局，1993），显示也可能存在早元古代变质基底（胡道功等，2005），这与通过对碎屑岩 Nd 同位素研究的结论是一致的（Zhang et al.，2007）。

早白垩世是青藏高原另一重要成煤期，早白垩世煤系在青藏高原的分布面积仅次于晚三叠世煤系，主要夹于青藏高原中部班公湖－怒江缝合带及雅鲁藏布江缝合带之间，班公湖－怒江深缝合带南部的含煤地层称为多尼组，由东南向北西断续分布于西藏的边坝至改则一带。雅鲁藏布江缝合带北侧的含煤地层为林布宗组。

早白垩世含煤地层主要发育在冈底斯板块南北两侧的多岛弧构造－沉积体系内。在早白垩世班公湖－怒江洋盆向南俯冲的产物及雅鲁藏布江洋盆向北俯冲。由于俯冲作用的所产生的岩浆作用及区域性挤压的应力的控制下，在拉萨地体两缘形成弧后盆地，并发育了早白垩世含煤地层。

（四）印度－欧亚大陆碰撞及青藏高原形成时期

印度与欧亚大陆碰撞的起始时间，至今尚无定论，Garzantl 等（1987）认为印度－亚洲大陆碰撞的起始时间晚于 55Ma，甚至可以晚到早中新世；但是，更多的证据支持印度－亚洲大陆起始碰撞的时间不晚于 65Ma，完成碰撞的时间在 45～40Ma（Wang and Mo，1995；Flower et al.，2001；Ding et al.，2005）。

越来越多的人认识到横跨整个冈底斯带超过 1000 多千米长的区域性不整合的重大意义，该不整合下伏地层包括从二叠系到上白垩统，均属海相，褶皱强烈；其上覆地层古新统—始新统林子宗火山岩系为陆相，地层近水平。该不整合的时限由林子宗火山岩底部的 $^{40}Ar/^{39}Ar$ 或 K-Ar 年龄初步限定，由东向西，在林周盆地为 64.47Ma，在马区为 60.5Ma，在尼玛为 58.55Ma，在阿里地区为 60.68Ma，这个时限代表了印度－亚洲大陆起始碰撞的时间。从沉积和地层古生物证据来看，穿过白垩系/古近系界线在沉积相和生物群上都发生截然变化，例如，在藏南仲巴、岗巴，Tr/K 界线均为不整合面，古近纪陆相砾岩和砂岩覆于晚白垩世滨海台地相碳酸盐岩之上，不整合面两侧的生物群明显不同（Wan et al.，2002），还发现了标志约 65Ma 时期印－亚碰撞事件的藏南前陆盆地的存在（Ding et al.，2005）。李国彪等（2004）厘定藏南最高海相层在晚始新世 Bartanian 早期，可以认为是碰撞完成的标志（莫宣学和潘桂棠，2006）。

大致从 45～40Ma 开始，青藏高原进入了后碰撞期，标志性的构造－岩浆事件就是在羌塘和"三江"地区开始的后碰撞钾质－超钾质火山事件。但在冈底斯带，40～26Ma 期间是一个岩浆活动的间歇期，只在 30Ma 左右有零星的源于中－上地壳的强过铝花岗岩开始活动，至 24～18Ma 达到高潮；从 25～10Ma，自西向东依次发生了源于陆下岩石圈的钾质－超钾质火山活动；18～12Ma 发生了来源于加厚下地壳或早先俯冲洋壳的埃达克质含铜斑岩事件。这三个准同时的后碰撞构造－岩浆事件，主要都发生在 20～10Ma，这也是南北向地堑系发育的时期。

随着印度与欧亚两大板块的碰合，在强大的挤压下，缝合带上原有的特提斯中生代沉积发生强烈变形和构造混杂，形成一系列向南倒转的紧密褶皱和伴生的逆冲断层和脆韧性剪切带，同时局部伸展作用产生近东西向断陷盆地及张性控盆断裂，控制了秋乌组含煤沉积。

四、岩浆活动

滇藏赋煤区内岩浆岩十分发育且分布广泛，具有多期次和岩石类型复杂的特点。岩浆侵入和火山活动，与特提斯构造演化密切相关。考虑大地构造演化特点，结合整个青藏高原构造发生发展历程，划分为四个主要的岩浆岩带：羌塘－三江造山系岩浆岩带、班公湖－双湖－怒江结合带岩浆岩、冈底斯－喜马拉雅造山系岩浆岩带，以及滇西岩浆岩带。

（一）冈底斯－喜马拉雅造山系岩浆岩石记录

1. 喜马拉雅地区岩浆岩

喜马拉雅地区的岩浆岩，主要分布于印度河－雅鲁藏布江结合带南界断裂以南与喜马拉雅主边界断裂以北广大区域，相当于地层区划的喜马拉雅地层区。该区岩浆活动相对较弱，除前寒武纪变质岩系中的深成侵入体及基性火山岩外，主要在二叠纪—白垩纪地层中分布有 11 个层位的基性玄武岩为主的火山岩夹层，以及奥陶纪、新生代（尤其是中新世）花岗岩类。

2. 雅鲁藏布江岩浆岩带

雅鲁藏布江岩浆岩带作为喜马拉雅地层区与冈底斯地层区的重要分界，即构造单元区划的雅鲁藏布江结合带范围，以中生代大面积、大规模的超基性－基性岩浆岩活动为显著特色，记录了雅鲁藏布江（弧后）扩张洋盆发生、发展、消亡的整个过程。

3. 冈底斯带岩浆岩

该区北以班公湖－双湖－怒江对接带的南界断裂、南以印度河－雅鲁藏布结合带的北界断裂为界，为一条近东西向长约 2500km、南北宽 100～300km 的巨型岩浆岩带。它的东部绕过雅鲁藏布大拐弯，沿近南北方向进入缅甸北部，西部达到巴基斯坦北部的拉达克－科希斯坦地区，沿北西西方向进入阿富汗。冈底斯带以发育巨大的花岗岩基和广泛出露中、新生代火山岩为显著特征，是西藏乃至整个青藏高原最重要的岛弧岩浆岩带。

（二）班公湖－双湖－怒江结合带岩浆活动及岩石记录

1. 龙木措－双湖－类乌齐岩浆岩带

龙木错－双湖－类乌齐岩浆岩带相当于龙木错－双湖－类乌齐结合带构造－地层区域，该带以古生代（尤其是晚古生代）大规模超基性－基性岩浆活动为显著特色，记录了青藏高原古特提斯大洋发生、发展、消亡的整个过程。此外，带内还发育奥陶纪、三叠纪、侏罗纪花岗岩类。

2. 南羌塘地区岩浆岩

南羌塘地区岩浆岩主要分布在龙木错－双湖－类乌齐结合带西段以南，班公湖－怒江结合带西段以北的区域，相当于构造区划的南羌塘增生弧盆系范围。区内岩浆活动较为发育，从晚古生代—新生代均有不同程度的出露。火山岩主要发育于石炭纪—晚三叠世、晚侏罗世—早白垩世，以及新生代，尤其以石炭纪—二叠纪火山活动较为强烈。

侵入岩浆活动相对要弱，基性岩墙或岩脉局部分布，中酸性侵入岩体相对出露较多，尤其以晚侏罗世—白垩纪有较大规模的侵入岩浆活动。

3. 左贡地区岩浆岩

左贡—临沧地区的岩浆岩，系指龙木错–双湖–类乌齐结合带东段以南，班公湖–怒江结合带东段以北的区域，相当于构造区划的左贡地块、碧罗雪山–崇山变质地块和临沧–澜沧地块的范围。区内岩浆活动较弱，主要表现为以前泥盆纪、中生代为主体的侵入岩与火山岩分布。

4. 班公湖–怒江岩浆岩带

班公湖–怒江岩浆岩带西自班公错、改则，经班戈、丁青，东至八宿、碧土一带，东西向延长2000km，南北宽8～50km，呈近东西向、北西西向转为北西到北北西方向展布。该岩浆带是南羌塘地层区、左贡地层区与冈底斯地层区的重要分界，构造位置属于班公湖–怒江结合带。该带以古生代—中生代大面积、大规模的超基性–基性岩浆岩活动为显著特色，记录了班公湖–怒江特提斯洋发生、发展、消亡的整个过程。除此之外，带内还发育三叠纪—白垩纪花岗岩类。

（三）羌塘–三江造山系岩浆岩石记录

1. 西金乌兰湖–金沙江岩浆岩带

西金乌兰湖–金沙江岩浆岩带贯穿西藏、青海、四川、云南境内，大体沿羊湖—西金乌兰湖—通天河—金沙江一带分布，构造区划相当于西金乌兰湖–金沙江结合带，主体构成北东侧巴颜喀拉前陆盆地与南东侧羌塘–昌都地块的重要分界。该带以古生代—中生代大面积、大规模的超基性–基性岩浆岩活动为显著特色，除此而外，带内还发育中生代花岗岩类。

2. 江达岩浆岩带

江达岩浆岩带界于西侧昌都地块与东侧西金乌兰湖–金沙江结合带之间，构造位置上相当于江达—德钦—维西陆缘火山弧带的北缘。区内自元古代—中生代及新近纪岩浆均有活动，尤其以二叠纪—三叠纪大面积、大规模的中基性–中酸性岩浆活动为显著特色。

3. 昌都地区岩浆岩

昌都地区岩浆岩界于西侧开心岭–杂多–竹卡陆缘弧带与东侧治多–江达–维西陆缘弧带之间，构造位置属于昌都–兰坪中生代双向弧后前陆盆地（或昌都–兰坪地块）。区内岩浆岩活动微弱，零星分布。但玉龙—芒康一带的新生代浅成–超浅成相花岗岩类斑岩带，是青藏高原内部重要的斑岩型Cu（Au）矿成矿带之一。

4. 开心岭–杂多–竹卡岩浆岩带

开心岭–杂多–竹卡岩浆岩带的西界，为北段乌兰乌拉–北澜沧江和中南段怒江–昌宁结合带东界断裂，东以吉曲–察雅–盐井–梅里雪山东坡断裂为界，与昌都–兰坪中生代双向弧后前陆盆地（或昌都–兰坪地块）相邻，构造区划相当于开心峡岭–杂多–竹卡陆缘弧带及其南延的云县–景洪陆缘弧带。带内自元古代—中生代及新近纪均有岩浆活动，尤其以二叠纪—三叠纪大面积、大规模的中基性－中酸性岩浆岩活动为显著特色。

5. 北羌塘地区岩浆岩

北羌塘地区岩浆岩主体位于西金乌兰－金沙江结合带以南，班公湖－双湖－怒江对接带中西段以北和乌兰乌拉湖－北澜沧江结合带以西的区域，构造位置包括北羌塘地块及其西延的塔什库尔干－甜水海地块和北羌塘地块南缘的那底岗日－各拉丹冬陆缘弧带。区内自元古代—新近纪均不同程度地发育有岩浆活动，尤其以中生代的岩浆活动较为强烈。

（四）滇西地区岩浆岩石记录

滇西地区岩浆岩有火山岩和侵入岩两类。

火山岩主要包括分布于滇西的中甸－石鼓和景洪县南光附近的上泥盆统火山岩、凤庆－勐连下石炭统下部火山岩、保山－镇康地区在上石炭统卧牛寺组火山岩、金沙江－哀牢山断裂与澜沧江断裂之间和建水区的石炭纪火山岩。对新生代煤盆地和煤系没有直接影响。

加里东期侵入岩仅分布滇西的潞西东南一带，为酸性岩。晚海西期及印支期中酸性岩浆活动性较强，分布也广泛，主要集中分布在滇西贡山－勐海、兰坪－思茅、中甸－丽江侵入岩带。喜马拉雅期中酸性的深成岩零星分布于滇西地区的金平、腾冲等地，浅成斑（玢）岩类基本沿金沙江－哀牢山断裂两侧分布，并且在滇西一些诸如南林、剑川、双河等新近纪盆地中有碱性岩侵入，对煤化作用有显著影响，对煤层有一定破坏。

第二节　煤系分布与煤盆地演化

一、含煤地层分布特征

滇藏赋煤区地域辽阔，成煤期众多，成煤环境及盆地类型东西差异明显，不同地质时期形成的煤系在区域内参差分布（表7.2）。其时代自下而上有：石炭纪（早石炭世）、二叠纪（晚二叠世）、三叠纪（晚三叠世）、侏罗纪（早、中侏罗世）、白垩纪（早白垩世）、古近系和新近系七个主要含煤地层。藏北赋煤亚区里分布多个含煤地层，晚三叠世十门煤系或巴贡煤系分布最广，其次为早白垩世的多尼煤系、早石炭世的马查拉煤系；滇西赋煤亚区早石炭世、中二叠世含煤较差，主要含煤地层为上新统。

（一）石炭系含煤地层

石炭纪是青藏高原的第一个成煤时代，含煤地层主要分布于北羌塘－昌都地内，澜沧江的西侧，南起芒康之西的曲登，向北西方向呈弧形断续展布于西藏昌都盆地内。经类乌齐、自家浦向北延入唐古拉山东段囊谦、杂多地区。石炭纪含煤地层在唐古拉山及青海省的囊谦、杂多地区称为杂多群（C_1zd），在西藏昌都地区称为马查拉组（C_1m）（表 7.2）。

表 7.2　青藏高原三江地区石炭系岩石地层单位划分对比表

时代			唐古拉山地区	昌都-芒康地区
晚古生代	石炭纪	晚	加麦弄群	骛曲组
		早	杂多群（含煤）	马查拉组（含煤）
				乌青纳组

1. 杂多群（C_1zd）

杂多群（C_1zd）主要分布于吉耐—其涌一带，呈近东西向带状连续展布。面积约 10km²，大部地区为第四系覆盖，相对表现为低山地貌。杂多群岩性主要为灰、灰黑色泥岩，粉砂质泥岩、粉砂岩及少量细粒砂岩，含海绿石硅质岩夹英安质晶屑凝灰岩、辉石安山岩，夹煤层及煤线（图 7.7），厚 1113.65m，是一套海陆交互相含煤碎屑岩沉积建造。

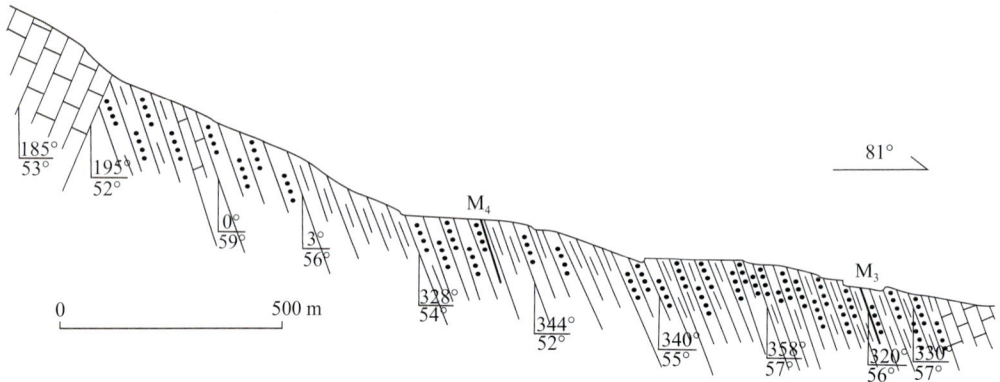

图 7.7　青海省吉耐地区杂多群野外实测剖面

杂多群共含煤 9 层，总厚约 7.43m，含煤系数为 2.32%，其中 5 层可采，自上而下编号为：M_1、M_2、M_3、M_4、M_5，煤层在横向上相变明显，厚度变化较大，各矿点均为露天开采。

2. 马查拉组（C_1m）

马查拉组（C_1m）含煤地层在昌都地区称为马查拉煤系，煤系受构造（断裂）的影响，常挟持在断裂之间呈带状出露，出露宽为 10～20km，长为 12～200km。岩性主要为一套由灰、深灰、灰黑色砂岩、板岩、灰岩、生物碎屑灰岩、泥灰岩、夹含海绿石硅质岩、煤线及煤层组成的海陆交互相煤系地层，厚 1216～1690m，其岩石以细粒为特征，夹有少量粗砾岩石，颜色以灰-深灰色、灰紫色、褐色为特征，自下而上岩石粒度由粗变细（图 7.8）。

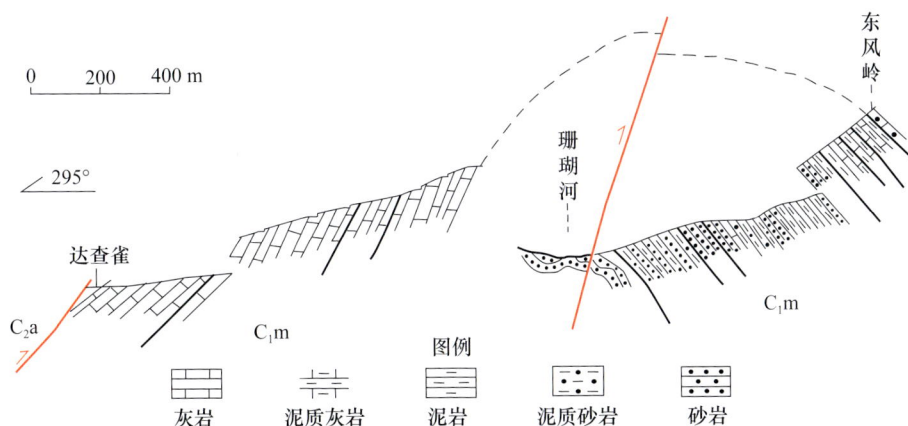

图 7.8 西藏类乌齐县马查拉组实测剖面图（据西藏自治区地质调查院一分院，2007）

通过对马查拉组含煤地层进行路线地质调查、矿点检查等找煤工作，发现煤矿（点）38 个，其中有价值并进行过少量开采的煤矿（点）有马查拉煤矿、自家浦煤矿、曲登煤点等。马查拉组含煤性总体特点是：煤层层数多，厚度薄，结构复杂，稳定性差，一般含煤 4～14 层，最多达 80 层以上，其中可采或局部可采者 4～37 层。煤呈黑 - 乌黑色，条痕黑褐 - 黑色，油脂光泽 - 金属光泽，参差状及贝壳状断口，质地坚硬（少量有松散者），煤岩组成以暗煤及亮煤为主，镜煤次之，煤岩类型以半亮、半暗型为主，光亮型次之。

（二）二叠系含煤地层

二叠纪研究区沉积类型复杂，从海相至陆相沉积皆有出露。含煤地层分布不均匀，在唐古拉山地区中上统皆有出露，而在昌都地区则只有上统妥坝组出露。唐古拉山乌丽煤田、往东至杂多 - 囊谦也有零星出露，主要分布于沱沱河、当曲、扎曲、子曲流域，中统称开心岭群，进一步划分为下部尕迪考组和上部扎格涌组，尕迪考组含不可采薄煤层；上统乌丽群下部为那益雄组（P_3n），是二叠系主要的含煤层位，而上部察马尔扭组一般不含煤；分布于昌都地区妥坝组（P_3t）为主要含煤层位（表 7.3）。

表 7.3 青藏高原二叠系岩石地层单位划分对比表

时代			唐古拉山地区			昌都 - 芒康地区
晚古生代	二叠纪	晚	河蛇绿杂岩	乌丽群	拉卜查日组	妥坝组
					那益雄组（含煤）	
		中		开心岭群	九十道班组	交嘎组
					诺日巴尕日保组 / 尕笛考组	
		早			扎日根组	

1. 那益雄组（P_3n）

在唐古拉山地区的乌丽地区，含煤层位主要是晚二叠统乌丽群下部的那益雄组（P_3n），其次为拉卜查日组，呈北西—南东向展布，由一套海陆交互相含煤碎屑岩、碳酸盐岩组成，与下伏九十道班组平行不整合接触，两岩组间整合接触。杂多地区早—中二叠统开心岭群底部仅局部夹有薄煤层。那益雄组岩性组合为深灰色岩屑砂岩、黏土岩夹煤及灰岩，底部紫红色石英质砾岩，厚度 446.34m，在扎格涌北部局部见陆相中基性火山岩，不整合于中二叠世诺日巴矛日保组之上。拉卜查日组岩性为灰-深灰色粉晶、泥晶、生物碎屑灰岩夹粉砂质黏土岩、长石砂岩及薄煤层，厚 380～546m（图 7.9）。

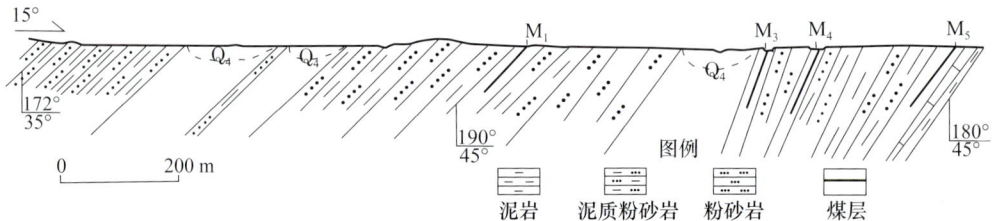

图 7.9　乌丽地区晚二叠世那益雄组野外实测剖面

那益雄组在乌丽地区零星出露在乌丽背斜的南翼，含煤地层总体上呈东西向条带状分布，含煤性较好，共含 5 个煤组，按照煤组编号，自上而下依次编为 M_1～M_5 组。M_1 组位于含煤段的顶部，M_2 组、M_3 组、M_4 组位于含煤段中部，M_5 组位于含煤段下部。M_1 组与 M_2 组间距为 40～60m，M_2 组与 M_3 组间距为 20～80m，M_3 组与 M_4 组间距为 20～30m，M_4 组与 M_5 组间距为 56～114m（图 7.9）。

M_1 组：位于含煤段顶部，与 M_2 间距为 40～60m，平均为 50m。煤组厚度为 0.53～3.38m，平均为 1.52m，结构较简单，层位较稳定。顶板岩性为泥岩或细砂岩；底板岩性主要为泥岩、泥质粉砂岩，走向长度约 13km，共 7 个见煤点，其中可采点 4 个，不可采点 3 个，煤类为无烟煤，属局部可采煤层，煤层稳定程度为较稳定煤层。

M_2 组：位于 M_1 组下部，M_2～M_3 间距为 20～80m，平均为 50m。煤组厚度为 0.4～2.15m，平均为 1.30m，有夹矸，层位稳定。顶板岩性主要为细粒砂岩，底板岩性为泥岩、细砂岩，走向长度大于 13km。共 8 个见煤点，其中可采点 7 个，不可采点 1 个，煤类为无烟煤，属局部可采、较稳定煤层。

M_3 组：位于含煤段中部 M_2 下部，与 M_4 间距为 20～30m，平均为 25m。煤组厚度为 0.47～1.19m，平均为 0.72m，结构较简单。顶板岩性主要为泥岩，底板岩性为细砂岩。走向长度大于 13km。该煤层共 4 个见煤点，其中可采点 2 个，位于 2 个不可采点之间。

M_4 组：位于含煤段中部 M_3 下部，与 M_5 间距为 56～114m，平均为 85m。该煤组厚度为 0.20～0.74m，平均为 0.51m，结构较简单。顶板岩性为泥岩、粉砂岩，底板岩性为泥岩、粉砂质泥岩。走向长度大于 13km。该煤层共 6 个见煤点，其中可采点只有

2 个，不可采点 4 个，煤厚平均 0.51m，为不可采煤层。

M₅ 组：位于 M₄ 组下部，煤组厚度为 0.60～4.06m，平均为 1.97m。顶板粉细砂岩及泥岩，底板主要为泥岩、碳质泥岩。走向长度大于 13km。M₅ 组全区共 5 个见煤点，均可采。煤类为无烟煤，为全区可采煤层，煤层稳定程度属于较稳定煤层。

2. 妥坝组（P₃t）

妥坝组（P₃t）分布主要局限于昌都地区，在早石炭世煤系东侧断续平行展布，分布于北部遵喜、宗西、海通、交嘎、南部江达龙一带，沿背江贡－察里雪山断裂西侧热涌—徐中—察里一线。妥坝组为一套海陆交互相含煤岩系，主要由碎屑岩、页岩、粉砂岩夹砂岩、透镜状灰岩、碳质泥岩及薄煤层组成。其下部主要由泥岩、砂岩及粉砂岩组成，局部含煤透镜体，中部为砂岩、粉砂岩及泥岩互层夹煤层，上部以砂岩、泥岩为主，夹灰岩、凝灰岩，共厚 1723m。

妥坝组中段为含煤段，在西藏各地含煤性变化大，以昌都妥坝一带含煤较好，向南煤系变薄，入云南后在德庆一带变为板岩，妥坝以北虽见有协维纳、瓦日等煤点，但含煤性变差。在妥坝矿区内，含煤层或煤线 38 层，局部可采者 14 层，主要赋存于煤系的下中部。煤层属简单－复杂，常含泥岩、碳质泥岩小透镜体夹矸，个别煤层中碳质泥岩与煤层呈犬牙交错的接触关系。一般煤层含夹矸 1～2 层，少数地段 3～4 层，夹矸厚度多数小于 0.2m。煤层顶底板以泥岩为主，少数碳质泥岩及粉砂岩，与煤层界线清楚，可采或局部可采层厚度变化大，为 0.20～2m，走向延长为 500～750m。接触面平坦，个别煤层见冲刷接触，使煤层厚度骤变。妥坝含煤地层后期变形较强烈，褶皱和逆冲断层发育（图 7.10）。

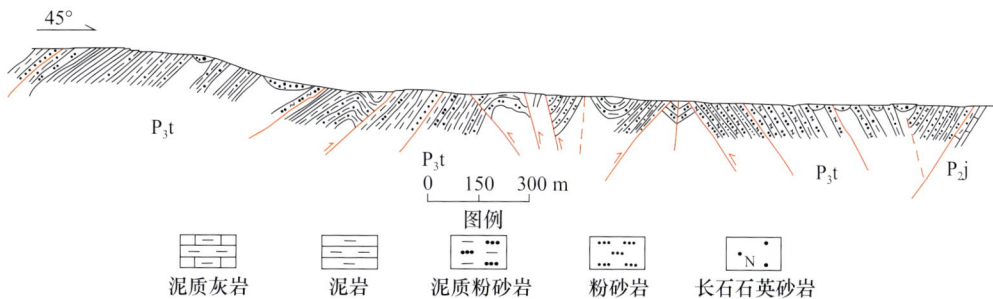

图 7.10　西藏昌都县妥坝乡妥坝组实测剖面图（据西藏自治区地质调查院一分院，2007）

（三）三叠系含煤地层

青藏高原的三叠纪含煤地层主要分布在唐古拉山和土门—巴青—昌都一带。分布于唐古拉山北坡者称巴贡组（T₃bg），分布于安多土门格拉、丁青一带的被称为土门格拉组（T₃tm）。

1. 巴贡组（T₃bg）

巴贡组是分布于唐古拉山北坡分布最为广泛的含煤地层，从青海玉树地区呈北西—

南东向延伸到西藏昌都地区。下部为灰黄色中厚层状岩屑细砂岩夹薄层状粉砂质泥岩；中部主要是深灰色薄层状粉砂质泥岩，含有少量灰色薄－中层状岩屑细砂岩、粉砂岩；上部为浅灰、灰绿色长石石英砂岩、石英砂岩，灰色中厚层状岩屑细砂岩夹少量粉砂质、碳质泥岩和粉砂岩，是一套海陆交互相－湖沼相含煤层或煤线的陆源碎屑沉积岩。局部地区上部偶见白云岩、石膏和菱铁矿结核，厚约为668.93m（图7.11）。

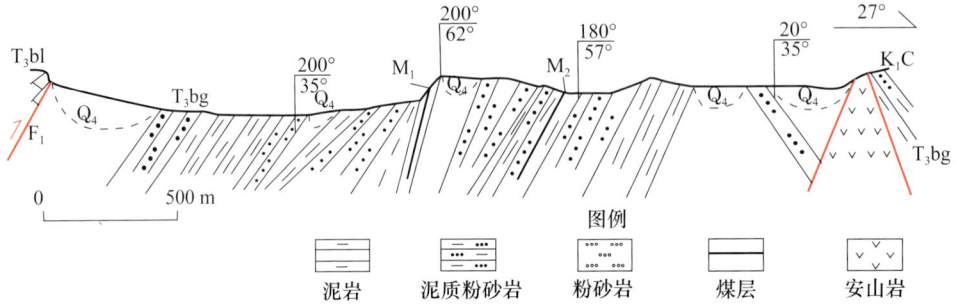

图7.11　八十五道班西侧晚三叠世巴贡组野外实测剖面

唐古拉山北坡的上三叠统巴贡组（T_3bg）地层含煤性相好，煤层主要赋存于煤系的中段，其次在上段及下段内局部地方含煤线。煤层似层状或透镜状，均为薄－极薄煤层，沿走向及倾向不稳定，易于变薄、尖灭、分叉或相变成碳质泥岩及泥岩。煤层顶底板多是泥（页）岩或碳质泥岩，丁青以西到土门一带顶底板主要为细砂岩、粉砂岩及碳质泥岩，直接顶底板为很薄的泥（页）岩组成。在含煤性较好的煤点，煤层较稳定，似层状者较好，一般煤层延长数十到两千米。煤层层间距不等，一般数米到数十米。煤层稳定性在平面上无明显的规律，煤层结构简单到复杂，普遍夹1～2层夹矸，夹矸多由碳质泥岩、泥岩组成，少数为细砂岩。

2. 土门格拉组（T_3tm）

分布于唐古拉－土门格拉地区的晚三叠世含煤地层主要是土门格拉组（T_3tm），属海退相序含煤碎屑沉积。

土门格拉组属海退相序含煤碎屑沉积，含煤岩系在察雅以南和土门格拉以西煤系迅速变薄乃至尖灭。煤系整合沉积在晚三叠世诺利克期的浅海或半深海相碳酸盐沉积之上，与上覆中侏罗世或中晚侏罗世的陆相碎屑岩不整合接触。煤系沿走向厚度变化较稳定，除在夺盖拉、彭曲、土门格拉等地厚达2600～3000m外，一般厚1100～1700m。底部为灰黑色页岩、粉砂岩，具劈柴状构造；中上部为砂岩、粉砂岩夹泥岩；区域上含煤层71层以上，其中可采者6层，局部可采者14层之多；顶部为砂岩局部夹砾状灰岩。

（四）侏罗纪含煤地层

青藏高原的侏罗纪含煤地层主要分布于青海地区的东昆仑、西秦岭、积石山两侧的山间断陷盆地内，含煤地层仅见早中侏罗世沉积，称为年宝组（J_1n）和羊曲组（J_2y）。另外在喜马拉雅山地区定日县中侏罗统普那组也出露较好。

1. 年宝组（J_1n）

年宝组（J_1n）零星分布于巴颜喀拉山分区之索乎日麻、桑日麻、年宝煤矿一带的年宝组（J_1n），不整合于巴颜喀拉山群之上。由灰紫色蚀变安山岩、流纹岩、晶屑凝灰岩夹含煤碎屑岩（砂岩、碳质砂岩、页岩、煤层、煤线）、底部流纹质火山角砾岩组成，厚 623m。

2. 羊曲组（J_2y）

羊曲组（J_2y）主要分布于藏北地区的雪山峰、埃坑德勒斯特、泽库、苦海、红土坡、果洛积石山等地的山间断陷盆地，为内陆河湖相含煤碎屑岩沉积，分布比较零散，与下伏晚三叠世八宝山组或鄂拉山组不整合接触。含煤岩系呈向北倾斜的单斜构造，底部为不整合界线。煤系上一般覆盖有风化土层。石峡地区的含煤地层超覆沉积于海西期花岗岩及晚石炭世大理岩之上；野马滩煤矿煤系基底为安山岩及花岗岩，军牧场煤矿煤系基底为绢云母千枚岩及砂质板岩（图7.12），在江千及玛尼垄等地，煤系不整合沉积于石炭系火山质片岩及板岩之上。

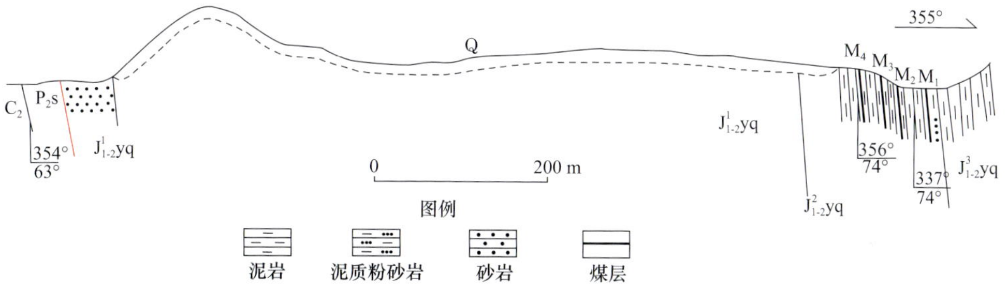

图 7.12　军牧场中侏罗世羊曲组野外实测剖面

羊曲组（J_2y）按岩石组合将分为三个岩段，下部砂砾岩段、中段泥灰岩段及上部含煤碎屑岩段，其中上下两个岩段属含煤层段，中段泥灰岩段不含煤。

下部砂砾岩段主要分布于江卡沟煤矿—石峡煤矿南侧一带，近东西向展布，东段厚、西段薄，长约4km，出露面积1.5～2km²，呈角度不整合沉积在海西期花岗岩及石炭系大理岩之上。上部为灰色粉砂岩、粉砂质泥岩夹菱铁质细砂岩；中部为青灰色中细粒砂岩夹碳质泥岩。

中段泥灰岩段沿近东西向呈楔形或纺锤形分布于江卡沟—石峡煤矿一带，长约为4km，面积约为1.5km²。岩性以灰–深灰色中厚层状泥灰岩为主，中夹薄层状粉砂质泥岩。

上段含煤碎屑岩段近东西走向分布于江卡沟–石峡、野马滩—军牧场、玛尼垄—江千煤矿一带。上部被一东西向低倾角逆断层切割，地表出露不完全，上覆二叠系灰岩或碎屑岩，面积约为20km²。岩性上部为浅灰色泥岩、深灰色泥岩夹粉砂岩薄层，含二层不稳定煤层 M_1、M_2。中部为灰、灰黄色含砾粗砂岩、粗砂岩、泥岩、细砂岩，中夹二层不稳定煤层 M_3、M_4。底部为灰–深灰色薄至中层状钙质粉砂岩、细粒砂岩及灰黑色粉砂岩和灰白色含砾粗砂岩等。

（五）白垩纪含煤地层

白垩纪含煤地层主要分布在中部班公湖－怒江缝合带及雅鲁藏布江缝合带之间的冈底斯－念青唐古拉地块中，东部为多尼组（K_1d）含煤地层，中部为林布宗组（K_1l）含煤地层。

1. 多尼组（K_1d）

早白垩世多尼组（K_1d）主要分布于怒江缝合带西南侧，自边坝向南东经洛隆、八宿、顺怒江西侧延入云南省境内，在西藏区域内呈向北东突出的弧形。

多尼组（K_1d）上部为一套灰白色中层状细粒石英杂砂岩、硅质胶结的石英砂岩，见植物化石和菊石碎片及煤线和薄煤层；中部为深灰色页岩夹薄层长石石英砂岩，并夹煤线，底部为紫红色厚层状泥质、褐铁矿胶结岩屑砾岩、厚层状含砾砂岩和褐铁矿胶结不等粒岩屑砂岩（图7.13）。在不同地段与石炭纪—二叠纪来姑组（C_2—P_1l）、晚三叠世目本组（T_3mb）或晚侏罗世拉贡塘组（J_3l）断层接触，被始新世宗白群（E_2z）不整合覆盖。出露面积为617km^2。

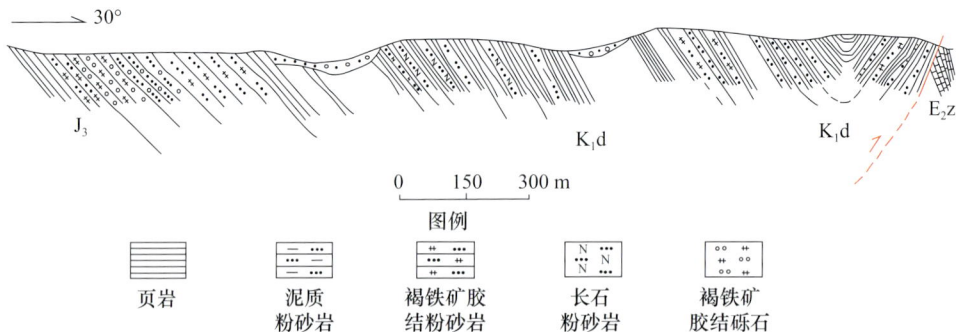

图7.13　西藏洛隆县腊久乡穷梗雄多尼组实测剖面图（据西藏自治区地质调查院一分院，2007）

多尼组含煤性差，仅在瓦达煤矿、噶牙煤矿等局部地段见可采煤层，单层厚大多为0.60～0.80m，稳定性差，沿走向延伸一般不超过500m。顶底板主要为泥岩或含碳泥岩。

2. 林布宗组（K_1l）

林布宗组（K_1l）分布在拉萨北侧，由青藏公路向东经林周至墨竹工卡一带呈平卧之马蹄形分布，组成林周复向斜的两翼和东端复向斜翘起转弯部，东西向延伸100km，宽4～14km，面积约1200km^2。

林布宗组（K_1l），岩性较稳定，根据岩性特征可分为两段，中上部岩性由黑色泥岩、粉砂岩及细砂岩互层组成，向上过渡为泥岩，颜色为深色，富含黄铁矿，粒度整体呈正粒序，属于弱水动力环境形成的潮坪、潮间带泥坪、混合坪和潮汐水道相沉积；下部由黑色泥质板岩、碳质板岩与砂质板岩组成，夹有多层不稳定的煤线。林布宗组（K_1l）含煤性极差，仅在墨竹工卡－百巴复向斜西端向阳煤矿、牛马沟煤矿、楚木龙煤点等处见煤线。煤层薄，煤质劣，结构复杂，储量很少。

从空间分布上看，白垩纪煤系的含煤性好坏呈跳跃式变化，多尼煤系主要在煤系偏南一带的八宿、瓦达、叶巴等地为好，向南及北西含煤性变差。林布宗组含煤地层发育在墨竹工卡－百巴复向斜内。复向斜北翼地层出露不全，但复向斜南翼可见，西部含煤性比东部好。

（六）新近系含煤地层

新近纪含煤地层主要分布在滇西赋煤亚区内，大部分展布于崇山峻岭之中，随山脉或峡谷走向而分布，除少数盆地，如保山、镇安、昌宁盆地分布于峡谷旁侧高地围限的低洼部位处，大多数分布于峡道的不同地段，多为河的上游或中上游低洼部位，为半封闭的谷道型或流通型盆地，不利于煤的聚积和赋存。新近纪含煤建造以河流洄、洪积相和沼泽相为主，浅湖相、湖滨相不甚发育。盆地内同沉积断裂一侧及构造活动较强烈地带的盆地，洪积相、河流相发育。主要由砂砾岩、砂岩及粉砂岩、碳质泥岩组成，以砂砾岩为主，如中新统南林组、勐旺组、三号沟组、双河组，上新统茫棒组。盆地拗陷较浅，46个主要盆地统计，300m以浅的盆地为32个，占69.6%。

在兰坪－思茅褶皱赋煤带内，已发现含煤盆地33个，含煤地层除维西盆地为上新统外，其余均为中新统景谷组，厚度一般小于700m，以洪积为主，粒度较粗。以薄－中厚煤层为主，次为厚煤层，巨厚煤层仅见于景东大街出普洱民乐两个盆地，后期构造变形较强烈，部分靠近大断裂的地层发生倒转（景谷）、褶皱紧密（民乐）和断裂密集发育等，有别于其他地区。

在保山－临沧褶皱赋煤带内已发现含煤盆地40个，含煤地层为勐旺组或勐滨组，厚度一般小于700m，面积较小的盆地以洪冲积的粗碎屑为主，面积较大的盆地除盆缘外，主要为湖泊相沉积，煤层一般小于5层，以薄－中厚层为主，少数盆地为厚－巨厚煤层（最厚为20m，如勐滨、上允、双江）。

腾冲－潞西断陷赋煤带内已发现含煤盆地13个，多数盆地面积较大，分布较密集，含煤地层除勐连、茫棒盆地为茫棒组外，其余为中新统南林组，厚150～1090m。以洪、冲积粗屑岩为主，湖泊相沉积只见于面积较大的盆地中部，以薄煤层为主，少数中厚－厚煤层，无巨厚煤层，煤层极不稳定。

二、成煤期构造格局

（一）石炭纪

石炭纪是青藏高原地区第一个成煤时代，主要成煤期为早石炭世。

早石炭世含煤地层马查拉组（C_1m）在青海称为杂多群（C_1zd），其主要岩性由灰－深灰色夹有褐色中薄层状粉砂质板岩、碳质板岩及煤层、灰岩等，灰紫色、灰色中厚层状岩屑长石砂岩、粉砂岩夹紫红色长石砂岩、灰岩两套岩石组成，该带中发育煤层及煤线。该岩石以细粒为特征，夹有少量粗砾岩石，颜色以灰－深灰色、灰紫色、褐色为特征，纵向上自下而上基本层序由中粗粒长石石英砂岩、石英砂岩、粉砂岩、粉砂质板岩、碳质板岩的自旋回沉积韵律层构成，平行层理及正粒序发育（图 7.14），属海侵沉积序列（退积型沉积）。

马查拉组砂岩的粒度分析结果说明，粉砂组分占 50%～90%，多为粗粉砂，极细砂为 10%～50%，粒度颗粒集中于 3.5ϕ～5ϕ（ϕ=−lg2D，D 为颗粒直径，mm）。样品中推移组分含量低于 20%，跃移组分占 40%～50%，悬浮组分占 30%～50%。总体的斜率较大，三线段曲线在图上近于一条直线（图 7.15），反映沉积环境中水动力不强，仅有微弱的底流活动。根据上述岩石组合，结合剖面描述以及基本层序特征综合分析，表明马查拉组沉积环境为浅海 – 海陆交互相特征。

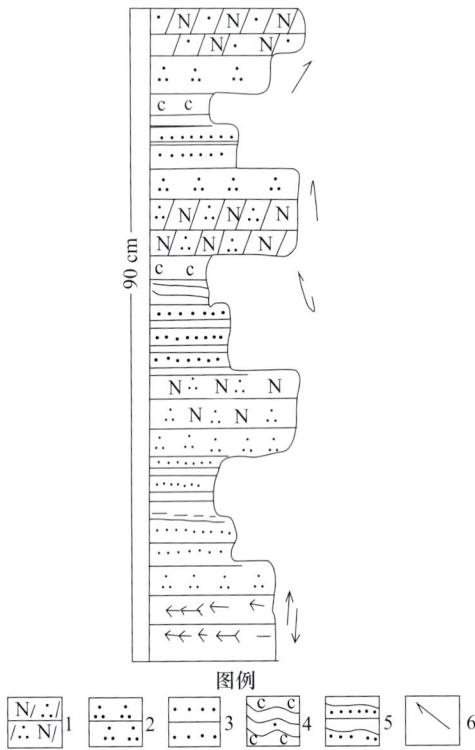

图 7.14　马查拉煤系基本层序示意图

1. 长石石英砂岩具交错层理；2. 石英砂岩具水平层理；

3. 沙纹层理；4. 粉砂质板岩具水平层理；5. 板岩；

6. 古水流方向

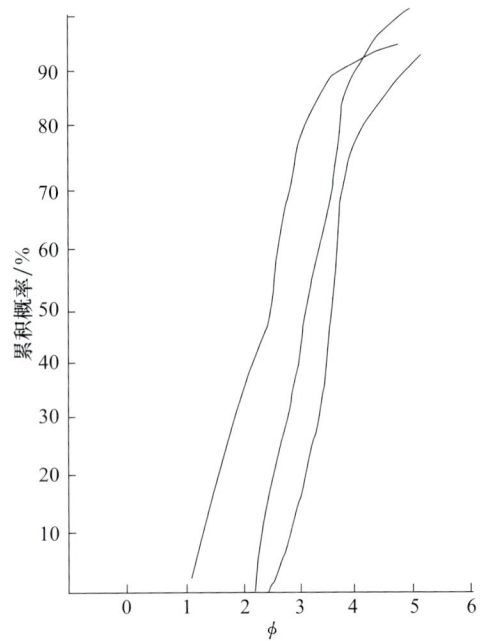

图 7.15　马查拉煤系碎屑岩概率累计频率曲线

ϕ=−lg2D，其中 D 为颗粒直径，其单位为 mm

早石炭世含煤地层沉积区西侧的他念他翁古隆起在奥陶纪时形成，持续活动至早石炭世末，控制着石炭纪煤系沉积的范围和盆地的基底构造，为沉积提供了物源。受此古隆起影响，石炭纪煤系沉积地区结扎—杂多—囊谦一带整体地势南高北低、西高东低，为被动大陆边缘拗陷盆地，构造相对稳定，断裂、褶皱不发育，影响成煤作用的主要因素为沉积区地形地貌及海平面变化。

（二）二叠纪

青藏高原二叠纪的含煤地层为青海唐古拉山地区的那益雄组（P_3n）及藏东昌都地区的妥坝组（P_3t）。

青藏高原晚二叠世含煤地层分布于唐古拉山区至西藏昌都—芒康一带，属于北羌塘－昌都地体东缘。沉积时夹于西侧的澜沧江洋盆及东侧的金沙江洋盆之中。下伏早二叠世里查组（P_1l）为一套陆台浅海相碳酸盐岩及滨岸浅海相碎屑岩、碳酸盐岩夹火山岩系，碎屑粒度向北东方向逐渐变细，单层厚度变薄，说明早二叠世时期古地理环境基本继承了石炭纪古地理总体面貌，即早二叠世时期该区东邻古特提斯洋，西靠昌都地体东部，为浅海沉积区，古地形总的趋势是西南高北东低。中二叠统地层交嘎组（P_2j）岩相为滨海相、浅海相、海陆交互相沉积反复出现，说明在中晚二叠世，研究区地壳构造活动强烈而频繁。

在双湖地区硅质岩中发现的晚二叠世长兴阶 *Neoalbaillella* 动物群和放射虫化石，与之相伴的深水复理石沉积、洋脊型的玄武岩，表明北羌塘－昌都地体西侧澜沧江洋盆在晚二叠世仍处深海远洋的沉积环境，更可能为残余的盆地（朱同兴等，2006），存在俯冲消减的构造环境。

在北羌塘－昌都地体东侧，Jian 等（2009）、Fan 等（2010）、刘汇川等（2013）、赵德军等（2013）等学者对不同岩浆岩岩体开展的元素地球化学与同位素年代学研究，认为金沙江－哀牢山洋盆的闭合时限伊始于晚二叠世（约 260Ma）（图 7.16）。

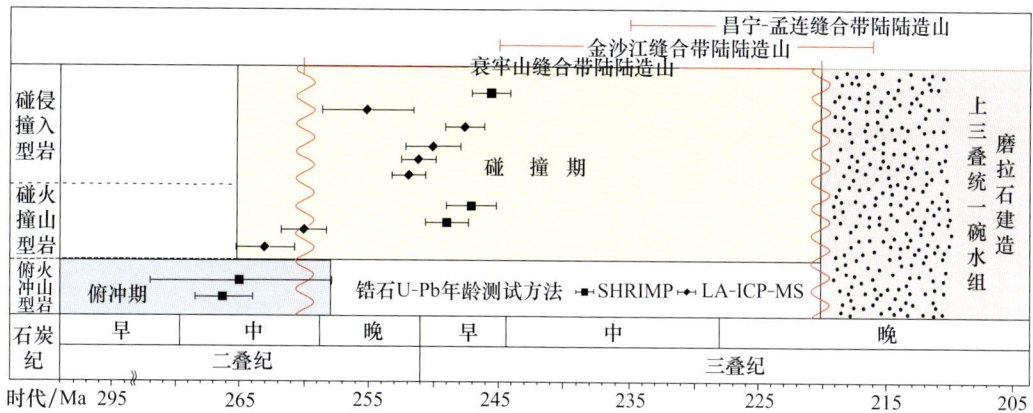

图 7.16 金沙江－哀牢山缝合带闭合时限的岩浆岩年代学证据（据李龚健，2014）

妥坝组（P_3t）岩石组合特点，上部以砂岩、泥岩为主夹灰岩、凝灰岩，中部为砂岩、粉砂岩及泥岩互层夹煤层，下部主要由泥岩、砂岩及粉砂岩组成，局部含煤透镜体。那益雄组（P_3n）岩石组合为深灰色岩屑砂岩、黏土岩夹煤及灰岩，底部紫红色石英质砾岩。煤层发育于地层中段，属于海陆交互相，是海侵过程中的潟湖环境的泥炭沼泽沉积，并且主要发育在海侵体系域中，即海平面缓慢上升过程中。

（三）三叠纪

在早—中三叠世时期，怒江特提斯处于衰退期，海底继续扩张，在其两侧都出现海沟，继续发生俯冲消减作用，在南羌塘－左贡陆块西南缘形成类乌齐－东达山岩浆弧。澜沧江洋壳也继续俯冲、消减，在昌都陆块西南缘形成陆缘火山－岩浆弧，如竹卡群火山岩、俄让组沉积等，并伴有岩浆侵入活动。随着怒江特提斯洋、澜沧江洋向东的消减及甘孜洋盆的扩张，必然加剧金沙江洋盆的衰退，导致金沙江洋盆快速向西俯冲，消减，形成大规模的沟－弧－盆沉积及岩浆侵入活动，如马拉松多组（$T_{1-2}m$）弧后盆地火山岩、碎屑岩沉积，普水桥组（T_1p）、瓦拉寺组（T_2w）岛弧沉积及岗托岩组〔（P–T）g〕海沟混杂堆积。

晚三叠世时，怒江特提斯洋进入衰退晚期，继续向昌都陆块俯冲、消减完成它的生命历程，洋盆闭合，南羌塘－左贡陆块与昌都－思茅陆块合拢，金沙江一带开始碰撞造山。由于怒江特提斯洋壳长期向南羌塘－左贡陆块下俯冲又加上德格陆块向昌都陆块碰撞的双重制约，导致抬升形成晚三叠世昌都－芒康盆地。盆地远离陆源剥蚀区，水动力条件稳定，为成煤作用提供了有利条件，在藏东昌都至青海乌丽一带沉积了结扎群含煤地层巴贡组。晚三叠世初期的甲丕拉组（T_3j）岩性为陆相紫红色含砾砂岩、粉砂岩，局部夹灰岩，反映昌都一带曾一度下降并伴有火山岩，海域一度扩大，在北特提斯海东段那曲－昌都地区，发育含煤沉积。中期海水加深，除了在类乌齐－左贡东侧的他念他翁岛弧和贡觉附近出现北西—南东向的隆起露出水面继续遭受剥蚀外，其他地方皆为浅海环境，接受了厚达200～1000m的波里拉组（T_3b）浅海相碳酸盐岩沉积，其后海水开始大规模向西退却，在他念他翁岛弧两侧及索县—土门格拉一带出现了海陆交互相的巴贡组（T_3bg）。

煤层主要发育于巴贡组下部，岩性为石英砂岩、粉砂岩、碳质泥岩、泥岩及煤层等，粒度自下而上逐渐变细，为退积型障壁岛、潟湖－潮坪环境。由于基准面缓慢上升，可容空间逐渐增大，在海侵晚期，局部地区形成泥炭沼泽，有薄煤线形成，其上为潟湖相－潮坪相沉积含煤层。早期，基准面相对较高，沉积物为潟湖相泥岩、碳质泥岩、煤线，晚期基准面相对较低，陆源碎屑物沉积较多，在此期间形成泥炭沼泽，发育了四层局部可采煤层。由于印支运动的强烈影响，该区表现为沉积速度快，各沉积旋回段成煤沼泽环境短暂，具有沉积的煤层数多、厚度薄、走向延展性差的特点。土门格拉组（T_3tm）地层主要为海陆交互沉积环境，煤炭形成于滨岸相、泥炭沼泽相及湖泊－三角洲相。两套含煤地层均反映出了成煤期的海退相序的特征。成煤期古地理较复杂、地形起伏较大而导致了煤系、煤层不稳定的特点。

（四）侏罗纪

青藏高原北部侏罗纪成煤期主要集中在昆仑弧南侧，东昆仑东南部、积石山地区的年宝组（J_1n）和羊曲组（J_2yq）。

晚三叠世末期至早侏罗世，羌塘地体、松潘甘孜－可可西里地体与东昆仑－柴达木地体碰撞，古特提斯洋彻底消亡，受南部较强挤压作用，区域整体褶皱隆起，整个青藏高原北部进入陆内造山时期。侏罗纪，区域性大断裂昆南大断裂及玛沁大断裂在区域构造应力的影响下控制着区内陆相含煤盆地的形成。主要在玛沁断裂北侧东昆仑东部、苦海地区及两断裂间的大武、积石山地区形成一系列的多呈近东西向展布的侏罗纪山前拗陷和山间断陷成煤盆地。这些成煤盆地主要受断裂控制，在该区主要为挤压应力和整体抬升的背景下，断裂松弛拉张的程度不高，时间也较短，很难形成较深和较大的盆地。

研究区早侏罗早中期属于温暖潮湿气候，为侏罗纪重要的成煤时期。含煤地层主要分布在东昆仑东部，大武、玛多、玛沁、江千一带，为早侏罗世羊曲组下部碎屑岩段。由于区域内在该时期已经进入陆内造山阶段，多为河流、湖泊沉积，因而早侏罗世含煤地层多以陆源碎屑岩为主，在年宝地区受间歇性火山活动影响还有厚层的凝灰岩沉积。早侏罗世中期较之早侏罗世早期，湖泊、河流范围扩大，泥潭沼泽不太发育，使得煤层不连续、不稳定。

到早侏罗世晚期，古气候由温暖潮湿变为干旱、半干旱。该时期整个研究区地层分布范围有所扩大，古地理单元较早侏罗世早中期没有太大的变化，只是岩石颜色开始变为紫色、紫红色或红色，该时期没有煤层发育。

中侏罗世后，古气候由干旱、半干旱再次转变为适合植物繁殖的潮湿、温暖的环境，研究区进入第二次重要的成煤期。昆仑山、大武一带在中侏罗世时期的地层沉积物从下往上由粗变细，表明该时期海平面上升，区域内湖泊面积变大，整体河流、湖水逐渐变深。在中侏罗世早期，区内各盆地均发育煤层，多为河流－湖泊相沉积，如苦海一带为河流相煤系沉积，往西至秋吉一带为三角洲煤系沉积。中侏罗世中期，苦海东北部尕玛羊曲地区、石峡地区多沉积泥页岩、泥灰岩，表明这些地区多为三角洲见湾或滨海、浅海的煤系沉积，使得这些地方的煤层厚度一般较薄。中侏罗世晚期，海平面继续上升，河流、湖泊水体继续加深，全区多个小盆地内基本被湖水所覆盖，此时，沉积环境不利于成煤，故中侏罗世晚期基本没有煤层发育。

（五）白垩纪

研究区在此时期的成煤盆地主要分布在青藏高原中部边坝—八宿一带的班公湖－怒江深大断裂西南侧，以及拉萨北部地区。怒江缝合带以及雅鲁藏布江缝合带此将时期的形成的含煤地层围限在冈底斯－念青唐古拉山地体内。

晚侏罗世末期至早白垩世，冈底斯－念青唐古拉地体向羌塘地体运移加速，在同一时间，拉萨南部的雅鲁藏布江洋盆也由于喜马拉雅山地体俯冲作用，洋盆面积逐渐缩小，早白垩世晚期洋盆闭合，在陆内俯冲挤压构造环境下，进入陆内造山阶段。陆相磨拉石建造广泛不整合于早白垩世地层之上，造山运动伴随一系列构造变形组合，逆冲断层、韧性剪切带和叠加褶皱十分发育，伴有 S 型花岗岩。

拉萨地体的东北缘及南缘同属于活动大陆边缘。在此背景下世多尼组（K_1d）及林布宗组（K_1l）含煤地层沉积。这种格局一直持续到晚白垩世怒江洋盆与雅鲁藏布江洋盆完全闭合，喜马拉雅地体、冈底斯－念青唐古拉地体及羌塘地体接触形成碰撞造山带。

（六）新近纪

滇藏赋煤区新近纪含煤地层只分布在滇西赋煤亚区。新近纪初，受到喜马拉雅运动第Ⅱ幕的强烈影响，滇西赋煤亚区的古地理、古构造及沉积环境发生了较大变化。强烈的差异性升降运动，伴随着断裂活动，使云南地壳整体上升，在新的山系形成的同时，与低洼处出现了众多的中小型山间沉积盆地。地壳再次受到改造，但其强烈程度已远不及第Ⅰ幕，该幕除表现为差异性的升降运动及轻度褶皱外，还有较强烈的断裂活动，该构造运动后，除部分地区为继承性盆地外，还出现了数量更多的新生盆地。各沉积盆地普遍发育湖泊相的砾岩、砂岩、泥岩夹褐煤，少数盆地中还有油页岩及含油砂岩。此外，在有些盆地中还有火山岩，如凤庆赛寒的碱性玄武岩、剑川的粗面岩，鹤庆、大理、马关、屏边等地的基性-超基性火山岩等，它们均属碱性岩系。此时期内生物繁衍，哺乳动物进一步发展，植物繁盛，该套地层与下伏地层之间也为不整合接触。

三、煤盆地类型和盆地演化

在漫长的地质历史中，青藏高原经历了多期、复杂的板块离散和拼贴过程，构造环境极其复杂，沉积盆地均遭受了强烈的挤压，原型盆地面貌多已不复存在，基本上都为残留盆地（图7.17）。

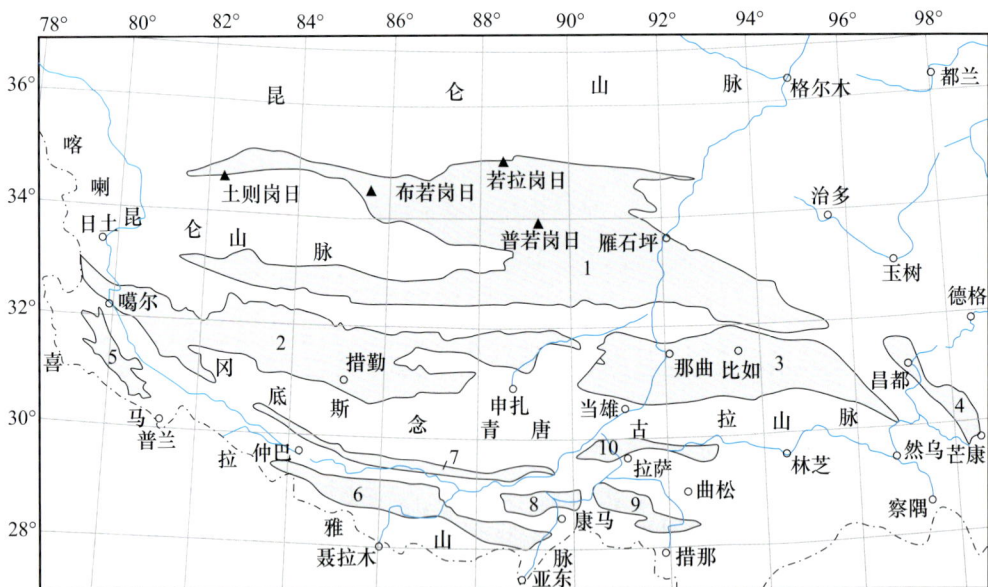

图7.17　青藏高原中—新生代盆地分布图（据陈红汉等，2013，修编）

1. 羌塘盆地；2. 措勤盆地；3. 比如盆地；4. 昌都盆地；5. 波林盆地；6. 岗巴-定日盆地；7. 日喀则盆地；

8. 江孜盆地；9. 羊卓雍错盆地；10. 拉萨盆地

（一）青藏盆地

1. 昌都盆地

昌都盆地位于青藏高原东部东经 96° 30′ ~99° 30′，北纬 29° 00′ ~31° 40′，呈北北西—南南东向展布，面积约 $1.108 \times 10^4 km^2$。昌都盆地发育在羌塘昌都地块上，东北为金沙江 - 哀牢山缝合带，为自晚三叠世以来以金沙江洋在晚三叠世最终消亡和昌都陆块与松潘甘孜陆块相互碰撞造山为特征；西南为班公游怒江缝合带，于中侏罗世中晚期随班公游怒江洋盆的闭合、碰撞而逐渐与冈底斯察隅微板块拼贴（罗建宁等，2002）。

昌都盆地由前奥陶纪片麻岩和奥陶纪—志留纪复理石砂板岩与碳酸盐岩双层基底和沉积盖层组成。它是在印支期褶皱基底发育起来的残留盆地（何龙清，1998；Kapp et al.，2000）。昌都盆地为特提斯洋区的多纪含煤盆地，早石炭世、晚二叠世及晚三叠世均发育含煤岩系（图 7.18）。

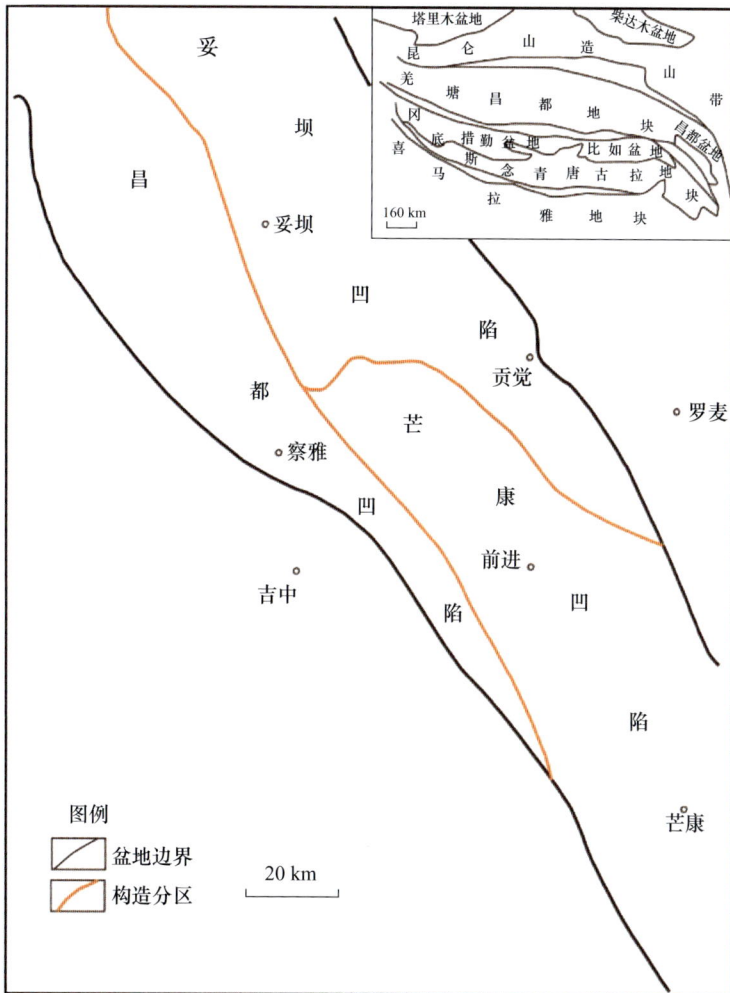

年代地层				岩石（构造岩石）地层			
界	系	统	单位	代号	柱状图	厚度/m	岩性描述
新生界	古近系		贡觉组	Eg		>5000	紫灰色砂岩，含砾砂岩，泥灰岩，黏土岩，灰色粗面岩，灰黄、紫红色粉砂岩，砂岩，砾岩，夹褐煤
中生界	白垩系	下统	景星组	K_1j		1045	紫、灰绿、灰白色砂岩及砾岩
	侏罗系	上统	小索卡组	J_3x		1263	紫红、暗紫红色砂岩、页岩及泥岩
		中统	东大桥组	J_2d		892	紫红色粉砂岩、泥页岩夹介屑灰岩
		下统	汪布组	J_1w		713	紫红色砂岩、泥页岩
	三叠系	上统	夺盖拉组	T_3d		771	灰黑色黏土岩、石英砂岩、粉砂岩夹板岩及煤层
			阿堵拉组	T_3a		866	灰、灰黑色板岩夹砂岩、泥灰岩
			波里拉组	T_3b		1228	灰、灰白色灰岩夹生物碎屑灰岩、白云岩
			甲丕拉组	T_3j		696	紫红、灰色石英砂岩、砾岩、灰岩夹页岩
古生界	二叠系	上统	夏牙村组	P_3x		>266	灰绿色安山岩、安山质凝灰岩夹页岩
			妥坝组	P_3t		>630	灰黑、灰绿色砂岩、页岩、凝灰质砂岩
		中统	交嘎组	P_2j		>449	灰、深灰色灰岩、虫屑砂屑灰岩夹泥灰岩
		下统上统	莽错组	P_2mc		>570	灰白色亮晶生物灰岩、砂屑灰岩
		下统	里查组	P_1l		>366	灰、灰白色厚块层状灰岩、泥质灰岩
	石炭系	上统	鹜曲组	C_2a		>699	灰色中厚层状结晶灰岩、薄层泥灰岩、板岩、砂岩
		下统	马查拉组	C_1m		>1190	灰色变质砂岩、板岩、千枚岩夹结晶灰岩、大理岩及煤层
			乌青纳组	C_1w		>792	灰、灰黑色中-块状灰岩夹泥质灰岩、燧石条带
	泥盆系	上统	卓戈洞组	D_3z		>411	灰、灰黑色灰岩、泥灰岩
古中元古界			宁多岩群	$Pt_{1-2}nd$		>2603	石榴黑云斜长片麻岩、二云斜长片麻岩、片麻岩、黑云石英变粒岩、斜长变粒岩、黑云石英片岩

图 7.18　昌都盆地构造单元划分图与地层综合柱状图（据吴悠等，2010，有修改）

　　泥盆纪—早二叠世，昌都盆地主要为弧后-被动陆缘台地碳酸盐岩及滨浅海陆屑沉积。其中早石炭世马查拉煤系主要分布在昌都地区澜沧江西侧，南起芒康以西的曲登，向北西作条带状弧形延伸，经类乌齐、自家浦延入青海，厚约960m。早石炭世晚期，在昌都盆地西缘，沉积了厚达1250余米的碎屑、泥质、钙质及碳质，含华南型动植物化石群，沉积幅度大。海退—海侵其间，形成了马查拉煤系。煤系形成时，区域构造环境稳定，西侧的他念他翁古隆起在奥陶纪时形成，持续活动至早石炭世末，为沉积提供了物源，控制着石炭纪煤系沉积的范围和盆地的基底构造。受此古隆起影响，石炭纪煤系沉积地区结扎—杂多—囊谦一带整体地势南高北低、西高东低，为被动大陆边缘拗陷盆地，构造相对稳定，断裂、褶皱不发育，影响成煤作用的主要因素为沉积区地形地貌及海平面变化。早石炭世马查煤系属于稳定的被动大陆边缘拗陷型沉积（图7.19）。

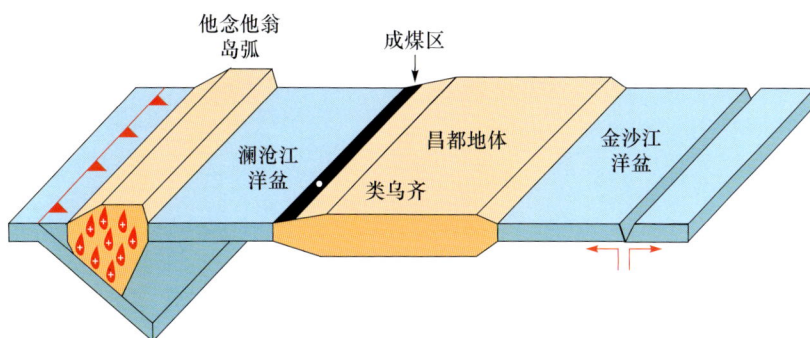

图 7.19　青藏高原东北部石炭纪成煤盆地构造演化模式图

　　早二叠世，仍然受他念他翁隆起的控制，晚二叠世早期，昌都盆地两侧的龙木措－澜沧江洋盆与金沙江－哀牢山洋盆发生相向俯冲、消减。盆地边缘由被动大陆边缘转为活动大陆边缘。海水由北进入羌塘、昌都，继而进入云南境内，与华南水体相连，昌都—芒康一带水体较浅，构造运动相对强烈，沉积大量碎屑物质，为成煤作用奠定了基础。

　　晚二叠世妥坝煤系形成时，主要沉积在由洋壳俯冲作用形成的火山弧与地体内部的构造较稳定地区。昌都盆地西侧的他念他翁岛弧与东边的江达岩浆弧相对峙，表现为北西—南东向隆起未接受沉积，限定了含煤地层的展布范围。因此，煤系断续平行分布于早石炭世煤系的东侧，南起芒康，北至妥坝、类乌齐，北西进入青海。煤层主要赋存于海退相序中，是在陆缘碎屑潮坪环境的潮上带的沼泽相的基础上形成的，沉积中心位于昌都妥坝—芒康一线。晚二叠世妥坝煤系，其构造－沉积模式属于俯冲地体边缘的弧后沉积（图 7.20）。

　　晚二叠世晚期，海水进一步扩大，昌都—芒康一带构造活动增强，并伴有中－基性火山运动。沉积了含火山碎屑的夏牙村组（P_3x）沉积。煤盆地上隆变形，海水向北东退出，海平面下降，晚二叠世成煤历史结束。

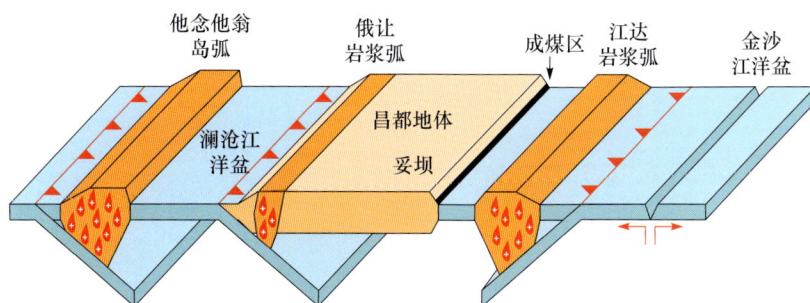

图 7.20　青藏高原东北部二叠纪成煤盆地构造演化模式图

　　成煤期后，盆地受北西—南东向他念他翁－澜沧江逆断层控制。该断裂略向北东凸出呈弧形，断层面倾向南西，倾角为 60°～70°。在类乌齐、马查拉一带，断层破坏了煤系，对煤层的赋存和开采十分不利，南段的察雅—曲登一带沿断层带有大规模燕山期酸性岩浆活动，使煤种多为无烟煤。马查拉煤矿由含煤岩系组成的东西向背斜，被两组扭性断层破坏。自家浦的煤系多被北西及北西西向断层切割成支离破碎的块体。对煤系有直接影响的断层为妥坝、芒康－盐井、马查拉及瓦日等断层。

晚三叠世巴贡煤系属中特提斯洋区近海型海陆交互相含煤沉积，岩性为灰白色细砂岩、灰至深灰色粉砂岩、页岩、泥岩和煤层，夺盖拉一带厚1751m，呈北西—南东向的条带状。煤系沿他念他翁古隆起两侧分布。煤层主要产于煤系中段，早期为一套陆相紫红色碎屑岩，局部夹碳酸盐岩，昌都一带发育火山岩，厚700~800m；中期除他念他翁出露水面外，两侧为浅海环境，接受了厚200~1000m的碳酸盐岩沉积，昌都一带出现海陆交互相含煤沉积，含煤性各地不一。晚三叠世末期的印支运动，使全区大面积抬升，海域缩小，昌都地区抬升成陆（图7.21）。

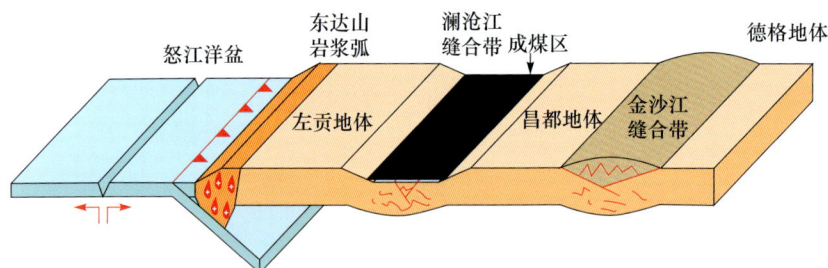

图7.21 青藏高原中东部三叠纪成煤盆地构造演化模式图

煤系分布明显受北西向昌都－芒康复向斜控制，向斜枢纽呈波状起伏，平面弯曲展布，核部由早白垩世和侏罗纪地层组成，两翼分布晚三叠世地层，东翼在察雅县向北经达马拉至昌都呷马区乌东乡一线，以及贡觉、江达等地；西翼在芒康如美区拉屋乡、左贡，向北至类乌齐。在向斜消失的芒康县南侧和向斜分布的昌都以北地段，亦有煤系煤矿分布，如穷卡煤矿。复向斜东翼，次级褶皱雁行排列，对煤系的分布起重要作用。他念他翁－加卡逆断层的东或北东盘，在类乌齐、察雅一带，使煤系抬升地表；察雅逆断层及其他北东向断层，将煤系错断，破坏了煤系的完整性。侵入岩远离煤系，对煤系和煤层影响不大。

2. 羌塘盆地

羌塘盆地位于藏北羌塘地区的中东部，属特提斯构造域东段，包括那曲地区安多、班戈、申扎和双湖一些地区，平均海拔4800m，最高6482m。北以可可西里－金沙江缝合带为界；南界为班公错－怒江缝合带；中部的澜沧江－龙木措缝合带将羌塘盆地分隔为羌北拗陷以及羌南拗陷。东、西以中生界盆地边缘相地层尖灭为界，大致为E82°~E96°，总面积约$18 \times 10^4 km^2$，是一个由不同类型盆地叠置而成的多旋回叠合盆地。盆地内广泛发育中生代海相沉积地层，沉积厚度达6000~13000m，是青藏高原内面积最大的含煤盆地（图7.22）。

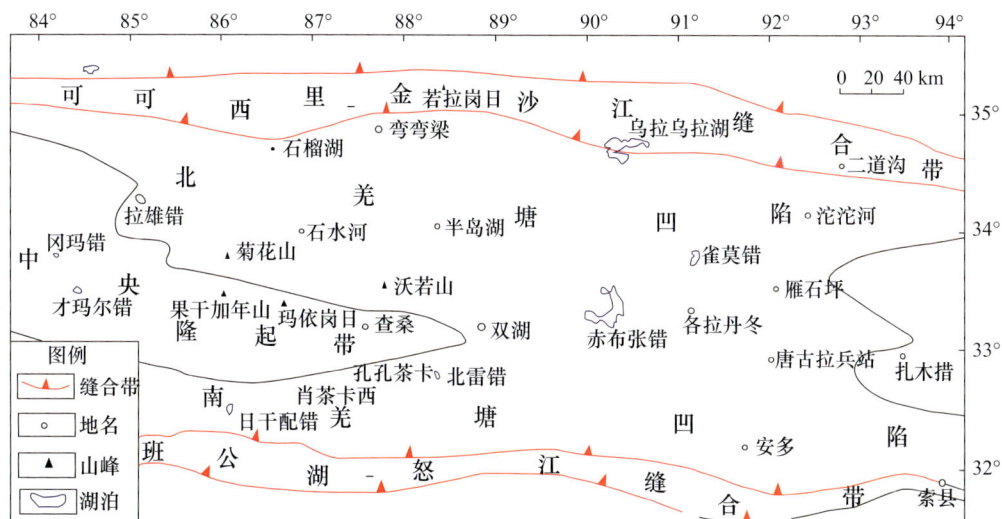

图 7.22　羌塘盆地构造简图

羌北拗陷位于金沙江－哀牢山板块缝合带与中央隆起带之间。航磁等资料显示出羌北拗陷可以进一步划分为数个在平面上相间排列的次级凹陷和凸起，且总体上呈现近东西向的带状分布，形似纺锤，中部最宽，向东西两端逐渐变窄。羌北拗陷沉积厚度总体呈现北厚南薄的趋势，其中羌塘北缘褶皱冲断带附近最厚（余家仁等，2003）。羌北地区泥盆纪—三叠纪的地层均有不同程度出露，泥盆系仅出露于猫耳山—香桃湖一带，为一套中级变质岩系，与上覆地层上石炭统擦蒙组、展金组呈韧性变形带接触；上石炭统—上二叠统出露范围较广，以稳定的台地型碳酸盐岩为主，中二叠纪地层含大量暖水型生物，显示扬子地区的亲缘性（李才，2008）。

羌北拗陷内构造变形主要为宽缓褶皱，这说明羌北拗陷内构造变形相对较弱，但在该拗陷内还发现了较大的叠加褶皱及褶皱穹窿，这些叠加褶皱说明在地质历史时期该地区曾受多个方向的应力，经历过多期的构造变形。

澜沧江－龙木措缝合带介于北、南羌拗陷之间，自双湖向东过巴青县北—雀莫错—格拉丹东南侧直达昌都，在滇西三江地区应该与昌宁－孟连带相接。龙木错－双湖－澜沧江板块缝合带中蛇绿混杂岩分布广泛，从缝合带西段龙木错附近的黑头山向东经温泉湖、红脊山、桃形湖、冈玛错、黑脊山、果干加年山、角木日、查桑、双湖及双湖以东的才多茶卡、恰格勒拉进入藏东、三江一线，断断续续均有出露，

果干加年山寒武纪堆晶岩，是古大洋中具有扩张脊构造环境的洋壳残片，形成于中寒武世（517Ma、505Ma），说明龙木措－澜沧江洋在寒武纪或者更早就已经开始裂解。经过漫长的演化，在中三叠世之后，晚三叠世龙木措－澜沧江洋盆闭合。缝合带中果干加年山地区角度不整合于古生代蛇绿混杂岩和上石炭统—下二叠统沉积之上的晚三叠世的望湖岭组，以细砂岩和薄层状硅质粉砂岩为主，成分成熟度较高，从底部砾岩到上部的硅质粉砂岩，表明海平面的上升速度大于中央隆起带（龙木错－双湖－澜沧江板块

缝合带）的上升速度，造成海进岸退。显示由快速堆积到较深水环境，反映出构造条件由碰撞造山转化为盆地沉积的迅速变化，使晚三叠世地层多处以角度不整合方式超覆于中央隆起带变质岩系之上。晚三叠世之后，羌北和羌南完全拼合接受统一沉积，中、晚侏罗世，北羌塘拗陷处于弧后前陆盆地阶段，至晚侏罗世末，羌塘地区沉积了厚达数千米的海相沉积地层，早白垩世以后上升成陆并遭受剥蚀（翟庆国等，2010；吴彦旺，2013）。

羌南拗陷位于澜沧江－龙木措和班公湖－怒江缝合带之间，展布形态类似于羌北拗陷，呈东西向狭长展布，中间宽两端窄，似纺锤形。该拗陷内亦可见一系列凸起与凹陷。羌南地区的奥陶系—二叠系发育齐全，其中上石炭统—下二叠统（展金组）大面积出露，是一套以碎屑岩夹有基性火山岩为特点的裂谷型沉积建造，含冷水型生物和夹有冰海杂砾岩，显示了与冈瓦纳大陆的亲缘性（李才，2008）。

晚三叠世土门格拉煤系主要发育在羌北拗陷，厚 2322m，含煤 68 层。煤层厚度多为 0.2～1.0m，最厚可达 5.79m，可采煤层 20 层。煤层稳定性较差，主要可采煤层多分布于煤系的中、上部，具有自下而上含煤性逐渐变好的特征。盆地南以班公湖－怒江深断裂带为界，北侧以可可西里－金沙江深断裂带的西段断裂为界，基盘在羌北地区由中泥盆统、石炭系、下二叠统组成，羌南地区由上石炭统和下二叠统组成。土门格拉煤系呈北西西向分布在巴青—土门一线，直到东经 90°线附近。土门含煤性最好，煤层主要呈似层状或透镜状，沿走向及倾向不稳定，易分叉、尖灭。

3. 措勤盆地

措勤盆地位于冈底斯－念青唐古拉板块中西段，为一南北宽约 130km、东西长约 700km 的近东西向长条状展布的中—新生代盆地。其北边以班公错－怒江缝合带为界线，南边以冈底斯岩浆弧为界线，东边与比如盆地相接，西边延出国境。盆地在班公错－怒江带和雅鲁藏布江缝合带所挟持的近东西向狭长地带中，面积约为 $10 \times 10^4 km^2$，是青藏高原上仅次于羌塘盆地的第二大盆地（赵政璋，2001；王剑，2004）。

措勤盆地总体上为东西向狭长带状拗隆相间排列，由北向南，可大致划分出 3 个拗陷带和 3 个隆起带，拗陷和隆起内部构造也多呈长条状近东西向展布。盆地可划分为 6 个单元，由北至南依次为洞错－阿苏拗陷带、拉果错－当雄隆起带、川巴－它日错拗陷带、夏东－雅弄隆起带、措勤－色陇拉拗陷带和隆格尔－江让断隆带（图 7.23）。根据地层接触关系、构造背景及变形特征，可以将盆地大致划分为海西期构造层、燕山期构造层和喜马拉雅期构造层三个构造层。

（1）褶皱特征。褶皱多发育于早白垩世地层中，在北部川巴－它日错拗陷和塔若错－措勤拗陷带最为集中，轴迹多以北西西向为主，且平行排列构成线状褶皱组合。纵向看，盆地基底褶皱多为斜歪紧闭褶皱，盖层以中常褶皱为主，向上为开阔褶皱，地层由老到新，变形渐弱。褶皱形成的力学机制，以纵弯褶皱为主，主应力是近南北向水平挤压力。

（2）断层特征。断层方向以北西西—南东东为主，数量最多，另外有少数北西向、北

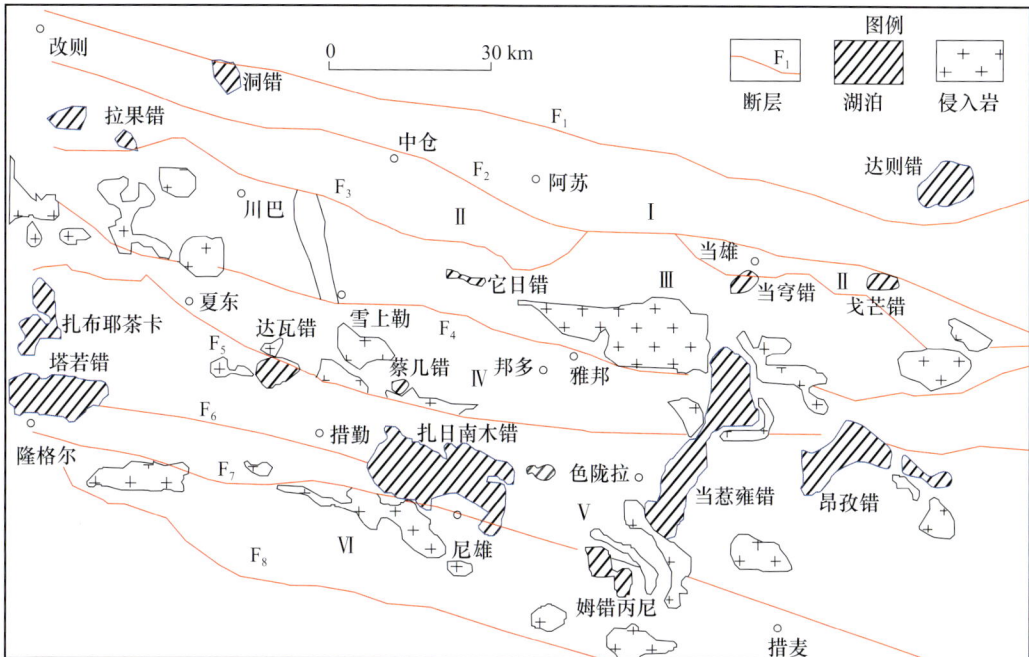

图 7.23 措勤盆地构造单元简图

Ⅰ.洞错－阿苏坳陷带；Ⅱ.拉果错－当雄隆起带；Ⅲ.川巴－它日错坳陷带；Ⅳ.夏东－雅弄隆起带；

Ⅴ.措勤－色陇拉坳陷带；Ⅵ.隆格尔－江让断隆带

东向和近南北向断层。北西西—南东东向断层断面多略向北或向南倾，且倾角较陡，反映区域上南北挤压的主应力状态，且此类断层具有多期活动的特征。北东向和北西向断层以平移走滑为主，形成小型拉分盆地。南北向断层基本为正断层，形成南北向展布的地堑或地垒。盆地北部断裂数量多，密度大，主要切割侏罗系及白垩系多尼组、郎山组地层，构成多个北西西向断裂带；而盆地南部达瓦错－昂孜错坳陷内，断层数量相对较少。

（3）盆地演化。盆地所处的冈底斯地块，在古生代时期处于南半球冈瓦纳大陆北缘，随后羌南地块、冈底斯地块、喜马拉雅地块及印度板块与冈瓦纳大陆分离，依次拼贴于欧亚板块南部，在此过程中，盆地地区经历了海西运动、印支运动、燕山运动和喜马拉雅运动，其演化过程受特提斯洋演化的影响制约。本书将盆地演化过程分为三个阶段：盆地基底形成、盆地充填演化、盆地折返消亡。

① 盆地基底形成阶段。晚古生代时期，冈底斯地块和羌南地块联合在一起处于古特提斯洋以南，其演化过程受古特提斯影响较大，从古特提斯的扩张到闭合，盆地地区构造背景从拉张断陷转变为南北挤压，使得盆地地区褶皱抬升，海陆交替，形成了古生界基底。

② 盆地充填演化阶段。中特提斯在晚三叠世扩张，中晚侏罗世开始向南俯冲，盆地构造背景也从拉张转变为挤压，此时盆地演化受中特提斯影响较大，此时期盆地沉积了接奴群。早白垩世，新特提斯洋壳开始向北俯冲，盆地处于两个俯冲带之间，其演化

受两个俯冲带的共同影响，盆地沉积了则弄群、多尼组和郎山组。晚白垩世，中特提斯完全闭合，发生陆陆碰撞造山，盆地整体抬升，发育竞柱山组磨拉石沉积，盆地结束了中生代时期大面积沉积的历史。古新世至始新世时期，新特提斯洋闭合造山，盆地受其影响，火山及岩浆活动强烈，发育林子宗群火山岩。

③ 盆地折返消亡阶段。渐新世以来，盆地逐渐消亡。中新世时期，盆地经历长期的夷平作用，地势变得非常平坦，随后盆地区随青藏高原一起快速隆升，在差异隆升的过程中，地壳表层表现出强烈伸展作用，一系列近南北向的地堑（断陷盆地）和地垒开始形成。此后高原持续隆升，原有的东西向和北西西向逆冲断层转变多为右行走滑正断层，形成许多小型的断陷盆地和走滑拉分盆地。更新世至全新世时期，南北向正断层持续活动，断陷盆地继承性明显，边界断裂仍以张性正断为主。

（二）滇西盆地群

新近纪初，受到喜马拉雅运动第Ⅱ幕的强烈影响，滇西赋煤亚区古地理、古构造及沉积环境发生了较大变化。强烈的差异性升降运动，伴随着断裂活动，使云南地壳整体上升，在新的山系形成的同时，与低洼处出现了众多的中小型山间沉积盆地。新近纪处于北回归线附近南北的内陆热－亚热带区域，成煤古地理与古气候条件较好，随盆地发展演化的阶段性而出现六个不同的成煤古地理环境：扇前（或扇间）洪泛平原或河泛平原、湖滨带、扇前（或扇间）洪泛洼地或扇前（或扇间）沼泽盆地及扇前（或扇间）谷地，其中以盆地扩张超覆阶段早期（湖泊发育阶段前期）的扇前或扇间沼泽及洪泛洼地成煤环境较好，其余阶段的沉积环境除个别盆地外，一般很差。

除去少数非构造成因的，如局部的岩溶和河谷侵蚀盆地等，滇西绝大多数的盆地成因类型、成盆机制及沉积特征都是由同沉积构造活动所决定的。因此，讨论新近纪含煤盆地的成因类型，一定程度上反映了成煤期同沉积构造的活动状态和性质。

综合以往的煤田地质工作和全国煤炭资源潜力评价云南省赋煤规律研究成果，可将新近纪盆地成因分为四类十型，即张裂伸展盆地（热隆张裂型、伸展裂陷型）、压陷盆地（拗陷型、断拗型）、走滑盆地（楔型、离散型）、复合盆地（走滑－断拗型、走滑－压裂型、压隆－张裂型、张裂－断拗型）。

1. 张裂伸展盆地

盆地在拉伸张裂断陷机制条件下形成，成盆于云南西缘喜马拉雅期板块缝合线东侧的仰冲板块隆起带。

（1）热隆张裂型：因地幔物质上涌，壳表穹状隆起，形成向东突出的弧形张裂断陷而成盆，以弧顶区中、基性火山活动频繁为特征，如腾冲－瑞丽弧形盆地群。盆地沉降幅度及速度较大，沉降中心紧邻控盆断裂旁侧，地层等厚线及相带平行盆缘断裂延展，盆地规模由微型至小型，一般为弱含煤盆地。

（2）伸展裂陷型：地壳抬升上隆，引张裂陷成盆，盆地单侧或双侧为控盆断裂围限，无火山活动，如保山盆地、沧源勐角盆地。盆地规模、沉积特征及富煤带展布与热隆张裂型基本相同，唯沉降速度相对缓弱，因此含煤性相对较好，煤层局部达中厚－厚煤等级，偶有富煤盆地出现。

2. 复合盆地

由拉伸、挤压与走滑三种构造应力场之间的组合和过渡活动机制成盆。盆地分布范围广，但较零星。其中，压隆－张裂型复合盆地成盆于兰坪－思茅挤压活动区的压性隆起构造带，如逆冲－推覆断裂上盘及基底背斜轴部，在次级引张裂陷机制下成盆。控盆断裂位于盆地中央或边侧，如镇沅三章田、景东大街、普洱梅子街、景洪普文、景谷永平等盆地。沉降中心与沉积中心偏于控盆断裂一侧，或与盆地中心一致，盆地富煤程度弱－中等。

第三节 赋煤带单元及其构造特征

一、赋煤构造单元划分

根据煤系赋存特征与大地构造单元的关系，把青藏赋煤区划分为 3 个赋煤构造亚区、13 个赋煤构造带（图 7.24，表 7.4）。

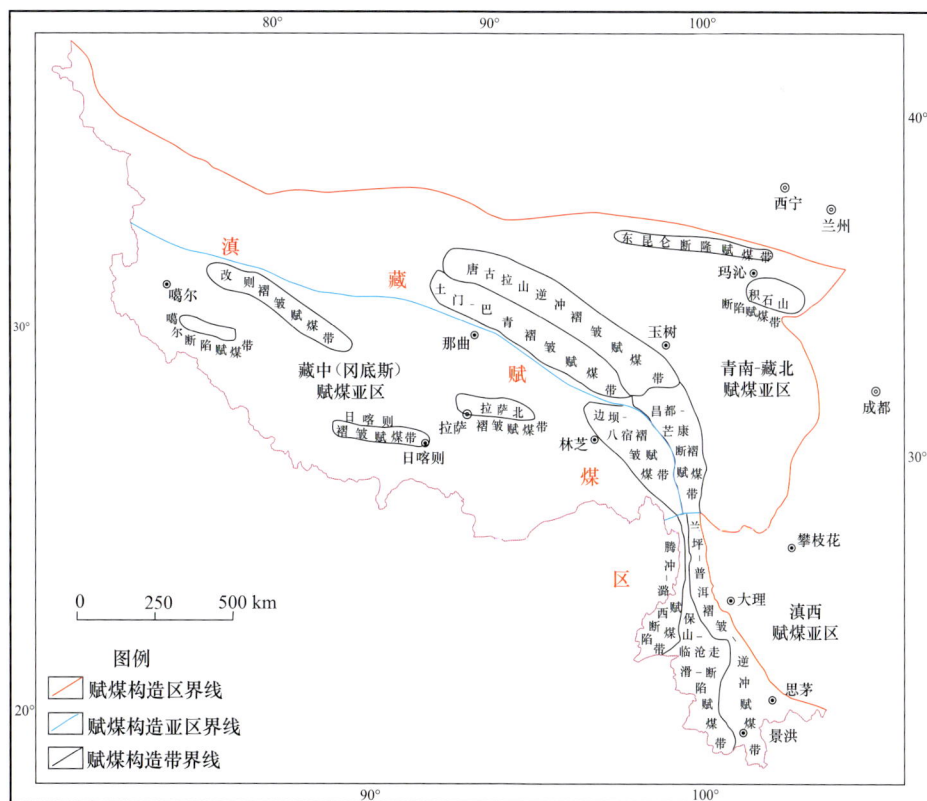

图 7.24 滇藏赋煤区赋煤构造单元划分图

表 7.4　滇藏赋煤区赋煤构造单元划分表

一级	二级	三级	煤田
滇藏赋煤区	青南 - 藏北赋煤亚区	东昆仑断隆赋煤构造带	布尔汗布达煤田、昆东煤田
		积石山断陷赋煤构造带	大武煤田
		唐古拉山褶皱 - 逆冲赋煤构造带	乌丽煤田、扎曲煤田
		昌都 - 芒康逆冲 - 褶皱赋煤构造带	马查拉煤产地、妥坝煤产地
		土门 - 巴青逆冲 - 褶皱赋煤构造带	土门格拉煤产地、自家浦煤产地
	藏中（冈底斯）赋煤亚区	边坝 - 八宿褶皱赋煤构造带	边坝 - 八宿煤产地
		拉萨北褶皱赋煤构造带	拉萨北煤产地
		日喀则褶皱赋煤构造带	日喀则煤产地
		改则褶皱赋煤构造带	改则煤产地
		噶尔断陷赋煤构造带	噶尔煤产地
	滇西赋煤亚区	兰坪 - 普洱褶皱 - 逆冲赋煤构造带	景东煤田、景谷煤产地、景洪煤田
		保山 - 临沧走滑 - 断陷赋煤构造带	保山煤田、耿马煤田、临沧煤田、澜沧煤田
		腾冲 - 潞西断陷赋煤构造带	腾潞煤田

二、青南 - 藏北赋煤构造亚区

（一）东昆仑断陷赋煤构造带

东昆仑断陷赋煤构造带位于青海省的中部，呈近东西向展布，北以东昆仑北缘断裂为界，南以昆南断裂（鲸鱼湖 - 阿尼玛卿断裂）为界，东西部以鄂拉山断裂将该区分为东昆仑弧盆系（东昆仑造山带）和西秦岭弧盆系（西秦岭造山带）。

区内山脉较多，祁漫塔格山、东昆仑山、布尔汗布达山、布青山、鄂拉山、阿尼玛卿山等自西向东在区内呈南北排列，使得含煤盆地彼此孤立，多为山间断陷盆地及凹陷盆地，含煤性及煤层的连续性均较差。根据这一构造特点，以布青山为界，将该区分为东西两个三级赋煤构造单元，分别为布青山西侧的布尔汗布达南缘拗陷和布青山东侧的昆仑山东缘拗陷（图 7.25）。

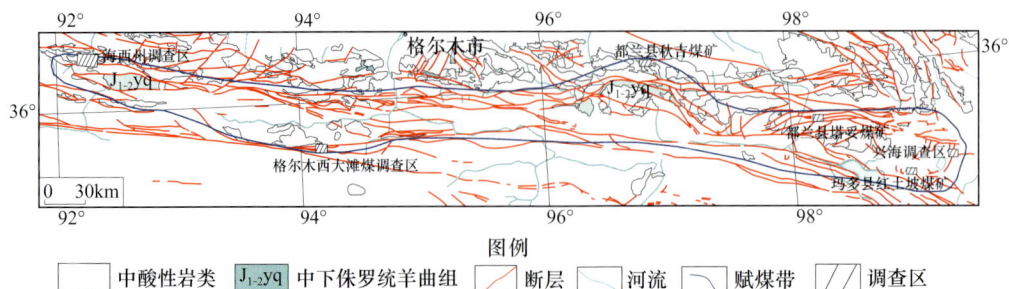

图 7.25　东昆仑断陷赋煤构造带

布尔汗布达南缘拗陷对应布尔汗布达煤田，其构造位置在昆北断裂带之上盘，呈一被下元古界三面包围的局部拗陷，主要煤矿点有秋吉、八宝山、东大干沟、纳赤台西等。在秋吉地区，含煤地层赋存在海西期侵入岩体之上的拗陷盆地内，含煤地层构造为缓倾斜的单斜构造，底部与海西花岗闪长岩呈断层或不整合接触关系，盆地内大部分地段为第四系砾石层所掩盖，盆地南缘与下元古界呈逆冲推覆关系。

昆仑山东缘拗陷对应昆东煤田区域，呈东西向狭长的条带状，主要煤矿点有塔妥、红土坡、黑山、苦海等，含煤地层属下、中侏罗统，含煤层段为羊曲组（J_2y）。区域内由北向南的推覆构造十分发育，构造方向零乱，而且均呈狭小的单斜块或不完整向斜形态。因该区南临昆南断裂，故而是一个强烈的地震活动带。塔妥煤矿地区，位于卡特儿复背斜的南翼，为一狭长的山间断陷盆地小型陆相煤矿区。含煤地层呈290°～110°方向延伸，南翼正常，北翼为倒转向斜构造。

在早中侏罗世，区域总体构造背景以挤压隆升为主。但在区域应力松弛时，区域大断裂在其浅部的某一段发生张性活动，为形成规模较小的山间断陷型成煤盆地提供了条件，在此背景下形成了东昆仑－西秦岭一些走滑、断陷及拗陷小盆地，河流相、河流三角洲及湖泊相比较发育，煤层多在河湖沼泽环境中发育。

东昆仑断陷赋煤构造带侏罗纪含煤地层及煤层之所以分布比较局限，表现为一些不连续的、范围很小的煤矿点，其原因主要是受控于原始成煤盆地，另一方面是受后期近东西向逆冲推覆构造改造破坏所致。

（二）积石山断陷赋煤构造带

积石山断陷赋煤构造带位于青海省巴颜喀拉山褶皱带东部地区，跨越昆南缝合带（康西瓦－南昆仑－木孜塔格－玛多－玛沁对接带）和可可西里－松潘甘孜（羌塘－三江造山系）两个构造单元。

构造带内的成煤时代为早—中侏罗世。北部为大武煤田，在大地构造单元上归属于昆南缝合带Ⅱ级构造单元（布青山－玛多－玛沁俯冲增生杂岩带Ⅱ级构造单元），夹持于昆南断裂与布青山南缘断裂带之间，呈近东西向展布，内有石峡、野马滩、军牧场等勘探区和煤矿点。南部煤矿点分布比较分散，零星分布于巴颜喀拉山褶皱系中的桑日麻、哇塞、年宝等地，在大地构造单元上归属于可可西里－松潘甘孜（雅江残余盆地）Ⅱ级构造单元。

积石山赋煤带分布的区域性大断裂主要有昆南断裂、布青山南缘断裂、昆仑山口－甘德断裂。这些断裂呈北西西向展布，控制了区域构造演化，同时也构成了该区整体呈北西西向展布、地块相间的构造格局。

与东昆仑赋煤带类似，积石山赋煤带含煤盆地多为一些彼此孤立的小型含煤盆地，这些盆地多为受控于区域大型断裂的未成熟走滑拉分盆地。以布青山断裂为界，将该区分为南北两个三级赋煤构造单元，分别为北侧的大武盆地及南侧的巴颜喀拉盆地（图7.26）。

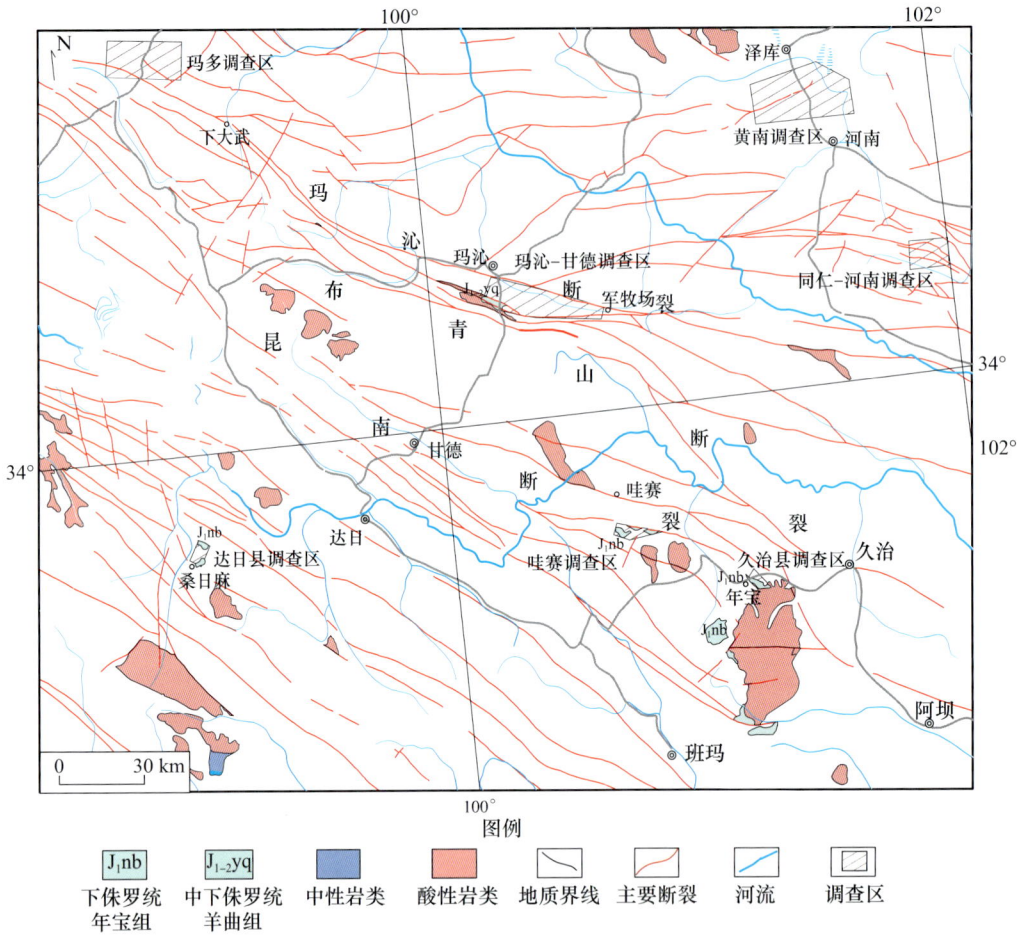

图 7.26 积石山断陷赋煤构造带构造纲要图

大武盆地是积石山断陷赋煤带的主体部分，区内主体即是通常所指的大武煤田区域，该构造单元构造位置属于昆南缝合带东段的阿尼玛卿复式背斜的北翼，其总体构造线呈北西西—南东东向，由一系列走向逆断层组成，并伴有褶皱构造。其北部为玛沁断裂带东段，该断层为区内规模最大、延展最长的断层，呈北西走向，倾向南西，倾角为60°～70°横亘于煤田的北部，构成大武盆地的北部边界。南部为布青山断裂，略呈反"S"形横贯全区，断层面倾向南东，倾角为60°。区内侏罗系地层总体呈一向北或北东向倾斜的单斜构造，地层倾角一般为40°～70°。由于被走向逆断层切割，区内褶皱构造保存多不完整，地层的层位不尽相同，残留的侏罗纪含煤地层仅沿逆断层下盘断续分布，并形成南北两带，南带西起石峡、江卡沟，向东经玛尼龙矿点和江千延至甘南玛曲县格罗（尕肉）矿点。北带含煤地层目前仅见于野马滩至军牧场附近，走向上被大片第四系覆盖，出露相对较宽，煤层距断层稍远，向深部尚有一定延展（图7.27、图7.28）。

南侧的巴颜喀拉盆地位于巴颜喀拉山北麓，盆地内煤系仅在年宝、哇赛、桑日麻等地零星出露。含煤地层为下侏罗统年宝组（J₁nb），上部为灰绿色安山质熔岩及中性火

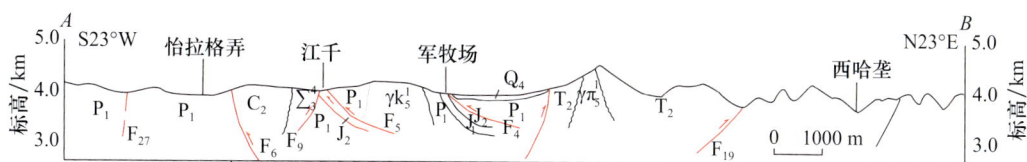

图 7.27 江千－军牧场 A—B 剖面

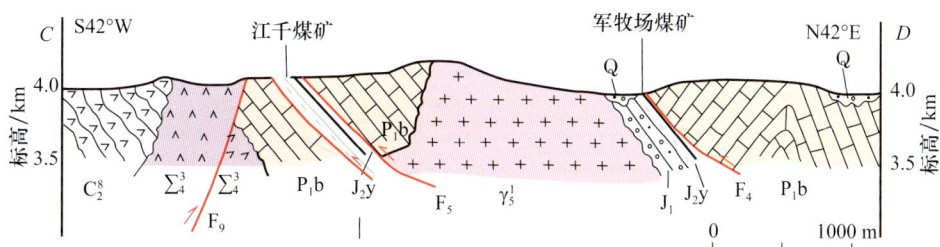

图 7.28 江千－军牧场 C-D 剖面

山碎屑岩，厚度大于 100m，其上被新生界红色砾岩覆盖。中部为灰白色含砾粗砂岩及长石中细粒砂岩，内夹不稳定煤层一层，局部可采，厚度大于 50m。下部以黑色粉砂岩为主，厚度约 50mm，含煤一层，结构复杂较稳定，一般厚 1～9m，为区内主要可采煤层。底部为灰绿色安山岩及灰白色凝灰角砾岩，厚约 150m，与下伏三叠系不整合接触。该区含煤地层为受断裂控制的单斜或宽缓向斜构造，在成煤期受当时地形的影响，主要发育冲积扇及河流沉积体系，岩相类型主要为砾岩相和粗碎屑岩相，成煤环境主要为河流岸后沼泽或废弃河道，成煤环境差，煤层厚度变化大，横向连续性差。

（三）唐古拉褶皱－逆冲赋煤构造带

唐古拉褶皱－逆冲赋煤构造带位于乌兰乌拉湖－玉树断裂以南，温泉断裂以北的唐古拉山褶皱系之中，总体呈北西向展布，在大地构造位置上属于北羌塘－昌都陆块（昌都－兰坪地块）Ⅱ级构造单元。地理位置上处于青海省的治多县、杂多县、囊谦县及西藏自治区的昌都、芒康地区。

区内构造以挤压逆冲断裂为主，构造线方向为北西—南东向，自北向南分布的区域性断裂有乌兰乌拉湖－玉树断裂、沱沱河觉悟果断裂、章岗日松－囊谦断裂、温泉断裂、龙木错－双湖－澜沧江断裂，它们对该区的构造演化起控制作用。该区海拔较高，构造复杂，含煤地层零星分布于山间盆地中，主要的成煤期是石炭纪、晚二叠世及晚三叠世。根据煤系的分布情况，以北西—南东向展布的乌丽复向斜轴的东南端所在位置为界，将该区分为两个三级赋煤构造单元，分别是北西侧的唐古拉山北缘拗陷和东南侧的唐古拉山东缘拗陷（图 7.29）。

唐古拉山北缘拗陷主体区域为乌丽煤田，地处北羌塘地体北缘，金沙江缝合带南侧，区内构造以压性逆冲断层为主，构造线方向为北西—南东向或北东—南西向，其总体地势西高东低，北为风火山，南有拉卜查日山，中间为开阔的茶措湖盆地。区内分布有乌丽、开心岭、扎苏、宗扎等含煤点。赋煤单元内含煤地层为上二叠统乌丽群那益雄

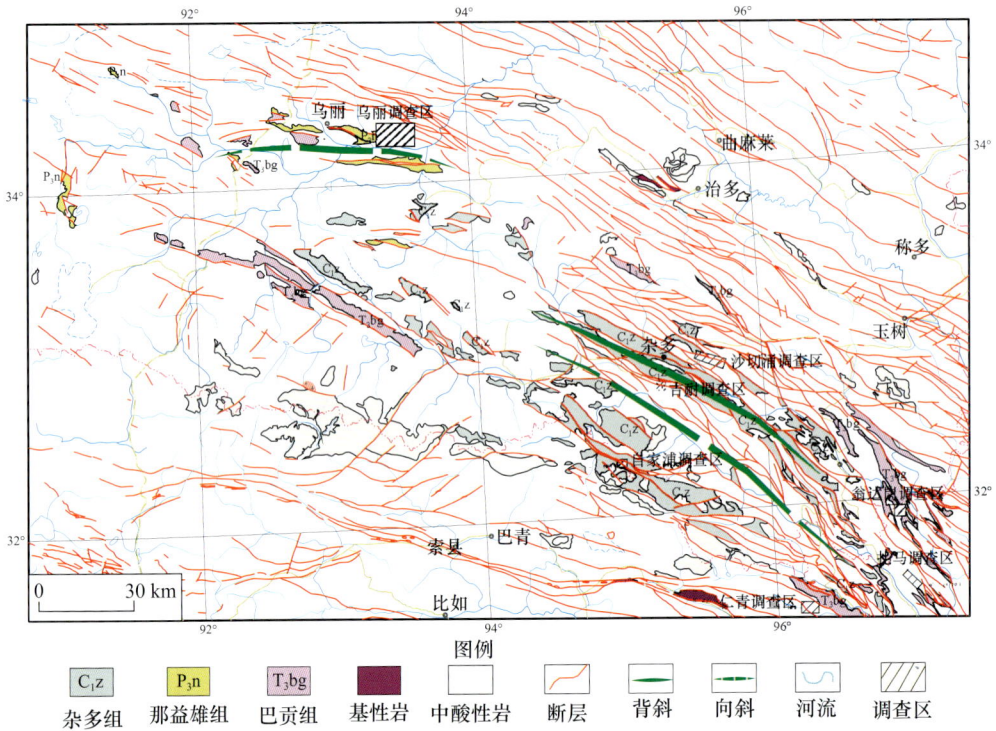

图 7.29　唐古拉褶皱－逆冲赋煤构造带构造纲要图

组（P_3n）及上三叠统结扎群巴贡组（T_3bg），主要分布在呈近东西向延伸的开心岭－扎日根断隆及乌丽－达哈断隆区范围内。上二叠统乌丽群那益雄组主要出露在茶措湖南，露头零星，大部分地段被第四系覆盖，为海陆交互相滨海平原型沉积。地层总体走向北西—南东向，倾角一般大于 60°。上三叠统结扎群巴贡组分布较为广泛，在八十五道班西出露较完整，特别是含煤段自然露头较好，为海陆交互相滨海三角洲型沉积。地层总体走向北西—南东向展布。该区基本构造形态为一个大的复式向斜，由一个向斜和两个背斜组成。区内的含煤地层沿北部的八十五道班－乌丽－达哈和南部的茶木错－开心岭－扎日根两个二叠系—三叠系复背斜分布。沿北部的复背斜分布有乌丽、扎苏、达哈、宗扎等煤矿点；沿南部的复背斜分布有茶木错、开心岭等煤矿点。在乌丽地区由于地表掩盖较严重，背斜的核部及北翼形迹不明显，含煤地层只在背斜的南翼出露。在南部的开心岭地区，次级褶皱较发育，一般轴向与区域构造线方向一致，呈北西向，沿轴部小断裂及侵入岩发育，使煤层遭受到不同程度的破坏。断层以北西向的逆断层为主，北东向的平推断层次之。由于断裂较发育，因而褶皱受到破坏，局部呈现出单斜构造形态。

　　唐古拉山东缘拗陷主体区域为扎曲煤田，区内成煤时代较多，有石炭纪、二叠纪、三叠纪。一般来说下石炭统杂多群（C_1zd）含煤性较好，上三叠统巴贡组（T_3bg）次之。该赋煤构造单元位于羌塘地块东北缘，其北侧为乌兰乌拉湖－玉树深大断裂，南侧为温泉断裂，呈北西—南东向的条带状展布。区内构造十分复杂，断层特别发育，尤其是北西—南东向的走向断裂，使其形成许多狭长的断块。这些断层破坏了含煤地层的连续性和完整性，再加之其褶皱以紧密线型、不对称性复式褶皱为主，并伴有岩浆岩侵入体，致使地层分布较零乱。另外，由于该区自海西运动以来，各期构造相互叠加，尤其是喜马拉雅山运动在该区表现强烈，致使中新生代山间盆地及次火山岩断裂也十分发育，地震同样频繁。唐古拉山南缘拗陷以正源－扎曲河为中心，自北向南分布有子曲复向斜、扎曲复背斜、吉曲复向斜三个大的褶皱构造，以北西—南东向展布在唐古拉山东段，成为该煤田的主要控煤构造。区内的上三叠统含煤地层分布于北部的子曲复向斜核部，由于褶皱较紧密，煤层倾角一般在45°以上，甚至近于直立。下石炭统上部含煤地层主要分布于吉曲复向斜的两翼。中部的扎曲复背斜含煤地层以下石炭统上部为主，保存在次级背斜的翼部及小向斜中，但是该复背斜中的小褶皱及断裂成群分布，致使煤层的连续性极差。如杂多县城附近各矿点的煤层常呈鸡窝状或扁豆状，难于逐层追索。另外扎曲煤田内广泛发育的北西—南东向断裂对含煤地层产生了不同程度的切割和破坏（图 7.30、图 7.31）。

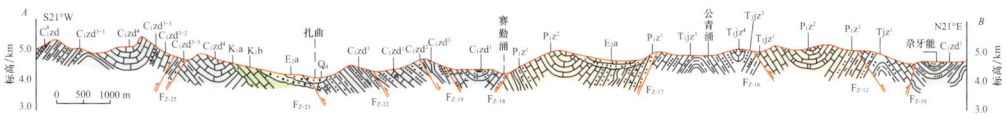

图 7.30　扎曲地区剖面图

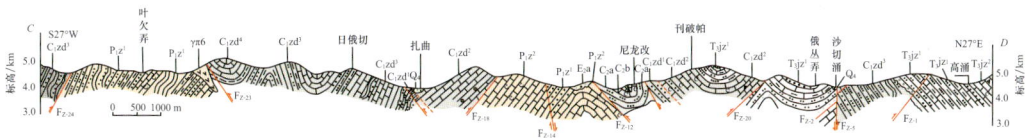

图 7.31　扎曲－沙切涌地区剖面图

（四）昌都－芒康逆冲－褶皱赋煤构造带

昌都－芒康逆冲－褶皱赋煤构造带位于羌塘－三江造山带，北以哀牢山－金沙江缝合带为界，南以班公湖－怒江－昌宁－孟连结合带为界，属于羌塘－三江构造地层大区，位于西金乌兰－金沙江结合带以西，班公湖－双湖－怒江对接带中南段以东的区域。区内发育有较完整的晚古生界地层。三叠系、侏罗系、白垩系广泛发育，山间断陷盆地内陆相沉积的古近系和新近系在局部地区分布。含煤地层主要有下石炭统马查拉组（C_1m）、上二叠统妥坝组（P_3t）及下上三叠统巴贡组（T_3bg）（图 7.32）。

赋煤构造带内含煤的层沉积于昌都－芒康盆地，为一较稳定的沉积盆地，盆地沉积受控于怒江大断裂及青尼洞－贡觉隆起带。南起与西藏芒康并向北西一直展布于类乌齐地区。向斜枢纽呈波状起伏，平面弯曲展布，核部由早白垩世和侏罗纪地层组成，两翼分布晚三叠世地层。

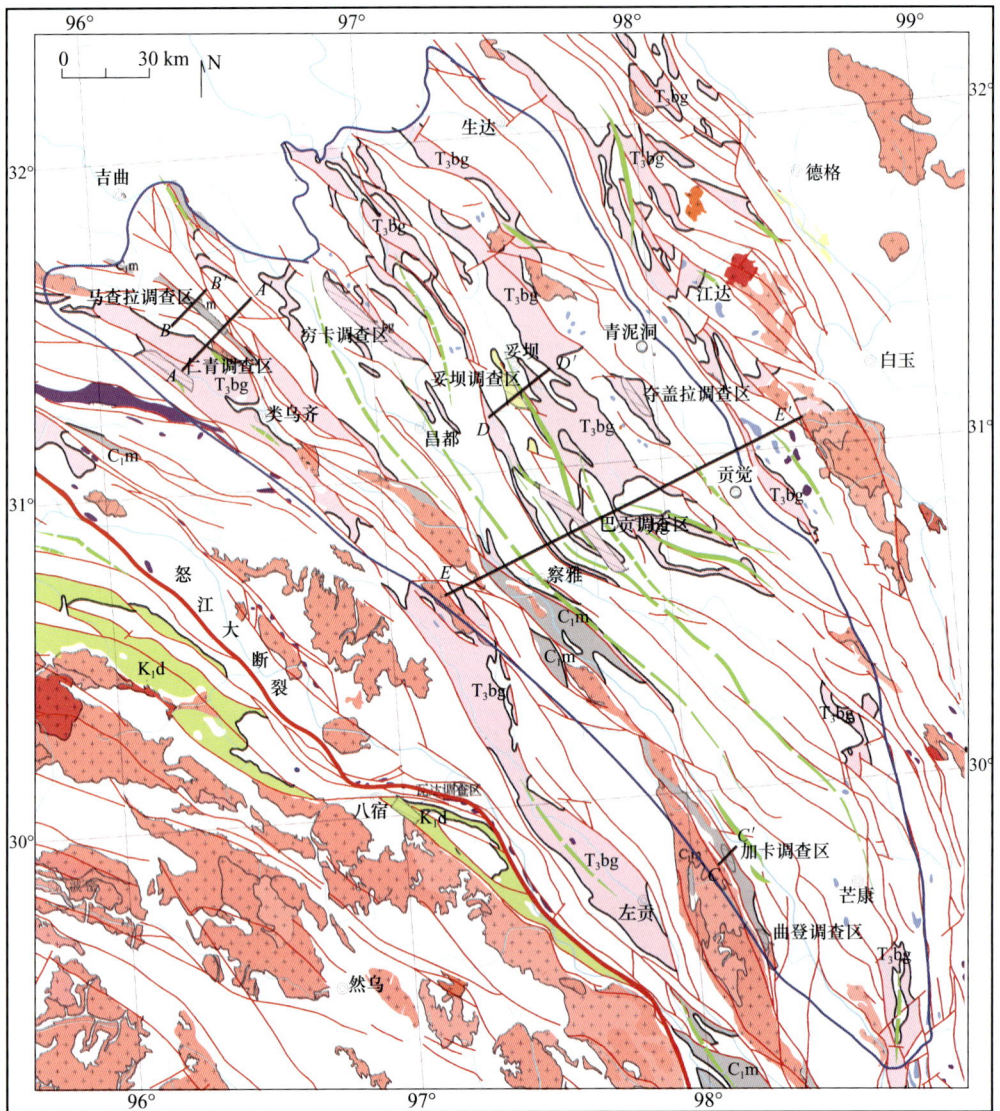

图 7.32　昌都－芒康逆冲－褶皱赋煤构造带构造纲要图

　　白垩纪后，昌都盆地在印支板块对欧亚板块俯冲及挤压作用下，盆地沉积向西南方向萎缩挤压成楔形，隆升成陆，形成了一系列一级褶皱、断裂构造。盆地南段成窄条带状，中段、北段形成一系列北西—南东向的紧密线状复式褶皱和大量的逆冲断层和走向近南北、近东西的二级构造及走向北东—南西向的低序次构造。西北边界形成宽缓水平褶皱，逆冲断层较发育。盆地东侧以青尼洞－贡觉隆起为界，次级褶皱雁行排列，对煤系的分布起重要作用。西侧由于类乌齐逆断层的发育，使煤系抬升地表；察雅逆断层及其他北东向断层，将煤系错断，破坏了煤系的完整性。盆地侵入岩远离煤系，对煤系和煤层影响不大。

1. 石炭纪煤系构造特征

马查拉组含煤地层主要呈北北西向断续分布于昌都盆地西缘类乌齐至芒康一带。北部在类乌齐一带，主要产煤区为马查拉煤矿和机日马煤矿。马查拉组含煤地层呈北西西向背斜展布。马查拉组（C_1m）含煤地层为背斜核部，翼部为下二叠统里查组（P_1l）。由于位于背斜西侧的后期逆断层的发育，地层被抬升，上覆三叠统被剥蚀，使得含煤地层出露地表。在南部察雅—曲登一带，含煤地层重新出露地表，主要煤点为加卡煤点以及曲登煤点，含煤地层夹于乌齐－澜沧江逆断层与东侧的断层之中。矿区内含煤地层产状稳定，倾向北东，倾角为 $47°\sim67°$。

1）马查拉煤矿

马查拉煤矿及机日马煤矿在类乌齐线东北，含煤地层呈北北西向背斜展布。背斜核部为马查拉组，翼部为下二叠统里查组。东翼倾向南西西，倾角为 $60°\sim80°$。西翼倾向北东东，倾角为 $60°\sim80°$。两翼倾角相同，所以马查拉背斜总体上为一北西西向的对称褶皱。背斜其上被上三叠统甲丕拉组不整合覆盖。

马查拉煤矿位于马查拉背斜核部，马查组岩性主要为泥岩、粉砂岩夹煤层，能干性较弱。在强烈的挤压作用下，在背斜核部发育次级褶皱、次级断层及煤包。次级褶皱呈东翼缓、西翼陡的不对称形态，反映褶皱外侧地层由翼部向核部运动的运动学极性，对次级褶皱翼部不同位置产状赤平投影统计，显示出马查拉背斜是由北东东—南西西向挤压形成。

由于下二叠统里查组卷入褶皱变形，其上被三叠统甲丕拉组不整合覆盖。印支期在北东东—南西西向区域压应力场作用下，马查拉煤系地层发生褶皱变形，形成马查拉背斜。随着挤压作用的加剧，发育逆冲断层，褶皱遭受不同程度的破坏，形成褶－断组合形态。在后期（下三叠统甲丕拉组沉积后）马查拉背斜西侧的逆断层发育，使得背斜被抬升，其上地层被风化剥蚀，煤系地层出露地表。马查拉煤矿控煤构造以褶皱形态为主、断层为辅（图7.33），煤系赋存较为稳定，局部煤厚达3m（表7.5），因此马查拉褶皱控煤样式属于褶皱－逆冲型构造样式。

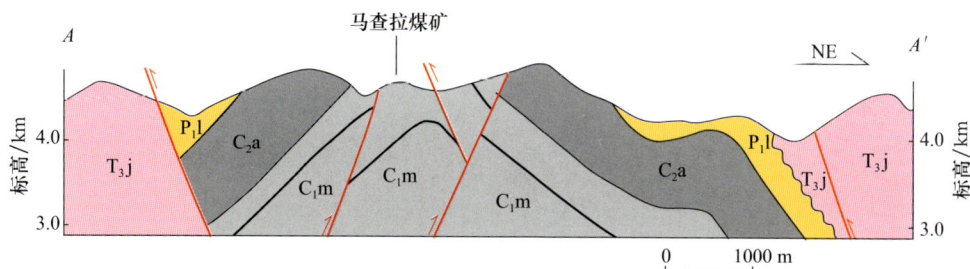

图7.33 马查拉煤矿构造剖面

表7.5　马查拉富煤段主要煤层厚度特征表　　　　（单位：m）

煤层号	煤层厚度			煤层号	煤层厚度		
	最小	最大	平均		最小	最大	平均
C₁	0.5	0.73	0.62	C₁₃	0.05	1.2	0.53
C₂	0.65	1.22	0.94	C₁₄	0.26	1.57	0.92
C₃	0	0.56	0.23	C₁₅	0.08	0.93	0.67
C₄	0.09	0.46	0.28	C₁₆	0	1.67	0.42
C₅	0	0.56	0.28	C₁₇	0.1	1.35	0.48
C₆	0.03	1.01	0.52	C₁₈	0	1.57	0.63
C₇	0.25	0.84	0.55	C₁₉	0.3	1.17	0.74
C₈	0.1	59	0.35	C₂₀	0.41	0.7	0.56
C₉	0	0.82	0.49	C₂₁	0.44	3.4	2.12
C₁₀	0.03	1.74	0.6	C₂₂	0.57	0.6	0.59
C₁₁	0.03	0.92	0.48	C₂₃			0.4
C₁₂	0.09	1.32	0.71	可采总厚	0.71	8.33	3.76

2）机日马煤矿

机日马矿点位于马查拉煤矿北侧，矿区煤层发育于稳定的单斜地层内，产状稳定倾向北东，倾角为40°左右。由于后期（晚于晚三叠世）西侧逆冲断层的影响使得马查拉背斜被破坏，背斜东翼被切割抬升至地表。煤层发育于逆冲断层上盘，以稳定的单斜形态为主，褶皱不发育，属于逆冲断层构造样式（图7.34）。

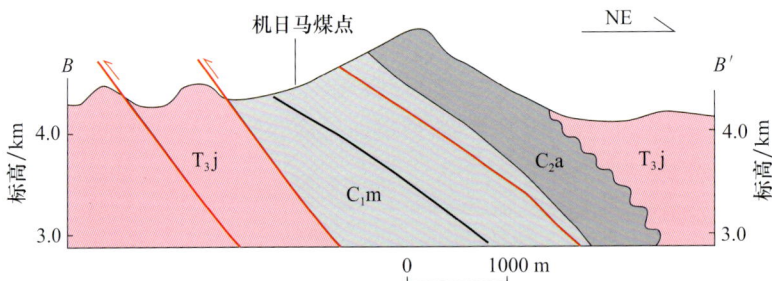

图7.34　机日马煤矿构造剖面

在曲登－察雅段煤系东侧的逆断层，断层面倾向东，倾角为75°，走向长约为100km。断层东侧为上三叠统流纹质火山岩。该断层及上三叠统火山岩对煤系煤层影响不大。

3）加卡预测区

加卡预测区位于昌都芒康县与八宿县之间，澜沧江西侧。煤系组成一走向北北西的背斜构造，夹持于类乌齐－澜沧江断层和东侧的逆断层之间。东侧断层走向北北西，倾向南西西，断层面较陡，倾角为75°左右。

加卡预测区位于背斜东翼，见煤线6层，倾向北东，倾角为61°～78°。煤层薄、结构复杂，极不稳定。澜沧江断层西侧为上三叠统流纹质火山岩。该断层及上三叠统火山岩对煤系煤层影响不大。在加卡预测区内，局部因花岗岩侵入而变质成石墨。

预测区东侧的逆断层的发育破坏了早期背斜形态，加卡预测区南侧，褶皱轴面被断层切割，只见到背斜的东翼。加卡预测区煤层呈北北西向夹持于两侧逆冲断层之间，两侧逆冲断层构成了井田的边界，区内控煤样式属于逆冲断夹块样式（图7.35）。

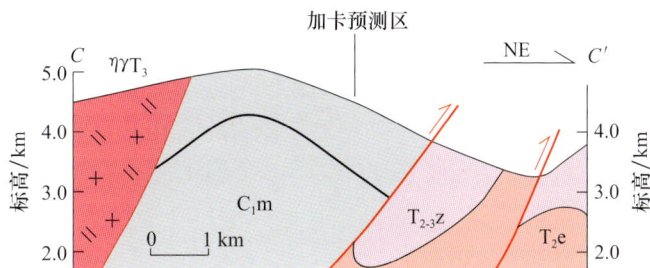

图7.35 加卡预测区构造剖面

2. 二叠纪煤系构造特征

二叠纪区内含煤地层为上二叠统妥坝组，位于昌都地体内昌都－芒康盆地西缘，断续分布于芒康县交嘎乡、海通沟，察雅县巴贡乡，昌都县妥坝镇，类乌齐县等地，向北延入青海省。含煤地层严格受北西－南东向断裂控制，造成地层在构造线方向呈孤立块体分布。上覆地层为晚二叠世夏牙村组（P_3x）。在海通、巴贡等地为中上三叠统甲丕拉组（$T_{3}j$）。下伏地层为早二叠世交嘎组（P_1j），岩性为灰色、深灰色厚层状至块状灰岩，局部夹泥灰岩和基性火山岩。研究地区主要产煤区为妥坝煤矿。

妥坝煤矿位于昌都县妥坝区境内。含煤区东以英日童一线为界，西到埃西乡一带，南起于咱马拉北，北到鸟弄一线，南北长约为37km，东西宽约为30km，面积约为1100km²。

含煤区位于澜沧江结合带东侧，区内北北西、北西西向褶皱断裂发育。地质构造比较复杂。主要断裂有妥坝断裂、芒康－盐井逆断层、马查拉逆断层、瓦日逆断层；主要褶皱有妥坝复式背斜、大木南背斜、阿穷曲复式向斜等。地层走向与构造线方向基本一致呈北北西—南南东向展布，倾角一般为30°～65°。

（1）妥坝逆断层：位于昌都东达马拉山西侧，断层通过妥坝向北西334°方向作扭曲状延入青海，在西藏省内延长120km，断层面东倾、倾角为70°左右，垂直断距为500～1500m，局部见宽50m的破碎带。该断层切割上三叠统、石炭系及二叠系，煤系在妥坝附近组成断层下盘，而断层上盘的上石炭统由东向西逆掩于煤系之上。该断层形成时期可追溯到海西早期或更早，它控制早石炭世以后的沉积，在断层西侧早石炭世主要为碳酸盐沉积，晚二叠世有含煤碎屑岩沉积和晚二叠世晚期夹更多火山沉积。而断层东侧早石炭世下部为火山碎屑、上部为碳酸盐沉积，晚二叠世火山活动微弱，并未发现含煤碎屑沉积。

（2）芒康－盐井逆断层：位于芒康东侧，作南东 163° 方向延伸，向南延入云南，在该区内延长 180km 左右，断面东倾，倾角大于 70°。上盘由石炭系、二叠系及中下侏罗统组成，下盘由上三叠统、中下侏罗统及上侏罗统—下白垩统组成。沿断层附近有喜马拉雅期花岗岩、花岩斑岩分布。该断层使煤系推于地表，对开发有利，遗憾的是含煤性差，尚未找到有价值的煤点。

（3）马查拉逆断层：位于昌都与类乌齐之间，黑（河）－昌（都）公路北，南起雪皮拉东侧，向北西 317° 方向延伸，经马查拉、甲桑卡等地延入青海。断层线呈波状在西藏境内延长 90km，切割了石炭系、上二叠统、上三叠统及下中侏罗统。晚二叠世煤系在断层两侧有零星分布，该断层推测为断面东倾的逆断层。

（4）瓦日逆断层：出露在马查拉逆断层之东侧青海、西藏交界附近，向北西延入青海，在该区延长 40km。该断层切割下石炭统、上二叠统、上三叠统及下中侏罗统，煤系在断层东侧出露，并受东侧另一平行断层控制。断层性质推测为断面东倾的逆断层，将煤系推置于地表，有利于开发利用。

妥坝富煤段位于妥坝断裂北段西侧，妥坝复式背斜北段次级向斜－妥坝向斜北部转折端，向斜东翼煤系被断裂带破坏，西翼煤系被甲丕拉组（T_3j）不整合覆盖，在后期在区域构造压应力场作用下，煤层夹持于逆冲断层之间的断夹块由于边界断层的挤压和逆冲牵引作用发生褶皱变形，褶皱的轴向与边界妥坝断层走向平行。逆冲断层控制着褶皱的发育状态。妥坝矿区的控煤构造样式属于逆冲－褶皱型（图 7.36）。

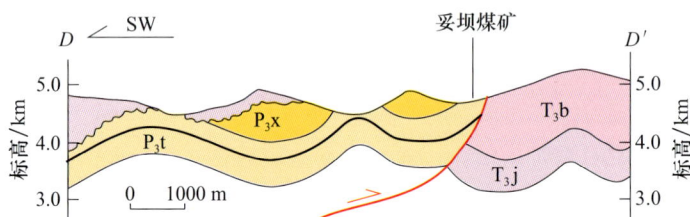

图 7.36　妥坝煤矿构造剖面

3. 三叠纪煤系构造特征

晚三叠世巴贡组是昌都地区分布最为广泛的含煤地层，地层呈北西至南东向展布于昌都盆地内，主要分布于类乌齐、昌都、察雅、贡觉、江达、芒康等县，在北部类乌齐县打奖、昌都县乐东延入青海省。

巴贡组含煤地层主要分布昌都地体内的昌都－芒康复向斜两翼，明显受构造控制。煤层顺走向常被断层所切（图 7.37）。

在研究区内，对含煤断层起控制作用的主要为：①改则－怒江深大断裂，其位于昌都向斜的西南翼，此深大断裂对巴贡组形成时之沉积起着控制作用，使晚三叠世含煤地层未能逾越该断层而在断层南西或西侧出现。②类乌齐－加卡逆断层，该断层为次级分

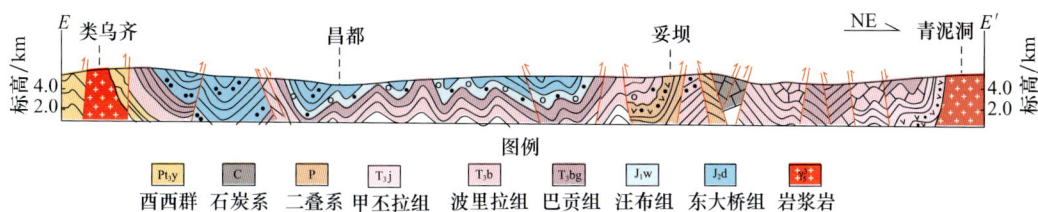

图 7.37　昌都－芒康赋煤带北东向构造剖面

图例
Pt₁y	C	P	T₃j	T₃b	T₃bg	J₁w	J₂d	岩浆岩
西西群	石炭系	二叠系	甲丕拉组	波里拉组	巴贡组	汪布拉组	东大桥组	岩浆岩

区断层，东侧为昌都－芒康褶皱带，西侧为巴青－登巴断褶带。断层作北西—南东延伸，在类乌齐以北斜切念青唐古拉山延入青海，类乌齐以南沿澜沧江西侧延入云南，在该区出露长 450km，沿断层分布有燕山期巨大花岗岩和花岗闪长岩体，局部地方分布有超基性岩体。据区域资料表明断层面向北或北东倾，在类乌齐及察雅一带使断层东盘或北东盘煤系地层抬升到地表，后期改造对煤系开发利用有利。③察雅逆断层，在他念他翁－加卡逆断层东侧平行展布，总的走向为 SE151°，长 215km，断面向南西倾，倾角为 60°～70°，断层规模较大，煤系地层分布在断层东侧（下盘），不利于煤系的开发利用。除上述主要断层外，在昌都盆地内，常有北西、北北西向次级断层发育将煤层错开，煤层连续性差。

　　研究区内主要煤点主要出露于向斜两翼。东翼煤系出露在察雅县扩大区向北经察雅县东侧、达马拉、昌都鸟东乡一线，另在贡觉、江达等地有零星分布。具工业价值的巴贡煤矿、夺盖拉煤矿、觉勒拉煤点、鸟东煤点等均分布在此翼上。西翼煤系出露于芒康拉屋乡、左贡，向北西经类乌齐、巴青直到土门格拉地区。在研究区内，此翼具有价值的点包括仁青煤点、打浆煤点、竹衣卡煤点等。在复向斜消失的芒康县南侧和昌都北向斜分叉地区，也有煤系及煤点分布，后者见有穷卡煤矿、小昂煤点和扎马煤点。

　　（五）土门－巴青逆冲－褶皱赋煤构造带

　　土门－巴青逆冲－褶皱赋煤构造带位于西藏自治区北部，地处唐古拉山南麓。赋煤带位于昌都－芒康褶皱赋煤带西南侧，南以改则－怒江断裂为界，呈北西—南东向展布，以线褶皱和压性逆断裂为主。大地构造位置位于南羌塘地块和北羌塘－昌都陆块。北羌塘陆块上有土门煤产地（煤矿）和自家浦煤产地（煤矿），含煤地层包括下石炭统马查拉组（C₁m）、上三叠统土门格拉组（T₃tm），后者相当于藏东地区的巴贡组（T₃bg）（图 7.38）。已有研究成果表明（王辉等，2009），土门煤系形成于唐古拉山古隆起剥蚀区南侧的晚三叠世羌南盆地。

　　1. 石炭系煤系构造特征

　　下石炭统马查拉组分布在该赋煤带东北部的丁青县自家浦煤矿，矿区主内要出露地层由老到新，包括了石炭系、三叠系、侏罗系、古近系。煤系受构造（断裂）的影响，多被北西及北西西向断层切割成支离破碎的块体。

　　自家浦煤矿区含煤地层为下石炭统马查拉组（C₁m），属于早石炭世马查拉煤系，为一套由灰、深灰、灰黑色砂岩、板岩、灰岩、生物碎屑灰岩、泥灰岩、夹含海绿石硅

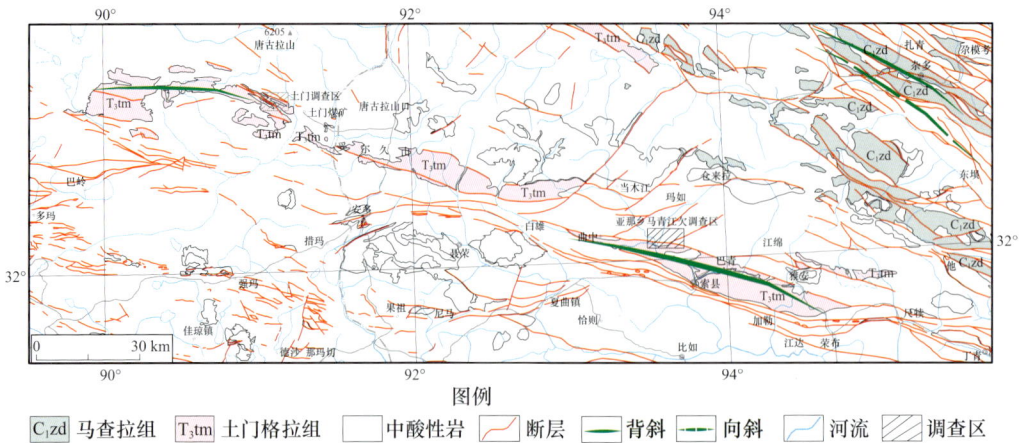

图例

C_1zd 马查拉组　T_3tm 土门格拉组　□ 中酸性岩　／ 断层　━ 背斜　┅ 向斜　～ 河流　▨ 调查区

图 7.38　土门 – 巴青逆冲褶皱赋煤构造带构造纲要图

质岩、煤层及煤线组成的海陆交互相含煤地层，厚 1216～1690m。自家浦煤矿见煤层和煤线 71 层，厚度大于 0.4m 可采煤 46 层，可采煤层平均累厚为 36.73m，平均厚为 0.80m。煤呈黑 – 乌黑色，条痕黑褐 – 黑色，油脂光泽 – 金属光泽，参差状及贝壳状断口，质地坚硬，煤视密度为 1.40～1.49t/m³。肉眼煤岩组成以暗煤及亮煤为主，镜煤次之，煤岩类型以半亮、半暗型为主，光亮型次之。

煤矿区内主要为一向北东倾斜的单斜构造，断裂构造主要发育有北北西向正断层及北西向逆断层，断层面主要向北东倾，规模较大，已知延长数十米至数百米，斜切煤系地层及煤层，但对煤系、煤层影响不大。另见有少量北东向及南北向断层，除个别表现出断层面倾向北西的逆推性质外，其他断层性质不明。一般说来规模不大，除断层外，尚发育有层间挠曲，总的说来，由西向东构造趋于简单。

2. 三叠系煤系构造特征

西藏自治区土门格拉煤田处于班公湖 – 双湖 – 怒江 – 昌宁 – 孟连对接带中的龙木错 – 双湖 – 类乌齐结合带，三级构造单元属于龙木错 – 双湖蛇绿混杂岩带。煤系分布在昌都 – 芒康复向斜两翼，明显受构造控制。煤系顺走向常被断层所切。煤系分布区内构造变形强烈，形迹复杂多样，总体上东部较西部变形强烈，中部较南、北两侧变形强烈。

土门格拉煤矿区内，主要分布有上三叠统、中侏罗统、下白垩统及古近系。含煤地层为土门格拉组（图 7.38）。据中煤航测遥感集团有限公司遥感应用研究院 2006 年遥感地质调查资料，煤层主要作似层状或透镜状，沿走向及倾向不稳定，易于变薄、尖灭、分叉或相变成碳质泥岩及泥岩。在含煤性较好的矿（点）内，煤层较稳定，似层状者较好，一般煤层延长数十米到 2000m。煤层稳定性在平面上无明显的规律，煤层结构简单到复杂，普遍夹 1～2 层夹矸，夹矸多由碳质泥岩、泥岩组成，少数为细砂岩。土门格拉煤矿区内含煤性好，土门格拉组含煤层 20 余层，其中局部可采者 14 层，可采者 6 层。煤呈灰黑 – 深黑色、条痕棕色 – 褐黑色，玻璃光泽及油脂光泽，阶梯及平整状断口，少量参差状断口和眼球状断口，易脆，内生裂隙发育，条带状结构，煤视密度为

$1.41\sim1.68t/m^3$；煤岩类型以半亮为主，由东南向西北光亮型增多、半暗型减少。

三、藏中（冈底斯）赋煤构造亚区

（一）边坝–八宿褶皱赋煤构造带

边坝–八宿褶皱赋煤构造带的含煤区呈北西—南东向分布，并略向北东凸出呈弧形，走向长约为540km，宽为10～30km，面积约为6174km²。大地构造位置位于冈底斯–念青唐古拉断褶带革吉–洛隆燕山期褶亚带的东端，挟持于改则–怒江深大断裂带和昂拉错–纳木错断层之间。属冈底斯–喜马拉雅造山系Ⅰ级大地构造单元之拉达克–冈底斯–察隅湖盆系Ⅱ级构造单元，昂龙岗日–班戈–腾冲岩浆弧带Ⅲ级构造单元。

受控于班公–怒江缝合带与冈底斯岩浆弧带，其区域构造线以北西西向或近东西向为主，褶皱和断层均非常发育，褶皱轴迹和断层走向也以北西西向为主（图7.39）。

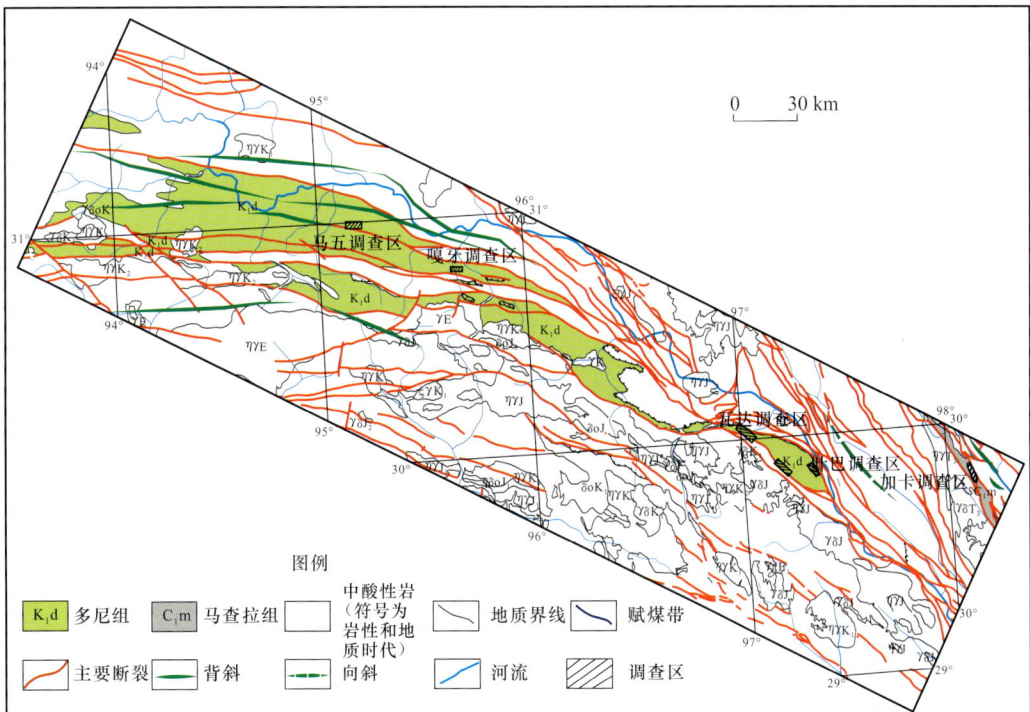

图7.39　边坝–八宿褶皱赋煤构造带构造纲要图

含煤地层为下白垩统多尼组，主要分布于南部拗陷南部边缘与拉萨地体北缘，其岩性为板岩、千枚岩、页岩及粉砂岩、砂岩、长石石英砂岩、石英砂岩，局部夹生物碎屑灰岩、泥灰岩、灰岩、硅质岩及含砾砂岩、砾岩等，含煤层，厚度为721.2～3140m。该组含煤性总体较差，八宿以南的局部地段含煤较好。

含煤地层发育在边坝–古拉复向斜内。位于洛隆–八宿逆断层西南侧，轴向为北西—南东向，并向北东突出呈弧形，长约520km，西北端在边坝附近消失，东南沿洛隆南侧、八宿西侧并顺怒江西侧延入云南省。在北部边坝—洛隆一带，含煤地层发育在边坝复向斜内，向斜呈轴向南东向（102°），夹于洛隆－八宿逆断层与边坝南－洛隆南逆断层之间。长为170km，宽度小于10km。向斜由多尼组成，轴面向南倾，北翼产状（160°～210°）∠（20°～40°），南翼产状较陡。核部次级褶皱发育，多为中等规模的线状褶曲，两翼倾角以50°～60°者较多，在复向斜核部分布第四纪盆地沉积。

改则－怒江深大断裂（NF）带是区域最主要的断裂，位于多尼组地层东北，将早白垩世时多尼组的含煤地层控制在断裂带南侧，沿断裂带出现一系列由东北向南西逆冲的断层组成，断面主要向北东及北东东倾，倾角为26°～80°。

洛隆－八宿逆断层（LBF）西起那曲南罗马与桑雄之间，向东经边坝、洛隆、八宿并与改则－怒江深大断裂带相交，呈北西—南东向延伸，并向北东凸出成弧形，断面倾向不稳定，西端主要南倾（边坝—洛隆－带倾向北），倾角陡，顺走向延长500km。多尼煤系被切割使上部地层缺失。

边坝南－洛隆南逆断层（BF）位于边坝—洛隆南一线南侧，平行洛隆－八宿逆断层分布，并在八宿附近相合并，顺走向延长200km，断面北倾，倾角不清，断层发育在早白垩世多尼煤系中，并切割煤系和左近系。该断层形成时间较早，在地质发展过程中控制了早白垩世成煤盆地的分布。后期构造活动，对煤系改造有利使煤系抬高暴露地表（图7.40）。

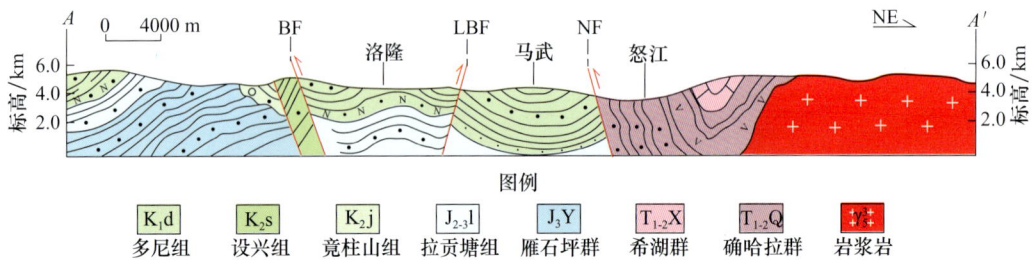

图7.40 边坝－八宿赋煤带剖面

（二）拉萨北褶皱赋煤构造带

拉萨北赋煤带位于拉萨北侧林周、墨竹工卡县一带，南临拉萨河，西抵青藏公路，东到墨竹工卡，北以唐家—牵马沟一线为界，呈楔形东西向分布，向东变窄并尖灭于唐家一带，面积约为1275km²。大地构造位置位于西藏特提斯构造域冈底斯－念青唐古拉（地体）板片中南部。该地体南缘的构造线总体走势近东西向，由于区域长期走滑效应，次级构造线多呈北西西向，深部应有北东向隐伏构造（图7.41）。

该区的含煤地层林布宗组，以砂岩、粉砂岩为主，分布于林周洛巴渡向东经墨竹工卡到巴乡一带，分上下两组，下为林布宗组，厚为2503～2992m，夹煤层，含煤1～34层，可采及局部可采者13层，单层厚0.10～1.93m，为主要含煤地层；上为林布宗组，局部夹薄煤层，厚1494～1600m。该煤系仅墨竹工卡以西有局部煤层出露。

林布宗组含煤地层在该带南东侧拉萨－察隅燕山晚期褶皱亚带的西部。煤系除受改

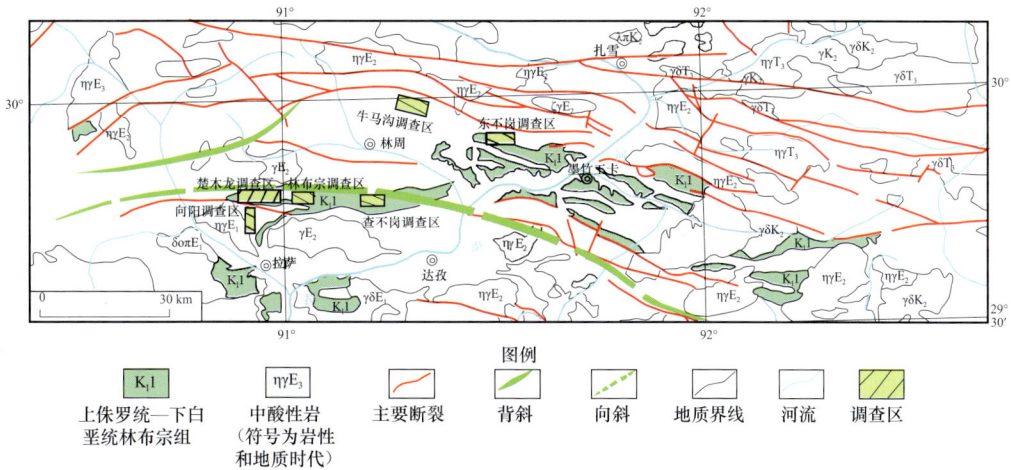

图例

K₁l	ηγE₃					

K_1l 上侏罗统—下白垩统林布宗组　　$\eta\gamma E_3$ 中酸性岩（符号为岩性和地质时代）　　主要断裂　　背斜　　向斜　　地质界线　　河流　　调查区

图 7.41　拉萨北褶皱赋煤构造带构造纲要图

则－怒江深大断裂带和雅鲁藏布江深大断裂带控制外，还受昂拉错－纳木湖断层、羊八井断层的控制。

雅鲁藏布江深大断裂带大致沿象泉河、雅鲁藏布江延伸，贯穿全区，向西进入克什米尔，向东在墨脱一带南拐入缅甸。它由多条平行断裂组成，断面在浅表部分向南倾，泽当一带倾角为50°～80°，个别地方较缓，倾角为20°～30°，断面在深部直立或转向北倾。早白垩世拉萨煤系被控制在该深大断裂的北侧近东段。

墨竹工卡－百巴复向斜西起洛巴堆向东经唐家、百巴一带，东端被喜马拉雅期花岗岩截断，呈近东西向展布，枢纽呈舒缓波状，顺走向延长400km。复向斜南翼分布着大量花岗岩体，使南翼地层破碎。北翼分布大量石炭纪—二叠纪地层和少量燕山晚期花岗岩体。核部由白垩纪地层组成。拉萨煤系主要分布于向斜西端，由于枢纽起伏，造成在唐家一带（向斜鞍部）煤系地层大面积出露。唐家以西煤系分布在复向斜两翼。向斜北翼较发育，南翼因断层和岩浆岩侵入而出露较差。两翼次级褶曲发育，其轴面与复向斜轴面一致。该复向斜西部的洛巴堆及其以西地区广泛分布着晚白垩世火山岩，并不整合煤系地层之上，破坏煤系在地表的西延。

洛巴堆－甲马逆断层（LG），位于拉萨北，西起洛巴堆，向南东顺玉年河横穿拉萨河至甲马附近，该断层两端被北东向断层所截，它又斜切早白垩世煤系地层及下二叠统、中下侏罗统。断层走向为南东110°，断面倾向北东，倾角为50°。该断层主要切割拉萨煤系上部地层，仅在北西端对煤系有破坏作用。

松雅逆断层东起纳木湖保吉一带，向西经结瓦、物玛等地，断层东西端分别与念青唐古拉断层、改则－怒江深大断裂带斜交，走向为北西286°，断层面部分向北，两侧发育次级逆断层，使煤系地层支离破碎。

（三）日喀则褶皱赋煤构造带

日喀则褶皱赋煤构造带位于雅鲁藏布江中段，沿江分布着始新世秋乌煤系。东起日喀则大竹卡，西经昂仁到桑桑一带，在拉孜以东主要分布在雅鲁藏布江南岸，而拉孜以西主要分布在雅鲁藏布江北岸（图 7.42）。

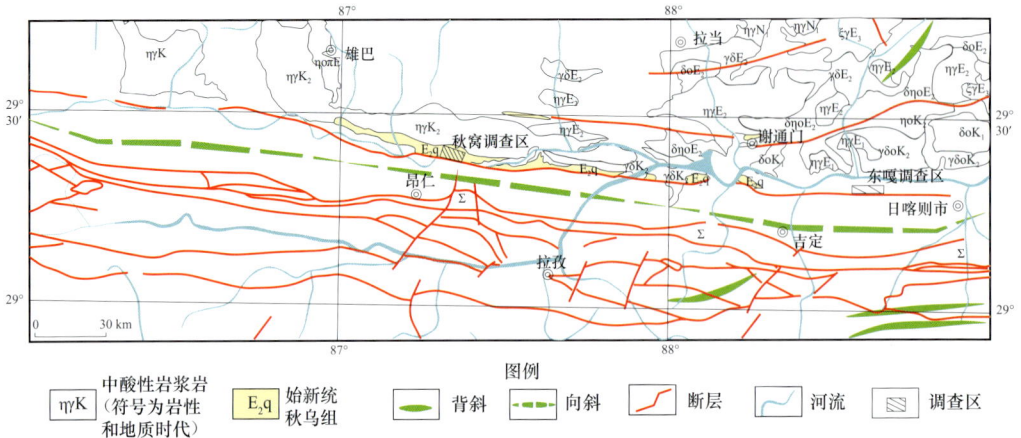

图 7.42 日喀则褶皱赋煤构造带构造纲要图

日喀则褶皱赋煤构造带在大地构造位置上处于冈底斯 - 喜马拉雅造山系 I 级构造单元，拉达克 - 冈底斯 - 察隅 II 级构造单元，日喀则弧前盆地 III 级构造单元内。

赋煤构造带内各煤矿点规模皆较小，沿带分布着东嘎煤矿、吉松煤矿、谢如煤点等煤矿点。带内构造线方向总体呈近东西向，地层南倾，倾角为 45°～70°，局部地层倒转。褶皱较发育，但规模一般较小；发育近东西向逆断层及近南北向平移断层、正断层，一般规模也较小。

东嘎煤矿位于日喀则西约 30km，雅鲁藏布江南岸，属日喀则市东嘎区加庆孜乡管辖。构造线近东西向，褶皱较发育，规模较小，断裂不发育，煤系作向南倾，倾角为 60°～70° 的单斜构造，据深部资料，煤层向深部变缓呈 45°～60°，平均为 52°。

吉松煤矿在东嘎预测区之西，雅鲁藏布江南岸，有公路通昂仁县。构造线近东西向，煤系为向南倾之单斜地层，倾角为 42°～50°，西部倾角较陡，为 60°～68°，局部地层倒转，褶皱均由不对称之小型褶曲组成，且较发育，常影响煤层厚度变化。断层有正断层、逆断层及平移断层，但规模较小者居多。总的说来，构造较复杂。

谢如煤点位于吉松预测区之西，到谢如煤点一带，属昂仁县亚模区所辖，构造简单，为一向南东倾斜之单斜地层，倾角为 50°～80°，局部地层倒转，整个地区以断裂为主，但对煤层影响不大。

（四）改则褶皱赋煤构造带

改则褶皱赋煤带位于西藏西北部，构造上位于冈底斯 - 喜马拉雅造山系内，北边紧靠班公湖 - 怒江成矿带，赋煤带主体位于拉达克 - 冈底斯 - 伯舒拉岭弧盆系的措勤 - 申扎岩浆弧带内，部分位于拉达克 - 冈底斯 - 伯舒拉岭弧盆系的昂龙岗日 - 班戈 - 腾冲岩浆弧带和狮泉河 - 申扎 - 嘉黎蛇绿混杂岩带内（图 7.43）。

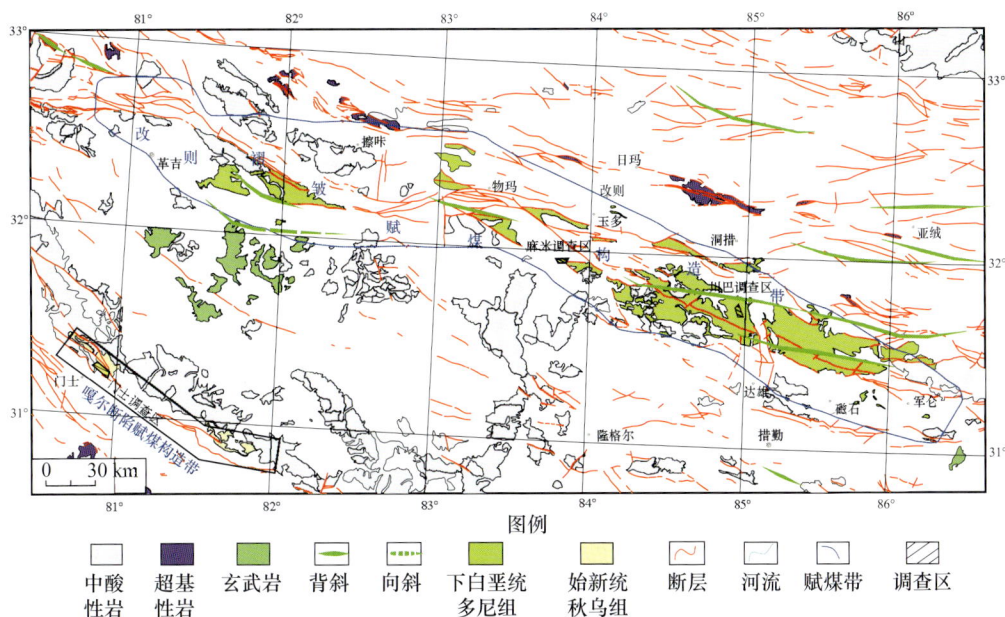

图 7.43 改则、噶尔赋煤构造带构造纲要图

下白垩统多尼组（川巴组）为该区含煤地层，主要分布于改则县境内，西起革吉县雄巴区巴尔错，东到改则县洞错区一带，受构造影响作稀疏星点状分布，出露面积为860km^2。川巴组地质工作程度很低，见煤点零星分布，各煤点所含煤层、煤线不一，其中以川巴煤点含煤性较好，麻米煤点的含煤性次之，其他见煤点的含煤性极差。

川巴煤点为改则县洞措区罗波乡所辖，矿点有简易公路与北侧黑－阿公路衔接，交通方便。煤点位于川巴背斜西段南西翼，背斜轴向为近东西向，于煤点附近转为北西—南东向，地层倾向为220°～230°，倾角为32°～46°，两侧分别被断层截切，并被第四系广泛掩盖。含煤地层多尼组出露最大厚度为500m，向南东因断层缺失仅有40～50m，岩性主要为细砂岩、泥岩、粉砂质泥岩，产动、植物化石。含煤地层与南西侧白垩系郎山组石灰岩呈断层接触。矿点见可采煤层四层（表7.6），呈透镜状产出，其中C$_3$与C$_4$可能为同一煤层，因走向不连续，对比困难。各层煤质差别不大，煤岩类型为光亮型，中等变质程度。经工业分析：灰分含量为18.57%，挥发分含量为28.47%，全硫含量为0.87%，发热量为35.58MJ/kg，黏结性为4级，属低硫、低灰分肥煤，可作动力及炼焦用煤。

表 7.6 川巴煤点煤层特征简表

煤层编号	延伸长度 /m	煤层厚度 /m		煤层结构	顶底板岩性
		范围	平均值		
C$_4$	265	0.45～0.90	0.56	夹矸较多，结构复杂	泥岩，含粉砂及碳质较高
C$_3$	245	0.20～1.45	1.14	单层结构	泥岩为主
C$_2$	267	0.32～1.45	1.11	夹矸较多，结构复杂	泥岩为主，含粉砂及碳质较高
C$_1$	153	0.60～1.30	0.96	单层结构	泥岩、含粉砂质泥岩及碳质泥岩

麻米煤点位于改则县西南，含煤层、煤线 5 层，其中局部可采 1 层，厚 0.4m 左右，其他煤线厚为 0.05~0.4m，可采含煤系数为 0.13~0.20。

（五）噶尔断陷赋煤构造带

噶尔赋煤带位于西藏自治区西南部，行政区划属于阿里南部地区，接近中印边界。构造上位于冈底斯–喜马拉雅造山系内，具体位于拉达克–冈底斯–下察隅岩浆弧带内（图 7.43）。构造变形以北西向断裂为主，在洛桑一带发育有与火山有关的火山构造；褶皱构造仅见于门士煤矿南侧的秋乌组地层中，褶皱形态呈宽缓波状，轴向北北东—南南西。含煤地层为古近系秋乌组。

门士煤矿位于噶尔县门士乡北东 17km。矿区分布于冈底斯山脉南缘一个东西长、南北窄的小山间盆地内，含煤地层为始新统河湖相沉积建造，整体不整合于晚白垩世斑状石英二长闪长岩之上，所见煤层出露于背斜构造的核部，南翼被断裂切割。

含煤地层为始新统秋乌组上部的砂岩夹粉砂岩、页岩，受构造和前期采矿堆弃物影响，仅见 2~3 层煤层或煤线，经在其周围填图寻找，虽见到了其相当的层位，但未见煤层。据矿产报告资料记载，矿区附近地层中含煤 10~12 层，总厚 3.08~7.74m，平均厚 5.41m；可采煤层 8 层，可采总厚 3.0~5.46m，平均可采厚度 4.23m；煤质牌号为高硫高灰分肥煤，属小型矿床。

四、滇西赋煤构造亚区

（一）兰坪–普洱褶皱–逆冲赋煤构造带

该赋煤构造带为金沙江–哀牢山断裂与澜沧江断裂夹持地区，兰坪–普洱褶皱–逆冲赋煤带内一系列北西、南北向板间和板内深断裂发育，至西向东主要有澜沧江断裂、普洱断裂，哀牢山深断裂等，这些断裂延伸稳定，切割较深，具有继承性的发展史，控制着盆地的构造形成及沉积演化。

（1）澜沧江断裂。位于赋煤带西侧，是兰坪–普洱褶皱–逆冲赋煤带与保山–临沧走滑–断陷赋煤带的界线，大体上沿澜沧江河谷地区自南向北呈北北西—北西向展布，为一自西向东推覆构造带。向北延入西藏并继续向北西延展，向南沿老挝边境展布，直至泰国中部的湄公河流域；在云南境内长约 800km，规模巨大，对赋煤带内岩浆活动、沉积及变质作用控制明显。沿断裂带是一个明显的重力梯度带（可能主要是巨大的临沧花岗岩基底与东侧弧后盆地基底的密度差异所致）、航磁异常带。该断裂自早古生代以来就有明显活动，断裂东部为中生代沉积，沉积了巨厚的侏罗系、白垩系红层；断裂以西的中生代为剥蚀区，仅有零星沉积。各时代地层由西向东一般都有火山岩夹层并逐渐减少，并向陆缘碎屑岩沉积过渡，表明沿断裂带有一系列火山活动。

（2）金沙江–哀牢山深断裂。该断裂位于赋煤带东侧，是兰坪–普洱褶皱–逆冲赋煤带与东部丽江–楚雄拗陷赋煤构造带界线，呈北西向展布，北段大致沿金沙江河谷延伸，与红河深断裂相交，南段大致沿哀牢山山脉西侧延展，进入越南境内，长度在云南境内约为 800km。该断裂带分隔了扬子－华南陆块区与西藏－三江造山系两个一级构造单元，属于印度与欧亚板块碰撞带的东缘。该断裂在加里东期形成，早期具有板块缝合线的性质；至寒武纪以后，在后期的构造应力场中被改造成逆冲－推覆带，断裂东侧隆起为古陆，未接受沉积；西侧则大幅度沉降，在奥陶纪沉积巨厚的复理石和碳酸盐建造；在晚海西期和印支、燕山期，该断裂活动强烈，再次遭受改造，并表现出左行平移活动的特点。

（3）普洱断裂。该断裂又称普洱－营盘山断裂，呈北北西向展布。断裂的北端为澜沧江断裂切割，往南经普洱、营盘山进入老挝境内，云南境内长约 600km。自燕山运动晚期以来，该断裂活动明显，断裂两侧地层的沉积特征及古生物群差异显著，表明该断裂在早中生代就有存在的可能。

赋煤带内出露煤层多为晚三叠世、新近纪含煤地层，分布有景东煤田、景谷煤产地和景洪煤田。赋煤带内新近纪含煤盆地多为相互隔离的小盆地。受近东西向压力影响，构造形变比较强烈，以挤压塑性变形为特征。构造线主要方向以北西—北北西向为主，边缘及南北两端紧密线状或同斜倒转褶皱（图 7.44）及逆冲断裂发育，中心地带多为对称褶皱。景洪煤田内的含煤地层被后期的高角度正断层切割（图 7.45）。

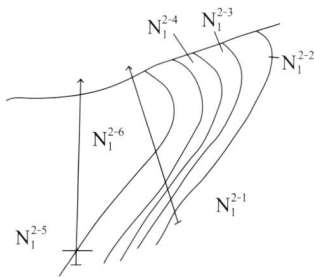

图 7.44　景谷大街剖面
（据毛节华和许惠龙，1999）

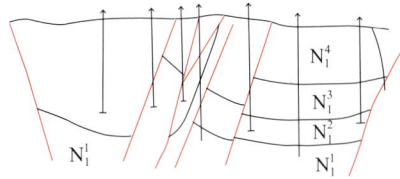

图 7.45　景洪小勐养剖面
（据毛节华和许惠龙，1999）

晚三叠世含煤地层主要出露在该赋煤带的北部地区，含煤地层不连续，多被断层切割错断，断层对含煤地层的破坏较大。新近纪含煤地层零星分布于赋煤带的南部，以不对称－倒转背斜形式或夹持于逆冲断裂间的单斜构造赋存，前者如勐腊象明、江城牛倮河及普洱德化等煤矿（点），后者如墨江邓空－大猛及景东太忠煤矿等。

（二）保山－临沧走滑－断陷赋煤构造带

保山－临沧走滑－断陷赋煤构造带由保山－耿马地体、昌宁－孟连缝合带及临沧地体组成，呈总体窄南阔的南北向展布，西部以怒江断裂与腾冲－潞西断陷赋煤带分界。赋煤带内主要有昌宁－孟连、柯街、勐波罗河、大桥四条主要断裂带，在中—新生代均具逆冲挤压兼微弱走滑的地质特征，显示其构造应力以东西向挤压为主，具有自西向东滑动推覆的特征。

（1）怒江断裂。沿怒江峡谷延伸长度 550km，向北延出境后与西藏的班公湖断裂带相连，南段为龙陵—瑞丽断裂一线，再向南进入缅甸境内。断裂带是班公湖 - 怒江缝合带的一部分，表现为地层局部变陡倾斜，褶皱和逆掩断层在剖面上呈扇分布，断层具有对冲的特点。但多数逆掩断层面朝北或东倾斜，倾角中等，表明缝合带是以南、西盘下插，北、东盘仰冲为主。

（2）昌宁 - 孟连断裂带。该带为临沧地体和保山地体之间的碰撞、拼合带，北起大田坝北部，向南东经昌宁，转向正南到营盘，沿昌宁 - 亚练变质弧形带东侧展布，总体呈向东凸出的弧形，其间被一系列横向张扭性、压扭性次级断裂切割。断裂带宽达百余米，自北而南都伴有岩浆活动。主要断裂面近直立略向东倾，倾角陡达 80°，断裂带中段昌宁小桥一带变形复杂，褶皱与次级断裂伴生，一系列向东陡倾的断裂与褶皱共存。

（3）柯街断裂带。该断裂带北起大田坝，向南经柯街、湾甸至永康，总体近南北向展布，北端被澜沧江断裂带所截，全长约 150km，宽窄不一。沿断裂带发育一系列新近系和第四系盆地。北端大田坝处发育一系列轴向近南北，主要由石炭系、二叠系和三叠系组成的次级褶皱，与断裂带近平行，向北延至靠近澜沧江断裂带处向西北弯转，总体组成一弧形构造变形带，在湾甸和卡斯之间发育一系列北西向的次级断裂和褶皱，这些断裂多呈压性，褶皱多为紧闭型，构造线走向与柯街断裂带成近直交。

（4）勐波罗河断裂带。该断裂带总体走向近北东向，倾向北西，倾角一般大于60°，东北端切割并止于柯街断裂带，西南端沿南西向延伸。该断裂带是保山复式背斜与永德复式背斜的分界线。前者总体构造线方向呈南北向展布，而永德复式背斜由一个形态完美的复式背斜组成，其轴向呈北东 30°向展布，与断裂带展布方向近一致。断裂带所产生的复杂的次级构造，显示了该断裂带具有挤压兼顺扭的特征。

（5）大桥断裂带。断裂带北端呈北西向展布，并向西北插入卡斯新近纪盆地之下，被柯街断裂带切截，中段呈南北向，经更夏东、芒顶至班卡西一带南延，并转向南西向，截止于柯街断裂带之上，总体呈向东凸出的弧形延展。断裂带由数条展布方向一致的断裂组成，断裂带内各次级断裂的断面均西倾，构成叠瓦状冲断层系。

赋煤带内发育有保山煤田、耿马煤田、临沧煤田和澜沧煤田等煤炭资源聚集区域，含煤地层为新近系。由于基底刚性强度较高，赋煤带变形强度受到制约，仅次于兰坪 - 普洱挤压带，卷入的含煤地层仅新近系。怒江、澜沧江断裂向东继承性压扭性逆冲或推覆，北东、北西向的 X 形共轭剪切断裂组强烈走滑活动。在此种构造背景下，区内的新近纪盆地有着不同程度的改造，尤以中新统形变强烈，常为紧密不对称褶皱。一般靠盆缘地层倾角陡，局部倒转，并伴有较多的断裂产生，某些盆地断裂密集（沧源芒回盆地、永德小石城盆地），甚至在个别盆地出现推覆构造（保山蒲缥盆地）（图7.46）。与此同时，在局部地带某些盆地还有岩浆活动（勐统盆地等）。但上新统或远离主干断裂的一些盆地，变形较小，以有一定波状起伏的宽缓向斜为主，偶有少许派生构造。

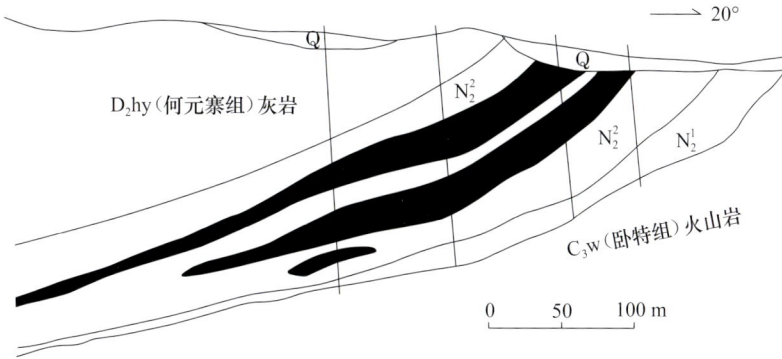

图 7.46　滇西保山蒲缥何家寨煤矿剖面图（据毛节华和许惠龙，1999）

（三）腾冲－潞西断陷赋煤构造带

腾冲－潞西断陷赋煤构造带为怒江断裂以西的地区，赋煤带内断裂构造非常发育，同方向、同级别断裂一般近等距分布，共有近南北向、北东向、北西向及近东西向四组，其中西北部古永—苏典一带以近南北向（或北北西向）断裂为主，呈约 20km 的近等间距分布；高黎贡山构造带断裂密集，呈南北向展布：中部腾冲—陇川一带西南部以北东向为主，中部梁河一带北东向、北西向均较发育，构造形迹较紊乱，北部则以近南北向为主；东南潞西一带则以北东向断裂占优势，但龙陵镇安盆地一带处于三向挤压所围限的小区域，因此优势断裂不明显。此外，近东西向断裂在全区均有表现，但越向南部其形迹越清晰，规模越大，越向北越模糊，呈断续出现，反映了地应力自南向北传播方向上递减的变化趋势。

赋煤构造带内一系列北东向和近南北向展布的新生代盆地集中分布于龙川江与大盈江之间的腾冲－陇川褶皱带及与之相邻构造单元的接合部位，总体呈"向东北收敛、向南西撒开"之势。陇川盆地、盈江盆地、梁河盆地一侧或两侧被大断裂控制，形成典型断陷盆地（图 7.47），仅在盆地边缘局部地带如陇川盆地西南端红旗煤矿形成工业煤层。潞西、遮放、瑞丽等盆地处在龙陵－瑞丽走滑断裂带上，该走滑断裂带在古近纪时活动强烈，也不利于成煤作用。相反在上述盆地的外围形成与之连通的次级盆地内成煤条件较好，如潞西西部的等嘎、芒究煤矿区。此外，梁河盆地西南端次级含煤盆地也是这种情况。户撒、界头、芒棒等盆地，一般为一侧受断裂构造控制较明显，呈单斜构造。

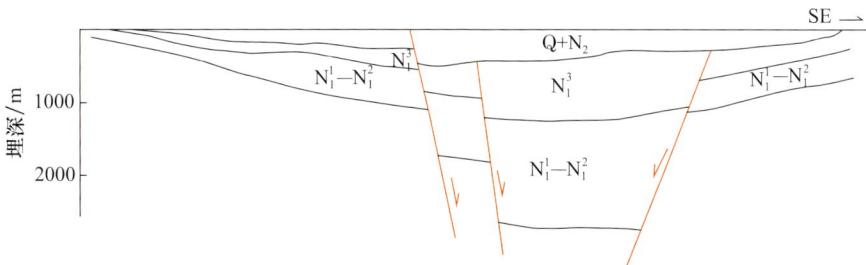

图 7.47　滇西陇川盆地剖面图（毛节华和许惠龙，1999）

  各盆地含煤地层仅发生轻微的褶皱作用，地层产状一般为 0°～20°，且盆缘较陡，盆地中心较平缓。只有梁河盆地西南部各矿区、陇川盆地西南的红旗矿及江东芒岭矿较复杂。其中梁河的南林、囊宋、长坡矿区均为复式向斜，含煤地层倾角南林一带为 15°、囊宋一带倾角为 25°～35°、横路一带倾角为 30°～45°、局部达 60°～75°；陇川盆地的红旗煤矿单斜、向斜、背斜多种构造形态并存，江东芒岭矿地层倾角为 35°～45°。上述矿区断层均不太发育，对煤层破坏不大。

第八章 煤田构造演化与构造控煤作用

　　煤层是典型的沉积矿床，充填于成煤盆地中，原始呈近水平连续展布的煤层经历后期构造运动，发生变形、变位和变质，被分割为大小不等、埋深不同的含煤块段，成为煤炭资源评价、勘查和开发的对象。构造作用是控制煤炭资源形成、演化和开发的首要地质因素，地壳运动形成的构造拗陷（沉积盆地）为聚煤作用提供了适宜的场所，成煤期的区域构造格局和盆内同沉积构造影响沉积中心的迁移和富煤带的展布，构造作用对古气候、古植物和古地理条件的控制决定聚煤作用的兴衰，成煤期后的褶皱、断裂作用破坏了煤盆地的完整性和连续性，将其分割为作为独立开发单元的煤田或井田，使煤层发生不同程度的构造变形，形成不同类型的构造样式。

　　我国成煤盆地类型多样，后期改造强烈，绝大多数成煤盆地已遭受破坏解体，煤系现今分布范围与原型盆地相去甚远。煤炭资源现今赋存状况，就是成煤原型盆地及其充填其中的含煤岩系经历长期、多次构造运动的综合结果；煤田构造格局的形成和演化就是成煤盆地原型经历不同程度改造，形成现今各类赋煤单元的过程。

第一节 煤盆地类型及其主要成煤期原型盆地

一、关于成煤盆地的讨论

　　沉积盆地是地壳上长时间沉降并接受沉积物沉降充填的区域，沉积盆地的完整结构在后期构造演化进程中，会遭受不同程度的破坏和改造。为此，提出了不同的概念来区分盆地类型或盆地演变：将沉积充填时的盆地称为原型盆地、同沉积盆地、先成盆地（叶连俊和孙枢，1980；温志新等，2010），把经历后期改造的盆地称为改造型盆地、残留（余）盆地、构造盆地、叠合（加）盆地、反转盆地、复杂盆地、多旋回盆地、后沉积盆地（叶连俊和孙枢，1980；王英民和钱奕中，1996；刘池洋和孙海山，1999；刘池洋等，2015）。

　　成煤盆地是在有利的成煤古气候条件、古构造条件、古地理条件下，大量成煤古植物生长和堆积的原型沉积盆地（杨起和韩德馨，1979）。我国大陆在地质历史时期构造活动频繁，作用力性质多次更迭，大小、方向亦多变（万天丰，2011），使得成煤盆地遭到程度不等、性质不一的构造变形（莽东鸿等，1994；曹代勇等，1999；王桂梁等，2007）。我国成煤盆地中仅少数（如内蒙古东部、云南西部）保存原型成煤盆地面貌，绝大多数成煤盆地均经历了较显著的构造改造，有的盆地大部被抬升剥蚀保留残余盆地，有的盆地整体反转形成山地或高原，有的盆地持续下降导致煤炭资源深埋。煤系现今赋存状况和分布范围与成煤盆地原型相去甚远，甚至完全不具有盆地形态。简单地用"盆地"术语来描述煤田构造格局和煤系现今赋存状况，显然是不科学的，也难以满足煤炭资源评价和勘查的需要。全国煤炭资源潜力评价提出了赋煤构造单元的概念，用以突出构造作用对煤盆地演变和煤系现今赋存的控制作用（程爱国等，2010；曹代勇等，2013）。

因此，作者认为，成煤盆地（含煤盆地、聚煤盆地）术语应限定于特指成（聚）煤作用发生期的原型盆地。习惯上常用的"××煤盆地"术语仅仅是形态描述，不具备成因意义。煤系现今赋存状态是成煤期原型盆地及充填其中的含煤岩系经历长期、多次构造变动的综合结果，应使用赋煤（构造）单元术语。

二、国内外关于煤盆地的分类

沉积盆地分类，是沉积盆地及其相关领域研究的主要基础之一（刘池洋等，2015）。国内外已有的盆地分类方案众多，各有侧重（Bally，1980；朱夏等，1983；李思田，1988，2015；刘和甫，1993；彭作林等，1995；Ingersoll and Busby，1995；刘池洋和孙海山，1999；Allen and Allen，2013；刘池洋等，2015），但对成煤盆地的划分和研究相对较为薄弱。

苏联学者对成煤盆地分类做了许多非常有益的工作，他们的分类多以稳定区（地台）和活动带（地槽）为基础（表 8.1），着眼于聚煤盆地和含煤建造的构造成因（杨起，1987）。

表 8.1　煤盆地构造成因分类表（据 Тимофеев et al.，1979，有简化，转引自杨起，1987）

组	取决于地壳的区域构造位置											
	地槽内的		地台边缘的			造山带内的			地台内部的				
类	取决于地壳发展阶段												
	同地槽期					同造山期				台坪前期		台坪期	台坪后期
型	地背斜内部拗陷	地背斜边缘单斜	克拉通边缘沉降带	邻地槽拗陷	奥拉槽	奥拉槽上部拗陷	边缘拗陷	继承拗陷	上叠拗陷	山前拗陷	地堑-向斜（在基底上 / 在前期盖层上）	台向斜，侵蚀盆地	局部隆起（盐丘）	台坪上的地堑向斜

童玉明等（1994）从地洼学说角度，进一步划分地洼型煤盆地成因类型（表 8.2）。任文忠（1992）依据盆地形成的地球动力条件和所处位置及地壳性质将中国含煤盆地划分为七种类型。莽东鸿等（1994）按照成煤期盆地的稳定程度和成盆后煤系的构造改造特征，建立了煤盆地构造类型的双重分类（表 8.3）。王仁农等（1998）采用板块构造的观点，将我国含煤盆地划分为克拉通内部拗陷，大陆增生带、碰撞期后、大陆内的裂谷和活动边缘带盆地等类型。程爱国等（2001）采用板块位置、地壳类型、盆地类型、煤层厚度、煤层和构造稳定性、聚煤量等指标，划分中国聚煤盆地类型（表 8.4）。孙万禄等（2005）综合分析沉积盆地形成的构造期和盆地沉积构造特征，将中国含煤盆地分布划分为五大构造域，按照构造位置进行盆地原型分类。宋立军和赵靖舟（2009）提出"聚煤盆地原型类型 + 改造作用类型（构造样式）"的煤层气盆地双层次分类与命名方案。

表 8.2　中国聚煤盆地的构造成因分类（据童玉明等，1994）

大地构造类型	构造成因类型	古构造环境	实例
地槽（活动区）	地背斜内断陷	地槽前期，地背斜内部断陷	东秦岭振安
	山间拗陷	地槽后期，上叠拗陷	北疆吉木乃
地台（稳定区）	台向斜	后吕梁、后晋宁、后加里东期地台，地台内部	华北、扬子、华南
	台缘拗陷	后吕梁、后晋宁、后加里东期地台，地台边缘	鄂尔多斯、四川（残留地台）、准噶尔
	邻地槽拗陷	可能为后加里东期地台，同地槽期拗陷	川西昌都
地洼（活动区）	断陷	断陷或断拗，主要形成于激烈 - 余动期	东北阜新、松辽、滇东北昭通，东海
	拗陷	内陆拗陷或近海拗陷，主要形成于初动期或余动期	塔里木拜城、吉林珲春、滇中楚雄、赣湘粤
	进积陆缘	濒临边缘海前进式大陆边缘，主要形成于初动期	台湾西部
	火山口拗陷	火山口及周边，主要形成于激烈 - 余动期	东北辽源、内蒙古黄花山、粤西田洋
	岩溶拗陷	碳酸盐岩溶盆地，似非构造成因，但聚煤期具拗陷性质	广西王灵

表 8.3　中国煤盆地和盆地群构造类型划分表（据莽东鸿等，1994）

类型			煤系后期改造		
			弱改造型	中间型	强改造型
聚煤期构造类型	稳定型	Pz	华北鄂尔多斯及山西、华南四川盆地	华北盆地大部华南盆地大部	华北盆地东部华南盆地东部
		Mz	鄂尔多斯、准噶尔、吐鲁番－哈密、四川、海拉尔－二连、元宝山、大同、塔北	鸡西－鹤岗四川盆地东侧	
		E、N	滇东、珲春、雷琼	依兰－舒兰、抚顺－桦甸、百色－南宁、十万大山	
	过渡型	Pz		华北盆地河西走廊部分，华南盆地东南部	昌都
		Mz	塔西南、塔东南、伊宁、尤尔部斯、焉耆、库米什	阜新－营城、河西走廊、长白山、西宁、鱼卡	滇中、京西、大青山、辽西、田师傅－彬送岗、大兴安岭、坊子、赣中、拉萨羌塘、定日
		E、N		滇西	门土、日喀则
	活动型	Pz			东北北部、新疆西部、秦岭
		Mz	大杨树		
		N			台湾省

表 8.4　中国聚煤盆地分类（据程爱国和林大扬，2001）

板块位置	地壳类型	盆地类型	煤层厚度	煤层、构造稳定性	聚煤量	典型盆地
板内	克拉通	克拉通盆地	中－厚	极稳定	千亿吨－万亿吨级	华北盆地（C—P）扬子亚盆地（C—P）
	陆壳	伸展断陷盆地	厚度变化大，有巨厚煤层产出	不稳定－较稳定	百亿吨级	东北盆地群（K）
碰撞边缘	陆壳－过度壳	前陆盆地	厚度变化大	较稳定	千亿吨级	川滇盆地（T—J）鄂尔多斯盆地（T—J）
		上叠盆地或山间盆地	厚度变化大	不稳定	百亿吨级	吐哈盆地（J）
转换陆缘	陆壳－过度壳	走滑拉分盆地	厚度变化大，有巨厚煤层产出	不稳定－较稳定	百亿吨级	托云－和田（J）东北盆地群（E）
被动陆缘	陆壳－过度壳	大陆裂陷盆地	薄－中厚	不稳定	十亿吨级	桂湘赣（C—P）
		拗拉槽	薄－中厚	不稳定	十亿吨级	贺兰山拗拉槽（C—P）
主动陆缘	过度壳	主动陆缘盆地	薄煤层	极不稳定	万吨－亿吨级	唐北－昌都盆地（C—P）台湾盆地（N）

三、成煤原型盆地类型划分

（一）划分依据

前人对煤盆地的分类和命名，主要依据成煤（聚煤）期盆地的动力学环境、沉积特征、古构造特征和聚煤特征进行划分，实质上研究对象是成煤盆地原型。在对比总结前人成煤盆地研究成果的基础上，从以下七个方面划分成煤盆地（原型盆地）综合类型。

1. 盆地构造类型

Allen 和 Allen（2013）将盆地的各种板块构造类型与各种成因因素做了综合分析，认为许多类型盆地都受到多重因素的影响。刘池洋等（2015）以全球板块构造动力学环境的类型、大陆内部动力活动和盆地沉降成因为主线，把沉积盆地划分为大洋板块内部、大陆与大陆板块、转换型构造环境、离散性大陆边缘、消减－俯冲性大陆边缘、碰撞型大陆（板块）边缘、特殊型和复合型等八大类。从板块构造体制角度，不同演化阶段、板块构造的不同位置，产生不同的原型盆地，其中与成煤作用有关的主要有以下几种类型。

（1）陆内裂陷：是拉张伸展作用使整个岩石圈破裂而形成的狭长沉降带，而后在此基础上形成的盆地，分布在离开型板块边界内部。

（2）弧后裂陷盆地：也称弧后盆地、边缘海盆地、陆缘海盆地。从其成因，该盆地是由于弧后拉张陆壳减薄出现高热流值的过渡壳甚至出现洋壳为其特征，位于大陆板块边缘与岛弧或残留弧之间。

（3）克拉通拗陷：是长期稳定和很少遭受变形的地壳部分，存在于大陆岩石圈内部的盆地。

（4）被动大陆边缘盆地：是离散型大陆边缘，也有人称之为大西洋型大陆边缘或不活动型大陆边缘，即通常所说的稳定大陆边缘，构造上长期处于相对稳定状态的大陆边缘，当陆间裂谷盆地出现洋壳后，继续不断扩张，向两侧带动岩石圈运动，形成开阔的新生大洋，其中陆壳与洋壳的过渡带上的沉积建造区，称为被动大陆边缘盆地。

（5）主动大陆边缘盆地：又称活动大陆边缘或太平洋型大陆边缘，分布在汇聚板块边缘，发生板块俯冲作用，发育海沟、火山弧，有强烈的地震和火山活动的大陆边缘，可分为发育海沟－岛弧－弧后盆地系统的西太平洋型大陆边缘和仅发育海沟－火山弧系统的南美安第斯型大陆边缘。

（6）前陆盆地：前陆盆地是指位于造山带前缘与相邻克拉通之间的盆地，属于典型的挤压挠曲盆地。前陆盆地按成因可分为两种类型：①弧后前陆盆地，指弧后裂陷盆地经过岛弧与大陆（岛弧与岛弧）之间挤压碰撞（小洋盆关闭）而形成的沉积盆地；②周缘前陆盆地，被动大陆边缘型与含岛弧型主动大陆边缘陆壳碰撞而形成的造山带前渊盆地。

（7）山间盆地：是指处于造山带之间的盆地，在造山带隆起的同时，在造山带旁边就会相应的有盆地产生，而且盆和山是分不开的。造山带是在挤压环境下形成的，造山带在隆起的时候会接受剥蚀，剥蚀下来的物质就会沉积在盆地当中。

（8）走滑拉分盆地：是走滑断层拉伸中形成的断陷构造盆地，是一种张剪性盆地。其发育快、沉降快、沉积速率大、沉积厚度大、沉积相变化迅速，一般分布于走滑断裂内部。

2. 盆地的基底属性

基底是成煤原型盆地形成与发展的基础，是指盆地下的变质岩或结晶岩，在能源地质学中，把盆地沉积之前较老的沉积岩也称为基底，这时可特称盆地具双重基底。在一般情况下，盆地基底远比其上覆盖层构造要复杂得多，盆地基底主要包括结晶基底、褶皱基底两种基本类型。

（1）结晶基底：指盆地是在古老的结晶岩体上发展起来的。结晶基底的岩石类型主要为变质岩，时代相对较老，多数为太古代或元古代形成，变质作用强烈，各种构造比较发育。

（2）褶皱基底：盆地是在褶皱带的基础上发育起来的。褶皱带既可以是早古生代加里东期褶皱基底，也可以是晚古生代海西期的褶皱基底，或者是中—新生代造山带基底，但以前二者较为常见。

3. 盆地的形态结构

构造成因的成煤盆地是地壳形变的产物，根据盆地的剖面形态（盆地变形的连续性，即断层发育程度），分为拗陷和断陷两种基本结构类型，考虑其间的过渡性，将盆地形态结构划分为断陷、拗陷、断拗、拗断四种基本类型（图8.1）。

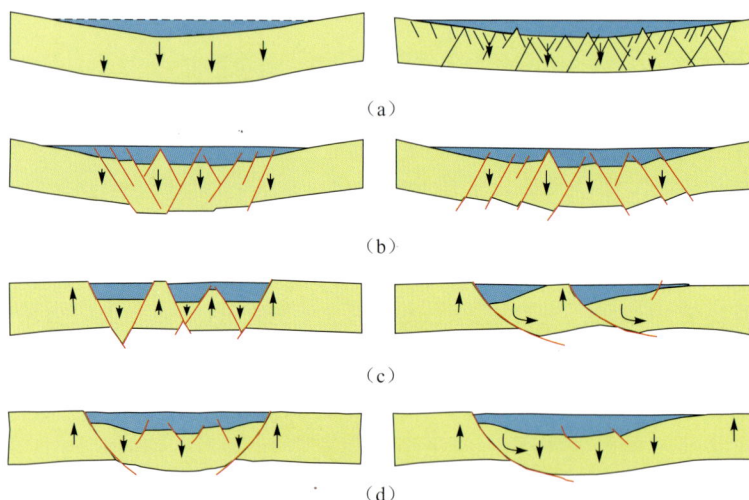

图8.1 伸展盆地结构模型（据漆家福和杨桥，2007）

（a）拗陷；（b）拗断；（c）断陷；（d）断拗

4. 成煤原型盆地的规模

根据盆地的规模大小，可分为巨型（$50\times10^4\sim100\times10^4km^2$）、大型（$10\times10^4\sim50\times10^4km^2$）、中型（$1\times10^4\sim10\times10^4km^2$）、小型（$<1\times10^4km^2$）。

5. 成盆期动力学环境

盆地形成时的动力学环境可分为拉伸、挤压与剪切作用。拉伸作用：其最大主压应力轴是垂直的；挤压作用：其最大主压应力轴是水平的；剪切作用：其最大主压应力轴与最小主压应力轴都是水平的（图 8.2）。这种动力学环境与板块边界的三种基本类型和盆地边界的三种控盆断层是一致的（刘和甫等，1993）。

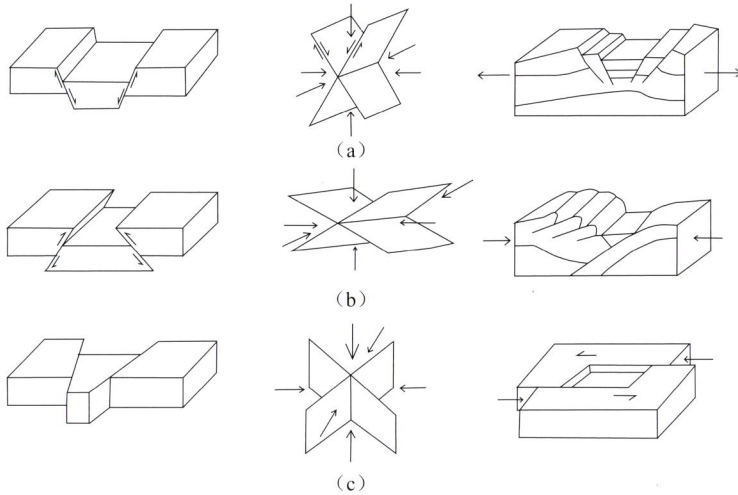

图 8.2　沉积盆地的形成与主压应力系方位

（a）正断层系与裂陷盆地；（b）逆冲断层系与压陷盆地；（c）走滑断层系与走滑盆地

据此将拉、压、剪应力状态作为盆地地球动力学分类的三个端元，把盆地划分为拉陷型盆地、压陷型盆地和剪切型盆地（图 8.3）。

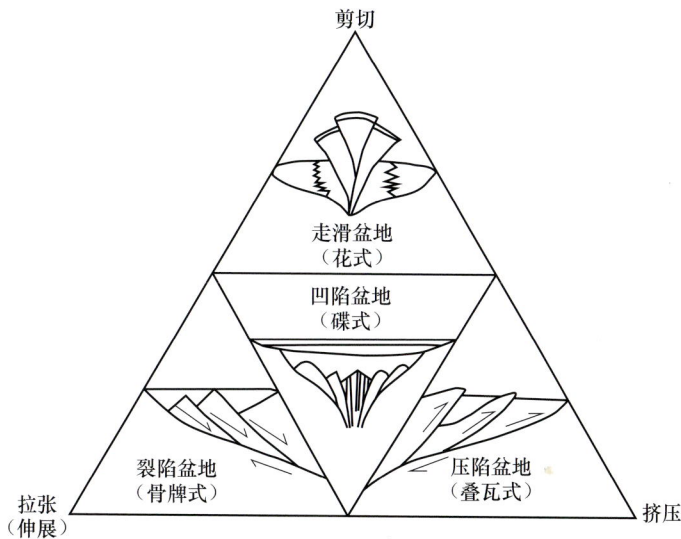

图 8.3　沉积盆地 3 元分类图解（据刘和甫，1993）

6. 岩相古地理特征

古地理环境指煤系形成过程中起主要支配作用的沉积环境或地貌景观，包括成煤盆地的地貌特征、水动力条件、水介质的化学特征、生物群落的分布、盆地距物源区的远近等多方面因素。同一煤系的形成环境不但随时间发生变化，而且在不同地段也有差别。此次成煤盆地划分只选取一级相作为依据，即海相、海陆交互相、陆相。

7. 成煤作用特征

成煤作用是在盆地的合适位置进行的，成煤作用的强弱受成煤期古构造、古地理、古气候和古植物条件的制约，古构造起着决定性作用。处于不同的构造环境的盆地稳定性及盆地的构造特征有所差别，使煤系地层在盆地中的发育也有较大的差别。本书将成煤作用划分为全盆地连续且稳定分布；盆地大部分发育，较为连续分布；部分发育，不连续且不稳定分布共三个等级。

（二）成煤盆地综合类型划分方案

根据上述原则，建立我国成煤盆地（原型盆地）综合类型划分方案（表 8.5）。

表 8.5　成煤盆地综合类型划分

划分指标	指标描述和分级
构造类型	陆内裂陷、弧后裂陷、克拉通拗陷、被动大陆边缘断陷、主动大陆边缘拗陷、前陆盆地、山间盆地、走滑拉分盆地
基底属性	太古元古界结晶基底，古生界—中生界褶皱基底，中生代—新生代造山带
形态结构	拗陷、断陷、断拗、拗断
规模	巨型（$>5\times10^5\sim10^6km^2$），大型（$10^5\sim5\times10^5km^2$），中型（$10^4\sim10^5km^2$），小型（$<10^4km^2$）
动力学环境	挤压、拉张、剪切、复合
古地理	陆相、海陆交互相、海相
成煤作用	全盆地发育，连续稳定；盆地大部发育，较连续稳定；部分发育，不连续不稳定

四、中国主要成煤期原型盆地类型

1. 晚古生代成煤盆地

早海西期，中国境内由北而南存在古亚洲洋和古特提斯南、北分支及由此分隔的西伯利亚–蒙古、塔里木–华北、华南、冈瓦纳四个聚煤域（程爱国和林大扬，2001）。该期成煤盆地主要有克拉通、裂陷、陆缘盆地等构造类型，分别以华北、华南、西部盆地为代表。晚古生代是我国最重要的成煤时代之一，华北盆地内的晚古生代含煤地层煤层稳定，资源丰富，分布于华南盆地内的晚古生代煤系含煤性相对较差，在西北走廊地区也有零星分布，但含煤性变化较大（表 8.6，图 8.4）。

表 8.6 晚古生代主要成煤盆地特征

盆地名称	构造类型	基底属性	结构	动力学背景	规模	古地理	成煤特征
华南盆地（C）	陆内裂陷	加里东褶皱基底	断陷型	拉伸	中型	海陆交互相	成煤较稳定连续
华北盆地（C—P）	克拉通拗陷	太古代—元古代结晶基底	拗陷型	挤压	巨型	海陆交互相	成煤作用稳定连续
扬子盆地（P）	克拉通拗陷	太古代—元古代结晶基底	拗陷型	拉伸	大型	海陆交互相	成煤作用连续稳定
东南盆地（P）	陆内裂陷	早古生代褶皱基底	拗陷型	拉伸	大型	海陆交互相	成煤作用较连续
走廊盆地（C—P）	主动大陆边缘盆地	元古界中深变质结晶基底和加里东褶皱基底	拗断型	挤压	小型	海陆交互相	成煤不稳定、煤系不连续
羌塘–昌都（C—P）	主动大陆边缘盆地	早古生代褶皱基底	断陷型	拉伸	小型	海相	成煤作用不稳定、煤厚变化大

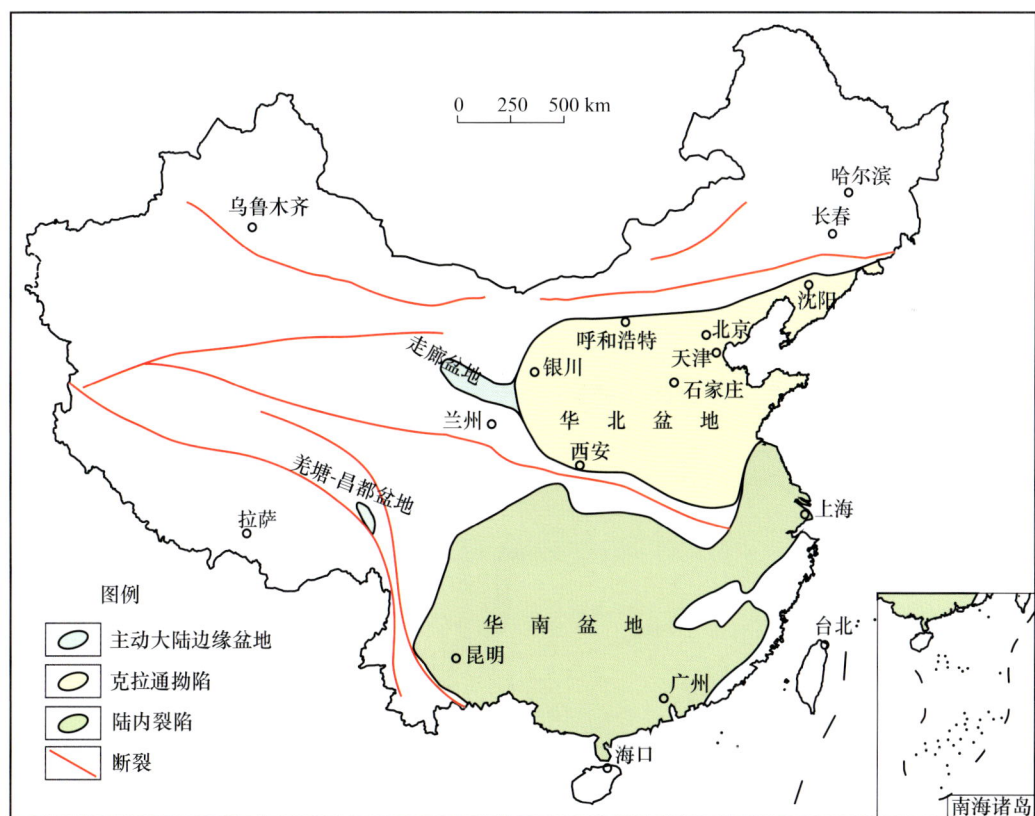

图 8.4 晚古生代主要成煤盆地分布图

2. 晚三叠世成煤盆地

印支运动阶段，北方古板块与华南古板块全面对接，古特提斯洋最终消失，中国大陆中东部进入统一的板内活动阶段（万天丰，2011）。陆内造山活动强烈，使得晚古生代煤系遭受改造，西部特提斯的演化成为重要的构造事件，来自西部的挤压，形成类前陆的鄂尔多斯成煤拗陷和龙门山－大巴山山前成煤拗陷。晚三叠世成煤作用主要发生于我国南方，包括四川、云南、江西等地，以及北方鄂尔多斯盆地，在西部塔北及西藏也有分布，但含煤性较差（表8.7，图8.5）。

表8.7　晚三叠世主要成煤盆地特征

盆地名称	构造类型	基底属性	结构	动力学背景	规模	古地理	成煤特征
鄂尔多斯盆地主体	克拉通拗陷	太古宙—古元古代结晶基底	断拗型	挤压	中型	陆相	成煤作用较稳定、分布局限
鄂尔多斯盆地西部	前陆盆地	太古宙—古元古代结晶基底	断拗型	挤压	小型	陆相	成煤作用较稳定、分布局限
塔北盆地	周缘前陆盆地	元古代结晶基底	断拗型	挤压	中型	陆相	成煤较稳定连续
湘赣粤盆地	山间盆地	加里东褶皱基底	断陷型	挤压	中型	海陆交互相－陆相	成煤作用较稳定连续
四川盆地	克拉通拗陷	元古代结晶基底	断拗型	挤压	大型	海陆交互相－陆相	成煤作用较连续稳定
楚雄盆地	前陆盆地	元古代结晶基底	断拗型	挤压	中型	海陆交互相－陆相	成煤作用较连续稳定
羌塘－昌都	山间盆地	印支褶皱基底	拗断型	挤压	小型	海相	成煤作用不稳定、煤厚变化大

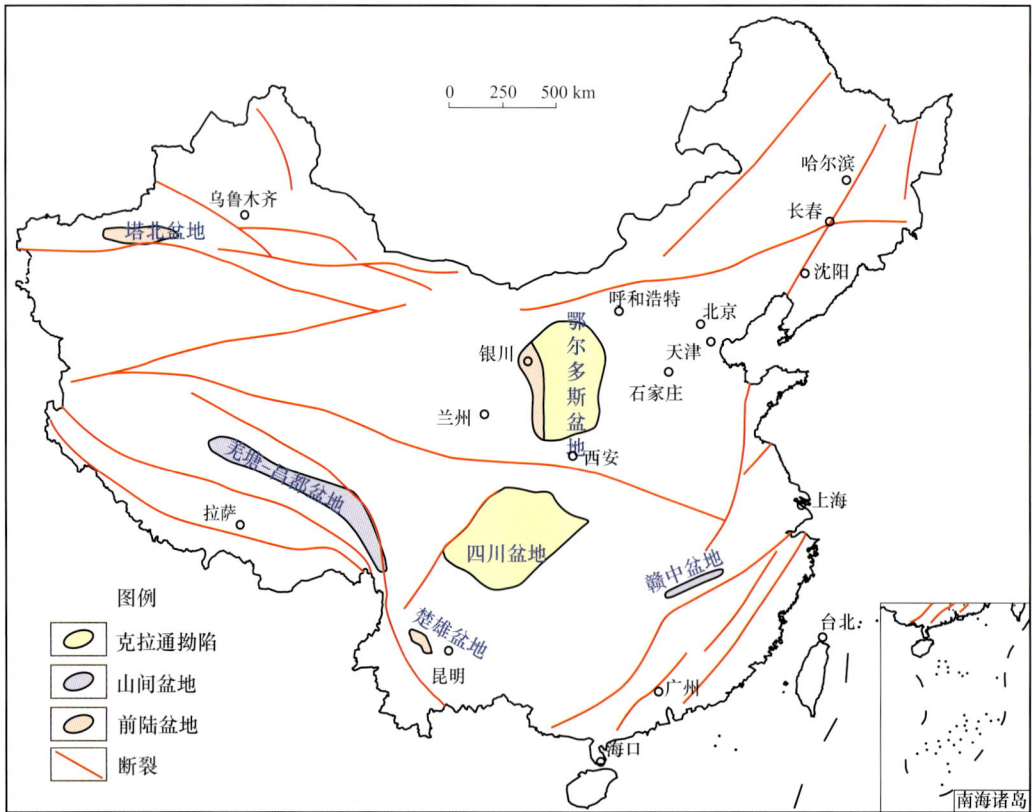

图8.5　晚三叠世主要成煤盆地分布图

3. 早、中侏罗世成煤盆地

侏罗纪是我国最重要的成煤时代之一，由于古太平洋板块俯冲于亚洲板块之下
（Natalin，1993），使中国东部岩石圈上隆形成类似安第斯山的活动大陆边缘（杜旭东等，
1999；张长厚，2009），并发生大规模岩浆活动和褶皱、逆冲推覆。中部的鄂尔多斯早、
中侏罗世成煤拗陷持续稳定沉降，形成特大型陆相成煤盆地。我国西北地区发育多个大
型、超大型的成煤盆地，总体上处于泛湖盆环境，成煤作用稳定（表8.8，图8.6）。

表 8.8　早、中侏罗世主要成煤盆地特征

盆地名称	构造类型	基底属性	结构	动力学背景	规模	古地理	成煤特征
鄂尔多斯盆地	克拉通拗陷	太古宙—古元古代结晶基底	拗陷型	左旋剪切挤压	大型	陆相	成煤作用稳定
渤海湾盆地群	主动大陆边缘盆地	前寒武结晶基底	拗陷型	不对称挤压	中型	陆相	成煤作用较稳定、较连续
准噶尔盆地	陆内裂陷	海西褶皱基底	断拗型	拉伸	大型	陆相	成煤作用稳定
塔北、塔西南盆地	山间盆地	元古代结晶基底	断拗型	拉伸	大型	陆相	成煤作用较稳定
塔东南盆地	走滑拉分盆地	元古代结晶基底	断陷型	剪切	中型	陆相	成煤作用较稳定
柴北缘盆地	山间盆地	加里东-海西褶皱基底	断陷型	弱拉伸	中型	陆相	成煤作用较稳定
祁连、天山	山间盆地	加里东-海西褶皱基底	断陷型	拉伸	中、小型	陆相	成煤作用较稳定

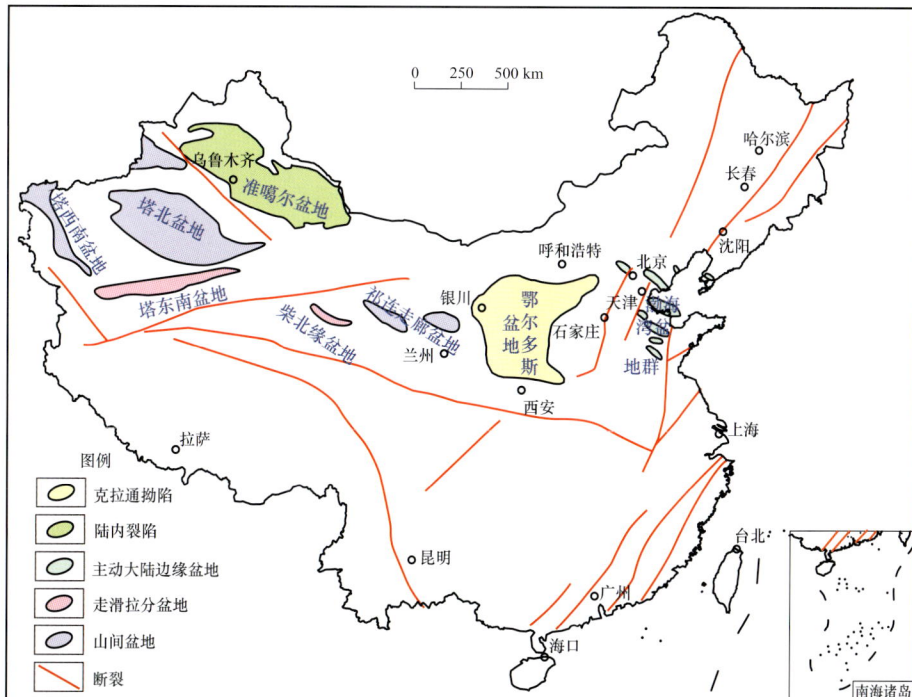

图 8.6　早、中侏罗世主要成煤盆地分布图

4. 早白垩世成煤盆地

中燕山期，中国东部进入裂陷作用为主的构造阶段，主要的成煤盆地为半地堑或地堑群（李思田等，1987，1988），多以断陷湖盆充填为特征。我国早白垩世成煤作用集中于北纬40°以北，东经95°以东的东北和内蒙古东部，主要发育东北三江盆地、海拉尔和二连盆地群（表8.9，图8.7），在甘肃、河北北部、西藏中南部有零星分布。

表8.9　早白垩世主要成煤盆地特征

盆地名称	构造类型	基底属性	结构	动力学背景	规模	古地理	成煤特征
三江盆地	陆内裂陷	海西－燕山褶皱基底	断拗型	拉伸	大型	海陆交互相－陆相	成煤作用较稳定
松辽盆地	陆内裂陷	前寒武结晶基底	断拗型	拉伸	大型	陆相	成煤作用较稳定，由盆缘向盆内减弱
海拉尔、二连盆地	陆内裂陷	海西褶皱基底	断陷型	拉伸	小型	陆相	成煤作用不稳定

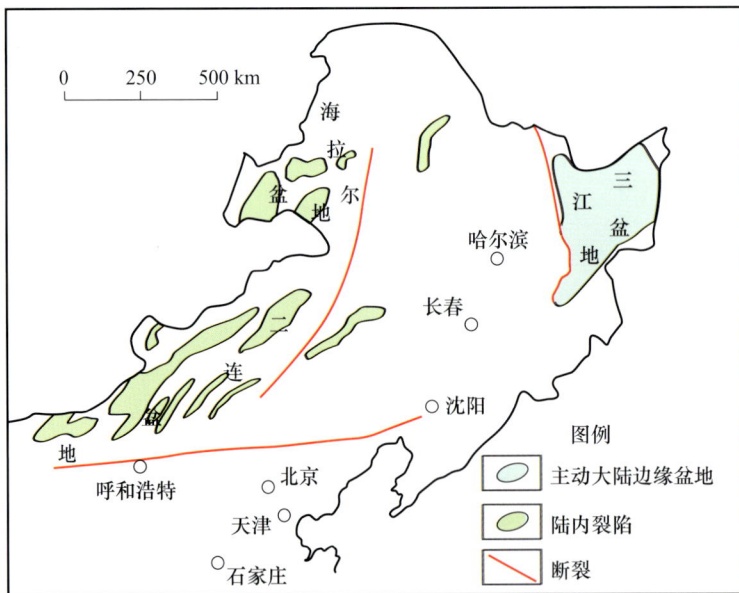

图8.7　白垩世主要成煤盆地分布图

5. 新生代成煤盆地

受环太平洋构造域的控制，沿东北依兰－舒兰断裂带和敦化－密山断裂带裂陷作用形成抚顺、梅河口等古近纪成煤盆地；在中国西南部特提斯构造域，由于先存断裂网络的影响，形成了众多以南北向为主导的新近纪小型断陷盆地，多具剪切或拉分盆地性质（刘善印等，1995）。盆地面积小，数目多，成煤作用多不稳定，局部有巨厚煤层赋存（表8.10，图8.8）。

表 8.10 新生代主要成煤盆地特征

盆地名称	构造类型	基底属性	结构	动力学背景	规模	古地理	成煤特征
依舒盆地、敦密盆地（E）	陆内裂陷	太古代—元古代结晶基底	断陷型	拉伸	小型	陆相	成煤作用不稳定
胶东（E）	走滑拉分盆地	太古代—元古代结晶基底	断陷型	剪切	小型	海陆交互相-陆相	成煤作用不稳定
滇东盆地群（N）	走滑拉分盆地	元古代结晶基底	断拗型	剪切	小型	陆相	成煤作用不稳定
滇西盆地群（N）	走滑拉分盆地	中生代造山带和中间地块	断陷型	剪切	小型	陆相	成煤作用不稳定
台湾盆地（N）	弧后前陆盆地	新生代造山带	拗陷型	挤压	小型	海陆交互相	成煤作用不稳定

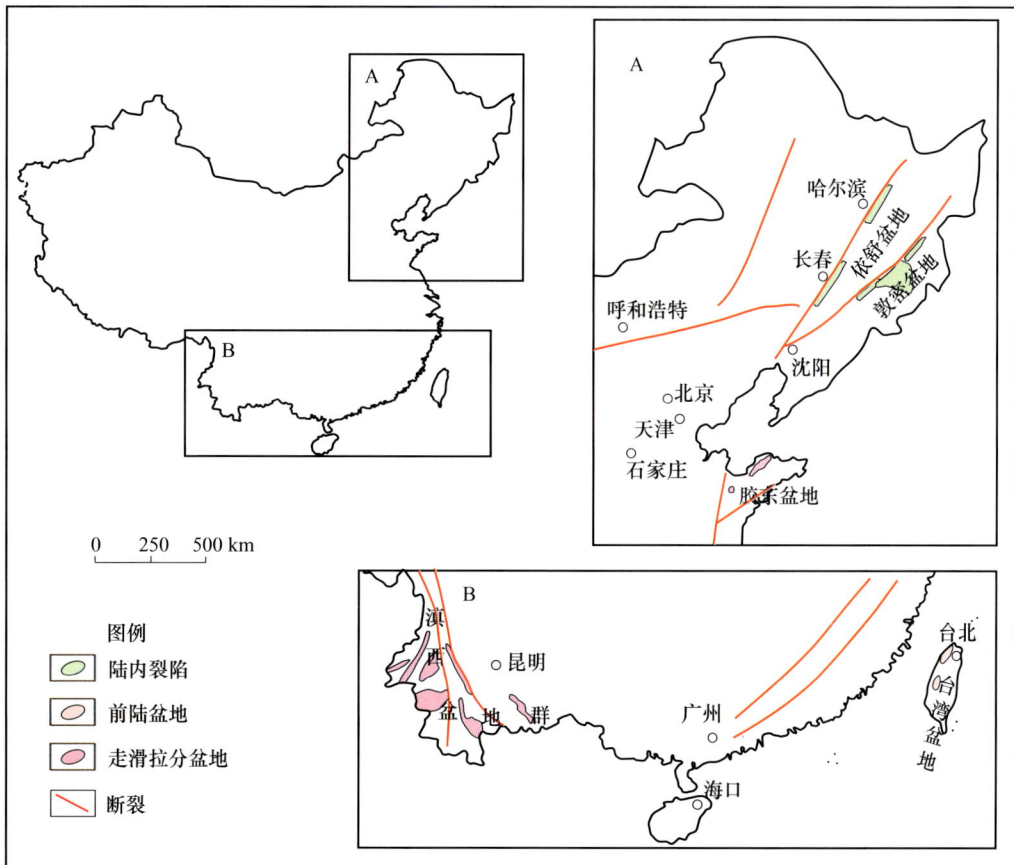

图 8.8 新生代主要成煤盆地分布图

367

第二节 中国煤田构造格局的形成和演化

一、中国煤田构造演化的阶段性

我国具有工业价值的煤层最早形成于石炭纪（湘中测水煤系），晚古生代、中生代、新生代均有成煤作用发生。晚古生代以来，中国大陆先后经历了海西、印支、燕山和喜马拉雅四大构造旋回，多期性质、方向、强度不同的构造运动，使不同时期形成的不同类型的成煤盆地遭受不同程度的改造，盆地分解破坏、叠合反转，煤系发生不同程度的变形、变位、变质作用（表 8.11）（曹代勇等，1999，2016；王桂梁等，2007）。

表 8.11 中国含煤岩系构造演化简要特征

地质时代			区域构造演化	煤盆地形成与改造进程
新生代	新近纪	喜马拉雅旋回	印度板块与欧亚板块碰撞、青藏高原隆起；亚洲大陆东部向东扩张、东亚裂陷系形成	成煤作用发生于环太平洋构造域（东北和华北沿海）（E）、西部特提斯构造域（滇西地区）（N），受走滑断裂控制，盆地类型以小型山间拗陷和断陷为主
	古近纪			东部煤盆地负反转、华北掀斜断块格局形成；西部成煤盆地在区域性挤压应力作用下进一步变形，由盆缘向盆内的逆冲推覆，改造破坏了原型盆地边界
中生代	白垩纪	燕山旋回	晚燕山阶段，亚洲大陆东部裂解；西北进入陆内造山体制 早燕山阶段，库拉－太平洋板块与欧亚板块的强烈作用形成东亚构造岩浆岩带，中国大陆地台解体；西北地区造山期后伸展	早—中侏罗世陆相成煤作用广泛发生于华北、西北和上扬子地区，鄂尔多斯继承性发育大型克拉通拗陷；西北地区主要为伸展背景下的泛湖盆古构造格局；早白垩世，东北－内蒙古东部发育小型断陷成煤盆地群
	侏罗纪			中国东部受太平洋地球动力学体系控制，含煤岩系发生明显构造变形，变形强度由东向西递减。华南赋煤区以深层次拆离控制下的复杂叠加型滑脱构造广泛发育为特征；华北赋煤区受周缘活动带陆内造山控制，形成环带形变形分区结构。西北地区成煤盆地于晚中生代开始构造正反转
	三叠纪	印支旋回	北方古板块与华南古板块全面对接，中国板块形成	晚三叠纪于上扬子、华北西部和塔里木盆地北部发生成煤作用，盆地类型为大型陆内拗陷，受盆缘断裂控制，具前陆盆地性质 晚古生代煤系遭受改造，华南于印支早期发生局部裂陷伸展滑覆、晚期逆冲推覆；华北成煤盆地受周缘板块活动控制，发生褶皱断裂
晚古生代	二叠纪	海西旋回	塔里木－华北古板块与西伯利亚古板块对接，古秦岭消减，古亚洲体系逐步形成	华北 C_2—P_1 和华南 C_1、P_2 海陆交互型成煤作用广泛，盆地类型主要为稳定或较稳定的巨型或大型陆内克拉通拗陷，同沉积期构造活动控制富煤带的展布
	石炭纪			

二、成煤盆地的构造演化类型

成煤原型盆地在煤系形成后经历漫长而又复杂的地质作用，被改造，如抬升剥蚀、下降深埋、挤压变形、断裂破坏等而形成现今煤系保存的主体——赋煤构造单元。例如，晚古生代华北地区发育呈东西向展布的大型克拉通陆表海拗陷盆地，为我国北方石炭纪—二叠纪成煤作用提供了广阔、稳定的可容空间（尚冠雄，1997）。中新生代的构造运动使盆地变形和解体，石炭纪—二叠纪煤系赋存呈断块、褶皱等构造单元形式，统一的盆地不复存在（王桂梁等，2007；琚宜文等，2010），形成现今5个赋煤构造亚区，22个赋煤构造带（图8.9）。

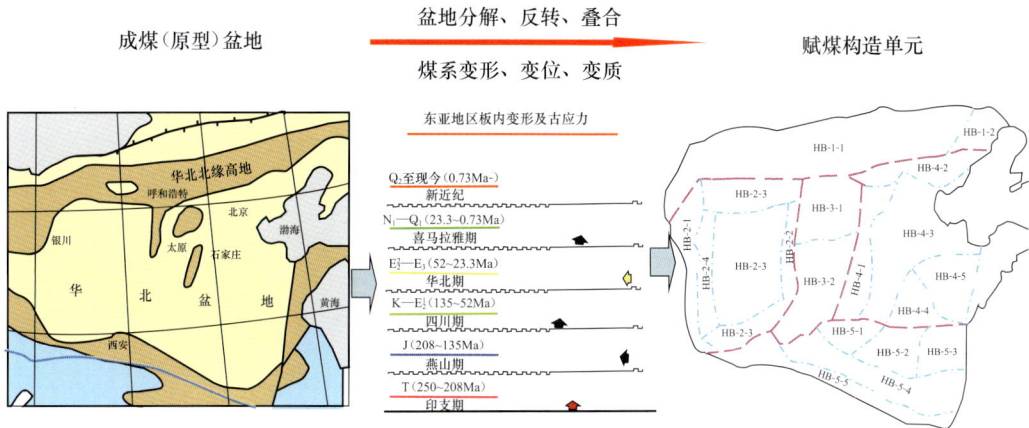

图 8.9　华北成煤盆地与赋煤构造单元演化示意图

因此，现今煤田构造格局的形成就是成煤盆地经历不同形式、不同程度改造的结果。以煤系在后期被破坏的严重程度为依据，可以将成煤盆地演化划分为Ⅰ、Ⅱ、Ⅲ类。

（1）Ⅰ类为弱改造型，指煤系基本未被剥蚀，可识别原型盆地范围。煤系变形微弱，以宽缓的褶皱为主，断裂较少，且多为张性。

（2）Ⅱ类为过渡型，煤系与上覆地层被较大程度地剥蚀破坏，原型盆地范围难以恢复，但总体构造形态仍为盆地，多为断裂控制的断陷或大型向斜控制的拗陷结构，可称为构造盆地。煤系变形程度中等，褶皱、断裂较发育，变形强度具有由盆缘向盆内递减的趋势。

（3）Ⅲ类为强改造型，煤系与上覆地层被强烈地破坏，原型盆地范围和形态受到彻底改造，煤田构造形态与成煤盆地形态相去甚远。煤系变形强烈，褶皱及断裂发育，常伴有强烈岩浆活动。

三、从成煤盆地到赋煤构造单元

综上所述，不同成煤时期形成不同类型的成煤原型盆地，在地质演化历史中经历多期构造作用，遭受不同程度的改造，最终形成各种类型和各个级别的赋煤构造单元。由此思路出发，可以把煤田构造格局的形成和演化过程概括为：原型成煤盆地—盆地改造分解—赋煤构造单元（表8.12），由此决定了煤炭资源的现今赋存状态。

表 8.12　成煤原型盆地与赋煤构造单元对应关系表

盆地名称	原型盆地构造类型	演化类型	赋煤构造单元编号	赋煤构造单元
华南盆地（C_1）	陆内裂陷	III	HN-2-1	湘桂断陷赋煤构造带
			HN-2-2	赣湘粤拗陷赋煤构造带
			HN-2-4	浙西赣东拗陷赋煤构造带
华北盆地（C_2—P_2）	克拉通拗陷	III	HB	华北赋煤构造区
扬子盆地（P_{2-3}）	克拉通拗陷	III	HN-1	扬子赋煤构造亚区
东南盆地（P_{2-3}）	陆内裂陷	III	HN-2	华夏赋煤构造亚区
走廊盆地（C_1—P_1）	主动大陆边缘盆地	II	XB-3-2	走廊对冲-拗陷赋煤构造带
羌塘-昌都盆地（C_1—P_1）	主动大陆边缘盆地	III	DZ-1-4	昌都-芒康逆冲-褶皱赋煤构造带
鄂尔多斯盆地（T_3）	克拉通拗陷	I	HB-2-5	陕北单斜赋煤构造带
库车盆地（T_3）	周缘前陆盆地	III	XB-2-1	塔西北逆冲-拗陷赋煤构造带
湘赣粤盆地（T_3）	山间盆地	II	HN-2-2	赣湘粤拗陷赋煤构造带
四川盆地（T_3）	克拉通拗陷	I	HN-1-1	米仓山-大巴山逆冲推覆赋煤构造带
			HN-1-3	龙门山逆冲赋煤构造带
			HN-1-4	川中南部隆起赋煤构造带
楚雄盆地（T_3）	前陆盆地	II	HN-1-6	丽江-楚雄拗陷赋煤构造带
羌塘-昌都盆地（T_3）	山间盆地	III	DZ-1-5	昌都土门-巴青逆冲-褶皱赋煤构造带
鄂尔多斯盆地（J_{1-2}）	克拉通拗陷	I	HB-2-1	鄂尔多斯盆地西缘褶皱-逆冲赋煤构造带
			HB-2-3	伊盟隆起赋煤构造带
			HB-2-4	天环拗陷赋煤构造带
			HB-2-5	陕北单斜赋煤构造带
			HB-2-6	渭北断隆赋煤构造带
渤海湾盆地群（J_{1-2}）	活动大陆边缘盆地	III	HB-1-1	阴山-燕山褶皱-逆冲赋煤构造带
			HB-1-2	辽西逆冲-断陷赋煤构造带
			HB-1-3	辽东-吉南逆冲-拗陷赋煤构造带
			HB-4-2	燕山南麓褶皱赋煤构造带
			HB-4-3	华北平原断陷赋煤构造带
准噶尔盆地（J_{1-2}）	陆内裂陷	II	XB-1-1	准西逆冲赋煤构造带
			XB-1-2	准北拗陷赋煤构造带
			XB-1-4	准东褶皱-断隆赋煤构造带
			XB-1-5	准南逆冲-拗陷赋煤构造带
塔北、塔西南盆地（J_{1-2}）	山间盆地	II	XB-2-1	塔西北逆冲-拗陷赋煤构造带
			XB-2-3	塔西南逆冲-拗陷赋煤构造带

盆地名称	原型盆地构造类型	演化类型	赋煤构造单元编号	赋煤构造单元
塔东南盆地（J₁₋₂）	走滑拉分盆地	Ⅱ	XB-2-4	塔东南断拗赋煤构造带
柴北缘盆地（J₁₋₂）	山间盆地	Ⅱ	XB-3-4	柴北逆冲赋煤构造带
祁连、天山（J₁₋₂）	山间盆地	Ⅱ	XB-3-3	走廊对冲－拗陷赋煤构造带
三江盆地（K₁）	陆内裂陷	Ⅱ	DB-1-1	三江－穆棱断拗赋煤构造带
			DB-1-2	虎林－兴凯断陷赋煤构造带
松辽盆地（K₁）	陆内裂陷	Ⅰ	DB-2-4	松辽西南部断陷赋煤构造带
			DB-2-3	松辽东部断阶赋煤构造带
			DB-2-1	黑河－小兴安岭断拗赋煤构造带
海拉尔、二连盆地（K₁）	陆内裂陷	Ⅰ	DB-3-2	海拉尔断陷赋煤构造带
			DB-3-4	二连断陷赋煤构造带
依舒盆地、敦密盆地（E）	陆内裂陷	Ⅰ	DB-1-3	依舒－敦密断陷赋煤构造带
胶东（E）	走滑拉分盆地	Ⅰ	HB-4-6	胶北断陷赋煤构造带
			HB-4-5	鲁中断隆赋煤构造带
滇东盆地群（N）	走滑拉分盆地	Ⅰ	HN-1-8	滇东褶皱赋煤构造带
滇西盆地群（N）	走滑拉分盆地	Ⅱ	DZ-3-1	兰坪－普洱褶皱－逆冲赋煤构造带
			DZ-3-2	保山－临沧走滑－断陷赋煤构造带
			DZ-3-3	腾冲－潞西断陷赋煤构造带
台湾盆地（N）	弧后前陆盆地	Ⅲ	HN-2-8	台湾逆冲拗陷赋煤构造带

第三节　构造控煤作用与控煤构造样式

一、对构造控煤作用的理解

我国煤田地质工作者很早就注意到构造作用对煤矿床形成和改造过程的全面控制，逐渐形成"构造控煤"的概念（高文泰等，1986；黄克兴和夏玉成，1991）。构造控煤作用的含义可以从广义和狭义两方面理解（曹代勇，2007）。

1. 构造作用对成煤和赋煤的控制关系

广义的构造控煤作用泛指构造作用对煤的聚集和赋存的控制关系（黄克兴和夏玉成，1991）。煤炭资源的形成，从成煤物质聚集开始，到煤层现今赋存状态，煤化作用的全过程都受构造作用的控制，包括构造作用过程和构造作用结果的双重控制（图8.10）。从这种观点出发，构造控煤研究的主要内容应包括三个方面：①聚煤作用的构造控制，即研究控制聚煤条件的一切构造因素，如研究聚煤古气候的构造控制、聚煤沉积环境的构造控制、煤盆地形成和演化的构造控制及其区域构造背景；②改造作用的构造控制，即研究成煤后构造作用的影响，包括直接或间接促使煤层或煤系发生变位、变形和变质的一切动力过程的构造控制因素；③赋煤状态的构造控制，这里所称的赋煤状态是指成煤作用和改造作用叠加后的表现形式，包括在构造作用基础上，各种外动力地质作用对煤层的改造效应、构造变动直接造成的综合叠加赋煤效应、区域赋煤规律的形成等。

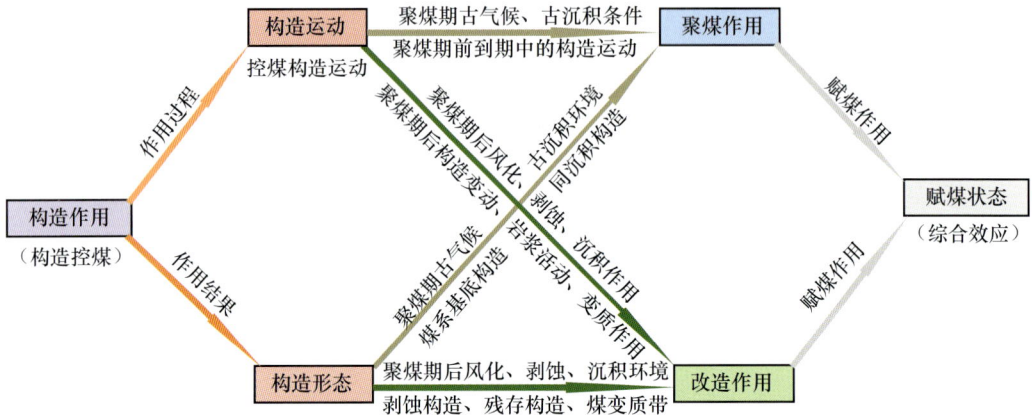

图 8.10 构造控煤系统架构（据黄克兴和夏玉成，1991）

成煤盆地中煤系的时空分布特征表明，聚煤作用与构造运动关系密切。构造运动所引起的拗陷是导致聚煤盆地的形成演化和控制聚煤作用进行的最重要条件，煤的聚集需要植物碎屑物质堆积的缓慢沉降盆地或大陆边缘，构造因素在成煤盆地的形成过程中直接起着主导作用。聚煤作用的时空分布和规模与不同地区的地质构造发展和演化密切相关，在同一大地构造单元内的成煤盆地会因其所在构造环境的不同，其聚煤特征亦不同。把构造控煤作用是一个运动变化的动力学过程，构造应力场及其所造成的构造变形都不同程度地在影响着成煤作用和煤系赋存特征。

构造作用过程和结果直接或间接为成煤作用的发生提供了聚集空间和成煤条件。地球动力学环境决定了煤盆地的成因类型，同时也决定了成煤作用的基本类型。地壳运动的沉降范围、幅度、时间和速度，控制了煤盆地的范围、沉积相带组成和分布，在很大程度上决定了聚煤作用的强度、兴衰，和富煤带的展布。煤系形成之后构造-热事件对其施加影响，包括原型煤盆地的构造破坏分解过程、煤系和煤层的变形变位、煤变质作用。

2. 构造变动对煤炭资源赋存的控制关系

狭义的构造控煤是指构造形迹或构造变动对煤炭资源现今赋存状态的控制作用。20世纪70年代开展的全国第二次煤田预测工作，以地质力学理论为指导，对中国煤田地质规律进行了系统总结，提出构造体系控煤的观点（韩德馨和杨起，1980），20世纪80年代以来，随着当代构造地质理论的发展和新技术手段的应用，相继对伸展掀斜（高文泰等，1986；曹代勇和王昌贤，1988）、重力滑动（李万程等，1982；李万程和孙锦屏，

1986；高文泰等，1986；王昌贤和曹代勇，1989）、逆冲推覆（王桂梁等，1992；王文杰和王信，1993；姜波，1993）、反转构造（王桂梁等，1997）等控煤构造形式（样式）开展了深入的研究。

3. 控煤构造样式划分

煤田构造研究的主要任务是运用构造地质学和煤田地质学的基本理论和方法，研究煤盆地和煤田构造的几何形态、组合形式、分布规律、成因机制和发展演化进程，服务于煤炭资源勘查与开发。因此，从煤炭资源开发利用的角度，我们尤为重视构造形迹或构造变动对煤系与煤层现今赋存状况的控制，即煤田构造的形态特征，这就是控煤构造样式划分的主要依据和出发点。

本书第二章第四节定义了控煤构造样式的概念，是指以煤炭资源评价与开发需求为目标，对煤系和煤层的形成、构造演化和现今保存状况具有控制作用的构造样式。与构造样式的含义相似，控煤构造样式主要表达构造形态特征，用以描述构造变形对煤系和煤层赋存的控制。控煤构造样式概念的厘定，使构造控煤作用的实际应用有了明确的载体。在地质勘查资料不足的情况下，可以通过控煤构造样式的研究，认识可能存在的构造格局，进行构造预测和找煤预测。

全国煤炭资源潜力评价工作采用地球动力学分类，建立了控煤构造样式分类方案（曹代勇，2007；程爱国等，2010），将中国控煤构造样式归纳为伸展构造样式、压缩构造样式、剪切和旋转构造样式、反转构造样式、滑动构造样式和同沉积构造样式等六大类（表2.3）。

本节后续部分扼要介绍各类控煤构造样式的基本特征和控煤意义。

二、伸展类构造样式及其控煤意义

伸展型控煤构造样式是拉张动力学背景下的产物，表现为以正断层为主体的断裂－断块构造组合。华北赋煤构造区和东北赋煤构造区于中生代末期和新生代进入大陆（克拉通）裂解阶段，是伸展类控煤构造样式的主要分布区域。

1. 单斜断块

根据地球动力学成因分类，该构造样式应属于伸展构造样式范畴。主体构造形态为缓倾向至中等角度的单斜构造，常见于大型褶皱的翼部及断裂带附近，也见于盆地的边缘及隆起的周边地区，前者主要受水平运动控制，后者受升降运动控制。单斜断块通常被断层切割，但断层对单斜构造形态不具主导控制作用，因此，煤层变形不强烈，构成有利的控煤构造类型。

同向倾斜的正断层将地层分割成阶梯状的单斜断块组合，正断层在平面上呈平行排列或斜列等形式，断层面呈平面状。根据断层倾向与地层倾向的相关关系，可进一步划分为同向正断层组合和反向正断层组合（图8.11）。

单斜断块组合是伸展构造变形区常见的控煤构造样式，如华北赋煤区东部在太行山东麓煤田（图8.12）。

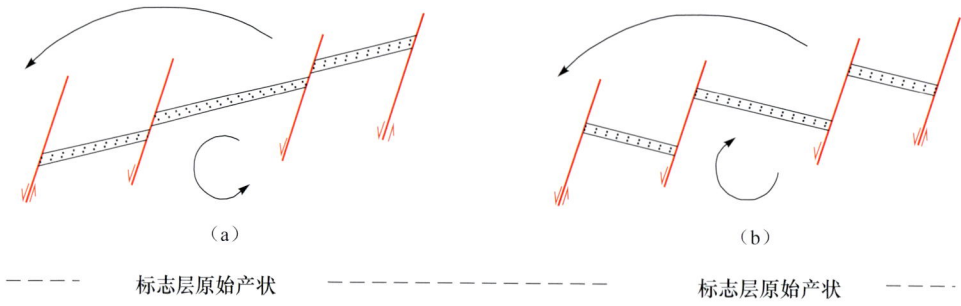

（a）　　　　　　　　　　　　　　　　　（b）

－－－－　标志层原始产状　－－－－－－－－－－　标志层原始产状　－－－

图 8.11　正断层运动方式（据王燮培等，1990）

（a）同向正断层，地层倾向与断层面倾向一致；（b）反向正断层，地层倾向与断层的倾向相反

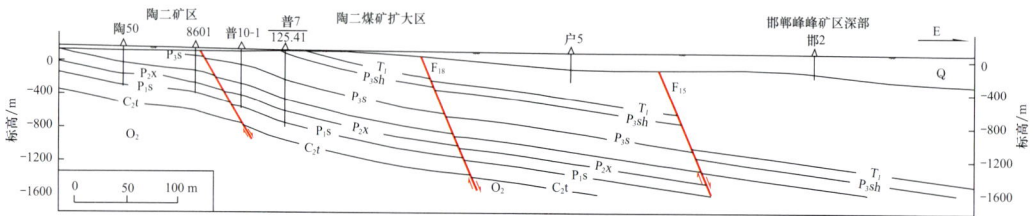

图 8.12　峰峰矿区深部地质勘查剖面图

　　淮南煤田西部板集井田区域总体表现为宽缓向斜构造外，岩层平缓、倾角一般较小。后期的断裂切割原地层，形成了单斜断块，但变形强度较小，仍保持单斜面貌，煤层埋深沿倾向逐步增加（图 8.13）。

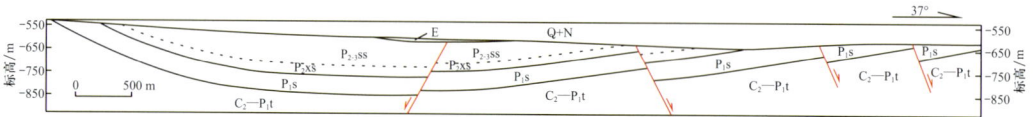

图 8.13　淮南煤田西部板集井田 38 勘探线剖面图

2. 掀斜断块

　　掀斜断块（tilted fault block）是指在拉张应力作用下，正断层不均匀运动引起断块旋转，一端倾斜、另一端掀起的断裂/断块组合形式（图 8.14），断层面倾向与断夹块地层倾向相反，平面上，正断层呈平行排列、斜列等形式。这是我国东部煤田构造中较为常见的一种控煤构造样式。

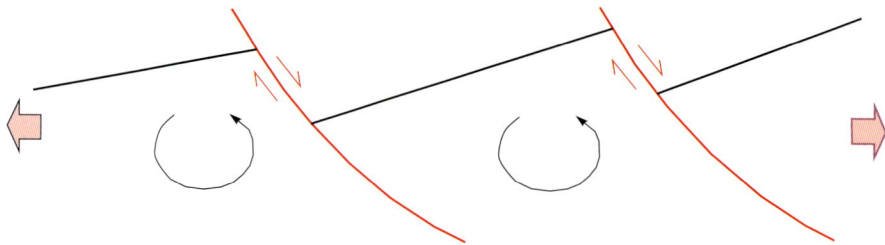

图 8.14　断块掀斜模式图

正断层是伸展构造的主要成分，按几何学（断层面形态）和运动学（旋转性）分类：可将正断层及其断块组合划分为平面式、铲状或犁式等两大类（表8.13）。

表 8.13　正断层的几何学与运动学分类（据 Lister 等，1989）

类型	构造（断层和地层）的旋转性	断层面形态
非旋转类	断层和地层均不旋转	平面状
旋转类	地层旋转而断层不旋转	铲状
	断层和地层均旋转	铲状或平面状

非旋转式平面式正断层是地表露头常见的类型，断层呈平面状，倾角较大，位移过程中断层和两盘断块都未发生转动旋转的平面式正断层称为"多米诺"或书斜式断层，随着伸展量的加大，断层倾角逐渐变缓，上盘断块沿断面发生转动（掀斜），使得地层倾向与断层倾向相反，通常控制掀斜（箕状）半地堑状盆地（图8.15）。铲状正断层上陡下缓，形成凹侧向上的曲面（图8.16），当上盘断块下滑时为适应断层面倾角变化，必然发生旋转，形成掀斜断块。

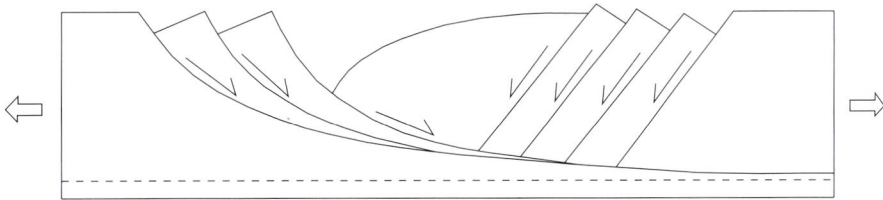

图 8.15　伸展构造样式（据 Lister and Davis，1989，有简化）

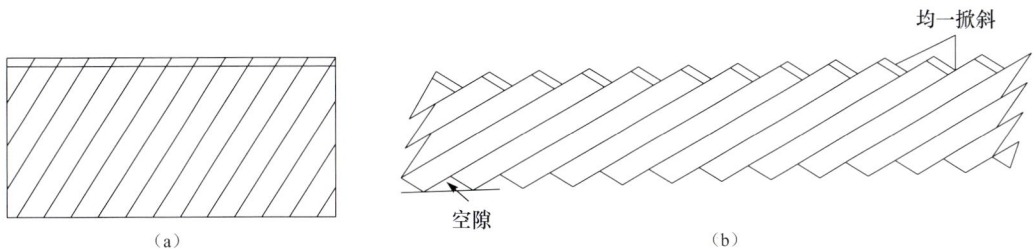

图 8.16　非旋转平面正断层（a）和伴有转动的平面状正断层（b）运动方式

（据 Wernicke and Burchfiel，1982）

掀斜断块是我国东部煤田构造中较为常见的一种控煤构造样式，其赋煤单元多呈单斜状。它与单斜断块区别在于：断块内部次一级构造以正断层为主，掀起端煤系抬升变浅，有利于勘探开发。20 世纪 80 年代以来，大量的研究成果证明，掀斜断块是渤海湾（华北）盆地新生代伸展构造格局中的主要构造样式，石油地震勘探资料揭示，多数正断层具有上陡下缓的铲状断层形式，上盘断块沿铲状断层面发生旋转（图8.17）。

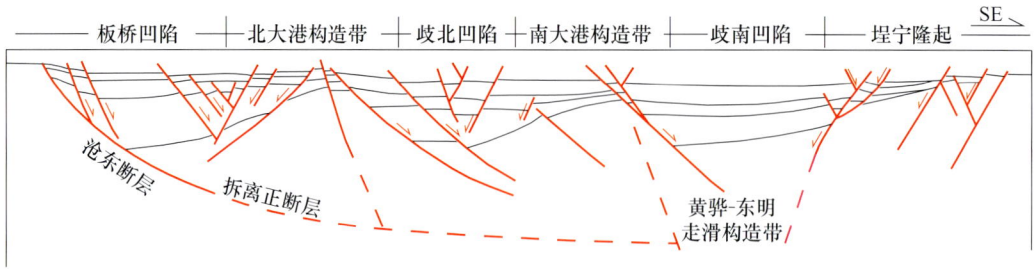

图 8.17　渤海湾新生代盆地横穿黄骅拗陷中部的剖面（据漆家福等，2006）

　　安徽淮北煤田刘桥一矿 659 机巷，在单向拉伸力作用下，沿滑动面上发育一组断距较大、切割煤层的同倾向的正断层，呈阶梯状，断块的后端扬起，形成了掀斜构造，掀斜端也成为了煤层赋存相对较浅的位置（图 8.18）。

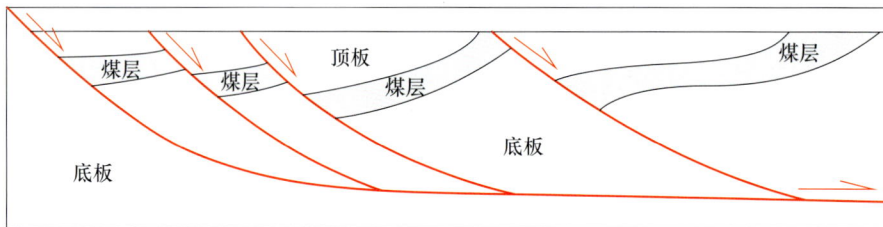

图 8.18　刘桥一矿 659 机巷剖面素描图（据吴基文等，1998，修编）

　　3. 堑垒构造

　　由平行排列或近于平行排列、相向或相背倾斜的正断层及其间夹持的地层组成。相向倾斜正断层间的含煤块段为共同下降盘，构成地堑；相背倾斜正断层间的含煤块段为共同上升盘，构成地垒。二者相互组合，构成堑、垒复合型控煤构造（图 8.19）。

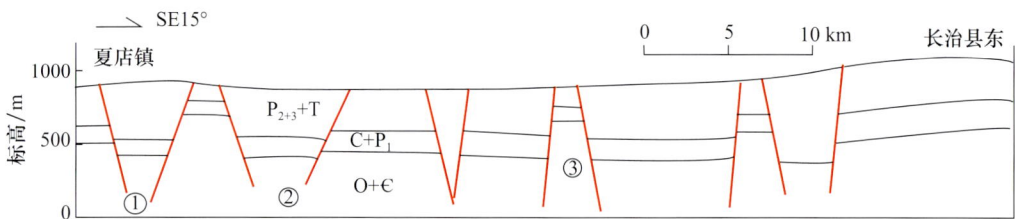

图 8.19　沁水煤田潞安矿区堑垒型控煤构造样式

　　堑垒构造组合在对煤炭资源赋存状况具有重要控制作用。在抬升区的地堑构造内可能保存了煤系免遭剥蚀；反之在矿区深部或隐伏含煤区，地垒构造可以造成煤层抬升变浅，有利于勘查开发（图 8.20）。

　　4. 箕状构造

　　箕状构造即为一侧正断层控制的单断式构造，剖面上呈箕斗形态。此类控煤构造样式通常具有同沉积构造性质，盆缘断层作为生长断层（同沉积断层），控制了盆内聚煤

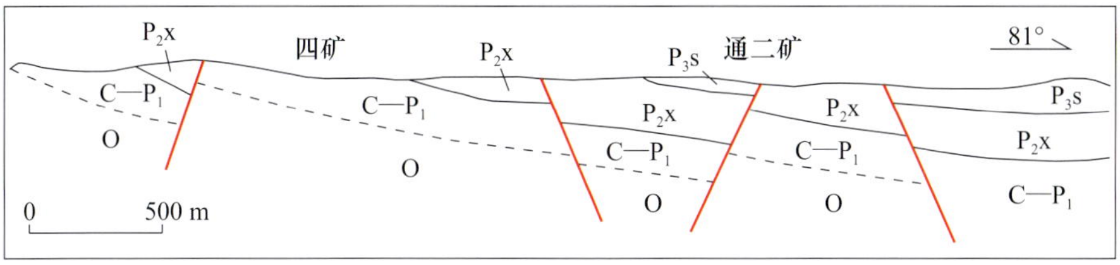

图 8.20 峰峰矿区四矿－通二矿堑垒构造系剖面图

作用和地层发育。其上升盘被剥蚀而成为物源区没有接受沉积，只是下降盘成盆接受沉积。靠近盆缘断层的沉积物以粗碎屑岩为主，远离盆缘变为细碎屑岩并成煤。盆地内的地层倾角向同沉积断层方向微倾斜，深部倾角大于浅部倾角。

箕状控煤构造样式多出现于东北赋煤构造区西部赋煤构造亚区和华北赋煤构造区东部，可呈单个产出，也可由几个箕状构造构成更大一级的凹陷盆地。冀北隆起赋煤构造带内发育箕状构造（盆地）控煤构造样式，控制 K_1 煤系的展布（图 8.21）。

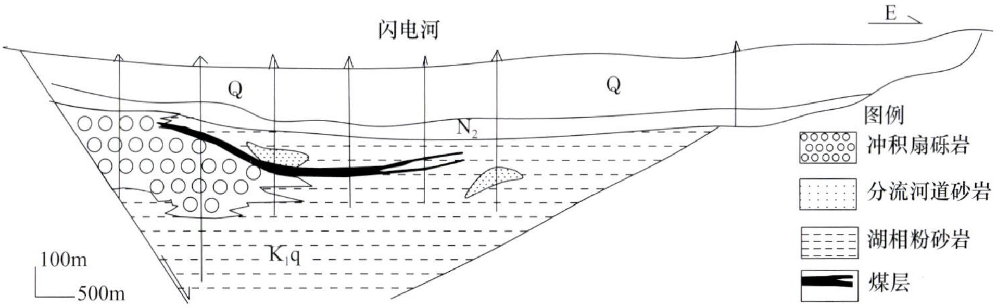

图 8.21 沽源含煤盆地西北缘构造剖面图

三、挤压类构造样式及其控煤意义

在挤压构造应力场作用下，煤系发生缩短变形，形成以纵弯褶皱和逆（冲）断层为主体的构造组合。挤压控煤构造样式可分为连续性变形的褶皱构造类、不连续性变形的断裂构造类，以及褶皱断裂复合类。

挤压类控煤构造样式在我国各地广泛分布，是控煤构造样式的主要类型，其中又以主要分布在东部复合变形区的华南地区和西部挤压变形区最为发育。

1. 逆冲叠瓦扇

逆冲叠瓦扇型是由若干条产状大致相同、平行排列的一系列由浅至深、断面由陡变缓的分支逆冲断层夹冲断片组成，通常向深部收敛于一条主干滑脱面上，其间的断夹块在剖面上呈叠瓦状，向同一方向依次上冲。逆冲断层上盘煤系和煤层抬升变浅，有利于开发，但构造变形较为复杂（图 8.22）。

安徽两淮地区的逆冲推覆构造非常发育，以逆冲叠瓦构造样式最为普遍。阜凤逆冲推覆构造发育于淮南煤田南部，是华北板块南缘逆冲推覆构造带的一部分，由阜凤断

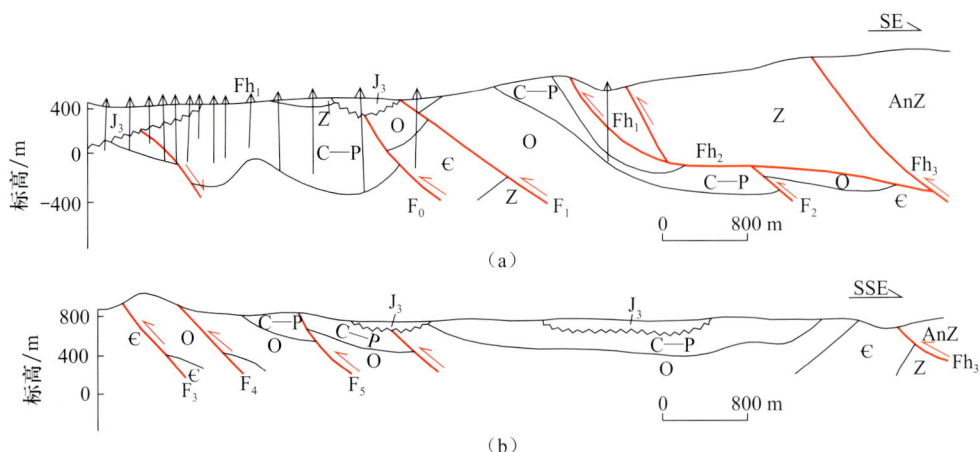

图 8.22　辽东-吉南逆冲-拗陷赋煤构造带浑江区构造地质剖面（据王文杰和王信，1993）

层、舜耕山断层及其分支断层组成的叠瓦状构造，太古宙、新元古界、下古生界、上古
生界煤系卷入其中（图 8.23）。

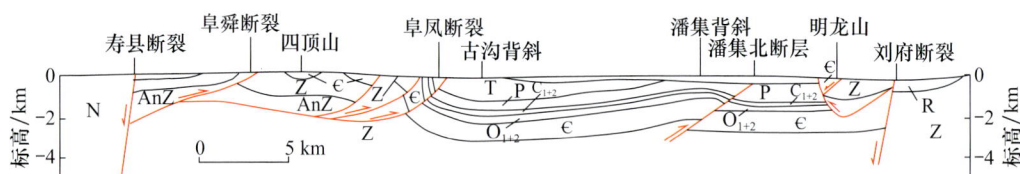

图 8.23　淮南煤田阜凤推覆构造剖面图

扬子北缘逆冲赋煤构造带宁镇地区茅山逆冲推覆构造呈近南北向展布，上古生界煤
系构成典型的叠瓦扇组合，由东向西推覆与上侏罗统火山岩之上，后缘被花东犁式正断
层切割，形成逆冲楔（图 8.24）。

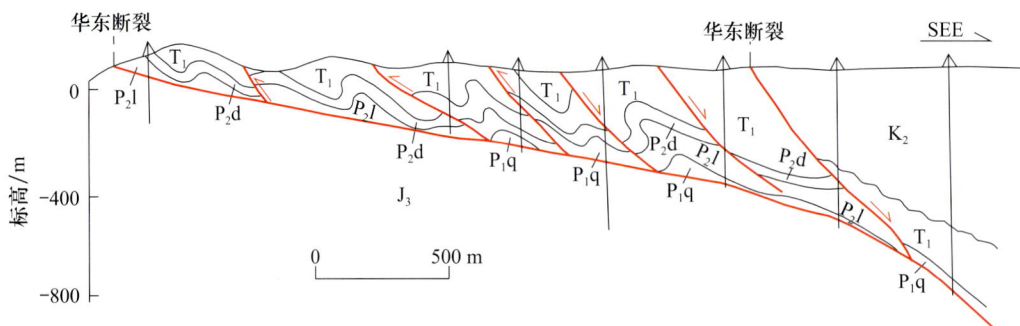

图 8.24　茅山南段花山煤矿构造剖面图（据王文杰和王信，1993）

2. 逆冲前锋型

该构造样式特指逆冲断层的前锋带部位，在区域压应力场作用下，逆冲前锋带应力
集中，局部应力值较高。在这种构造背景之下，地层（尤其是位于逆冲断层下盘靠近主

断面的地层）受高应力挤压作用，产状急剧变化，倾角增大，直立甚至倒转。因此，煤系赋存较为局限，呈与逆冲断层走向平行的狭窄条带状产出，煤层因流变可造成局部厚煤带，由此可见，断层对煤系赋存影响较大。

柴北缘逆冲赋煤构造带西段欧南矿区位于欧龙布鲁克山南坡，属于欧龙布鲁克山逆冲断裂带前锋带。矿区北界 F₁ 和 F₂ 逆冲断层控制了煤系赋存状态，主断面下盘煤层倾角大、直立甚至倒转，向深部则逐渐恢复正常，向南缓倾（图 8.25）。平面上，煤层底板等高线与北侧控制性断裂走向平行，断裂下盘等高线密集，沿走向延伸，表明煤层倾角较大、沿倾向埋深急剧加大，可供开采的含煤块段平面宽度有限。

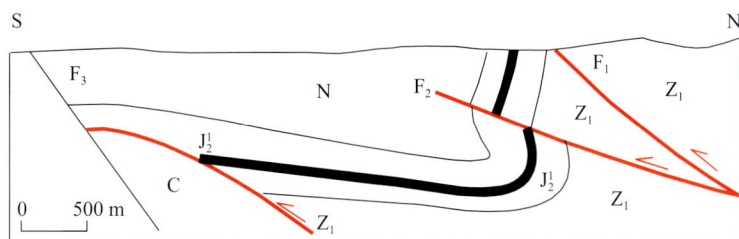

图 8.25 柴北缘欧南矿区构造剖面图

3. 双重（冲）构造

双重（冲）构造是逆冲推覆构造中具有普遍性的重要结构形式，由顶板逆冲断层与底板逆冲断层及夹于其中的一套叠瓦式逆冲断层和断夹块组合而成（Boyer and Elliott，1982）。双重逆冲构造中的次级叠瓦式逆冲断层向上相互趋近并且相互连接，共同构成顶板逆冲断层；各次级逆冲断层向下相互连接，构成底板逆冲断层，各次级逆冲断层围限的块体称为断夹块。双重逆冲构造中的顶板逆冲断层和底板逆冲断层在前锋和后缘汇合，而构成一个封闭块体。

淮北地区徐淮弧的后缘推覆带与叠瓦状冲断带共同组成了后倾的双重叠瓦状逆冲推覆构造带。黑峰岭飞来峰为双冲构造顶冲断层之上盘，其下隐伏有后倾的叠瓦状冲断面及大型主滑面（图 8.26）。

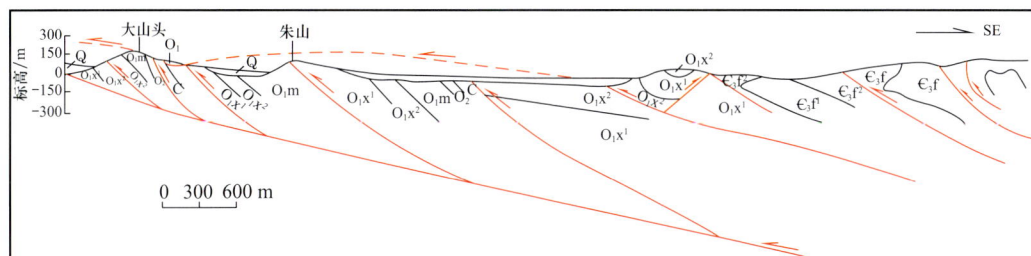

图 8.26 淮北煤田双重叠瓦状逆冲推覆构造剖面图

赣湘粤拗陷赋煤构造带北邻九岭构造带，乐平、景德镇等地，在许多勘查区揭露元古界变质岩系与上三叠统安源煤系呈断层接触，构成飞来峰或构造窗。乐平涌山桥、兰桥等勘查区还出现一些高倾角逆冲断层，以其为分支断层，向下收敛于主滑面上，再将飞来峰间的断层作为顶冲断层连接，构成较典型的双冲构造（图8.27）（王文杰和王信，1993）。

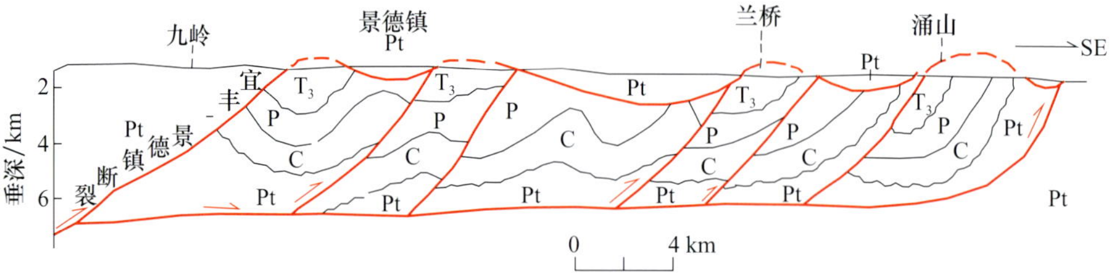

图8.27　九岭－乐平构造剖面图（据王文杰和王信，1993）

4. 推覆体（逆冲岩席）型

推覆型控煤构造样式特规模较大，指上盘（推覆体）沿低角度波状起伏的主滑脱面远距离推移的逆冲断层或收缩构造，属于挤压控煤构造样式大类中变形最强烈的类型。推覆（逆冲岩席）型控煤构造使时代较老地层推覆于煤系之上，对煤系起到遮盖作用（图8.28）；有的也表现为以一系列平行叠置的逆冲断层分割的逆冲岩席（图8.29）。由于推覆构造属于强烈挤压构造，对煤系和煤层的构造影响较大，推覆性控煤构造样式中煤系煤层变形往往较复杂。

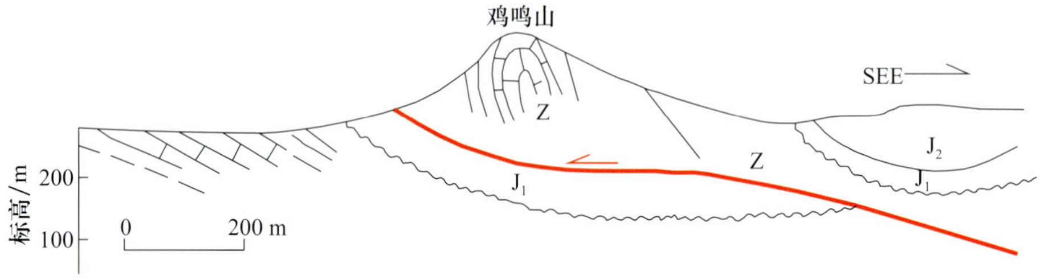

图8.28　下花园矿区鸡鸣山煤矿推覆构造剖面图（据马高尚，1989）

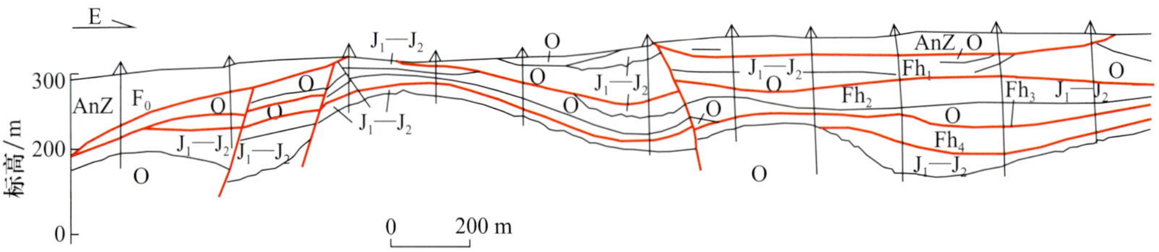

图8.29　吉南逆冲－拗陷赋煤构造带杉松岗矿区11线地质剖面（据王文杰和王信，1993）

5. 对冲断夹块（逆冲三角带）

对冲构造指倾向相背的两组逆断层共有下降盘所组成的构造，断层面倾角一般较大，煤系赋存于相向逆冲的共同下降盘、即断层三角带内。受对冲断层控制，共同下降盘的煤系通常受限形成轴向于逆冲断层平行的向斜构造，变形较为强烈。对冲断夹块型通常发育于构造活动较为强烈的地区，煤层受逆冲断裂控制较为明显，构成矿区的自然边界。

柴北缘逆冲赋煤构造带西段新高泉煤矿，煤系赋存受对冲逆冲断裂控制，为对冲构造组合中的断层三角带。其特点为：煤层夹持于南、北对冲的逆断层之间，被对冲断层围限，煤系变形较强烈，局部煤层加厚（图8.30）。

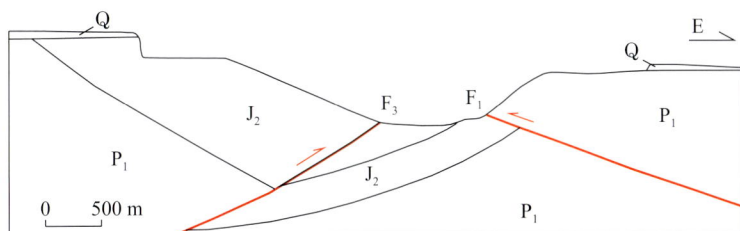

图8.30　青海省柴北缘新高泉煤矿构造剖面图

6. 背冲型（构造凸起）

由倾向相背的两组逆断层共有上升盘所形成的构造组合形式，这类构造多发育于构造复杂部位，在两侧对冲挤压作用下，由倾斜相背的两组逆冲断层组成构造凸起（冲起构造）。背冲型共同上升盘的煤系抬升变浅，有利于煤炭资源勘探开发，但也可能遭受剥蚀。背冲型控煤构造样式通常发育在构造变形相对较弱或中等的地区。

淮南煤田谢桥向斜的南侧及潘集背斜的南侧发育背冲型控煤构造样式，上石盒子组含煤地层向上冲起，埋深变浅（图8.31）。

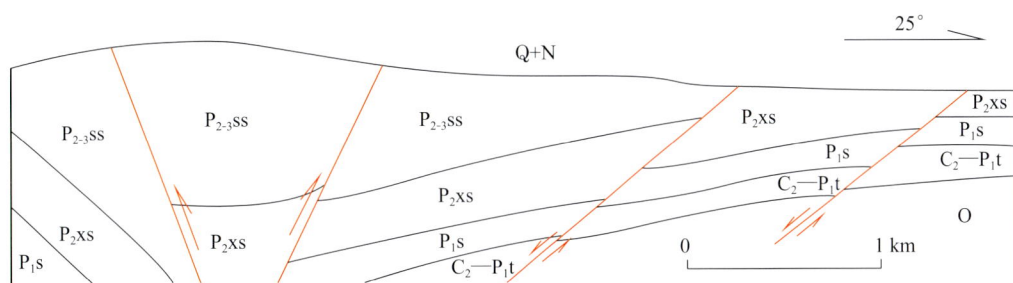

图8.31　淮南煤田谢桥向斜勘查剖面图（据魏振岱，2012）

南段为冲起构造

7. 挤压断块型

含煤块段为夹持于逆断层之间的断夹块，与逆冲叠瓦扇和褶皱断裂型控煤构造样式的不同之处在于，断夹块的变形程度较低，基本保持单斜形态，褶皱不发育，断裂对煤系赋存影响不大，多构成矿区或井田的自然边界。

淮北钱营孜井田的东部发育一系列接近由东向西逆冲的断层，淮南潘四煤矿十四勘探线发育一系列由南向北逆冲的断层，夹持于逆断层之间的煤层，变形程度较低，褶皱不发育，断裂对煤层的赋存状态影响不明显（图 8.32）。

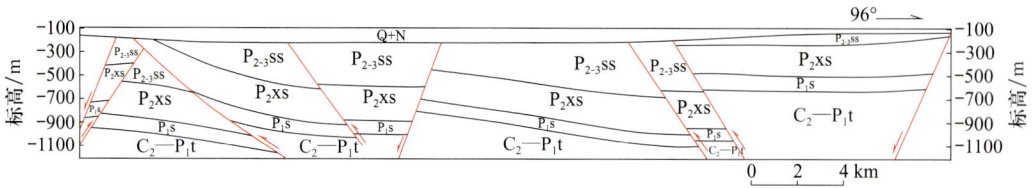

图 8.32　淮北钱营孜井田 29 勘探线剖面图（据魏振岱，2012）

8. 褶皱断裂（褶断）型

在区域挤压构造应力场作用下，褶皱与逆（冲）断层常常相互伴生，二者之间的成因联系是一个长期争议的问题。Jamison（1987）提出逆冲（断层）相关褶皱的概念，根据褶皱与逆冲断层作用的关系，划分出断弯褶皱、断展褶皱和滑脱褶皱三种基本类型，深化了对褶皱-断层关系的认识。由于研究资料的制约和实际需求，煤田构造研究中往往难于准确确定褶皱与逆冲断层的成因联系，该类控煤构造样式用于描述褶皱与断层共存、规模相近，形成褶-断或断-褶的组合形态。

褶断型是最常见的控煤构造样式类型，褶皱与断裂可能同时形成，也可能存在先后关系，如逆冲断层相关褶皱。煤系或煤层形态受断层和褶皱的共同控制，变形复杂程度差异性较大。

燕山南麓褶皱赋煤构造带的赋煤向斜均为轴面倾向北西的斜歪褶皱，在陡倾翼通常发育逆（冲）断层，构成褶断型控煤构造样式（图 8.33）。淮南潘集背斜（西段）发育两组逆冲的断层，切割先期形成的背斜，形成褶皱断裂组合（图 8.34），其背斜形态基本完整，煤层受断层破坏影响不大，赋存较为稳定。

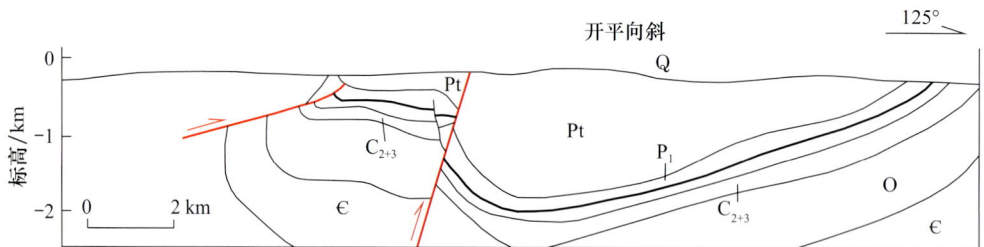

图 8.33　燕山南麓褶皱赋煤构造带开平煤田剖面图

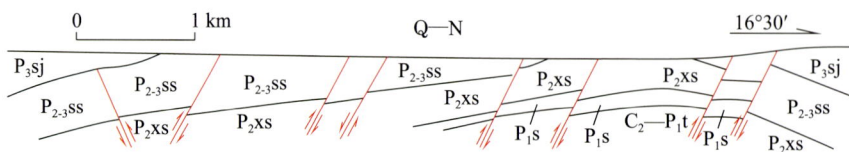

图 8.34　潘集背斜（西段）17 线勘探剖面图

9. 纵弯褶皱

岩层受到顺层挤压作用而形成的褶皱。一般认为岩层在褶皱前处于初始的水平状态，所以纵弯褶皱作用是地壳受水平挤压的结果。与纵弯褶皱往往相伴有走向逆断层和横向正断层及次级褶皱，褶皱宽缓对煤层结构、厚度影响不大，而褶皱紧密，由于弯流作用导致煤层流变，在褶皱核部变厚、翼部变薄。

华南赋煤区川南黔西褶皱赋煤构造带内，主题构造格局为纵弯褶皱，近 NS 向褶皱和 NE 向褶皱十分发育，相互叠加，控制煤系赋存状态（图 8.35）。

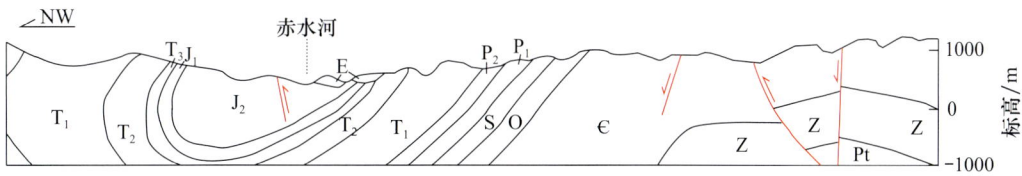

图 8.35　黔北赤水河纵弯褶皱剖面图

纵弯褶皱是燕山南麓褶皱赋煤构造带内主要控煤构造样式，在唐山西至三河之间，东西长约为 140km，宽为 40 多千米，呈东宽西窄的梯形，发育一系列轴向北东向的背向斜组合。这一组褶皱，向斜规模较大、开阔，背斜较小、紧闭，石炭纪—二叠纪煤系主要保存于向斜之中，背斜核部遭剥蚀（图 8.36）。

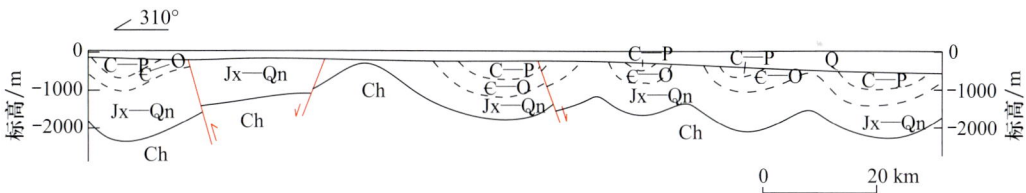

图 8.36　三河 - 唐山构造剖面简图

四、剪切和旋转类构造样式及其控煤意义

剪切构造是由非共轴（剪）应力引起的以走滑断层为主体的构造组合。大型走滑构造影响的范围比较大，在走滑断层的两侧一般相伴形成牵引褶皱、伴生断层，甚至拉分沉降和收敛隆起等，从而影响煤系赋存状况。走滑断层两盘如果没有垂直位移分量，则其两盘的煤层埋藏深度的变化不大，仅产生相对水平位移，如果附加垂直位移分量，对煤层的埋深就会产生影响，其效应与正（逆）断层相似。广义的剪切类控煤构造样式包括走滑构造和旋扭构造。

1. 平移断层型

平移断层的断层两盘基本上沿断层走向相对滑动。根据两盘的相对滑动方向，又可进一步命名为右行平移断层和左行平移断层，所谓左行或右行是指垂直断层走向观察断层时，对盘向右滑动者为右行，向左滑动者为左行。

华南赋煤构造区扬子北缘逆冲赋煤构造带锡澄虞地区，煤田构造基本格局为北东向展布的逆冲断层和斜歪组合，一系列北西走向的平移断层切割逆冲断层和褶皱构造（图 8.37），使每一褶断带都构成走向上分离的后推、前冲、背降的构造块段（王文杰和王信，1993）。

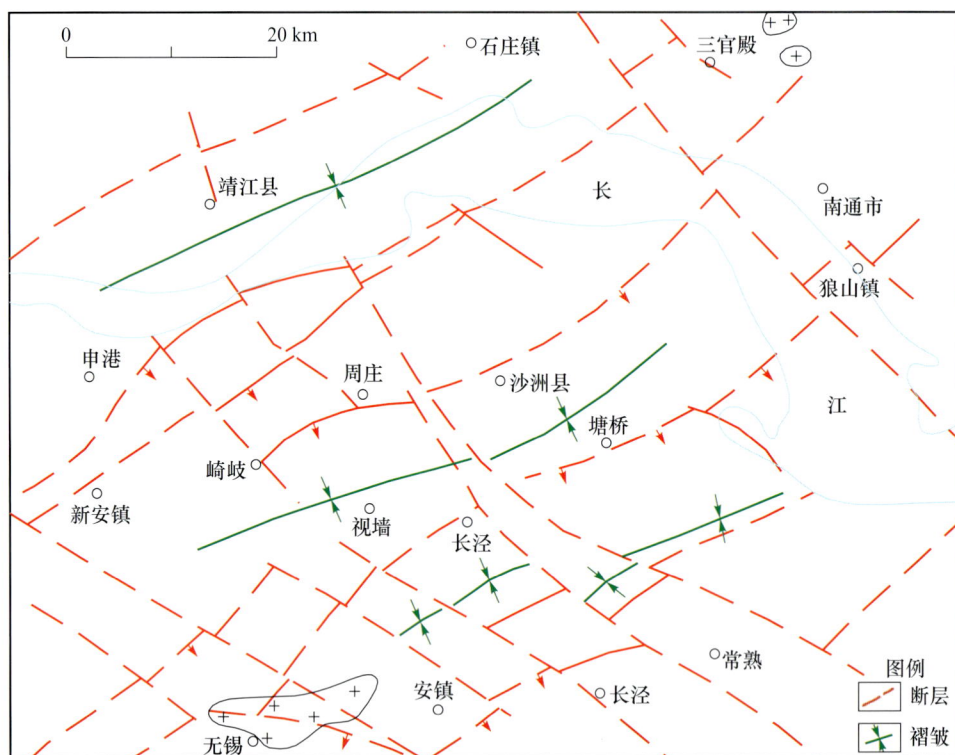

图 8.37　锡澄虞地区煤田构造纲要图（据王文杰和王信，1993）

2. 正/逆-平移断层型

当正断层具有走滑性质和平移分量，则为正-平移断裂；当逆断层具有走滑性质和平移分量，则为逆-平移断裂。

3. 花状构造

Harding（1985）提出"花状构造"的概念，用来描述典型的与走滑断层相关的构造变形与褶皱样式，分析了花状构造的地震响应，大大提升了油气勘探对走滑断层的关注度。花状构造是走滑断层系中一种特征性构造：剖面上一条走滑断层自下而上成花状撒开，故称为花状构造。根据花状构造的结构、次级断层在剖面上表现出的运动学特征和力学性质可分为正花状构造和负花状构造。花状构造一般见于未发生强烈变形或未发生构造叠加的地区。

我国中新生代能源盆地：中、西部盆地中多发育正花状构造，东部盆地则以负花状构造为主，分别代表压扭和张扭两种不同的构造背景。

4. 雁列褶皱

雁列褶皱又称斜列式褶皱，为一系列呈平行斜列（雁行状）的短轴背斜或向斜，褶皱轴与断层成小角度相交，随着远离断层褶皱逐渐减弱或倾伏。雁列褶皱发育于走滑断层一侧，或两条走滑断层之间，在隐伏走滑断层的上覆盖层中，也常常发生雁列式褶皱。褶皱的这一组合形式一般认为是由水平力偶作用而形成的，可分为左行和右行雁列褶皱构造。

5. 旋扭构造

由于水平扭动力偶作用产生的构造样式，在平面上表现为旋扭构造。常见的类型包括"S"形和反"S"形构造、帚状构造等。旋扭构造通常影响煤系或煤层的走向展布。

华北赋煤区太行山东麓赋煤构造带邯郸 – 峰峰矿区断层褶皱组合以鼓山背斜为中心，平面上作舒缓"S"形展布，南西端收敛，向北东方向呈帚状撒开（图 8.38），反映了区域右行扭动力偶的作用。

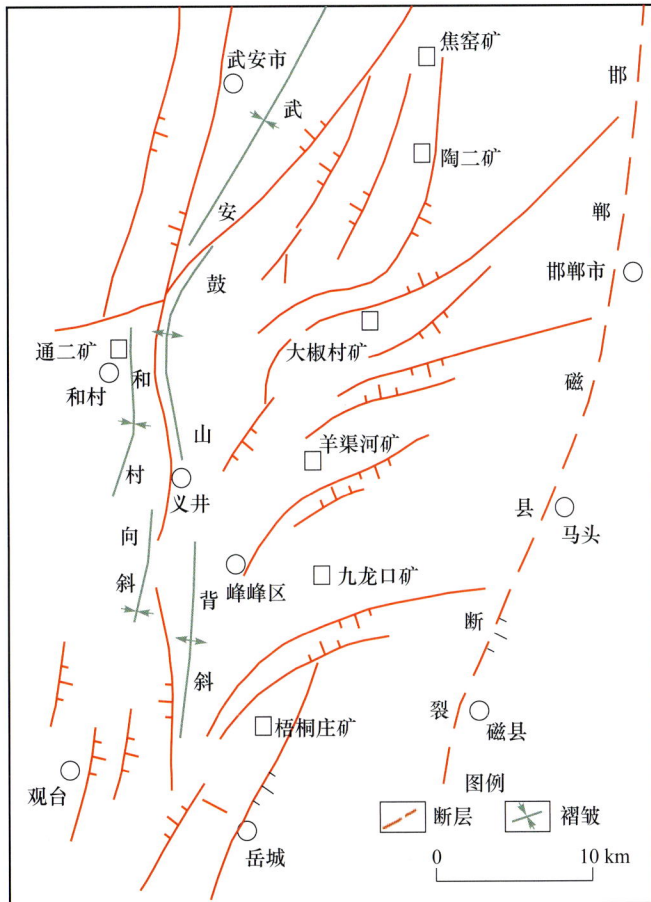

图 8.38　邯郸 – 峰峰矿区构造纲要图

东北赋煤构造区东部亚区三江 – 穆棱断拗赋煤构造带勃利 – 七台河矿区中部的青龙

山断层的左行逆 – 平移运动，在其东盘形成向东收敛、向西撒开的帚状排列褶皱，褶皱轴与青龙山逆 – 平移断层呈锐夹角相交（图 8.39）。

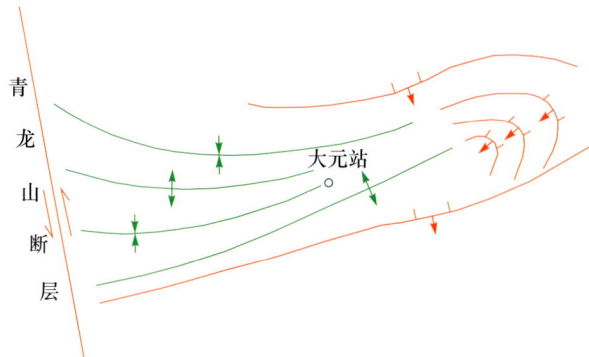

图 8.39　青龙山逆 – 平移断层旁侧帚状构造示意图（据王桂梁等，2007）

五、反转和叠加类构造样式及其控煤意义

构造反转是指不同构造类型之间的转化，反转构造是由 Glennie 和 Boeger（1981）首先提出的，他们认为"构造反转指的是盆地逆转成构造隆起"。Cooper 和 Willian（1989）及 Mitra（1993）将反转构造划分为正反转构造与负反转构造两种基本类型，前者指先伸展、后挤压的叠加或复合构造，即先存的伸展构造系统中的正断层及其构造组合，受挤压再活动，形成褶皱和逆冲断层；负反转构造则指先挤压、后伸展的叠加或复合构造，即先存的挤压构造系统中的褶皱和逆冲断层，受伸展再活动，形成正断层或地堑、半地堑系。

我国大陆构造演化的多期性和导致反转类控煤构造样式较为发育，其中，东部以负反转类型为主（王桂梁等，1997），西部以正反转类型为主，煤田构造反转时期主要发生于中生代末期至新生代。反转构造的特殊类型是华南赋煤构造区东部普遍发育的推覆、滑覆叠加类型（王文杰和王信，1993）。

王桂梁等（1997）在《中国东部中新生代含煤盆地的构造反转》一文中指出，中国东部的煤盆地除了极少数保持了原来的沉积面貌外（如云南昭通），都经过了或多或少、或强或弱的构造反转叠加：①西南新近纪煤盆地，在南北向断层左旋走滑剪切过程中，受压剪作用出现上逆下正的复合断层和轻微的波状褶皱，一般属于轻微反转构造；②东北、华北古近纪的裂谷和断陷盆地，一般是西缘断层先停止正断活动，进而再发生断层的反向运动，属于中等到轻微的反转构造；③台湾地区由于太平洋板块的碰撞、挤压，煤盆地常出现了强烈反转的反向逆冲断层；④东北和内蒙古东部早白垩世的断陷盆地，很多盆缘断裂在白垩世末期停止了正断，后来又反向逆冲兼剪切，盆内也出现了斜列的挤隆背斜和正花状构造，属于中等程度的正反转构造，如阜新盆地的反转构造；⑤北方早、中侏罗世的许多拗陷盆地，反向转化后褶皱隆升剧烈，如京西、承德、下花园盆地等；有些盆地还被后期的逆冲断层所推覆掩盖，如北票、大青山盆地等；⑥华南晚三叠世煤盆地，川西龙门山区是在长期伸展形成的正断层基础上，后期整体反转成叠瓦扇的厚皮型反转构造。其他的内陆拗陷和山间盆地，后期反转转化而褶断隆升成彼此分割的小片含煤区；湖南资兴、江西萍乡 – 乐平、福建邵武等也有厚皮型逆冲断层推覆于煤系之上。

1. 正反转断裂型

指先伸展、后挤压的叠加或复合构造，即先存的伸展构造系统中的正断层及其构造组合，受挤压再活动，形成以逆冲断层为主的构造样式。

东北赋煤构造区西亚区海拉尔断陷赋煤构造带贝尔凹陷主体构造格架为北东向展布的正断层，地震勘探资料揭示，部分正断层后期发生逆断层位移，形成正反转断层，但周围正断层并未反转（图 8.40），整个凹陷仅发生轻微程度的反转，基本保存了原型盆地构造形态。

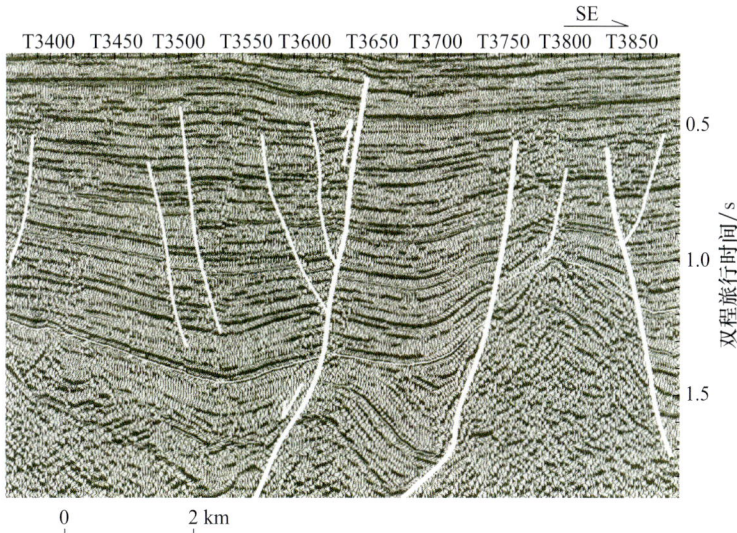

图 8.40　海拉尔断陷赋煤构造带贝尔凹陷地震构造剖面

2. 正反转褶皱型

指先伸展、后挤压的叠加或复合构造，即先存的伸展构造系统中的正断层及其构造组合，受挤压再活动，形成以褶皱构造为主的构造样式。

3. 负反转断裂型

指先挤压、后伸展的叠加或复合构造，即先存的挤压构造系统中的褶皱和逆冲断层，受伸展再活动，形成正断层或地堑、半地堑系，但先成的褶皱形态被切割破坏，不甚明显。

近年来，在现今以伸展构造为基本构造格局的大渤海湾盆地（华北平原区），已发现较多的中生代逆冲、新生代正断的负反转构造（图 8.41）。华北赋煤构造区太行山东麓断阶赋煤构造带诸矿区构造演化与渤海湾盆地具有一致性，但强度上有差别，中生代挤压强度较弱，褶皱宽缓、逆断层不发育。野外（如韩峰矿区鼓山西断层）和勘查资料揭露，部分较大规模断层具有挤压和拉张力学性质并存的现象，属于负反转构造存在的证据（张路锁等，2012）。

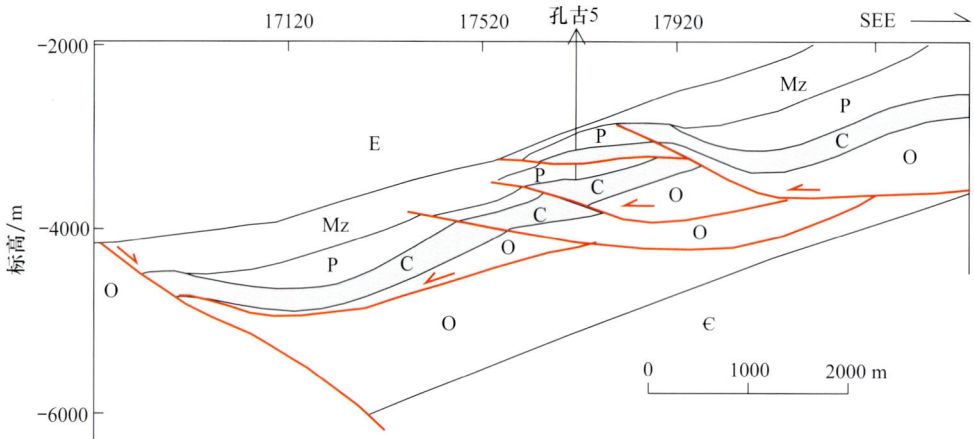

图 8.41　渤海湾盆地孔西构造带剖面图

4. 负反转褶皱型

指先挤压、后伸展，先存挤压构造系统中的褶皱，在后期伸展变形中受正断层破坏，形成地堑或半地堑系，但仍然保留早期褶皱形态。

华南赋煤构造区贵州省黔中隆起的织纳煤田主体构造为形成于早燕山期的南北向和北东向褶皱组合，晚燕山运动时，随着印度板块向北加速移动，区域应力场从南东向挤压继续顺时针旋转逐渐转变为南南东向、南北向，并最后转变为南南西向挤压，在这个应力场作用下，南北向和北东向构造发生负反转，先期逆断层或逆冲断层发生正断层活动形成地堑、半地堑系，改造褶皱构造。由于晚燕山运动构造强度不大，构造反转较弱，负反转褶皱基本山保留了早期褶皱形态，但煤系失去了原有的整体联系性，赋存状态发生改变（图 8.42）。

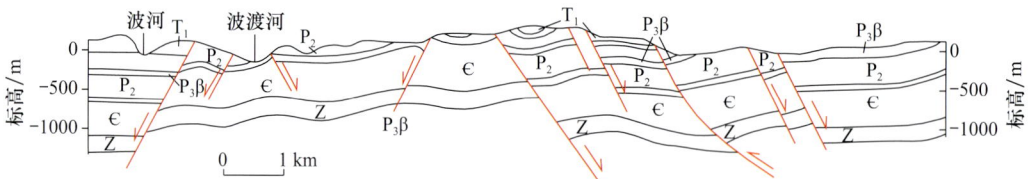

图 8.42　织纳煤田负反转褶皱型控煤构造样式

5. 断层 – 褶皱复合型

指正反转构造或负反转构造中，同时包含了褶皱和断裂构造，为两者的叠加复合形态，构造形态较为复杂。

6. 推滑叠加型

推滑叠加型构造属于特殊的反转构造类型，逆冲推覆类构造样式与伸展滑覆类构造样式叠加组合，构成复杂的控煤构造样式。推滑叠加型反转构造在华南赋煤构造区东部的华夏赋煤构造亚区分布广泛，反映了煤田构造演化的多期性和复杂性。根据逆冲推覆构造与伸展滑覆构造的时间先后关系和空间叠置关系，又可划分为先滑后推（正反转）、先推后滑（负反转）、双滑叠加、滑褶推叠加和滑推多次叠加等控煤构造样式类型。

　　闽西南拗陷赋煤构造带是推滑叠加型控煤构造样式最发育的区域。图 8.43 是拗陷中部带大田上京矿区滑推叠加型控煤构造样式剖面，该区位于太华 – 长塔背斜的轴部和翼部，发育与背斜形态相似的多条滑脱断裂，其中 F_0、F_{02}、F_{03} 为地层缺失的滑动断裂，F_{11} 为地层重复的逆冲断裂。F_{11} 逆冲断裂推覆方向与滑动断裂相反，剖面上呈向上凸出的弧形，将早期褶皱切割为上下两片，重复断距超过 500m（图 8.43）。在各断裂间的断夹块中，变形强烈，岩煤层发生强烈流变，形成独具一格的"红绸舞"式，为典型的滑褶型构造（图 8.44），并出现了似剑鞘褶皱（王文杰和王信，1993）。

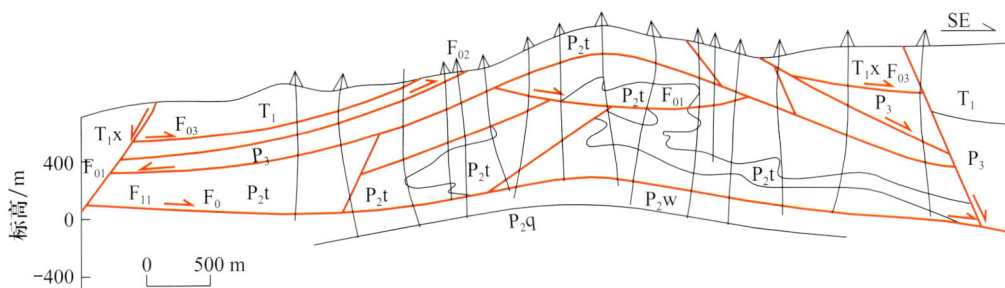

图 8.43　大田上京井田构造剖面（据王文杰和王信，1993）

　　闽西南赋煤构造带东带天湖山矿区，F_{31} 属于逆冲断层，F_0 为滑覆构造，二者之间断夹块内岩层褶曲强烈。由于矿区东侧即支期桂洋岩体的隆升，造成天湖山矿区一带的泥盆系、石炭系和二叠系西倾，同时在文笔山组内产生向西滑动的 F_0 主滑断裂，以致使其上覆系统的煤系形成轴向南东倾斜的斜歪、平卧褶皱，然后再被 F_{31} 逆冲断裂切割（图 8.45）。

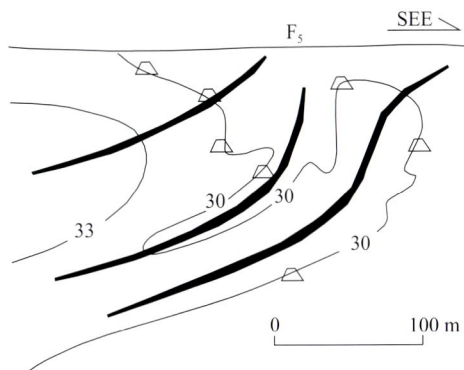

图 8.44　大田上京井田 110 线煤层流变情况示意图（据王文杰和王信，1993）

六、滑动类构造样式及其控煤意义

　　含煤岩系具有煤和泥岩等软弱层位发育及软硬岩层相间的特点，而软弱层位对构造应力十分敏感，易发生差异构造变形，形成特有的滑动构造类型。

　　煤田滑动构造的一般成因模式为："界面发育，具有软弱夹层的岩体，在地下水浮力效应的托浮下，在合适的斜坡上，再有其他因素触发诱导，经重力的下滑力长期作用，岩体逐渐滑移、蠕动、流变，形成各式各样的重力构造"（王桂梁，1985）。重力作为一种体力，参与地球的构造过程，在塑造各类构造中起着重要作用（马杏垣和索书田，1984）。因此，滑动类控煤构造样式可以发生于各种构造环境，具有不同的成因。

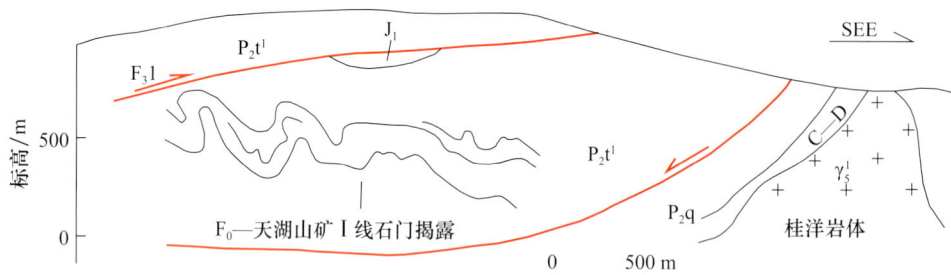

图 8.45　永春天湖山区矿区北部 F_0 断裂及其上盘褶皱形态图（据王文杰和王信，1993）

　　我国最具典型意义的滑动类控煤构造样式是华北赋煤构造区豫西煤田重力滑动构造类型，识别出五种成因类型的滑动构造：背斜翼部的滑动构造、掀斜断块基础上的滑动构造、伸展掀斜过程中的滑动构造、多期活动复合型滑动构造及与大型重力滑动构造前部挤压带有关的滑动构造（曹代勇和王昌贤，1988，1994；王桂梁等，1992，2007）。《中国东部煤田推覆、滑脱构造与找煤研究》（王文杰和王信，1993）划分六种滑动构造类型：由褶皱隆起的下滑、断块掀斜同向或反向下滑、逆冲断裂上盘下滑、翘板式双向反滑、滑动滑褶和滑覆滑褶。

　　根据滑体的形态可分较简单的滑片型和复杂变形的滑褶型，前者主要形成于伸展环境，后者可以出现在挤压背景或复合变形环境。

　　1. 背斜和单斜断块型

　　地质体位置高低差异所造成的重力失稳是产生重力滑动构造最基本的动力条件。挤压机制中的背斜隆起和伸展机制中的单斜断块均可提供重力失稳所需的界面坡度，尽管它们分属于不同的构造体制，但所产生的滑动构造实际上很难区分。背斜隆起两翼和掀斜断块上的重力滑动构造具备以下特点：①运动方向与背景界面倾向一致；②规模可大可小；③滑动构造的结构要素一般较清楚，滑动构造分带（即前部挤压段，中部顺层滑脱段和后部拉张段）发育较完整。此类滑动构造的条件容易满足，是煤田滑动构造的主要成因类型（图 8.46）。

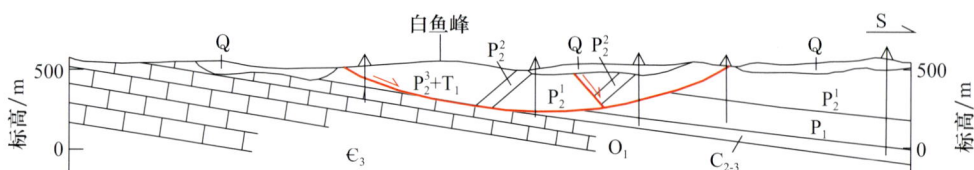

图 8.46　荥阳崔庙滑动构造 102 勘探线剖面（据王昌贤和曹代勇，1989）

2. 断块掀斜型

一般情况下，重力滑动构造的滑动方向与下伏系统地质界面的倾斜方向一致，但是，在豫西煤田内部却发育另外一类滑动构造，其滑动方向与区域地层倾斜方向相反。属于此类的有禹州矿区蔡寺滑动构造（图 8.47）、登封矿区圈门滑动构造（图 8.48）和新密矿区任岗滑动构造等。

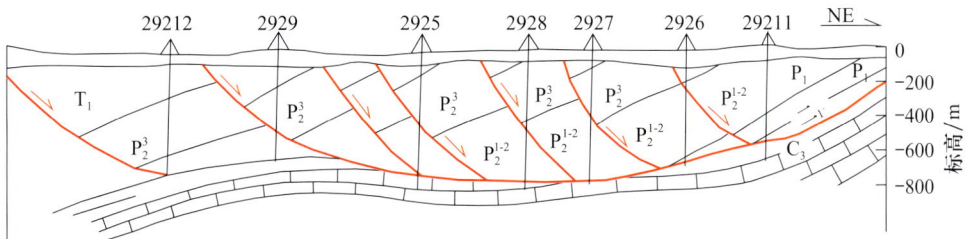

图 8.47　蔡寺滑动构造倾向剖面

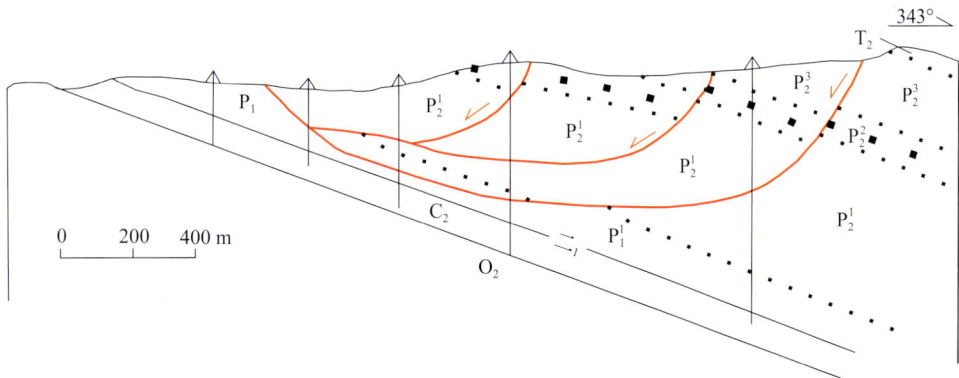

图 8.48　圈门滑动构造倾向剖面

上述实例具有下列共同点：①滑动方向与地层倾斜方向相反；②滑动系统内多发育一组次级犁式正断层，重力滑动是由滑片沿断层面下滑并伴随旋转而实现的；③次级正断层呈帚状收敛于主滑面，后者多数沿二₁煤层等软弱层位发育；④滑动构造规模均小，数千米至数十千米。此类重力滑动构造与断块掀斜和浅层伸展过程有关，在此过程中，掀斜断块浅部发育若干与控制掀斜断块的主干断层性质相同的次级犁式正断层，其倾向与断块倾向相反。新生断层受岩性影响很大，很快衰减于软弱层位之中，一般均收敛于二₁煤层附近，数条犁式正断层顺软弱层位进一步发育连通，最终形成统一的主滑脱面。各滑片的运动方向逆主断块倾向，所需能量来自分割的滑片沿次级断层面上的重力失稳，滑片沿断面位移一段距离后，重力得以调整，很快建立起新的平衡，滑动即告停止。因此，滑片规模和滑动距离一般均较小。

3. 多期滑动复合型

滑动构造形成过程从本质上看，就是重力失稳之后，在适当的条件下，通过物质运动实现新的重力平衡的过程。当新的平衡再度被破坏时，也就孕育着又一次重力滑动过程。先期形成的滑脱面是一个力学性质软弱面，往往为再次滑动提供良好的运动界面。因此，重力滑动构造的多期性是客观存在的。豫西煤田内部规模最大、研究最详细的芦店滑动构造，提供了两次滑动复合叠加的典型实例。

根据滑动构造特征，结合区域构造演化，确定芦店滑动构造是中生代背斜核部由北向南滑动和新生代断块掀斜由南向北滑动两期变形的复合产物（图 8.49）（李万程和孙锦屏，1986；王昌贤和曹代勇，1989）。

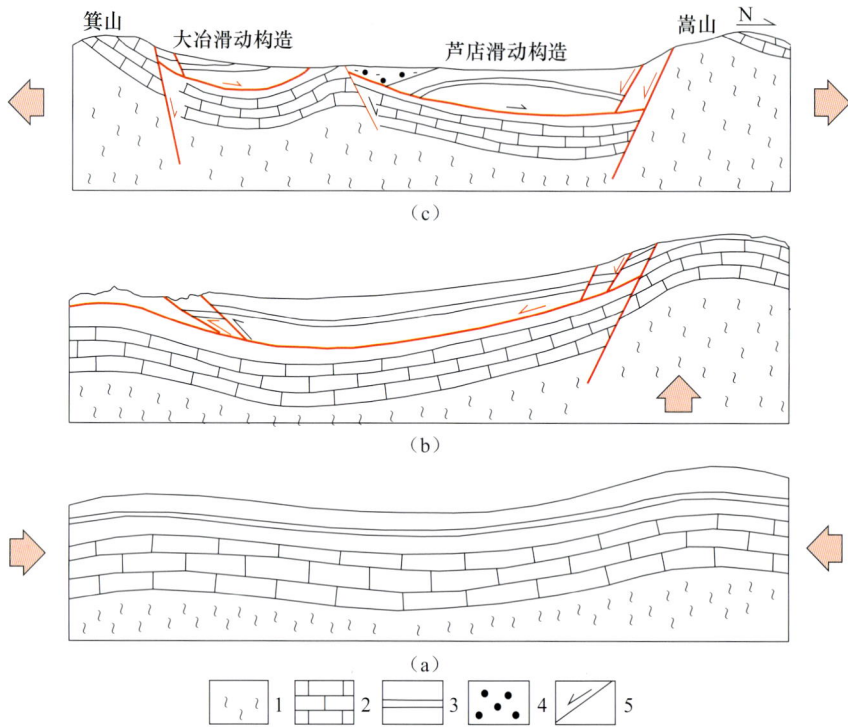

图 8.49 芦店滑动构造和大冶滑动构造形成过程示意图

1.太古宇和下元古界；2.上元古界和下古生界；3.上古生界和三叠系；4.古近系；5.断层及位移方向

4. 层滑型

含煤岩系的岩石组成，是其构造变形的物质基础，含煤岩系组成的基本特点是成层性好、旋回频繁、软硬岩层相间、煤和泥岩等软弱层位发育，对构造应力十分敏感，易于发生差异性构造变形。含煤岩系中的断层产状往往受岩性控制而发生变化，高角度正断层在穿越煤层和泥岩等软弱岩层，尤其进入主采煤层等厚度较大的软弱层位后，断层倾角通常呈弧形由陡急变缓，甚至逐渐过渡为顺煤层或其他软弱层位的滑动，构成了"顶断底不断"的层滑构造。

此种控煤构造样式在很多煤矿矿井生产中被揭露出来，如太行山东麓赋煤构造带峰峰矿区通二矿探巷剖面（图 8.50）。

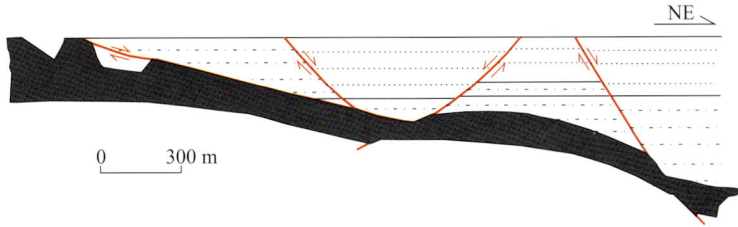

图 8.50 峰峰矿区通二矿 02163 探巷揭露剖面

七、同沉积（成煤期）构造样式及其控煤意义

同沉积构造样式泛指成煤盆地范围内与成煤作用同时活动的、对沉积充填和煤层形成具有控制作用的各种构造样式，也称同生构造或生长构造。同沉积构造包括同沉积断层和同沉积褶皱。同沉积断层可以是盆地基底断层在成煤期的再次活动，也可以是盆内新生同沉积断裂；同沉积褶皱分为同沉积背斜（凸起）和同沉积向斜（凹陷）。成煤期同沉积构造主要影响煤层或煤系的厚度变化，其空间尺度通常是大于数百米的量级。

1. 同沉积断层

同沉积断层指成煤期活动的断裂构造，典型实例是断陷盆地（原型盆地）的盆缘断层，除此之外，不论是断陷盆地还是拗陷盆地的内部，都可能有同沉积断层发育，同沉积断层以正断层为多见（易于识别）。这类断层的主要特征包括：①断层下降盘地层或煤层厚度明显大于上升盘的同一层段厚度，同沉积断层位置即为地层厚度变化梯度带所限定；②规模较大的同沉积断层两侧可出现岩相、含煤性和剖面结构的明显差异（武汉地质学院煤田地质教研室，1979）。

图 8.51 是东北赋煤构造区蛟河煤田一条同沉积断层，两侧中生代煤系和煤层存在巨大差异。华南赋煤区滇东褶皱赋煤构造带玉溪煤田中一条同沉积断层，落差大 300m，下降盘新近系含煤地层厚度明显大于上升盘煤系（图 8.52）。

华北赋煤构造区南部平顶山煤田锅底山断层具有多期活动性质，在石炭纪—二叠纪聚煤期活动，使断层两侧在地层岩性、厚度及含煤性上均具有明显的差异（康继武和李文勇，1995）。平顶山煤田 42 勘探线剖面图显示，下石盒子组戊$_{9-10}$煤与丁$_{5-6}$煤的层

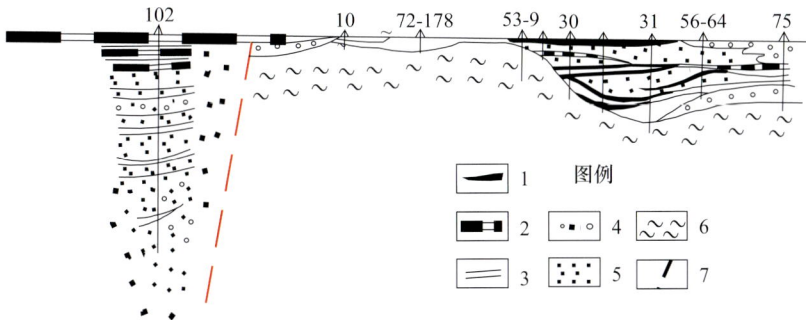

图 8.51 蛟河煤田同沉积断层构造剖面（据武汉地质学院煤田地质教研室，1979）

1.煤层；2.碳质页岩；3.泥岩和粉砂岩；4.砂砾岩；5.砂岩；6.煤系基底岩石；7.同沉积断层

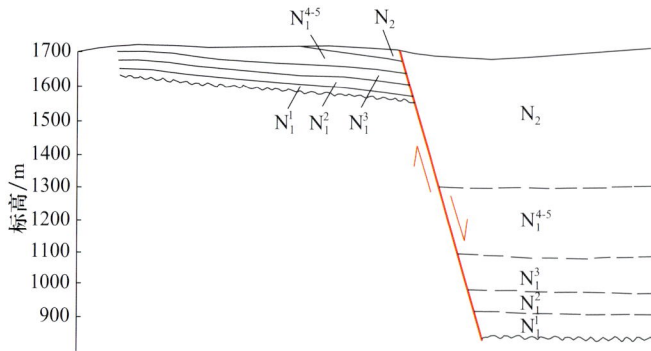

图 8.52　玉溪煤田同沉积断层示意剖面（据武汉地质学院煤田地质教研室，1979）

间距、太原组庚$_{20}$煤与山西组己$_{16-17}$煤的层间距在锅底山断层两侧基本一致，但 SW 盘的己$_{16-17}$与戊$_{9-10}$煤的层间距明显大于 NE 盘（图 8.53），由此可见，锅底山断层在山西组成煤期是一条同沉积正断层。

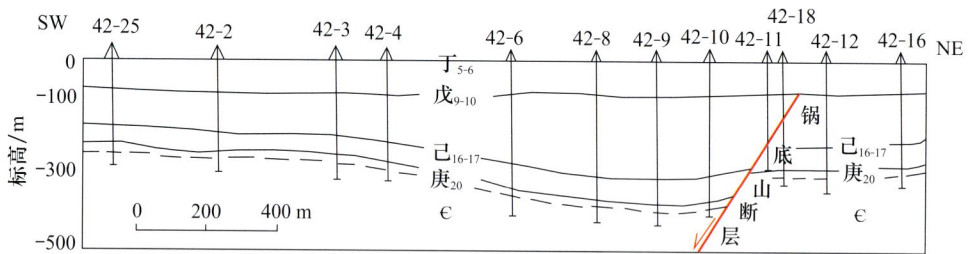

图 8.53　平顶山煤田第 42 勘探线剖面图（据康继武和李文勇，1995）

2. 同沉积褶皱

同沉积褶皱指成煤期盆地中正在活动的凸起和凹陷，控制地层厚度和岩相变化，根据同一层位地层恢复，前者呈背斜形态，后者呈向斜形态。通常，同沉积凸起（背斜）核部，岩层厚度最小，但往往煤层密集、厚度较大；而同沉积凹陷（向斜）核部，岩层厚度最大，但往往煤层发生尖灭（图 8.54）。

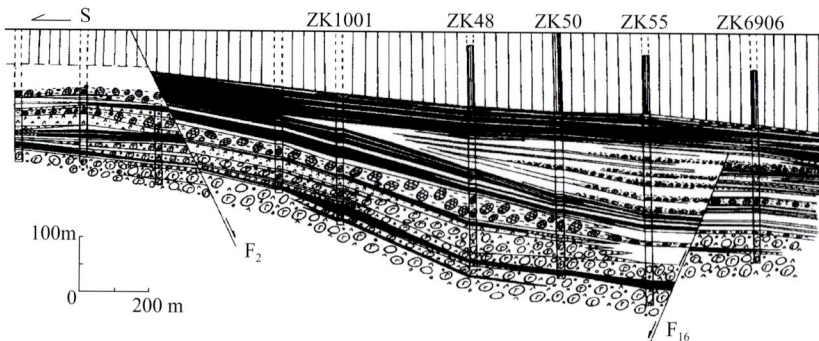

图 8.54　抚顺煤盆地同沉积褶皱示意剖面图（据吴冲龙等，1998）

参 考 文 献

包汉勇，郭战峰，张罗磊，等 . 2013. 太平洋板块形成以来的中国东部构造动力学背景 [J]. 地球科学进展 , 28(3): 337-345

北京矿业学院煤田地质系 . 1961. 中国煤田地质学 [M]. 北京 : 煤炭工业出版社

曹代勇 . 2006. 煤田构造研究 – 思路与方法 [J]. 中国煤田地质 , 18(6): 1-4

曹代勇 . 2007. 煤田构造变形与控煤构造样式 [C]// 煤炭资源与安全开采技术新进展 . 徐州 : 中国矿业大学出版社

曹代勇，王昌贤 . 1988. 河南省西部煤田新生代断块掀斜运动 [J]. 煤炭学报 , 13(3): 26-31

曹代勇，王昌贤 . 1994. 豫西煤田重力滑动构造形成条件分析 [J]. 河南地质 , 12(1): 28-35

曹代勇，高文泰，王昌贤 . 1991. 华北聚煤区南缘 (豫皖) 逆冲推覆构造带 [J]. 中国矿业大学学报 , (1): 28-35

曹代勇，关英斌，张杰林，等 . 1996. 沁水煤田东部构造特征研究 [M]. 重庆 : 重庆大学出版社

曹代勇，景玉龙，邱广忠，等 . 1998. 中国的含煤岩系变形分区 [J]. 煤炭学报 , 23(5): 449-454

曹代勇，张守仁，穆宣社，等 . 1999. 中国含煤岩系构造变形控制因素探讨 [J]. 中国矿业大学学报 , 28(1): 25-28

曹代勇，占文锋，刘天绩，等 . 2007. 柴达木盆地北缘构造分区与煤系赋存特征 [J]. 大地构造与成矿学 , 31(3): 322-327

曹代勇，孙红波，孙军飞 . 2010. 青海东北部木里煤田控煤构造样式与找煤预测 [J]. 地质通报 , 29(11): 1696-1703

曹代勇，李小明，占文锋，等 . 2012. 大别山北麓杨山煤系高煤级煤的变形变质作用研究 [M]. 北京 : 地质出版社

曹代勇，谭节庆，陈利敏，等 . 2013. 我国煤炭资源潜力评价与赋煤构造特征 [J]. 煤炭科学技术 , 41(7): 5-9

曹代勇，徐浩，刘亢，等 . 2015. 鄂尔多斯盆地西缘煤田构造演化及其控制因素 [J]. 地质科学 , 50(2): 410-427

曹代勇，郭爱军，陈利敏，等 . 2016. 煤田构造演化新解——从成煤盆地到赋煤构造单元 [J]. 煤田地质与勘探 , 44(1): 1-8

曹运江，陆廷清，徐望国 . 2000. 柴达木盆地北缘地区逆冲推覆构造及其油气勘探意义 [J]. 湘潭矿业学院学报 , 15(2): 12-17

蔡学林，魏显贵，刘援朝 . 1992. 阿尔金山走滑断裂构造样式 [J]. 成都地质学院学报 , 19(1): 11-20

常树功 . 1994. K 形构造及煤田预测 [M]. 北京 : 煤炭工业出版社

常印佛，董树文，黄德志 . 1996. 论中—下扬子 "一盖多底" 格局与演化 [J]. 火山地质与矿产 , 17(1/2): 1-22

车自成,罗金海,刘良.2012.中国及其邻区区域大地构造学(第二版)[M].北京:科学出版社

陈富伦.1987.徐—宿旋卷构造对内生矿产的控制[J].地质论评,3(2):148-157

陈国星,高维明.1987.阿尔金断裂东段第四纪活动的时空特征[J].中国地震,(S1):37-53

陈健明,屈端阳.2006.湖南涟邵煤田北段西部断裂带构造特征[J].中国煤田地质,18(6):5-9

陈红汉,吴悠,肖秋荀.2013.青藏高原中—新生代沉积盆地热体制与古地温梯度演化[J].地球科学:中国地质大学学报,38(3):541-552

陈利敏,曹代勇,蒋艾林,等.2015.青海三露天井田天然气水合物成藏的构造控制作用[J].科技导报,33(6):91-96

陈凌,危自根,程骋.2010.华北克拉通边界带区域深部结构的特征差异性及其构造意义[J].地球科学进展,25(6):571-581

陈华安,祝向平,马东方,等.2013.西藏波龙斑岩铜金矿床成矿斑岩年代学、岩石化学特征及其成矿意义[J].地质学报,87(10):1593-1611

陈世悦,李聪,张鹏飞,等.2011.江南-雪峰地区加里东期和印支期不整合分布规律[J].中国地质,38(5):1212-1219

陈文,张彦,陈克龙,等.2005.青海玉树哈秀岩体成因及40Ar/39Ar年代学研究[J].岩石矿物学杂志,24(5):393-396

陈文彬,徐锡伟.2006.阿拉善地块南缘的左旋走滑断裂与阿尔金断裂带的东延[J].地震地质,02:319-324

陈旭,戎嘉余,Rowlev D B,等.1995.对华南早古生代板溪洋的质疑[J].地质论评,41(5):389-398

程爱国,林大扬.2001.中国聚煤作用系统分析[M].徐州:中国矿业大学出版社

程爱国,曹代勇,袁同星,等.2010.煤炭资源潜力评价技术要求[M].北京:地质出版社

程裕淇.1994.中国区域构造地质概论[M].北京:地质出版社

崔军文,张晓卫,李朋武.2002.阿尔金断裂:几何学、性质和生长方式[J].地球学报,(6):509-516

崔军文,张晓卫,唐哲民.2006.青藏高原的构造分区及其边界的变形构造特征析[J].中国地质,33(2):256-266

戴福贵,杨克绳,刘东燕.2009.塔里木盆地地震剖面地质解释及其构造演化[J].中国地质,36(4):747-760

戴俊生,曹代勇.2000.柴达木盆地新生代构造样式的演化[J].地质评论,46(5):455-460

邓起东,程绍平,闵伟等.1999.鄂尔多斯块体新生代构造活动和动力学的讨论[J].地质力学学报,5(3):13-20

邓起东,张培震,冉勇康,等.2002.中国活动构造基本特征[J].中国科学,32(12):1021-103

丁道桂,王道轩,刘伟新,等.1996.西昆仑造山带与盆地[M].北京:地质出版社

杜旭东,薛林福,邬光辉.1999.中国东部大陆内部中生代盆地分布特征与地球动力学背景探讨[J].长春科技大学学报,29(2):138-143

杜德道,曲晓明,王根厚,等.2011.西藏班公湖-怒江缝合带西段中特提斯洋盆的双向俯冲:来自岛弧型花岗岩锆石U-Pb年龄和元素地球化学的证据[J].岩石学报,27(10):1993-2002

段宏亮, 钟建华, 马锋等. 2007. 柴达木盆地西部中生界原型盆地恢复 [J]. 沉积学报, (1): 65-74

鄂莫岚, 赵大升. 1987. 中国东部新生代玄武岩及深源岩石包体 [M]. 北京: 科学出版社

方世虎, 郭召杰, 张志诚, 等. 2004. 中新生代天山及其两侧盆地性质与演化 [J]. 北京大学学报 (自然科学版), 40(6): 886-897

费光春, 温春齐, 王成松, 等. 2010. 冈底斯东段洞中拉辉绿玢岩锆石 SHRIMP U-Pb 定年及意义 [J]. 地质通报, 29(8): 1138-1142

费光春, 赵发明, 许家斌, 等. 2014. 藏北安多县白垩纪马登火山岩地球化学特征及地质意义 [J]. 矿物岩石, 34(01): 46-51

福建省地质矿产局. 1994. 台湾省区域矿产 [M]. 福州: 福建科学技术出版社

高长林, 叶德燎, 黄泽光, 等. 2006. 中国中生代两个古大洋与沉积盆地 [C]// 石油实验地质, 28(02): 95-102

高鹏, 王宏运, 倪新元, 等. 2005. 新疆西天山那拉提构造带变质核部杂岩地质构造特征 [J]. 陕西地质, 23(2): 61-69

高文泰, 曹代勇, 钱光谟, 等. 1986. 构造控煤的几种型式 [J]. 煤田地质与勘探, (6): 19-24

高文泰, 曹代勇, 钱光谟, 等. 1988. 豫西煤田中部地区盖层构造的形成和发展 [C]// 中国矿业大学北京研究生部科研论文集. 徐州: 中国矿业大学出版社

高延林. 1993. 板块构造单元划分方法探讨——以青藏高原为例 [J]. 青海地质, (3): 10-23

葛肖虹, 任收麦, 刘永江, 等. 2001. 中国西部的大陆构造格架 [J]. 石油学报, 05: 1-5, 7

广西壮族自治区地矿局. 1986. 广西壮族自治区地质志 [M]. 北京: 地质出版社

郭爱军, 陈利敏, 宁树正, 等. 2014. 我国东北煤田构造特征与赋煤构造单元划分 [J]. 煤炭科学技术, 42(3): 85-88

郭福祥. 2001. 新疆古生代构造—生物古地理 [J]. 新疆地质, 19(1): 20-26

郭令智. 2001. 华南板块构造 [M]. 北京: 地质出版社

郭铁鹰, 梁定益, 聂泽同, 等. 1981. 青藏高原南部地壳演化的特点 [J]. 地球科学, (1): 75-83, 272-274

郭召杰, 张志诚. 1998. 阿尔金盆地群构造类型与演化 [J]. 地质论评, 44(4): 357-364

韩德馨, 杨起. 1980. 中国煤田地质学 (下册)[M]. 北京: 煤炭工业出版社

韩松, 贾秀勤, 黄忠祥, 等. 1996. 云南金沙江蛇绿岩的地球化学特征及其成因的初步研究 [J]. 岩石矿物学杂志, 15(3): 203-212

郝义, 李三忠, 金宠, 等. 2010. 湘赣桂地区加里东期构造变形特征及成因分析 [J]. 大地构造与成矿学, 34(2): 166-180

何登发. 1999. 中国西北地区沉积盆地动力学演化与含油气系统旋回 [M]. 北京: 石油工业出版社

何登发, 尹成, 杜社宽, 等. 2004. 前陆冲断带构造分段特征——以准噶尔盆地西北缘断裂构造带为例 [J]. 地学前缘, (3): 91-101

何国琦. 1999. 中国西北及中亚区域构造研究中的地层问题 [J]. 现代地质, 02: 87-89

何海清, 王兆, 韩品龙. 1998. 华北地区构造演化对渤海湾油气形成和分布的控制 [J]. 地质学报, 72(4): 313-322

何红生 . 2004. 湘中涟源凹陷测水煤系顺层构造与滑脱构造研究 [J]. 湘潭师范学院院报 , 26(2): 32-36

何龙清 . 1998. 金沙江造山带的大地构造环境及演化模式 [J]. 现代地质 , (2): 185-191

河南煤田地质公司 . 1991. 河南省晚古生代聚煤规律 [M]. 武汉 : 中国地质大学出版社

何玉平 . 2006. 黑龙江省东部早白垩世沉积特征与原型盆地恢复 [D]. 吉林 : 吉林大学博士学位论文

何治亮 , 高山林 , 郑孟林 . 2015. 中国西北地区沉积盆地发育的区域构造格局与演化 [J]. 地学前缘 , 22(3): 227-240

和钟铧 , 刘招君 , 郭巍 , 等 . 2002. 柴达木北缘中生代盆地的成因类型及构造沉积演化 [J]. 吉林大学学报 (地球科学版), 32(4): 333-339

和钟铧 , 刘招君 , 陈秀艳 , 等 . 2008. 黑龙江省东部残留盆地群早白垩世沉积相特征及演化 [J]. 古地理学报 , 10(2): 151-158

湖北省地质矿产局 . 1990. 湖北省区域地质志 [M]. 北京 : 地质出版社

胡受权 , 郭文平 , 曹运江 , 等 . 2001. 柴达木盆地北缘构造格局及在中、新生代的演化 [J]. 新疆石油地质 , 22(1): 13-16

胡道功 , 欧阳永龙 , 叶培盛 , 等 . 2005. 东昆仑断裂黏滑错动对青藏铁路变形效应的数值模拟 [J]. 现代地质 , 02: 176-180

胡益成 . 1982. 芦店滑动构造——构造地质论丛 (二)[M]. 北京 : 地质出版社

胡旭芝 , 徐鸣洁 , 谢晓安 , 等 . 2006. 中国东北地区航磁特征及居里面分析 [J]. 地球物理学报 , 49(6): 674-1681

华仁民 , 张文兰 , 陈培荣 , 等 . 2013. 初论华南加里东花岗岩与大规模成矿作用的关系 [J]. 高校地质学报 , 19(1): 1-11

黄汲清 . 1954. 中国区域地质特征 [J]. 地质学报 , 34(3): 217-244

黄汲清 . 1960. 中国地质构造基本特征的初步总结 [J]. 地质学报 , 40(1): 1-31

黄汲清 , 任纪舜 , 姜春发 . 1980. 中国大地构造及其演化 [M]. 北京 : 地质出版社

黄克兴 , 夏玉成 . 1991. 构造控煤概论 [M]. 北京 : 煤炭工业出版社

黄忠贤 , 李红谊 , 胥颐 . 2014. 中国西部及邻区岩石圈 S 波速度结构面波层析成像 [J]. 地球物理学报 , 57(12): 3994-4004

贾承造 , 施央申 . 1988. 东秦岭板块构造 [M]. 南京 : 南京大学出版社

简平 , 汪啸风 , 何龙清 , 等 . 1999. 金沙江蛇绿岩中斜长岩和斜长花岗岩的 U-Pb 年龄及地质意义 [J]. 岩石学报 , 20(4): 590-593

蒋艾林 , 陈利敏 , 秦荣芳 , 等 . 2015. 青海木里三露天井田构造沉降史分析 [J]. 现代地质 , 29(5): 1096-1102

姜波 . 1993. 淮南煤田逆冲叠瓦扇构造系统 [J]. 煤田地质与勘探 , 21(6): 12-17

姜春发 . 2002. 中央造山带几个重要地质问题及其研究进展 [J]. 地质通报 , 21(9): 453-455

姜春发 , 杨经绥 , 冯秉贵 , 等 . 1992. 昆仑开合构造 [M]. 北京 : 地质出版社

江为为 , 周立宏 , 肖敦清 , 等 . 2006. 东北地区重磁场与地壳结构特征 [J]. 地球物理学进展 , 21(3): 730-738

江西省地质矿产局 . 1984. 江西省区域地质志 [M]. 北京：地质出版社

金宠，李三忠，王岳军，等 . 2009. 雪峰山陆内复合构造系统印支—燕山期构造穿时递进特征 [J]. 石油与
  天然气地质，30(5): 598-607

金旭，杨宝俊 . 1994. 中国满洲里 - 绥芬河地学断面地球物理场及深部构造研究 [M]. 北京：地震出版社

具然弘，郑少林，于希汉，等 . 1981. 黑龙江省东部龙爪沟群的划分及其与鸡西群对比 [J]. 地质论评，
  27(5): 391-401

琚宜文，谭永杰，侯泉林，等 . 2008. 华北盆 – 山动力演化及其对深部煤和煤层气的聚集作用 [C]// 深部
  煤炭资源及开发地质条件研究现状与发展趋势 . 北京：煤炭工业出版社

琚宜文，卫明明，侯泉林，等 . 2010. 华北含煤盆地构造分异与深部煤炭资源就位模式 [J]. 煤炭学报，
  35(9): 1501-1505

康继武，李文勇 . 1995. 论平顶山煤田锅底山断层 [J]. 煤炭学报，20(2): 120-124

康志强，许继峰，王保弟，等 . 2009, 拉萨地块北部白垩纪多尼组火山岩的地球化学：形成的构造环境
  [J]. 地学科学，34(1): 89-104

李才 . 1997. 西藏羌塘中部蓝片岩青铝闪石 $^{40}Ar/^{39}Ar$ 定年及其地质意义 [J]. 科学通报，42(4): 488

李才 . 2008. 青藏高原龙木错—双湖—澜沧江板块缝合带研究二十年 [J]. 地质论评，54(1): 104-119

李春昱 . 1980. 中国板块构造的轮廓 [J]. 中国地质科学院院报，2(1): 11-19

李德威 . 2013. 青藏高原隆升机制新模式 [J]. 地球科学—中国地质大学学报，28(6): 593-599

李东平 . 1993. "徐淮"地区控煤构造的三种表现形式及演化特征 [J]. 中国煤田地质，5(4): 1-7

李国彪，万晓樵，刘文灿，等 . 2004. 雅鲁藏布江缝合带南侧古近纪海相地层的发现及其构造意义 [J]. 中
  国科学：地球科学，34(3): 228-240

李龚健 . 2014. 三江特提斯复合造山带构造演化与典型矿床成矿过程研究 [D]. 北京：中国地质大学 (北
  京) 博士学位论文

李建，曹代勇，林玉成，等 . 2011. 云南省控煤构造样式的构造解析研究 [J]. 煤炭科学技术，39(10):
  100-106

李恒堂，田希群 . 1998. 西北地区煤炭资源综合评价及开发潜力分析 [J]. 煤田地质与勘探，26(S1): 1-4

李焕同，曹代勇，王林杰，等 . 2013. 雪峰山东缘湘中地区控煤构造特征及演化 [J]. 大地构造与成矿学，
  37(4): 611-621

李焕同，王林杰，曹代勇 . 2014. 湖南涟邵煤田控煤构造样式研究 [J]. 河北工程大学学报 (自然科学版)，
  31(1): 66-69, 73

李萌，汤良杰，邱海峻，等 . 2015. 阿尔金断裂带中中新世以来构造变形的电子自旋共振测年证据 [J].
  地球科学与环境学报，(1): 57-65

李锦轶 . 1998. 中国东北及邻区若干地质构造问题的新认识 [J]. 地质论评，44(4): 339-347

李三忠，索艳慧，戴黎明，等 . 2010. 渤海湾盆地形成与华北克拉通破坏 [J]. 地学前缘，17(4): 64-89

李思田 . 1988. 断陷盆地分析与煤聚集规律 [M]. 北京：地质出版社

李思田 . 2015. 沉积盆地动力学研究的进展、发展趋向与面临的挑战 [J]. 地学前缘，22(1): 1-8

李思田，杨士恭，吴冲龙 . 1987. 中国东北部晚中生代裂陷作用和东北亚断陷盆地系 [J]. 中国科学

(B 辑), (2): 185-195

李廷栋 . 2006. 中国岩石圈构造单元 [J]. 中国地质 , 33(4): 700-710

李廷栋 . 2010. 中国岩石圈的基本特征 [J]. 地学前缘 , 17(3): 1-13

李万程 . 1982. 河南嵩山区煤产地中的重力滑动构造 · 构造地质论丛 (二)[M]. 北京 : 地质出版社

李万程 . 1996. 徐淮弧的成因与煤炭资源远景 [J]. 中国煤田地质 , 8(2): l-4

李万程 , 孙锦屏 . 1986. 伸展型缓倾断裂的模型与成因机制——以豫西石炭二叠系中大型缓倾断裂为例
[J]. 煤田地质与勘探 , (2): 18-22

李文恒 , 龚绍礼 . 1999. 华南二叠纪含煤盆地特征及聚煤规律 [M]. 南昌 : 江西科学技术出版社

李文渊 . 2015. 中国西北部成矿地质特征及找矿新发现 [J]. 中国地质 , 42(3): 365-380

李永安 , 李强 , 张慧 , 等 . 1995. 塔里木及其周边古地磁研究与盆地形成演化 [J]. 新疆地质 , (4): 293-378

李兴振 . 1999. 西南三江地区特提斯构造演化与成矿 [M]. 北京 : 地质出版社

李兆鼎 . 2003. 中国东部中、新生代火山岩及深部过程 [M]. 北京 : 地质出版社

刘本培 , 陈芬 , 王五立 . 1986. 从事件地层学角度探讨东亚陆相侏罗、白垩系界线 [J]. 地球科学 , 11(5):
465-472

刘波 , 钱祥麟 , 王英华 . 1999. 华北板块早古生代构造 - 沉积演化 [J]. 地质科学 , 34(3): 347-356

刘城庸 . 1986. 淮南推覆体与找煤 [J]. 中国地科院南京地质矿产所所刊 , 25: 14-20

刘传喜 . 1995. 浅谈河南秦岭地层区的含煤地层 [J]. 中国煤田地质 , 7(1): 25-27

刘传喜 . 2008. 华北板块南部豫西滑动构造研究 [M]. 北京 : 煤炭工业出版社

刘池洋 . 2004. 盆地构造动力学研究的弱点、难点及重点 [J]. 地学前缘 , 12(3): 113-124

刘池洋 , 孙海山 . 1999. 改造型盆地类型划分 [J]. 新疆石油地质 , 20(2): 79-82

刘池洋 , 王建强 , 赵红格 , 等 . 2015. 沉积盆地类型划分及其相关问题讨论 [J]. 地学前缘 , 22(3): 1-26

刘飞 , 王镇远 , 林伟 , 等 . 2013. 中国阿尔泰造山带南缘额尔齐斯断裂带的构造变形及意义 [J]. 岩石学
报 , 29(5): 1811-1824

刘福田 , 曲克信 , 吴华 , 等 . 1986. 华北地区的地震层面成象 [J]. 地球物理学报 , 29(5): 442-449

刘国栋 . 1994. 中国大陆岩石圈结构与动力学 [J]. 地球物理学报 , 47(增刊 1): 65-81

刘和甫 . 1992. 中国沉积盆地演化与联合古陆的形成和裂解 [J]. 现代地质 , 6(4): 480-493

刘和甫 . 1993. 沉积盆地地球动力学分类及构造样式分析 [J]. 中国地质大学学报 : 地球科学 ,
18(6): 699-724

刘和甫 , 梁慧社 , 蔡立国 , 等 . 1994. 川西龙门山冲断系构造样式与前陆盆地演化 [J]. 地质学报 , 68(2):
1-18

刘建华 , 吴华 , 刘福田 . 1996. 华南及其海域三维速度分布特征与岩石层结构 [J]. 地球物理学报 , 39(4):
483-492

刘冗 , 曹代勇 , 林中月 , 等 . 2013. 沁水盆地中北部沉降史分析 [J]. 煤田地质与勘探 , 41(2): 8-11, 15

刘汇川 , 王岳军 , 蔡永丰 , 等 . 2013. 哀牢山构造带新安寨晚二叠世末期过铝质花岗岩锆石 U-Pb 年代学
及 Hf 同位素组成研究 [J]. 大地构造与成矿学 , 37(1): 87-98

刘善印 , 钟大赉 , 吴根耀 . 1995. 滇西南晚第三纪含煤盆地的形成与演化 [J]. 煤炭学报 , 20(4): 351-355

刘少峰, 李思田, 张国伟. 1999. 论造山带与盆地演化的耦合与非耦合关系——以秦岭及其旁侧盆地为例 [C]// 构造地质学 – 岩石圈动力学研究进展. 北京: 地震出版社

刘天绩, 邵龙义, 曹代勇, 等. 2013. 柴达木盆地北缘侏罗系煤炭资源形成条件及资源评价 [M]. 北京: 地质出版社

刘文斌, 刘振宏, 张世佼. 2003. 河南商城岩体地质地球化学特征及其成因意义 [J]. 华南地质与矿产, (4): 17-23

刘训, 李廷栋, 耿树方, 等. 2012. 中国大地构造区划及若干问题 [J]. 地质通报, 31(7): 1024-1034

刘永江, 肖虹, 叶慧文, 等. 2001. 晚中生代以来阿尔金断裂的走滑模式 [J]. 地球学报, (1): 23-28

刘永江, 张兴洲, 金巍, 等. 2010. 东北地区晚古生代区域构造演化 [J]. 中国地质, 37(4): 943-950

刘运黎, 周小进, 廖宗庭, 等. 2009. 华南加里东期相关地块及其汇聚过程探讨 [J]. 石油实验地质, 31(1): 19-25

刘增乾, 徐宪, 潘桂棠, 等. 1990. 青藏高原大地构造与形成演化 [M]. 北京: 地质出版社

刘泽彬, 李德春, 负智能. 2005. 阿尔金周缘早白垩世盆地的重磁力异常的地质意义 [J]. 石油地球物理勘探, 40(S1): 91-98

刘志宏, 卢华复, 李西建, 等. 2000. 库车再生前陆盆地的构造演化 [J]. 地质科学, 35(4): 482-492

刘志宏, 杨建国, 万传彪, 等. 2004. 柴达木盆地北缘地区中生代盆地性质探讨 [J]. 石油与天然气地质, 25(6): 620-624

刘志宏, 吴相梅, 朱德丰, 等. 2008. 大杨树盆地的构造特征及变形期次 [J]. 吉林大学学报 (地球科学版), 38(1): 27-33

陆松年. 2001. 从罗迪尼亚到冈瓦纳超大陆—对新元古代超大陆研究几个问题的思考 [J]. 地学前缘, 8(4): 441-448

罗建宁, 王小龙, 李永铁, 等. 2002. 青藏特提斯沉积地质演化 [J]. 沉积与特提斯地质, 22(1): 7-15

吕大炜, 李增学, 刘海燕, 等. 2009. 华北晚古生代海平面变化及其层序地层响应 [J]. 中国地质, 36(5): 1079-1086

马公伟. 1991. 徐宿地区大型盖层滑脱构造的讨论 [J]. 江苏地质, 15(1): 28-31

马辉树, 杜社宽, 何登发, 等. 2002. 准噶尔盆地西北缘逆冲断裂构造与油气聚集特征 [C]// 中国石油天然气股份公司前陆盆地冲断带勘探技术研讨会, 北京

马力, 陈焕疆, 甘克文. 2004. 中国南方大地构造和海相油气地质 [M]. 北京: 地质出版社

马丽芳. 2002. 中国地质图集 [M]. 北京: 地质出版社

马瑞士, 王赐银, 叶尚, 等. 1993. 东天山构造格局及地壳演化 [M]. 南京: 南京大学出版社

马文璞. 1992. 区域构造解析 – 方法论与中国板块构造 [M]. 北京: 地质出版社

马醒华, 杨振宇. 1993. 中国三大地块的碰撞拼合与欧亚大陆的重建 [J]. 地球物理学报, 36(4): 476-481

马杏垣, 索书田. 1984. 论滑覆及岩石圈内多层次滑脱构造 [J]. 地质学报, (1): 205-213

马杏垣, 吴正文, 谭应佳, 等. 1979. 华北地台基底构造 [J]. 地质学报, (4): 293-304

马杏垣, 索书田, 游振东, 等. 1981. 嵩山构造变形——重力构造、构造解析 [M]. 北京: 地质出版社

马杏垣，刘和甫，王维襄，等 .1983. 中国东部中、新生代裂陷作用和伸展构造 [J]. 地质学报 , (1): 22-32

莽东鸿，杨丙中，林增品，等 .1994. 中国煤盆地构造 [M]. 北京 : 地质出版社

毛节华，许惠龙 .1999. 中国煤炭资源预测与评价 [M]. 北京 : 科学出版社

莫宣学，潘桂棠 .2006. 从特提斯到青藏高原形成 : 构造 - 岩浆事件的约束 [J]. 地学前缘 , 16(06): 43-51

莫宣学，路凤香，沈上越，等 .1993. 三江特提斯火山作用与成矿 [M]. 北京 : 地质出版社

莫宣学，沈上越，朱勤文，等 .1998. 三江中南段火山岩 - 蛇绿岩与成矿 [M]. 北京 : 地质出版社

潘桂棠，肖庆辉，陆松年，等 .2009. 中国大地构造单元划分 [J]. 中国地质 , 36(1): 1-28

潘桂棠，王立全，李荣社，等 .2012. 多岛弧盆系构造模式 : 认识大陆地质的关键 [J]. 沉积与特提斯地
  质 , 03: 1-20

潘结南，侯泉林，琚宜文 .2008. 华北东部中生代构造体制转折及其深部控煤作用 [C]// 深部煤炭资源及
  开发地质条件研究现状与发展趋势 . 北京 : 煤炭工业出版社

彭作林，郑建京，黄华芳，等 .1995. 中国主要沉积盆地分类 [J]. 沉积学报 , 13(2): 150-159

漆家福，杨桥 .2007. 伸展盆地的结构形态及其主控动力学因素 [J]. 石油与天然气地质 , 28(5), 634-640

漆家福，夏义平，杨桥 .2006. 油区构造解析 [M]. 北京 : 石油工业出版社

钱光谟，曹代勇，徐志斌，等 .1994. 煤田构造研究方法 [M]. 北京 : 煤炭工业出版社

谯汉生，方朝亮，牛嘉玉，等 .2002. 中国东部深层石油地质 [M]. 北京 : 石油工业出版社

渠天祥，王满荣，王仲平，等 .1999. 山西省中新生代主干断层调查研究 [R]. 太原 : 山西华台煤田地质新
  技术公司

秦川，李智武，朱利东，等 .2015. 西藏羌塘地体南缘改则嘎布扎花岗闪长岩侵位时代、成因及其地质
  意义 [J]. 中国地质 , 42(01): 105-117

任纪舜 .1990. 中国东部及邻区大陆岩石圈的构造演化与成矿 [M]. 北京 : 科学出版社

任纪舜，肖黎薇 .2004. 1 : 25 万地质填图进一步揭开了青藏高原大地构造的神秘面纱 [J]. 地质通报 ,
  23(1): 1-11

任纪舜，姜春发，张正坤，等 .1980. 中国大地构造及其演化 [M]. 北京 : 科学出版社

任纪舜，牛宝贵，刘志刚 .1999. 软碰撞、叠覆造山和多旋回缝合作用 [J]. 地学前缘 , 6(3): 85-93

任收麦，黄宝春 .2003. 晚古生代以来古亚洲洋构造域主要块体运动学特征初探 [J]. 地球物理学进展 ,
  17(1): 113-120

任文忠 .1992. 中国含煤沉积盆地分类 [J]. 煤炭学报 . 17(3): 1-10

任战利，崔军平，史政，等 .2010. 中国东北地区晚古生代构造演化及后期改造 [J]. 石油与天然气地质 ,
  31(6): 734-742

单文琅，宋鸿林，傅昭仁，等 .1991. 构造变形分析的理论、方法和实践 [M]. 武汉 : 中国地质大学
  出版社

尚冠雄 .1997. 华北地台晚古生代煤地质学研究 [M]. 太原 : 山西科学技术出版社

邵济安，张履桥，牟保磊，等 .2007. 兴安岭的隆起与地球动力学背景 [M]. 北京 : 地质出版社

石铨曾，尚玉忠，庞继群，等 .1990. 河南东秦岭北麓的推覆构造及煤田分布 [J]. 河南地质 ,
  8(4): 22-34

史仁灯 . 2007. 班公湖 SSZ 型蛇绿岩年龄对班—怒洋时限的制约 [J]. 科学通报 , 52(02): 223-227

宋立军 , 赵靖舟 . 2009. 中国大陆煤层气盆地双层次类型划分 [J]. 煤炭科学技术 , 37(10): 99-104

宋文海 . 1989. 论龙门山北段推覆构造及其油气前景 [J]. 天然气工业 , 9(8): 2-9

舒良树 . 2006. 华南前泥盆纪构造演化：从华夏地块到加里东期造山带 [J]. 高校地质学报 , 12(4): 418-431

舒良树 . 2012. 华南构造演化的基本特征 [J]. 地质通报 , 31(7): 1035-1054

舒良树 , 吴俊奇 , 刘道忠 . 1994. 徐宿地区推覆构造 [J]. 南京大学学报 (自然科学), 30(4): 638-647

隋风贵 . 2015. 准噶尔盆地西北缘构造演化及其与油气成藏的关系 [J]. 地质学报 , 89(4): 779-793

孙鼎 , 彭亚鸣 . 1985. 火成岩石学 [M]. 北京 : 地质出版社

孙红波 , 孙军飞 , 张发德 , 等 . 2009. 青海木里煤田构造格局与煤盆地构造演化 [J]. 中国煤炭地质 , 21(12): 34-37

孙军飞 , 孙红波 , 张发德 , 等 . 2009. 青海木里煤田构造分带性特点及赋煤规律 [J]. 中国煤炭地质 , 21(8): 9-11, 63

孙涛 . 2006. 新编华南花岗岩分布图及其说明 [J]. 地质通报 , 25(3): 332-337

孙万禄 , 陈召佑 , 陈霞 , 等 . 2005. 中国煤层气盆地 [M]. 北京 : 地质出版社

孙岩 , 沈修志 , 施泽进 , 等 . 1990. 湘中地区运动期后的拉伸作用 [J]. 南京大学学报 , 26(4): 711-720

孙自明 , 何治亮 , 牟泽辉 . 2004. 准噶尔盆地南缘构造特征及有利勘探方向 [J]. 石油与天然气地质 , 25(2): 216-221

索书田 . 1985. 构造解析 [M]. 武汉 : 武汉地质学院

谭岳岩 , 魏振声 . 1989. 西藏成煤大地构造基本特征——西藏板块构造及其演化 [J]. 现代地质 , (3): 331-340

汤良杰 , 金之钧 , 漆家福 , 等 . 2002. 中国含油气盆地构造分析主要进展与展望 [J]. 地质论评 , 48(02): 182-192

汤锡元 , 李道燧 . 1990. 内蒙古西部巴彦浩特盆地的构造特征及其演化 [J]. 石油与天然气地质 , 11(2): 127-135

汤锡元 , 郭忠铭 , 王定一 , 等 . 1988. 鄂尔多斯盆地西部逆冲推覆构造带特征及其演化与油气勘探 [J]. 石油与天然气地质 , 9(1): 1-10

童玉明 , 陈胜早 , 王伏泉 , 等 . 1994. 中国成煤大地构造 [M]. 北京 : 科学出版社

万天丰 . 1993. 中国东部中、新生代板内变形构造应力场及其应用 [M]. 北京 : 地质出版社

万天丰 . 2004. 侏罗纪地壳转动与中国东部岩石圈转型 [J]. 地质通报 , (Z2): 966-972

万天丰 . 2011. 中国大地构造学 [M]. 北京 : 地质出版社

万天丰 , 朱鸿 . 1996. 郯庐断裂带的最大左行走滑断距及其形成时期 [J]. 地质科学 , 2(1): 14-27

王昌贤 , 曹代勇 . 1989. 河南嵩箕地区石炭二叠纪煤田中的滑动构造 [J]. 湘潭矿业学院学报 , 4(1): 28-33

王长海 , 王仁农 . 1990. 徐淮弧形构造特征及煤田预测 [J]. 煤田地质与勘探 , (4): 16-20

王成善 , 陈洪德 , 寿建峰 , 等 . 1999. 中国南方二叠纪层序地层划分与对比 [J]. 沉积学报 , 04: 2-12

王传尚 .1999.滇西德钦地区放射虫化石新发现 [J]. 华南地质与矿产 , (2): 31-35

王德滋 .2004.华南花岗岩研究的回顾与展望 [J]. 高校地质学报 , 10(3): 305-314

王德滋 , 周金城 .2005.大火成岩省研究新进展 [J]. 高校地质学报 , 11(1): 1-8

王恩营 , 邵强 , 王红卫 , 等 .2012.华北板块晚古生代煤层构造煤区域分布的大地构造控制及演化 [J]. 煤矿安全 , (2): 86-89

王桂梁 .1985.重力滑动构造的鉴别 [J]. 煤田地质与勘探 , (6): 1-7

王桂梁 , 曹代勇 , 姜波 .1992.华北南部逆冲推覆、伸展滑覆和重力滑动构造 [M]. 徐州 : 中国矿业大学出版社

王桂梁 , 邵震杰 , 彭向峰 , 等 .1997.中国东部中新生代含煤盆地的构造反转 [J]. 煤炭学报 , 22(6): 561-565

王桂梁 , 姜波 , 曹代勇 , 等 .1998.徐州 - 宿州弧形双冲 - 叠瓦扇逆冲断层系统 [J]. 地质学报 , 72(3): 228-236

王桂梁 , 琚宜文 , 郑孟林 , 等 .2007.中国北部能源盆地构造 [M]. 徐州 : 中国矿业大学出版社

王果胜 , 刘文灿 .2001.杨山群的构造特征及对北淮阳区构造演化的意义 [J]. 成都理工学院学报 , 28(3): 231-235

王鸿祯 .1981.从活动论观点论中国大地构造分区 [J]. 地球科学 , (1): 42-65

王鸿祯 , 莫宣学 .1996.中国地质构造述要 [J]. 中国地质 , (8): 4-9

王鸿祯 , 徐成彦 , 周正国 .1982.东秦岭古海域两侧大陆边缘区的构造发展 [J]. 地质学报 , (3): 270-280

王鸿祯 , 杨巍然 , 刘本培 .1986.华南地区古大陆边缘构造史 [M]. 武汉 : 武汉地质学院出版社

王辉 , 张峰 , 王冰洁 , 等 .2009.羌塘盆地晚三叠世构造属性与层序地层格架下聚煤特征 [J]. 西北地质 , 42(4): 92-101

王剑 , 谭富文 , 李亚林 , 等 .2004.青藏高原重点沉积盆地油气资源潜力分析 [M]. 北京 : 地质出版社

王建 , 李三忠 , 金宠 , 等 .2010.湘中地区穹盆构造 : 褶皱叠加期次和成因 [J]. 大地构造与成矿学 , 34(2): 159-165

王立亭 , 罗晋辉 , 王常微 , 等 .1993.贵州西部晚二叠世近海煤田地质特征及聚煤规律 [J]. 贵州地质 , 10(4): 291-299

王仁农 , 李桂春 , 关世桥 , 等 .1998.中国含煤盆地演化和聚煤规律 [M]. 北京 : 煤炭工业出版社

王素华 , 钱祥麟 .1999.中亚与中国西北盆地构造演化及含油气性 [J]. 石油与天然气地质 , 20(4): 321-325

王双明 .2011.鄂尔多斯盆地构造演化和控煤构造作用 [J]. 地质通报 , 30(4): 544-552

王双明 , 吕道生 , 佟英梅 , 等 .1996.鄂尔多斯盆地聚煤规律及煤炭资源评价 [M]. 北京 : 煤炭工业出版社

王廷印 , 刘金坤 , 王士政 , 等 .1993.阿拉善北部中蒙边界地区晚古生代拉伸作用及构造岩浆演化 [J]. 地质通报 , (4): 317-327

王佟 , 田野 , 邵龙义 , 等 .2013.新疆准噶尔盆地早 - 中侏罗世层序 - 古地理及聚煤特征 [J]. 煤炭学报 , 38(1): 114-121

王佟，冯帆，江涛，等 . 2016. 新疆准噶尔含煤盆地基本构造格架与认识 [J]. 地质学报，90(4): 628-638

王文杰，王信 . 1993. 中国东部煤田推覆、滑脱构造与找煤研究 [M]. 徐州：中国矿业大学出版社

王燮培，费琪，张家骅 . 1990. 石油勘探构造分析 [M]. 武汉：中国地质大学出版社

王熙曾，朱椰如，王杰 . 1992. 中国煤田的形成与分布 [M]. 北京：科学出版社

王信国，曹代勇，占文峰，等 . 2006. 柴达木盆地北缘中、新生代盆地性质及构造演化 [J]. 现代地质，20(4): 592-596

王义方 . 1989. 湘中涟源凹陷内的滑脱构造 [J]. 湖南地质，8(2): 10-17

王英民，钱奕中 . 1996. 残余盆地的特征及其油气资源评价方法的发展方向 [J]. 海相油气地质，1(1): 48-51

王永康 . 1987. 苏鲁豫皖相邻地区 "X" 型断裂对弧形构造的控制 [J]. 构造地质论丛，(7): 54-63

王瑜 . 1996. 中国东部内蒙古 - 燕山造山带晚古生代晚期—中生代的造山作用过程 [M]. 北京：地质出版社

王玉净，王建平，刘彦明，等 . 2002. 西藏丁青蛇绿岩特征、时代及其地质意义 [J]. 微体古生物学报，19(4): 417-420

王宇林，刘志刚，邵靖邦，等 . 1994. 平庄盆地充填沉积特征和聚煤规律 [J]. 煤田地质与勘探，22(4): 1-6

王贞，邓亚婷，任玉梅，等 . 2007. 潮水盆地侏罗系沉积特征及找煤潜力 [J]. 陕西地质，25(1): 28-37

王自强，高林志，丁孝忠，等 . 2012. "江南造山带" 变质基底形成的构造环境及演化特征 [J]. 地质论评，58(3): 401-413

王作勋，邬继易，吕喜朝，等 . 1990. 天山多旋回构造演化及成矿 [M]. 北京：科学出版社

汪啸风，Metca. 1999. 金沙江缝合带构造地层划分及时代厘定 [J]. 中国科学，29(4): 289-297

汪新文 . 2007. 中国东北地区中 - 新生代盆地构造演化与油气关系 [M]. 北京：地质出版社

魏振岱 . 2012. 安徽省煤炭资源赋存规律与找煤预测 [M]. 北京：地质出版社

温志新，童晓光，张光亚，等 . 2010. 全球沉积盆地动态分类方法：从原型盆地及其叠加发展过程讨论 [J]. 地学前缘，19(1): 239-252

吴传荣，张慧，李远忠，等 . 1995. 西北早—中侏罗世煤岩煤质与煤变质研究 [M]. 北京：煤炭工业出版社

吴冲龙，袁艳斌，李绍虎 . 1998. 抚顺盆地同沉积构造及其对煤和油页岩厚度的控制 [J]. 煤田地质与勘探，26(6): 1-7

吴根耀 . 2006. 藏东左贡地区碧土蛇绿岩：古特提斯主洋盆的地质记录 [J]. 地质通报，25(6): 685-693

吴浩若 . 1993. 滇西北金沙江带早石炭世深海沉积的发现 [J]. 地质科学，28(4): 395-397

吴基文，严家平，张广好，等 . 1998. 刘桥一矿层滑构造特征研究 [J]. 煤炭工程师 . (5): 16-19

吴利仁 . 1984. 华东及邻区中、新生代火山岩 [M]. 北京：科学出版社

吴天伟，田继军，木合塔尔·扎日，等 . 2011. 卡姆斯特煤田侏罗系八道湾组地层层序及聚煤特征 [J]. 中国地质，38(5): 1312-1323

吴彦旺 . 2013. 龙木措 - 双湖 - 澜沧江洋历史记录 [D]. 吉林：吉林大学博士学位论文

吴悠，陈红汉，肖秋苟，等 . 2010. 青藏高原昌都盆地上三叠统流体活动特征 [J]. 地质科技情报，29(2):

82-86

武汉地质学院煤田地质教研室 . 1979. 煤田地质学 (上册)[M]. 北京 : 地质出版社

武汉地质学院煤田地质教研室 . 1981. 煤田地质学 (下册)[M]. 北京 : 地质出版社

吴咏敬, 董平, 王良书, 等 . 2012. 东北地区构造分区与深断裂研究 - 基于重力场小波多尺度分解 [J]. 地球物理学进展, 27(1): 45-57

西藏自治区地质调查院一分院 . 2007. 西藏 1: 25 万昌都县幅区域调查报告 [R]. 拉萨 : 西藏自治区地质调查院

西藏自治区地质矿产局 . 1993. 西藏自治区区域地质志 [M]. 北京 : 地质出版社

夏邦栋, 黄钟瑾 . 1984. 试论深断裂的挤压对形成地台盖层褶皱的意义 (以徐淮地区为例)[C]// 构造地质论丛 (三). 北京 : 地质出版社

肖序常, 姜枚 . 2008. 中国西部岩石圈三维结构及演化 [M]. 北京 : 地质出版社

肖序常, 汤耀庆, 高延林 . 1986. 再论青藏高原的板块构造 [J]. 中国地质科学院院报, (14): 7-19

肖序常, 汤耀庆, 高延林 . 2001. 塔里木盆地与青藏高原西北缘碰撞构造——西昆仑山地质、地球物理多学科调查新成果 [J]. 地质学报, 75(2): 286

谢家荣 . 1947. 淮南新煤田及大淮南盆地地质矿产 [J]. 地质论评, (5): 318-347

谢鸣谦 . 2000. 板块拼贴构造及其驱动机理 - 中国东北及邻区的大地构造演化 [M]. 北京 : 科学出版社

新疆维吾尔自治区地质矿产局 . 1993. 新疆维吾尔自治区区域地质志 [M]. 北京 : 科学出版社

邢作云, 邢集善, 赵斌, 等 . 2006. 华北地区两个世代深部构造的识别及其意义——燕山运动与深部过程 [J]. 地质论评, 52(4): 433-441

徐嘉炜 . 1984. 郯城庐江平移断裂系统 [J]. 构造地质论丛, (3): 18-32

徐嘉炜, 朱光, 吕培基, 等 . 1995. 郯庐断裂带平移年代学研究的进展 [J]. 安徽地质, 5(1): 1-12

徐杰, 高战武, 宋长青, 等 . 太行山山前断裂带的构造特征 [J]. 地震地质, 2000, 22(2): 111-122

徐树桐, 陈冠宝, 周海渊, 等 . 1987. 徐淮推覆体 [J]. 科学通报, 32(14): 1091-1095

徐树桐, 陶正 . 1993. 再论徐 (州)- 淮 (南) 推覆体 [J]. 地质论评, 39(5): 395-403

徐旭辉 . 2009. 中国含油气盆地动态分析概论 [M]. 北京 : 石油工业出版社

徐旭辉, 高长林, 黄泽光, 等 . 2005. 中国盆地形成的三大活动构造历史阶段 [J]. 石油与天然气地质, 21(02): 155-162

徐学义, 李荣社, 陈隽璐, 等 . 2014. 新疆北部古生代构造演化的几点认识 [J]. 岩石学报, 30(6): 1521-1534

徐政语, 李大成, 卢文忠, 等 . 2004. 渝东构造样式分析与成因解析 [J]. 大地构造与成矿学, 28(1): 15-22

许文良, 王枫, 裴福萍, 等 . 2013. 中国东北中生代构造体制与区域成矿背景 : 来自中生代火山岩组合时空变化的制约 [J]. 岩石学报, 29(3)339-353

许志琴, 卢一伦, 汤耀庆, 等 . 1988. 东秦岭复合山链的形成 [M]. 北京 : 中国环境科学出版社

许志琴, 侯立玮, 王宗秀 . 1992. 中国松潘 - 甘孜造山带的造山过程 [M]. 北京 : 地质出版社

许志琴, 李化启, 侯立玮, 等 . 2007. 青藏高原东缘龙门 - 锦屏造山带的崛起——大型拆离断层和挤出机

制 [J]. 地质通报 , 26(10): 1262-1276

许志琴 , 杨经绥 , 李文昌 , 等 . 2013. 青藏高原中的古特提斯体制与增生造山作用 [J]. 岩石学报 , 29(1): 1847-1860

胥颐 , 刘福田 , 刘建华 , 等 . 2001. 中国西北大陆碰撞带的深部特征及其动力学意义 [J]. 地球物理学报 , 01: 40-47, 145

云武 , 徐志斌 , 杨雄庭 . 1994. 湖南涟源凹陷西部滑脱构造带构造特征 [J]. 中国矿业大学学报 , 23(1): 16-25

杨经绥 , 王希斌 , 史仁灯 , 等 . 2004. 青藏高原北部东昆仑南缘德尔尼蛇绿岩：一个被肢解了的古特提斯洋壳 [J]. 中国地质 , 31(03): 225-239

杨俊杰 , 赵重远 , 刘和甫 , 等 . 1990. 鄂尔多斯盆地西缘掩冲带构造与油气 [M]. 兰州：甘肃科学技术出版社

杨起 . 1987. 煤地质学进展 [M]. 北京：科学出版社

杨起 , 韩德馨 . 1979. 中国煤田地质学 (上册)[M]. 北京：煤炭工业出版社

杨起 , 吴冲龙 , 汤达祯 , 等 . 1996. 中国煤变质作用 [M]. 北京：煤炭工业出版社

杨森楠 , 杨魏然 . 1985. 中国区域大地构造学 [M]. 北京：地质出版社

杨圣彬 , 耿新霞 , 郭庆银 , 等 . 2008. 鄂尔多斯盆地西缘北段中生代构造演化 [J]. 地质论评 , 3(54): 307-315

杨巍然 , 王豪 . 1991. 中国板块构造概况 [J]. 地球科学—中国地质大学学报 [J], 16(5): 507-512

叶连俊 . 1983. 华北地台型沉积建造 [M]. 北京：科学出版社

叶连俊 , 孙枢 . 1980. 沉积盆地的分类 [J]. 石油学报 , 1(3): 1-6

叶茂 , 张世红 , 吴福元 . 1994. 中国满洲里一绥芬河地学断面域古生代构造单元及其地质演化 [J]. 长春地质学院学报 , 24(3): 242-245

尹光侯 , 侯世云 . 1998. 西藏碧土地区怒江缝合带基本特征与演化 [J]. 中国区域地质 , 17(3): 247-254

余家仁 , 雷怀玉 , 王权 , 等 . 2003. 羌塘盆地构造单元划分及含油气评价 [J]. 新疆石油地质 , 24(6): 509-512

于福生 , 漆家福 , 王春英 . 2002. 华北东部印支期构造变形研究 [J]. 中国矿业大学学报 , 31(4): 402-406

袁耀庭 , 王经明 , 宋士明 . 1987. 芦店—告城煤盆地边缘缺层构造探讨 [J]. 煤田地质与勘探 , (2): 20-25

翟光明 , 宋建国 , 靳久强 , 等 . 2002. 板块构造演化与含油气盆地形成和评价 [M]. 北京：石油工业出版社

翟庆国 , 李才 , 黄小鹏 . 2006. 西藏羌塘中部角木日地区二叠纪玄武岩的地球化学特征及其构造意义 [J]. 地质通报 , 25(12): 1419-1427

翟庆国 , 王军 , 李才 , 等 . 2010. 青藏高原羌塘中部中奥陶世变质堆晶辉长岩锆石 SHRIMP 年代学及 Hf 同位素特征 [J]. 中国科学 (D 辑), 40(5): 565-573

占文锋 , 曹代勇 , 刘天绩 , 等 . 2008. 柴达木盆地北缘控煤构造样式与赋煤规律 [J]. 煤炭学报 , 33(5): 500-504

张长厚 . 2009. 华北克拉通破坏动力学过程研究中的几个构造问题 [J]. 地学前缘 , 16(4): 203-214

张长厚, 李程明, 邓洪菱, 等. 2011. 燕山 - 太行山北段中生代收缩变形与华北克拉通破坏 [J]. 中国科学: 地球科学, 41(5): 593-617

张德全, 孙桂英. 1988. 中国东部花岗岩 [M]. 武汉: 中国地质大学出版社

张国伟, 孟庆任, 赖绍聪. 1995. 秦岭造山带的结构构造 [J]. 中国科学 (B 辑), 25(9): 994-1003

张恒堂, 李恒堂, 熊存卫, 等. 1998. 中国西北侏罗纪含煤地层与聚煤规律 [M]. 北京: 地质出版社

张泓, 郑玉柱, 郑高升, 等. 2003. 安徽淮南阜凤推覆体之下的伸展构造及其形成机制 [J]. 煤田地质与勘探, 31(3): 1-4

张泓, 何宗莲, 晋香兰, 等. 2005. 鄂尔多斯盆地构造演化与成煤作用 [M]. 北京: 地质出版社

张泓, 张群, 曹代勇, 等. 2010. 中国煤田地质学的现状与发展战略 [J]. 地球科学进展, 25(4): 344-352

张继坤. 2011. 安徽省煤田构造与构造控煤作用研究 [D]. 北京: 中国矿业大学 (北京) 博士学位论文

张进, 马宗晋, 任文军, 等. 2000. 鄂尔多斯盆地西缘逆冲带南北差异的形成机制 [J]. 大地构造与成矿学, 2(24): 124-133

张进, 李锦轶, 李彦峰, 等. 2007. 阿拉善地块新生代构造作用——兼论阿尔金断裂新生代东向延伸问题 [J]. 地质学报, (11): 1481-1497

张克信, 潘桂棠, 何卫红, 等. 2015. 中国构造 - 地层大区划分新方案 [J]. 地球科学: 中国地质大学学报, 40(2): 206-233

张路锁, 曹代勇, 张军, 等. 2012. 河北省煤田构造与构造控煤研究 [M]. 北京: 科学出版社

张梅生, 王卫东, 段吉业. 1994. 东北北部古生代地层区划研究 [C]// 中国满洲里—绥芬河地学断面域内岩石圈岩石结构及其演化的地质研究. 北京: 地震出版社

张梅生, 彭向东, 孙晓猛. 1998. 中国东北区古生代构造古地理格局 [J]. 辽宁地质, 2: 91-96

张鹏飞, 金奎励, 吴涛, 等. 1997. 吐哈盆地含煤沉积于煤成油 [M]. 北京: 煤炭工业出版社

张胜利, 李宝芳. 1996. 鄂尔多斯东缘石炭二叠系煤层气分布规律及影响地质因素 [J]. 石油实验地质, 18(2): 182-189

张兴洲, 杨宝俊, 吴福元, 等. 2006. 中国兴蒙 - 吉黑地区岩石圈结构基本特征 [J]. 中国地质, 33(4): 816-823

张永军, 张开均. 2007. 根据航磁数据探讨阿尔金断裂带的结构及构造演化 [J]. 物探与化探, 31(6): 489-494

张玉修, 张开均, 夏邦栋, 等. 2006. 西藏羌塘地体三叠纪—侏罗纪海相砂岩颗粒组分及其构造意义 [J]. 沉积学报, 24(2): 165-174

张岳桥, 董树文, 李建华, 等. 2011. 中生代多向挤压构造作用与四川盆地的形成和改造 [J]. 中国地质, 38(2): 233-251

张向鹏, 杨晓薇. 2007. 平衡剖面技术的研究现状及进展 [J]. 煤田地质与勘探, 35(2): 78-80

张仲培, 王清晨, 王毅, 等. 2006. 库车拗陷脆性构造序列及其对构造古应力的指示 [J]. 地球科学: 中国地质大学学报, 31(3): 309-316

赵德军, 陈洪德, 邓江红, 等. 2013. 哀牢山造山带南段仰宗岩体地球化学特征及其构造环境 [J]. 矿物岩石, 33(1): 60-68

赵明鹏 . 1996. 定量预测矿井断裂构造的构造力学解析法 [J]. 煤炭学报 . 21(1): 6-11

赵政璋 , 李永铁 , 叶和飞 , 等 . 2001. 青藏高原海相烃源层的油气生成 [M]. 北京 : 科学出版社

郑剑东 . 1991. 阿尔金断裂带的几何学研究 [J]. 地质通报 , (1): 54-59

郑孟林 , 李明杰 , 曹春潮 , 等 . 2003. 北山 - 阿拉善地区白垩纪、侏罗纪盆地叠合特征 [J]. 大地构造与成
矿学 , 27(4): 384-389

郑孟林 , 邱小芝 , 何文军 , 等 . 2015. 西北地区含油气盆地动力学演化 [J]. 地球科学与环境学报 , 37(5):
1-16

中国煤田地质总局 . 1993. 中国煤炭地质勘探史 : 第一卷综合篇 [M]. 北京 : 煤炭工业出版社

钟大赉 . 1998. 川滇西部古特提斯造山带 [M]. 北京 : 科学出版社

钟建华 , 尹成明 , 段洪亮 , 等 . 2006. 柴西阿尔金山南缘中生界古流特征 [J]. 石油学报 , (2): 20-27

周勇 , 潘裕生 . 1999. 阿尔金断裂早期走滑运动方向及其活动时间探讨 [J]. 地质论评 , (1): 1-9

周建波 , 曾维顺 , 曹嘉麟 , 等 . 2012. 中国东北地区的构造格局与演化 [J]. 吉林大学学报 (地球科学版),
42(5): 1298-1329

周小进 , 杨帆 . 2009. 中国南方大陆加里东晚期构造 - 古地理演化 [J]. 石油实验地质 , 31(2): 128-136

朱弟成 , 潘桂棠 , 莫宣学 , 等 . 2006. 冈底斯中北部晚侏罗世—早白垩世地球动力学环境 : 火山岩约束
[J]. 岩石学报 , 22(3): 534-546

朱弟成 , 莫宣学 , 赵志丹 , 等 . 2009. 西藏南部二叠纪和早白垩世构造岩浆作用与特提斯演化 : 新观点
[J]. 地学前缘 , 16(2): 1-20

朱介寿 , 蔡学林 , 曹家敏 , 等 . 2005. 中国华南及东海地区岩石圈三维结构及演化 [M]. 北京 : 地质出版
社

朱光 , 王道轩 , 刘国生 , 等 . 2004. 郯庐断裂带的演化及其对西太平洋板块运动的响应 [J]. 地质科学 ,
39(1): 36-49

朱日祥 , 徐义刚 , 朱光 , 等 . 2012. 华北克拉通破坏 [J]. 中国科学 : 地球科学 , 42(8): 1135-1159

朱同兴 , 张启跃 , 董瀚 . 2006. 藏北双湖地区才多茶卡一带构造混杂岩中发现晚泥盆世和晚二叠世放射
虫硅质岩 [J]. 地质通报 , 25(12): 1413-1414

朱夏 , 陈焕疆 , 孙肇才 , 等 . 1983. 中国中、新生代构造与含油气盆地 [J]. 地质学报 , 3: 235-241

Aitchison J C, Davis A M, Abrajevitch A V, et al. 2003. Stratigraphic and sedimentological constraints on the
age and tectonic evolution of the Neotethyan ophiolites along the Yarlung Tsangpo suture zone, Tibet[C]//
Dilek Y, Robinson PT. Ophiolites in Earth History. London: Geological Society, 218(1): 147-164

Allégre C J, Courtillot V, Tapponnier P, et al. 1984. Structure and evolution of the Himalaya-Tibet orogenic
belt[J]. Nature, 3075946: 17-22

Allen M B, Vincent S J, Wheeler P J. 1999. Late Cenozoic tectonics of the Kepingtage thrust zone:
Interactions of the Tien Shan and Tarim Basin, northwest China[J]. Tectonics, 18(4): 639-654

Allen P A, Allen J R. 2013. Basin Analysis: Principles and Application to Petroleum Play Assessment[M]. 3rd
Edition. Oxford: Wiley-Blackwell

Bally A W. 1980. Basin and subsidence-A Summary, in Dynamics of plate interior[J]. American Geophysical

Union Geodynamics Series, 1: 5-20

Batulzii D, An Y, Neng J, et al. 2013. Petrology, structural setting, timing, and geochemistry of Cretaceous volcanic rocks in eastern Mongolia: Constraints on their tectonic origin[J]. Gondwana Research, 27(1): 281-299

Beaumont C, Tankand A J. 1987. Sedimentary Basins and Basin-forming Mechanism[M]. Calgary: Canadian Society of Petroleum Geologists

Biq C C. 1989. The Yushan-Hsuehshan megashear zone in Taiwan Proc[J]. Geological Society of China, 32: 7-20

Boyer S E, Elliott D. 1982. Thrust system [J]. AAPG Bulletin, 66(9): 1196-1230

Bulter J, Marsh H, Goodarzi F. 1988. Genesis of the world's major coalfields in relation to plate tectonics[J]. Fuel, 67(2): 269-274

Burchfiel B C, Royden L H. 1991. Tectonics of Asia 50 years after the death of Emile Argand[J]. Eclogae Geologicae Helvetiae, 84(3): 599-629

Burchfiel B C, Chen Z L, Liu Y P, et al. 1995. Tectonics of the Longmen Shan and Adjacent Regions, Central China[J]. International Geology Review, 37(8): 661-735

Bustin R M, Ross J V, Moffat I. 1986. Vitrinite anisotropy under differential stress and high confining pressure and temperature[J]. International Journal of Coal Geology, 6(4): 343-351

Cao D Y, Zhang P F, Jin K L, et al. 1996. Mesozoic-Ceozoic inversion of the Turpan-Hami basin, Northwester China[J]. Journal of China University of Mining and Technology, 6(2): 8-13

Cao D Y, Lin Z Y, Zheng Z H, et al. 2012. Coalfield structures and potential evaluation of coal resources in China[J]. Advanced Materials Research, 356: 2937-2940

Carter A, Roques D, Bristow C, et al. 2001. Understanding Mesozoic accretion in Southeast Asia: Significance of Triassic thermo-tectonism (Indosinian orogeny) in Vietnam[J]. Geology, 29(29): 211-214

Cocks L R M, Torsvik T H. 2013. The dynamic evolution of the Palaeozoic geography of eastern Asia[J]. Earth-Science Reviews, 117: 40-79

Cooper M A, Willian G D. 1989. Inversion Tectonics[M]. London: Geological Society

Cottrell R D, Tarduno J A. 2003. A Late Cretaceous pole for the Pacific plate: Implications for apparent and true polar wander and the drift of hotspots[J]. Tectonophysics, 362(1-4): 321-333

Cowgill E, Yin A, Xiao F W, et al. 2000. Is the North Altyn fault part of a strike-slip duplex along the Altyn Tagh fault system [J]. Geology, 28(3): 255-258

Dahlstrom C D A. 1969. Balanced cross sections[J]. Canadian Journal of Earth Sciences, 6(4): 743-757

de Celles P G, Giles K A. 1996. Foreland basin systems[J]. Basin Research, 8(2): 105-123

Dewey J F. 1988. Extensional collapse of orogens[J]. Tectonics, 7(6): 1123-1139

Dewey J F, Sun Y. 1988. The tectonic evolution of the Tibetan Plateau[J]. Philosophical Transactions of the Royal Society Biological Sciences, 327(1594): 379-413

Delville N, Arnaud N, Montel J M, et al. 2001. Paleozoic to Cenozoic deformation along the Altyn Tagh fault in the Altun Shan massif area, eastern Qilian Shan, northeastern Tibet, China[J]. Memoir of the Geological Society of America, 194: 269-292

Ding L, Kapp P, Wan X. 2005. Paleocene-Eocene record of ophiolite obduction and initial India-Asia collision, south central Tibet[J]. Tectonics, 24(3): 1021-1029

Donskaya T V, Gladkochub D P, Mazukabzov A M, et al. 2013. Late Paleozoic-Mesozoic subduction-related magmatism at the southern margin of the Siberian continent and the 150 million-year history of the Mongol-Okhotsk Ocean[J]. Journal of Asian Earth Sciences, 62(2): 79-97

England P, Searle M. 1986. The Cretaceous-tertiary deformation of the Lhasa Block and its implications for crustal thickening in Tibet[J]. Tectonics, 5(1): 1-14

Flower M F J, Russo R M, Tamaki K, et al. 2001. Mantle contamination and the Izu-Bonin-Mariana (IBM) 'high-tide mark': Evidence for mantle extrusion caused by Tethyan closure[J]. Tectonophysics, 333(1-2): 9-34

Fan W, Wang Y, Zhang A, et al. 2010. Permian arc–back-arc basin development along the Ailaoshan tectonic zone: Geochemical, isotopic and geochronological evidence from the Mojiang volcanic rocks, Southwest China[J]. Lithos, 119(3-4): 553-568

Gao S, Yang J, Zhou L, et al. 2011. Age and growth of the Archean Kongling terrain, South China, with emphasis on 3. 3 Ga granitoid gneisses[J]. American Journal of Science, 311: 153-182

Garzanti E, Baud A, Mascle G. 1987. Sedimentary record of the northward flight of India and its collision with Eurasia (Ladakh Himalaya, India)[J]. Geodinamica Acta, 1(4-5): 297-312

Göpel C, Allègre C J, Xu R H. 1984. Lead isotopic study of the Xigaze ophiolite (Tibet): The problem of the relationship between magmatites (gabbros, dolerites, lavas) and tectonites (harzburgites)[J]. Ieice Technical Report Neurocomputing, 69(2): 301-310

Glennie K, Boeger P. 1981. Sole pit inversion tectonics[C] // Woodland N. Petroleum Geology of the Continental Shelf of N. W. Europe. London: Institute of Petroleum: 110-120

Grahmann N. 1985. Drift tectonics – the fundamental rhythm of crustal draft and deformation[J]. Geologische Rundschau, 74(2): 267-310

Harris N, B W, Xu R H, et al. 1990. Isotope geochemistry of the 1985 Tibet Geotraverse, Lhasa to Golmud[J]. Philosophical Transactions of the Royal Society, 327: 263-285

Harding T P, Lowell J D. 1979. Structural styles, their plate tectonic habitats and hydrocarbon traps in petroleum provinces [J]. AAPG Bulletin, 63(7): 1016-1058

Harding T P. 1985. Seismic characteristics and identification of negative flower structures, positive flower structures and positive structural inversion[J]. AAPG Bulletin, 69(4): 1016-1058

Herbert C, Helby R. 1980. A Guide to the Sydney Basin [M]. Sydney: Geological Survey of New South Wales

Hossack J R. 1979. The use of balanced cross-sections in the calculation of orogenic contraction: A review[J]. Journal Geological Society of London, 136: 705-711

Hower J C, Davis A. 1981. Vitrinite reflectance anisotropy as a tectonic fabric element [J]. Geology,

9(4): 165-168

Huang T K. 1945. On Major tectonic forms of China [J]. National Geological Survey of China Under the Ministry of Economic Affairs, 20: 1-165

Ingersoll R V, Busby C J. 1995. Tectonic of Sedimentary Basins [M]. Cambridge: Blackwell Science

Isozaki Y, Kazumasa A, Nakama T, et al. 2010. New insight into a subduction-related orogen: A reappraisal of the geotectonic framework and evolution of the Japanese Islands[J]. Gondwana Research, 18(1): 82-105

Jamison W R. 1987. Geometric analysis of fold development in overthrust terranes [J]. Journal of Structural Geology, 9(11): 207-209

Jian P, Liu D, Kröner A, et al. 2009. Devonian to Permian plate tectonic cycle of the Paleo-Tethys Orogen in southwest China (I): Geochemistry of ophiolites, arc/back-arc assemblages and within-plate igneous rocks[J]. Lithos, 113(3-4): 748-766

Kao W T. 1987. Plate tectonics and coalfield in China [C]// Proceedings of the International Symposium on Mining Technology and Science. Beijing: China Coal Industry Publishing House

Kapp P, Yin A, Manning C E, et al. 2000. Blueschist-bearing metamorphic core complexes in the Qiangtang block reveal deep crustal structure of northern Tibet[J]. Geology, 28(1): 19-22

Leeder M R, Yin J. 1988. Sedimentology, Palaeoecology and Palaeoenvironmental evolution of the 1985 Lhasa to Golmud Geotraverse[J]. Philosophical Transactions of the Royal Society B Biological Sciences, 327(1594): 107-143

Levine J R, Davis A. 1989. The relationship of coal optical fabrics to Alleghanian tectonic deformation in the central Appalachian fold-and thrust belt[J]. Geological Society of America Bulletin, 101(10): 1333-1347

Li J Y. 2006. Permian geodynamic setting of Northeast China and adjacent regions: Closure of the Paleo-Asian Ocean and subduction of the Paleo-Pacific Plate[J]. Journal of Asian Earth Sciences, 26(3-4): 207-224

Li J Y, Zhang J, Yang T N, et al. 2009. Crustal tectonic division and evolution of the southern part of the North Asian Orogenic Region and its adjacent areas[J]. Journal of Jilin University (Earth Science Edition), 39 (4): 584-605

Li S L, Mooney W D. 1998. Crustal structure of China from deep seismic sounding profiles[J]. Tectonophysics, 288(1-4): 105-113

Li S Z, Santosh M, Jahn B M. 2012. Evolution of the Asian continent and its continental margins[J]. Journal of Asian Earth Sciences, 47(30): 1-4

Lister G S, Davis G A. 1989. The origin of metamorphic core complexes and detachment faults formed during Tertiary continental extension in the northern Colorado River region, USA[J]. Journal of Structural Geology, 11(1): 65-94

Liu G, Einsele G. 1994. Sedimentary history of the Tethyan basin in the Tibetan Himalayas[J]. Geologische Rundschau, 83(1): 32-61

Liu S F. 1998. The coupling mechanism of basin and orogen in the western Ordos Basin and adjacent regions of China [J]. Journal of Asian Earth Sciences, 16(4): 369-383

Lowell J D. 1985. Structural Styles in Petroleum Exploration [M]. Tulsa: Oil & Gas Consultants International Inc.

Lyons P C, Rice C L. 1986. Paleoenvironmental and tectonic controls in coal-forming basin of the United States [J]. Geological Society of America Special Paper 210

Malavieille J. 1993. Late orogenic extension in mountain belts: Insights from the Basin and Range and the late Paleozoic Variscan belt [J]. Tectonics, 12(5): 1115-1130

Mattauer M, Matte P, Malavielle J, et al. 1985. Tectonics of the Qinling Belt: Build-up and evolution of Eastern Asia [J]. Nature, 317(6037): 496-500

Matte P, Tapponnier P, Arnaud N, et al. 1996. Tectonics of Western Tibet, between the Tarim and the Indus[J]. Earth & Planetary Science Letters, 142(3): 311-330

McClay K R, Price N J. 1981. Thrust and Nappe Tectonics [M]. London: Geological Society of London

Mitra S. 1993. Geometry and kinematic evolution of inversion structures[J]. AAPG Bulletin, 77(7): 1159-1191

Molnar P, Tapponnier P. 1975. Cenozoic tectonics of Asia: Effects of a continental collision [J]. Science. 189(4201): 419-426

Morley C K, Nelson R A, Patton T L, et al. 1990. Transfer zones in the East African rift system and their relevance to hydrocarbon exploration in rifts [J]. AAPG Bulletin, 74(5): 1234-1253

Natalin B. 2010. History and models of Mesozoic accretion in Southeastern Russia[J]. Island Arc, 2(1): 15-34

Ouyang H G, Mao J W, Santosh M, et al. 2013. Geodynamic setting of Mesozoic magmatism in NE China and surrounding regions: Perspectives from spatio-temporal distribution patterns of ore deposits[J]. Journal of Asian Earth Sciences, 78(12): 222-236

Park J O, Tokuyama H, Shinohara M, et al. 1998. Seismic record of tectonic evolution and backarc rifting in the Southern Ryukyu island arc system[J]. Tectonophysics, 294(1-2): 21-42

Pearce J A, Deng W M. 1988. The ophiolites of the Tibet an Geotraverses, Lhasa to Golmud (1985) and Lhasa to Kathmandu (1986)[J]. Mathematical and Physical Sciences, 327(1594): 215-238

Ritts B D, Yue Y, Graham S A. 2004. Oligocene-Miocene Tectonics and Sedimentation along the Altyn Tagh Fault, Northern Tibetan Plateau: Analysis of the Xorkol, Subei, and Aksay Basins[J]. Journal of Geology, 112(2): 207-229

Sengor A M C. 1984. The Cimmeride Orogenic system and the tectonics of Eurasia[J]. Special Paper of the Geological Society of America, 195: 1-74

Seton M, Muller R D, Zahirovic S, et al. 2012. Global continental and ocean basin reconstructions since 200 Ma[J]. Earth-Science Reviews, 113(3-4): 212-270

Stone I J, Cook A C. 1979. The influence of some tectonic structures upon vitrinite reflectance [J]. Journal of Geology, 87(5): 479-508

Shu L S, Faure M, Wang B. 2008. Late paleozoic-early Mesozoic geological features of south

China: Response to the Indosinian collision event in southeast Asian[J]. Comptes Rendus Geosciences, (340): 151-165

Tapponnier P, Molnar P. 1976. Slip line field theory and large-scale continental tectonics[J]. Nature, 284(5584): 319-324

Tapponnier P, Molnar P. 1977. Active faulting and tectonics in China[J]. Journal of Geophysical Research Atmospheres, 82(20): 2905-2930

Tapponnier P. 1986. On the mechanics of collision between India and Asia[C]//Collision Tectonics. New York: Blackwell Scientific Publication: 115-157

Тимофеев А А, Череловский В Ф, И И Шарулю. 1979. Эволюцня углеиакопленип на территории СССР[M]. Недра, М.

Wan X, Jasnsa L F, Sartim. 2002. Cretaceous and Tertiary boundary strata in southern Tibet and their implication for India-Asia collision[J]. Lethaia, 35(2): 131-146

Wang H, Mo X. 1995. An outline of tectonic evolution of China[J]. Episodes, 18(1/2): 6-16

Warwick P D. 2005. Coal Systems Analysis [M]. Boulder, Colorado: Geological Society of America Special Paper 387

Wernicke B, Burchfiel B C. 1982. Model of extensional tectonics[J]. Journal of Structural Geology, 4(2): 105-115

Xiao W J, Windley B F, Yong Y, et al. 2009. Early Paleozoic to Devonian multiple-accretionary model for the Qilian Shan, NW China[J]. Journal of Asian Earth Sciences, 35(3): 323-333

Xu W L, Pei F P, Wang F, et al. 2013. Spatial-temporal relationships of Mesozoic volcanic rocks in NE China: Constraints on tectonic overprinting and transformations between multiple tectonic regimes[J]. Journal of Asian Earth Sciences, 74: 167-193

Yang J S, Robinson P T, Jiang C F, et al. 1996. Ophiolites of the Kunlun Mountains, China and their tectonic implication[J]. Tectonophysics, 258(1-4): 215-231

Yin A, Rumelhart P E, Butler R, et al. 2002. Tectonic history of the Altyn Tagh fault system in northern Tibet inferred from Cenozoic sedimentation[J]. Geological Society of America Bulletin, 114(10): 1257-1295

Zhai Q G, Jahn B M, Zhang R Y, et al. 2011. Triassic subduction of the Paleo-Tethys in northern Tibet, China: Evidence from the geochemical and isotopic characteristics of eclogites and blueschists of the Qiangtang Block [J]. Journal of Asian Earth Sciences, 42(6): 1356-1370

Zhang Y X, Zhang K J, Li B, et al. 2007. Zircon SHRIMP U-Pb geochronology and petrogenesis of the plagiogranites from the Lagkor Lake ophiolite, Gerze, Tibet, China[J]. Chinese Science Bulletin, 52(5): 651-659

Zhang K J, Xia B, Zhang Y X, et al. 2014. Central Tibetan Meso-Tethyan oceanic plateau [J]. Lithos, 210: 278-288

Zhao D P, Maruyama S, Omori S. 2007. Mantle dynamics of Western Pacific and East Asia: Insight from seismic tomography and mineral physics[J]. Gondwana Research, 11(1-2): 120-131

Zhao G C, Cawood P A. 2012. Precambrian geology of China[J]. Precambrian Research, (222-223): 13-54

Zheng Y F, Xiao W J, Zhao G C. 2013. Introduction to tectonics of China[J]. Gondwana Research, 23(4): 1189-1206

Zhou X M, Li W X. 2000. Origin of Late Mesozoic igneous rocks in Southeastern China: Implication for lithosphere subduction and underplating of Mafic Magma[J]. Tectonophysics, 326: 269-287